教育部高等农林院校理科基础课程教学指导委员会
推荐示范教材

高等农林教育“十三五”规划教材

U0965396

大学物理教程

The Textbook of University Physics

第 2 版

张文杰　曹　阳　主编

中国农业大学出版社
· 北京 ·

内 容 简 介

本教材根据教育部高等学校大学物理课程教学指导委员会农林水工作委员会制定的农林院校 64 学时物理教学大纲的要求，精选了力学、热学、电磁学、光学和近代物理四大部分传统内容，以物理在农业和林业中应用为引言，逐步阐述农林各专业学生应该掌握的物理学的基本概念和基本规律，内容简洁完整又脉络清晰，适用于农林各专业少学时物理教学的需要。本教材在第 1 版基础上进行了修订，先后集中了全国各地区 11 所农林高校物理教学经验的结晶，在培养学生物理素质方面具有广泛性和代表性。

图书在版编目(CIP)数据

大学物理教程/张文杰，曹阳主编．—2 版．—北京：中国农业大学出版社，2017.6
(2023.10 重印)

ISBN 978-7-5655-1766-2

Ⅰ.①大…　Ⅱ.①张…②曹…　Ⅲ.①物理学-高等学校-教材　Ⅳ.①O4

中国版本图书馆 CIP 数据核字(2016)第 323881 号

书　　名　大学物理教程　第 2 版

作　　者　张文杰　曹　阳　主编

策划编辑　梁爱荣　潘晓丽

责任编辑　韩元凤

封面设计　郑　川　李尘工作室

责任校对　王晓凤

出版发行　中国农业大学出版社

社　　址　北京市海淀区圆明园西路 2 号

邮政编码　100193

电　　话　发行部 010-62818525，8625
　　　　　　编辑部 010-62732617，2618

读者服务部　010-62732336

出　版　部　010-62733440

网　　址　http://www.cau.edu.cn/caup

E-mail　cbsszs@cau.edu.cn

经　　销　新华书店

印　　刷　北京鑫丰华彩印有限公司

版　　次　2017 年 6 月第 2 版　　2023 年 10 月第 3 次印刷

规　　格　787×1 092　　16 开本　　24.75 印张　　610 千字

定　　价　59.00 元

第 2 版编写人员

主　　编　张文杰　曹　阳

副 主 编　（以姓氏笔画为序）
闫祖威　刘智勇　徐　秋

编写人员　（以姓氏笔画为序）
马冠雄　王　赵　王晓昱　王鸿雁　田林林　史常圣
闫祖威　牟艳秋　刘智勇　李　劲　陈　菁　杨　瑛
郑文轩　张文杰　范秀华　胡晓波　徐　秋　曹　阳
程艳霞

第 1 版编写人员

主　　编　张文杰　曹　阳

副 主 编　（以姓氏笔画为序）

朱连轩　闫祖威　李　明　徐　秋

编写人员　（以姓氏笔画为序）

马保亮　马冠雄　王　赵　王鸿雁　朱连轩　闫祖威
牟艳秋　刘宝海　李　明　杨　瑛　阿木古楞　张文杰
陈志伟　张祥雪　郑文轩　范秀华　赵安庆　徐　秋
曹　阳　程艳霞　谢翔东

出版说明

在教育部高教司农林医药处的关怀指导下，由教育部高等农林院校理科基础课程教学指导委员会(以下简称“基础课教指委”)推荐的本科农林类专业数学、物理、化学基础课程系列示范性教材现在与广大师生见面了。这是近些年全国高等农林院校为贯彻落实“质量工程”有关精神，广大一线教师深化改革，积极探索加强基础、注重应用、提高能力、培养高素质本科人才的立项研究成果，是具体体现“基础课教指委”组织编制的相关课程教学基本要求的物化成果。其目的在于引导深化高等农林教育教学改革，推动各农林院校紧密联系教学实际和培养人才需求，创建具有特色的数理化精品课程和精品教材，大力提高教学质量。

课程教学基本要求是高等学校制定相应课程教学计划和教学大纲的基本依据，也是规范教学和检查教学质量的依据，同时还是编写课程教材的依据。“基础课教指委”在教育部高教司农林医药处的统一部署下，经过批准立项，于2007年底开始组织农林院校有关数学、物理、化学基础课程专家成立专题研究组，研究编制农林类专业相关基础课程的教学基本要求，经过多次研讨和广泛征求全国农林院校一线教师意见，于2009年4月完成教学基本要求的编制工作，由“基础课教指委”审定并报教育部农林医药处审批。

为了配合农林类专业数理化基础课程教学基本要求的试行，“基础课教指委”统一规划了名为“教育部高等农林院校理科基础课程教学指导委员会推荐示范教材”(以下简称“推荐示范教材”)。“推荐示范教材”由“基础课教指委”统一组织编写出版，不仅确保教材的高质量，同时也使其具有比较鲜明的特色。

一、“推荐示范教材”与教学基本要求并行 教育部专门立项研究制定农林类专业理科基础课程教学基本要求，旨在总结农林类专业理科基础课程教育教学改革经验，规范农林类专业理科基础课程教学工作，全面提高教育教学质量。此次农林类专业数理化基础课程教学基本要求的研制，是迄今为止参与院校和教师最多、研讨最为深入、时间最长的一次教学研讨过程，使教学基本要求的制定具有扎实的基础，使其具有很强的针对性和指导性。通过“推荐示范教材”的使用推动教学基本要求的试行，既体现了“基础课教指委”对推行教学基本要求的决心，又体现了对“推荐示范教材”的重视。

二、规范课程教学与突出农林特色兼备 长期以来各高等农林院校数理化基础课程在教学计划安排和教学内容上存在着较大的趋同性和盲目性，课程定位不准，教学不够规范，必须科学地制定课程教学基本要求。同时由于农林学科的特点和专业培养目标、培养规格的不同，对相关数理化基础课程要求必须突出农林类专业特色。这次编制的相关课程教学基本要求最大限度地体现了各校在此方面的探索成果，“推荐示范教材”比较充分地反映了农林类专业教学改革的新成果。

三、教材内容拓展与考研统一要求接轨 2008 年教育部实行了农学门类硕士研究生统一入学考试制度。这一制度的实行，促使农林类专业理科基础课程教学要求作必要的调整。“推荐示范教材”充分考虑了这一点，各门相关课程教材在内容上和深度上都密切配合这一考试制度的实行。

四、多种辅助教材与课程基本教材相配 为便于导教导学导考，我们以提供整体解决方案的模式，不仅提供课程主教材，还将逐步提供教学辅导书和教学课件等辅助教材，以丰富的教学资源充分满足教师和学生的需求，提高教学效果。

乘着即将编制国家级“十二五”规划教材建设项目之机，“基础课教指委”计划将“推荐示范教材”整体运行，以教材的高质量和新型高效的运行模式，力推本套教材列入“十二五”国家级规划教材项目。

“推荐示范教材”的编写和出版是一种尝试，赢得了许多院校和老师的参与和支持。在此，我们衷心地感谢积极参与的广大教师，同时真诚地希望有更多的读者参与到“推荐示范教材”的进一步建设中，为推进农林类专业理科基础课程教学改革，培养适应经济社会发展需要的基础扎实、能力强、素质高的专门人才做出更大贡献。

中国农业大学出版社

2009 年 8 月

第 2 版序

《大学物理教程》再版了。此前我曾经审阅过该教材的编写大纲，因此相对来说比较了解该教材的背景。这本教材最初编写时是由国内 9 所高等农林院校 21 位教师共同编写的，是各位老师多年教学经验的结晶，也基本反映了各农林高等学校物理教学的实际情况。该教材在使用 7 年后再版，说明这本教材比较成熟，具有一定的稳定性和适用性。

物理学研究的是自然界中各种最基本的运动形态及其规律，物理学为自然界的物质结构相互作用和运动规律提供了一幅绚丽多姿、结构严谨的图画。物理学原理及其技术在许多学科中得到了极其广泛的应用。这些情况越来越印证了物理学是一切自然科学基础的观点的正确性和重要性。大学是培养高素质人才的场所，高等农林院校也是如此，因此把物理学作为培养高素质人才的基础是必要的。但是由于高等农林院校自身学科的特点，大学物理的教学学时普遍偏少，在少学时条件下如何教好和学好大学物理是一件很困难的工作。经过教育部高等学校大学物理课程教学指导委员会农林水工作委员会确定的 64 学时教学基本要求，是对高等农林院校大学物理教学质量的基本保证。该教材就是以这个教学基本要求为基础编写的，它保持了物理学理论自身的结构体系，也在某些方面适当加强，来满足高等农林院校各专业的需要，7 年的教学实践说明，这种方法是可行的。

当前互联网+教育的时代已经到来。各个高校都在尝试教育如何适应信息时代的发展，特别是国外 MOOC 的出现很快吸引了我们的注意力，MOOC 的 3 个基本要素——授课视频、习题作业和论坛互动在引导学生学习方面有极大的优势，这强烈地要求我们实行教学改革。当前在国内高等农林院校全面推行 MOOC 还有一定的实际困难，但实现小规模专有在线课程(SPOC)，通过智能化的数字教学平台还是可行的。该教材的再版在这方面进行了有益的尝试，是很好的起步。虽然万事开头难，在互联网上实现授课视频、习题作业、论坛互动还不成熟，但这是未来的发展趋势，只要坚持下去，积累经验，必然会取得较好的成果。

大学物理教学改革是一项艰难的工作。教育部高等学校大学物理课程教学指导委员会农林水工作委员会支持这项工作，并提供必要的协助。希望该教材的编者们努力工作，编好教材，在互联网+教育方面积极探索，取得更大的成绩。

2016 年 9 月

第 1 版序

物理学研究自然界中各种最基本的运动形态及其规律，物理学为自然界的物质结构相互作用和运动规律提供了一副绚丽多姿、结构严谨的图画。随着科学技术的发展，学科的发展也日趋综合，新型的交叉学科不断涌现并迅速发展。物理学原理及其技术在许多学科中的应用也日趋广泛。这些情况越来越印证了物理学是一切自然科学基础的观点的正确性和重要性。

大学是培养高素质人才的场所。物理学是一切自然科学的基础，大学基础物理学课程具有很强的系统性、严谨性和逻辑性，是培养学生科学素质和科学思维方法、提高学生科研能力的重要基础课程。学生在学习物理学课程中所获得的科学思维方法，对他们树立正确的人生观将起到一定的积极作用。如今许多大学为文科学生开设 70 学时左右的大学物理学课程，多少说明了上述作用的存在。

农林院校中的绝大多数专业属于自然科学的范畴，这些学科和物理学有着千丝万缕的联系。物理学原理及其技术在农林业上的应用也日趋广泛，这些应用已经为农林科学研究深入开展和农林业增产起了巨大推动作用。农林院校开设大学物理课程并保持一定的学时，对学生学习掌握基本的物理学知识，为他们日后的创造性地开展相关工作具有重要意义。对物理教学而言，在讲授好物理学知识的基础上，例举一些物理学原理及技术在农林学上的应用实例，对农林院校物理教学无疑是有益的。

学校的一些硕士生、博士生、博士后和教师经常向物理教师请教一些他们在科研工作中遇到的一些物理学问题。我们发现，这些问题并不涉及高深的物理学知识或物理学前沿的问题，而往往是一些物理学基础知识。我们也发现，一些非物理专业出身的教师在搞科研工作中，由于没有很好地掌握有关物理知识而走了弯路。这些情况从另一个侧面告诉我们，在农林院校里加强大学基础物理教学是十分必要的。

为数不少的农林院校的物理教学一直被学时数不断减少的问题所困扰。这种情况也引起教育部高等农林院校理科基础课程教学指导委员会的重视。为此，于 2008 年 11 月制定了农林院校一些专业大学基础物理课程最低标准为 64 学时(讲授)的教材大纲。本书就是在此背景下编写的。本教材的出版在促进农林院校大学物理教学方面必将发挥应有的作用。

金仲辉

2009 年 10 月

第 2 版前言

党的二十大报告中提出:“坚持为党育人、为国育才,全面提高人才自主培养质量”“加强教材建设和管理”“深入实施人才强国战略。培养造就大批德才兼备的高素质人才,是国家和民族长远发展大计。”

《大学物理教程》于 2009 年出版,在使用 7 年后,今年再版了。再版的目的有两点:第一,迎接互联网+时代的到来,创新高等农林院校公共基础课教材。第二,根据教育部高等学校大学物理课程教学指导委员会农林水工作委员会确定的 64 学时教学基本要求,再次修订教材,提高本教材的质量。

随着高等教育的发展,互联网+教育正在席卷全球。MOOC 在互联网上已经有了很成功的范例,对于中国高等农林院校而言,小规模专有在线课程(SPOC)目前更适合教学的需要,它不仅是教师教学工作的支撑平台,也是教学过程数据收集和管理的平台。本教材修订再版就是为促进师生在教学平台上顺利开展教与学,第 2 版教材在出版纸质教材的同时,配套有教学资源网站,网站上提供了 64 学时教学全程的音像、PPT、习题解答、模拟考试,也通过智能化的数字教学平台进行个性化和互动式的教学,包括 SPOC 实践。这是本教材再版的第一大特色。

在教育部高等学校大学物理课程教学指导委员会农林水工作委员会的指导下,大家基本确认大学物理在农林院校少学时教学以 64 学时为准,并提出了教学的基本要求。本教材第 2 版编写以 64 学时教学基本要求为准,再次精选了教学内容,保持了物理学的理论体系,又根据高等农林院校的特点,增加了光度学、色度学等内容,促使这本教材更适合高等农林院校的需要。同时在配套的音像制品中加入了演示实验,以提高教学质量。这是本教材再版的第二大特色。

在本教材的修订过程中,得到了同行的热情支持和鼓励。教育部高等学校大学物理课程教学指导委员会委员、农林水工作委员会主任、东北林业大学理学院院长戚大伟教授审定了本教材大纲,并为本教材撰写了再版序言;教育部高等学校大学物理课程教学指导委员会委员、农林水工作委员会副主任、河南农业大学潘建斌教授为本教材的再版提出了很好的建议,在此一并致以深深的谢意。

参加本书编写的有:北京林业大学张文杰、范秀华、程艳霞、陈菁,海南大学曹阳、王赵、李劲、史常圣,内蒙古农业大学闫祖威,河北科技师范学院徐秋、王鸿雁、王晓昱,沈阳农业大学马冠雄、刘智勇、田林林,东北农业大学牟艳秋,塔里木大学杨瑛、郑文轩,河南牧业经济学院胡晓波。

由于编者风格各异,本教材难免存在缺点和问题,衷心希望使用本书的教师和学生将意见反馈给主编,以便将来改进,希望本教材最终成为一本受大家欢迎的教材。

编　者

2023 年 10 月

第 1 版前言

经过全体编写人员的努力，本教材终于面世了。在高等学校各类物理教材林立的今天，这本教材的出现有它的独到之处。这是前言申明的内容之一。

首先，它是适用于农林院校少学时物理教学的教材。目前各农林院校农学、林学等专业，甚至与之相关的其他专业，少学时的物理教学占了很大比例，各院校多数以理工科专业的教材或者以自编教材进行教学，缺少一本通用的、合适的教材。2008 年 11 月，教育部高等农林院校理科基础课程教学指导委员会第二次扩大会议决定以 64 学时为少学时物理教学学时，并编写一本与 64 学时教学相适应的推荐示范教材。此教材就是在这个背景下产生的。

其次，参加本教材编写的共有 9 所院校 21 位教师。院校遍布全国，编者都是工作在教学第一线的有丰富教学经验的教师，因此可以认为这本教材反映了目前农林院校物理教学的现状和水平。教材起点较高，精选了农林院校学生必备的基本概念和基本理论，对重要的定理和公式进行了推导，并用最短的篇幅介绍了近代物理的前沿和物理在农业和林业中的应用，旨在树立学生的物理思想和科学素质。所以本教材虽篇幅不长，但针对性强，适应了农林院校少学时物理教学的需要。

再次，本教材配有多媒体课件和习题集，来满足教师教学和学生学习的需要。目前一般教材都配有多媒体课件和习题集，但是本教材的多媒体课件和习题集很有特点，弹性很强。多媒体课件概括教学最基本的内容，教师可以在多媒体课件上充分发挥个性，增加演示、动画各类题材，给教师的教学改革留下了充分的余地。习题集方面，教师有习题解答，方便教学，学生采取活页做习题，最后可以装订成册进行复习，成本不高，又很方便。

前言申明的另一项内容是在教材的编写过程中，得到了同行的热情支持和鼓励，北京大学陆果教授审阅了本教材大纲，中国农业大学金仲辉教授为本教材撰写了序，西北农林科技大学王国栋教授、东北林业大学戚大伟教授、中国农业大学贾贵儒教授等都给予了热情的关注和指导，在此致以深深的谢意！

参加本书编写的有：北京林业大学张文杰、张祥雪、范秀华、程艳霞，海南大学曹阳、王赵，河南农业大学朱连轩、赵安庆、陈志伟，内蒙古农业大学闫祖威、阿木古楞、谢翔东，南京农业大学李明、马保亮，河北科技师范学院徐秋、刘宝海、王鸿雁，沈阳农业大学马冠雄，东北农业大学牟艳秋，塔里木大学杨瑛、郑文轩。

由于编者风格各异，主编虽全力修改，本教材还难免存在缺点和问题，衷心希望使用本书的教师和学生将意见反馈给主编，以便再版时改进。

编　者

2009 年 9 月

目录
CONTENTS

第1部分　力　　学

第 2 部分　热　　学

第 3 部分　电 磁 学

第1部分

力　学

PART 1

MECHANICS

近代力学的进展及其在农林中的应用

力学是最古老的科学之一，它的发展过程是人类对于机械运动的认识过程。约在公元前三四百年，古希腊的欧多克斯就提出了地心说，他用 27 个球层来解释天体的运动。后来亚里士多德对这个理论做了改进，到公元 2 世纪，托勒玫把这种学说发展到了登峰造极的地步。经典力学就是在批判亚里士多德的这些错误观点中建立起来的。阿基米德擅长对物理问题进行数学处理，他得出了著名的浮力定理和杠杆的平衡条件。阿基米德叙述杠杆平衡的学说，奠定了静力学的基础。伽利略对物理规律的论证过程是：一般观察—假说—数学分析、推论—实验验证，这种论证思想方法为后人揭开物理学的各种规律提供了范例。牛顿系统地总结了伽利略、惠更斯和开普勒等的工作，得出了牛顿运动三定律和万有引力定律。牛顿在 1687 年出版的《自然哲学数学原理》这部经典著作中，从力学的基本概念和基本定律出发，利用他所发明的微积分这一数学工具，把天体力学和地面上的力学统一起来，创立了现代的质点经典力学。继牛顿在质点动力学方面取得的成就之后，俄国数学家欧勒提出了质点及刚体运动的一般微分方程；法国科学家达朗贝尔提出了达朗贝尔原理，这个原理有可能把动力学问题化为平衡问题来处理；拉格朗日建立了虚功原理的普遍形式，并与达朗贝尔原理相结合，提出了广义坐标动力学。这些科学家为经典力学逐步严密、科学的发展奠定了基础。20 世纪下半叶，航天任务基本实现以后，力学家开始转向新的力学生长点，特别是在天文学、地学、生物学方面取得丰硕成果。结合天体现象的研究，用磁流体力学研究太阳风的发生和发展规律，用流体力学结合恒星动力学解释星系螺旋结构，用相对论流体力学研究星系的演化等取得了成果。力学家研究了生物的形态和组织，建立了生物力学、形成一门新的生物医学学科。

人类面临一系列重大问题需要解决，其中有些问题对于我国说来更显紧迫，诸如：人均耕地面积较少，粮食不足，水、土资源短缺，水土流失和生态环境破坏严重，能源短缺、利用效率低，交通运输紧张，气象和地震等自然灾害的预报及防治等，继续不断提出新的力学问题，有赖于力学的新发展去解决。影响农作物的生长的一个关键因素是液体的输送，阐明水自根到叶而糖分从叶到全身的输运机制，及各部分在生长各阶段对液体的需要，对内因和外因各参数进行优化和调节，进而实现消耗最少而收获最多的目的。要加强对水源、土壤和空气中污染物质输运及对污染源控制的规律的研究。做好以上研究，我们将会有一个更为经济、健康的绿色产业（包括绿色农业和绿色工业）和生态环境，可以为我们提供优质农产品、创造优美的生存环境。解决能源危机的根本途径是寻求和开发干净的再生能源，并应千方百计地降低能耗，包括可控热核反应、太阳能、地热、生物质能、风能、潮汐能等。在煤的清洁燃烧和利用，可控热核反应作为未来能源的工业化等主要领域里，力学特别是流体力学可以大有作为。开发太阳能和地热的一个关键是提高集热、隔热材料性能和循环系统的传热、传质性能，研究生物发酵，汽化中的反应、扩散及汽化过程是加速实现开发生物质能的中心课题，建筑行业中需要高效的保温材料和传热系统，其中也存在诸多力学问题。近年来，交通运输是阻碍我国经济高速发展的"瓶颈"之一，急需研制和建设大型超声速客机、高速列车、新型船舰及水面效应飞行器，进一步发展高速公路、大型桥梁和隧道等。这些大型工程中存在一系列流体力学、固体力学及流固耦合的问题，需要新构思和新途径，提出科学和优化的设计和制作方案。我国地域辽阔，自然灾害频发，为了改进天气预报，了解地震发生机制，掌握泥沙和风沙迁移、土壤侵蚀以及泥石流和滑坡等的规律，需要针对气象与地学特点，推动力学与大气和海洋科学以及与地学的进一步结合，构筑新的模型和理论。力学与高技术的发展始终紧密相连，过去力学研究在发展以两弹为代表的尖端技术中发挥了极其重要的作用。当前，在发展高性能飞机、高能束流武器、动能武器、微重力科学技术、微型机械、超声速燃烧技术、空间垃圾的防治等方面，力学仍要发挥举足轻重的作用。在学科的发展中提出了一系列具有根本性和共性的问题，例如最突出和最普遍的两大基础难题是湍流机制以及固体的本构关系和破坏机制。绝大多数的流动均为湍流的形态，目前计算这类问题都带有经验的成分，方法带有局限性和盲目性而缺乏预测能力，因为湍流直接关系到航空、航天、水运、天气预报、海流预报、化学反应器、水利、环境以至天体和宇宙中的流动等众多领域，湍流研究的任何进展都有全局意义，都会在广阔范围内得到好处。近年来围绕实验中发现的相关结构展开了理论研究，直接数值模拟也有很大的进展。非线性动力系统理论，在分析运动稳定性、分岔、非线性振动、混沌等方面对整个力学的发展以及其他很多学科的发展产生影响，也会推动复杂的运动机械系统、控制系统及机器人技术等的进步。学科的交叉与渗透对科学和技术的推动起巨大的作用，尤其要发展力学与生命科学的交叉、力学与地学的交叉。力学与地学结合的研究重点是：①地球动力学，中心问题有：板块运动的驱动力来源，地幔对流理论，地震机制；②环境与灾害力学，包括污染物的运移、气象灾害、地质灾害的发生机制和预报；③土岩的变形、流动和破坏规律。力学与生命科学结合的研究热点是，应力与细胞生长规律、微循环的规律、植物体液的输运规律等。力学问题的解决必须通过实验、分析、数值模拟三位一体的研究途径，需要充分利用计算机来控制实验及测量以及进行数据处理、演算和数值模拟。农业的种植养殖、生产、收获以及农产品运输、保鲜、加工等各个领域均离不开力学知识和机械，在我国各种水利工程中力学应用也至关重要，从三门峡水库的惨痛教训到小浪底水库和三峡水库工程的设计完善、维护、保护等力学知识均发挥着至关重要的作用。惊叹世界的都江堰水利工程就是极其成功的范例。

综上所述，力学有极其辉煌的历史，也有不可预测的未来，它一面推动着高新技术的发展，一面紧紧地联系着国计民生，学习农业林业不可不知物理，学习物理不可不知力学，力学正是农业和林业科学技术的基础。

Chapter 1 第 1 章

力学基本定律

Basic Laws of Mechanics

力学是研究物体机械运动的规律及其应用的学科。力学分为质点力学和刚体力学。本章主要内容包括质点运动学、质点动力学、动量与冲量、功与能 4 部分内容。

1.1 质点运动学

1.1.1 参照系和坐标系

宇宙中的一切物体，大到天体，小到分子和原子都处于永恒的运动中。运动是绝对的，静止是相对的。因此要描述一个物体的运动，必须选择另一个物体作为参照物。被选作参照的物体，称为参照系。参照系的选择，视问题的方便而定。例如，在研究地面物体的运动时，通常选地球或相对于地球静止不动的物体作参照系。同一物体在不同参照系中运动状态不同。

为了定量地描述物体的位置及其变化，必须在参照系上建立适当的坐标系。一般最常用的是直角坐标系和自然坐标系。

1.1.2 描述质点运动的物理量

1. 质点的位置矢量　运动方程

为了描述质点的运动，首先要有描述质点位置的坐标。图 1-1 中，从坐标原点 O 画一个指向 P 点的有向线段 $\boldsymbol{OP}$，此有向线段的长度指出 P 点到原点的距离，其箭头指出 P 点所在的方向。有向线段 $\boldsymbol{OP}$ 是用来确定质点所在位置的矢量，称为位置矢量，简称位矢，记作 $\boldsymbol{r}$，如图 1-1 所示。

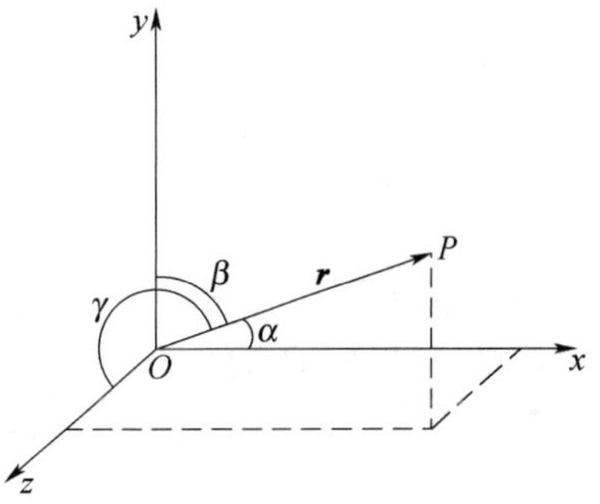

图 1-1　位置矢量

$$\boldsymbol{r}=x\boldsymbol{i}+y\boldsymbol{j}+z\boldsymbol{k} \qquad (1\text{-}1)$$

式中：$\boldsymbol{i}$，$\boldsymbol{j}$，$\boldsymbol{k}$ 为沿坐标轴 Ox、Oy 和 Oz 的正方向的单位矢量。

位矢 $\boldsymbol{r}$ 的大小

$$r=|\boldsymbol{r}|=\sqrt{x^2+y^2+z^2} \tag{1-2}$$

位矢 $\boldsymbol{r}$ 的方向由 3 个方向余弦确定。

$$\cos\alpha=\frac{x}{r},\cos\beta=\frac{y}{r},\cos\gamma=\frac{z}{r} \tag{1-3}$$

α，β，γ 分别是 $\boldsymbol{r}$ 与 Ox、Oy、Oz 轴正方向的夹角。

如果图 1-1 中的质点 P 运动，那么，它的位矢 $\boldsymbol{r}$ 将随时间变化，即位矢 $\boldsymbol{r}$ 是时间 t 的函数

$$\boldsymbol{r}=\boldsymbol{r}(t) \tag{1-4}$$

式(1-4)称为质点的运动方程的矢量式。显然，这时质点的坐标 x、y、z 也是时间 t 的函数

$$\begin{cases}x=x(t)\\ y=y(t)\\ z=z(t)\end{cases} \tag{1-5}$$

式(1-5)称为质点的运动方程的分量式。质点运动时在空间连续占据的各点所连成的曲线称为质点运动的轨道。将式(1-5)中的参数 t 消去，可得到质点 P 的运动轨道方程

$$f(x,y,z)=0$$

例 1-1 已知质点在一平面上运动，它的运动方程为 $x=4\cos\frac{\pi}{3}t$，$y=3\sin\frac{\pi}{3}t$，式中长度以米计，时间以秒计。试求质点的位矢表示式和运动的轨道方程。

解：质点的位矢

$$\boldsymbol{r}=4\cos\frac{\pi}{3}t\boldsymbol{i}+3\sin\frac{\pi}{3}t\boldsymbol{j}$$

消去质点运动方程中参数 t 得

$$\frac{x^2}{4^2}+\frac{y^2}{3^2}=1$$

这就是质点的轨道方程，是一椭圆运动轨道。因此，质点的运动方程也可以看作是以 t 为参数的轨道方程。

2. 位移

如质点从位置 A 沿一平面内曲线移动到位置 B，如图 1-2 所示。建立一平面直角坐标系。用从 A 指向 B 的矢量 $\Delta\boldsymbol{r}$ 表示在这段时间内的位移。

设质点在 A 处的位矢为 $\boldsymbol{r}_A$，在 B 处的位矢为 $\boldsymbol{r}_B$，据矢量合成得

$$\Delta\boldsymbol{r}=\boldsymbol{r}_B-\boldsymbol{r}_A \tag{1-6}$$

在直角坐标系中，位移

$$\Delta \boldsymbol{r}=\Delta x\boldsymbol{i}+\Delta y\boldsymbol{j} \tag{1-7}$$

Δx 和 Δy 是同一时间质点坐标的增量。

位移的大小

$$|\Delta \boldsymbol{r}|=\sqrt{\Delta x^2+\Delta y^2} \tag{1-8}$$

方向可用位移与 x 轴的夹角 α 表示

$$\tan\alpha=\frac{\Delta y}{\Delta x} \tag{1-9}$$

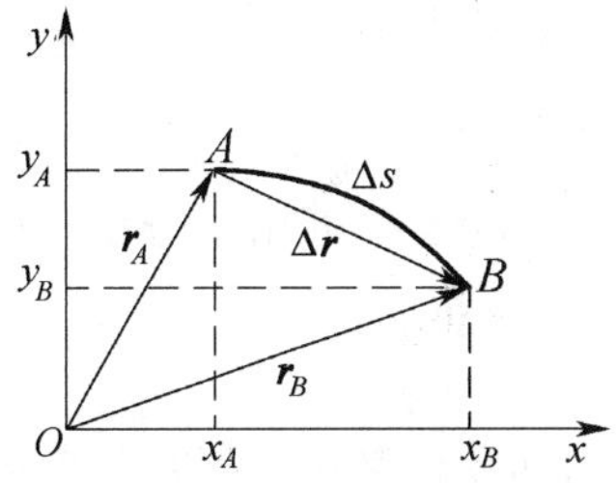

图 1-2 质点的位移和路程

显然,上述有关位移的讨论很容易推广到三维情形。

3. 速度

设在时间 Δt 内,质点的位移为 $\Delta \boldsymbol{r}$,将比值 $\frac{\Delta \boldsymbol{r}}{\Delta t}$ 称为质点在 Δt 时间内的平均速度,记作 $\overline{\boldsymbol{v}}$,

$$\overline{\boldsymbol{v}}=\frac{\Delta \boldsymbol{r}}{\Delta t} \tag{1-10}$$

平均速度是矢量,它的方向与位移 $\Delta \boldsymbol{r}$ 的方向相同。

若在 Δt 时间内,质点经历的路程是 Δs,则比值 $\frac{\Delta s}{\Delta t}$ 称为质点在这段时间内的平均速率,记作 $\overline{v}$,

$$\overline{v}=\frac{\Delta s}{\Delta t} \tag{1-11}$$

当 $\Delta t \to 0$ 时,比值 $\frac{\Delta \boldsymbol{r}}{\Delta t}$ 的极限 $\frac{\mathrm{d}\boldsymbol{r}}{\mathrm{d}t}$ 和比值 $\frac{\Delta s}{\Delta t}$ 的极限 $\frac{\mathrm{d}s}{\mathrm{d}t}$,分别称为瞬时速度和瞬时速率,简称速度和速率。即

$$\boldsymbol{v}=\frac{\mathrm{d}\boldsymbol{r}}{\mathrm{d}t} \tag{1-12}$$

$$v=\frac{\Delta s}{\Delta t} \tag{1-13}$$

速度是描述运动质点在某一瞬时位置变化率的物理量。式(1-12)表明:速度 $\boldsymbol{v}$ 与 $\mathrm{d}\boldsymbol{r}$ 同方向,当 $\Delta t \to 0$ 时 $|\mathrm{d}\boldsymbol{r}|=\mathrm{d}s$, $\left|\frac{\mathrm{d}\boldsymbol{r}}{\mathrm{d}t}\right|=\frac{\mathrm{d}s}{\mathrm{d}t}$,即在同一时刻,质点速度的大小与速率相等。

综上所述:质点运动时,其速度的大小与速率相等,方向沿轨道切线指向质点前进方向。

当质点在一个平面上运动时,速度矢量在平面直角坐标系中表示为

$$\boldsymbol{v}=v_x\boldsymbol{i}+v_y\boldsymbol{j} \tag{1-14}$$

$$\boldsymbol{v}=\frac{\mathrm{d}x}{\mathrm{d}t}\boldsymbol{i}+\frac{\mathrm{d}y}{\mathrm{d}t}\boldsymbol{j} \tag{1-15}$$

比较式(1-14)和式(1-15)有

$$\begin{cases}\boldsymbol{v}_x=\dfrac{\mathrm{d}\boldsymbol{x}}{\mathrm{d}t}\\[2ex]\boldsymbol{v}_y=\dfrac{\mathrm{d}\boldsymbol{y}}{\mathrm{d}t}\end{cases} \tag{1-16}$$

速度$\boldsymbol{v}$ 的大小

$$v = |\boldsymbol{v}| = \sqrt{v_x^2 + v_y^2} \tag{1-17}$$

速度$\boldsymbol{v}$ 的方向可用$\boldsymbol{v}$ 与Ox 轴正向的夹角α 表示

$$\tan\alpha = \frac{v_y}{v_x} \tag{1-18}$$

在国际单位制中,速度的单位是 $\mathrm{m \cdot s^{-1}}$。

4. 加速度

如图 1-3 所示,质点作曲线运动。t 时刻质点位于 A 点,速度为$\boldsymbol{v}_A$;在 $t+\Delta t$ 时刻,质点位于 B 点,速度为$\boldsymbol{v}_B$。在 Δt 时间内质点速度的变化量 $\Delta\boldsymbol{v} = \boldsymbol{v}_B - \boldsymbol{v}_A$。比值$\dfrac{\Delta\boldsymbol{v}}{\Delta s}$为质点在这段时间内的平均加速度,用符号 $\boldsymbol{a}$ 表示

$$\boldsymbol{a} = \frac{\Delta\boldsymbol{v}}{\Delta t} \tag{1-19}$$

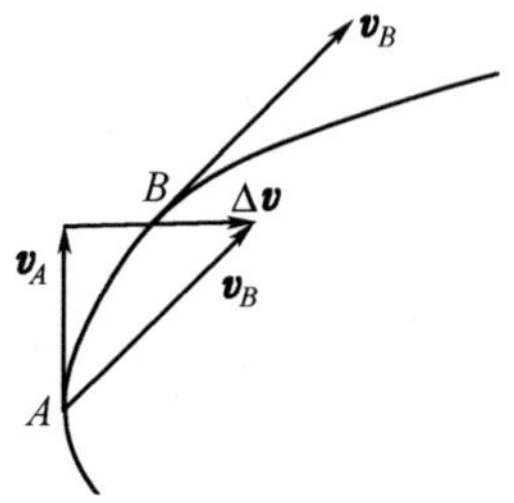

图 1-3　速度的增量

当 $\Delta t \to 0$ 时,比值$\dfrac{\Delta\boldsymbol{v}}{\Delta s}$的极限$\dfrac{\mathrm{d}\boldsymbol{v}}{\mathrm{d}s}$,称为质点在 t 时刻的瞬时加速度,简称加速度,用符号 $\boldsymbol{a}$ 表示:

$$\boldsymbol{a} = \lim_{\Delta t \to 0} \frac{\Delta\boldsymbol{v}}{\Delta t} = \frac{\mathrm{d}\boldsymbol{v}}{\mathrm{d}t} \tag{1-20}$$

将式(1-12)代入上式得

$$\boldsymbol{a} = \frac{\mathrm{d}^2\boldsymbol{r}}{\mathrm{d}t^2} \tag{1-21}$$

将式(1-14)和式(1-15)代入式(1-20)和式(1-21),即得平面直角坐标系中加速度表示式

$$\boldsymbol{a} = \frac{\mathrm{d}v_x}{\mathrm{d}t}\boldsymbol{i} + \frac{\mathrm{d}v_y}{\mathrm{d}t}\boldsymbol{j} = \frac{\mathrm{d}^2x}{\mathrm{d}t^2}\boldsymbol{i} + \frac{\mathrm{d}^2y}{\mathrm{d}t^2}\boldsymbol{j} \tag{1-22}$$

用符号 a_x 和 a_y 表示 x 轴和 y 轴方向的加速度分量,则

$$\boldsymbol{a}_x = \frac{\mathrm{d}\boldsymbol{v}_x}{\mathrm{d}t} = \frac{\mathrm{d}^2\boldsymbol{x}}{\mathrm{d}t^2} \tag{1-23}$$

$$\boldsymbol{a}_y = \frac{\mathrm{d}\boldsymbol{v}_y}{\mathrm{d}t} = \frac{\mathrm{d}^2\boldsymbol{y}}{\mathrm{d}t^2} \tag{1-24}$$

加速度 $\boldsymbol{a}$ 的大小

$$|\boldsymbol{a}| = \sqrt{a_x^2 + a_y^2} \tag{1-25}$$

加速度 $\boldsymbol{a}$ 的方向可用$\boldsymbol{a}$ 与 x 轴正向夹角α 表示

$$\tan\alpha = \frac{a_y}{a_x} \tag{1-26}$$

在国际单位制中,加速度的单位是 $\mathrm{m \cdot s^{-2}}$。

5. 切向加速度和法向加速度

加速度矢量除可以按直角坐标系分解外，还可以按自然坐标系分解，即按质点运动轨道的法线方向和切线方向分解。

下面以圆周运动为例，说明曲线运动的切向加速度和法向加速度。如图 1-4 所示，质点在圆轨道上运动到 A 点时，在 A 点沿圆的切线指向速度方向作一坐标轴 AT，称为切向坐标轴；再沿半径方向指向圆心作坐标轴 AN，称为法向坐标轴。圆周上每一点都有自己的切向坐标轴和法向坐标轴。

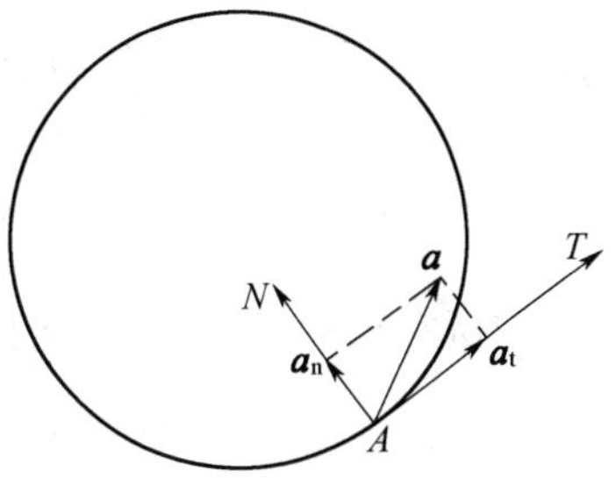

图 1-4 切向坐标轴和法向坐标轴

对于做匀速圆周运动的质点，由于速度方向的变化，其加速度的大小等于$\frac{v^2}{R}$，方向指向圆心，即沿法向坐标轴，称为向心加速度，又称法向加速度，用符号 $\boldsymbol{a}_n$ 表示。其大小

$$a_n = \frac{v^2}{R} \tag{1-27}$$

如果质点做变速圆周运动，这时，不但有改变速度方向的加速度，还有改变速度大小的加速度。如图 1-5(a)所示，设质点沿圆周运动，在 t 时刻质点运动到 A 点，速度为$\boldsymbol{v}_A$，经 Δt 时间运动到 B 点，速度为$\boldsymbol{v}_B$，在 Δt 时间内速度的增量 $\Delta\boldsymbol{v} = \boldsymbol{v}_B - \boldsymbol{v}_A$，按加速度定义

$$\boldsymbol{a} = \lim_{\Delta t \to 0} \frac{\Delta \boldsymbol{v}}{\Delta t} = \lim_{\Delta t \to 0} \frac{\boldsymbol{v}_B - \boldsymbol{v}_A}{\Delta t}$$

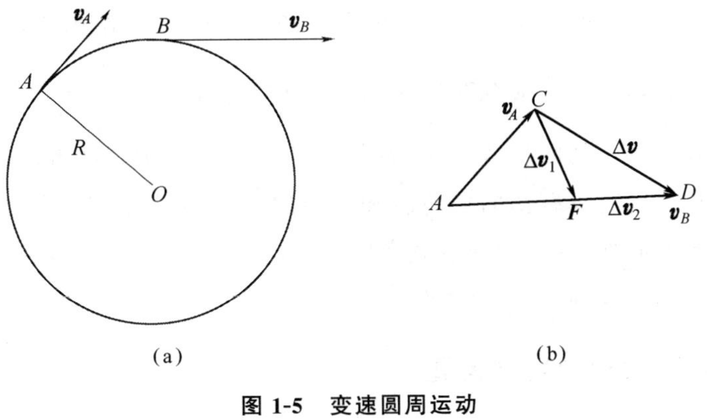

图 1-5 变速圆周运动

下面具体讨论加速度的大小和方向。

将$\boldsymbol{v}_A$和$\boldsymbol{v}_B$平行移动，使二矢量的始点皆移至 A 点，如图 1-5(b)所示。在 $AD = \boldsymbol{v}_B$上截取$|AF| = |AC| = |\boldsymbol{v}_A|$，令$\overrightarrow{CF} = \Delta\boldsymbol{v}_1$，$\overrightarrow{FD} = \Delta\boldsymbol{v}_2$，则

$$\Delta \boldsymbol{v} = \Delta \boldsymbol{v}_1 + \Delta \boldsymbol{v}_2$$

$$\boldsymbol{a} = \lim_{\Delta t \to 0} \frac{\Delta \boldsymbol{v}}{\Delta t} = \lim_{\Delta t \to 0} \frac{\Delta \boldsymbol{v}_1}{\Delta t} + \lim_{\Delta t \to 0} \frac{\Delta \boldsymbol{v}_2}{\Delta t} \tag{1-28}$$

上式右方第一项 $\lim\limits_{\Delta t \to 0} \frac{\Delta \boldsymbol{v}_1}{\Delta t}$，即$\frac{\Delta \boldsymbol{v}_1}{\Delta t}$ 的极限方向与$\boldsymbol{v}_A$垂直指向圆心，它的大小可通过比较 $\triangle AOB$ 和$\triangle CAF$，运用数学知识得到大小为$\frac{v^2}{R}$，所以 $\boldsymbol{a}_n = \lim\limits_{\Delta t \to 0} \frac{\Delta \boldsymbol{v}_1}{\Delta t} = \frac{\boldsymbol{v}^2}{R}$ 。称 $\boldsymbol{a}_n$ 为法向加速度，方向与所在点的切线垂直，指向圆心。

上式右方第二项 $\lim\limits_{\Delta t \to 0} \frac{\Delta \boldsymbol{v}_2}{\Delta t}$，即$\frac{\Delta \boldsymbol{v}_2}{\Delta t}$ 的极限方向与$\boldsymbol{v}_A$平行，在图 1-5(a)中 A 点的切线方向上，大小是速率 v 对时间的变化率。所以称此项为切向加速度，用 $\boldsymbol{a}_t$ 表示。其大小

$$a_t = \frac{\mathrm{d}v}{\mathrm{d}t} \tag{1-29}$$

所以，式(1-28)可改写为

$$\boldsymbol{a} = \boldsymbol{a}_n + \boldsymbol{a}_t \tag{1-30}$$

$\boldsymbol{a}$ 的大小为$|\boldsymbol{a}| = \sqrt{a_n^2 + a_t^2}$，$\boldsymbol{a}$ 的方向可用 $\boldsymbol{a}$ 与速度 $\boldsymbol{v}$ 之间的夹角 φ 表示

$$\tan\varphi = \frac{a_n}{a_t}$$

由上述可知，在变速圆周运动中，加速度可分解为互相垂直的法向加速度和切向加速度。法向加速度描述质点速度方向的变化；切向加速度描述质点速度大小的变化。

对任意的平面曲线运动，分析其加速度的方法和圆周运动的情况完全相同，只是法向加速度公式中的圆半径 R，要换成曲线在相应点的曲率半径 ρ，即 $a_n = \frac{v^2}{\rho}$，其方向指向轨迹上对应点处的曲率中心，仍与切向加速度 $\boldsymbol{a}_t$ 垂直，质点的加速度仍是两者的矢量和。

质点运动时，如果同时具有切向加速度和法向加速度，则质点做变速曲线运动；如果只有切向加速度，没有法向加速度，则质点做变速直线运动；如果只有法向加速度，没有切向加速度，则质点做匀速圆周运动。

1.1.3 质点运动学的基本问题

质点运动学的主要任务是解决质点运动的描述问题，如果已知质点的运动方程，就可以了解质点运动的全部情况。因此，运动方程是运动学的核心。质点运动的基本问题可分为两类：一类是已知运动方程，求质点的速度和加速度；另一类是已知质点加速度和初始条件，求质点的速度和运动方程。许多具体问题则是这两类基本问题的综合。下面通过具体例题来进一步说明。

例 1-2 如图 1-6 所示，一质点沿半径为 R 的圆周运动，其路程用圆弧 $\overset{\frown}{PQ}$ 表示，并令 $\overset{\frown}{PQ}=s$，它随时间变化的规律为 $s=v_0t-\frac{1}{2}bt^2$，其中 v_0，b 都是常量。求任一时刻 t 质点的加速度。

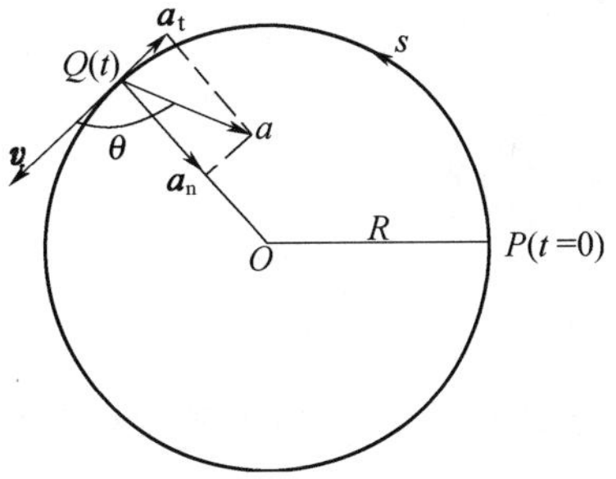

图 1-6 例 1-2 用图

解：由题设可得质点运动的速度为 $v=\frac{\mathrm{d}s}{\mathrm{d}t}=v_0-bt$，加速度的切向分量 $a_t=\frac{\mathrm{d}v}{\mathrm{d}t}=-b$，加速度的法向分量 $a_n=\frac{v^2}{R}=\frac{1}{R}(v_0-bt)^2$。

由此可得到质点在任一时刻 t，加速度的大小为

$$a=\sqrt{(-b)^2+\left[\frac{1}{R}(v_0-bt)^2\right]^2}=\frac{1}{R}\sqrt{R^2b^2+(v_0-bt)^4}$$

方向用 $\boldsymbol{a}$ 与速度 $\boldsymbol{v}$ 的夹角 θ 表示为

$$\theta=\arctan\left[-\frac{1}{Rb}(v_0-bt)^2\right]$$

例 1-3 已知物体作抛体运动，初速度为 v_0，发射角为 α，不计空气阻力，物体只在竖直方向上有重力加速度 $\boldsymbol{g}$。试求物体在任一时刻的速度、抛体的运动方程和轨道方程。

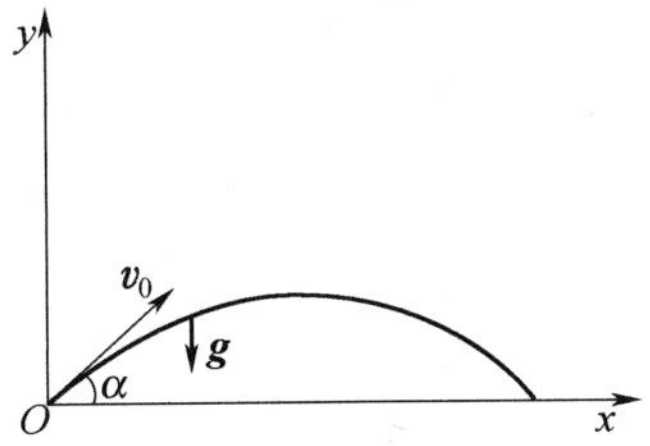

图 1-7 例 1-3 用图

解：把物体看作质点。选取地面为参照系，在含 v_0 的竖直平面内建立平面直角坐标系 Oxy。取抛出物体处为坐标原点，x 轴在水平方向，正方向指向抛体运动一方，y 轴方向竖直向上，如图 1-7 所示。将此抛体运动分解为 x、y 方向的分运动。由题意可知，加速度 $a_x=0$，$a_y=-g$；初始条件：当 $t=0$ 时，

$$x_0=0,\ y_0=0,\ v_{0x}=v_0\cos\alpha,\ v_{0y}=v_0\sin\alpha$$

由 $\boldsymbol{a}=\frac{\mathrm{d}\boldsymbol{v}}{\mathrm{d}t}$ 得

$$\mathrm{d}v_x=a_x\mathrm{d}t$$
$$\mathrm{d}v_y=a_y\mathrm{d}t$$

对上式两边取积分，并将初始条件代入得

$$v_x=v_0\cos\alpha$$
$$v_y=v_0\sin\alpha-gt$$

物体在任一时刻的速度 $\boldsymbol{v}=v_0\cos\alpha\,\boldsymbol{i}+(v_0\sin\alpha-gt)\boldsymbol{j}$，$\boldsymbol{v}$ 的大小为

$$v=(v_0^2-2v_0gt\sin\alpha+g^2t^2)^{1/2}$$

$\boldsymbol{v}$ 与 x 轴正向的夹角

$$\theta=\arctan\frac{1}{v_0\cos\alpha}(v_0\sin\alpha-gt)$$

由 $\boldsymbol{v}=\frac{\mathrm{d}\boldsymbol{r}}{\mathrm{d}t}$ 得

$$\mathrm{d}x=v_x\mathrm{d}t$$
$$\mathrm{d}y=v_y\mathrm{d}t$$

对上式两边取积分,并将初始条件代入得

$$x=v_0t\cos\alpha$$
$$y=v_0t\sin\alpha-\frac{1}{2}gt^2$$

将上式中参数 t 消去得

$$y=x\tan\alpha-\frac{gx^2}{2v_0^2\cos^2\alpha}$$

该式就是抛体运动的轨道方程,其轨道是抛物线。抛体的运动方程

$$\boldsymbol{r}=v_0t\cos\alpha\,\boldsymbol{i}+\left(v_0t\sin\alpha-\frac{1}{2}gt^2\right)\boldsymbol{j}$$

1.1.4 相对运动

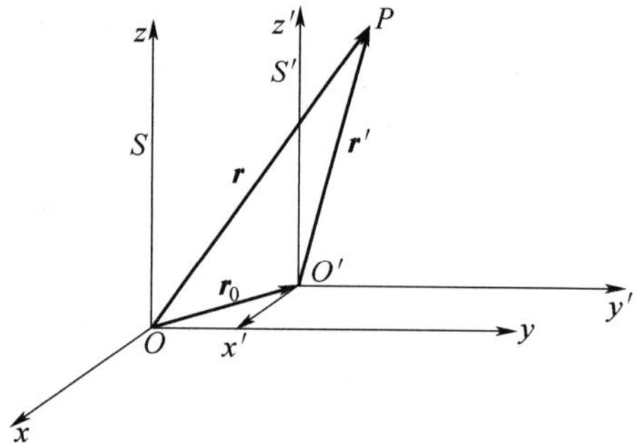

图 1-8 相对运动

位置和速度只能相对于某一参照系或坐标系而言。坐标系本身可能是“静止的”或“运动的”。通常我们把固定在地球上的坐标系叫作“静止”坐标系,把固定在相对于地球运动的物体上的坐标系叫作运动坐标系。现在讨论相对于两种坐标系的速度之间和加速度之间的关系。

本节考虑运动坐标系 S' 相对于静止坐标系 S 作变速直线运动的情况,如图 1-8 所示,图中 $\boldsymbol{r}$、$\boldsymbol{r}'$ 分别表示质点 P 在 S、S' 的位矢,$\boldsymbol{r}_0$ 是 S' 系的原点 O' 在 S 系的位矢。

据矢量合成法则有

$$\boldsymbol{r}=\boldsymbol{r}'+\boldsymbol{r}_0 \tag{1-31}$$

式(1-31)两边分别对时间求导得

$$\boldsymbol{v}=\boldsymbol{v}'+\boldsymbol{v}_0 \tag{1-32}$$

通常把质点相对于“静止”坐标系的速度 $\boldsymbol{v}$ 叫作“绝对”速度;把质点相对于运动坐标系的速度 $\boldsymbol{v}'$ 叫作相对速度;运动坐标系相对于“静止”坐标系的速度 $\boldsymbol{v}_0$ 叫作牵连速度。

式(1-32)表示:质点的“绝对”速度 $\boldsymbol{v}$ 等于质点相对于运动坐标系的相对速度 $\boldsymbol{v}'$ 与牵连速度 $\boldsymbol{v}_0$ 的矢量和。

将式(1-32)两边分别对时间求导得

$$\boldsymbol{a}=\boldsymbol{a}'+\boldsymbol{a}_0 \tag{1-33}$$

上式表示质点的"绝对"加速度 $\boldsymbol{a}$ 等于质点的相对加速度 $\boldsymbol{a}'$ 与运动坐标系的牵连加速度 $\boldsymbol{a}_0$ 的矢量和。

以上的讨论只限于运动坐标系作平动的情形，坐标轴发生转动的情形比较复杂，我们不做讨论。

1.2 质点动力学

上一节讨论了运动学的一些重要概念，以及如何用运动方程描写物体的机械运动。这仅仅是从几何方面分析了机械运动，没有涉及引起运动变化的原因。本节将研究物体间的相互作用，以及这种相互作用所引起的物体运动状态变化的规律。力学中的这部分内容称为动力学。

1.2.1 牛顿运动定律

1. 牛顿运动定律

牛顿运动定律是力学中的重要定律。在人类长时间的生产实践和前辈科学实验成果的基础上，牛顿对机械运动的规律进行了深入的研究和归纳总结，于1686年发表了三条运动定律。牛顿三条定律可陈述如下：

第一定律：一切物体都保持静止或匀速直线运动状态，直到其他物体的作用迫使它改变这种状态为止。

第一定律揭示出：任何物体都具有一种保持其原来运动状态的特性，这种特性称为物体的惯性。因此，第一定律又称惯性定律。

第二定律：当物体受到外力作用时，物体所获得的加速度 $\boldsymbol{a}$ 与合外力 $\boldsymbol{F}$ 的大小成正比，并与物体的质量 m 成反比；加速度的方向与合外力的方向相同。第二定律的数学表达式为

$$\boldsymbol{F}=m\boldsymbol{a}=m\frac{\mathrm{d}\boldsymbol{v}}{\mathrm{d}t} \tag{1-34}$$

第二定律引入了质量和力两个物理量，并确定了力 $\boldsymbol{F}$、质量 m 和加速度 $\boldsymbol{a}$ 之间的定量关系。

第三定律：当物体 A 以力 $\boldsymbol{F}$ 作用于物体 B 上时，物体 B 必定同时以力 $\boldsymbol{F}'$ 作用于物体 A 上，这两个力 $\boldsymbol{F}$ 和 $\boldsymbol{F}'$ 在同一直线上，大小相等而方向相反。其数学表达式为

$$\boldsymbol{F}=-\boldsymbol{F}' \tag{1-35}$$

第三定律说明了物体间的作用力具有相互作用的性质，力就是物体间的相互作用；力总是成对出现的，分别作用在两个物体上，属于同一性质；作用力和反作用力同时存在，同时消失。

牛顿三条定律中的"物体"实质上是指质点而言的，因此牛顿三条定律是质点动力学的基本定律。由于任一物体原则上都可以看作是一个由许多质点组成的体系，因此牛顿三条

定律也是力学的基本定律。然而牛顿运动定律也有其局限性，实验证明，对于高速运动的物体或微观粒子，牛顿定律就不适用了。

2. 自然界中的各种力

物体运动的变化和作用于物体上的力之间的关系，是几千年来人类不断探索的课题，可见力是动力学的一个十分重要的概念。所有的力都来自物体之间的相互作用，目前我们所知道的力有：引力（由于物体具有质量，而在物体之间产生的）、电磁力（在静止或运动的电荷之间产生的）、核力（在亚原子粒子之间，当距离小于约 10^{-15} m 时，才产生的短程相互作用力）。以下介绍这些力以及这些力的宏观表现，以及各种机械接触力。

(1)引力

①万有引力定律。牛顿于 1666 年给出了引力相互作用的普遍规律，即万有引力定律。可以看作质点的任何粒子，由于其具有质量而产生的相互之间的吸引力，其大小与它们的质量 m_1 和 m_2 之积成正比，而与它们之间的距离 r 的平方成反比；力的方向在两粒子的连线上，彼此施加吸引力，即

$$F_{12}=G\frac{m_1m_2}{r^2} \tag{1-36}$$

式中 G 为引力常量，现代实验值为 $G=(6.672\pm0.004)\times10^{-11}\ \mathrm{N\cdot m^2\cdot kg^{-2}}$。

引力是自然界中最弱的力，但它却是主宰天体运动的力，其原因是，天体质量异常大，且天体间几乎不存在其他力。在地球附近某物体的重量，实质就是地球施于该物体的引力即 $\boldsymbol{W}=m\boldsymbol{g}$。

②地球的引力。引力定律只适用于质点。我们应用力的叠加原理可求得地球对月球的引力。地球对月球上的任一质点的作用力，应等于组成地球每一质点单独对月球上该点作用力的矢量和，把地球对组成月球各质点的力叠加起来，即求得地球对月球的作用力。如果我们把地球和月球分别看作质量分布中心对称的球体，根据计算可知地球对月球的作用力为

$$F=G\frac{Mm}{r^2}$$

式中：M 与 m 分别为地球与月球的质量，r 为两球心间距。即等于把质量集中于球心后质点间的万有引力。

地球表面上质量为 m 的物体受到地球对其的引力即重力为

$$F=G\frac{Mm}{R_e^2}$$

式中 R_e 为地球半径，则质点在地面上的重力加速度

$$g=\frac{F}{m}=G\frac{M}{R_e^2}\approx9.8(\mathrm{m\cdot s^{-2}})$$

由于地球并不是严格的球体，其质量分布也并非严格的球对称分布，故地球表面不同位置，g 数值略有差别。

显然，质量为 m 的物体，在距地面 h 的高度，其重力加速度为

$$g(r)=G\frac{M}{r^2}=G\frac{M}{(R_e+h)^2}=G\frac{M}{R_e^2}\frac{1}{\left(1+\frac{h}{R_e}\right)^2}$$

当 $\frac{h}{R_e}\ll 1$ 时,有

$$g(r)=g\left(1-\frac{2h}{R_e}\right)$$

可见,重力加速度的方向指向地球中心,数值随高度增大而减小。

③引力场。按现代的观点,引力只能是一种场力。因此对引力的新解释如下:

质点 m_1 产生一个引力场,该引力场与浸在其中的另一质点 m_2 接触而发生引力作用。同样,质点 m_2 也产生一个引力场,m_2 产生的引力场与浸在其中的 m_1 接触也发生引力作用。我们引入引力场强度的概念,以描写引力场内各点的强弱与方向。用 $g(r)$表示处在 r 空间位置的引力场强度,并定义为:单位质量的质点,处于 r 处所受的引力。

引力场是一种崭新的物质,它弥漫在整个空间。其基本性质,就是对有质量的物体发生引力作用。只要引力场强度分布 $g(r)$知道了,则对放置在 r 位置的质点的引力也就知道了,即

$$F(r)=mg(r)$$

地球表面附近的引力场强度分布,就是重力加速度分布。在引力场对物体发生引力作用的过程中,引力场成为在物体之间传递动量、能量、角动量等各种物理量的载体。

(2)电磁力。电磁力是带电粒子间的相互作用力,由于构造自然界的砖石——原子是由带正电的核与带负电的电子组成。因此,了解电磁力对研究物质结构有根本的意义。关于电磁力详见第 6 章至第 8 章内容。

(3)强相互作用力。在原子核中,把核子(质子与中子)束缚在一起的力,称为强相互作用力。在足够短距离内,它比库仑力强得多,当距离增加到 10^{-15} m 时很快变小而可忽略不计了。小于此距离,可超过粒子之间其他一切相互作用而占支配地位:在 0.4×10^{-15} m 以外是吸引力,小于 0.4×10^{-15} m 表现为强排斥力。因此,原子核一般既不会瓦解,也不会坍缩。

这种力只存在于强子之间。中子、质子、介子和重子等都属于强子类粒子。

(4)弱相互作用力。它是与核子相互关联的力,力程比强相互作用还要短,强度仅为强作用的 10^{-15}。它是引起 β 衰变类型的放射性现象的原因。

核力作为短程力,只在微观世界中起作用。在宏观范围内,核力并没有实际应用价值。因此,我们真正关注的只是长程力,即引力和电磁力。

常见的接触力,是指在物体之间以原子和分子之间短程相互作用而传递的力。它包括绳子张力、滑动摩擦、表面张力以及运动物体与液体之间的黏性力。

固体接触力包括性质不同的两个力:一个是两固体之间的压力,此力把两个固体表面结合在一起,它是弹性力。力的方向垂直于接触面,故又叫法向力 $\boldsymbol{N}$。法向力越大,两接触面结合得越紧密;另一个力发生在沿接触面的方向,称为切向力,又叫摩擦力。常见摩擦力有两种摩擦力——静摩擦力 $\boldsymbol{f}_{静}$ 和滑动摩擦力 $\boldsymbol{f}_{滑}$。一般情况下,滑动摩擦力的值稍小于最大静摩擦力。

实验证明,导致接触面之间结合在一起的法向力 $\boldsymbol{N}$ 越大,则最大静摩擦力与滑动摩擦力会成比例地增大。

$$\boldsymbol{f}_{静} < \boldsymbol{f}_{\max} = \mu_{静} \cdot \boldsymbol{N} \tag{1-37}$$

$$\boldsymbol{f}_{滑} = \mu_{动} \cdot \boldsymbol{N} \tag{1-38}$$

$$\mu_{动} \leqslant \mu_{静}$$

式中:$\mu_{静}$ 为静摩擦系数,$\mu_{动}$ 为动摩擦系数,在低速运动中,摩擦系数与接触面积及相对滑动速度无关仅与接触面材料性质有关。通常摩擦系数可近似看作常数。

3. 牛顿运动定律的应用

牛顿运动定律是物体作机械运动的基本定律,它在实践中有着广泛的应用。下面将通过举例来说明如何应用牛顿定律分析问题和解决问题。

牛顿第二定律 $\boldsymbol{F}=m\boldsymbol{a}$ 是一个矢量式。在计算具体问题时,一般写成某个坐标系中的分量式,然后对这些分量式求解。如在直角坐标系中

$$\begin{cases} \boldsymbol{F}_x = m\boldsymbol{a}_x = m\dfrac{\mathrm{d}^2\boldsymbol{x}}{\mathrm{d}t^2} \\ \boldsymbol{F}_y = m\boldsymbol{a}_y = m\dfrac{\mathrm{d}^2\boldsymbol{y}}{\mathrm{d}t^2} \\ \boldsymbol{F}_z = m\boldsymbol{a}_z = m\dfrac{\mathrm{d}^2\boldsymbol{z}}{\mathrm{d}t^2} \end{cases} \tag{1-39}$$

式中 $\boldsymbol{F}_x, \boldsymbol{F}_y, \boldsymbol{F}_z$ 分别表示力 $\boldsymbol{F}$ 在 x, y, z 3 个坐标轴上的分量。应用分量式时,根据事先选定的坐标轴方向,力和加速度的分量只需用大小和正负来表示。

在曲线运动中,还常采用法向分量式和切向分量式来计算,它们分别是

$$\begin{cases} F_{\mathrm{n}} = ma_{\mathrm{n}} = m\dfrac{v^2}{R} \\ F_{\mathrm{t}} = ma_{\mathrm{t}} = m\dfrac{\mathrm{d}v}{\mathrm{d}t} \end{cases} \tag{1-40}$$

式中 $F_{\mathrm{n}}, F_{\mathrm{t}}$ 分别表示法向分力和切向分力的代数和。

例 1-4 图 1-9(a)为一圆锥摆,长为 l 的细绳一端固定在天花板上,另一端悬挂质量为 m 的小球,小球经推动后,在水平面内绕通过圆心 O 的铅直轴做角速率为 ω 的匀速率圆周运动。问绳和铅直方向所成的角度 θ 为多少?空气阻力不计。

解:小球受重力 $\boldsymbol{G}$ 和绳的拉力 $\boldsymbol{T}$ 作用。其运动方程为

$$\boldsymbol{T}+\boldsymbol{G}=m\boldsymbol{a} \tag{1}$$

式中 $\boldsymbol{a}$ 为小球的加速度。

由于小球在水平面内做线速率为 $v=r\omega$ 的匀速率圆周运动。小球的法向加速度的大小为 $a_{\mathrm{n}}=\dfrac{v^2}{r}$,而切向加速度 $a_{\mathrm{t}}=0$,且小球在任意位置速度 $\boldsymbol{v}$ 的方向均与 $\boldsymbol{G}$ 和 $\boldsymbol{T}$ 所成的平面垂直。因此,按图 1-9(b)所选的自然坐标上,式(1)的分量式为

$$\begin{cases} T\sin\theta = ma_n = m\dfrac{v^2}{r} = mr\omega^2 \\ T\cos\theta - G = 0 \end{cases}$$

由图可知 $r = l\sin\theta$，故由上两式得

$$T = m\omega^2 l$$

及

$$\cos\theta = \frac{mg}{m\omega^2 l} = \frac{g}{\omega^2 l}$$

于是得到

$$\theta = \arccos\frac{g}{\omega^2 l}$$

可见，当 ω 增大时，绳与铅直方向所成的夹角 θ 也增大。

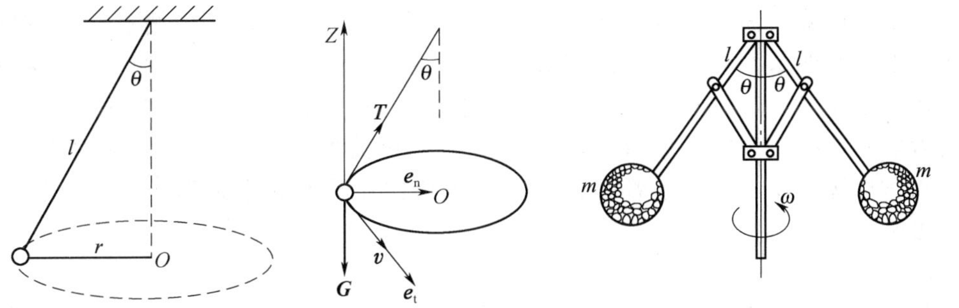

图 1-9　蒸汽机的调速器的原理图

应当指出，在蒸汽机发展的早期，瓦特就是根据上述圆锥摆的摆角 θ 随角速度 ω 的改变而改变的道理，制成蒸汽机的调速器。图 1-9(c)是调速器的示意图，当转速超过限度时，摆角 θ 增大，使阀门关闭，进入汽缸中蒸汽的量有所减少转速降低；当转速过低时，摆角 θ 减少，使阀门打开，增加汽缸中的蒸汽量，从而达到调速作用。现在许多机器还在使用这种调速器。

1.2.2　非惯性参照系

1. 非惯性参照系

在研究物体的相对位置和运动状态时，总是要选取一个参照系。我们经常选地球作为参照系。现在我们提出这样一个问题，在任意一个参照系中，牛顿运动定律是否成立？

例如，在车厢内光滑的水平桌面上，放置一质量为 m 的小球。当车厢静止或做匀速直线运动时，以车厢为参照系来观察，得出结论是：作用在小球上的合力等于零，小球处于静止状态符合牛顿运动定律。

若车厢向右作加速直线运动，设相对地面的加速度为 $\boldsymbol{a}_0$，如图 1-10 所示。以车厢为参

照系来观察：小球以加速度 $-\boldsymbol{a}_0$ 向左运动。但小球在加速度的方向上并未受到力的作用。这说明以加速运动的车厢为参照系，牛顿定律是不适用的。由此可以把参照系分为两类：凡是牛顿定律适用的参照系称为惯性系，而牛顿定律不适用的参照系称为非惯性系。

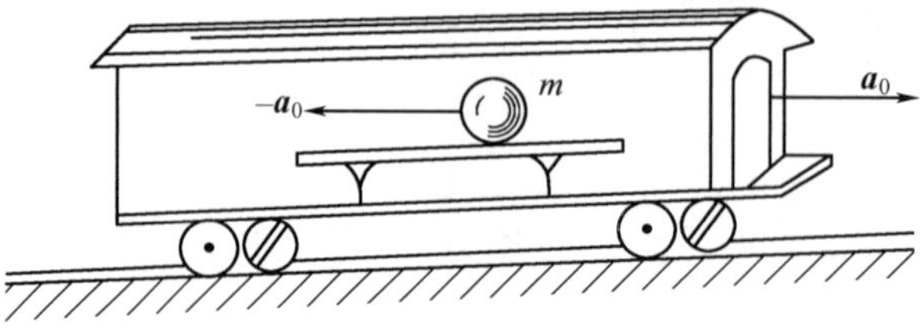

图 1-10　惯性力

判断一个参照系是否为惯性系，根本的要由实验和观察来决定。虽然地球由于自转和公转不是很精确的惯性系，但在较小的空间范围和在较短的时间内测量，可近似地把地球看作是惯性参照系。对天体的研究表明，在太阳参照系中观察到的结果更为精确地符合牛顿运动定律，所以太阳参照系是精确的惯性系。由牛顿运动定律知：凡相对于惯性系静止或做匀速直线运动的一切参照系都是惯性系；因此惯性系不止一个，相对于惯性系静止或做匀速直线运动的参照系都是惯性系。通常在地球上观察物体运动时，把地球看作是惯性参照系。

2. 惯性力

在非惯性系中，牛顿运动定律不能适用了。但我们用引入一个假想力的方法，可以使牛顿运动定律形式上在非惯性系中仍然可以适用。如对前面所述的加速运动车厢中的小球，我们可以假想有一个力 $-m\boldsymbol{a}_0$ 作用在小球上，使非惯性系内的物体小球相对车厢产生一加速度 $\boldsymbol{a}_0$，$\boldsymbol{a}_0$ 是非惯性系相对惯性系的加速度。定义这个假想力为惯性力，用 $\boldsymbol{F}_{惯}$ 表示

$$\boldsymbol{F}_{惯}=-m\boldsymbol{a}_0 \tag{1-41}$$

惯性力是虚假的力，它不是物体间的真实作用，所以谈不到它的反作用力。它是为了使在非惯性系讨论问题方便而引入的虚假力。

引入惯性力以后，使牛顿第二定律在非惯性系中形式上可以成立，但这时力应包括所有的真实用力的合力 $\boldsymbol{F}$ 和惯性力 $\boldsymbol{F}_{惯}$。于是在非惯性系中的运动方程可以表示为

$$\boldsymbol{F}+\boldsymbol{F}_{惯}=m\boldsymbol{a} \tag{1-42}$$

式中 $\boldsymbol{a}$ 是物体相对非惯性系的加速度。

$\boldsymbol{F}_{惯}$ 的具体形式与非惯性系相对于惯性系的运动状态有关。当非惯性系相对于惯性系平动时（如上面的车厢参照系，相对于地面的加速度为 $\boldsymbol{a}_0$），惯性力形式为 $\boldsymbol{F}_{惯}=-m\boldsymbol{a}_0$；当非惯性系相对于惯性系转动时，惯性力表现为惯性离心力。惯性离心力具体形式为

$$\boldsymbol{F}_{惯}=m\boldsymbol{r}\omega^2$$

式中：ω 为转动系的角速度，$\boldsymbol{r}$ 为物体在转动系中的位矢。

1.3 功 势能

1.3.1 变力的功

中学学习了恒力做功的计算公式 $W=FL\cos\theta$，下面利用微元法积分讨论变力做功的情况。

设质点在力 $\boldsymbol{F}$ 的作用下，沿图 1-11 所示的路径从 a 运动到 b，一般情况下，作用在质点上的力不仅大小在改变，而且方向也在改变。为求在这过程中变力 $\boldsymbol{F}$ 所作的功，我们将质点所经过的路径分为很多段微小的位移，在每段微小位移内，力的大小和方向可近似地看成不变的。设在时刻 t 质点位于点 P，经时间间隔 $\mathrm{d}t$，质点的位移为 $\mathrm{d}\boldsymbol{r}$，力 $\boldsymbol{F}$ 与质点位移之间的夹角为 θ。由功的定义：力对质点所做的功为力在质点位移方向的分量与位移大小的乘积。则力在该位移微元上所做的功为

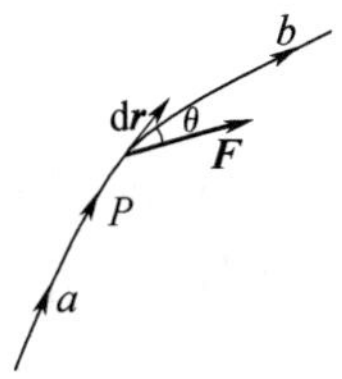

图 1-11 功的定义

$$\mathrm{d}W=F\cos\theta\mathrm{d}r \tag{1-43}$$

式中 $\mathrm{d}W$ 称为微元功，由于力 $\boldsymbol{F}$ 与位移 $\mathrm{d}\boldsymbol{r}$ 都是矢量，依矢量的标积定义式(1-43)可写为

$$\mathrm{d}W=\boldsymbol{F}\cdot\mathrm{d}\boldsymbol{r} \tag{1-44}$$

上式表明，虽然力和位移都是矢量，但它们的标积——功是标量。

在求得微元对应的微元功基础上，可进一步得到质点从 a 移至 b 时变力对该质点所做的总功，即在每小段微元位移上力所做的功的代数和的极限，即

$$W=\int\mathrm{d}W=\int_a^b\boldsymbol{F}\cdot\mathrm{d}\boldsymbol{r}=\int_a^bF\cos\theta\,\mathrm{d}r \tag{1-45}$$

上面讨论了一个力对质点所做的功。若有几个力同时作用在质点上，它们所做的功如何求呢？设有 $\boldsymbol{F}_1,\boldsymbol{F}_2,\boldsymbol{F}_3,\cdots,\boldsymbol{F}_i,\cdots$作用在质点上，它们的合力为

$$\boldsymbol{F}=\boldsymbol{F}_1+\boldsymbol{F}_2+\boldsymbol{F}_3+\cdots+\boldsymbol{F}_i+\cdots$$

由功的定义式(1-44)，此合力所做的功为

$$W=\int\boldsymbol{F}\cdot\mathrm{d}\boldsymbol{r}=\int(\boldsymbol{F}_1+\boldsymbol{F}_2+\boldsymbol{F}_3+\cdots+\boldsymbol{F}_i+\cdots)\cdot\mathrm{d}\boldsymbol{r}$$

由矢量标积的分配律，上式为

$$W=\int\boldsymbol{F}_1\cdot\mathrm{d}\boldsymbol{r}+\int\boldsymbol{F}_2\cdot\mathrm{d}\boldsymbol{r}+\int\boldsymbol{F}_2\cdot\mathrm{d}\boldsymbol{r}+\cdots+\int\boldsymbol{F}_i\cdot\mathrm{d}\boldsymbol{r}+\cdots \tag{1-46}$$

即
$$W=W_1+W_2+W_3+\cdots+W_i+\cdots$$

表明合力对质点所做的功等于每个分力所做功的代数和。

在生产实践中，需要知道功随时间的变化率。并且定义功随时间的变化率叫作功率，用 P 表示，则有

$$P=\frac{\mathrm{d}W}{\mathrm{d}t} \tag{1-47}$$

利用式(1-43)，可得

$$P=\frac{\mathrm{d}W}{\mathrm{d}t}=F\cos\theta\,\frac{\mathrm{d}r}{\mathrm{d}t}$$

即

$$P=F\cos\theta\, v \tag{1-48}$$

上式说明，功率等于力在物体运动方向上的分量与物体速度大小的乘积。由式(1-48)可知，发动机的功率一定时，如要加大牵引力，就得降低速度；反之，若要获得较大的速度，牵引力得减少。如 W 为给定时间 t 内所做的功，那么，在此时间内的平均功率 $\overline{P}$ 为

$$\overline{P}=\frac{W}{t} \tag{1-49}$$

在国际单位制中，功率的单位为瓦特，符号为 W。

1.3.2 动能 动能定理

前面我们已经从力对空间累积作用出发，讨论了力对物体做功的定义及其数学表述，而力对物体做功，则要使物体的运动状态发生变化。它们之间的关系如何呢？

如图 1-12 所示，质量为 m 的质点在合外力 $\boldsymbol{F}$ 作用下，自点 a 沿曲线移动到点 b，它在点 a 和点 b 的速率分别为 v_1 和 v_2；我们设想把路径分成许多位移元，并设在位移元 $\mathrm{d}\boldsymbol{r}$ 作用在该质点上的合外力 $\boldsymbol{F}$ 与 $\mathrm{d}\boldsymbol{r}$ 之间的夹角为 θ，由式(1-44)可得，当质点移动位移元 $\mathrm{d}\boldsymbol{r}$ 时，合外力 $\boldsymbol{F}$ 对该质点所做的微元功为

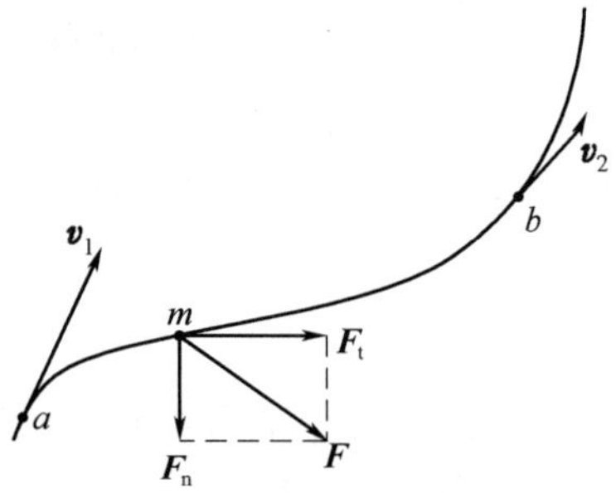

图 1-12 动能定理

$$\mathrm{d}W=\boldsymbol{F}\cdot\mathrm{d}\boldsymbol{r}=F\cos\theta\mathrm{d}r$$

由牛顿第二定律以及切向加速度知识，有

$$F\cos\theta=m\,\frac{\mathrm{d}v}{\mathrm{d}t}$$

代入上式，则该微元功

$$\mathrm{d}W=m\,\frac{\mathrm{d}v}{\mathrm{d}t}\mathrm{d}r=mv\mathrm{d}v$$

于是合外力将质点从点 a 沿曲线移动到点 b 的过程中，合外力所做的总功为

$$W=\int_a^b \mathrm{d}W=\int_{v_1}^{v_2} mv\mathrm{d}v$$

积分得到

$$W=\frac{1}{2}mv_2^2-\frac{1}{2}mv_1^2 \tag{1-50}$$

上式表明合外力对质点做功的结果，使得物理量$\frac{1}{2}mv^2$获得增量。物理量$\frac{1}{2}mv^2$是与质点运动状态参量有关的物理量，称为质点的动能，用E_k表示，即

$$E_k=\frac{1}{2}mv^2 \tag{1-51}$$

因此合外力对质点做功

$$W=\frac{1}{2}mv_2^2-\frac{1}{2}mv_1^2=E_{k2}-E_{k1}$$

即

$$W=E_{k2}-E_{k1} \tag{1-52}$$

上式表明合外力对质点所做的功，等于质点动能的增量，这个结论就叫作质点的动能定理。E_{k1}又称初动能，E_{k2}又称末动能。动能定理告诉我们，功是能量变化的量度，功是一个过程量，而动能是运动状态的函数，是状态量。

1.3.3 保守力的功

1. 重力做功

如图1-13所示，设一个质量为m的物体，在重力作用下，从点a沿曲线运动到点b。因为物体运动的路径为一曲线，所以重力和物体运动方向之间的夹角是不断变化的。我们把路径分成许多位移元。在位移元$\mathrm{d}\boldsymbol{r}$中，重力$\boldsymbol{G}$对物体所做的功为

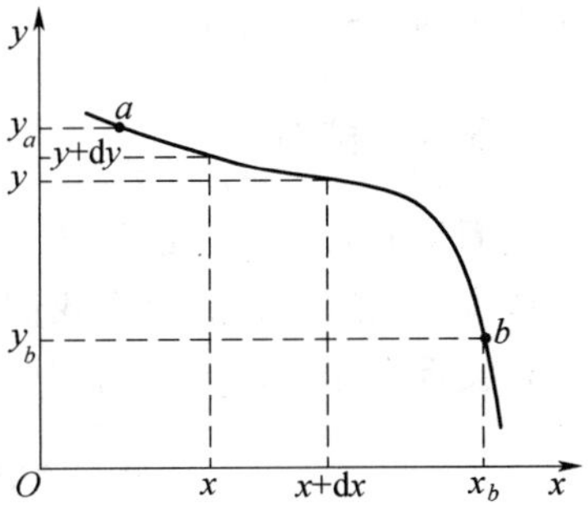

图1-13 重力沿任意路径做功

$$\mathrm{d}W=\boldsymbol{G}\cdot\mathrm{d}\boldsymbol{r}=G\cos\theta\mathrm{d}r$$

由图1-13知 $\mathrm{d}r\cos\theta=-\mathrm{d}y$

则 $\mathrm{d}W=-mg\mathrm{d}y$

物体由点a移至点b的过程中，重力做的总功为

$$W=-mg\int_{y_a}^{y_b}\mathrm{d}y=-mg(y_b-y_a)=-(mgy_b-mgy_a)$$

即

$$W=mgy_a-mgy_b$$

上述结果表明，重力做功只与质点的起始和终止位置有关，而与所经过的路径无关。这是重力做功的一个重要特点。

2. 弹性力做功

根据胡克定律，在弹性限度内，弹簧弹性力$\boldsymbol{F}$的大小与弹簧的伸长量x之间的关系

$$F=-kx$$

式中：k为劲度系数。物体位置由a到b的过程中，弹簧对物体的弹性力是变力，依据变力

做功的计算公式，弹性力所做的功为

$$W=\int_{x_1}^{x_2}F\,\mathrm{d}x=-k\int_{x_1}^{x_2}x\,\mathrm{d}x=\frac{1}{2}kx_1^2-\frac{1}{2}kx_2^2 \tag{1-53}$$

从上式可以看出，对在弹性限度内具有给定劲度系数的弹簧来说，弹性力所做的功只由弹簧起始和终止位置决定，而与弹性形变的过程无关。这一特点与重力做功的特点是相同的。

综上所述，重力和弹性力做功有共同特点，它们所做的功都只与物体（或弹簧）的始、末位置有关，而与路径无关。具有这种特点的力叫作保守力。除了上面所讲的重力、弹性力是保守力外，万有引力（重力是万有引力的一种）、静电力、分子力等也是保守力。

各种保守力做功与路径无关这一特点，还可用一个统一的数学式表示出来，即

$$W=\oint_l \boldsymbol{F}\cdot\mathrm{d}\boldsymbol{r}=0 \tag{1-54}$$

上式表明，物体沿任意闭合路径运动一周时，保守力对它所做的功为零。式中积分号$\oint_l$表示沿闭合曲线积分。保守力做功与路径无关的特点和保守力沿任意闭合路径运动一周做功为零的特点，二者是一致的、等价的。

凡是做功不具备上述特点的力称为非保守力。如摩擦力，物体间相互做非弹性碰撞时的冲力等都是非保守力。

1.3.4 势能

我们从上面的讨论已经知道，重力和弹性力都具有做功与路径无关，仅决定于始、末位置的特点。从这一特点出发我们引入势能的概念。

有关重力和弹性力做功的公式分别为

$$W=mgy_1-mgy_2=-(mgy_2-mgy_1) \tag{1-55}$$

$$W=\frac{1}{2}kx_1^2-\frac{1}{2}kx_2^2=-\left(\frac{1}{2}kx_2^2-\frac{1}{2}kx_1^2\right) \tag{1-56}$$

从以上两式看出，两式的右边均与起始和终止位置坐标的变化有关，而与路径无关。因此，我们把这种与位置坐标有关的能量称之为势能，用符号 E_p 表示。于是，两种势能可分别写成

重力势能
$$E_\mathrm{p}=mgy \tag{1-57}$$

弹性势能
$$E_\mathrm{p}=\frac{1}{2}kx^2 \tag{1-58}$$

式(1-55)和式(1-56)可统一写成

$$W=-(E_{\mathrm{p}2}-E_{\mathrm{p}1})=-\Delta E_\mathrm{p} \tag{1-59}$$

上式表明，保守力对物体做的功等于物体对应势能增量的负值。

势能是属于系统的。势能是由于系统内各物体间具有保守力作用而产生的，因而它是

属于系统的。单独谈某个物体的势能是没有意义的。例如,重力势能就是属于地球和物体所组成的系统。如果没有地球对物体的作用,也就谈不上重力做功和重力势能的问题,离开了地球作用范围的宇宙飞船,也就无所谓重力势能。应当注意,在平常叙述时,常将地球与物体系统的重力势能说成是物体的重力势能,这只是叙述上的简便,其实它是属于地球和物体系统的。

势能的值与势能零点的选取有关。一般选地面的重力势能为零。当然,势能零点也可以任意选取,选取不同的势能零点,物体的势能就将具有不同的值,通常选在便于计算的位置。所以,通常说势能具有相对意义。

1.4 功能原理 机械能守恒定律

动力学的基础是牛顿运动定律,从牛顿运动定律可以导出动量定理、动能定理以及动量守恒定律、机械能守恒定律等。这些守恒定律还可以从更一般的原理得到,因而比牛顿定律具有更大的普遍性。

1.4.1 质点系的动能定理

在许多实际问题中,我们需要研究由许多质点所构成的系统。这时系统内的质点,既受到系统内各质点之间相互作用的力,又可能受到系统外的物体对系统内质点作用的力。前者叫作内力,后者叫作外力,无论内力或是外力,都可以是保守力或非保守力。

设一系统内有 n 个质点,作用于各个质点的力所做的功分别为:$W_1,W_2,W_3,\cdots$,使各质点由初动能 $E_{k10},E_{k20},E_{k30},\cdots$,改变为末动能 $E_{k1},E_{k2},E_{k3},\cdots$。由质点的动能定理式(1-52),可得

$$W_1=E_{k1}-E_{k10}$$
$$W_2=E_{k2}-E_{k20}$$
$$W_3=E_{k3}-E_{k30}$$
$$\cdots$$

以上各式相加,有

$$\sum_{i=1}^{n}W_i=\sum_{i=1}^{n}E_{ki}-\sum_{i=1}^{n}E_{ki0} \tag{1-60}$$

式中 $\sum\limits_{i=1}^{n}E_{ki0}$ 是系统内 n 个质点的初动能之和,$\sum\limits_{i=1}^{n}E_{ki}$ 是这些质点的末动能之和,$\sum\limits_{i=1}^{n}W_i$ 则是作用在 n 个质点上的力所做的功之和。

由于系统内的质点所受的力,既有外力,又有内力,因此,作用于质点系的功 $\sum\limits_{i=1}^{n}W_i$ 则是一切外力对质点系所做的功 $\sum W_{i外}=W_{外}$,与质点系内一切内力所做的功 $\sum W_{i内}=W_{内}$ 之和,即

$$\sum_{i=1}^{n}W_i=\sum W_{i外}+\sum W_{i内}=W_{外}+W_{内}$$

这样式(1-60)亦可写成

$$W_{外} + W_{内} = \sum_{i=1}^{n} E_{ki} - \sum_{i=1}^{n} E_{ki0} \tag{1-61}$$

上式表明,质点系的动能的增量等于作用于质点系的一切外力做的功与一切内力做的功之和。这就是质点系的动能定理。

1.4.2 质点系的功能原理

我们知道,作用于质点系的力,如果从力的特点来区分,有保守力与非保守力之分,无论外力或是内力,都可以是保守力或非保守力。因此,质点系的内力做的功 $W_{内}$ 为

$$W_{内} = W_{内保} + W_{内非}$$

此外,从式(1-59)知,系统内保守力做的功等于势能增量的负值,即考虑了以上两点,式(1-60)为

$$W_{外} + W_{内非} = \left(\sum_{i=1}^{n} E_{ki} + \sum_{i=1}^{n} E_{pi}\right) - \left(\sum_{i=1}^{n} E_{ki0} + \sum_{i=1}^{n} E_{pi0}\right) \tag{1-62}$$

如将动能和势能统称为机械能,并以 E_0 代表质点系的初机械能,以 E 代表质点系的末机械能,有

$$E_0 = \sum_{i=1}^{n} E_{ki0} + \sum_{i=1}^{n} E_{pi0}$$

$$E = \sum_{i=1}^{n} E_{ki} + \sum_{i=1}^{n} E_{pi}$$

那么式(1-62)为

$$W_{外} + W_{内非} = E - E_0 \tag{1-63}$$

上式表明,质点系的机械能的增量,等于外力与非保守内力对质点系做功之和。这就叫作质点系的功能原理。

功和能量是有密切联系的,但又是有区别的。功总是和能量的变化与转换过程相联系,功是能量变化与转换的一种量度。而能量是代表物体系统在一定状态下所具有的做功本领,它和物体系统的状态有关,对机械能来说,它与物体系统的机械运动状态有关。

1.4.3 机械能守恒定律

从质点系的功能原理式(1-63)可以看出,当 $W_{外}=0$ 且 $W_{内非}=0$ 时,则有 $E=E_0$,即

$$\sum E_{ki} + \sum E_{pi} = \sum E_{ki0} + \sum E_{pi0} \tag{1-64}$$

式(1-64)的物理意义是:当作用于质点系的外力和非保守内力不做功时,质点系的总机械能是守恒的。这就是机械能守恒定律。

机械能守恒定律的数学表达式(1-64)还可以写成

$$\sum E_{ki} - \sum E_{ki0} = -\left(\sum E_{pi} - \sum E_{pi0}\right) \tag{1-65}$$

即

$$\Delta E_k = -\Delta E_p \tag{1-66}$$

上式指出，如果外力和非保守内力都不做功，质点系内的动能和势能可以相互转换，且转换的量值一定相等，即动能的增量必等于势能的减少量。应当指出，质点系内的动能和势能的转换是通过质点系内的保守力做功来实现的。

扩大范围看，能量通过做功从一种形式转变为另一种形式，或者从一个物体转移到另一个物体，这种转变和转移是等量的，即一个物体增加了能量，必以另一个物体等量减少的能量为代价。由此，总结出更广范围的能量守恒定律。

能量既不能消灭，也不能创生，只能从一个物体传递给其他物体，或者从一种形式转化为另一种形式。

自然界中物质运动的形式是各式各样的，因而各种能量的转换过程也是极其丰富的，从古代的钻木取火，到现代的原子能发电，都包括了能量的转换过程。在这些转换过程中，能量的变化常用功来量度。但是我们不能因此而把功和能量等同起来，功是和能量变换过程联系在一起的，而能量则只和系统的状态有关，是系统状态的函数。

1.5 动量与冲量 动量定理

在牛顿所著的《自然哲学的数学原理》一书中，他把质点的质量 m 和其速度 $\boldsymbol{v}$ 的乘积定义为质点动量 $\boldsymbol{p}$，即

$$\boldsymbol{p} = m\boldsymbol{v}$$

动量 $\boldsymbol{p}$ 的方向与速度 $\boldsymbol{v}$ 的方向相同，其大小为 $|m\boldsymbol{v}| = mv$；在国际单位制中，动量的单位符号为 $kg \cdot m \cdot s^{-1}$。

牛顿把第二运动定律表述为："作用在质点上的外力等于质点的动量随时间的变化率"，其数学表达式为

$$\boldsymbol{F} = \frac{d\boldsymbol{p}}{dt} = \frac{d(m\boldsymbol{v})}{dt} \tag{1-67}$$

在经典力学范围内，给定质点的质量是不变的，因此，上式可写成

$$\boldsymbol{F} = m\frac{d\boldsymbol{v}}{dt}$$

这就是前述的牛顿第二运动定律。式(1-67)可写成

$$\boldsymbol{F}dt = d\boldsymbol{p} = d(m\boldsymbol{v}) \tag{1-68}$$

一般说来，作用在质点上的力是时间的函数，即 $\boldsymbol{F} = \boldsymbol{F}(t)$。因此，在时间间隔 $\Delta t = t_2 - t_1$ 内，力 $\boldsymbol{F}(t)$ 对时间的积分为

$$\int_{t_1}^{t_2} \boldsymbol{F}(t)dt = \boldsymbol{p}_2 - \boldsymbol{p}_1 = m\boldsymbol{v}_2 - m\boldsymbol{v}_1 \tag{1-69}$$

式中$\boldsymbol{v}_1$和 $\boldsymbol{p}_1$ 是质点在时刻 t_1 的速度和动量，$\boldsymbol{v}_2$和 $\boldsymbol{p}_2$ 是质点在时刻 t_2 的速度和动量。$\int_{t_1}^{t_2}\boldsymbol{F}(t)\mathrm{d}t$ 为力对时间的累积效果，称为力的冲量，用符号 $\boldsymbol{I}$ 表示，单位是牛顿·秒(N·s)。式(1-69)的物理意义是：在给定时间间隔内，外力作用在质点上的冲量，等于质点在此时间内动量的增量。这就是质点的动量定理。

应当指出，冲量 $\boldsymbol{I}$ 是矢量。一般来说，冲量的方向并不与动量的方向相同，而是与动量增量的方向相同。

式(1-69)是质点动量定理的矢量表达式，在直角坐标系中，其分量式为

$$\boldsymbol{I}_x=\int_{t_1}^{t_2}\boldsymbol{F}_x\mathrm{d}t=m\boldsymbol{v}_{2x}-m\boldsymbol{v}_{1x}$$

$$\boldsymbol{I}_y=\int_{t_1}^{t_2}\boldsymbol{F}_y\mathrm{d}t=m\boldsymbol{v}_{2y}-m\boldsymbol{v}_{1y}$$

$$\boldsymbol{I}_z=\int_{t_1}^{t_2}\boldsymbol{F}_z\mathrm{d}t=m\boldsymbol{v}_{2z}-m\boldsymbol{v}_{1z}$$

显然，质点在某一坐标上的动量增量，仅与该质点在此轴线上所受的力的冲量有关。

在打击、碰撞等一类问题中，变力 $\boldsymbol{F}$ 随时间的变化规律是很复杂的，这种力作用的时间极短，变化快、峰值(极大值)大，称为冲力。在实际计算时，常用平均冲力来代替变力。所谓“代替”就是平均冲力的冲量与该变力在同一时间间隔内的冲量相等。平均冲力的定义

$$\overline{\boldsymbol{F}}=\frac{1}{t_2-t_1}\int_{t_1}^{t_2}\boldsymbol{F}(t)\mathrm{d}t=\frac{1}{t_2-t_1}\boldsymbol{I} \tag{1-70}$$

这样，在讨论问题时，我们可以用一个不变的平均冲力$\overline{\boldsymbol{F}}$ 来代替变力 $\boldsymbol{F}(t)$，而不改变冲量的大小和方向，从而可使问题简化。

下面简单说明一下动量 $\boldsymbol{p}$ 的物理意义。从动量定理可以知道，在相等的冲量作用下，不同质量的物体，其速度变化是不相同的，但它们的动量的变化却是一样的，所以动量 $\boldsymbol{p}$ 比速度 $\boldsymbol{v}$ 能更全面地反映物体的运动状态。因此，一般描述物体做机械运动时的状态参量，用动量 $\boldsymbol{p}$ 比用速度 $\boldsymbol{v}$ 更确切些。

例 1-5 一弹性球，质量 $m=0.20$ kg，速率为 5 m/s，与光滑墙壁碰撞后跳回，设弹回时速度大小不变，碰撞前后的运动方向和墙面的法线夹角都是 α，如图 1-14 所示。设球与墙的碰撞时间 $\Delta t=0.05$ s，$\alpha=60°$，求在碰撞时间内，球和墙的相互作用力。

解：选取小球为研究对象，地面为参照系，在碰撞过程中忽略小球自重，则小球仅受到墙壁作用的冲力，因无摩擦，冲力沿墙壁的法线方向。设小球所受的平均冲力为 $\overline{\boldsymbol{F}}$。由动量定理，得

$$\overline{\boldsymbol{F}}\Delta t=m\boldsymbol{v}_2-m\boldsymbol{v}_1=m\Delta\boldsymbol{v}$$

由矢量作图法，如图 1-15 所示，$m\boldsymbol{v}_1$、$m\boldsymbol{v}_2$及 $\Delta(m\boldsymbol{v})$组成一等边三角形(因 $\alpha=60°$)，即

$$|m\Delta\boldsymbol{v}|=|m\boldsymbol{v}_1|=|m\boldsymbol{v}_2|$$

所以

$$|\overline{\boldsymbol{F}}|=\frac{mv}{\Delta t}=\frac{0.2\times 5}{0.05}=20(\mathrm{N})$$

平均冲力 $\overline{\boldsymbol{F}}$ 的方向,应与动量的增量方向相同。

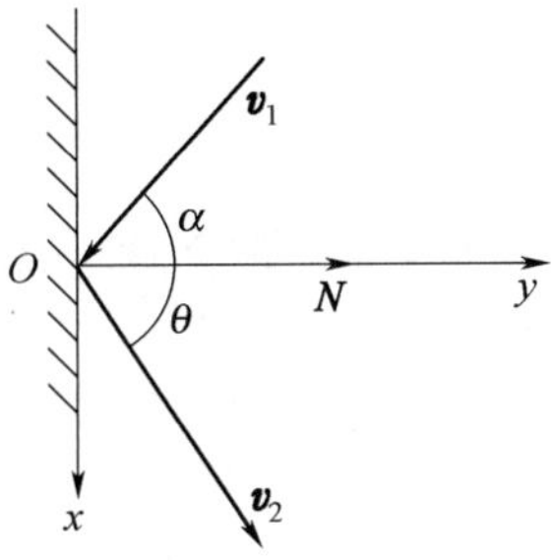

图 1-14 例 1-5 用图

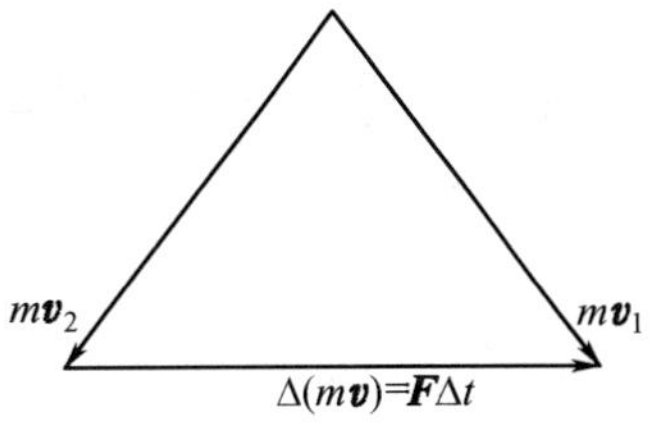

图 1-15 例 1-5 矢量图

根据牛顿第三定律,小球对墙的平均冲力和 $\boldsymbol{F}$ 等值反向。

读者可用动量定理的分量式求解,并与上述结果比较。

1.6 动量守恒定律

1.6.1 系统的动量定理

由许多物体(质点)组成的系统,对其中第 i 个物体来说,有

$$\int_0^t \boldsymbol{F}_x \mathrm{d}t = m_i \boldsymbol{v}_i - m_i \boldsymbol{v}_{0i}$$

对整个系统来说,则将其和

$$\sum_{i=1}^{n}\int_0^t \boldsymbol{F}_x \mathrm{d}t = \sum_{i=1}^{n} m_i \boldsymbol{v}_i - \sum_{i=1}^{n} m_i \boldsymbol{v}_{0i}$$

$$\int_0^t \left(\sum \boldsymbol{F}_i \mathrm{d}t\right) = \boldsymbol{p} - \boldsymbol{p}_0$$

式中 $\boldsymbol{p}_0$ 与 $\boldsymbol{p}$ 分别为系统所有物体的初、末动量的矢量和,$\sum \boldsymbol{F}_i$ 为作用于系统内所有物体的作用力的矢量和。可将 $\sum \boldsymbol{F}_i$ 区分为内力和外力,即

$$\sum \boldsymbol{F}_i = \sum \boldsymbol{F}_{i外} + \sum \boldsymbol{F}_{i内}$$

由于系统内力是成对的,其作用力与反作用力大小相等,方向相反;又由于作用力与反作用力作用时间相同,所以作用力的冲量与反作用力的冲量之和为零,即 $\int_0^t \left(\sum \boldsymbol{F}_{i内}\right) \mathrm{d}t = 0$

因此有

$$\int_0^t (\sum \boldsymbol{F}_i) \mathrm{d}t = \int_0^t (\sum \boldsymbol{F}_{i外}) \mathrm{d}t = \boldsymbol{p} - \boldsymbol{p}_0$$

这就是系统动量定理的数学表达式。它表明，在一段时间内，系统动量的增量等于在这段时间内系统所受合外力的冲量。

1.6.2 动量守恒定律

从系统的动量定理可以看出，如果系统所受的合外力等于零，即 $\sum \boldsymbol{F}_{i外} = 0$，则有

$$\begin{aligned} \boldsymbol{p} - \boldsymbol{p}_0 &= 0 \\ \boldsymbol{p} = \boldsymbol{p}_0 &= 常矢量 \end{aligned} \tag{1-71}$$

上式表明，在一段作用时间内，如果系统所受外力的矢量和为零，则在这段时间内系统的总动量保持不变，这一结论称为动量守恒定律。

在直角坐标系中，动量守恒定律的分量式为：

$$如果 \sum \boldsymbol{F}_{ix} = 0，则 \sum \boldsymbol{p}_{ix} = 恒量$$

$$如果 \sum \boldsymbol{F}_{iy} = 0，则 \sum \boldsymbol{p}_{iy} = 恒量$$

$$如果 \sum \boldsymbol{F}_{iz} = 0，则 \sum \boldsymbol{p}_{iz} = 恒量$$

值得注意的是，动量守恒是指在过程中，系统内各质点的动量的矢量和保持恒定，就系统内单个质点来看，在运动过程中，其动量是可能改变的。如果系统所受外力的矢量和不为零，但某一方向的分量恒等于零，则系统动量沿该方向的分量守恒。在处理实际问题中，如果系统受合外力不为零，而在我们的研究过程中其值远小于内力，则可以忽略不计，这时就可以认为系统的总动量是守恒的。例如爆炸、碰撞等过程就可以作这样的处理。最后必须指出，虽然我们是从牛顿运动定律中导出动量守恒定律的，但在牛顿运动定律失效的高速和微观粒子领域内，动量的概念及其守恒定律仍然适用。

1.6.3 质点力学定律的综合应用

质点力学包括质点运动学和质点动力学。质点动力学基本定律是牛顿运动定律，由牛顿定律可得动量定理和功能原理；此外还有动量守恒定律和机械能守恒定律。可以综合运用这些定律和原理解决力学问题。历史上运用这些原理和定律解决力学问题的，最著名的是伽利略的自由落体问题和牛顿的行星运动轨迹、周期等问题。这以后人们用来解决非常广泛的多种力学问题。

在求解问题时，常常采用这样一种次序：先分析质点系的受力情况，再从能量角度或动量角度进行分析，设法运用有关的守恒定律，对问题的解有一定的结果或初步估计，如果还没有得到解，再用牛顿定律，直到采用微分方程等数学方法。

1.7 刚体力学

在外力作用下，形状和大小不发生改变的物体叫作刚体。刚体是一种理想化模型。一般固体运动时形变甚小，可近似看作刚体。本节主要介绍刚体定轴转动的角量的描述；转动惯量、力矩、转动动能和角动量等概念；转动定理、转动动能定理和角动量守恒定律。

1.7.1 刚体的定轴转动

1. 刚体的定轴转动定义

刚体的最基本的运动是平动和转动。若刚体内任何一条给定直线，在运动中方向始终不变，则将这种运动称为刚体的平动。刚体做平动时，其上各点在任一时刻都具有相同的位移、速度和加速度，可简化为一个质点，用质点力学处理。若其上各点都绕同一直线做圆周运动，则这种运动称为转动。被围绕的直线称为轴线或转轴，如图 1-16 中的 OO'。若轴线固定不动，就叫定轴转动。

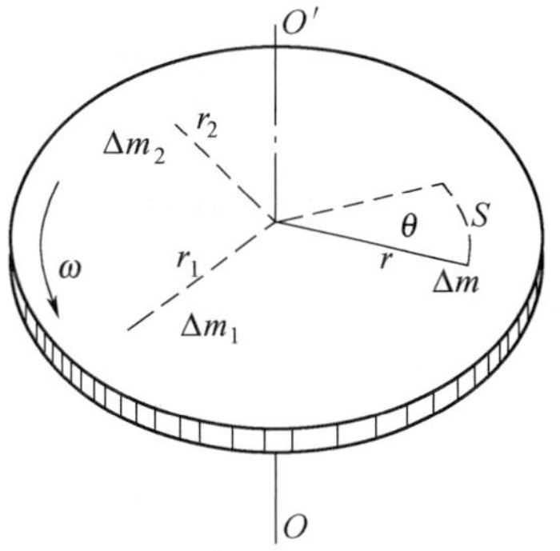

图 1-16 刚体的定轴转动

2. 描述转动的物理量 角量与线量的关系

如用 θ 表示刚体转动的角位置，则可定义下述角量：角位移 $\Delta\theta=\theta_2-\theta_1$，$\theta$ 和 $\Delta\theta$ 的单位是弧度(rad)；则可定义角速度 $\omega=\dfrac{\mathrm{d}\theta}{\mathrm{d}t}$，单位是弧度/秒(rad · s^{-1})；角加速度 $\beta=\dfrac{\mathrm{d}\omega}{\mathrm{d}t}$，单位是弧度/秒^2(rad · s^{-2})；角位移、角速度、角加速度统称为角量。而转动刚体上某一点的位移、速度、加速度称为线量。描述转动用角量比用线量方便。设所考虑的刚体上一点 P 到转轴的垂直距离为 r，由圆周运动及弧度定义得角量与线量的关系为

线位移与角位移的关系　$\mathrm{d}s=r\mathrm{d}\theta$

线速度与角速度的关系　$v=r\omega$

线加速度与角加速度的关系　$a=r\beta$

根据以上关系，并与已知的匀加速直线运动公式相比较，类比对照的方法可以得出表 1-1 中所列的匀角加速转动公式。

表 1-1 平动与转动运动公式对照

匀加速直线运动	匀角加速转动
$v=v_0+at$	$\omega=\omega_0+\beta t$
$s=v_0t+\dfrac{1}{2}at^2$	$\theta=\omega_0t+\dfrac{1}{2}\beta t^2$
$v^2=v_0^2+2as$	$\omega^2=\omega_0^2+2\beta\theta$

角量也可表示为矢量。如角速度 $\boldsymbol{\omega}$，它的大小，用轴上按一定比例截取的线段的长度表

示,并规定角速度方向服从右手螺旋定则,即右手4指弯曲方向表示刚体旋转的方向,伸直的拇指方向即表示角速度 $\boldsymbol{\omega}$ 的方向,如图1-17所示。在定轴转动中,角速度只有两种取向,可简化为用正负号描述。

图 1-17 角量方向

1.7.2 转动动能 转动惯量 飞轮

1. 转动动能与转动惯量

刚体可以看成是由许多质量分别为 $\Delta m_1, \Delta m_2, \cdots$ 的质点组成。设与各质点对应的线速度分别为 $v_1, v_2, \cdots$,如图1-16所示。当刚体以角速度 ω 旋转时,其转动动能为各质点动能之和,即

$$E_k = \frac{1}{2}\Delta m_1 v_1^2 + \frac{1}{2}\Delta m_2 v_2^2 + \cdots + \frac{1}{2}\Delta m_n v_n^2 = \frac{1}{2}(\sum_{i=1}^{n}\Delta m_i r_i^2)\omega^2$$

将上式与平动动能公式 $\frac{1}{2}mv^2$ 相比较可看出,括号内的量与平动中物体质量 m 相当,故称为物体对该轴线的转动惯量。当质量非连续分布或连续分布时,转动惯量的定义式分别为

$$I = \sum_{i=1}^{n}\Delta m_i r_i^2 \text{ 和 } I = \int r^2 \mathrm{d}m \tag{1-72}$$

在国际单位制中 I 的单位是千克·米²(kg·m²),引入转动惯量后刚体的转动动能可表示为

$$E_k = \frac{1}{2}I\omega^2 \tag{1-73}$$

由式(1-72)可见,转动惯量 I 与物体质量、质量分布(几何形状)以及轴线位置有关。

2. 飞轮

飞轮是一种常见的机械部件。它是能绕中心轴旋转的圆盘状物体,安装在机器、机械的动力轴上。通常设计成绝大部分质量分布在边缘,以辐条或板筋连接厚厚的边缘与中央,这样设计的目的是在质量、半径尺寸相同的情况下,尽可能增大它的转动惯量。安装转动惯量大的轮,有利于稳定转速。例如,把飞轮装在汽车、拖拉机的发动机的曲轴上,可将发动机各个汽缸在点火爆发冲程中短时间的多余能量输出储存起来,待无爆发冲程的时间内输出,以调节脉式的能量输出,使能量输出平稳、均匀、持久。

例 1-6 求质量为 m、长度为 L 的均匀细棒对垂直于棒中心的轴线的转动惯量。

解:在细棒上距离转轴 x 处,取长为 $\mathrm{d}x$、质量为 $\mathrm{d}m$ 的小段,如图1-18所示。$\mathrm{d}m$ 的转动惯量为

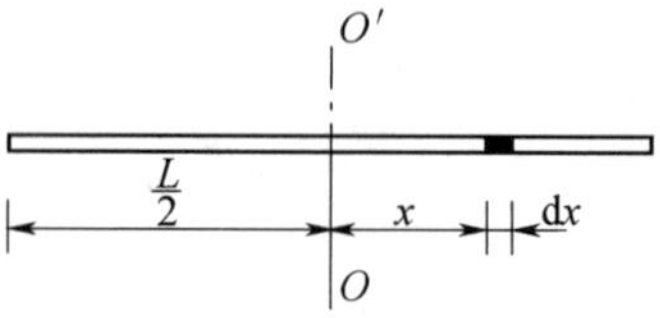

图 1-18 例 1-6 用图

$$\mathrm{d}I = x^2\mathrm{d}m = x^2\frac{m}{L}\mathrm{d}x$$

$\frac{m}{L}$是单位长度的质量，于是

$$I=\int_{-\frac{L}{2}}^{\frac{L}{2}}\frac{m}{L}x^2\mathrm{d}x=\frac{m}{3L}x^3\Big|_{-\frac{L}{2}}^{\frac{L}{2}}=\frac{1}{12}mL^2$$

若积分限改为从 O 到 L，可得以棒之一端为转轴的转动惯量

$$I=\frac{1}{3}mL^2$$

可见，转动惯量与质量分布及轴线位置有关。后一种情况的质量分布离轴线较远，转动惯量较大。

由此可以看出转轴的位置不同转动惯量不同，如果已知刚体绕通过质心转轴 Zc 的转动惯量 Ic，容易求出绕与 Zc 轴平行的任何转轴 Z 转动的转动惯量 I：$I=Ic+md^2$。式中 m 为刚体的质量，d 为两平行轴间的距离。该式称为转动惯量的平行轴定理。

例 1-7 求如图 1-19 所示长为 L，内外半径分别为 R_1、R_2 的空心均匀圆柱体的转动惯量(设物体的密度为 ρ)。

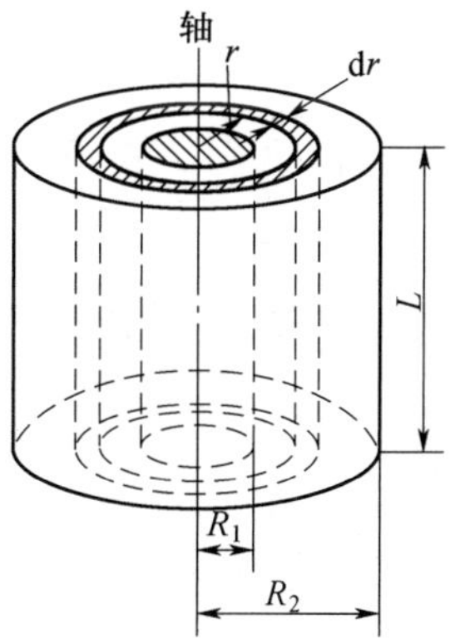

图 1-19 例 1-7 用图

解：在空心圆柱体上取半径为 r，厚度为 $\mathrm{d}r$，长 L 的薄圆筒体积元。则其质量元

$$\mathrm{d}m=\rho\mathrm{d}V=\rho(2\pi r\mathrm{d}r)L$$

因而，转动惯量为

$$I=\int r^2\mathrm{d}m=2\pi L\int_{R_1}^{R_2}\rho r^3\mathrm{d}r$$

如果物体内各处的密度不均匀，那么，必须先知道 ρ 对 r 的函数关系，才能积分。而本题中质量是均匀的，即 ρ 为恒量，因此

$$I=2\pi L\rho\int_{R_1}^{R_2}r^3\mathrm{d}r=\frac{1}{2}\pi L\rho(R_2^4-R_1^4)$$

整个圆柱体的质量 m 是密度和体积的乘积，由于体积为 $\pi L(R_2^2-R_1^2)$，则

$$m=\pi L\rho(R_2^2-R_1^2)$$

因此，均匀空心圆柱体绕对称轴的转动惯量为 $I=\frac{1}{2}m(R_1^2+R_2^2)$。

如果 $R_1=0$，即为质量均匀分布的实心圆柱体绕对称轴的转动惯量，此时，$I=\frac{1}{2}mR^2$。

令半径为 R，则有如果 $R_1=R_2=R$ 即为薄壁管子，则其绕对称轴转动惯量为 $I=mR^2$。

必须注意，圆柱体的转轴与对称轴相重合时，转动惯量只和它的质量及半径有关，和它的长度 L 无关。例如，有两个内外半径都相同的空心圆柱体，一个是木质的，一个是金属的，但二者质量相同，虽然前者比后者要长得多，但它们的转动惯量相同。由此可见，圆柱体的转动惯量仅与质量的径向分布有关，而与沿轴方向的分布无关。所以 $I=\frac{1}{2}m(R_1^2+R_2^2)$ 也

适用空心垫圈类的圆柱体。而 $I=\frac{1}{2}mR^2$ 也适用薄圆盘;$I=mR^2$ 也适用于薄壁圆环。

1.7.3 力矩的功 转动定律

设刚体受力 $\boldsymbol{F}$ 作用,作用点 p 到轴的垂直距离为 r,绕垂直于纸面的轴线 O 转过一极小角位移 $\mathrm{d}\theta$,对应的线位移是 $\mathrm{d}s=r\mathrm{d}\theta$,如图 1-20 所示。作用力矩为

$$M=Fr\cos\theta$$

力矩做功为

$$\mathrm{d}W=F\mathrm{d}s\cos\theta=Fr\mathrm{d}\theta\cos\theta=M\mathrm{d}\theta$$

所以

$$W=\int M\mathrm{d}\theta \tag{1-74}$$

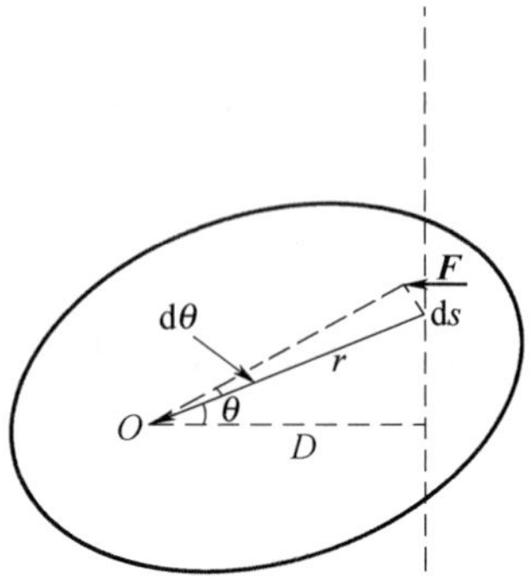

图 1-20 力矩做功

若 M 为恒力矩,则恒力矩的功

$$W=M\theta \tag{1-75}$$

即恒力矩的功,等于力矩与角位移的乘积。力矩的功率

$$P=\frac{\mathrm{d}W}{\mathrm{d}t}=M\frac{\mathrm{d}\theta}{\mathrm{d}t}=M\omega$$

根据功能原理,力矩对物体所做的功,应等于物体增加的转动动能,即

$$M\mathrm{d}\theta=M\omega\mathrm{d}t=\mathrm{d}E_{\mathrm{k}}=\mathrm{d}\left(\frac{1}{2}I\omega^2\right)=I\omega\mathrm{d}\omega$$

所以

$$\boldsymbol{M}=I\frac{\mathrm{d}\boldsymbol{\omega}}{\mathrm{d}t}=I\boldsymbol{\beta}$$

即角加速度 $\boldsymbol{\beta}$ 与力矩 $\boldsymbol{M}$ 成正比,与转动惯量 I 成反比,这就是转动定律。该定律与牛顿运动定律 $\boldsymbol{F}=m\boldsymbol{a}$ 相当,是刚体转动中的基本定律。

例 1-8 长为 L,质量为 m 的均匀细棒,在重力作用下,以左端 O 为轴转过 45°,如图 1-21 所示,求力矩做功值。

解:

$$\mathrm{d}W=M\mathrm{d}\theta=mg\frac{1}{2}L\cos\theta\mathrm{d}\theta$$

$$W=\frac{1}{2}mgL\int_0^{\frac{\pi}{4}}\cos\theta\mathrm{d}\theta=\frac{1}{2}mgL\sin\theta\Big|_0^{\frac{\pi}{4}}=\frac{\sqrt{2}}{4}mgL$$

例 1-9 细线绕在质量为 m,半径为 R 的定滑轮上,线下端系质量为 m' 的重锤,如图 1-22 所示。试求:

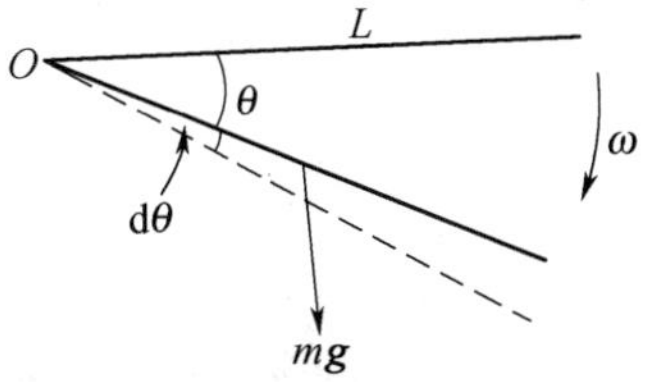

图 1-21 例 1-8 用图

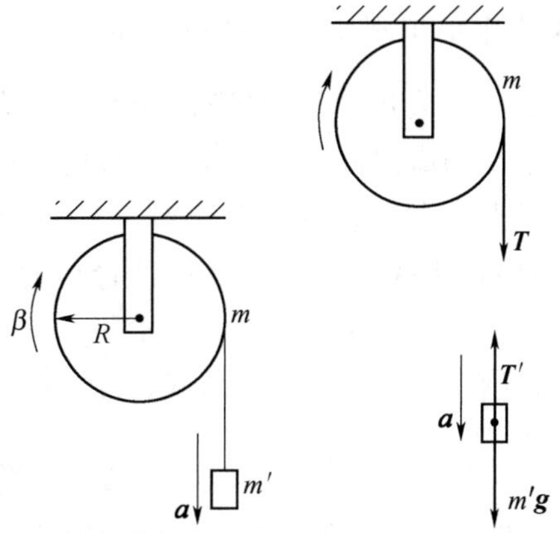

图 1-22 例 1-9 用图

(1)定滑轮的角速度；

(2)该系统的动能。

解:(1)对重锤有

$$m'\boldsymbol{g}-\boldsymbol{T}'=m'\boldsymbol{a} \tag{1}$$

对定滑轮 m 由转动定律有

$$M=TR=I\beta=\frac{1}{2}mR^2\beta \tag{2}$$

该系统中
$$a=R\beta \tag{3}$$

由式(2)及式(3)得 $T=\frac{1}{2}ma$，又由于 $T'=T$ 代入式(1)得

$$a=\frac{m'g}{m'+\frac{m}{2}}$$

$$\beta=\frac{1}{R}\frac{m'g}{m'+\frac{m}{2}}$$

(2) $E_k=\frac{1}{2}m'v^2+\frac{1}{2}I\omega^2=\frac{1}{2}m'R^2\omega^2+\frac{1}{2}\times\frac{mR^2}{2}\omega^2=\frac{1}{2}\left(m'+\frac{1}{2}m\right)R^2\omega^2$

1.7.4 角动量 角动量守恒定律

由 $\boldsymbol{M}=I\boldsymbol{\beta}=I\frac{\mathrm{d}\boldsymbol{\omega}}{\mathrm{d}t}=\frac{\mathrm{d}}{\mathrm{d}t}(I\boldsymbol{\omega})$，则有

$$\boldsymbol{M}\mathrm{d}t=\mathrm{d}(I\boldsymbol{\omega}) \tag{1-76}$$

或
$$\int\boldsymbol{M}\mathrm{d}t=I\boldsymbol{\omega}-I_0\boldsymbol{\omega}_0 \tag{1-77}$$

$\int \boldsymbol{M}\mathrm{d}t$ 称为作用于刚体的冲量矩。$I\boldsymbol{\omega}$ 是刚体的转动惯量和角速度的乘积，称为刚体对该转动轴的动量矩，或角动量，它描述的是刚体的转动状态。式(1-77)表明：作用于刚体上的冲量矩，等于在相应时间内刚体动量矩(角动量)的增量。此关系称为动量矩定理，或叫角动量定理，与质点力学的动量定理相对应。冲量矩和动量矩都是矢量，其方向也服从图 1-17 所示的右手螺旋法则的规定。SI 中冲量矩的单位是米・牛・秒(m・N・s)，动量矩(角动量)的单位是千克・米^2・秒$^{-1}$($\mathrm{kg \cdot m^2 \cdot s^{-1}}$)。

若所受合外力矩 $\boldsymbol{M}=0$，由式(1-77)可得

$$I\boldsymbol{\omega}=\text{恒量} \tag{1-78}$$

即当作用于转动刚体上的合外力矩为零时，物体的总动量矩不变，该结论称为动量矩守恒定律(角动量守恒定律)。应当注意，动量矩守恒是指乘积 $I\boldsymbol{\omega}$ 不变，但 I 和 $\boldsymbol{\omega}$ 都可能发生变化。

花样滑冰运动员作站立旋转时，总是要先将双臂收回胸前，跳水运动员腾空滚翻时也要双臂搂膝，这都是运用角动量守恒定律，使转动惯量减小，增加转动角速度的例子。

例 1-10 转盘 A 的转速为 $\omega_1=20\pi\ \mathrm{rad \cdot s^{-1}}$，转动惯量 $I_A=10\ \mathrm{kg \cdot m^2}$ 与另一静止转盘 B 通过摩擦啮合，如图 1-23 所示，最后两盘的角速度一致且为 $\omega=\dfrac{20\pi}{3}\mathrm{rad \cdot s^{-1}}$。求：

(1)B 盘的转动惯量；

(2)啮合前后的能量损失。

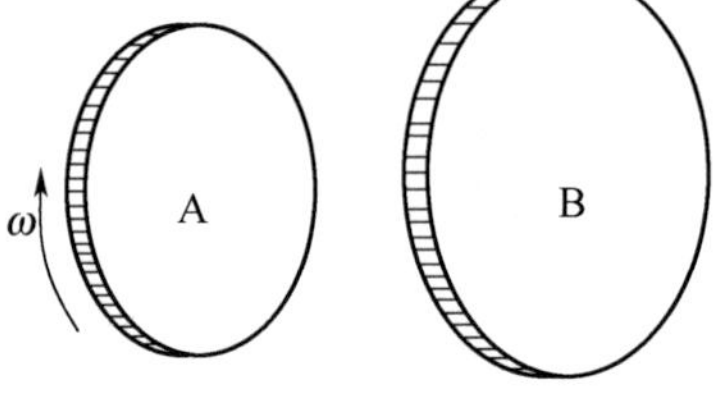

图 1-23　例 1-10 用图

解：(1)因无外力矩作用，依角动量守恒定律有 $I_A\omega_1=I_A\omega+I_B\omega$，故

$$I_B=\frac{\omega_1-\omega}{\omega}I_A=\frac{10-\dfrac{10}{3}}{\dfrac{10}{3}}\times 10=20(\mathrm{kg \cdot m^2})$$

(2)啮合前后的能量损失

$$\begin{aligned}\Delta E_k&=\frac{1}{2}I_A\omega_1^2-\frac{1}{2}(I_A+I_B)\omega^2\\&=\frac{1}{2}\times 10\times(10\times 2\pi)^2-\frac{1}{2}\times(10+20)\times\left(\frac{10}{3}\times 2\pi\right)^2\\&=1.3\times 10^4(\mathrm{J})\end{aligned}$$

动量矩守恒定律、动量守恒定律以及能量守恒定律，是自然界的 3 条基本定律，不论对宏观世界还是微观世界，不论高速度还是低速度运动，都是普遍成立的。现将平动和转动的一些公式列表对照，以供参考，见表 1-2。

表 1-2 平动和转动的一些公式对照表

质点的直线运动(刚体的平动)	刚体的定轴转动
速度 $\boldsymbol{v}=\frac{ds}{dt}$ 加速度 $\boldsymbol{a}=\frac{d\boldsymbol{v}}{dt}$ 匀速直线运动 $\boldsymbol{s}=\boldsymbol{v}t$	角速度 $\omega=\frac{d\theta}{dt}$ 角加速度 $\beta=\frac{d\omega}{dt}$ 匀角速转动 $\theta=\omega t$
匀变速直线运动 $v=v_0+at$ $v^2=v_0^2+2as$ $s=v_0t+\frac{1}{2}at^2$	匀变速转动 $\omega=\omega_0+\beta t$ $\omega^2=\omega_0^2+2\beta\theta$ $\theta=\omega_0t+\frac{1}{2}\beta t^2$
力 $\boldsymbol{F}$ 质量 m 牛顿第二定律 $\boldsymbol{F}=m\boldsymbol{a}$	力矩 $\boldsymbol{M}$ 转动惯量 I 转动定律 $\boldsymbol{M}=I\boldsymbol{\beta}$
动量 $m\boldsymbol{v}$ 冲量 $\int_{t_1}^{t_2}\boldsymbol{F}(t)dt$ 动量原理 $\int_{t_1}^{t_2}\boldsymbol{F}(t)dt=m\boldsymbol{v}_2-m\boldsymbol{v}_1$	角动量 $I\boldsymbol{\omega}$ 角冲量(动量矩) $\int_0^t\boldsymbol{M}dt$ 角动量原理 $\int_{t_1}^{t_2}\boldsymbol{M}dt=I\boldsymbol{\omega}_2-I\boldsymbol{\omega}_1$
动量守恒定律 $\sum\boldsymbol{F}=0$ 时 $\sum m\boldsymbol{v}=$ 恒矢量	角动量守恒定律 $\sum\boldsymbol{M}=0$ 时 $\sum I\boldsymbol{\omega}=$ 恒量
平动动能 $\frac{1}{2}mv^2$ 功 $W=\int_0^r\boldsymbol{F}\cdot d\boldsymbol{r}=\int_0^\theta F dr\cos\theta$ 动能定理 $\int_{r_1}^{r_2}F(r)dr=\frac{1}{2}mv_2^2-\frac{1}{2}mv_1^2$	转动动能 $\frac{1}{2}I\omega^2$ 功 $W=\int Md\theta$ 动能定理 $\int_{\theta_1}^{\theta_2}Md\theta=\frac{1}{2}I\omega_2^2-\frac{1}{2}I\omega_1^2$

1.8 狭义相对论基础

以牛顿运动定律为基础建立起来的力学称为经典力学。经过 200 多年的发展，经典力学已成为一门理论严谨、体系完整的科学，它是宏观物体低速范围内运动规律的总结。狭义相对论着重讨论时间与空间的概念和时空理论，可以解决物体接近光速运动的规律，当物体做低速运动时，相对论力学就过渡到经典力学。

1.8.1 经典力学的时空观 狭义相对论的两条基本原理

1. 经典力学的时空观

从 19 世纪以来，随着物理学的发展和科学技术的进步，出现了一批经典力学难以解释的实验事实。比如，电子的运动速度接近光速时，电子质量随速度增大而明显增大；光

在真空中传播速度 c 是一个恒量($c=3.0\times10^8$ m/s),而与光源运动与否无关等,都是与经典力学的基本概念和定律相矛盾的。经典力学认为描述运动的空间和时间是彼此独立、永远不变、也不会受运动干扰的,即所谓绝对时空观。另外,经典力学还认为物体质量也是独立存在、不受运动影响、固定不变的。正是这些绝对化观念使经典力学无法解释新的实验事实。

2. 狭义相对论的两条基本原理

19 世纪末,在光的电磁理论研究过程中,根据机械波传播需要弹性介质,人们自然会想到光和电磁波的传播也需要一种弹性介质。认为宇宙中充满一种叫"以太"的介质。并且把这种"以太"选作绝对静止的参照系,假如有一运动参照系,它相对于"以太"以速度 v 运动,那么由相对性原理可知,光在运动参照系中的速度为 $c'=c+v$,其中 c 是光在绝对参照系中的速度,c' 是光在运动参照系中的速度。从中可以看出,在运动参照系中,光的速度在各方向是不相同的。如果能借助某种方法测出运动参照系相对于"以太"的速度,那么,作为绝对参照系的以太也就被确定了。当时曾有许多物理学家做过许多实验寻找绝对参照系。其中以 1887 年迈克耳孙(Albert Abraban Michelson,1852—1931)和莫雷(Edward Morley,1838—1923)的实验最著名。据他们设想,如果存在以太,而且以太又完全不为地球运动所带动,那么地球对于以太的速度就是地球的绝对速度。利用地球的绝对运动的速度和光速在方向上的不同,应该在所设计的迈克耳孙干涉仪实验中可得到干涉条纹移动的预期结果,从而求得地球相对于以太的绝对速度。可是,它们却没有观察到这个预期的干涉条纹移动。值得深思的是,原本为验证以太参照系而进行的实验,却为否定以太参照系提供了证据。

爱因斯坦在新的时空变换关系——洛仑兹变换的基础上,于 1905 年提出了两条假设,作为相对论的两条基本原理。

(1)相对性原理。对于描述一切物理过程的规律,所有惯性系都是等价的。这就是说不论在哪一个惯性系中做实验都不能确定该惯性系的运动,换句话说,对运动的描述只有相对意义,绝对静止的参照系是不存在的。

(2)光速不变原理。在所有的惯性系中观测,真空中的光速都相同。换句话说,真空中的光速是常量,不依赖于惯性系的选择。

根据这两条假设,使我们看到一幅与传统观念截然不同的物理图像。设想从一点光源发出一光脉冲,如从光源在其中保持静止的参照系中观察,波前为以光源为中心的球面;如从相对于光源做匀速直线运动的另一参照系观察,波前将同样是以光源为中心的球面。从日常经验出发,这种现象似乎难以想象,但它确与迈克耳孙-莫雷的实验结果相符。他把时间和空间坐标联系在一起,推出了许多与我们日常经验相违背的、令人惊奇的结论,从而在根本上建立起新的时空观念。

3. 同时的相对性

在经典力学中,在惯性系 S 系中的观察者看到两个事件同时发生,在平行于 S 沿其 X 轴匀速运动的惯性系 S' 中的观察者也将看到该两件事同时发生,即同时是绝对的。而狭义相对论则认为,在 S 系中观察到两个事件同时发生,但在 S' 系中不再是同时了,这就是同时的相对性。

1.8.2 狭义相对论的时空观 钟慢尺缩效应

1905年,爱因斯坦提出了新的时空观,即狭义相对论的时空观认为时间和空间是相互联系的,时间的流逝、空间性质与物质运动有关。例如,物体的长度、时间间隔就与观测它的参照系有关,因而与物体本身的运动速度有密切关系,他总结了狭义相对论中著名的长度收缩和时间膨胀两个效应。

1. 长度收缩

数学表达式为

$$l = l_0\sqrt{1-\frac{v^2}{c^2}} \tag{1-79}$$

上式说明:若在某一参照系中一根杆的静止长度(称为原长)为 l_0,而在相对此系统以速度 v 做匀速直线运动的其他参照系中测得此杆的长度总比原长 l_0 要短。即相对杆长度方向运动的观察者认为杆短了,这就是运动杆长度收缩效应。

2. 时间膨胀

数学表达式为

$$\Delta t = \frac{\Delta t_0}{\sqrt{1-\frac{v^2}{c^2}}} \tag{1-80}$$

上式说明:在某一参照系中的时钟测得该系统发生两事件的时间间隔(称为原时)为 Δt_0,而在相对该系统以速度 v 做匀速直线运动的其他参照系内测得此时间间隔 Δt 总比原时 Δt_0 要长。即与时钟作相对运动的参照系上的观察者认为这个时钟慢了,这就是时间膨胀或运动的时钟变慢效应。必须指出不论运动杆收缩还是运动时钟变慢,都不是它们的结构变化,而是完全来自相对论的时空效应。而且生物钟和心跳频率也有此效应。$v \ll c$ 时,$l = l_0$,$\Delta t = \Delta t_0$,说明经典力学的绝对时空观是相对论时空观的特例。

1.8.3 高速运动物体的质量与能量

1. 质量速度关系式

由相对论的时空观还可导出,物体的质量也是随着运动速度的增加而增大的。运动质量 m 与运动速度 v 的关系是

$$m = \frac{m_0}{\sqrt{1-\frac{v^2}{c^2}}} \tag{1-81}$$

上式就是相对论的质量速度关系式。式中 m_0 是物体相对于观察者静止时所测的质量,叫静止质量,m 是物体相对于观察者以速度 v 运动时测得的质量。上式指出,只有物体运动速度接近光速时,质量的变化才明显起来。1909年,德国物理学家布歇勒在测定电子的比荷时发现高速运动电子的比荷随速度的增大而减小,从而第一次证实了相对论质速关系的正确。后来在观测高能粒子的运动时,式(1-81)又进一步得到证实。目前,在高能物理领域,质速关系已成为广泛应用的基本公式。

对低速运动的物体，由经典力学得出的结果与由相对论得到的结果相差很小，故在解决低速运动问题时，经典力学仍被采用。这同样说明，经典力学是相对论力学的一个特例。

2. 质能关系式

从 $dW = F ds$ 和 $F = ma = d\dfrac{(mv)}{dt}$ 出发，注意 m 是运动质量，是 v 和 t 的函数。利用质速关系式，考虑外力对物体所做的功等于物体动能的增量，可得到相对论性的动能

$$\Delta E_k = c^2 \Delta m \tag{1-82}$$

上式指出：动能的增量与质量的增量成正比。这一关系对任何形式的能量变化都适用，例如，对势能 $\Delta E_p = c^2\Delta m$，对热能 $\Delta Q = c^2\Delta m$ 等等。不管什么形式的能量传递，都会伴随相应的质量变化，并且一定满足

$$\Delta E_p = c^2 \Delta m \tag{1-83}$$

或

$$\Delta m = \frac{\Delta E}{c^2} \tag{1-84}$$

这就是爱因斯坦于1905年推导出的相对论的质量能量关系式。式(1-83)表明，不管在何时何处或什么条件下，有能量必有质量，有质量也必有能量，二者的变化相伴发生。在经典力学中静止而又不在势场中的物体，是没有能量的，在相对论力学中，这样的物体仍有能量 $E_0 = m_0 c^2$ 称为静止能。于是在封闭系统中能量守恒定律应表示为

$$\sum (m_0 c^2 + E) = \text{恒量} \tag{1-85}$$

E 是除静止能以外的所有能量。这样，经典物理中彼此独立的两个守恒定律，即质量守恒定律和能量守恒定律，在相对论中被统一起来了。

按照相对论的质能关系，任何一个物体的任何能量变化，都会引起质量的变化。例如，吸热升温后的物体质量应增大；一个弹簧被拉伸或压缩后的质量与原来也不相同。在一般情况下能量变化 ΔE 很小，换算因子 c^2 又很大，故很难观测出来。但在核反应中情况就不同了，在那里，粒子本身质量很小，相对来说能量变化很大，故对应的质量变化特别显著。因此，相对论的质能关系在原子核的许多现象中得到证实。可以说原子能时代是伴随质能关系式的发现而到来的。

实践证明，牛顿力学对分子、原子、电子等微观粒子的运动亦不适用，即牛顿力学只适用于描述宏观、低速物体的运动，关于微观粒子运动所遵循的规律将在量子力学中讨论。

□ 思考题

1-1 已知某质点的运动方程是 $\boldsymbol{r} = 3t\boldsymbol{i} + (4t - 4.9t^2)\boldsymbol{j}$。这个质点的速度 $\boldsymbol{v} =$ ________；加速度 $\boldsymbol{a} =$ ________；无穷小时间内，它的位移 $d\boldsymbol{r} = dx\boldsymbol{i} + dy\boldsymbol{j} =$ ________。$|d\boldsymbol{r}|$，dx 和 dy 构成无穷小三角形，令 $|d\boldsymbol{r}| = ds$，则 $ds =$ ________；它的速率 $v = \dfrac{ds}{dt}$ $=$ ________。

1-2 在 X、Y 平面上运动的质点，其运动方程为 $\boldsymbol{r} = 10\cos 5t\,\boldsymbol{i} + 10\sin 5t\,\boldsymbol{j}$，$t$ 时刻的速度

$\boldsymbol{v}=$________;速率 $v=$________;加速度 $\boldsymbol{a}=$________;该质点做________运动。

1-3 质点沿半径为 R 的圆周匀速率运动,每 t 秒转一圈,则在 $2t$ 时间间隔中,其平均速度大小与平均速率大小分别为( )。

(A)$\frac{2\pi R}{t},\frac{2\pi R}{t}$ (B)$0,\frac{2\pi R}{t}$ (C)$0,0$ (D)$\frac{2\pi R}{t},0$

1-4 质点做曲线运动,$\boldsymbol{r}$ 是质点的位置矢量,r 是位矢的大小,$\Delta\boldsymbol{r}$ 是某时间内质点的位移,Δr 是位矢大小的增量,Δs 是同一时间内的路程,那么( )。

(A)$|\Delta\boldsymbol{r}|=\Delta r$ (B)$\Delta|\boldsymbol{r}|=\Delta r$ (C)$\Delta s=\Delta r$ (D)$\Delta s=|\Delta\boldsymbol{r}|$

1-5 沿曲线运动的物体,以下说法哪种正确?( )

(A)切向加速度必不为零

(B)法向加速度必不为零

(C)由于速度沿切线方向,法向分速度为零,所以法向加速度也必为零

(D)匀速圆周运动的物体是做变加速运动

1-6 某质点沿直线运动,其加速度是 $a_x=5t-3$,那么,下述正确者为( )。

(A)根据公式 $v_x=a_xt$,它的速度是 $v_x=5t^2-3t$

(B)根据不定积分关系式 $v_x=\int a_x\mathrm{d}t$,可算得这个质点的速度公式为 $v_x=\frac{5}{3}t^3-\frac{3}{2}t^2$

(C)因为一个导数有无穷多个原函数,按题给条件,无法确定此质点的速度公式

1-7 质量大的物体转动惯量是否一定比质量小的转动惯量大?为什么?

1-8 试分析体育项目中前滚翻运动动作应如何运用动量矩守恒定律。

1-9 相对论中的高速和低速的区分是相对什么而言的?通常提到的高速列车达到正常行驶速度时,其质量的变化是否显著?为什么?

□ 习 题

1-1 一只在星际空间飞行的火箭,当它以恒定速率燃烧它的燃料时,其运动可以用下述函数表示

$$x=\mu t+\mu\left(\frac{1}{b}-t\right)\ln(1-bt)$$

式中:μ 为喷出气流相对于火箭体的喷射速度,是一个常量;b 为与燃烧速度成正比的一个常量。

(1)求该火箭速度表达式;

(2)设 $\mu=3.0\times10^3\ \mathrm{m/s}$,$b=7.5\times10^{-3}\ \mathrm{s^{-1}}$,并设燃料在 120 s 内烧完,求 $t=0$ 和 $t=120$ s 时的速度;

(3)求该火箭加速度表达式;

(4)求在 $t=0$ 和 $t=120$ s 时的加速度。

1-2 一艘正在行驶的电艇,在发动机关闭后,有一个与它速度相反的加速度,其大小与它的速度平方成正比,即$\frac{\mathrm{d}v}{\mathrm{d}t}=-kv^2$。式中 k 为常量。试证明电艇在关闭发动机

后又行驶 x 距离时速度为 $v=v_0e^{-kx}$。其中 v_0 是发动机关闭时的速度。

1-3 在美国费米实验室的质子加速器中，质子沿一半径 $R=2.0$ km 的环形真空室做圆周运动，质子速率非常接近光速。试问：质子向心加速度是重力加速度的几倍？

1-4 一小孩用力 $\boldsymbol{F}$ 推地上的木箱，推了一段时间 t，但未推动，求这推力的冲量，木箱既然受了力 $\boldsymbol{F}$ 的冲量，为什么动量没变？

1-5 一物体质量为 10 kg，受到方向不变的力 $F=30+40\ t$ 作用，试求在开始的两秒内，此力的冲量值以及此物体的速度变化值。

1-6 一根长为 l 的均质链条，放在摩擦系数为 μ 的水平桌面上，其一端下垂，长度为 a。如果链条自静止开始向下滑动，试求链条刚刚滑离桌面的速度 v。

1-7 设原来静止的炸药包，在某一时刻炸成 A，B，C 3 部分，A 和 B 质量都为 M，C 的质量为 $2M$，且 A 向西飞出，速度为 80 m/s，B 向南飞出，速度为 60 m/s，求 C 的速度。

1-8 如图 1-24 所示，圆盘状滑轮的半径为 1.0 m，质量为 1.0×10^2 kg，重物质量 m' 为 10 kg。求系统从静止开始到滑轮转过 2 周时的角加速度、角速度及力矩所做的功。

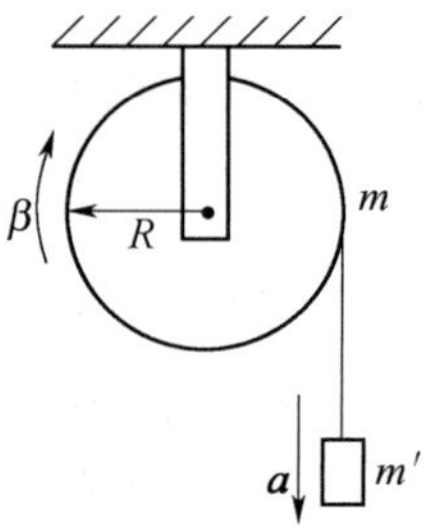

图 1-24　习题 1-8 用图

1-9 质量为 0.5 kg，长 0.4 m 的均匀细棒，可绕垂直于棒的一端的水平轴转动，将此棒自水平位置开始，放开任其自由转动。试求：

(1)下落开始时刻的角加速度。

(2)下落到垂直时动能、角速度；角加速度。

1-10 人站在可以自由旋转的平台上，两手各执一质量为 2 kg 的哑铃，两哑铃相距 1.5 m 时，平台转速为 $\omega=2\pi\ \text{rad}\cdot\text{s}^{-1}$。当人将哑铃收回使其相距 0.8 m 时，平台转速增为 $\omega'=3\pi\ \text{rad}\cdot\text{s}^{-1}$，求人的转动惯量（设人的转动惯量不变）及拉近哑铃时所做的功。

1-11 一飞轮以转速 $n=1.5\times10^3$ r/min 转动，受到制动后均匀地减速，经过 50 s 后静止。求：

(1)角加速度和从开始制动到静止飞轮转过的角位移；

(2)25 s 时的角速度。

1-12 按相对论的质能关系式计算对应于下列情况的质量变化 Δm。

(1)1 kg 水温度从 273 K 升高到 373 K；

(2)把劲度系数为 300 N/m 的健身弹簧拉长 1 m[水的比热 4.18×10^3 J/(kg·L)]。

1-13 按照相对论的质速关系式，计算出当物体以光速的 0.10、0.90 倍运动时，物体的运动质量为静止质量的多少倍？速度达光速 0.90 倍时，按相对论力学算得的动能为按经典力学算得的动能的多少倍？

Chapter 2 第 2 章 振动和波

Vibration and Wave

振动是物质的一种很普遍的运动形式，把物体绕某一位置做周期性往复运动叫作机械振动。例如，钟摆的来回摆动、心脏的跳动等。振动也是一种较普遍的运动形式，除机械振动外，在其他领域也有振动形式，一个物理量在某一数值附近作周期性变化，称为振动。振动的传播形成了波，机械振动在弹性媒质中的传播叫机械波。水波、声波等都是机械波。振动和波动都是运动的基本形式，二者密切相关，许多波动问题最后都归结为对相应振动的讨论。本章通过对以下问题的讨论来研究机械振动和机械波的基本概念和规律。

(1)简谐振动具有什么规律？如何描述简谐振动？

(2)简谐振动的能量由什么因素决定？

(3)阻尼振动和受迫振动具有什么规律？产生共振的条件是什么？

(4)简谐振动的合成有什么规律？

(5)平面简谐波有什么特点？如何描述？

(6)波的能量与什么因素有关？

(7)什么是声强级？

(8)什么是惠更斯原理？

(9)什么是干涉现象？产生的条件是什么？

(10)什么是多普勒效应？有何应用？

2.1 简谐振动

物体运动时，如果离开平衡位置的位移(角位移)按余弦函数的规律随时间变化，这种运动称为简谐振动。简谐振动是一种最简单和最基本的振动，一切复杂的振动都可以看作是由若干个简谐振动合成的结果。下面我们以弹簧振子为例来讨论简谐振动的特征和规律。

2.1.1 简谐振动的特征及其表式

如图 2-1 所示，一劲度系数为 k 的轻质弹簧，一端固定，另一端系一质量为 m 的物体，可自由运动，这样的弹簧和物体构成的力学系统称为弹簧振子。

下面我们来分析一下振子的运动情况。设物体在光滑平面上，当弹簧为原长时，物体所受的合力为零，处于平衡态，此时物体的位置是平衡位置，设为 O 点。如果把物体由平衡位置向右或向左稍加移动后释放，物体将在弹力的作用下，绕 O 左右作往复运动。

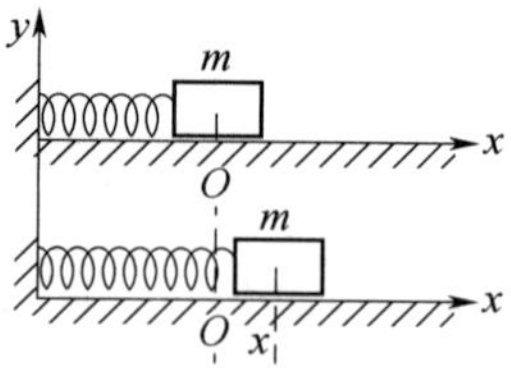

图 2-1　弹簧振子

取平衡位置为坐标原点，物体的运动轨道为 x 轴，向右为正向。物体小幅度振动，任一位置 x 处所受的合力为

$$F=-kx$$

式中 k 为弹簧的劲度系数，负号表示力和位移的方向相反。

根据牛顿第二定律

$$-kx=m\frac{d^2x}{dt^2}$$

得

$$\frac{d^2x}{dt^2}+\frac{k}{m}x=0 \tag{2-1}$$

令

$$\frac{k}{m}=\omega^2 \tag{2-2}$$

则有

$$\frac{d^2x}{dt^2}+\omega^2x=0 \tag{2-3}$$

这一微分方程的解为

$$x=A\cos(\omega t+\varphi_0) \tag{2-4}$$

其中 A、φ_0 是两个待定的常数。此式表征了弹簧振子相对平衡位置的位移随时间按余弦函数的规律变化，所作的运动正是简谐振动。式(2-4)称为简谐振动的运动表式。

从前面弹簧振子的运动分析，我们可以得到，如果物体受到的力的大小总是与物体对其平衡位置的位移成正比，而方向相反，那么该物体的运动就是简谐振动。这种力称为线性回复力。

式(2-3)为弹簧振子简谐振动的运动方程的微分形式(简谐振动的特征式)，也就是说如果物体的运动满足式(2-3)的关系，那么这个运动一定是简谐振动。

简谐振动的表式也可以用指数形式表示

$$x=Ae^{i(\omega t+\varphi_0)} \tag{2-5}$$

根据速度和加速度的定义，由运动方程可求振子的运动速度和加速度

$$v=\frac{dx}{dt}=-\omega A\sin(\omega t+\varphi_0)=-v_{max}\sin(\omega t+\varphi_0) \tag{2-6}$$

$$a=\frac{dv}{dt}=-\omega^2A\cos(\omega t+\varphi_0)=-a_{max}\cos(\omega t+\varphi_0) \tag{2-7}$$

式中，$v_m=\omega A$，$a_m=\omega^2 A$ 称为速度幅值和加速度幅值。

由式(2-7)可得

$$a=\frac{dv}{dt}=-\omega^2 x$$

可以看出，简谐振动的加速度与位移总是方向相反，大小成正比。

简谐振动的位移、速度、加速度都随时间作周期性的变化。变化图线叫振动曲线，是余(正)弦曲线。如图 2-2 所示。

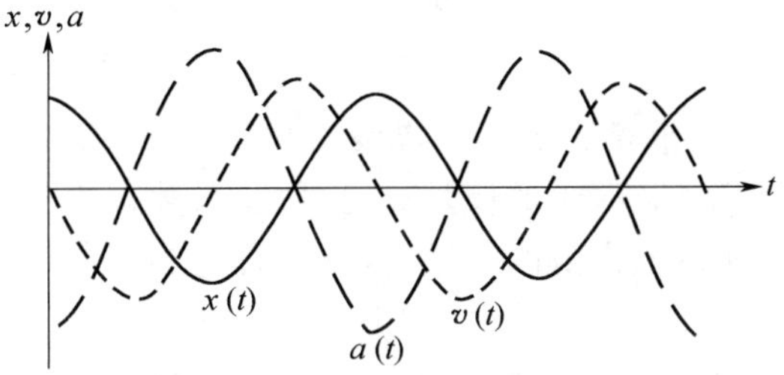

图 2-2　简谐振动位移、速度、加速度振动曲线对比

2.1.2　描述简谐振动的物理量

1. 振幅

在简谐振动表式中，因余弦函数的绝对值不能大于 1，所以物体的振动范围在 $+A$ 和 $-A$ 之间，我们把作简谐振动的物体离开平衡位置的最大位移的绝对值 A 叫作振幅。

2. 周期和频率

振动的特征之一就是运动具有周期性，我们把完成一次完全振动所需要的时间称为周期，用 T 表示，单位是秒。振动系统从一个状态出发经一定时间后又回到原有状态，称为完成一次完全振动。

由周期的定义可知，对于简谐振动 t 时刻的振动与 $t+T$ 时刻的振动状态(位移、速度)相同，即

$$x=A\cos(\omega t+\varphi_0)=A\cos[\omega(t+T)+\varphi_0]$$

根据余弦函数的特点，有

$$x=A\cos(\omega t+\varphi_0)=A\cos(\omega t+\varphi_0+2\pi)$$

所以

$$\omega T=2\pi$$

则

$$T=\frac{2\pi}{\omega} \tag{2-8}$$

我们把单位时间内所作完全振动的次数叫作频率，用 ν 表示。单位是赫兹(Hz)。显然，频率与周期的关系为

$$\nu=\frac{1}{T}=\frac{\omega}{2\pi}$$

或

$$\omega = 2\pi\nu \tag{2-9}$$

可以看出，ω 表示物体在 2π 时间内所作的完全振动次数，称为振动的角频率，也称圆频率，它的单位为 rad/s。

对于弹簧振子，$\frac{k}{m}=\omega^2$，所以弹簧振子的周期和频率为

$$T = 2\pi\sqrt{\frac{m}{k}} \tag{2-10}$$

$$\nu = \frac{1}{2\pi}\sqrt{\frac{k}{m}} \tag{2-11}$$

由以上讨论可知，ω、T、ν 都是表示振动快慢的物理量，它们相互有关，知道其中一个量，可以求出其他两个量。由于弹簧振子的质量 m 和劲度系数 k 都是其本身固有的性质，所以周期和频率完全决定于振动系统本身的性质，因此常称之为固有周期和固有频率。

3. 相位和初相

由式(2-4)和式(2-6)可知，在角频率和振幅一定的情况下，振动物体在任一时刻的位置和运动状态都由 $\omega t+\varphi_0$ 决定，也就是说 $\omega t+\varphi_0$ 决定了简谐振动物体在任意时刻的运动状态，称之为振动的相位。例如，当相位 $\omega t+\varphi_0=3\pi/2$ 时，振子的位置 $x=0$，运动速度 $v=\omega A>0$，表示当相位等于 $3\pi/2$ 时，振子正以 ωA 的速率沿 x 正向通过坐标原点。再如，当相位 $\omega t+\varphi_0=\pi/2$ 时，$x=0$，$v=-\omega A<0$，表明当相位等于 $\pi/2$ 时，振子在坐标原点，向 x 轴负向运动，速度为 ωA。可见，相位不同，物体的振动状态也不同。

当时间为零时 $\omega t+\varphi_0=\varphi_0$，所以我们把 φ_0 叫做初相位，简称初相。它决定物体起始时刻的振动状态。令 $t=0$ 时，$x=x_0$，$v=v_0$ 代入式(2-4)和式(2-6)可得

$$x_0 = A\cos\varphi, v_0 = -A\omega\sin\varphi$$

可见，振幅和初相决定于物体起始时刻的位置和运动状态。

由此可得

$$A = \sqrt{x_0^2 + \frac{v_0^2}{\omega^2}}$$

$$\tan\varphi = -\frac{v_0}{\omega x_0}$$

以上结果表明，对于给定的振动系统来说，虽然振动的固有频率已定(k、m)，但由于初始条件不同，振幅和初相也不同。

相位的概念是非常重要的，在给定 A、ω 的情况下，$\omega t+\varphi$ 决定振动系统的运动状态，相位不同，位移就不同，速度也不同，即运动状态也不同。另外，当我们研究两个简谐振动时，常常比较它们的相位是否一致，在同频率下，相位一致，振动即能同时达到最大，同时达到零，说明振动的步调相同。

设有两个同频率的简谐振动，它们的振动表式为：

$$x_1 = A_1\cos(\omega t + \varphi_{10})$$
$$x_2 = A_2\cos(\omega t + \varphi_{20})$$

它们的相位差为

$$\Delta\varphi=(\omega t+\varphi_{20})-(\omega t+\varphi_{10})=\varphi_{20}-\varphi_{10}$$

即它们任意时刻的相位差都等于它们的初相位差。

当 $\Delta\varphi=0$ 或者 2π 的整数倍时，两振动步调一致，称为同相；当 $\Delta\varphi=\pi$ 或 π 的奇数倍时，两振动步调完全相反，称为反相；$\Delta\varphi=\varphi_{20}-\varphi_{10}>0$ 时，第二个简谐振动超前第一个振动 $\Delta\varphi$ 相位。

4. 简谐振动的矢量图示法

为了直观地表示简谐振动表式中 A、ω、φ_0 三个物理量的意义，这里我们给出简谐振动的另一种表示方法——矢量图示法。

如图 2-3 所示。设物体沿 Ox 轴做简谐振动，运动方程为 $x=A\cos(\omega t+\varphi_0)$。自 Ox 轴的原点作一矢量 $\boldsymbol{A}$，使其模等于简谐振动的振幅 A，令矢量 $\boldsymbol{A}$ 绕原点 O 在图面内以恒定的角速度反时针旋转，其角速度的大小与谐振动的圆频率 ω 相同，并设 $t=0$ 时，矢量 $\boldsymbol{A}$ 与 Ox 轴之间夹角等于振动的初相位 φ_0，这时，矢量 $\boldsymbol{A}$ 的端点 M 在 Ox 轴上的投影坐标为 $x_0=A\cos\varphi_0$，恰是简谐振动物体的初始位移。在任一时刻 t，矢量 $\boldsymbol{A}$ 与 Ox 轴之间夹角变为 $\omega t+\varphi_0$，此时，$\boldsymbol{A}$ 的矢端 M 在 Ox 轴上的投影坐标

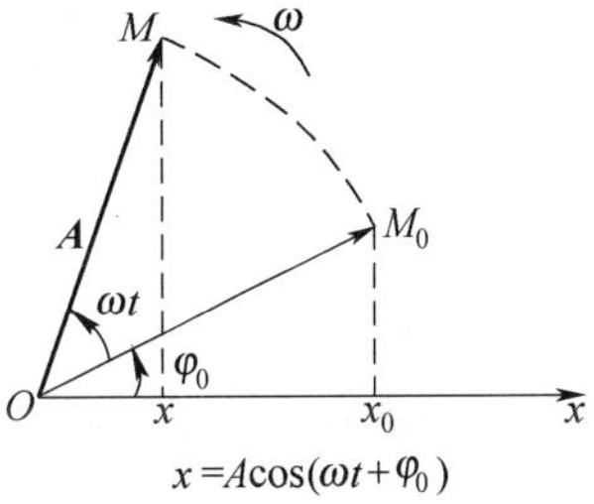

图 2-3 简谐振动的矢量图示法

$$x=A\cos(\omega t+\varphi_0)$$

可见它正是沿 x 轴做简谐振动的物体在 t 时刻相对于原点的位移。

当矢量 $\boldsymbol{A}$ 在绕 O 匀速转动时，矢量端点 M 在 Ox 轴上的投影的运动就是简谐振动，矢量 $\boldsymbol{A}$ 称为旋转矢量或振幅矢量。这种表示简谐振动的方法叫作简谐振动的旋转矢量表示法。利用旋转矢量法，可以直观地显示一个简谐振动，方便地计算简谐振动表式，反映简谐振动的状态。

例 2-1 一物体沿 x 轴作简谐振动，振幅 $A=0.12$ m，周期 $T=2$ s，当 $t=0$ 时，物体的位移 $x=0.06$ m，且向 x 轴正方向运动。求：

(1)此简谐振动的表式；

(2)$t=\dfrac{T}{4}$时物体的位置、速度和加速度；

(3)物体从 $x=-0.06$ m 向 x 轴负方向运动，第一次回到平衡位置所需的时间。

解 (1)简谐振动的表式为 $x=A\cos(\omega t+\varphi_0)$，$A$ 已知，$\omega=\dfrac{2\pi}{T}$，只要求出初相即可。

由初始条件得 $0.06=0.12\cos\varphi_0$，所以

$$\cos\varphi_0=\frac{1}{2},\varphi_0=\pm\frac{\pi}{3}$$

因为 $t=0$ 时，向 x 轴正方向运动，$v_0>0$，所以

$$\sin\varphi_0 < 0, \varphi_0 = -\frac{\pi}{3}, \text{得}$$

$$x = 0.12\cos\left(\pi t - \frac{\pi}{3}\right)(\text{m})$$

也可用旋转矢量法确定初相，如图 2-4(a)所示，根据初始条件很容易地就可画出振动矢量的初相位。

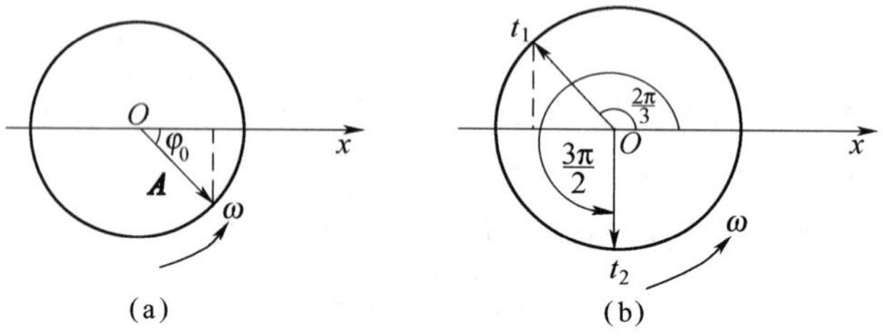

图 2-4　例 2-1 用图

(2)先求任意时刻的速度和加速度，再求 $t=\dfrac{T}{4}$ 时物体的位置、速度和加速度(略)。

(3)设 $x=-0.06$ m 时刻为 t_1，代入式(2-4)得

$$\cos\left(\pi t_1 - \frac{\pi}{3}\right) = -\frac{1}{2}$$

有

$$\pi t_1 - \frac{\pi}{3} = \pm\frac{2\pi}{3}$$

因为物体向负向运动，所以

$$\pi t_1 - \frac{\pi}{3} = \frac{2\pi}{3}$$

得

$$t_1 = 1(\text{s})$$

当物体第一次回到平衡位置，设时刻为 t_2，同理可求出时刻 $t_2=1.83(\text{s})$(注意此时是向 x 轴正向运动)。则从 $x=-0.06$ m 到平衡位置所需的时间为 $t_2-t_1=0.83(\text{s})$。

也可用旋转矢量法，如图 2-4(b)，从 t_1 到 t_2 时刻，矢量 $\boldsymbol{A}$ 转过的角度为

$$\frac{3\pi}{2} - \frac{2\pi}{3} = \frac{5\pi}{6}$$

转动的角速度为 ω，所以所需时间为

$$\Delta t = \frac{\frac{5\pi}{6}}{\omega} = 0.83(\text{s})$$

2.1.3　简谐振动的能量

现在以弹簧振子为例来讨论简谐振动的能量。设振动物体的质量为 m，t 时刻位移为 x、速度 v，则系统的动能

$$E_k = \frac{1}{2}mv^2 = \frac{1}{2}m\omega^2A^2\sin^2(\omega t + \varphi_0) \tag{2-12}$$

此系统除了具有动能以外，还具有势能

$$E_p = \frac{1}{2}kx^2 = \frac{1}{2}kA^2\cos^2(\omega t + \varphi_0) \tag{2-13}$$

可见，物体作简谐振动时，其动能和势能都随时间作周期性变化。位移最大时，势能达最大值，动能为零；物体通过平衡位置时，势能为零，动能达最大值。系统的总能量为

$$E = E_k + E_p = \frac{1}{2}m\omega^2A^2\sin^2(\omega t + \varphi_0) + \frac{1}{2}kA^2\cos^2(\omega t + \varphi_0)$$

考虑到 $\frac{k}{m} = \omega^2$，可得

$$E = \frac{1}{2}kA^2 \tag{2-14}$$

由此可知，简谐振动系统在振动过程中的动能和势能虽然分别随时间而变化，但总的机械能在振动过程中却是常量，其总能量与振幅的平方成正比。这是由于弹簧振子在运动过程中不受外力和非保守内力的作用，所以其总能量必然守恒。

例 2-2 在横截面为 S 的 U 形管中有适量液体，液体总长度为 l，质量为 m，密度为 ρ，求液面上下起伏的振动频率（忽略液体与管壁间的摩擦）。

解：由于这里液体不宜简化为一质点，而液体受到初始扰动后，振动过程中没有机械能损失，因此我们用能量方法来分析。

选如图 2-5 所示的坐标，并选两液面相齐时的平衡位置为坐标原点，且取平衡时液体势能为零。设在时刻 t 左边液面的位移为 y，此时右边液面下降了高度 y，这时系统的势能可以认为把右边降下的那段液体提升到左边增加的势能。这段液体的质量为 ρyS，提升的高度为 y，所以此时系统的势能为

$$\rho g y^2 S$$

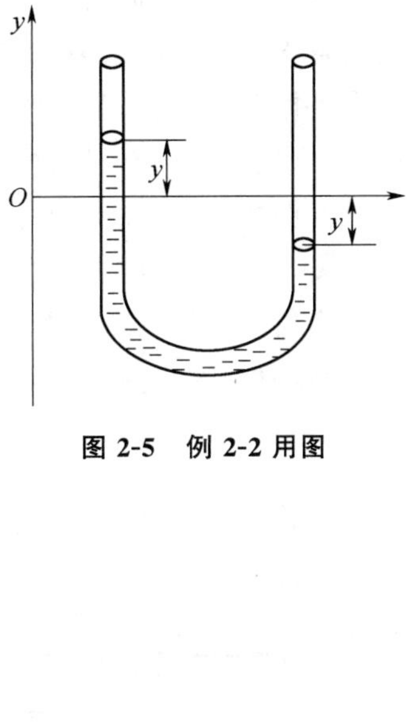

图 2-5 例 2-2 用图

左面液面的速度为 $\frac{\mathrm{d}y}{\mathrm{d}t}$，由于液体的"不可压缩性"，因此整个液体的动能为

$$\frac{1}{2}m\left(\frac{\mathrm{d}y}{\mathrm{d}t}\right)^2$$

由能量守恒得

$$\frac{1}{2}m\left(\frac{\mathrm{d}y}{\mathrm{d}t}\right)^2 + \rho g S y^2 = 常量$$

将上式对时间 t 求导，

$$\frac{d^2y}{dt^2}+\frac{2\rho gS}{m}y=0$$

得

$$\omega=\sqrt{\frac{2\rho gS}{m}}$$

于是

$$T=\frac{2\pi}{\omega}=2\pi\sqrt{\frac{m}{2\rho gS}}$$

由于 $m=\rho lS$，所以

$$T=2\pi\sqrt{\frac{l}{2g}}$$

2.2 阻尼振动、受迫振动与共振

2.2.1 阻尼振动

弹簧振子做简谐振动时，仅保守内力做功，因而总机械能守恒，所以简谐振动系统将以固有频率等幅地持续振动。但这是一种理想的情况，实际上，振动物体总是要受到摩擦和其他阻力作用的，振动系统最初所获得的能量，在振动过程中因不断克服阻力做功而减小。也就是说实际振动系统必定有能量损耗，振动强度逐渐衰减，其振动的振幅就会越来越小，直至为零。这种不断衰减着的振动叫作阻尼振动，它是在回复力和阻力作用下的振动。

一般来说，阻尼振动能量减少的方式有两种。一种是由于摩擦阻力的存在，例如弹簧振子周围空气等介质的阻力和支承面的摩擦力的作用，使振动的机械能逐渐转化为热能；另一种是由于振动系统引起邻近介质中各质元的振动，振动向外传播出去，使能量以波动形式向四周辐射出去，这虽然只是机械能的转移，但对振动系统本身来说，其能量也因不断输出而在衰减。例如，音叉在振动时，不仅要克服空气阻力做功而消耗能量，同时还因辐射声波而损失能量。

下面我们来讨论振动系统受摩擦阻力的情形。一般来说，在物体运动速度甚小的情况下，黏滞阻力的大小与物体运动速度的大小 v 成正比，阻力方向与速度方向相反，即

$$f=-\gamma v$$

式中的 γ 称为阻力系数，它的大小由物体的形状、大小和介质的性质决定。

设质量为 m 的物体，在弹性力和上述阻力的作用下运动。根据牛顿第二定律，振子运动方程沿 x 轴的分量式为

$$F=F_{弹}+f_r=-kx-\gamma\frac{dx}{dt}=m\frac{d^2x}{dt^2}$$

于是

$$\frac{d^2x}{dt^2}+\frac{\gamma}{m}\frac{dx}{dt}+\frac{k}{m}x=0 \tag{2-15}$$

上式为阻尼振动微分方程。令 $\frac{\gamma}{m}=2\beta,\frac{k}{m}=\omega_0^2$,$\beta$ 表征阻尼的强弱,称为阻尼因子,它与系统本身的质量和介质的阻力系数有关;ω_0 是振动系统的固有角频率,由系统本身的性质决定。式(2-15)可写成

$$\frac{d^2x}{dt^2}+2\beta\frac{dx}{dt}+\omega_0^2x=0$$

为二阶常系数齐次微分方程。它的通解为

$$x=c_1e^{-(\beta-\sqrt{\beta^2-\omega_0^2})t}+c_2e^{-(\beta+\sqrt{\beta^2-\omega_0^2})t} \tag{2-16}$$

当阻尼较小时,$\beta<\omega_0$,称为欠阻尼;当阻尼很大时,$\beta\gg\omega_0$,称为过阻尼;当 $\beta=\omega_0$ 时,则称为临界阻尼。临界阻尼和过阻尼已经不是严格意义下的振动了。

(1)欠阻尼条件下式(2-16)的解为

$$x=e^{-\beta t}(c_1e^{i\omega t}+c_2e^{-i\omega t})$$

或

$$x=Ae^{-\beta t}\cos(\omega t+\varphi_0) \tag{2-17}$$

式中 A 与 φ_0 由初始条件确定,$\omega=\sqrt{\omega_0^2-\beta^2}$。

式(2-17)是阻尼振动表达式。可见,随 t 增大,振幅项 $Ae^{-\beta t}$ 不断衰减。β 越大,说明阻尼越大,振幅衰减越快。$t=0$ 时,振幅为 A;$t\to\infty$时,振幅为零,即振动停止。图 2-6 表示了阻尼振动位移随时间的变化关系。

当振动系统作无阻尼振动时,它有一定的周期,这就是系统的固有周期 $T_0=\frac{2\pi}{\omega_0}$,阻尼振动不是周期运动,但在阻尼不大时,可以近似看作周期性振动(严格说它不是周期运动,叫准周期性运动)。如果我们把振动物体相继两次通过极大(或极小)位置所经历的时间叫作阻尼振动的周期,那么

$$T=\frac{2\pi}{\sqrt{\omega_0^2-\beta^2}}$$

可见,由于阻尼振动变慢了。

(2)过阻尼条件下式(2-16)的解为

$$x=c_1e^{-(\beta-\omega)t}+c_2e^{-(\beta+\omega)t} \tag{2-18}$$

其中 c_1、c_2 是积分常数,由初始条件来决定。

式(2-18)的两项都衰减,所以物体的运动不是周期振动,不能往复运动,没有振动发生。

(3)临界阻尼条件下式(2-16)的解为

$$x=(c_1+c_2)e^{-\beta t} \tag{2-19}$$

上式是个衰减函数,振动系统刚刚不能作准周期振动,而很快回到平衡位置。在欠阻尼和过阻尼的情况下,振动物体从运动到静止都需要较长的时间,而在临界阻尼状态下,振动物体达到平衡位置的时间是最短的(图 2-7)。因此当物体偏离平衡位置时,如果要它不发生振动

的情况下最快恢复到平衡位置，常用施加临界阻尼的方法。例如，为了使天平尽快地调衡，可增加阻尼系统，使天平的指针摆处于临界阻尼状态。

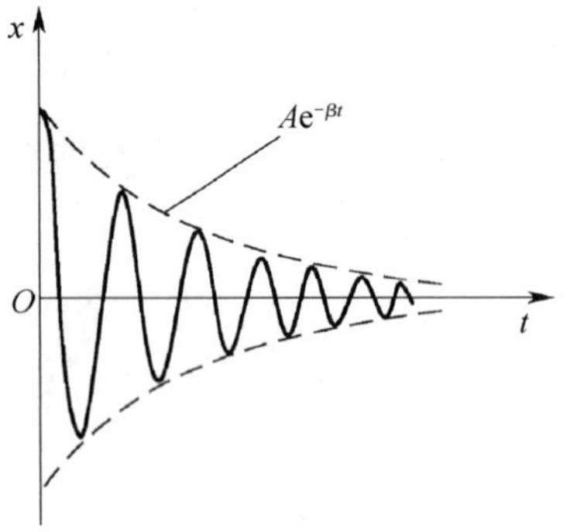

图 2-6　阻尼振动曲线

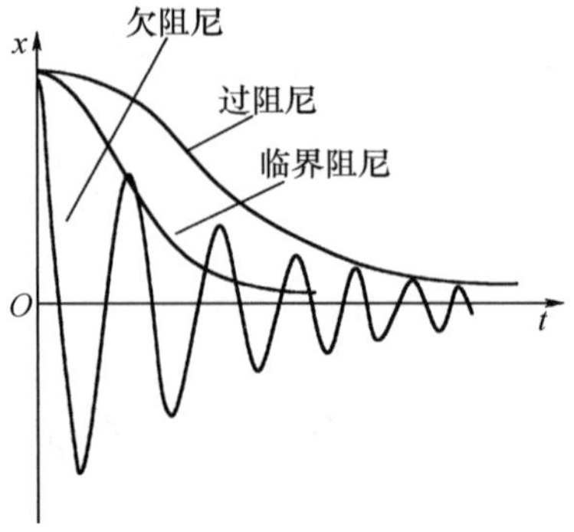

图 2-7　3 种阻尼振动状态比较

2.2.2　受迫振动

物体在周期性外力的持续作用下发生的振动称为受迫振动。我们把这个周期性的外力称作策动力。设一个固有频率为 ω_0、阻尼因子为 β 的系统，在策动力 $F=F_0\cos\omega t$ 的作用下作受迫振动。

下面以弹簧一维振动为例研究受迫振动的规律。

$$F=F_{弹}+f_{阻}+F_{策}=ma=m\frac{d^2x}{dt^2}$$

$$-kx-\gamma v+F_0\cos\omega t=m\frac{d^2x}{dt^2}$$

$$\frac{d^2x}{dt^2}+2\beta\frac{dx}{dt}+\omega_0^2x=\frac{F_0}{m}\cos\omega t \tag{2-20}$$

式(2-20)为二阶常系数非齐次微分方程，它的通解为：

$$x=A_0e^{-\beta t}\cos(\omega t+\delta)+A\cos(\omega t+\varphi) \tag{2-21}$$

由式(2-21)可见，受迫振动可以看成是两个振动合成的。第一项为阻尼振动项，当时间较长时振幅衰减为 0。第二项为策动力产生的周期振动。

由此可知，物体在弹性力、阻力、简谐策动力作用下，开始阶段系统的振动很复杂，经过一段时间系统达到稳定状态后，其振动表式为

$$x(t)=A\cos(\omega t+\varphi) \tag{2-22}$$

式中 A、ω、φ 分别为受迫振动的振幅、角频率和初相位。ω 等于策动力的角频率，A 和 φ 由振动系统和策动力决定，而与初始条件无关。

应该说明的是，无阻尼的线性振子的振动与受迫稳态振动，从运动学角度看，都是简谐振动。但从动力学角度看二者有本质的区别：线性振子是保守的孤立系统，系统机械能守恒，有其自身的固有频率；而受迫稳态振动是开放的耗散系统，它不断从策动力源吸收能量，

同时又由于阻尼而耗散能量，它只按外力的频率振动。并且受迫振动的振幅、初相位只由振动系统和外力性质决定，而与初始条件无关。

受迫振动是常见的一种振动，例如，人耳能听到声音是由于耳膜在传入耳蜗的声波产生的周期性压力作用下做受迫振动的缘故。

2.2.3 共振

由式(2-20)可知，受迫振动达到稳定状态后，其振幅 A 为：

$$A=\frac{h}{\sqrt{(\omega_0^2-\omega^2)^2+4\beta^2\omega^2}}$$

式中 $h=\frac{F_0}{m}$，振幅 A 是策动力的角频率 ω 的函数，通过求导可以得到当策动力的角频率接近振动系统的固有频率时，受迫振动的振幅急剧增大，出现了极大值，这种现象叫作振幅共振。

理论分析表明，系统共振时，外加策动力对系统做功，系统能最大限度地从外界得到能量，因而系统振动的振幅最大。

共振有很重要的用处，比如只有当收音机、电视机与电磁波发生共振，才接收到相应的电磁信号。所以如果没有共振，收音机播放不出美妙的音乐声，电视机屏幕也不可能显示出生动的画面。人的发声器官和听觉与共振有关，一些乐器利用共振提高音响效果。原子核内的磁共振被用来进行物质结构的研究以及医疗诊断等。共振也有不利的一面，例如，由于共振可能造成机器设备的损坏、桥梁工程的破坏等。

2.3 简谐振动的合成

在实际问题和具体过程中，振动往往是由好几个振动合成的。例如，在凸凹不平的路面上行驶的小汽车，车轮相对地面在振动，车身相对车轮也在振动，而车身相对地面的振动就是这两个振动的合振动。巧妙设计现代汽车的减震系统，可以使车身相对地面的振动不至于太剧烈。

2.3.1 同方向同频率简谐振动的合成

设某一物体同时参与两个频率相同、沿着同一方向(沿 x 轴方向)振动的简谐振动，其振动方程分别为

$$x_1=A_1\cos(\omega t+\varphi_1),x_2=A_2\cos(\omega t+\varphi_2)$$

由于运动在同一直线上，所以合振动的位移

$$x=x_1+x_2=A_1\cos(\omega t+\varphi_1)+A_2\cos(\omega t+\varphi_2)$$

用旋转矢量法求合振动的位移 x。因为二者角速度相同，所以两矢量的相对位置不变，因而合成矢量的模恒定。合矢量 $\mathbf{A}$ 的端点在 Ox 轴上的投影 x 等于同一时刻矢量 $\mathbf{A}_1$

的端点在 Ox 轴上的投影 x_1 与矢量 $\boldsymbol{A}_2$ 的端点在 Ox 轴上的投影 x_2 的代数和(图 2-8)。其形式为

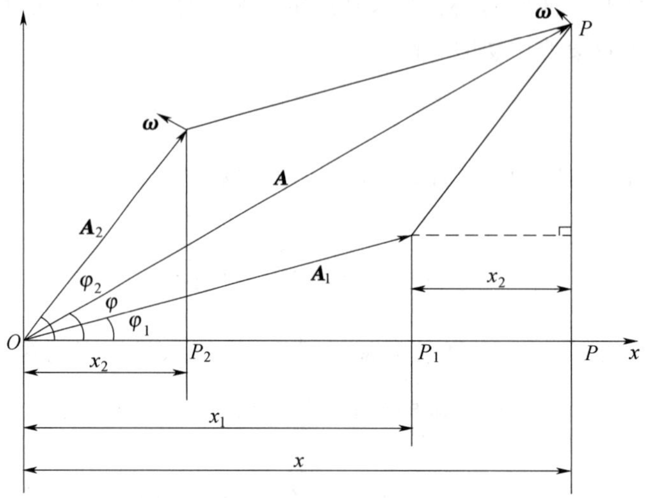

图 2-8　同方向同频率两个简谐振动的合成

$$x = A\cos(\omega t + \varphi_0) \tag{2-23}$$

所以合振动也是简谐振动。圆频率等于分振动的圆频率,且有

$$\begin{cases} A = \sqrt{A_1^2 + A_2^2 + 2A_1A_2\cos(\varphi_{20} - \varphi_{10})} \\ \varphi = \arctan\dfrac{A_1\sin\varphi_{10} + A_2\sin\varphi_{20}}{A_1\cos\varphi_{10} + A_2\cos\varphi_{20}} \end{cases} \tag{2-24}$$

可见合振幅不仅与两个分振动的振幅有关,而且与两个分振动的相位差有关。

(1) 当相位差 $\Delta\varphi = \varphi_{20} - \varphi_{10} = 2k\pi \quad (k = 0, \pm 1, \pm 2, \pm 3, \cdots)$ 时,则

$$A = \sqrt{A_1^2 + A_2^2 + 2A_1A_2\cos(\varphi_{20} - \varphi_{10})} = A_1 + A_2$$

可见,合振幅最大。

(2)当相位差 $\Delta\varphi = \varphi_{20} - \varphi_{10} = (2k+1)\pi \quad (k = 0, \pm 1, \pm 2, \pm 3, \cdots)$时,则

$$A = \sqrt{A_1^2 + A_2^2 + 2A_1A_2\cos(\varphi_{20} - \varphi_{10})} = |A_1 - A_2|$$

可见,合振幅最小。

(3)当相位差取它们之间的值时,合振动的振幅介于 $(A_1 + A_2)$ 和 $|A_1 - A_2|$ 之间。

同理可求出若干个同方向、同频率的简谐振动的合振动,可知合振动的频率等于分振动的频率。

例 2-3　两个同方向同频率的简谐振动,其合振动的振幅为 20 cm,与第一个简谐振动的相位差为 $\varphi - \varphi_1 = \dfrac{\pi}{6}$。若第一个简谐振动的振幅为 $10\sqrt{3}$ cm,求第二个简谐振动的振幅

以及第一、二两个简谐振动的相位差 $\varphi_2-\varphi_1$。

解：设两振动的振动方程为

$$x_1=A_1\cos(\omega t+\varphi_1)\text{（其中 }A_1=10\sqrt{3}\text{ cm）}$$
$$x_2=A_2\cos(\omega t+\varphi_2)$$

而合振动方程为 $x=20\cos\left(\omega t+\varphi_1+\dfrac{\pi}{6}\right)$，如图 2-9 所示，由余弦定理得

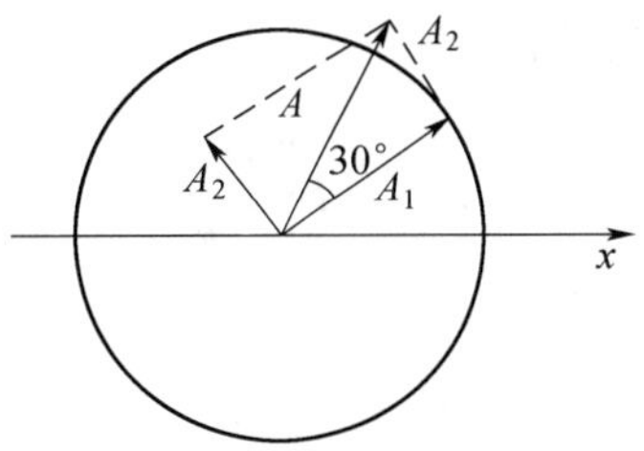

图 2-9 例 2-3 图例

$$\begin{aligned}A_2&=\sqrt{A^2+A_1^2-2AA_1\cos(\varphi-\varphi_1)}\\&=\sqrt{20^2+(10\sqrt{3})^2-2\times20\times10\sqrt{3}\times\frac{\sqrt{3}}{2}}\\&=10(\text{cm})\end{aligned}$$

$$\varphi_2-\varphi_1=\arccos\left(\frac{A_1^2+A_2^2-A^2}{2A_1A_2}\right)=\arccos 0=\frac{\pi}{2}$$

2.3.2 同方向不同频率简谐振动的合成 拍现象

当两个频率不同的简谐振动在同一振动方向上合成时，由于它们之间的相位差随时间而改变，因此合成的振动比较复杂。从旋转矢量的角度分析，当两个同方向简谐振动的频率不同时，在旋转矢量图示法中两个旋转矢量的转动角速度不相同，二者的相位差与时间有关，合矢量的长度和角速度都将随时间变化。

下面我们用代数方法来研究两个频率不同、振动方向一致的简谐振动合成时的一种特殊现象。设两分振动分别为

$$x_1=A_1\cos(\omega_1 t+\varphi_1),x_2=A_2\cos(\omega_2 t+\varphi_2)$$

为简单起见，设两振动振幅相等，$A_1=A_2$，由于 $\omega_1\neq\omega_2$，我们总能找到某一时刻两振动的相位相同。若以此时刻作为时间的起点，则两振动的初相位相等，$\varphi_1=\varphi_2=\varphi$。利用三角中的和差化积公式可得合振动的位移方程为

$$x=x_1+x_2=2A\cos\frac{\omega_1-\omega_2}{2}t\cos\left(\frac{\omega_1+\omega_2}{2}t+\varphi_2\right)\tag{2-25}$$

式(2-25)所表征的合振动一般没有明显的周期性，合振动不是简谐振动。但当两个分振动的频率都较高而频率差又较小时，$\cos\left(\dfrac{\omega_2-\omega_1}{2}\right)t$ 比 $\cos\left(\dfrac{\omega_2+\omega_1}{2}\right)t$ 的变化缓慢得多，因而，合振动的振幅随时间以角频率 $\dfrac{(\omega_2-\omega_1)}{2}$ 缓慢变化，而合振幅的频率为 $\dfrac{(\omega_2+\omega_1)}{2}\approx\omega_1\approx\omega_2$，所以合振动可看作振幅缓变的简谐振动。

图 2-10 是两个分振动和合振动的图形，可以看出合振动的振幅缓慢地做周期性的变化，即振动出现时强时弱的拍现象。

设合振动振幅的周期为 τ，由式(2-25)中的第一项得：

$$\left|\cos\frac{\omega_1-\omega_2}{2}t\right| = \left|\cos\left(\frac{\omega_1-\omega_2}{2}t+\pi\right)\right| = \left|\cos\left[\frac{\omega_1-\omega_2}{2}(t+\tau)\right]\right|$$

所以

$$\pi = \left|\frac{\omega_1-\omega_2}{2}\right|\tau$$

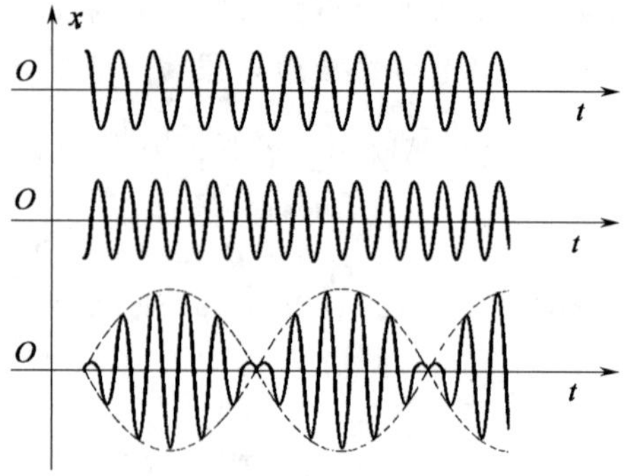

图 2-10 拍现象

则合振动振幅变化的频率为：

$$\nu = \frac{1}{\tau} = \left|\frac{\omega_1-\omega_2}{2\pi}\right| = |\nu_2-\nu_1|$$

合振动振幅变化的频率称为拍频，在数值上等于两分振动频率之差。

2.3.3 相互垂直的简谐振动的合成

1. 相互垂直的同频率的简谐振动的合成

设某一质点同时参与两个振动方向互相垂直同频率的简谐振动，一个简谐振动在 x 轴上进行，另一个在 y 轴上进行，并且频率相同(圆频率都是 ω)。设两个简谐振动的振动表达式分别为

$$x = A_1\cos(\omega t+\varphi_1)$$
$$y = A_2\cos(\omega t+\varphi_2)$$

则质点的运动轨迹方程为

$$\frac{x^2}{A_1^2}+\frac{y^2}{A_2^2}-\frac{2xy}{A_1A_2}\cos(\varphi_2-\varphi_1) = \sin^2(\varphi_2-\varphi_1) \tag{2-26}$$

由式(2-26)知质点的运动轨迹为椭圆或者是一条直线。轨迹的形状和运动方向与两个分振动的相位差有关。图 2-11 表示相位差为某些值时合振动的轨迹。当 $0<\varphi_2-\varphi_1<\pi$ 时，合振动轨迹做顺时针运动；当 $\pi<\varphi_2-\varphi_1<2\pi$ 时，合振动轨迹做逆时针运动。合振动轨迹将在图 2-11 中所示的矩形范围内由直线变成椭圆再变成直线，并不断重复下去。

2. 相互垂直的不同频率的简谐振动的合成

如果两个相互垂直的振动，频率不相同，它们的合振动比较复杂。两个简谐振动的频率有简单的整数比值关系时，则同时参与这两个简谐振动的质点可具有稳定的、封闭的合成运动轨迹。图 2-12 表示两个相互垂直、具有不同频率比(1∶1,2∶1,3∶1 和 3∶2)的简谐振动的合成轨迹图形，这种稳定轨迹称为李萨如图形。

根据李萨如图形，可由一个频率已知的振动求得另一个振动的频率，这是无线电技术中常用的测定频率的方法。

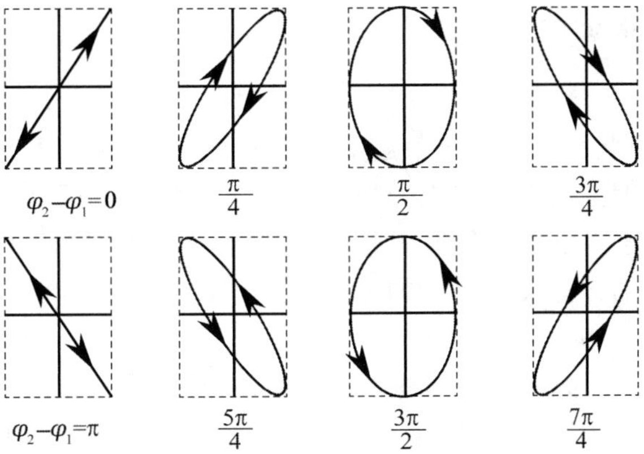

图 2-11 相互垂直的同频率的简谐振动的合成

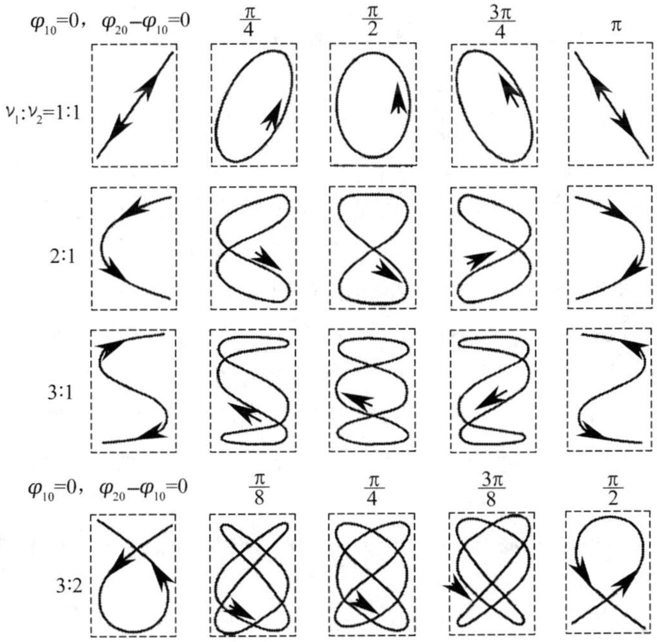

图 2-12 李萨如图形

2.4 简谐波

振动在空间的传播过程叫作波动。波动是一种重要的运动形式。常见的波有两大类：一类是机械振动在媒质中的传播叫作机械波；另一类是变化电场和变化磁场在空间中的传播叫作电磁波。各种波的本质不同，传播机理不同，但其基本传播规律相同，本节主要讨论机械波。

2.4.1 平面简谐波的描述

1. 机械波的形成和传播

机械振动系统在介质中振动时可以影响周围的介质，使它们也陆续地发生振动。这就是说，机械振动系统能够把振动向周围介质传播出去，这就形成了机械波。例如，小石子落在静止的水面上时，引起石子击水处水的振动，这振动就向周围水面传播出去，形成水面波。拉紧一根绳，同时使一端作垂直于绳子的振动，这个振动就沿着绳子向另一端传播，形成绳子上的波。

可见机械波的产生，首先要有作机械振动的物体，称它为机械波的波源；其次，要有能够传播这种机械振动的介质。例如，音叉在振动时，音叉就是波源，而空气就是传播声波的介质。

2. 波的分类

波动是振动状态的传播过程。在波的传播过程中，传播波的质元本身并没有沿波的传播方向一直运动下去，它们仅绕各自平衡位置振动，不断重复靠近波源一侧质元经历过的振动。

波在传播时，质元的振动方向和波的传播方向也不一定相同。按波的传播方向和质元的振动方向的关系可以将波分成横波和纵波两类。如果质元的振动方向和波的传播方向相垂直，则这种波称为横波，例如在绳子上传播的波；如果质元的振动方向和波的传播方向相平行，这种波称为纵波，例如在空气中传播的声波。横波和纵波是自然界中存在着的两种最简单的波，其他如水面波、地震波等，情况就比较复杂。

为了形象地描述波，我们把表示波传播方向的射线称为波线或射线。把某一时刻振动所传播到的各点所连接成的曲面称为波前。而把传播过程中振动相位相同的各点所连接成的曲面，称为波面，亦称同相面。在任何的时刻都只能有一个确定的波前；而在任何时刻，波面的数目则是任意多的。由于波前上各点同时开始振动，各点的相位必然是相同的，因而波前是波面的特例。

我们还可以按波面的形状将波进行分类，常见的有球面波、柱面波和平面波，见图 2-13。

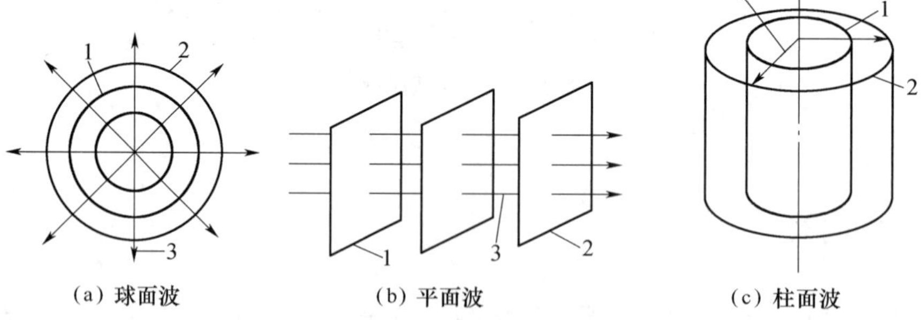

图 2-13 波阵面与波线

1. 波面 2. 波前 3. 波线

若波源的大小和形状与波的传播距离相比较，可以忽略不计，则我们可以把它当作点波源。在各向同性的介质中,振动在各个方向上的传播速度大小是相同的,因此,振动从点波源出发,在各向同性介质中向各个方向传播出去,其波前和波面都是以点波源为中心的球面,形成球面波,如图 2-13(a)所示。若点波源在无穷远处,则在一定范围的局部区域内,波面和波前的形状都近乎是平面,形成平面波,如图 2-13(b)所示。在各向同性的介质中波线恒与波面垂直。因此在球面波的情况下,波线从点波源出发,沿径向呈辐射状,如图 2-13(a)所示;在平面波的情况下,波线是与波面垂直的许多平行直线,如图 2-13(b)。例如,传播到地球表面的太阳光线可以认为是平行的波线,即把太阳当作位于无限远处的点波源;远处传来的声波也可看作平面波。

3.几个特征量

(1)波的传播速度。把一定振动状态(或相位)传播出去需要时间,波速是单位时间波所传过的距离,因为波的传播实质上是振动相位的传播,所以波速也为单位时间内一定的振动相位所传播的距离,亦称相速,可用 u 表示。波速描述了振动在介质中传播的方向和快慢程度。波的传播与介质的弹性有密切的关系,也与介质的密度有关。

(2)波长和频率。沿波的传播方向上,振动状态总保持相同的相邻点间的距离叫作波长。波动传播一个波长所需要的时间称为波动周期。当波源完成一次全振动时,振动状态在媒质中恰好传播了一个波长的距离,所以波的周期与振动周期是相同的。单位时间内波动前进的波长数叫波的频率。波长、频率和波速三者的关系是

$$u=\frac{\lambda}{T}=\nu\lambda \tag{2-27}$$

式(2-27)中波速 u 由介质的性质决定;波的频率 ν 则由波源的振动情况来决定。由这两个量,便可决定在给定介质中从给定波源所发出的波的波长。

2.4.2 平面简谐波的波函数

当波源作简谐振动时,介质中各质点也作简谐振动,这时的波动称为简谐波。波面为平面的简谐波叫作平面简谐波。可以证明,任何实际波动都可以分解为若干个平面简谐波,因此讨论平面简谐波是研究一切波动的基础。

平面简谐波传播时,介质中各质点都作同一频率的简谐波动,在任一时刻,各点的振动相位一般不同,它们的位移也不相同。任一时刻在同一波阵面上的各点有相同的相位,它们离开各自的平衡位置有相同的位移。

设一平面简谐波以 u 沿 x 轴正向传播,P 点的平衡位置为 x,各点振动位移 y,确定任意时刻 x 轴上任一质元的振动位移 y 的函数叫平面简谐波的波函数。

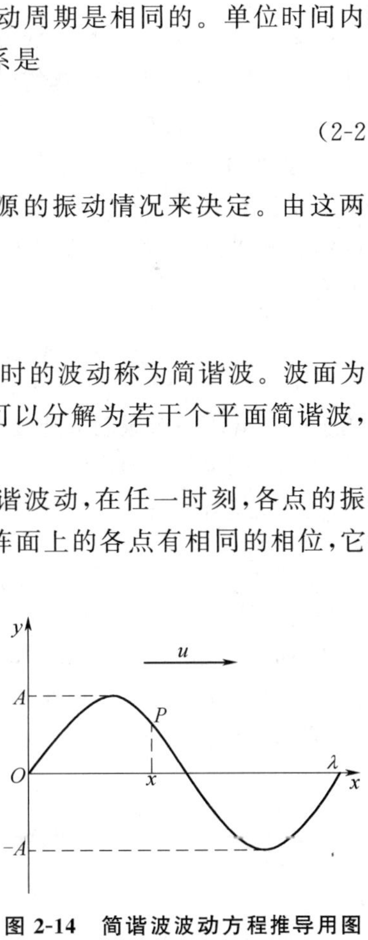

图 2-14 简谐波波动方程推导用图

设坐标原点处质元的振动表式为:

$$y_0(t)=A\cos(\omega t+\varphi_0)$$

由图 2-14 可知 P 点的振动滞后 O 点振动的时间 $t'=\frac{x}{u}$,即(P 点)x 处 t 时刻的振动状态是 O 点处 $t-\frac{x}{u}$ 时

刻的振动状态，(P 点)x 处质元的振动方程

$$y_P(t)=A\cos[\omega(t-t')+\varphi_0]$$

P 点为任意点，则它在 t 时刻的振动表式即为波沿 x 轴方向前进的平面简谐波的波函数。即

$$y(x,t)=A\cos\left[\omega\left(t-\frac{x}{u}\right)+\varphi_0\right] \tag{2-28}$$

将式(2-27)代入式(2-28)中，得平面简谐波波函数的另外几种形式

$$y(x,t)=A\cos\left[2\pi\left(\frac{t}{T}-\frac{x}{\lambda}\right)+\varphi_0\right] \tag{2-29a}$$

$$y(x,t)=A\cos\left[2\pi\left(\nu t-\frac{x}{\lambda}\right)+\varphi_0\right] \tag{2-29b}$$

$$y(x,t)=A\cos(\omega t-kx+\varphi_0) \tag{2-29c}$$

式(2-29c)中 $k=2\pi/\lambda$ 称为角波速，表示单位长度上波的相位变化，它的数值等于 2π 长度内所包含的完整波的个数。

在振动表式中，振动物体的位移仅是时间的函数，而在波函数中，介质质点的位移不仅是时间的函数，还是质点位置的函数。可见波动过程与振动过程两者既有区别又有联系，对此我们进一步进行讨论。

(1)如果 x 给定，那么位移 y 就只是 t 的周期函数，这时这个波函数表示距原点为 x 处的质点在各不同时刻的位移，也就是这质点在作周期为 T 的简谐振动的情形，并且还给出该点落后于波源 O 的相位差。利用它可求任一点的振动规律。设 $x=x_1$，则 x_1 处质元的振动表式为

$$y(t)=A\cos\left[\omega\left(t-\frac{x_1}{u}\right)+\varphi_0\right]=A\cos(\omega t+\varphi_0')$$

同样还可求出任一点振动的速度和加速度

$$v_{x_1}=\left.\frac{\partial y}{\partial t}\right|_{x_1}=-A\omega\sin\left[\omega\left(t-\frac{x_1}{u}\right)+\varphi_0\right]=-A\omega\sin(\omega t+\varphi_0')$$

$$a_{x_1}=\left.\frac{\partial^2 y}{\partial t^2}\right|_{x_1}=-A\omega^2\cos\left[\omega\left(t-\frac{x_1}{u}\right)+\varphi_0\right]=-A\omega^2\cos(\omega t+\varphi_0')$$

(2)如果 x 和 t 都在变化，那么这个波函数将表示波线上各个不同质点在不同时刻的位移(表示波形的传播)(图 2-15)。设 t 时刻

$$y_t=A\cos\left[\omega\left(t-\frac{x}{u}\right)+\varphi_0\right]$$

在 $t+\Delta t$ 时刻有

$$y_{t+\Delta t}=A\cos\left[\omega\left(t+\Delta t-\frac{x}{u}\right)+\varphi_0\right]$$

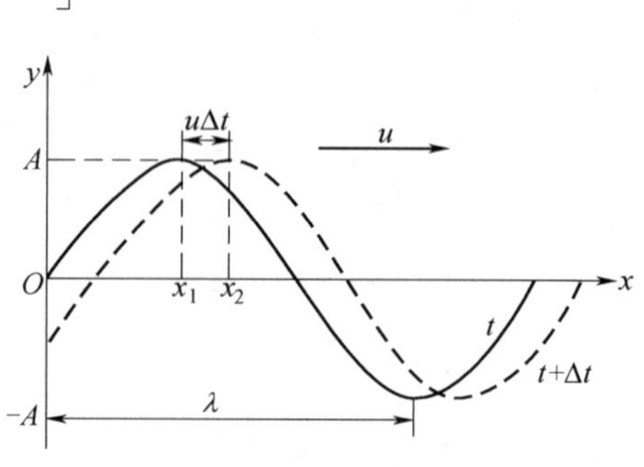

图 2-15　波的传播示意图

由于不同时刻各质元的瞬时位置不同，所以不同时刻有不同形状的波形图，经过一个周期，各质元都分别回到各自的原有振动状态，因此经历一个周期，波形图恢复原状。

t 时刻 x_1 点的位移

$$y_{(t,x_1)}=A\cos\left[\omega\left(t-\frac{x_1}{u}\right)+\varphi_0\right]$$

$t+\Delta t$ 时刻 x_2 点的位移

$$y_{(t+\Delta t,x_2)}=A\cos\left[\omega\left(t+\Delta t-\frac{x_2}{u}\right)+\varphi_0\right]=A\cos\left[\omega\left(t-\frac{x_2-u\Delta t}{u}\right)+\varphi_0\right]$$

t 时刻 x_1 点的位移与 $t+\Delta t$ 时刻 x_2 点的位移相同，所以有

$$x_1=x_2-u\Delta t\ ,x_2=x_1+u\Delta t$$

也就是经 Δt 时间，x_1 处质元 t 时刻的振动状态沿波的传播方向前进的距离为 $\Delta x=u\Delta t$，即 $x_1+\Delta x$ 处质元 $t+\Delta t$ 时刻的状态一定与 x_1 处质元 t 时刻的状态相同。

若物体沿 x 轴负方向传播，那么平面简谐波的波动表示为

$$y=A\cos\left[\omega\left(t+\frac{x}{u}\right)+\varphi_0\right]$$

例 2-4 一平面简谐波沿 x 轴正方向传播，已知波函数为

$$y=0.04\cos\pi(50t-0.10x)(\text{m})$$

求：(1)波的振幅、波长、周期及波速；

(2)质点振动的最大速度。

解：(1)波的振幅、波长、周期及波速的求法可以采用比较法。

根据式(2-29a)将已知的波函数写成标准形式

$$y=0.04\cos 2\pi\left(\frac{50}{2}t-\frac{0.10}{2}x\right)$$

比较可得

$$A=0.04\ \text{m},T=\frac{2}{50}=0.04\ (\text{s}),\lambda=\frac{2}{0.10}=20(\text{m}),u=\frac{\lambda}{T}=500\ \text{m/s}$$

(2)质点振动速度

$$v=\frac{\partial y}{\partial t}=-0.04\times 50\pi\sin\pi(50t-0.10x)$$

$$v_{\max}=0.04\times 50\pi=6.28(\text{m/s})$$

例 2-5 已知一平面简谐波沿 x 轴正向传播，波速 $u=340$ m/s，假定坐标原点处的振动表式为 $y_0=4\times 10^{-2}\cos(20t)$。求：

(1)波函数；

(2) $x=\frac{\lambda}{4}$ 处的质元的振动表式；

(3) $t=\frac{\pi}{4}$ s 时波函数的形式。

解：(1) 由 $y_0=4\times10^{-2}\cos(20t)$ 与标准振动方程比较可得波的角频率为 $\omega=20\ \mathrm{s}^{-1}$，所以波函数为

$$y=4\times10^{-2}\cos\left[20\left(t-\frac{x}{u}\right)\right]=4\times10^{-2}\cos\left[20\left(t-\frac{x}{340}\right)\right] \tag{2-30}$$

(2) $x=\frac{\lambda}{4}$ 代入式(2-30)，则

$$y_P=4\times10^{-2}\cos\left[20\left(t-\frac{\frac{\lambda}{4}}{340}\right)\right]$$

将式(2-30)与式(2-29)标准形式比较，

$$y=A\cos\left[2\pi\left(\frac{t}{\frac{\pi}{10}}-\frac{x}{34\pi}\right)\right]$$

得

$$T=\frac{\pi}{10}(\mathrm{s}),\lambda=34\pi(\mathrm{m})$$

所以该点处的振动表式为

$$y_0=4\times10^{-2}\cos20\left(t-\frac{\pi}{40}\right)=4\times10^{-2}\cos\left(20t-\frac{\pi}{2}\right)$$

(3) $t=\frac{\pi}{4}$ 代入式(2-30)中，得

$$y=4\times10^{-2}\cos20\left(\frac{\pi}{4}-\frac{x}{340}\right)(\mathrm{m})$$

2.4.3 波的能量

前面已经讲过，波是振动状态的传播，相位的传播，外观上有波形在传播。对于波动过程来说，它的一个主要特点是介质质量不迁移而能量向外传播，因此研究能量如何以波的形式传播具有实际意义。波在传播时，介质中各质元都在各自的平衡位置附近振动，因而具有动能，同时介质要产生形变，因而具有弹性势能。介质的动能与势能之和称为波的能量。对于“流动着”的能量，要由能量密度和能流密度两个概念来描述。

1. 波的能量密度

设有一平面简谐波在密度为 ρ 的弹性介质中沿 x 轴正向传播，其波函数为

$$y=A\cos\omega\left(t+\frac{x}{u}\right)$$

在介质中坐标为 x 处取一体积为 $\mathrm{d}V$ 的质元，其质量为 $\mathrm{d}m=\rho\mathrm{d}V$。当波传播到这个质元时，其振动速度为

$$v = -A\omega\sin\omega\left(t - \frac{x}{u}\right)$$

质元的振动动能

$$\mathrm{d}W_{\mathrm{k}} = \frac{1}{2}(\mathrm{d}m)v^2 = \frac{1}{2}\rho A^2\omega^2\sin^2\omega\left(t - \frac{x}{u}\right)\mathrm{d}V \tag{2-31}$$

同时,质元因发生弹性形变而具有弹性势能。可以证明,质元的弹性势能为

$$\mathrm{d}W_{\mathrm{p}} = \frac{1}{2}k(\Delta y)^2 = \frac{1}{2}\rho A^2\omega^2\sin^2\omega\left(t - \frac{x}{u}\right)\mathrm{d}V \tag{2-32}$$

由式(2-31)和式(2-32)可求出波的动能能量密度和势能能量密度均为

$$w_{\mathrm{k}} = w_{\mathrm{p}} = \frac{1}{2}\rho A^2\omega^2\sin^2\omega\left(t - \frac{x}{u}\right) \tag{2-33}$$

总的能量密度为

$$w = \rho A^2\omega^2\sin^2\omega\left(t - \frac{x}{u}\right) \tag{2-34}$$

由式(2-33)和式(2-34)可以看到,在波传播的介质中,对于某一固定点 x,介质的动能能量密度 w_{k}、势能能量密度 w_{p} 以及总的能量密度均随 t 作周期性变化,而且动能能量密度 w_{k}、势能能量密度 w_{p} 同步变化;对于任意时刻 t,动能能量密度 w_{k}、势能能量密度 w_{p} 均随 x 周期性地同步变化。质元某时处于平衡位置时,速度最大,w_{k} 最大,同时质元的形变最大,w_{p} 最大。质元某时处于位移最大处时,速度为零,形变为零,动能密度和势能密度均为零。和弹簧振子的情况不同,这里没有动能和势能的相互转化,能量密度均随 t 变化,但并不守恒,这是由于此质元和周围媒质有能量交换。每一质元都从上游接收能量,又向下游传去,这正说明了波在传输能量。

由式(2-34)我们可以求出某一质元在一个周期内的平均能量密度

$$\overline{w} = \frac{1}{T}\int w\,\mathrm{d}t = \frac{1}{T}\int_0^T \rho A^2\omega^2\sin^2\omega\left(t - \frac{x}{u}\right)\mathrm{d}t$$

$$\overline{w} = \frac{1}{2}\rho\omega^2 A^2 \tag{2-35}$$

2. 能流(能通量) 波的强度

波的能量来自波源,能量流动的方向就是波传播的方向。能量传播的速度就是波速 u,为了描述波的能量传播,常引入能流密度的概念。单位时间内通过介质中某一面积的平均能量,叫作通过该面积的平均能流。

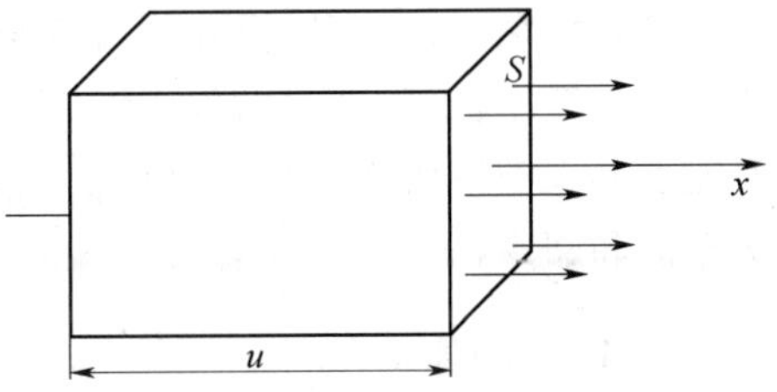

图 2-16 平均能流计算示意图

在介质中,设想取一个垂直于波传播方向(即波速 u 的方向)的面积 S。如图 2-16 所示,在单位时间内通过 S 的平均能量等于体积 uS 中的平均能量。这是因为能量以速度 u 传播,则 1 s 末时,与面积 S 相距为 u 处的振动质元

的能量将陆续传播过去，而恰好通过面积 S。因此，在单位时间内平均通过面积 S 的能量为

$$\bar{P}=\bar{w}uS$$

通过垂直波的传播方向上单位面积的平均能流叫作能流密度。能流密度是矢量，方向与波的传播方向相同。对于平面简谐波，能流密度为

$$I=\bar{w}u=\frac{1}{2}\rho u\omega^2A^2 \tag{2-36}$$

式(2-36)说明，对于弹性媒质中的简谐波，波的强度与 A^2、ω^2、ρu 成正比。在均匀介质(即 ρ、u 一定)中，从一给定波源(即 ω 确定)发出的波，其能流密度与振幅的平方成正比。

能流密度越大，单位时间内通过垂直于波传播方向的单位面积的能量越多，波就越强，所以能流密度是波的强弱的一种量度，因而也称为波的强度。例如声音的强弱决定于声波的能流密度(声强)的大小；光的强弱决定于光波的能流密度(称为光强度)的大小。

3. 波的吸收

由于波的强度与振幅有关，因此当平面简谐波在介质中传播时，若介质是均匀的，且不吸收波的能量，则其振幅 A 将保持不变。但是，对球面波来说，情况就不同。一般情况下，波通过介质会有能量损失，波的强度随着传播距离的增大而逐渐减弱，我们把这种现象叫作波的衰减。下面我们讨论波的衰减具有什么规律。

设 $x=0$ 处波的强度为 I_0，x 处波的强度为 I。当波通过厚度为 $\mathrm{d}x$ 的一层介质时，由于介质吸收波的能量，使波的强度减弱了 $\mathrm{d}I$，实验表明，$\mathrm{d}I$ 与 I 和 $\mathrm{d}x$ 成正比

$$-\mathrm{d}I=\mu I\mathrm{d}x \tag{2-37}$$

式中 μ 是与介质和频率有关的常数，叫作吸收系数。

利用初始条件对式(2-37)积分得

$$I=I_0\mathrm{e}^{-\mu x} \tag{2-38}$$

由此可见，由于介质对波的吸收，平面波的强度在传播过程中随传播距离的增长按指数规律衰减。

2.5 声波

声波是机械波的一种，是在弹性介质中传播的纵波，其频率在 20～20 000 Hz，能够引起人的听觉。频率低于 20 Hz 的叫次声波，频率高于 20 000 Hz 的叫超声波，次声波和超声波都不能引起人类的听觉。但声波、次声波、超声波并没有本质上的区别，因此广义的声波包含次声波和超声波。

2.5.1 声强

为了描述声波在介质中各点的强弱，随着声波的传播也伴随着能量的传播。常用声强

这个物理量。声波的能流密度叫作声强，即单位时间内通过垂直于声波传播方向单位面积的声波能量。根据式(2-36)声强 I 为

$$I=\frac{1}{2}\rho uA^{2}\omega^{2} \tag{2-39}$$

由式(2-39)可知，声强与频率的平方、振幅的平方成正比。声强的单位 W/m^2。

引起人听觉的声波，不仅要求有一定的频率范围，而且要求有一定的声强范围，声强太大，只能引起痛觉，而不能引起听觉；声强太小，不能引起听觉。所以对于每一个给定的可闻频率，声强都有上下两个限值，能引起听觉的最低声强称为听觉阈，不引起痛觉的最大声强称为痛觉阈。声强的上下限随频率而异，一般正常人，能够引起听觉的声强范围大约为 $10^{-12}\sim1\ W/m^2$。可见，声强的变化范围是很大的。因此，在声学中常用声强级来描述声波的强弱。

通常规定声强 $I_0=10^{-12}\ W/m^2$(即相当于频率为 1 000 Hz 的声波能够引起听觉最弱的声强)作为声强的标准。如果某一声强为 I，则

$$L=10\ \lg\frac{I}{I_0} \tag{2-40}$$

L 叫作相应于声强 I 的声强级。L 的单位为分贝(dB)。

能引起人听觉的声强级 0～120 dB，通常谈话的声强级为 60 dB。声强级 100 dB 以上的声波，则震耳隆隆。因此，我国规定城市噪声不得超过 90 dB，否则即为噪声污染。

2.5.2 超声波

1. 超声波的产生

产生超声波的方法很多，常用的是超声波发生器，主要由高频脉冲发生器和压电式换能器两部分组成。高频脉冲发生器用以产生高频电电压，这一电压施加在压电式换能器上，由于逆压电效应，产生同频率周期性振动，此振动向外传播形成超声波。压电式换能器既可以发射超声波，也可以接收超声波。

2. 超声波的特性

通常的超声波频率范围在$(2\times10^4)\sim(5\times10^9)$ Hz 之间，若用激光激发晶体，可产生频率高达 5×10^8 Hz 以上的超声波。由于超声波频率高、波长短，因而还具有一系列的特性。

(1)超声波方向性好。由于超声波波长比在同一介质中普通声波波长短得多，衍射现象不明显，所以超声波是近似直线传播的，容易得到定向而集中的超声波束。超声波和光线一样，可用适当的方法会聚和发散。

(2)超声波的穿透本领大。由于波的强度正比于频率的平方，所以在相同振幅时，超声波比普通声波具有大得多的能量。超声波在介质中传播时，其强度会有规律的衰减。介质的吸收系数 μ 越小，衰减越慢，即超声波对该介质的穿透本领大。在人体中，超声波容易穿透 μ 值比较小的水、脂肪和软组织，而不易穿透 μ 值比较大的空气、骨骼和肺组织。由于介质的 μ 值不仅与介质的性质有关，而且随波的频率的增加而变大，故超声波频率提高时，穿

透本领下降。

(3)超声波碰到不同介质的分界面时可产生显著的反射，普通波只有当反射体的线度比波长大数倍时，才能引起明显的反射。超声波波长短，所以较小的反射体，如钢材中的气泡，人体组织中的病变，都能引起明显的反射。

(4)超声波的空化作用。高频大功率超声波通过液体时，液体中产生疏密变化，稠区受压，稀区受拉。由于液体耐压不耐拉，当频率高、功率大的超声波作用于液体介质时，液体不断受到压缩和拉伸。如果液体支持不住这种拉力就会产生断裂，在液体内形成“空穴”(短暂的近似真空的空洞)，到压缩阶段，这种空穴发生崩溃，此时空穴内部最大瞬时压强可达几万大气压，同时产生局部高温以及放电现象等，这种作用叫作空化作用。

(5)超声波的热作用。当超声波在介质中传播时，将会有一部分能量被介质吸收而转化为热量，引起介质温度升高，称为热效应和热作用。产生热量的大小决定于介质的吸收系数，以及超声波的强度和辐照时间。

(6)超声波的机械作用。高频超声波通过介质时，使介质中粒子作受迫高频振动，其加速度可达重力加速度的几十万至几百万倍，这种强烈的机械振动能破坏物质的力学结构。

此外，还有化学作用、生物作用等。

3. 超声波的应用

由于超声波有很多特殊的物理性质，超声波得到了越来越广泛的应用。

(1)超声波方向性好，便于定向发射，或媒质分界面有显著反射，这些特点使得超声波成为探伤(检查工件内部缺陷)、定位(如探测鱼群、侦察潜艇)等技术的重要工具；医学上广泛利用超声波进行诊断和治疗。

(2)超声波的热效应特性被广泛应用于焊接、清洗、钻孔、灭菌。超声波的热效应早已用于临床治疗，近年来，它作为加温治疗癌症的一种热源受到重视。

(3)超声波的空化效应可用来粉碎坚硬的物体、去锈、乳化液体等，产生的高温还可以促进常温下不能进行的化学反应。如声化学就是利用声波通过介质时，由于介质吸收而产生的温度和压力的变化引起的化学反应。声的化学作用其根本原因在于介质对内空腔的形成，是能量的相对集中进行再分配的结果。声化学效应的本质是瞬时内，空腔形成高温、高压、高能环境，强冲击波引起空腔内部充电、发光等，从而引起热离解，分子离子化，产生离子和自由茎，进一步产生分子降解、乳化作用，反应性能提高等一系列物理化学变化(如物胶、淀粉、琼脂的溶液黏度降低)。超声波可使聚合物降解、聚合(如丙烯烃等在水介质中聚合时，超声波引起聚合物降解，生成自由茎，后者又发生聚合的自动催化效应)。超声波可以改变反应途径，加速反应，引发反应，减少反应步骤。超声波在电化学(改变电沉积)、表面化学(用微射流改变油水体系乳化)、分析化学(超声雾化作用提高试样利用率)中也有广泛应用。

(4)超声波的生物学效应。超声波可被生物介质所吸收。吸收程度基本上决定于介质的特性和超声波的频率。一般而论，介质中的含水量越大，吸收越少，频率越高，吸收越多。生物机体主要是在大分子水平上吸收超声波。超声波照射可使生物大分子通过或不通过空化而解聚或降解，超声波引起空化及空化微流，可产生自由茎，可产生降解溶液中的DNA，可使离体血小板凝聚等生物变化。由于生物组织的复杂性，超声波的生物作用也是一个非常复杂的过程，已经发现，细胞组织染色体、原生质以及新陈代谢、酶的活性等都会受到超声波作用的影响而发生变化。超声波生物效应的进一步探索正有新的突破。

(5)超声波在农业方面的应用愈来愈广泛。如利用超声波对家畜胎儿(死活、性别、大小、早期妊娠)进行诊断。利用超声波可以测定家畜肉质脂肪及肌肉的面积和厚度，通过超声波照射处理可增加总瘦肉量。利用超声波高频机械振动热效应可影响鱼卵的孵化进程。超声波的空化、热效应作用可引起生物体内生化及生理特性的变化。可提高种子发芽率、促进种子呼吸能力提高及对氮、磷吸收及矿化物及氮化物的增长。超声波生物工程中外源基因导入法，利用空化、热效应造成的高温、高声强，所产生的电离和放电效应，使细胞内外发生物质交换，细胞壁和质膜破损或不可逆的质膜透性改变，提高烟片 GUS 基因的短暂表达频率达 86%。超声波可促使酒陈化，加速酒体融合改善品质。超声波灭菌消毒对农产品进行无热过程的加工和贮存，从而减少了维生素 C 和生物活性物质的损失。总之，超声波在农业中应用潜力很大，有待于进一步开发。

2.6 惠更斯原理 波的衍射

2.6.1 惠更斯原理

波的起源是波源的振动，波的传播就是振动的传播。波在弹性介质中运动时，任一点 P 的振动，将会引起邻近质点的振动。就此特征而言，振动着的 P 点与波源相比，除了在时间上有延迟外，并无其他区别。从这个角度说，P 可视为一个新的波源。1678 年，惠更斯总结出了以其名字命名的惠更斯原理：

介质中波动传到的各点，都可看成是产生球面子波的波源；在其后的任一时刻，这些子波的包络面构成新的波面。

如图 2-17 所示，t 时刻，波阵面 S_1 上的任意点都可以看成为此时的新波源，它发出子波，这些子波源发出球面波，经过 Δt 时间，波向前传播了 $u\Delta t$，子波的波前形成半径为 $u\Delta t$ 的球面，这些球面的包迹形成了 $t+\Delta t$ 时刻新的波阵面 S_2。

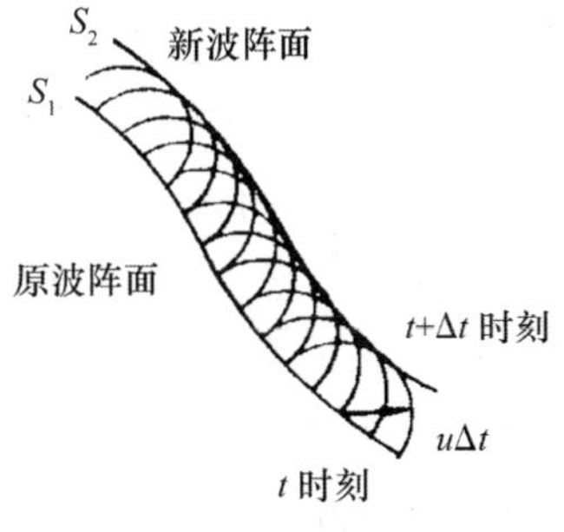

图 2-17 惠更斯原理

惠更斯原理对任何波动过程都是适用的，无论是机械波还是电磁波。只要知道某一时刻的波阵面，就可利用这一原理通过几何的方法来确定任一时刻的波阵面。因而在很广泛的范围内解决了波的传播问题。

应该指出，惠更斯原理很好地解释了波的传播方向问题，但却没有给出了波强度的分布，后来菲涅耳对惠更斯原理做了重要补充，解决了波的强度分布问题，这就是在光学中有重要应用的惠更斯-菲涅耳原理。

2.6.2 波的衍射

当波在传播过程中遇到障碍物时，其传播方向绕过障碍物发生偏折的现象，称为波的衍射。例如，两人隔着墙壁谈话，也能各自听到对方的声音，这就是由声波的衍射所引起的。

利用惠更斯原理能够定性地解释波的衍射现象，如图 2-18 所示。当波到达障碍物的边缘时，这些地方将发出球面子波，许多子波所形成的包迹是新的波前，它不再保持原来波前的形状，即波线发生了弯曲，从而使障碍物后边的介质质元发生振动。

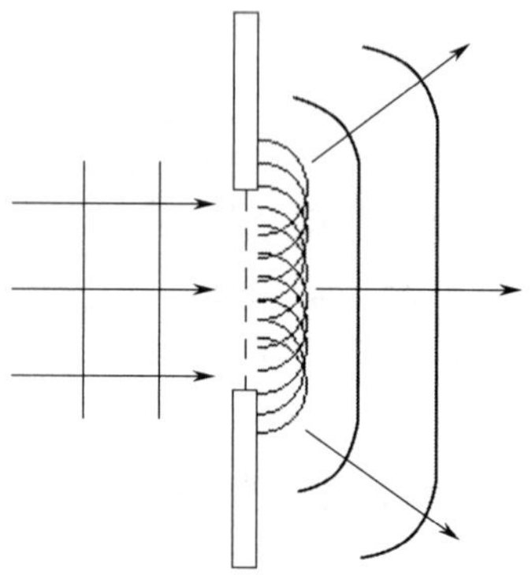

图 2-18 波的衍射

一般地说，任何一种波(声波、光波等)都会产生衍射现象。因此，衍射现象是波在传播过程中所独具的特征之一。如果障碍物的孔口(或缝)的宽度或障碍物本身的线度远大于波长 λ，则可以认为波将沿直线传播，衍射现象不显著。实验证明，衍射现象是否显著，决定于孔(或缝)的宽度和波长的比值，比值越小，衍射现象越显著。声波的波长较大，有几米左右，因此衍射较显著，而波长较短的波(如超声波、光波等)，衍射现象就不显著，呈现出明显的方向性，即按直线作定向传播。

2.7 波的叠加原理 波的干涉

2.7.1 波的叠加原理

大量事实表明，当几列波同时在一种介质中传播时，每列波的特征量如振幅、频率、波长、振动方向等，都不会因为有其他波的存在而改变，称为波的独立传播原理。例如，从两个探照灯射出的光波，交叉后仍然按原来方向传播，彼此互不影响。乐队合奏或几个人同时谈话时，声波也并不因在空间互相交叠而变成另外一种什么声音，所以我们能够辨别出各种乐器或各人的声音来。波的这种独立性，使得当几列波在空间的某一点相遇时，每列波都单独引起介质中该处质元的振动，并不因其他波的存在而有所改变，因此该质元实际的振动就是各列波单独存在时所引起该质元的各个振动的叠加，这就是波的叠加原理。因此该质元的振动位移为各波引起振动位移的矢量和，该点将按合振动的规律运动。

2.7.2 波的干涉

1. 干涉现象和相干条件

一般地说，振幅、频率、相位等都不同的几列波在某一点叠加时，情形是很复杂的。下面我们只讨论一种最简单而又最重要的情形，即两列波频率相同，振动方向一致，波源之间有恒定的相位差的波的叠加。满足这些条件的两列波在空间任何一点相遇时，该点的两个分振动也有恒定的相位差，但是对于空间不同的点，有着不同的恒定相位差，所以在空间某些点处，振动始终加强，而在另一些点处，振动始终减弱或者完全抵消。这种现象称为波的干涉。能够产生干涉现象的波称为相干波。相应的波源称为相干波源。

2. 相干波的加强和减弱条件

图 2-19 所示，设 S_1 和 S_2 是两个同频率的平面简谐波的波源，振幅为 A_1、A_2，初相为 φ_1、φ_2，振动方向相同。两波按独立作用原理独立传播，按叠加原理，在相遇处的位移是二波引起振动位移矢量和。

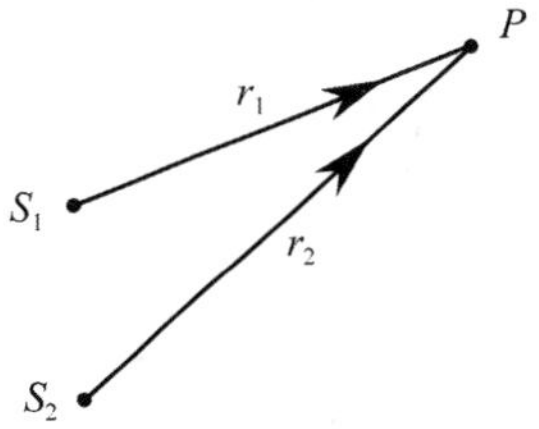

图 2-19 波的干涉

两列波的波函数分别为：

$$y_1 = A_1\cos\left[\omega\left(t-\frac{r_1}{u}\right)+\varphi_1\right]$$

$$y_2 = A_2\cos\left[\omega\left(t-\frac{r_2}{u}\right)+\varphi_2\right]$$

P 点的合振动为这两个同方向同频率的简谐振动之和，其振幅和相位差分别为

$$A=\sqrt{A_1^2+A_2^2+2A_1A_2\cos\Delta\varphi}$$

$$\Delta\varphi=\left[2\pi\left(\nu t-\frac{r_1}{\lambda}\right)+\varphi_1\right]-\left[2\pi\left(\nu t-\frac{r_2}{\lambda}\right)+\varphi_2\right]=2\pi\frac{r_2-r_1}{\lambda}+(\varphi_1-\varphi_2)$$

可见，在叠加过程中，有一些特殊点，它们的合振动的振幅为 $|A_1+A_2|$，这些点称为加强点；合振动的振幅为 $|A_1-A_2|$，这些点称为消弱点。即

$$\Delta\varphi=\begin{cases}\pm 2k\pi & (k=0,1,2,\cdots)，加强点，\\ \pm(2k+1)\pi & (k=0,1,2,\cdots)，消弱点。\end{cases} \tag{2-41}$$

如果 $\varphi_1=\varphi_2$，$A_1=A_2=A_0$，则有

$$\Delta r=r_2-r_1=\begin{cases}\pm k\lambda & (k=0,1,2,\cdots)，加强点，合振幅 A=2A_0\\ \pm(2k+1)\pi & (k=0,1,2,\cdots)，消弱点，合振幅 A=0\end{cases} \tag{2-42}$$

例 2-6 A，B 是同一媒质中两相干波源，相距 20 m，两波源的振动频率均为 100 Hz。两波相向传播，振幅相同，振动方向相同，波速为 200 m/s，且波源 A 为波峰时，波源 B 恰为波谷。求 A 与 B 间因干涉而静止的各点位置。

解：$\lambda=\dfrac{u}{\nu}=2\ \text{m}$

两波波源的振动表达式为

$$y_A=A\cos2\pi\nu t,\quad y_B=A\cos(2\pi\nu t+\pi)$$

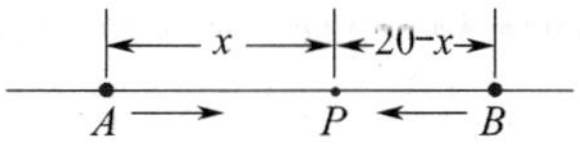

图 2-20 例 2-6 用图

如图 2-20 所示，两列波的波函数为：

$$y_A = A\cos 2\pi\left(\nu t - \frac{x_A}{\lambda}\right),\quad y_B = A\cos\left[2\pi\left(\nu t - \frac{x_B}{\lambda}\right) + \pi\right]$$

设 A 与 B 间任一点 P 到 A 的距离为 x，则两波在 P 点引起的振动方程分别为

$$y_{AP} = A\cos 2\pi\left(\nu t - \frac{x}{\lambda}\right)$$

$$y_{BP} = A\cos 2\pi\left[\left(\nu t - \frac{20 - x}{\lambda}\right) + \pi\right]$$

两波在 P 点引起的相位差为

$$\Delta\varphi = \left[2\pi\left(\nu t - \frac{20 - x}{\lambda}\right) + \pi\right] - 2\pi\left(\nu t - \frac{x}{\lambda}\right) = (2x - 19)\pi$$

根据因干涉而静止的条件有

$$(2x - 19)\pi = \pm(2k + 1)\pi$$

解得

$$x = \begin{cases} k + 10 \\ 9 - k \end{cases}$$

x 在 0～20，所以 k 的取值从 0～8，则 x 分别为：1，2，3，…，19。

3. 驻波

两列振幅相同的相干波沿相反方向传播时叠加而成的波称为驻波，如图 2-21 所示。驻波是波的一种干涉现象，它不是行波，不向前传播振动状态。驻波在声学和光学中都有重要的应用。

设一列平面简谐波沿 x 轴正向传播，其波动表式为

$$y_1 = A\cos\left[2\pi\left(\frac{t}{T} - \frac{x}{\lambda}\right)\right]$$

另一列平面简谐波沿 x 轴负向传播，其波动表式为

$$y_2 = A\cos\left[2\pi\left(\frac{t}{T} + \frac{x}{\lambda}\right)\right]$$

则两列波在空间某点 x 处的合振动为 $y = y_1 + y_2$，

$$y = 2A\cos 2\pi\frac{x}{\lambda}\cos 2\pi\nu t \tag{2-43}$$

可见，合成后各点都在做简谐振动。注意它不是同方向不同频率的两个振动的合成，而是同方向同频率的两个振动的合成。

由式(2-43)可知，各质点以相同频率做简谐振动，空间某点 x 的振幅是一个位置的余弦函数。即有些位置振幅最大，有些位置振幅为零。我们把振幅最大的各点叫作驻波的波腹；振幅恒为零的各点叫作驻波的波节。

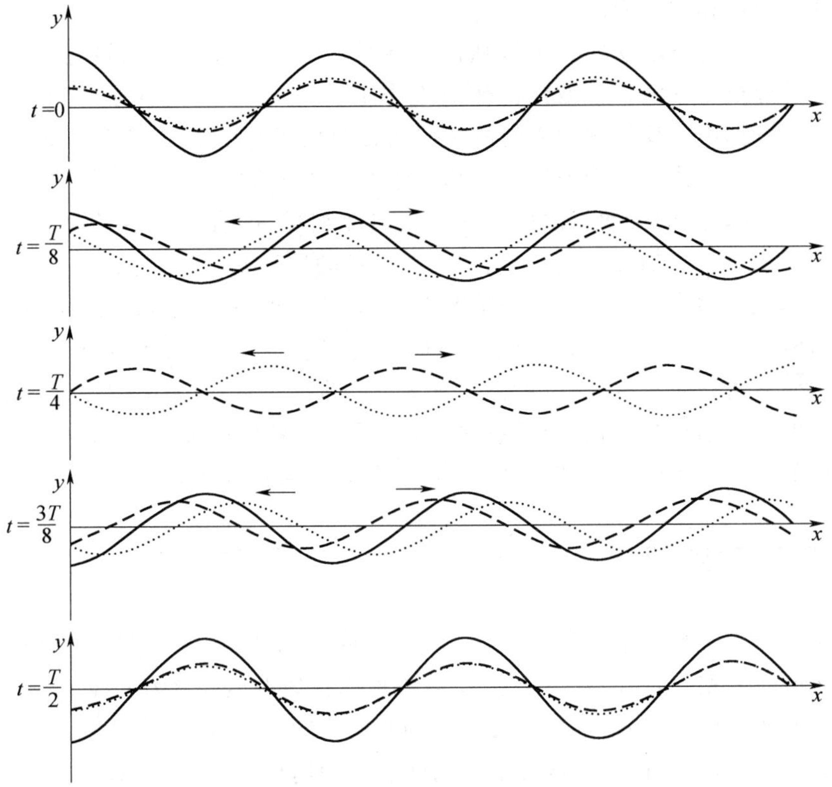

图 2-21 驻波的形成

对于波腹点，有

$$\left|2A\cos 2\pi\frac{x}{\lambda}\right| = 2A$$

此位置满足条件 $2\pi\frac{x}{\lambda}=\pm k\pi$，所以，波腹的位置为

$$x=\pm k\frac{\lambda}{2}\quad (k=0,1,2,\cdots)$$

相邻的波腹之间的距离相差 $\frac{\lambda}{2}$。

同样，波节的位置由 $2\pi\frac{x}{\lambda}=\pm(2k+1)\pi$，得

$$x=\pm(2k+1)\frac{\lambda}{4}\quad (k=0,1,2,\cdots)$$

相邻的波节之间的距离也相差 $\frac{\lambda}{2}$。

在波节处，因为 $\cos 2\pi\frac{x}{\lambda}=0$，所以在波节两边 $\cos 2\pi\frac{x}{\lambda}$ 有相反符号，因此，在某时刻在波节的一方位移为正，则在波节的另一方位移一定为负。即波节两边振动相反，相位相反；而

在两波节之间的点的相位均相同。

驻波是一种常见的物理现象。水波从码头或悬崖处反射以及声波被光滑的硬壁反射，在水或空气中都会形成驻波。在波向前传播途中垂直地遇到障碍物(或遇到另一种介质的边界面)发生反射时，由于反射波和入射波是传播方向相反的相干波，因而干涉叠加的结果，就会形成驻波。人们往往把一列波叫入射波，把另一列波叫反射波。入射波在两种介质的分界面上反射时，在端点的振动相位可能相同也可能相反(即有 π 相位的突变)。因为入射波反射时在端点相位有 π 的突变，它相当于半个波长的波程差，所以我们把入射波反射时发生相位突变 π 的现象叫半波损失。一般情况下，入射波与反射波是否产生半波损失，取决于介质的密度与波速之乘积 ρu，ρu 相对较大的称为波密介质，相对较小的称为波疏介质。当波从波疏介质向波密介质入射时，反射波就出现半波损失；反之，无半波损失。如果反射波的振幅与入射波的振幅相同，当有半波损失时，在反射面处形成波节，称为固定端反射。若二波在反射面处的相位相同，在反射面处形成波腹，称为自由端反射。

2.8 多普勒效应

我们是在波源与观察者相对于介质均为静止的情况下研究波。这时，介质中各点的振动频率与波源的频率相等，亦即观察者接收到的频率与波源的频率相同。若波源与观察者或两者同时相对于介质在运动，观察者接收到的频率不同于波源频率，这种现象称为多普勒效应。下面以声波为例，来讨论声波的多普勒效应。为简单起见，假定观察者与声源沿同一直线运动，具体分析三种特殊情况。

(1)声源 S 相对介质静止，观察者 D 相对介质以 v_D 的速度运动。在 D 的参照系里，波以 $u'=u+v_D$ 的速度通过，即单位时间 D 可接收到 u'/λ 个完整的波形。设声源的频率为 ν，观察者感觉到的频率为 ν'，取二者靠近时的速度方向为正。则

$$\nu'=\frac{u'}{\lambda}=\frac{u+v_D}{\frac{u}{\nu}}=\frac{u+v_D}{u}\nu \tag{2-44}$$

若观察者 D 向着靠近声源 S 的方向运动，由图 2-22(a)可知 $v_D>0$，则观察者接收到从 S 发出的波的频率 ν' 大于声源的频率 ν；若观察者 D 向着远离声源 S 的方向运动，$v_D<0$ 则观察者 D 接收到从 S 发出的波的频率 ν' 小于声源的频率 ν。

(2)观察者 D 相对介质静止，声源 S 相对介质以 v_S 的速度运动。在 D 的参照系中波速没变，但波长变了

$$\lambda'=\lambda-v_S T=(u-v_S)T$$

$$\nu'=\frac{u}{\lambda'}=\frac{u}{u-v_S}\nu \tag{2-45}$$

若声源 S 向着靠近观察者 D 的方向运动，由图 2-22(b)可知 $v_S>0$，则观察者 D 接收到从 S 发出的波的频率 ν' 大于声源的频率 ν；若声源 S 向着远离观察者 D 的方向运动，$v_S<0$ 则观察者 D 接收到从 S 发出的波的频率 ν' 小于声源的频率 ν。

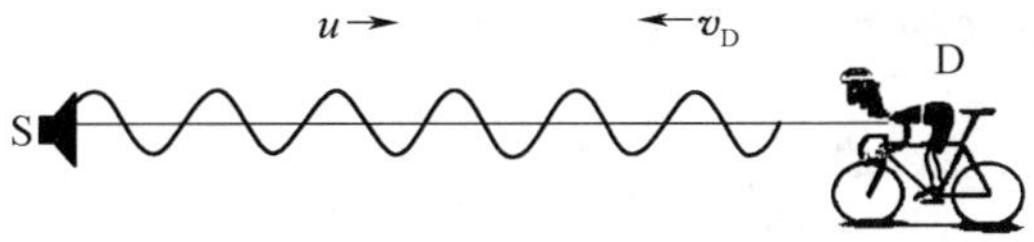

(a) 声源相对介质静止，观察者相对介质运动

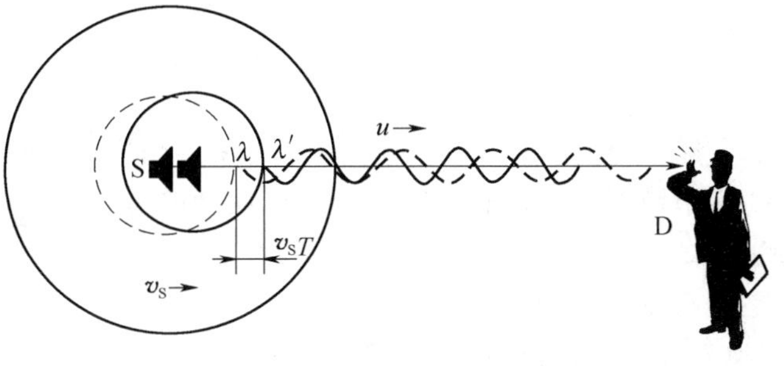

(b) 观察者相对介质静止，声源相对介质运动

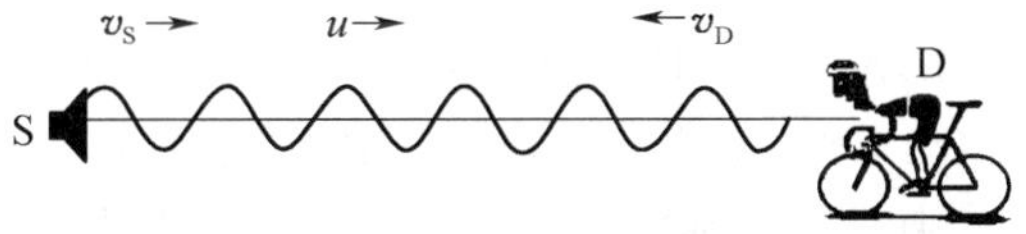

(c) 声源和观察者均相对介质运动

图 2-22 多普勒效应

(3)声源 S、观察者 D 同时以 v_D、v_S的速度相对介质沿波线运动。引起观察者感觉到的频率为

$$\nu' = \frac{u'}{\lambda'} = \frac{u + v_D}{u - v_S}\nu \tag{2-46}$$

同样得到结论，若声源 S 与观察者 D 相互靠近时，观察者 D 接收到从 S 发出的波的频率 ν'大于声源的频率 ν；若声源 S 与观察者 D 相互远离时，观察者 D 接收到从 S 发出的波的频率 ν'小于声源的频率 ν。

例 2-7 一警报器发射频率 1 000 Hz 的声波，远离观察者向一固定的目的物运动，其速度为 10 m/s，试求：

(1)观察者直接听到从警报器传来声音的频率为多少？

(2)观察者听到从目的物反射回来的声音频率为多少？(设空气的声速为 330 m/s)

解：(1)因警报器发射的声波远离观察者，所以取波源的速度 $v_S = -10$ m/s，根据式(2-45)得观察者直接听到从警报器传来声音的频率

$$\nu' = \frac{u}{\lambda'} = \frac{u}{u - v_S}\nu = \frac{330}{330 + 10} \times 1\ 000 = 970.6(\text{Hz})$$

(2)从目的物反射回来的声音靠近观察者，所以取波源的速度 $v_S = 10$ m/s，根据式

(2-45)得观察者听到从目的物反射回来的声音频率

$$\nu'=\frac{u}{\lambda'}=\frac{u}{u-v_S}\nu=\frac{330}{330-10}\times 1\ 000=1\ 031.3(\text{Hz})$$

思考题

2-1 从运动学的角度看,什么是简谐振动?从动力学的角度看,什么是简谐振动?

2-2 弹簧振子的振幅增大到2倍时,其振动周期、振动能量、最大速度和最大加速度等物理量将如何变化?

2-3 下列运动是否为简谐振动?

(1)小球在地面上作完全弹性的上下跳动;

(2)小球在半径很大的光滑凹球面底部作小幅度的摆动;

(3)曲柄连杆机构使活塞作往复运动;

(4)小磁针在地磁的南北方向附近摆动。

2-4 三只相同的弹簧(质量忽略不计)都一端固定,另一端连接质量为 m 的物体,它们放置情况不同,其中一个平放,一个斜放,另一个竖直放。如果它们振动起来,则三者是否均为简谐振动,它们振动的周期是否相同?

2-5 当谐振子作简谐振动的振幅增大为原来的2倍时,谐振子的什么量也增大为原来的2倍?

2-6 一弹簧振子作简谐振动,其振动的总能量为 E_1。如果我们将弹簧振子的振动振幅增加为原来的2倍,而将重物的质量增加为原来的4倍,则新的振子系统的总能量是否发生变化?

2-7 一质点作简谐振动,振动频率为 n,则该质点动能的变化频率是多少?

2-8 受迫振动的频率是否由振动系统的固有频率所决定?

2-9 产生共振的条件是什么?

2-10 同方向同频率的简谐振动合成后的振动一定比分振动强度大吗?

2-11 产生机械波的条件是什么?

2-12 机械波从一种介质进入另一种介质,其波长、波速和频率这三个物理量中,哪些会改变,哪些不变?

2-13 波速和介质的振动速度有何区别?

2-14 平面简谐波的平面是指什么?

2-15 从能量的角度看,谐振子系统与传播机械波的弹性介质元有何不同?

2-16 在一根很长的弦线上形成的驻波是(　　)。

(A)由两列振幅相等的相干波沿相同方向传播叠加而形成的

(B)由两列振幅不相等的相干波沿相同方向传播叠加而形成的

(C)由两列振幅相等的相干波沿相反方向传播叠加而形成的

(D)由两列波沿相反方向传播叠加而形成的

2-17 当 x 为某一定值时，波动方程 $y = A\cos 2\pi(t/T - x/\lambda)$ 所反映的物理意义是什么？

2-18 关于振动和波的关系，下面几句叙述中正确的是(　　)。

(A)有机械振动就一定有机械波

(B)机械波的频率与波源的振动频率相等

(C)机械波的波速与波源的振动速度相等

2-19 下面叙述中正确的是(　　)。

(A)波动方程中的坐标原点一定要放在波源位置

(B)机械振动一定能产生机械波

(C)质点振动的周期与波的周期数值相等

(D)振动的速度与波的传播速度大小相等

2-20 在什么情况下，入射波与反射波在两种介质分界面上要产生相位 π 的跃变？在什么情况下则不会产生相位 π 的跃变？

2-21 在同一介质中，波源迎着观测者运动和观测者迎着波源以同样速率运动所形成的多普勒效应一定完全相同吗？

□ 习　题

2-1 一质点沿 x 轴作简谐振动，振动方程为 $x = 4\times10^{-2}\cos\left(2\pi t + \frac{1}{3}\pi\right)$ (cm)。求从 $t=0$ 时刻起，到质点位置在 $x=-2$ cm 处，且向 x 轴正方向运动的最短时间间隔？

2-2 一物体作简谐振动，其速度最大值 $v_{max}=3\times10^{-2}$ m/s，其振幅 $A=2\times10^{-2}$ m。若 $t=0$ 时，物体位于平衡位置且向 x 轴的负方向运动。求：

(1)振动周期 T；

(2)加速度的最大值 a_{max}；

(3)振动方程的表达式。

2-3 一弹簧振子作简谐振动，求：当位移为振幅的一半时，其动能与总能量的比。

2-4 两个同方向同频率的简谐振动，其振动表达式分别为：

$$x_1 = 6\times10^{-2}\cos\left(5t + \frac{1}{2}\pi\right)\text{(m)}$$

$$x_2 = 2\times10^{-2}\sin(\pi - 5t)\text{(m)}$$

求：它们的合振动的振幅及初相位？

2-5 一弹簧振子沿 x 轴作简谐振动。已知振动物体最大位移为 $x_{max}=0.4$ m，最大恢复力为 $F_{max}=0.8$ N，最大速度为 $v_{max}=0.8$ m/s，又知 $t=0$ 的初位移为 0.2 m，且初速度与所选 x 轴方向相反。求：(1)振动的能量；(2)振动的表达式。

2-6 一简谐振动曲线如图 2-23 所示，问 $t=2$ s 时刻质点位移和速度的大小是多少？

2-7 已知某简谐振动的振动曲线如图 2-24 所示，求此简谐振动的振动方程。

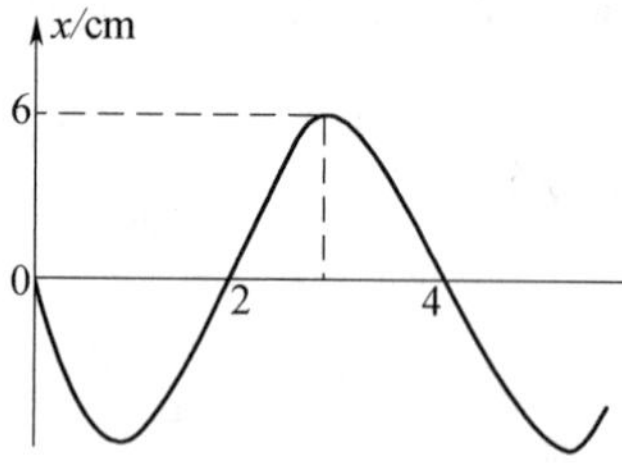

图 2-23　习题 2-6 用图

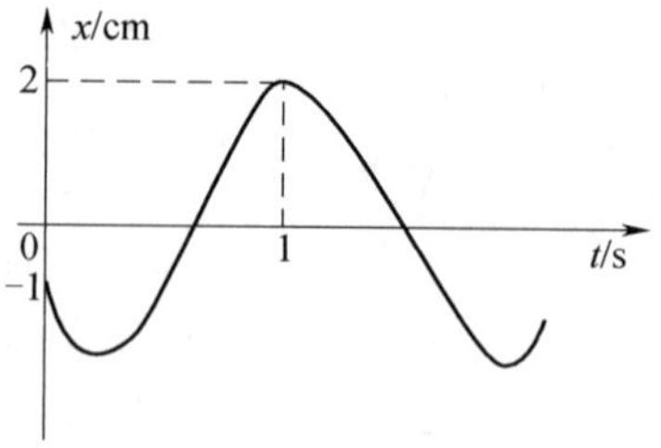

图 2-24　习题 2-7 用图

2-8　如图 2-25 所示，有一水平轻质弹簧振子，弹簧的劲度系数 $k=24$ N/m，重物的质量 $m=6$ kg，重物静止在平衡位置上。设以一水平恒力 $F=10$ N 向左作用于重物(不计与水平面的摩擦)，使之由平衡位置向左运动了 0.05 m，此时撤去力 F。当重物运动到左方最远位置时开始计时，求重物的运动方程。

2-9　频率为 3 000 Hz 的声波，以 1 560 m/s 的传播速度沿一波线传播，经过波线上的 A 点后，再经 13 cm 而传至 B 点，求：

(1)B 点的振动比 A 点落后的时间；

(2)波在 A、B 两点振动时的相位差是多少？

(3)设波源作简谐振动，振幅为 1 mm，求振动速度的幅值，是否与波的传播速度相等？

2-10　沿 x 轴正方向传播的平面简谐波在 $t=0$，$t=0.5$ s 时刻的波形曲线如图 2-26 所示，波的周期 $T\geqslant 1$ s，求：

(1)波动方程；

(2)P 点($x=2$ m)的振动方程。

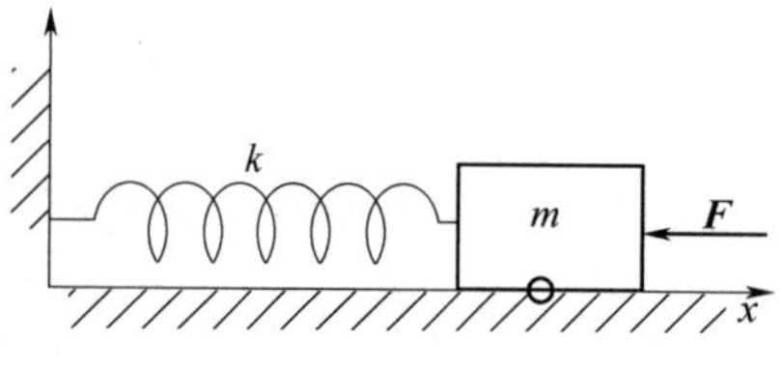

图 2-25　习题 2-8 用图

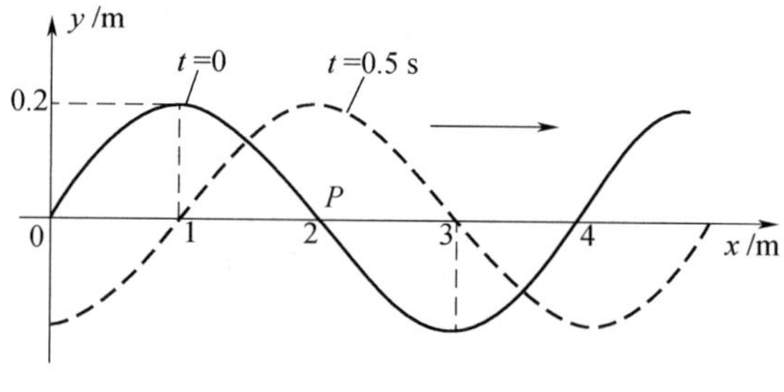

图 2-26　习题 2-10 用图

2-11　用聚焦超声波的方法，可以在液体中产生强度达 120 kW/cm^3 的大振幅超声波。设波源作简谐振动，频率为 500 kHz，液体的密度为 1 g/cm^3，声速为 1 500 m/s，求这时液体质点振动的振幅。

2-12　频率为 500 kHz，声强为 1 200 W/m^2，声速为 1 500 m/s 的超声波，在水中传播时，求其声压振幅为多少大气压？又位移振幅、加速度振幅各为多少？

Chapter 3 第3章

流体力学

The Basis of Fluid Dynamics

流体力学是力学的一个重要分支,它主要研究流体本身的静止状态和运动状态,以及流体和固体界壁间有相对运动时的相互作用和流动的规律。在生活、环保、科学技术及工程中具有重要的应用价值。

流体力学中研究得最多的流体是水和空气。它的主要基础是牛顿运动定律和质量守恒定律,常常还要用到热力学知识,有时还用到宏观电动力学的基本定律和物理学、化学的基础知识。

1738年伯努利(Daniel Bernoulli,1700—1782)出版他的专著时,首先采用了水动力学这个名词并作为书名;1880年前后出现了空气动力学这个名词;1935年以后,人们概括了这两方面的知识,建立了统一的体系,统称为流体力学。

除水和空气以外,流体还指作为汽轮机工作介质的水蒸气、润滑油、地下石油、含泥沙的江水、血液、超高压作用下的金属和燃烧后产生成分复杂的气体、高温条件下的等离子体等。气象、水利的研究,船舶、飞行器、叶轮机械和核电站的设计及其运行,可燃气体或炸药的爆炸,以及天体物理的若干问题等,都广泛地用到流体力学知识。许多现代科学技术所关心的问题既受流体力学的指导,同时也促进了它不断地发展。1950年后,电子计算机的发展又给予流体力学以极大的推动。

流体力学是在人类同自然界做斗争和在生产实践中逐步发展起来的。古时中国有大禹治水疏通江河的传说;秦朝李冰父子带领劳动人民修建的都江堰,至今还在发挥着作用;大约与此同时,古罗马人建成了大规模的供水管道系统等等。

对流体力学学科的形成做出第一个贡献的是古希腊的阿基米德(Archimedes,前287—前212),他建立了包括物理浮力定律和浮体稳定性在内的液体平衡理论,奠定了流体静力学的基础。此后千余年间,流体力学没有重大发展。

直到15世纪,意大利达·芬奇的著作才谈到水波、管流、水力机械、鸟的飞翔原理等问题;17世纪,帕斯卡(Blaise Pascal,1623—1662)阐明了静止流体中压力的概念。但流体力学尤其是流体动力学作为一门严密的科学,却是随着经典力学建立了速度、加速度,力、流场等概念,以及质量、动量、能量三个守恒定律的奠定之后才逐步形成的。

17世纪，力学奠基人牛顿(Isaac Newton，1643—1727)研究了在流体中运动的物体所受到的阻力，他针对黏性流体运动时的内摩擦提出了牛顿黏性定律。但是，牛顿还没有建立起流体动力学的理论基础，他提出的许多力学模型和结论同实际情形还有较大的差别。

解决流体力学问题时，现场观测、实验室模拟、理论分析和数值计算几方面是相辅相成的。实验需要理论指导，才能从分散的、表面上无联系的现象和实验数据中得出规律性的结论。反之，理论分析和数值计算也要依靠现场观测和实验室模拟给出物理图案或数据，以建立流动的力学模型和数学模式；最后，还须依靠实验来检验这些模型和模式的完善程度。此外，实际流动往往异常复杂(例如湍流)，理论分析和数值计算会遇到巨大的数学和计算方面的困难，得不到具体结果，只能通过现场观测和实验室模拟进行研究。

3.1 理想流体

无论气体还是液体都是可压缩的。在500 atm下，每增加1 atm，水的体积的减少量不到原来体积的两万分之一，水银体积的减少量不到原来体积的百万分之四。因为压缩量很小，通常可不考虑液体的可压缩性，气体的可压缩性非常明显，譬如用不太大的力推动活塞即可使汽缸中的气体明显的压缩，又如地球表面的大气密度随高度的增加而减少，也说明气体的可压缩性。但是，在一定条件下，我们常常可以把流动的气体看作是不可压缩的。因为气体密度小，即使压力差不太大，流速不很高，也能够迅速驱使密度较大处的气体流向密度较小的地方，使密度趋于均匀。可以引入一个叫马赫数的量，定义为$M=$流量/声速。若$M\times M\ll1$，可视为不可压缩，打喷嚏或咳嗽，气流有可能与声速相比，应记为可压缩。换而言之，若气流速度接近或超过声速，因为运动所造成的各处的密度差别来不及消失，这时气体的可压缩性会变得非常明显，不能再看作是不可压缩的。总之，在一定问题中，若可不考虑流体的压缩性，便可将它抽象为不可压缩流体的理想模型，反之，则需要看作是可压缩流体。

流体运动时，将表现出或多或少的黏性，它是当流体运动时，层与层之间有阻碍相对运动的内摩擦力。如河流中心的水流动较快，由于黏性，靠近岸边的水却几乎不动。在某些问题中，若流体的运动性是主要的，黏性居于次要的地位，可认为流体完全没有黏性。这样的流体叫做非黏性流体。若流体的黏性起着重要的作用，则需要看作是黏性流体。如果在流体运动的问题中，可压缩性和黏性都处于极为次要的地位，就可以把它当作理想流体。理想流体是不可压缩又没有黏性的流体。

3.1.1 理想流体概念

不可压缩的、没有黏滞性的流体，称为理想流体。

理想流体是一种理想化的模型，即

(1)不容易被压缩的液体，在不太精确的研究中可以认为是理想流体。研究气体时，如果气体的密度没有明显变化，也可以认为是理想流体。

(2)理想流体没有黏滞性，流体在流动中机械能不会转化为内能。

3.1.2 流体力学基本概念

1. 迹线

流体质点的运动轨迹称为迹线。它是同一流体质元运动规律的几何表示。与质点力学中质点的轨迹的含义是相同的,因此迹线上各点沿时间增加方向的切线方向表示该质元各时刻运动的方向。

$$\boldsymbol{r}=x\boldsymbol{i}+y\boldsymbol{j}+z\boldsymbol{k}$$

若给定速度场$\boldsymbol{v}(x,y,z,t)$,流体质点经过 $\mathrm{d}t$ 时间移动了 $\mathrm{d}\boldsymbol{r}$ 距离,则该质点的迹线微分方程为

$$\mathrm{d}\boldsymbol{r}=\boldsymbol{v}\,\mathrm{d}t$$

2. 流线

流线是速度场的矢量线。在有流体的空间里,每一点上都有一流速矢量,它们构成一流速场。在场中可画出许多曲线,曲线上每一点的切线方向与该点的速度方向相一致,该曲线称为流线。

在运动液体的整个空间,可绘出一系列的流线,称为流线簇,如图 3-1 所示。流线簇构成的流线图称为流谱。

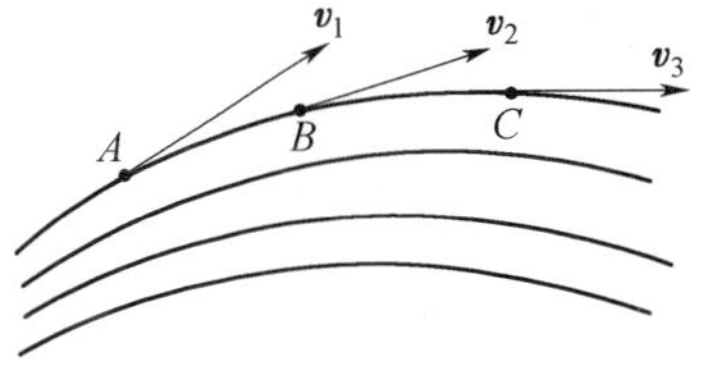

图 3-1 稳定流动的流速场与流线

流线的几点性质:

(1)流线簇的疏密程度反映了该时刻流场中各点速度的变化。

(2)对于恒定流,流线的形状和位置不随时间而变化。

(3)恒定流动时,流线和迹线重合。

(4)流线不能相交,不能折转,只能是一条光滑曲线。

迹线和流线都是用来描述流场几何特性的,它们最基本的差别是:迹线是同一流体质点在不同时刻的位移曲线,而流线是同一时刻、不同流体质点速度向量的包络线。

3. 流管

在有流体的空间里每一点上有一流速矢量,它们构成一流速场。在场中可画出许多曲线,曲线上每一点的切线方向与该点的速度方向相一致,该曲线称为流线。在流体内作一微小的闭合曲线,通过其上各点的流线围成的细管叫作流管。由于流线不会相交,因此流管内、外的流体都不会穿越管壁,由此可寻求流速的空间分布及其随时间的演化规律,如图 3-2(a)。

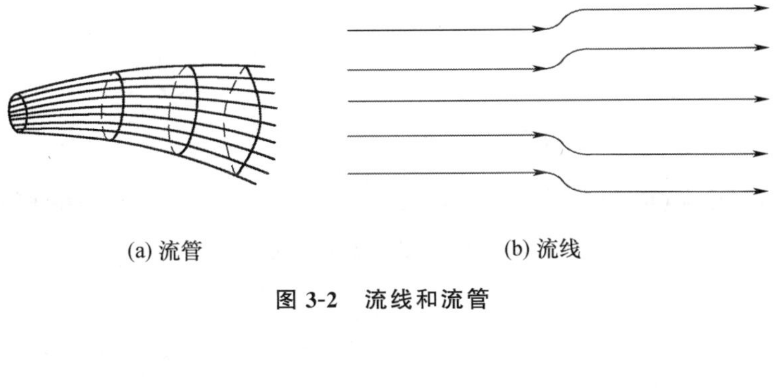

(a) 流管　　(b) 流线

图 3-2 流线和流管

在过水断面上任意取一微小面积 dA，通过该面积上的周界的每一个点，均可作一根流线，这样就构成一个封闭的管状曲面，称为流管。由于流线不能相交，所以在各个时刻，液体质点只能在流管内部或沿流管表面流动，而不能穿越流管。因此，流管仿佛就是一个实际的水管，其周界可以视为像固壁一样。

3.1.3 定常流动

定常流动是流体力学中流体流动的一种形式，若流体运动中满足如下条件

$$\frac{\partial v}{\partial t} \equiv 0$$

则称此种流动为定常流动或稳定流场，即流场不随时间变化(局部变化为零)，流场只是空间坐标的函数。

流体内各空间点的流速通常随时间而变化。在定常流动下，尽管各空间点的流速不一定相同，但任意空间点的流速不随时间而改变，可以表示为

$$\boldsymbol{v} = \boldsymbol{v}(x, y, z)$$

定常流动时的流线和流管均保持固定的形状和位置，这时，流管像是固定的“管子”，而流体在这些由流线所围成的管道中运动。当流管无限变细即成为流线，这就意味着流体微团是沿流线运动的，换句话说，定常流动的流线与迹线重合。

3.1.4 不可压缩流体的连续性方程

首先讲流量的概念。参考图 3-3(a)，在 Δt 时间间隔内，通过流管某横截面 ΔS 的流体体积 $\Delta V = l\Delta S$，当 $\Delta t \to 0$ 时，ΔV 与 Δt 之比的极限称为该横截面上的流量。如果流管很细，则形成流管的各条线互相平行，且横截面上各点流速相等。取与这些流线垂直的横截面，用 v 表示该横截面上的流速，用 Q 表示流量，则

$$Q = \lim_{\Delta t \to 0} \frac{\Delta V}{\Delta t} = \frac{dV}{dt} = \frac{d(l\Delta S)}{dt} = v\Delta S \qquad (3\text{-}1)$$

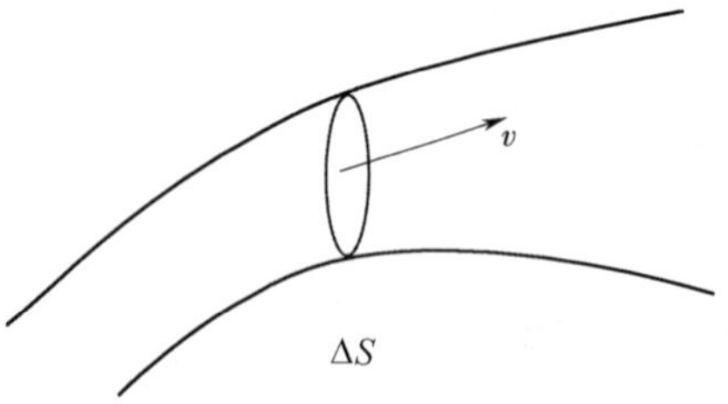

(a) 流量的定义用图

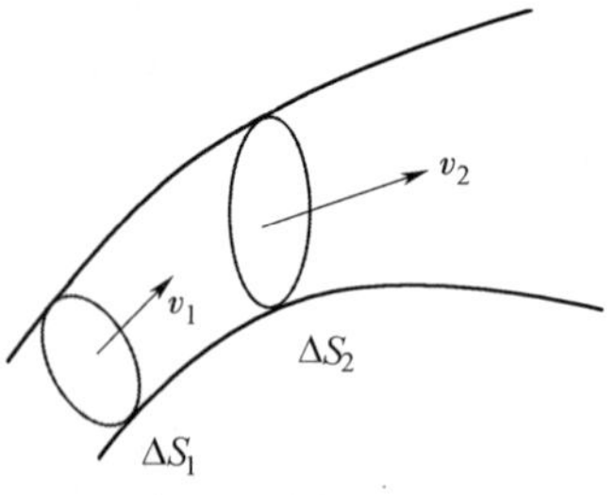

(b) 连续性方程用图

图 3-3 流量和连续性方程

在国际单位制中，流量的单位为 m^3/s。因体积单位常用升，$1\ L=10^{-3}\ m^3$，流量单位通常也用 L/s。

参阅图 3-3(b)，在细流管中通过任意两点画垂直于流线的假想面元 ΔS_1 和 ΔS_2，与它们之间的流管壁面共同围成封闭体积。根据流管性质，流体不能通过流管壁面出入流管，只能顺流管通过 ΔS_1 进入封闭体积，并通过 ΔS_2 排出。又因所讨论的流体不可压缩，封闭体积内质量恒定，根据质量守恒定律，通过 ΔS_1 进入封闭体积的流体质量等于通过 ΔS_2 排出的流体质量。则

$$\rho_1 v_1 \Delta S_1 = \rho_2 v_2 \Delta S_2$$

由于流体不可压缩，密度保持恒定，即 $\rho_1=\rho_2$，则

$$v_1 \Delta S_1 = v_2 \Delta S_2 \tag{3-2}$$

选择 ΔS_1 和 ΔS_2 时未附加任何条件，故上式对任意两个与流线垂直的截面都是正确的，一般可以写作

$$v \Delta S = \text{常量} \tag{3-3}$$

即，对于不可压缩流体，通过流管各横截面的流量都相等，叫作不可压缩流体的连续性原理，式(3-2)和式(3-3)叫作不可压缩流体的连续性方程。若已知流管上两横截面面积，且知道一截面上的流速，由连续性方程，即可求出另一截面上的流速。

利用连续性方程，可让我们对流线的性质有进一步的认识，由式(3-3)知，横截面较大处流速较小，横截面较小处流速较大。又由图 3-2(b)可见，横截面较大处流线较疏，横截面较小处流线较密。所以，流线的疏密反映流速的高低。不过，流线的上述特点对于可压缩流体并不一定正确。例如，超音速流动的气体就不能看作是不可压缩的。对超音速气流来说，流线较密处流速较小，而流线较疏处流速却较大。

例 3-1 水以 3.0 m/s 的速度从水龙头流下，向下运动的加速度为 g，水龙头口的横截面积为 $1.0\ cm^2$，在水龙头下 0.50 m，水流的截面积为多少？

解：用 v_0 代表水流的初始速度，A_0 代表初始的横截面。水流自由下落 h 后，速度为 $v_1=\sqrt{v_0^2+2gh}$ 。若水流是稳定流动的，则满足不可压缩流体连续性方程 $A_0v_0=A_1v_1$。所以 $A_1=A_0v_0/v_1$，代入数据，可得

$$v_1=\sqrt{(3.0)^2+2(9.8)(0.50)}=4.34(m/s)$$

$$A_1=\left(\frac{3.0}{4.34}\right)1.0=0.69(cm^2)$$

例 3-2 如图 3-4 所示，被测容器 A 内水的压强比大气压大很多时，可用图中的水银压强计。(1)此压强计的优点是什么？(2)如何读出压强？设 $h_1=50$ cm，$h_2=45$ cm，$h_3=60$ cm，$h_4=30$ cm，求容器内的压强是多少大气压？

解：(1)优点：可以测很高的压强，而压强计的高度不用很大。

(2)设界面处压强由右向左分别为 p_0，p_1，p_2，p_3，水和水银的密度分别用 ρ，ρ' 表示，据压强公式，有

$$p_1 - p_0 = \rho' g h_1, p_1 - p_2 = \rho g h_2,$$
$$p_3 - p_2 = \rho' g h_3, p_A - p_3 = \rho g h_4$$

所以

$$\begin{aligned} p_A &= \rho g h_4 + p_3 = \rho g h_4 + \rho' g h_3 + p_2 \\ &= \rho g h_4 + \rho' g h_3 - \rho g h_2 + p_1 \\ &= \rho g h_4 + \rho' g h_3 - \rho g h_2 + \rho' g h_1 + p_0 \\ &= \rho g (h_4 - h_2) + \rho' g (h_1 + h_3) + p_0 \end{aligned}$$

用大气压表示

$$\begin{aligned} p_A &= 1 + \frac{h_4 - h_2}{13.6 \times 76} + \frac{h_1 + h_3}{76} \\ &= 1 + \frac{30 - 45}{13.6 \times 76} + \frac{50 + 60}{76} \approx 2.43(\text{atm}) \end{aligned}$$

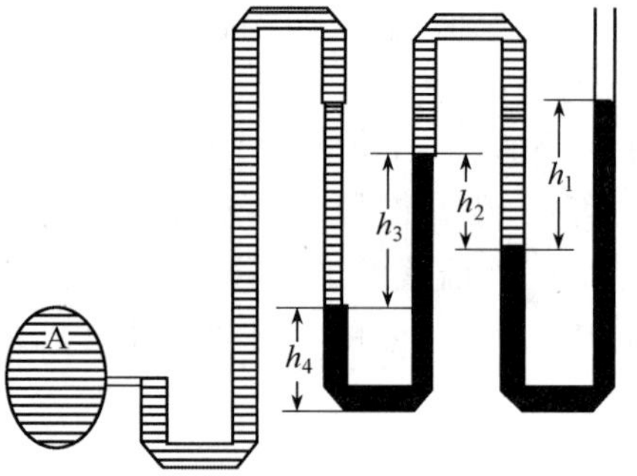

图 3-4　例 3-2 用图

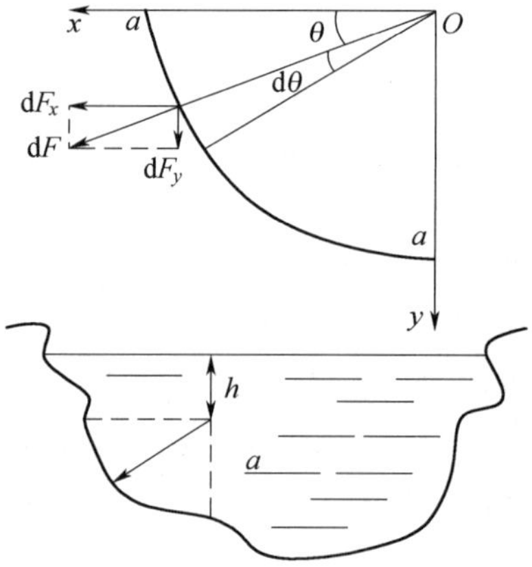

图 3-5　例 3-3 用图

例 3-3　河床的一部分为长度等于 b，半径为 a 的 1/4 柱面，柱面的上沿深度为 h，求水作用于柱面的总压力的大小、方向和在柱面上的作用点。

解：取图示 $\mathrm{d}\theta$ 对应的柱面，其面积为 $ab\mathrm{d}\theta$，所受压力

$$\mathrm{d}F = [p_0 + \rho g (h + a\sin\theta)] ab\mathrm{d}\theta$$

方向如图 3-5 所示，取图示坐标 Oxy，

$$\mathrm{d}F_x = [p_0 + \rho g (h + a\sin\theta)] ab\mathrm{d}\theta\cos\theta$$
$$\mathrm{d}F_y = [p_0 + \rho g (h + a\sin\theta)] ab\mathrm{d}\theta\sin\theta$$

$$\begin{aligned} F_x &= ab\left[(p_0 + \rho g h)\int_0^{\frac{\pi}{2}} \cos\theta\mathrm{d}\theta + \rho g a\int_0^{\frac{\pi}{2}} \sin\theta\mathrm{d}\sin\theta\right] \\ &= ab\left[(p_0 + \rho g h)\sin\theta\Big|_0^{\frac{\pi}{2}} + \rho g a\ \frac{1}{2}\sin^2\theta\Big|_0^{\frac{\pi}{2}}\right] \\ &= ab\left(p_0 + \rho g h + \frac{1}{2}\rho g a\right) \end{aligned}$$

$$
\begin{aligned}
F_y &= ab\left[(p_0+\rho gh)\int_0^{\frac{\pi}{2}}\sin\theta\mathrm{d}\theta+\frac{1}{2}\rho ga\int_0^{\frac{\pi}{2}}(1-\cos 2\theta)\mathrm{d}\theta\right] \\
&= ab\left[(p_0+\rho gh)\cos\theta\Big|_{\frac{\pi}{2}}^{0}+\frac{\pi}{4}\rho ga-\frac{1}{4}\rho ga\sin 2\theta\Big|_0^{\frac{\pi}{2}}\right] \\
&= ab\left(p_0+\rho gh+\frac{\pi}{4}\rho ga\right)
\end{aligned}
$$

[在上面积分中,运用了三角函数公式:$\sin^2\theta=(1-\cos 2\theta)/2$]

总压力大小: $F=\sqrt{F_x^2+F_y^2}$

方向:总压力作用线过坐标原点,与柱面垂直,且与 x 轴夹角

$$
\alpha=\arctan\frac{F_y}{F_x}=\mathrm{tg}^{-1}\frac{p_0+\rho gh+\frac{\pi}{4}\rho ga}{p_0+\rho gh+\frac{1}{2}\rho ga}
$$

总压力作用点:总压力作用线与柱面的交点。

3.2 伯努利方程

欧拉方程和伯努利方程的建立,是流体动力学作为一个分支学科建立的标志,从此开始了用微分方程和实验测量进行流体运动定量研究的阶段。从 18 世纪起,位势流理论有了很大进展,在水波、潮汐、涡旋运动、声学等方面都阐明了很多规律。法国拉格朗日(Joseph-Louis Lagrange,1735—1813)对于无旋运动,德国赫尔姆霍兹对于涡旋运动作了不少研究。在上述的研究中,流体的黏性并不起重要作用,即所考虑的是无黏性流体。

研究流体力学问题,必须注意流体处于静止还是在流动。流体在流动中的压强分布与静止状态迥然不同。这里研究在惯性系中观察理想流体在重力场中作定常流动时一流线上的压强、流速和高度的关系,即伯努利方程。它是质点系功能原理在流体中的应用。

首先讨论无黏性运动流体其内部任一点处的压强。设图 3-6(b)中的隔离体处于运动状态,且加速度为 a。

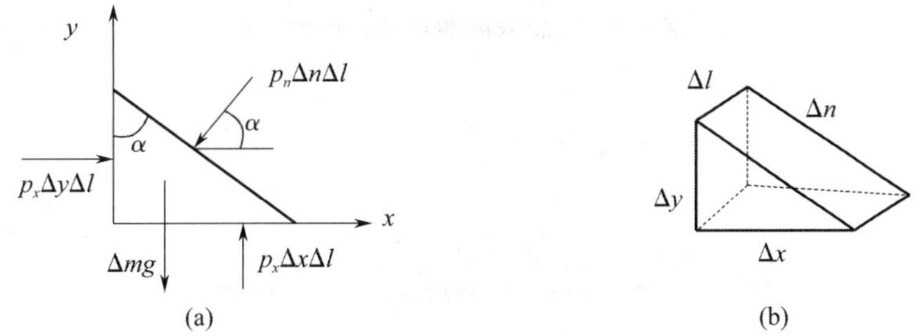

图 3-6 无黏性运动流体内部的压强

根据牛顿第二定律，由图 3-6(a)得

$$p_x\Delta y\Delta l-p_n\Delta n\Delta l\cos\alpha=\Delta m a_x=\frac{1}{2}\rho\Delta x\Delta y\Delta l a_x$$

$$p_y\Delta x\Delta l-p_n\Delta n\Delta l\sin\alpha-\frac{1}{2}\rho g\Delta x\Delta y\Delta l=\Delta m a_y=\frac{1}{2}\rho\Delta x\Delta y\Delta l a_y$$

化简可得

$$p_x-p_n=\frac{1}{2}\rho\Delta x a_x$$

$$p_y-p_n-\frac{1}{2}\rho g\Delta y=\frac{1}{2}\rho\Delta y a_y$$

令 $\Delta x,\Delta y\to 0$，可得到

$$p_x=p_y=p_n$$

即对于无黏性运动流体，其内部任一点处各不同方向无穷小有向面元上的压强大小都相等。

下面在惯性系中讨论理想流体在重力作用下作定常流动的情况。参考图 3-7，在理想流体内某一细流管中任取微团(质元)ab 自位置 1 运动到位置 2，因形状发生变化，在 1 和 2 处的长度各为 Δl_1 和 Δl_2，底面积各为 ΔS_1 和 ΔS_2。由于不可压缩，密度 ρ 不变，微团 ab 的质量 $m=\rho\Delta l_1\Delta S_1=\rho\Delta l_2\Delta S_2$。另外，微团 ab 的体积相对于流体流过的空间很小，微团范围内各点的压强和流速也可以认为是均匀的，分别用 p_1 与 p_2 和 v_1 与 v_2 表示。设微团始末位置距重力势能零点的高度各为 h_1 和 h_2，考虑到微团 ab 本身的线度和它所经过的路径相比非常小，在应用动力学原理时可以将它视为质点。现应用质点系功能原理有

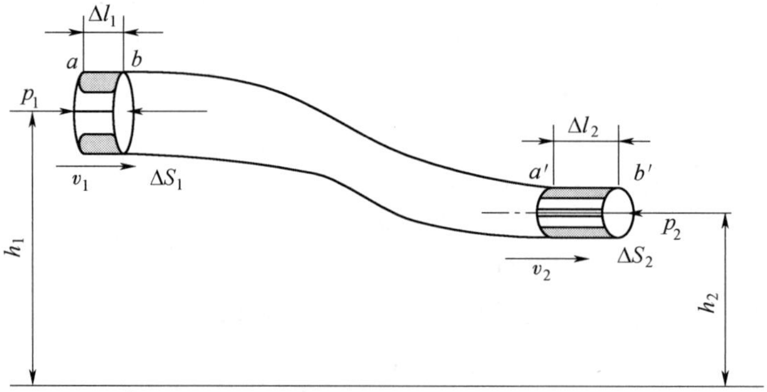

图 3-7 理想流体在细流管中的运动

$$A_{外}+A_{内非}=(E_k+E_p)-(E_{k0}+E_{p0})$$

微团动能增量为

$$E_k-E_{k0}=\frac{1}{2}mv_2^2-\frac{1}{2}mv_1^2$$

$$=\frac{1}{2}\rho\Delta l_2\Delta S_2 v_2^2-\frac{1}{2}\rho\Delta l_1\Delta S_1 v_1^2$$

微团势能增量为

$$E_p - E_{p0} = mgh_2 - mgh_1$$
$$= \rho g \Delta l_2 \Delta S_2 h_2 - \rho g \Delta l_1 \Delta S_1 h_1$$

因为是理想流体，没有黏性，故不存在黏性力的功，只需考虑周围流体对微团压力所作的功。但压力总与所取截面垂直，因此作用于柱侧面上的压力不做功，只有作用于微团前后两底面的压力做功，它包括两部分：作用于后底的压力由 a 至 a' 做的正功，及作用于前底面的压力由 b 至 b' 做的负功。值得注意的是，前底和后底都经过路程 ba。因为是定常流动，它们先后通过这段路程同一位置时的截面积相同，压强也相等，不同的只是一力做正功，另一力做负功，其和恰好为零。所以，只包括压力推后底由 a 至 b 做的正功及压力阻止前底面由 a' 至 b' 做的负功，即

$$A_{外} - A_{内非} = p_1 \Delta S_1 \Delta l_1 + p_2 \Delta S_2 \Delta l_2$$

带入功能原理，得

$$\frac{1}{2}\rho v_2^2 \Delta l_2 \Delta S_2 + \rho g h_2 \Delta l_2 \Delta S_2 - \frac{1}{2}\rho \Delta l_1 \Delta S_1 v_1^2 - \rho g h_1 \Delta l_1 \Delta S_1 = p_1 \Delta S_1 \Delta l_1 - p_2 \Delta S_2 \Delta l_2$$

因理想流体不可压缩，依连续原理

$$\Delta l_1 \Delta S_1 = \Delta l_2 \Delta S_2 = \Delta V$$

代入前式，并用 ΔV 除等式两端

$$\frac{1}{2}\rho v_1^2 + \rho g h_1 + p_1 = \frac{1}{2}\rho v_2^2 + \rho g h_2 + p_2 \tag{3-4}$$

位置 1、2 是任意选定的，所以对同一细流管内各不同截面有

$$\frac{1}{2}\rho v^2 + \rho g h + p = 常量 \tag{3-5}$$

式(3-4)和式(3-5)称为伯努利方程。

在推导中，选择一定流体微团并研究其沿细流管的运动，因此涉及的压强 p 和流速度 v 实际指细流管横截面上的平均值。我们可以在推导的最后阶段令 $\Delta S \to 0$，于是管流演变为流线，而(3-4)式中各量则表示在同一流线上不同两点 1 和 2 的取值，于是得到下面结论：在惯性系中，当理想流体在重力作用下作定常流动时，一定流线上(或细流管内)各点的量 $\frac{1}{2}\rho v^2 + \rho g h + p$ 为一常量。

一般说来，常量 $\frac{1}{2}\rho v^2 + \rho g h + p$ 的数值因流线而异。但在特殊情况下，不同流线上的常量相同。其中一种值得提出的情况是，各流管作匀速直线运动的 A、B 点，AB 沿竖直方向，选择一柱形隔离体，其上下底面包含 A、B 点，此隔离体必将沿水平方向匀速运动。由于在竖直方向无加速度，根据平衡条件，可得出与静止流体中类似的公式

$$p_B = p_A + \rho g h \tag{3-6}$$

h 表示 A，B 两点高度差，以 B 点所在高度为重力势能零点，则 A 点所在流线上各点有

$$\frac{1}{2}\rho v^2+\rho g h+p_A=C_A \tag{3-7}$$

C_A 为常量。在 B 点所在流线各点有

$$\frac{1}{2}\rho v^2+p_B=C_B \tag{3-8}$$

C_B 亦为常量，由以上三式得 $C_A=C_B$，故不同流线上伯努利方程中的恒量是相等的，图中 A、B、C 和 D 点等处伯努利方程中的守恒量都一样。上文仅论述流速沿水平方向的情况，读者不难证明，只要流线来自这样的空间，该处的流体微团均以相同速率沿同一方向作匀速运动，上面的结论总是正确的。现在看另一种情况，见图 3-8，各流线均来自彼此平行的空间，但流速不同，因在竖直方向仍可按平衡问题处理，式(3-6)仍成立。然而因式(3-7)和式(3-8)中的流速不同，故 $C_A \neq C_B$。于是，伯努利方程仍需在一流线上成立。

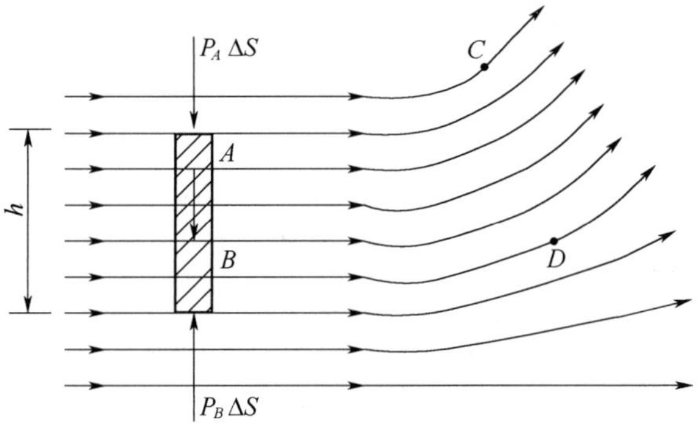

图 3-8　伯努利方程的成立条件

例 3-4　关于流动流体的吸力的研究，若在管中细颈处开一小孔，用细管接入容器 A 中液内，流动液体不但不漏出，而且 A 中液体可以被吸上去。为研究此原理，作如下计算：设左上方容器很大，流体流动时，液面无显著下降，液面与出液孔高差为 h，S_1，S_2 表示管横截面，用 ρ 表示液体密度，液体为理想流体，试证明：

$$p_1-p_0=\rho g h\left(1-\frac{S_2^2}{S_1^2}\right)<0$$

即 S_1 处有一定的真空度，因此可将 A 内液体吸入。

解：选图 3-9 示流线，由伯努利方程，有

$$p_0+\rho g h=p_1+\frac{1}{2}\rho v_1^2=p_0+\frac{1}{2}\rho v_2^2$$

由连续性方程，有

$$S_1 v_1=S_2 v_2$$

可解得

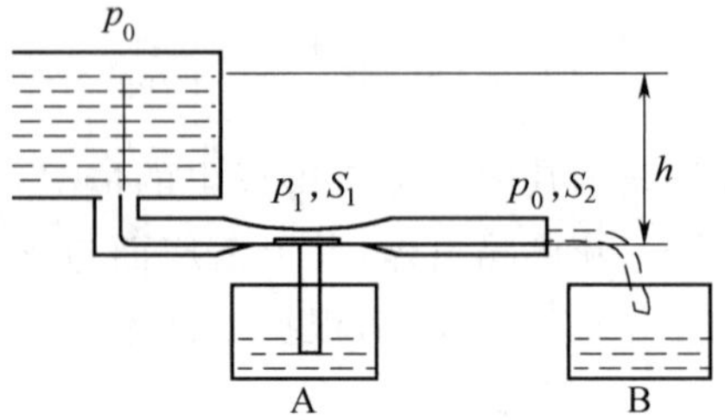

图 3-9　例 3-4 用图

$$v_2=\sqrt{2gh},v_1=\frac{S_2}{S_1}v_2=\frac{S_2}{S_1}\sqrt{2gh}$$

$$p_1-p_0=\frac{1}{2}\rho(v_2^2-v_1^2)=\rho gh\left(1-\frac{S_2^2}{S_1^2}\right)$$

因为 $S_1<S_2$，所以

$$p_1-p_0=\rho gh\left(1-\frac{S_2^2}{S_1^2}\right)<0$$

例 3-5 容器 A 和 B 中装有同种液体，可视为理想流体，水平管横截面 $S_D=2S_C$，容器 A 的横截面 $S_A\gg S_B$，求 E 管中的液柱高度($\rho_{液}\gg\rho_{空气}$)。

解：顺管子选取一条流线(图 3-10)，由伯努利方程，得

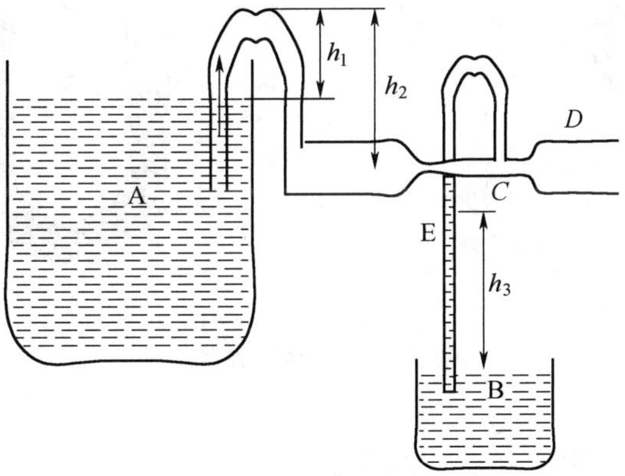

图 3-10 例 3-5 用图

$$p_0+\rho g(h_2-h_1)=p_C+\frac{1}{2}\rho v_C^2=p_0+\frac{1}{2}\rho v_D^2 \tag{1}$$

由连续性方程 $S_Cv_C=S_Dv_D$

因为 $S_D=2S_C$

所以 $v_C=2v_D$ (2)

由(1)可求得：

$$v_D=\sqrt{2g(h_2-h_1)}$$

$$v_C=2\sqrt{2g(h_2-h_1)}$$

$$p_C=p_0+\frac{1}{2}\rho v_D^2-\frac{1}{2}\rho v_C^2$$

$$=p_0+\frac{1}{2}\rho[2g(h_2-h_1)-8g(h_2-h_1)]$$

$$=p_0-3g\rho(h_2-h_1)$$

对于 E 管

$$p_0=p_C+\rho gh_3,$$

$$h_3=\frac{p_0-p_C}{\rho g}=3(h_2-h_1)$$

例 3-6 在变截面管的下方装有 U 形管，内装水银。测量水平管道内的流速时，可将流量计串联于管道中，根据水银表面的高度差，即可求出流量或流速，这就是文特利流量计（图 3-11）的原理。已知管道横截面为 S_1 和 S_2，水银与液体的密度各为 $\rho_{汞}$ 与 ρ，水银面高度差为 h，求液体流量。设管中为理想流体作定常流动。

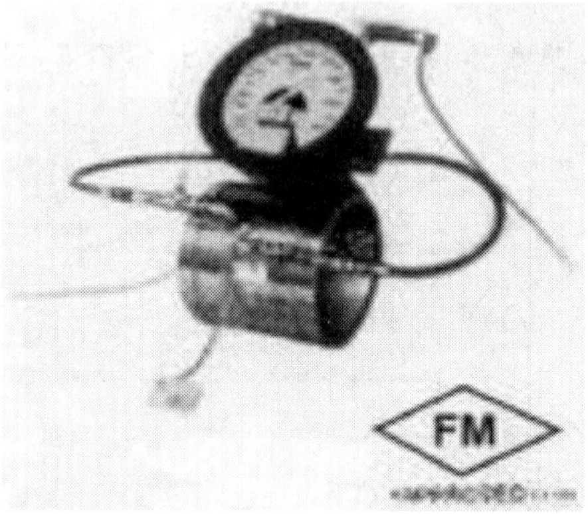

(a) 实物图

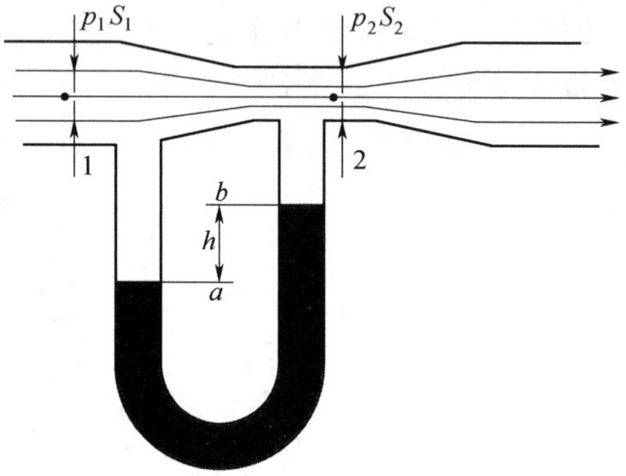

(b) 原理图

图 3-11 文特利流量计

解：在惯性系中文特利管内理想流体在重力作用下作定常流动，可运用伯努利方程。根据伯努利方程的要求，在管道中心轴线处取细流线，对流线上 1、2 两点，有

$$\frac{1}{2}\rho v_1^2+p_1=\frac{1}{2}\rho v_2^2+p_2$$

在 1 与 2 处取与管道垂直的横截面 S_1 和 S_2，根据连续性方程

$$v_1S_1=v_2S_2$$

由于通过 S_1 和 S_2 截面的流线是平行的，横截面上压强随高度分布的规律与静止流体中相同，U 形管内显然为静止流体。因此，自 1 点经 U 形管到 2 点，可运用不可压缩静止流体的压强公式，由此得出管道中心线上 1 处与 2 处的压强差为

$$p_1-p_2=(\rho_{汞}-\rho)gh$$

将以上三式联立，可解出流量

$$Q=v_1S_1=v_2S_2=\sqrt{\frac{2(\rho_{汞}-\rho)ghS_2^2S_1^2}{\rho(S_1^2-S_2^2)}}$$

等式右方除 h 外均为常数，因此可根据高度差求出流量。

3.3 泊肃叶公式和斯托克斯公式

力学奠基人牛顿研究了在流体中运动的物体所受到的阻力，得到阻力与流体密度、物体迎流截面积以及运动速度的平方成正比的关系。他针对黏性流体运动时的内摩擦力提出了牛顿黏性定律。不考虑流体的黏性，在不少情况下可对现象做出令人满意的解释。然而，对另外一些情况，流体的黏性起重要作用，甚至有些现象从本质上是由于黏性引起的。这时，就不得不考虑流体的黏性。

3.3.1 牛顿黏滞定律 雷诺数 层流和湍流

1. 牛顿黏滞定律

在流体中取一段假想截面，截面两侧流体以不同速度运动，即截面两侧的流体具有沿截面的相对速度，则两侧流体间将有沿截面切向的相互作用力，较快层流体对较慢层流体施加向前的“拉力”，较慢层对较快层施加“阻力”。这一对力相当于固体间的“动摩擦力”，因为它是流体内不同部分间的摩擦力，故称为内摩擦力，又称为黏性力。

图 3-12 为黏性流体内部某一点附近的流动情况，两部分以不同的速率 v_1 和 v_2 运动。建立直角坐标系 $Oxyz$，y 轴与流速 v_1，v_2 的方向垂直，且用 Δy 表示速率 v_1 和 v_2 运动的两层流体间的距离，用比值 $\dfrac{v_2-v_1}{\Delta y}$ 描述在 y 至 $y+\Delta y$ 间流速相对空间的平均变化率。不过，它并不能精确地反映在 y 点处流速对空间的变化率。于是取上式当 $\Delta y\to 0$ 的极限，得

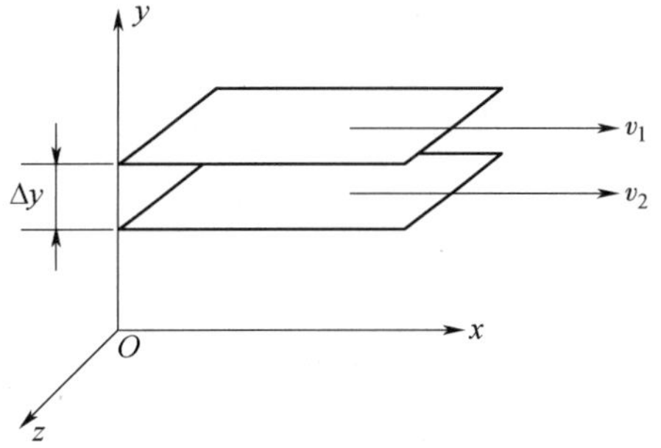

图 3-12 流速梯度示意图

$$\frac{\mathrm{d}v}{\mathrm{d}y}=\lim_{\Delta y\to 0}\frac{\Delta v}{\Delta y} \tag{3-9}$$

流速沿与速度垂直方向上的变化率 $\dfrac{\mathrm{d}v}{\mathrm{d}y}$ 称为速度梯度，它反映了速度随空间位置变化快慢的情况。著名物理学家、力学奠基人牛顿在此基础上归纳总结出牛顿黏性定律：

流体内面元两侧相互作用的黏性力 F 与面元面积 ΔS 及速率梯度 $\dfrac{\mathrm{d}v}{\mathrm{d}y}$ 成正比，即

$$F=\eta\frac{\mathrm{d}v}{\mathrm{d}y}\Delta S \tag{3-10}$$

式中的比例系数 η 称为黏度。在国际单位制中 η 的单位为 $\mathrm{N\cdot s/m^2}$（牛顿·秒/米^2），即 Pa·s（帕·秒）；在厘米克秒单位制中，η 的单位为 g/(cm·s)克/(厘米·秒)，即为 P(泊)。1 P=0.1 Pa·s。η 的量纲为 $\mathrm{L^{-1}MT^{-1}}$。η 除与物质材料有关外，还和温度、压强有关。液体的黏度 η 随温度的升高而减少，气体的黏度随温度的升高而增加。压强不太大时，液体黏度变化不大；压强很高时黏性才急剧增加。气体黏性则基本上不受压强的影响。一般来说，

液体内黏性力小于固体间摩擦力，故在机械上常用机油润滑，以减少磨损，延长使用寿命。气体黏性力更小，气垫船就是利用气体的这一特点。在技术上，根据不同需要，对黏度的要求也不同。例如在液压传动中，油黏度过高，将增大摩擦和功率的损失；黏度过低，则加重漏油现象，这两方面是相互矛盾的。此外，在液压传动中，还希望在使用范围内黏度不因温度变化而发生显著的改变。因此选择油的型号由具体情况而定。表 3-1 列出若干种物质黏度的约略值。

表 3-1　几种物质的黏度的约略值

物质	温度/℃	η/(Pa·s)
空气	0	1.7×10^{-5}
	20	1.8×10^{-5}
水蒸气	100	1.3×10^{-5}
乙醇	20	1.2×10^{-3}
血浆	37	1.3×10^{-3}
血液(因流速而不同)	37	2.0×10^{-3}
甘油	20	0.83×10^{-3}
水	20	1.0×10^{-3}
	40	0.66×10^{-3}
	80	0.36×10^{-3}

2. 雷诺数

黏性流体的流动比理想流体流动内容丰富得多。在描述流动的特征方面，英国的雷诺于 1883 年提出用来比较黏性流体流动状态的量纲为 1 的量叫雷诺数。其定义为

$$Re=\frac{\rho vl}{\eta} \tag{3-11}$$

ρ 和 η 分别表示流体密度和黏度，v 为特征流速，如在直圆管中流动时中轴线上的速度，绕过机翼的来自无穷远的均匀流动的流速等。l 表示流动涉及的特征长度，例如圆管直径或机翼宽度。

流体流动，有所谓流动边界状况或称边界问题，例如水在圆管中流动，圆管及其粗细即为边界条件。来自无穷远处的均匀流动绕过一圆柱体，圆柱体表面即为边界条件。飞机飞行时，机身机翼形状即构成边界条件。

对于雷诺数有如下相似律，若两种流动边界状况或边界条件相似且具有相同的雷诺数，则流体具有相同的动力特征。例如当研究设计水利工程时，可制造远小于实物的模型，并令其中流动的雷诺系数与实际情况相近，则模型的流动能反映真实流动的基本特征。在空气动力学的实验中常令气流通过筒形通道，并设置测量设施，称风洞。设置飞机时，将缩尺模型置于风洞中，选择气体种类和流动，使雷诺数接近实际。这样，风洞中的气流将反映飞机

飞行时空气相对飞机流动的特点。

3. 层流和湍流

图 3-13 为一演示实验，在容器下方装水平玻璃管，管端装阀门，控制水的流速，容器内另有细管，内装有有色液体，自开口 A 流出。实验时，先令容器内的水缓慢流动，这时，从细管中流出的有色液体呈一细线，表明有色液体随水流动。这种各层之间不相混杂的分层流动，叫作层流。如果开大阀门，使管内流速加快，有色液体流动的定常性便被破坏了，流动具有混杂、紊乱的特征时，叫湍流。黏性较大的液体在直径较小的管道中慢慢流动，会出现层流，如石油在管道中的缓慢流动。黏性较小的液体在直径较大的管道中快速流动，就往往形成湍流，例如自来水管中的水流或通风管道中的气流等。

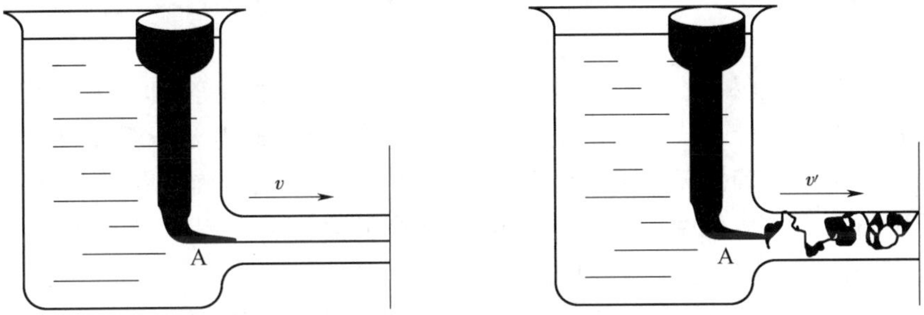

图 3-13 当流速增大时，层流转变为湍流

雷诺数被认为是层流还是湍流的一个判据。从层流向湍流的过渡以一定的雷诺数为标志，叫作临界雷诺数 $Re_{临}$，$Re<Re_{临}$ 时为层流，当 $Re>Re_{临}$ 时则变为湍流。例如在光滑的金属管道中，$Re_{临}=2\ 000\sim2\ 300$，如通过光滑的同心环状缝隙，则 $Re_{临}=1\ 100$，在滑阀阀口，则 $Re_{临}=260$。

3.3.2 泊肃叶公式 不可压缩黏性流体定常流动的功能关系

1. 泊肃叶公式

如图 3-14，水平放置的圆管中黏性流体作层流运动时，各流层为从管道中心开始半径逐渐加大的圆筒形。中心处的流速最大，随着半径的增大而流速减小，靠近管壁的流体黏附于壁面，其流速为零。可以证明，流层流速 v 随半径 r 而变化的规律是

$$v=\frac{p_1-p_2}{4\eta l}(R^2-r^2) \tag{3-12}$$

l 表示被观测管长度，p_1 和 p_2 表示这段长度两端压强($p_1>p_2$)，R 表示圆管内半径。根据此式可以形象地表示管内的流速分布，速度的曲线是一抛物线，还可以计算通过圆管横截面的流量 Q。1839 年哈根(G. Hagen)从实验得出 $Q\propto(p_1-p_2)R^4$。1840 年，泊肃叶(J. Poiseuille)发现了如下公式：

$$Q=\frac{\pi R^4}{8\eta l}(p_1-p_2) \tag{3-13}$$

上式为泊肃叶公式，该公式和伯努利方程都用于研究水平圆管内的流动。水平圆管内不同

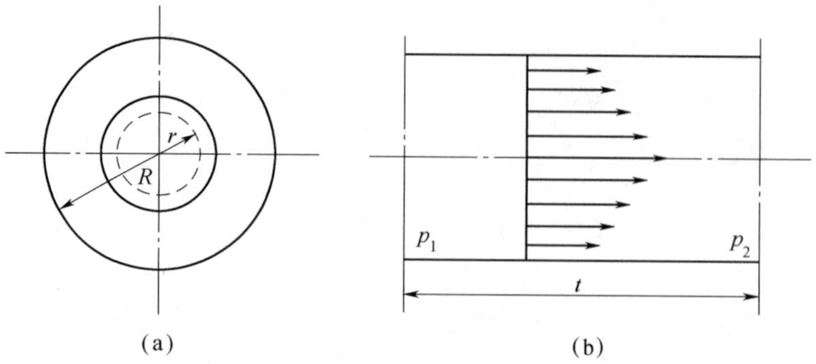

图 3-14 圆管内黏性流体层流的速度分布

截面上的流速相等、高度相同，由伯努利方程，各截面上的压强相等，即在水平管内维持流动不需要压强差。按泊肃叶公式，若无压强差，则流量等于零，即需要压强差维持水平管内的流动。究竟哪个结论正确？无疑泊肃叶公式更正确些，因为流体确有黏性，为保证流体的流动必须利用压力差来克服内摩擦力。这个例子反映了伯努利方程的局限性，由于考虑到黏性的影响，泊肃叶公式比伯努利方程前进了一步。

在流体动力学中，泊肃叶公式有相当重要的意义。我们知道，在细管内缓慢的流动常常可以看作是层流，这时，泊肃叶公式与实验很符合，因此它是关于研究流体黏性的重要公式。这一公式还提供了测定黏度的方法，已知细管的半径和长度，并测出这一长度上的压强和流量，即可用公式(3-13)算出黏度。

2. 不可压缩黏性流体定常流动的功能关系

理想流体作定常流动时，量 $\frac{1}{2}\rho v^2+\rho gh+p$ 沿流线守恒。对于不可压缩流体的定常流动，则应计入黏性力做负功的能量损失，用 w_{12} 表示单位体积流体微团沿流管自点 1 运动至点 2 的能量损失，则应将伯努利方程改正如下

$$\frac{1}{2}\rho v_1^2+\rho gh_1+p_1=\frac{1}{2}\rho v_2^2+\rho gh_2+p_2+w_{12} \tag{3-14}$$

此即不可压缩黏性流体作定常流动的功能公式。

现在分别讨论沿水平圆管的层流和湍流的能量损失 w_{12}。将式(3-14)应用于等截面水平管道的定常流动，因 $h_1=h_2, v_1=v_2$，所以

$$p_1-p_2=w_{12} \tag{3-15}$$

圆管内的平均流速 $\bar{v}$ 与流量 Q 有下述关系

$$Q=\bar{v}S=\bar{v}\pi R^2$$

代入泊肃叶公式，得

$$p_1-p_2=\frac{8\eta l}{R^2}\bar{v}$$

将它与式(3-15)对比，得

$$w_{12}=\frac{8\eta l}{R^2}\bar{v} \tag{3-16}$$

表明对于圆管内的层流，单位体积流体流经一定长度的能量损失与平均速度成正比。如管内为湍流，则实验证明

$$w_{12}=\Psi\bar{v}^2 \tag{3-17}$$

单位体积流体流经一定长度的能量损失与平均速度的平方成正比，式中 Ψ 决定于管的长度、直径、雷诺数及管壁的粗糙程度。

以上由式(3-16)与式(3-17)说明的能量损失是均匀地分配在全部流动路程上的，叫作沿程能量损失；此外，当流体通过弯管、截面积突然膨胀或收缩的管道以及阀门时，造成额外的能量损失，集中发生于某些局部位置的能量损失，叫作局部能量损失。

3.3.3 黏性阻力 斯托克斯公式 密立根油滴实验

固体在流体中与流体相对运动，受到流体的浮力、压力和阻力。其中阻力包括因摩擦引起的黏性阻力、由压力引起的压力阻力和激起波浪的兴波阻力。

1. 黏性阻力

物体在流体中相对流体运动，物体表面有"附面层"。该层靠近物体的微团相对于物体静止，靠该层外侧的流体微团则有流体的速度。因此附面层内存在速度梯度和黏性力，表现为对物体的阻力。比较小的物体在黏性比较大的流体中缓慢地运动，即雷诺系数很小的情况下，该阻力是主要因素，叫黏性阻力。

2. 斯托克斯公式

描述球形物体受到的黏性阻力，可用著名的斯托克斯(G. G. Stokes，1819—1903)公式

$$F=6\pi\eta vr \tag{3-18}$$

r 为球体半径，v 为球体运动速度，η 为黏度。该公式在雷诺数比 1 小很多时才正确。例如雾中水滴降落时所受阻力即适用此公式。血细胞在血浆中下沉的快慢在临床分析中有重要意义，血沉过快则意味可能患风湿、结核或肿瘤等病。血细胞受重力、浮力和阻力平衡时匀速下降，速度仅约 5 cm/h，可用斯托克斯公式计算阻力。密立根(R. A. Milikan，1868—1953)在实验室研究离子所带电荷和证明电荷有最小单位时应用了式(3-18)并改进了它，使它更出名。

3. 密立根油滴实验

密立根于 1913 年关于证明电子所带电量为电荷最小单位的实验如图 3-15(a)，自窗口 W_1 输入电子束，使自 O 点滴入的油滴带电。带电油滴在由极板 P_1 和 P_2 形成的电场中匀速运动。现测得液滴不带电时匀速下降速度为 v，带电时为 v'。速度通过窗口 W_2 测得。又知电场强度大小为 E，空气黏度为 η。油滴与空气密度各为 $\rho_{油}$ 与 ρ，油滴带电量即可得出。

当油滴不带电时，受力如图 3-15(b)，F、$F_{浮}$ 和 W 分别表示黏性阻力、浮力和重力。在三力平衡时作匀速运动。并取 Oy 轴向上，有

$$6\pi\eta rv+\frac{4}{3}\pi r^3\rho_{油}g-\frac{4}{3}\pi r^3\rho g=0 \tag{3-19}$$

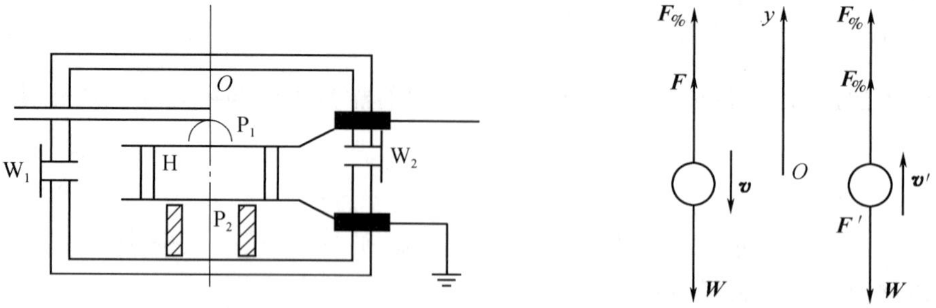

(a) 密立根油滴实验装置　　(b)、(c) 无电场和有电场时油滴受力图

图 3-15　密立根油滴实验

把油滴看作球体，半径为 r。油滴带电时，设电量为 q。油滴受力如图 3-15(c)所示。F 表示静电场力，该力使油滴向上运动。在四力平衡时，油滴作匀速运动。设速度为 v'，有

$$-6\pi\eta r v' + \frac{4}{3}\pi r^3 \rho g - \frac{4}{3}\pi r^3 \rho_{油} g + Eq = 0 \tag{3-20}$$

从式(3-19)得

$$r = 3\sqrt{\eta v / 2(\rho_{油} - \rho) g}$$

再从式(3-20)得

$$q = \frac{18\pi}{E}\sqrt{\frac{\eta^3 v}{2(\rho_{油} - \rho) g}}(v + v') \tag{3-21}$$

测出右边诸量即可得 q。密立根发现油滴电荷总是某基本值的整数倍，于是他认为该值即电子的电荷。经过空气黏性的精确测定，又考虑上述实验中油滴大小，需对黏性阻力公式作如下修正：

$$F = 6\pi\eta vr / (1 + b/pr) \tag{3-22}$$

式中 p 为空气的压强，b 为经验确定的常数。经过这些改进，密立根测得电子的电荷为

$$e = (1.601 \pm 0.002) \times 10^{-19}\ \mathrm{C}$$

3.3.4　涡旋的产生　压差阻力

1. 涡旋的产生

将一圆柱体垂直放入水槽中，在圆柱体前面撒上白

色漂浮物，可以观察水流的流动图形。观察发现，因柱体表面有附面层，远离附面层处流体受附面层影响小，流动快；靠近附面层的流体流动缓慢。因而在柱体的后侧便因靠近附面层的流体未及时赶到而留下空间，于是外层流体便回旋过来补充从而形成涡旋。其图形如图 3-16 所示，在水流流速很慢时，将出现两个黏附在圆柱

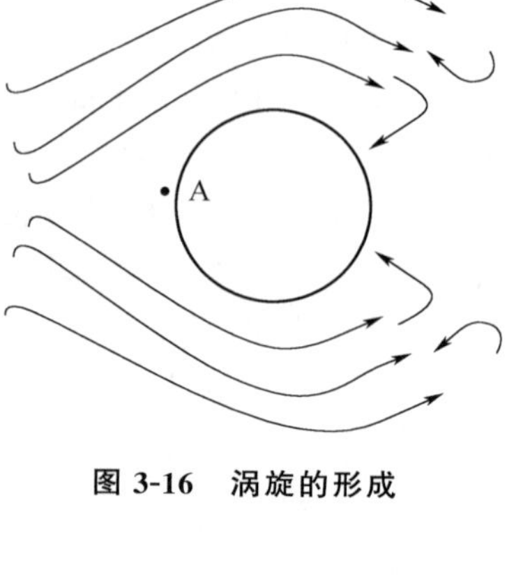

图 3-16　涡旋的形成

体后面的对称的涡旋。随着流速的增加，涡流不再被主流带走，又不断形成新的涡旋，涡旋的存在阻碍流体在柱后的汇合。于是，在圆柱体后面形成两列交错排列，转向相反，周期性的涡漩，称为卡门涡街。水流过桥墩，定常风吹过烟囱或电线时都会形成卡门涡街。

2. 压差阻力

由于涡旋的产生，圆柱体前面的压强大于后面的压强。压强差构成对圆柱体的阻力，称为压差阻力。从本质上讲，它由黏性引起，但与斯托克斯公式描述的那类黏性阻力有不同机制。它们同时存在，但在涡旋产生后，黏性阻力不占重要地位。

在流速较大情况下，圆柱体所受黏性阻力和压差阻力的综合阻力 F 与速度平方成正比

$$F = \frac{1}{2}C_{\mathrm{D}}\rho dlv^2$$

ρ、d 和 l 表示流体密度、柱体直径和长度，C_{D} 称为阻力系数。C_{D} 为一无量纲常数，它随不同雷诺数取不同数值。上式亦可用于其他物体，仅需将 dl 换为与流速垂直的最大横截面积。

3.4 液体的表面现象

3.4.1 表面张力

凡作用于液体表面，使液体表面积缩小的力，称为液体表面张力。它产生的原因是：液体跟气体接触的表面存在一个薄层，叫作表面层，表面层里的分子比液体内部稀疏，分子间的距离比液体内部大一些，分子间的相互作用表现为引力。就像你要把弹簧拉开些，弹簧反而表现具有收缩的趋势。正是因为这种张力的存在，有些小昆虫才能无拘无束地在水面上行走自如。

如图 3-17 所示，液体表面通常具有收缩的趋势，液体表面张力就是这种收缩趋势的表现，生活中有很多表面张力现象的例子，如：

(1)毛笔尖入水散开，出水毛聚合；

(2)蚊子能够站在水面上；

(3)钢针能够放在水面上；

(4)荷花上的水珠呈球形；

(5)肥皂膜的收缩。

我们设想在液体表面上任画一条直线，将液面分成两部分，那么这两部分之间必定存在相互拉力作用，这种相互作用的拉力就是表面张力。表面张力的大小 f 必定与这条设想的分界线的长度 L 成正比，即

$$f = \sigma L \tag{3-23}$$

式中比例系数 σ 称为表面张力系数。在国际单位制中，表面张力系数的单位是 $\mathrm{N \cdot m^{-1}}$（牛顿/米）。

也可以用表面能来定义表面张力系数。在图 3-18 中，ABCD 是一个用金属丝制成的框架，AB 边可以自由滑动。如果将框架在液体中浸一下，框架上将形成一个液膜。由于液体

图 3-17　叶子表面的水滴

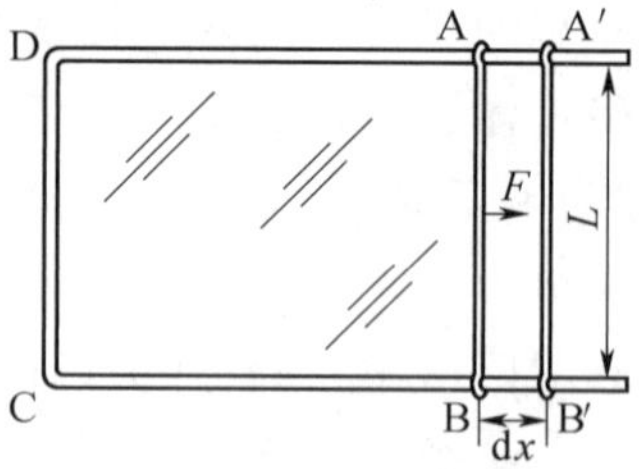

图 3-18　表面张力的推导

表面有收缩的趋势，AB 边将被液膜拉向 CD 边。为了保持液膜平衡，必须在 AB 边上施加一个与液膜相切的力 F。如果使液膜增大，力 F 必须做功，假如 AB 边移动 Δx，到达 A′B′，则力 F 所作的功为

$$\Delta A = F\Delta x \tag{3-24}$$

根据式(3-23)，力 F 的大小可以表示为

$$F = 2\sigma L \tag{3-25}$$

因为框架上所形成的液膜有前、后两个液面，所以在式(3-25)中应有因子 2。将式(3-25)代入式(3-24)，得

$$\Delta A = 2\sigma\Delta x L = \sigma\Delta S \tag{3-26}$$

式中 $\Delta S = 2\Delta x L$ 为液膜表面积的增量。由于表面积增加了 ΔS，液体的表面能相应地增大 ΔE，而表面能的增加是由于外力 F 做功的结果。所以，表面能的增加量 ΔE 应等于外力所做的功 ΔA，即

$$\Delta E = \Delta A = \sigma\Delta S$$

或者

$$\sigma = \frac{\Delta A}{\Delta S} = \frac{\Delta E}{\Delta S} \tag{3-27}$$

由式(3-27)我们可以得到表面张力系数的另一个定义，即表面张力系数等于增加单位液体表面积时外力所作的功，或等于增加单位液体表面积时液体表面能的增量。各种液体表面张力系数有很大差异，并与温度有密切关系。

表面张力系数的基本性质：

(1)不同液体的表面张力系数不同，密度小、容易蒸发的液体表面张力系数小；

(2)同一种液体的表面张力系数与温度有关，温度越高，表面张力系数越小；

(3)液体表面张力系数与相邻物质的性质有关；

(4)表面张力系数与液体中的杂质有关。

1. 液体的表面张力现象的微观本质

由于液体的表面张力起源于分子力作用，所以表面张力系数是液体分子力特性的反映。表面张力系数的上述规律都可以从液体分子之间相互作用的规律中得到解释。由于液体分子间作用力显著。液体分子可以在平衡位置附近做振动或在液体内移动。分子的定居时间是指液体分子在每一个平衡位置上振动的时间。不同液体，随着温度、压强的不同，定居时

间不同。当外力作用时间大于定居时间时表现为液体的流动性,当外力作用时间小于定居时间时表现为固体所特有的弹性形变、脆性断裂等力学现象。表面张力的微观本质是表面层分子之间相互作用力的不对称性引起的。

从能量的角度来解释表面张力存在的原因。

分别以液体表面层分子 A 和内部分子 B 为球心、分子有效作用距离为半径作球(分子作用球),如图 3-19 所示。

对于液体内部分子 B ,分子作用球内液体分子的分布是对称的(图 3-20);从统计上讲,其受力情况也是对称的,所以沿各个方向运动的可能性相等。

对于液体表面层的分子 A,分子作用球中有一部分在液体表面以外,分子作用球内下部液体分子密度大于上部(图 3-21),统计平均效果所受合外力指向液体内部,因此有向液体内部运动的趋势。

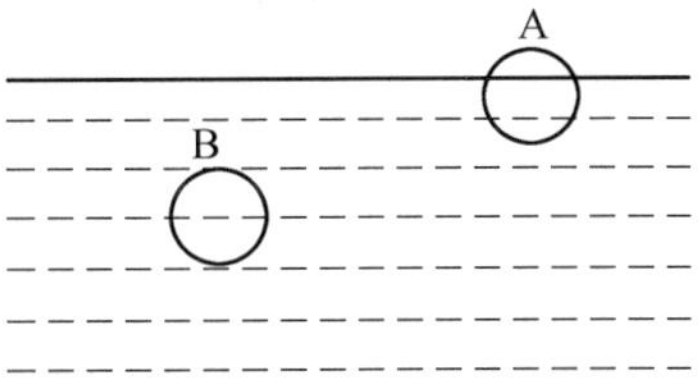

图 3-19 表面张力存在的原因

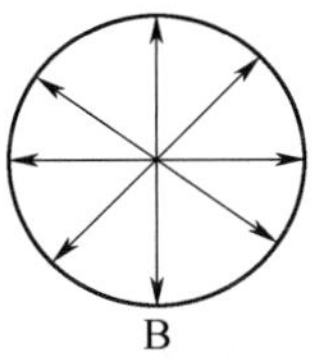

图 3-20 液体内部分子 B 的受力情况

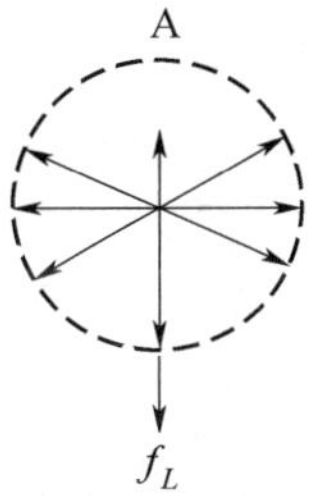

图 3-21 液体表面分子 A 的受力情况

当液体内部分子移动到表面层中时,就要克服上述指向液体内部的分子引力做功,这部分功将转变为分子相互作用的势能。所以液体表面层分子比液体内部分子的相互作用势能大。

由势能最小原则,在没有外力影响下,液体应处于表面积最小的状态,从力的角度看,就是有表面张力存在。

2. 表面张力系数的测定

(1)拉脱法。拉脱法测量液体表面张力系数的实验仪器——焦利秤(图 3-22)。

水膜对金属框的作用力为 $f=\sigma L$,当拉起的水膜处于即将破裂的状态时,两个表面近似在竖直平面内,此时用焦利秤对金属框的作用力为

$$F=mg+2f=mg+2\sigma L$$

则液体表面的张力系数

$$\sigma=\frac{F-mg}{2L}$$

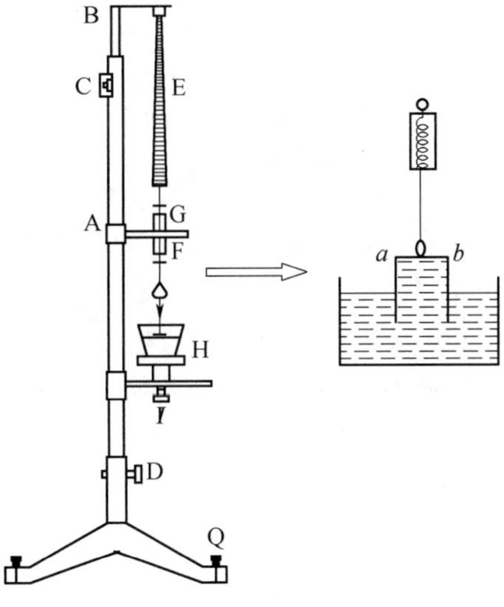

图 3-22 焦利秤

(2)弯曲液面下的附加压强。由于液体表面张力的存在,弯曲液面下液体的压强不同于

平坦液面下液体的压强，这两者压强之差就称为附加压强 Ps。在凸状弯曲液面的情况下，附加压强为正值，凸状弯曲液面下液体的压强大于平坦液面下液体的压强；在凹状弯曲液面的情况下，附加压强为负值，凹状弯曲液面下液体的压强小于平坦液面下液体的压强。

①水平液面。表面层中取一小薄层液片分析其受力情况（忽略其所受的重力），见图 3-23。即

$$p_S = p_{内} - p_{外} = p_1 - p_0 = 0$$

②凸形液面。分析小薄层液片受力情况，见图 3-24。表面张力的合力的方向与凸面法线方向相反，所以

$$p_2 = p_0 + \frac{f_{合}}{\Delta S}$$

$$p_S = P_{内} - P_{外} = P_2 - P_0 > 0$$

③凹形液面。分析小薄层液片受力情况，见图 3-25。表面张力的合力的方向与凹面法线方向相反，所以

$$p_3 + \frac{f_{合}}{\Delta S} = p_0$$

$$p_S = p_{内} - p_{外} = p_3 - p_0 < 0$$

表面张力的合力方向不同，决定了 p_S 是大于零还是小于零。

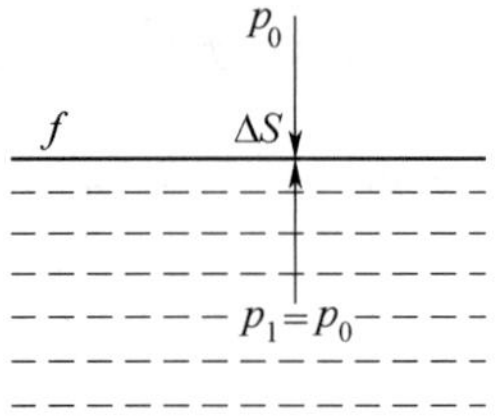

图 3-23 小薄层液片受力情况

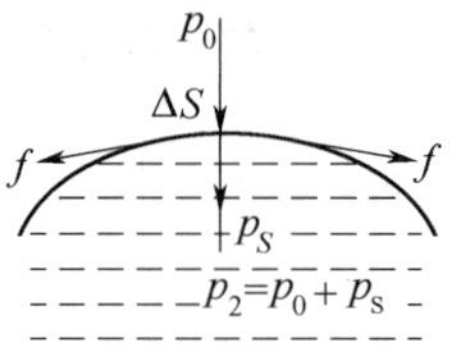

图 3-24 凸形液面小薄层液片受力情况

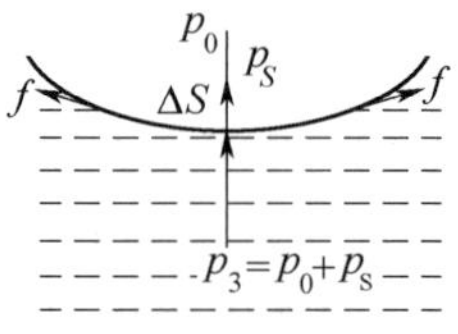

图 3-25 凹形液面小薄层液片受力情况

让我们来分析半径为 R 的凸状球形液面下附加压强的情形。

图(3-26)画出了这个凸状球形液面的一部分，面积为 ΔS，其周界是半径为 r 的圆周。周界以外的液面作用于所取液面 ΔS 的表面张力，处处与该周界垂直并与球面相切。如果 $\mathrm{d}f$ 是周界以外的液面通过周界线元 $\mathrm{d}l$ 作用于液面 ΔS 的表面张力，那么其大小可以表示为

$$\mathrm{d}f = \sigma \mathrm{d}l \qquad (3\text{-}28)$$

由图(3-26)可见，$\mathrm{d}f$ 的竖直分量 $\mathrm{d}f_1$ 和水平分量 $\mathrm{d}f_2$ 可分别表示为：

$$\mathrm{d}f_1 = \mathrm{d}f\sin\varphi = \sigma \mathrm{d}l\sin\varphi$$

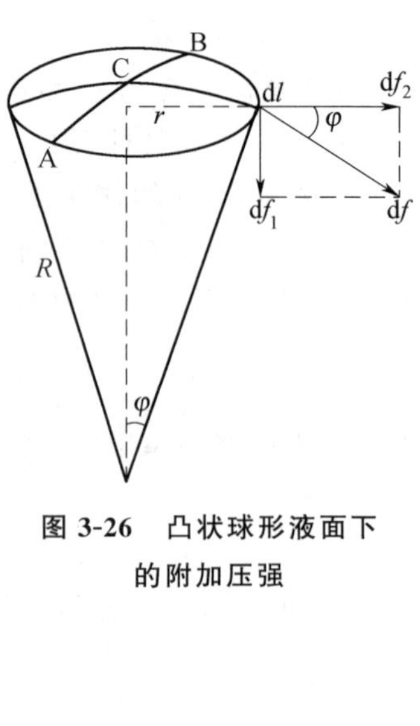

图 3-26 凸状球形液面下的附加压强

$$df_2 = df\cos\varphi = \sigma dl\cos\varphi$$

要求通过整个周界作用于所取液面 ΔS 的表面张力，应分别对竖直分力 df_1 和水平分力 df_2 沿整个周界求积分。对水平分力 df_2 沿周界叠加的结果应互相抵消。而对于竖直分力 df_1，因各处的方向相同，沿周界叠加就可以求得液面 ΔS 所受竖直方向的合力。这个合力的大小为

$$f_1 = \int_L df_1 = \int_L \sigma\sin\varphi dl = 2\pi r\sigma\sin\varphi \tag{3-29}$$

由图(3-26)可以看出

$$\sin\varphi = \frac{r}{R} \tag{3-30}$$

将式(3-30)代入式(3-29)，得

$$f_1 = \frac{2\pi r^2\sigma}{R} \tag{3-31}$$

由式(3-31)可求得凸状球形液面下液体所受的附加压强

$$p_S = \frac{f_1}{\pi r^2} = \frac{2\pi r^2\sigma}{R\pi r^2} = \frac{2\sigma}{R} \tag{3-32}$$

由上式可见，凸状球形液面下液体的附加压强与液体的表面张力系数 σ 成正比，与液面的曲率半径 R 成反比。

对于凹状球形液面，用同样的方法可以求得其附加压强为

$$p_S = -\frac{2\sigma}{R} \tag{3-33}$$

式中负号表示凹状球形液面下液体的压强比平坦液面下液体的压强小。

3.4.2 与固体接触处液面的性质

盛在容器内的液体，其靠近器壁的液面往往发生弯曲，如图 3-27 所示的情形。在液面与固体的接触处，分别作液体表面和固体表面的切面，这两个切面在液体内部的夹角 θ，称为液体与固体的接触角。当接触角为锐角时，表示液体润湿固体，如图 3-27(a)所示。若接触角等于零，就称液体完全润湿固体。当接触角为钝角时，表示液体不润湿固体，如图 3-27(b)所示。若接触角等于 π，就称液体完全不润湿固体。

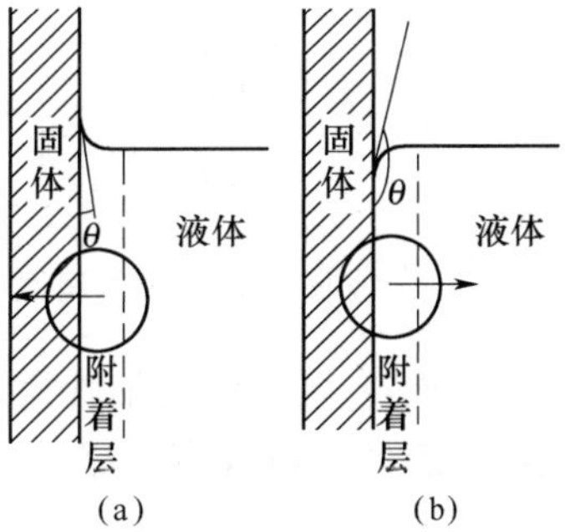

图 3-27 固体与液体的接触

润湿和不润湿现象是固-液之间和液-液之间分子力不同所致。在固-液界面处，厚度等于分子引力作用半径的液体层称为附着层，如图 3-27 中虚线与固-液界面之间的部分。在附着层中的液体分子既受到液体分子的引力(内聚力)作用，也受到固体分子的引力(附着力)作用。

当附着力大于内聚力时，附着层中的液体分子所受的合力垂直于固-液界面并指向固体，使附着层中的液体分子处于比液体内部分子更大的引力作用下，因而使其能量更低。附着层中的液体分子越多，系统的能量就越低，状态就越稳定，所以附着层具有伸展的趋势。

这就导致了液体与固体接触处的液面沿固体表面延展，即向上弯曲，如图 3-27(a)所示，这就是液体润湿固体的情形。纯水与洁净的玻璃相接触，水银与洁净的锌板、铜板或铁板相接触，都属于这种情形。

当附着力小于内聚力时，附着层中的液体分子所受的合力垂直于固-液界面并指向液体，与液体内部的分子相比，附着层中的分子具有较高的能量，使附着层具有收缩的趋势。因而就导致了液体与固体的接触处的液面沿固体表面收缩，即向下弯曲，如图 3-27(b)所示，这就是液体不润湿固体的情形。纯水与石蜡相接触，水银与玻璃相接触，都属于这种情形。

3.4.3 毛细现象与气体栓塞现象

1. 毛细现象

当把管径很细的管子插入液体时，管子内外的液面会出现高度差。如果液体润湿管壁，管内液面较管外高；如果液体不润湿管壁，管内液面较管外低。这种现象称为毛细现象。

管径很小的管子称为毛细管。如果把玻璃毛细管插入水中，管内的液面会比管外的高；如把同样的毛细管插入水银中，管内的液面会比管外的低。在我们周围的环境中，几乎到处都能见到毛细管，如钢笔尖的狭缝，毛巾棉纱纤维间隙，吸水纸纤维间隙，土壤的团粒结构以及植物根、茎、叶中的脉络等。

毛细现象是由表面张力和润湿(或不润湿)现象共同引起的。容器口径非常小，附加压强的存在将使管内液面升高(图 3-28)或降低(图 3-29)，产生毛细现象。

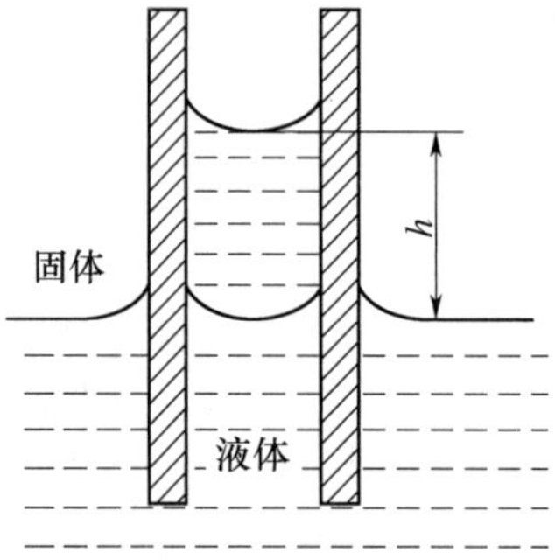

图 3-28 液体润湿毛细管

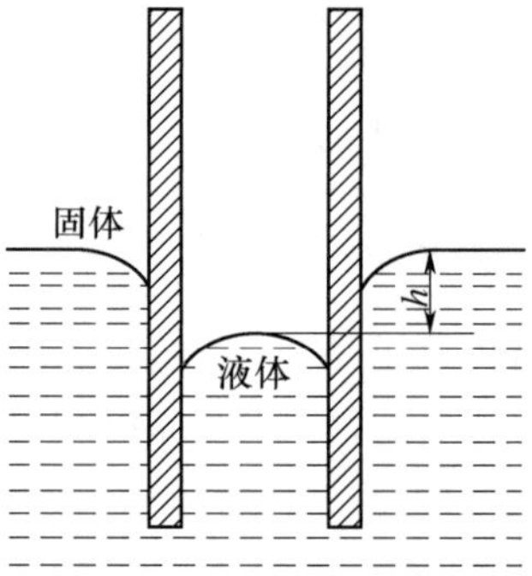

图 3-29 液体不润湿毛细管

现将内径为 R 的毛细管插入密度为 ρ 的液体中，如果液体能润湿管壁，管内液面呈凹状，接触角 θ 为锐角，如图 3-30 所示。

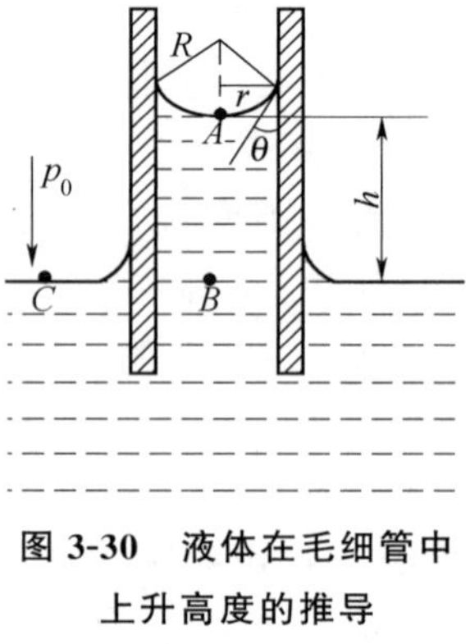

图 3-30 液体在毛细管中上升高度的推导

由几何关系可知 $r=R\cos\theta$，附加压强为

$$p_S=p_A-p_0=-\frac{2\sigma}{R}=-\frac{2\sigma\cos\theta}{r}$$

即

$$p_A=p_0-\frac{2\sigma\cos\theta}{r}$$

又 $p_B-p_A=\rho gh$，且 $p_B=p_C=p_0$，

得
$$h=\frac{2\sigma\cos\theta}{\rho g r}$$

润湿管壁的液体在毛细管中上升的高度与液体的表面张力系数成正比，与毛细管的截面半径成反比。

若液体不润湿管壁，则 $\frac{\pi}{2}<\theta<\pi$，可得

$$h=\frac{2\sigma\cos\theta}{\rho g r}<0$$

管内液面下降。在完全润湿或完全不润湿的情况下，$\theta=0$ 或 $\theta=\pi$，则

$$h=\pm\frac{2\sigma}{\rho g r} \tag{3-34}$$

上式表明，毛细管内、外液面高度差与液体的表面张力系数成正比，与毛细管的半径成反比。利用这个关系可以准确测定液体的表面张力系数。

如果液体不润湿毛细管，管内液面要比管外的低 h，用同样的方法可以证明 h 仍然由式(3-34)表示。

土壤中的毛细现象与植物的生长密切相关，如图3-31所示。毛细管中吸附的水是植物吸收水分的主要来源，土壤里的水分也依靠毛细现象输送给植物的根部。土壤肥沃的重要标志之一是团粒结构的存在，而团粒结构的意义就在于使土壤具有更多的毛细结构。

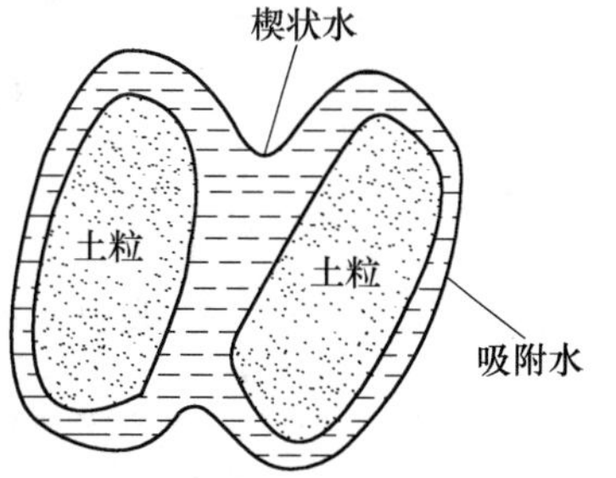

图 3-31　土壤中的毛细现象

石油、地下水和天然气的开采也与毛细现象密切相关。石油、地下水和天然气常常共存于地层的多孔砂岩之中，多孔砂岩的孔道都是一根根毛细管。在这些毛细管中，石油和水与天然气的接触面形成弯曲液面，而弯曲液面所产生的附加压强阻碍石油和水的流动，降低了石油的产量，严重时会使油井废弃。因此，克服毛细管附加压强的问题是石油开采中的重要问题之一。

2. 气体栓塞现象

如图3-32(a)所示的实验装置，当活塞不施加压强（假设活塞下的气柱中压强为大气压 p_0）时，即

$$h=\frac{2\sigma\cos\theta}{\rho g r}$$

给活塞施加压强并逐渐增大，发现当施加的压强很小时，液面并不降低，只是液面的曲率半径变小了，如图3-32(b)所示。只有当压强增加到一定程度液面才下降。

这是由于液体具有黏滞性，当给活塞施加一较小压强时，只是凹形液面的曲率半径变小了，附加压强增大，液面下压强仍然能够保持不变，即液面不下降。这种现象对生物毛细管中液体的流动有影响。

如图3-33所示，逐渐增大右端的压强，刚开始液滴并不移动，只是右液面的曲率半径减小；只有当压强增量超过一定的限度 Δp 时，液滴才开始移动。如果毛细管中有2个液滴，

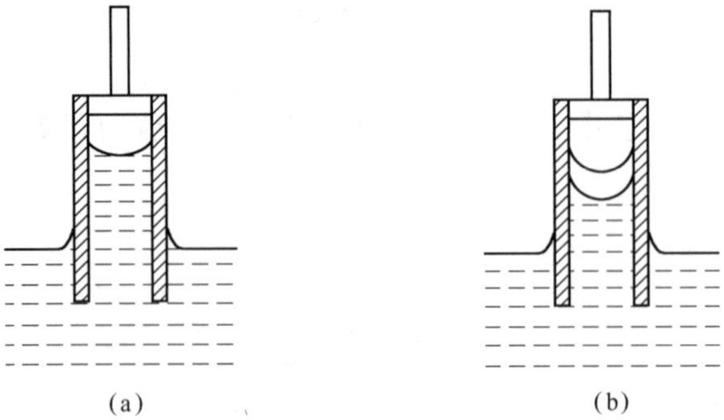

图 3-32　活塞施加与不施加压强下液面的情况

根据上述讨论，如果最左边弯液面处压强为 p；同理，要使第二个液滴移动，第二个气泡中的压强必须大于 $p+2\Delta p$。如果要使这 n 个液滴移动(图 3-34)，则最右端必须施以大于 $p+n\Delta p$ 的压强。

图 3-33　生物毛细管中液体的流动(1)

当液体在毛细管中流动时，如果管中出现气泡，液体的流动会受阻，如果气泡产生得多了，就会堵住毛细管，使液滴不能流动。这种现象称为气体栓塞现象。

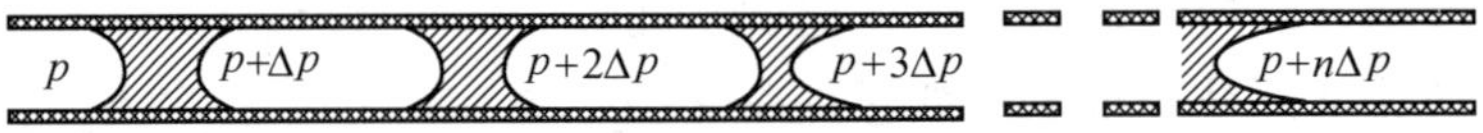

图 3-34　生物毛细管中液体的流动(2)

3. 气体栓塞现象的危害举例

(1)静脉注射或肌肉注射时要将针管中的气体排除后再注射。

(2)当环境气压突然降低时，人体血管中溶解的气体因为溶解度下降而析出形成气泡；比如潜水员从深海迅速上升到水面时容易造成血栓而致命。

(3)在温度升高时，植物体内的水分也会析出气体，形成气泡堵塞毛细管，使部分枝叶的水分或营养缺乏而枯萎。

3.4.4　渗透现象

在生命系统中有许多膜相结构都是半透膜，如细胞膜、动物的膀胱、肠衣等，它们都存在渗透现象。

如图 3-35 所示的 U 形管底部有一半透膜 MN 将糖溶液分成两个浓度不同的区域，左侧浓度高，右侧浓度低。

半透膜只允许小分子通过，而不允许糖类分子、蛋白质分子等大分子通过，这一特性将使左右两边水的浓度相等。

溶质浓度低相当于水的浓度高，溶质浓度高相当于水的浓度低，所以水分子将通过半透膜向溶质浓度高的区域扩散，这种现象称为渗透现象。由于渗透作用，U 形管左侧液面将升高，右侧液面将降低；必须在左侧液面施加一个压强 p 才能使左右液面平齐，这个压强称为渗透压。实验证明，早春时节枫树中糖溶液的向上运输就是渗透压造成的。

在早春，枫树根系中积累了头年夏天制造的高浓度糖溶液。土壤解冻时水分通过渗透作用进入根系，迫使树液上升，直到渗透压等于树液液柱产生的压强为止。渗透压可以使树液上升到 30 m 以上的高度。

然而，在夏季，新陈代谢旺盛的植物根部的糖浓度要下降，此时单靠渗透压的作用是不够的。而且有些植物可以高达 60m 以上，如冷杉(图 3-36)。这时无论是毛细作用还是渗透作用都无法满足水分向上运输的需要，这就要依靠其他的运输机制。

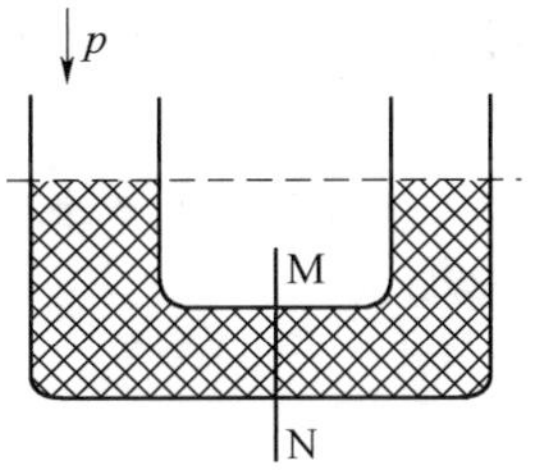

图 3-35 半透膜示意图

图 3-36 冷杉

思考题

3-1 什么是连续性方程？

3-2 什么是伯努利方程？

3-3 在定常流动中，流体是否可能加速运动？

3-4 从水龙头徐徐流出的水流，下落时逐渐变细，为什么？

3-5 两船平行前进时，若靠得较近，极易碰撞，为什么？

3-6 两条流线不能相交，为什么？

3-7 层流和湍流各有什么特点？引入雷诺数有哪些意义？

习 题

3-1 被测容器 A 内水的压强比大气压大很多时，可用图 3-37 中的水银压强计。

(1)此压强计的优点是什么？

(2)如何读出压强？设 $h_1=50\ \text{cm}$，$h_2=45\ \text{cm}$，$h_3=60\ \text{cm}$，$h_4=30\ \text{cm}$，求容器内的压强是多少大气压？

3-2　A,B 两容器内的压强都很大,现欲测它们之间的压强差,可用图 3-38 中装置,$\Delta h=50$ cm,求 A,B 内的压强差是多少厘米汞柱?这个压强计的优点是什么?

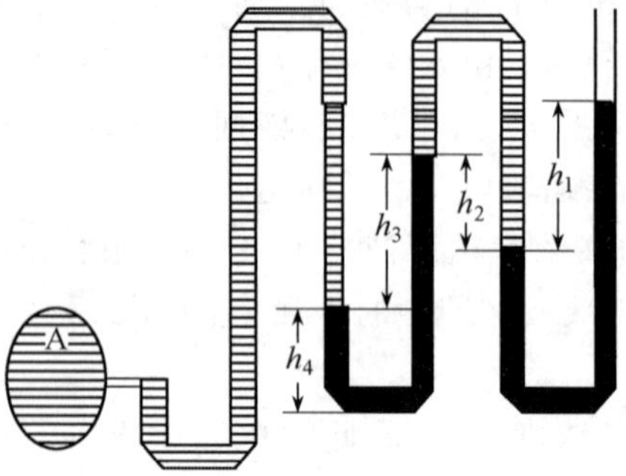

图 3-37　习题 3-1 用图

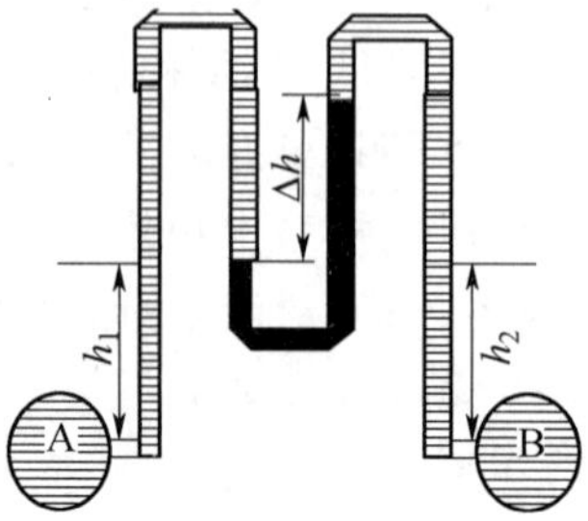

图 3-38　习题 3-2 用图

3-3　如图 3-39 所示,游泳池长 50 m,宽 25 m,设各处水深相等且等于 1.50 m,求游泳池各侧壁上的总压力,不考虑大气压。

3-4　所谓流体的真空度,指该流体内的压强与大气压的差数,水银真空计如图 3-40 所示,设 $h=50$ cm,问容器 B 内的真空度是多少 N/m^2?

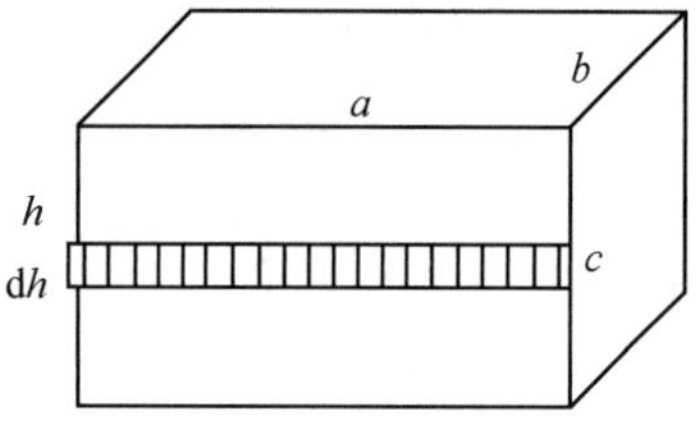

图 3-39　习题 3-3 用图

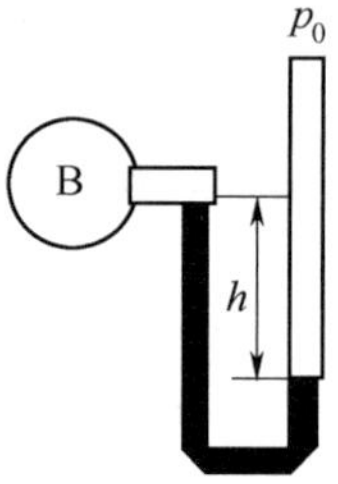

图 3-40　习题 3-4 用图

3-5　海水的密度为 $\rho=1.03\ g/cm^3$,求:

(1)海平面以下 300 m 处的压强;

(2)求海平面以上 10 km 高处的压强。

3-6　(1)盛有液体的容器以重力加速度自由下落,求液体内各点的压强;

(2)若容器以竖直向上的加速度 a 上升,求液体内压强随深度的分布;

(3)若容器以竖直向下的加速度 $a(<g)$ 下落,求液体内压强随深度的分布。

3-7　船的底舱处开一窗,可借此观察鱼群,窗为长 1 m 半径 $R=0.6$ m 的 1/4 圆柱面,水面距窗的上沿 $h=0.5$ m,如图 3-41 所示。求水作用于窗面上的总压力的大小、方向和作用点。

3-8　一船质量为 m,使船发生一初始下沉,然后沿竖直方向振动,设船在吃水线附近的截面积为 S,海水比重为 γ,证明船做简谐振动,并求周期。不计阻力。

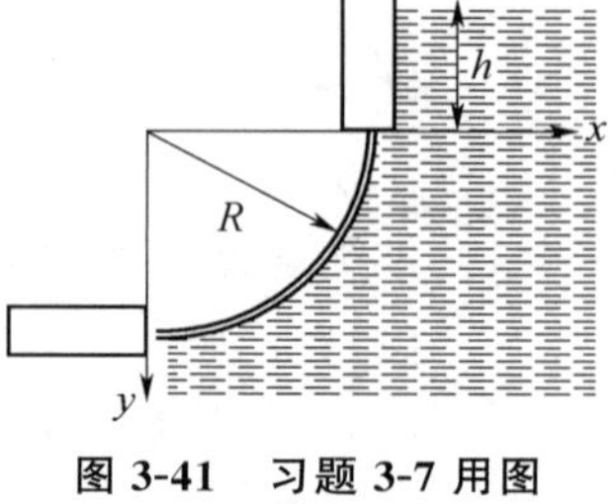

图 3-41　习题 3-7 用图

3-9 根据新数据,布达拉宫的海拔高度为 3 756.5 m,试求该处的大气压强,为海平面大气压的几分之几?

3-10 如图 3-42 所示,器内水的高度为 H ,水自离自由表面 h 深的小孔流出。求:

(1)水流达到地面的水平射程 x ;

(2)在水面以下多深的地方另开一孔可使水流的水平射程与前者相等?

3-11 参阅 3-10 题图,水的深度为 H。

(1)在多深的地方开孔,可使水流具有最大的水平射程?

(2)最大的水平射程等于多少?

3-12 研究射流对挡壁的压力,射流流速为 v,流量为 Q,流体密度等于 ρ,求图 3-43 中(a),(b)两种情况下射流作用于挡壁的压力。

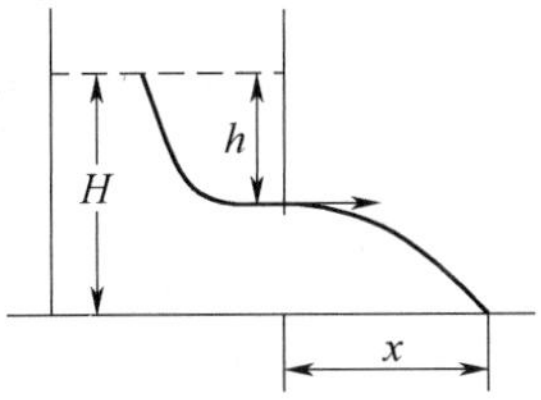

图 3-42 习题 3-10 用图

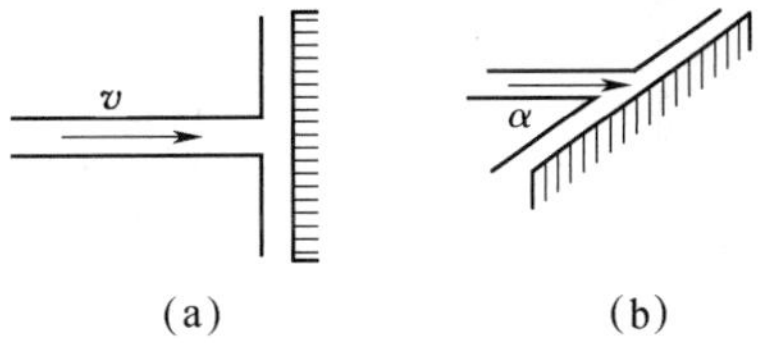

图 3-43 习题 3-12 用图

3-13 设血液的密度为 1.05×10^{3} kg/m^{3},其黏度系数为 2.7×10^{-3} Pa · s,问当血液流过直径为 0.2 cm 的动脉时,估计流速多大则变为湍流,视血管为光滑金属圆管,不计其变形。

3-14 容器盛有某种不可压缩黏性流体,流动后各管内液柱高如图 3-44 所示,液体密度为 1 g/cm^{3},不计大容器内能量损失,水平管截面积相同,求出口流速。

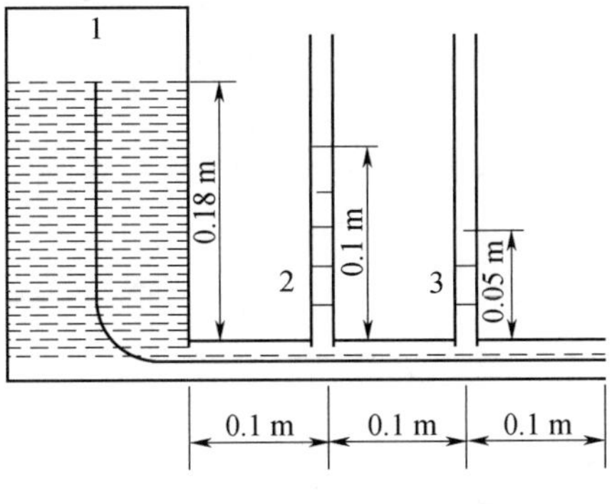

图 3-44 习题 3-14 用图

3-15 皮托(Pitot)管原理。皮托管常用来测量气体流速,如图 3-45 所示,开口 1 和 1′与气体流动的方向平行,开口 2 则垂直于气体流动的方向。两开口分别通向 U 形管压强计的两端,根据液面的高度差便可求出气体的流速。

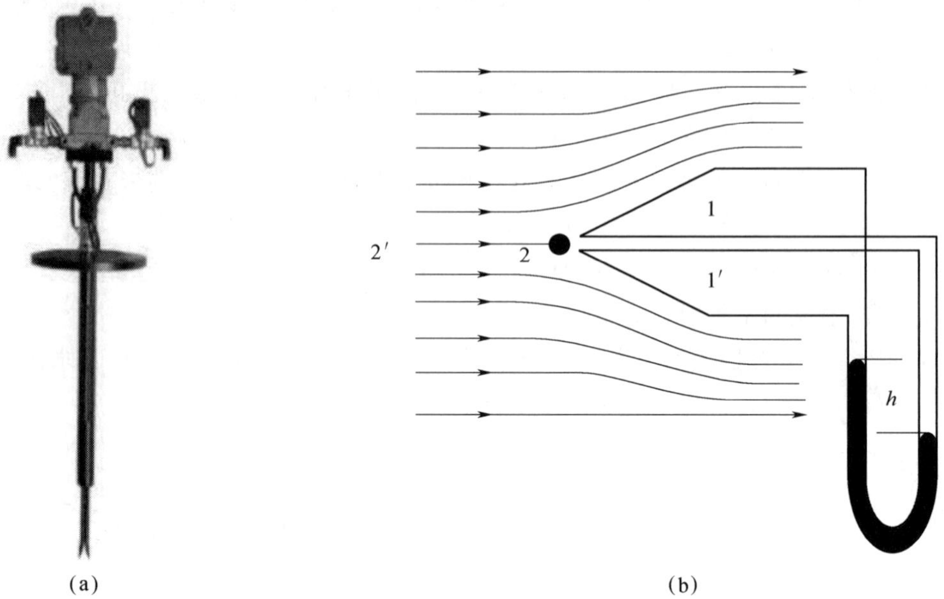

图 3-45　习题 3-15 用图

第2部分

热　学

PART 2

THERMODYNAMICS

近代热学的进展及其在农林中的应用

热学是研究物质热现象与热运动规律的学科。热学研究的是由大量分子、原子组成的物体或物体系的热运动形式，这些物体称为热力学系统或简称系统，系统以外称为外界。热学的研究按描述方法不同分为两个部分。一是气体动理论，它是从物质的分子结构和分子热运动出发，提出微观模型，依据每个分子运动所遵循的力学规律，用统计平均的方法来研究宏观物体的热的性质，揭示热现象的微观本质。另一是热力学，它采用宏观描述方法，根据由观察和实验所总结出来的热力学定律，用严密的逻辑推理方法，研究宏观物体的热的性质，具有很大的普遍性和可靠性。气体动理论和热力学，在对热现象的研究上，起到了相辅相成的作用。气体动理论可深入到热现象的本质，使热力学的理论获得更深刻的意义；热力学则对热现象给出普遍而可靠的结果，可以验证微观理论的正确性。

近代热学的实验研究是从研制温度计开始的。16—17 世纪，人们试制了气体的、液体酒精的各种温度计。到 18 世纪初，制成了水银温度计，并且改进了标记刻度的方法，形成了 3 种较为适用的温标，即华氏、摄氏和开氏温标。18 世纪英国科学家布莱克确立了"比热"概念，为人们研究不同材料的吸、放热现象及传导能力提供了理论指导。瓦特（James Watt，1736—1819）在研究改进蒸汽机时就应用了布莱克的热学理论。欧洲第一次工业革命时期的标志是，在工业中用机器代替人力，在工业和运输部门中用蒸汽发动机。蒸汽机在工业上的广泛应用，促进了工业的迅速发展，同时人们也对蒸汽机的效率提出更高的要求。这样，就促使人们对于水和蒸汽以及其他物质的热的性质作深入的研究，因而进一步推动了热学实验的发展。

18 世纪，为了深入研究物质的热的性质，对热的本性提出一定的假设，认为热是一种没有质量的流质，名叫热质，可渗入一切物体之中，热质可以从一个物体传到另一物体，但不凭空产生，也不能消灭。这种学说称为热质说。热质说能成功地说明有关热传导和量热学的一些实验结果，但不能说明摩擦生热现象，因此它虽然很流行，但并没有得到科学界的普遍承认。伦福德最初用直接实验结果来驳斥了热质说，他以制造枪炮所切下的碎屑温度很高来说明热只能是一种运动。直到 19 世纪中叶，经过英国的焦耳（James Prescot Joule，1818—1889）、开尔文（Lord Kelvin，1824—1907）、德国的迈尔、赫尔姆霍茨（Hermann von Helmholtz，1821—1894）等科学家在多年的实验分析和理论研究的基础上，总结出了热力学第一定律即能量守恒与转化定律。热力学第一定律的确立，使热的运动说获得决定性的胜利。这一学说，为热和机械功的等效性，机械功和热的相互转化提供了很好的理论基础，也为气体动理论奠定了基础。

紧接着热力学第一定律的建立，起始于法国工程师卡诺（Nicolas Léonard Sadi Carnot，1796—1832）提高蒸汽机热效率的理论探索，后经开尔文和德国物理学家克劳修斯的进一步研究，于 1850 年前后总结出了热力学第二定律，其基本内容是：牵涉到热的过程是不可逆的。在热力学的两个定律建立之后，热力学的进一步发展主要把两个基本原理应用到各种具体的问题中去，在应用的过程中找到了熵等反映物质各种热性质的重要的热力学函数。19世纪60年代英国的麦克斯韦和奥地利的玻尔兹曼分别把统计方法和概率的概念引进了热学。他们的研究表明热力学第二定律是描述大量分子系统性质的统计性规律，而不是描述系统内单个分子的行为，为统计力学奠定了基石。

在20世纪，比利时物理学家普利高津(Ikya Prigogine，1917—2003)的最小熵产生原理，法国物理学家布里渊的信息的负熵原理等对耗散结构的解释使热学发展推向了一个新的科学分支——统计物理学。将统计力学应用到热辐射，发现了微观运动的新的规律性，即量子性。普朗克(Max Karl Ernst Ludwig Planck，1858—1947)在1900年从热辐射的规律中发现，振动的能量只能是一个最小单位的整数倍，不能连续变化。能量的这种量子化正确地解释了气体比热和固体比热随温度变化的规律。之后狄拉克(Paul Adrie Maurice Dirac，1902—1984)，费米(Enrico Fermi，1890—1954)，玻色(Satyendra Nath Bose，1894—1974)，爱因斯坦(Albert Einstein，1879—1955)等人经一系列的现象和理论证明，量子性是微观世界的普遍规律，并在1926年建立了量子力学。与此相应，统计物理学就由经典统计物理学发展成为量子统计物理学。量子统计物理学在对凝聚态和等离子体的各种物理性质研究中起着主导作用。

近代热学在农业中的应用很广泛。首先，温度、压强、热容量、熵等热学基本量是动物植物生长发育不可缺少的重要因素。专家和技术人员在农作物生长发育、家畜繁殖、家禽孵化、遗传育种等实践中，科学地应用相关热学规律和方法，实现优质增产，提高经济效益。其次，随着农业的发展，农业面临污染问题日益突出，已成为危害生态环境的最重要的因子。运用农业系统熵理论、农业气象熵理论和耗散结构理论等对农业生态系统进行剖析，保护耕地、实行生态经济系统的优化控制，保证农业生态系统可持续高效发展是目前我国以及世界农业面临的重大科研课题。再者，近代热学的新技术、新设备为农业生产提供了高科技检测分析手段，进一步发展和优化了农业监控、农业系统状态评判体系的科学理念和方法。最后，近代热学与其他学科的渗透与融合，产生了很多新的热力学分支，如农业生态环境热力学、化工热力学、土壤生物热力学、土壤有机质热力学和土壤水分热力学等。总之，近代热学与生命科学、环境、能源、生态、信息等现代农业和生物学的热点问题密切相关，高等农林院校的学生有必要掌握相关的知识。

Chapter 4 第 4 章 气体动理论 Kinetic Theory of Gases

自然界的任何物体都由大量的微观粒子(分子,原子)组成。分子和原子总是做永不停息的无规则的运动。这种运动随着物体的温度增加而加剧,故称之为分子的热运动。由大量微观粒子构成的物体称为热力学系统。热现象则是热力学系统中大量微观粒子热运动的宏观表现。

描述个别分子或原子性质的物理量,例如分子的质量、速度、能量等称为微观量。而描述由大量微观粒子构成的物体性质的物理量,例如气体的体积、压强、温度等称为宏观量。微观量只能通过统计方法计算得到,而宏观量可以通过实验测量出来。尽管个别分子的运动杂乱无章,但就大量分子的集体表现来说,却存在着一定的统计规律。气体动理论就是以气体为研究对象,从气体分子热运动的观点出发,运用统计的方法来研究大量气体分子热运动的规律,从而找出宏观量和微观量之间的关系。

本章着重讨论理想气体处于平衡态时的宏观性质和规律及其微观解释。

4.1 气体动理论的基本概念

4.1.1 气体动理论的基础

(1)宏观物体是由大量分子或原子所组成的。人们通过对物质结构的长期观察和研究,认识到宏观物体由大量分子组成,分子之间存在一定的间隙。1 mol 任何物质中含有 6.02×10^{23} 个分子,这个量称为阿伏伽德罗常数,用 N_A 表示。

(2)物体内的分子在做永不停息的无规则运动,其运动剧烈程度与物体的温度有关。1827 年英国植物学家布朗(Robert Brown,1773—1858)用显微镜观察悬浮在液体中的花粉颗粒时发现花粉微粒处在不停地无规则运动中,这种运动被称为布朗运动。后来爱因斯坦等人经研究指出,布朗运动是液体分子做无规则运动对颗粒进行碰撞的结果。小颗粒运动的不规则性实际上间接地反映了液体分子运动的不规则性。实验表明,布朗运动的剧烈程度随液体温度升高而加剧，这说明分子无规则运动与温度有关，所以通常把分子无规则运动称为分子的热运动。

(3)分子间存在相互作用力。在一定条件下，大量分子能聚集在一起而形成固体、液体或气体，这表明分子间存在着引力；另一方面，液体和固体很难压缩，说明分子间还存在着斥力。

分子力的本质是很复杂的，分子间的引力和斥力是同时存在的。实验表明分子之间的引力和斥力与分子的间距有关。当分子间的距离小于 10^{-10} m 时，斥力为主；当分子间的距离大于 10^{-10} m 且小于 10^{-9} m 时，引力为主；当分子间的距离大于 10^{-9} m 时，分子间的相互作用力非常小，可以忽略不计，所以分子力是一种短程力。

4.1.2　气体的状态参量　平衡态

1. 气体的状态参量

气体是一种简单的热力学系统，也是气体动理论的主要研究对象，对于一定质量的气体，为了描述其状态及特征通常要引入状态参量。一般将气体的体积、压强和温度这三个物理量叫作气体的宏观状态参量。而将描述单个分子的质量、速度、体积、能量等物理量称为微观量。

气体的体积是指作热运动的气体分子所能到达的空间。密封容器中气体的体积就是容器的容积，常用 V 表示。在国际单位制中，体积的单位是立方米(m^3)。

气体的压强体现在大量气体分子对单位面积容器壁的持续碰撞所产生的正压力，常用 p 来表示。在国际单位制中，压强的单位为帕斯卡，符号为 Pa，它与标准大气压(atm)及毫米汞柱(mmHg)的换算关系为：1 atm＝760 mmHg ＝1.013×10^5 Pa

表示气体系统冷热程度的物理量称为气体的温度。研究表明，温度的微观本质与物质分子热运动密切相关，温度的高低反映了物质系统内部分子热运动剧烈程度的不同。要想定量地描述某一物体的温度，必须给出温度的数值标定方法，即温标。在物理学中常用的温标有两种：摄氏温标(用 t 表示)，单位是摄氏度，符号为℃；热力学温标(用 T 表示)，单位是开尔文，简称“开”，符号为 K。根据 1987 年第十八届国际计量大会对国际实用温标的规定，热力学温标为最基本的温标，一切温度的测量最终以热力学温标为准，是 7 个基本量之一。热力学温标与摄氏温标的换算关系是

$$T=273.15+t$$

2. 平衡态

对于任何一个气体系统，如果它与外界没有能量和物质的交换，而且系统内部也没有任何形式的能量转换，无论系统的初始状态如何，则经过一定的时间后，系统内部各部分将具有相同的密度、压强、温度等，其宏观性质不再随时间变化，系统达到的这种状态称为平衡态。反之，则称为非平衡态。

处于平衡态的系统是指系统的宏观性质不随时间变化，并不是说系统内部的微观粒子都处于静止状态。实际上，组成系统的大量微观粒子始终都在不断地运动着，只是这些微观

粒子运动的平均效果不随时间变化，从而在宏观上表现为系统达到平衡而已。因此，系统的这种平衡又称为热动平衡。

4.1.3 理想气体

一般气体，在压强不太大（与大气压相比）和温度不太低（与室温相比）的实验范围内，遵守玻意耳定律、盖吕萨克定律和查理定律。我们将在任何情况下绝对遵守上述三个实验定律的气体称为理想气体。根据实验现象的归纳和总结，气体动理论对理想气体模型作如下假设：

1. 理想气体分子的微观模型

(1)气体分子的大小比分子之间的距离小得多，所以分子本身的体积可忽略不计，可看做质点，它们的运动遵从经典力学规律。

(2)除碰撞的瞬间外，气体分子间以及分子与容器壁之间的相互作用力忽略不计。分子所受的重力也可忽略不计。

(3)气体分子间的碰撞以及分子与器壁间的碰撞是完全弹性碰撞。

以上这些假设可概括为理想气体分子的一种微观模型：理想气体分子像一个个极小的彼此间无相互作用的遵守经典力学规律的弹性质点。

2. 理想气体分子集体的统计性假设

单个气体分子的运动状态瞬息万变，碰撞频繁，但对于大量分子的集体来说，具有一定的统计性质。

(1)在平衡态时，若忽略重力作用，每个分子的位置处在容器内空间任何一点的概率是一样的，或者说，分子按位置的分布是均匀的。所以气体在平衡态下分子数密度处处均匀，可以写成

$$n=\frac{N}{v}=\frac{\mathrm{d}N}{\mathrm{d}v} \tag{4-1}$$

(2)在平衡态时，分子向空间各个方向运动的概率是一样的，即沿各方向运动的分子数相等；分子速度大小在各方向上的分量的统计平均值也相等，或者说，分子速度按方向的分布是均匀的。

其中各速度分量平方的平均值定义如下

$$\overline{v_x^2}=\frac{\sum v_{ix}^2}{N},\overline{v_y^2}=\frac{\sum v_{iy}^2}{N},\overline{v_z^2}=\frac{\sum v_{iz}^2}{N} \tag{4-2}$$

那么

$$\overline{v_x^2}+\overline{v_y^2}+\overline{v_z^2}=\overline{v^2} \tag{4-3}$$

$$\overline{v_x^2}=\overline{v_y^2}=\overline{v_z^2}=\frac{1}{3}\overline{v^2} \tag{4-4}$$

上述两个假设实际上是关于分子无规则运动的假设，是一种统计性假设，只适用于大量分子的集体。

4.1.4 理想气体的状态方程

实验表明，对一定质量的理想气体来说，其状态参量满足理想气体状态方程

$$pV=\frac{M}{\mu}RT \tag{4-5}$$

式中：M 为气体的质量；μ 为气体的摩尔质量；R 为普适气体常数，$R=8.31\ \mathrm{J\cdot mol^{-1}\cdot K^{-1}}$。

设 M 千克的理想气体中含有 N 个分子，每一个分子的质量为 m，1 摩尔气体的分子数为 $N_A=6.022\times10^{23}\ \mathrm{mol^{-1}}$，则气体的质量 $M=Nm$，摩尔质量 $\mu=N_Am$，代入理想气体状态方程，可得

$$p=\frac{N}{V}\cdot\frac{R}{N_A}T$$

式中：$\frac{N}{V}=n$ 为分子数密度。引入玻尔兹曼常数，用 k 表示

$$k=\frac{R}{N_A}=\frac{8.31\ \mathrm{J\cdot mol^{-1}\cdot K^{-1}}}{6.022\times10^{23}\ \mathrm{mol^{-1}}}=1.38\times10^{-23}\ \mathrm{J\cdot K^{-1}}$$

则理想气体状态方程可写成

$$p=nkT \tag{4-6}$$

这样可以使宏观量压强、温度与分子数密度联系起来。

4.2 理想气体的压强和温度

4.2.1 理想气体的压强的统计意义

现在从上述模型出发来阐明理想气体的压强的实质，并推导理想气体的压强公式。

容器中气体在宏观上施于器壁的压强，是大量气体分子对器壁不断碰撞的结果。无规则运动的气体分子不断地与器壁相碰，就某一个分子来说，它对器壁的碰撞是断续的，而且它每次给器壁多大的冲力，碰在什么地方都是偶然的。但是对大量分子整体来说，每一时刻都有许多分子与器壁相碰，所以在宏观上就表现出一个恒定的、持续的压力。这与雨点打在雨伞上的情形很相似。一个个雨点打在雨伞上是断续的，而大量密集的雨点打在雨伞上时，撑伞的人会感觉到一个持续稳定的向下的压力。因此，气体的压强是大量的热运动分子碰撞器壁时，对器壁产生的平均作用力的表现。

在平衡态下，容器中的气体的压强处处相等且不随时间变化，即气体内部各处的压强以及器壁上的压强都相等，与容器的形状无关。

为了简化计算，考虑边长分别为 a、b 和 c 的长方形容器，盛有总分子数为 N，分子质量为 m 的一定量理想气体，如图 4-1(a)所示。因此，只要求出容器某一个面上的压强就可得出气体的压强。这里计算垂直于 x 轴的 A_1 面上的压强。

下面分三步进行推导。首先,根据牛顿力学定律计算个别分子碰撞器壁时对器壁的冲力;再利用统计方法求出分子集体碰撞器壁时冲力的统计平均值;最后根据压强的定义求出气体的压强。

在平衡态下,气体的分子数密度 $n=\dfrac{N}{V}$ 为常数。先假定气体分子除了与器壁碰撞以外,不与其他分子相互碰撞。

设第 i 个分子在与 A_1 面碰撞前的速度为 v_i, v_i 在直角坐标上的速度分量为 v_{ix}、v_{iy}、v_{iz},如图 4-1(b)所示,并且有 $\overline{v_i^2}=\overline{v_{ix}^2}+\overline{v_{iy}^2}+\overline{v_{iz}^2}$ 。

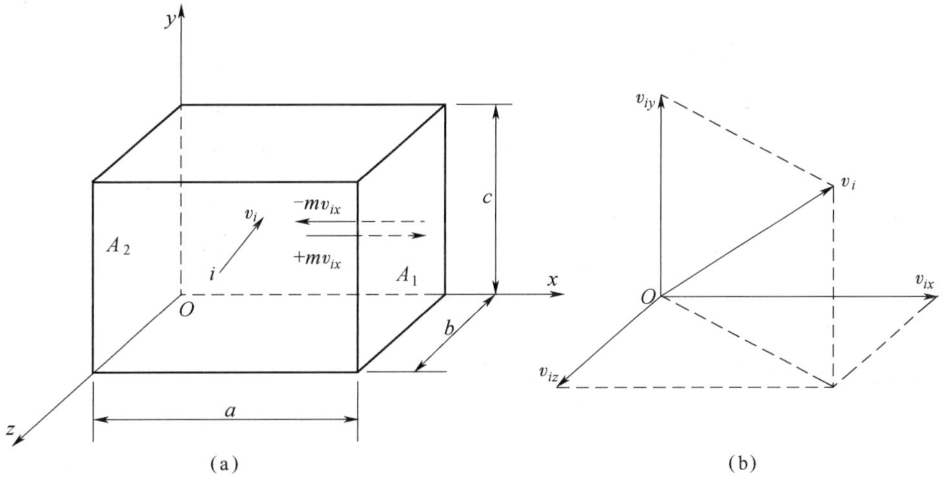

图 4-1 压强公式的推导

第 i 个分子与 A_1 面碰撞时,它受到 A_1 面沿 $-x$ 轴方向的作用力。根据理想气体微观模型,碰撞是完全弹性的,所以在这个力的作用下,第 i 个分子在 x 轴上的动量由 mv_{ix} 改变为 $-mv_{ix}$,它在 x 轴上的动量增量为

$$\Delta p=(-mv_{ix})-mv_{ix}=-2mv_{ix}$$

根据动量定理,这一动量增量应等于 A_1 面给予第 i 个分子的力的冲量,力的方向沿 $-x$ 轴方向。由牛顿第三定律,第 i 个分子也给予 A_1 面一个大小相等、方向相反的力的冲量,力的方向与 x 轴同向,第 i 个分子对器壁碰撞的力是间歇的,而不是连续的。就它沿 x 轴的运动情况而论,它以 $-v_{ix}$ 从 A_1 面弹回,飞向 A_2 面并与 A_2 面碰撞后又以 v_{ix} 回到 A_1 面再作碰撞。第 i 个分子在连续 2 次碰撞 A_1 面之间,在 x 轴方向上所移动的距离为 $2a$,所需要的时间为 $2a/v_{ix}$,因此在单位时间内它与 A_1 面碰撞的次数为 $v_{ix}/2a$ 次。所以在单位时间内第 i 个分子作用在 A_1 面上的总冲量为

$$2mv_{ix}\times\frac{v_{ix}}{2a}=\frac{mv_{ix}^2}{a}$$

这也就是第 i 个分子作用于 A_1 面的力的平均值。以上讨论的是一个分子对 A_1 面的碰撞，实际上容器内有大量分子对 A_1 面碰撞，使壁受到一个几乎连续不断的力，这个力的大小应等于每个分子作用在 A_1 面上的力的平均值之和，即

$$F=\frac{mv_{1x}^2}{a}+\frac{mv_{2x}^2}{a}+\cdots+\frac{mv_{Nx}^2}{a}=\frac{m}{a}\sum_{i=1}^{N}v_{ix}^2$$

其中 $v_{1x}^2,v_{2x}^2,\cdots,v_{Nx}^2$ 是各个分子速度在 x 轴上的分量。因此 A_1 面受到的气体压强为

$$p=\frac{F}{bc}=\frac{m}{abc}\sum_{i=1}^{N}v_{ix}^2=\frac{m}{V}\sum_{i=1}^{N}v_{ix}^2$$

因为

$$\overline{v_x^2}=\frac{\sum\limits_{i=1}^{N}v_{ix}^2}{N},\text{且 } n=\frac{N}{V}$$

所以

$$p=\frac{N}{V}\cdot m\cdot\frac{\sum\limits_{i=1}^{N}v_{ix}^2}{N}=nm\overline{v_x^2}$$

根据统计假设，在平衡态下有 $\overline{v_x^2}=\frac{1}{3}\overline{v^2}$，代入上式有

$$p=\frac{1}{3}nm\overline{v^2} \tag{4-7}$$

上式也可写作

$$p=\frac{2}{3}n\left(\frac{1}{2}m\overline{v^2}\right)=\frac{2}{3}n\bar{\varepsilon}_t \tag{4-8}$$

式中 $\bar{\varepsilon}_t=\frac{1}{2}m\overline{v^2}$ 称为分子的平均平动动能，式(4-7)、式(4-8)称为理想气体的压强公式，是气体分子动理论的基本公式之一。

由前面的讨论可知，压强 p 是气体中所有分子对器壁作用的平均效果，它具有统计意义。式(4-8)指出，平衡态下的理想气体压强 p 与气体的分子数密度 n 和分子热运动平均平动动能 $\bar{\varepsilon}_t$ 之积成正比。压强公式把宏观量压强 p 与微观量的统计平均值 n 和 $\bar{\varepsilon}_t$ 联系起来，从而揭示出压强的微观本质和统计意义。气体的压强是大量分子碰撞器壁所产生的平均效果，它对大量的气体分子才有明确的意义。压强公式虽然由于 $\bar{\varepsilon}_t$ 不能直接测定而无法直接用实验验证，但从这个公式出发能够解释或推证一些实验规律，从而间接检验了压强公式的可靠性。

在对压强公式的推导过程中，只考虑了气体分子与器壁之间的碰撞，没有考虑与其他分子的相互碰撞。实际上，气体分子在向器壁碰撞的过程中，与其他分子之间是存在相互碰撞的。但根据平衡态的统计性质，采用更严谨些的推导方法，仍然可得到与式(4-8)相同的结果。

4.2.2 理想气体温度的统计意义

由理想气体的压强公式和状态方程可导出气体分子平均平动动能与气体温度之间的关系，从而阐明气体温度的微观本质。

由前面已导出的理想气体状态方程的另一种表达形式 $p=nkT$ 与理想气体压强公式 $p=\frac{2}{3}n\left(\frac{1}{2}m\overline{v^2}\right)=\frac{2}{3}n\bar{\varepsilon}_t$ 比较可得

$$\frac{1}{2}m\overline{v^2}=\frac{3}{2}kT$$

或写作

$$\bar{\varepsilon}_t=\frac{3}{2}kT \tag{4-9}$$

可见气体分子的平均平动动能只与温度有关，并与热力学温度 T 成正比，而与气体的种类无关。式(4-9)称为理想气体的温度公式，也是气体分子动理论的基本公式之一。

式(4-9)建立了宏观量温度 T 与微观量的统计平均值 $\bar{\varepsilon}_t$ 之间的联系，是统计规律。气体的温度是气体系统冷热程度的量度，这是从宏观上对温度的了解。式(4-9)揭示了温度的微观本质，它表明温度是与分子热运动剧烈程度相联系的，它是大量分子热运动平均平动动能的量度。因此，对个别分子，若说它的温度有多少度，是没有意义的。

例 4-1 一容器内贮有氧气，压强为 1.33 Pa，温度为 27℃，问：

(1)在 1 m^3 中有多少个氧气分子？

(2)这些分子的总平动动能是多少？

解：(1)温度为 $T=27+273=300(K)$

由理想气体状态方程 $p=nkT$ 可得

$$n=\frac{p}{kT}=\frac{1.33}{1.38\times10^{-23}\times300}=3.21\times10^{20}(m^{-3})$$

(2)由气体的温度公式，可知每个分子的平均平动动能为

$$\bar{\varepsilon}_t=\frac{3}{2}kT=\frac{3}{2}\times1.38\times10^{-23}\times300=6.21\times10^{-21}(J)$$

所以在 1 m^3 中所有分子的总平动动能为

$$\overline{E}_t=n\bar{\varepsilon}_t=3.21\times10^{20}\times6.21\times10^{-21}=1.99\ (J\cdot m^{-3})$$

例 4-2 容器中如果气体十分稀薄，通常就称这个容器处于“真空状态”。容器中气体的稀薄程度叫作“真空度”。真空度用气体的压强来表示，压强越低，则真空度越高。现有一容积为 10 cm^3 的电子管，当温度为 300 K 时用真空泵抽成高真空，使管内压强为 5×10^{-6} mmHg，问：

(1)此时管内有多少气体分子？

(2)每个分子的平均平动动能是多少？

(3)这些分子的总平动动能又是多少？

解：已知气体体积 $V=10\ \text{cm}^3=10^{-5}\ \text{m}^3$，温度 $T=300\ \text{K}$，压强 $p=5\times10^{-6}\ \text{mmHg}=133.3\times5\times10^{-6}\ \text{Pa}$。

(1)由 $n=\dfrac{p}{kT}$，管内的总分子数为

$$N=nV=\frac{pV}{kT}=\frac{1.33\times5\times10^{-6}\times10^{-5}}{1.38\times10^{-23}\times300}=1.61\times10^{12}$$

(2)由理想气体温度公式，每个分子的平均平动动能为

$$\bar{\varepsilon}_t=\frac{3}{2}kT=\frac{3}{2}\times1.38\times10^{-23}\times300=6.21\times10^{-21}(\text{J})$$

与例 4-1 的(2)相比可知，气体分子的平均平动动能只与温度有关，而与气体的种类无关。

(3)N 个分子的总平动动能为

$$\overline{E}_t=n\bar{\varepsilon}_t=1.61\times10^{12}\times6.21\times10^{-21}=10^{-8}(\text{J}\cdot\text{m}^{-3})$$

讨论 管内压强 $p=5\times10^{-6}$ mmHg，已属高真空度，此时管内尚有 1.61×10^{12} 个分子，由此可知通常所说的真空并非空无一物，还是包含大量的分子的。

4.3 能量按自由度均分定理

前面我们讨论分子的无规则运动时，把它看作一个质点，因而只考虑了分子的平动。用这个模型处理气体的热容量时，对单原子分子气体的预言是成功的，然而对双原子分子气体或多原子分子气体的预言却与实验结果有差别。1857 年，克劳修斯首先建议对已有的分子动理论模型进行修改。

要研究热容量，就要考虑分子储存能量的一切可能方式。就是说，分子是否可以储存平动动能以外形式的能量。实际上，气体分子具有一定的内部结构，将它们看成质点过于简化了些。分子运动不仅有平动，还有转动和同一分子内原子间的振动。为了用统计的方法计算分子的平均转动动能和平均振动动能，以及平均总动能，并在这个基础上计算理想气体的内能，我们必须首先引入自由度的概念。

4.3.1 自由度的概念

确定一个物体在空间的位置所需的独立坐标数目称为这个物体运动的自由度，用符号 i 表示。还可以说，物体有几个自由度，它就有做几种独立运动的可能性。

如果物体可看作是一个自由运动的质点，则它只能在空间作平移运动，它有 3 个自由度(在空间直角坐标系中用 x,y,z 表示)；若质点的运动被限制在一个给定的平面或曲面上，则它只有两个自由度；若质点的运动被限制在一条给定的直线或曲线上，则它只有一个自

由度。

若物体是具有确定的形状和大小的刚体，当它在空间自由运动时，既有平动又有转动，它的运动可分解为质心的平动及刚体绕通过质心的某条轴线的转动，如图 4-2 所示。因此一个自由刚体的空间位置可这样确定：

(1)用 3 个独立坐标(x,y,z)确定其质心的位置。

(2)用两个独立坐标确定通过质心的转轴 AB 的方位。需用α,β,γ 3 个方向角决定轴线 AB 的方位，但由于有 $\cos^2\alpha+\cos^2\beta+\cos^2\gamma=1$ 的关系，其中只有两个方向角是独立的。

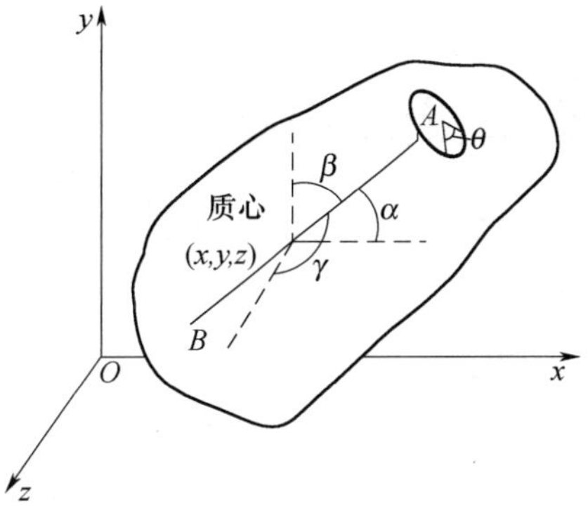

图 4-2 刚体的自由度

(3)用转角 θ 表示刚体绕 AB 轴转动的角位置，即刚体内某一基准线相对于起始位置所转过的角度。

因此，一个在空间自由运动的刚体共有 6 个自由度，即 3 个平动自由度和 3 个转动自由度。

当刚体的运动受到某种限制时，它的自由度将减少。例如门的转动，是把刚体的两点固定，因此刚体只能做定轴转动，此时刚体只有一个转动自由度。

现在来分析分子的自由度，从分子的结构来看，可将它们分为单原子分子、双原子分子和多原子分子。我们根据自由度的概念可以确定气体分子运动的自由度。

单原子分子，可看做是自由运动的质点，有 3 个自由度，它们均为平动自由度(以 t 表示平动自由度)，即 $i=t=3$。

双原子分子中的两个原子是由一个化学键联结起来的，若将化学键看作是刚性的(即认为两原子间的距离不变，分子为哑铃形)，则可以用 3 个独立坐标(x,y,z)决定其质心所在位置，还要用两个独立坐标(α,β)决定连线的方位，由于两个原子被看作是 2 个质点，所以绕连线的转动可以不计。这样，双原子分子共有 5 个自由度，其中 3 个平动自由度，2 个转动自由度(以 r 表示转动自由度)，即 $t=3,r=2,i=5$。

多原子分子，若将其看作是刚性分子(即其大小、形状不变)，则共有 6 个自由度，其中 3 个平动自由度，3 个转动自由度，即 $t=3,r=3,i=6$。

上述讨论把分子看作是大小、形状不变的刚性分子。实际上，双原子或多原子分子并不完全是刚性的，分子内部存在振动，因此分子还应有振动自由度(s)。但是关于分子振动的能量，经典物理不能做出正确的说明，正确的说明需要量子力学；另外在常温下认为分子是刚性的也能给出与实验大致相符的结果，所以在常温情况下研究气体分子热运动能量时，可不考虑分子内部的振动而视其为刚性分子。

4.3.2 能量按自由度均分定理

由气体温度公式可知，理想气体分子的热运动平均平动动能为

$$\bar{\varepsilon}_{kt}=\frac{1}{2}m\overline{v^2}=\frac{3}{2}kT$$

及平衡态时的统计假设

$$\overline{v^2}=\overline{v_x^2}+\overline{v_y^2}+\overline{v_z^2}$$

$$\overline{v_x^2}=\overline{v_y^2}=\overline{v_z^2}=\frac{1}{3}\overline{v^2}$$

可得

$$\frac{1}{2}m\overline{v_x^2}=\frac{1}{2}m\overline{v_y^2}=\frac{1}{2}m\overline{v_z^2}=\frac{1}{3}\left(\frac{1}{2}m\overline{v^2}\right)=\frac{1}{2}kT$$

这说明，温度为 T 的平衡态气体系统中的分子平均平动动能 $\frac{3}{2}kT$ 均匀地分配给 3 个平动自由度，每一个平动自由度都得到相同的一份能量 $\frac{1}{2}kT$。由此可知，在分子的无规则热运动中，3 个平动自由度没有哪一个占有特别的优势。

这一结论同样可以推广到分子的转动和振动能量分配上。可以证明，在气体分子的无规则热运动中，分子的每一个转动和振动自由度也有相同的平均能量，且与平动自由度的平均能量相同，都等于 $\frac{1}{2}kT$。

在温度为 T 的平衡状态下，物质(气体、液体、固体)分子的任何一种热运动形式的每一个自由度具有相同的平均动能，其大小都等于 $\frac{1}{2}kT$，这称为能量按自由度均分定理(简称能量均分定理)。因此，若气体分子有 i 个自由度，则每个分子的热运动平均总动能为

$$\bar{\varepsilon}_k=\bar{\varepsilon}_{kt}+\bar{\varepsilon}_{kr}=\frac{i}{2}kT \tag{4-10}$$

式中 $\bar{\varepsilon}_{kr}$ 为理想气体分子的热运动平均转动动能。

例如，单原子分子：$i=3$，$\bar{\varepsilon}_k=\frac{3}{2}kT$

双原子分子：$i=5$，$\bar{\varepsilon}_k=\frac{5}{2}kT$

多原子分子：$i=6$，$\bar{\varepsilon}_k=\frac{6}{2}kT$

需要说明的是，以上计算未考虑分子振动自由度。

应当指出，能量按自由度均分定理是一个统计规律，是对大量分子统计平均的结果。对个别分子来说，在任一瞬间它的各种运动形式的动能和总动能可能与根据能量均分定理所确定的平均值有很大差别，而且每一种形式的能量也不一定按自由度均分。但对大量分子整体而言，由于分子热运动的无规则性，分子之间必然发生相互碰撞，一个分子的能量可以传递给另一个分子，一种运动形式的能量可以转化为另一种运动形式的能量，而且能量还可以由一个自由度转移到另一个自由度。因此，在平衡状态时，可认为分子动能按自由度平均分配。

能量按自由度均分定理不仅适用于气体，而且对液体和固体也同样成立。它可由经典

统计物理基本原理推导出来，并得到了实验的证实。

4.3.3 理想气体的内能

由于分子间的相互作用力，分子与分子间还具有一定的势能，这些都是系统内部的能量。我们把系统内部所有分子的热运动动能和分子间相互作用势能的总和称为系统的内能。

对于理想气体，由于分子间相互作用力可以忽略不计，所以理想气体分子间没有相互作用的势能。理想气体的内能只是所有分子各种形式动能的总和。根据式(4-10)可导出理想气体内能的表达式。

1 mol 理想气体共有 N_A 个分子，所以 1 mol 理想气体的内能为

$$U_0 = N_A \bar{\varepsilon}_k = \frac{i}{2} N_A k T = \frac{i}{2} RT \tag{4-11}$$

质量为 M，摩尔质量为 μ 的理想气体的内能为

$$U = \frac{M}{\mu} U_0 = \frac{M}{\mu} \frac{i}{2} RT \tag{4-12}$$

式(4-12)就是理想气体的内能函数，它表明，理想气体的内能只决定于分子的自由度和气体的温度，而与气体的体积及压强无关。因此，对于一定的理想气体，它的内能只是温度的单值函数。这是理想气体的一个重要性质。

在常温情况下，不考虑分子内部的振动，而将双原子分子和多原子分子视为刚性分子。此时，计算理想气体内能的方法如下：

对单原子分子理想气体

$$i = 3, U = \frac{M}{\mu} U_0 = \frac{M}{\mu} \frac{3}{2} RT$$

对双原子分子理想气体

$$i = 5, U = \frac{M}{\mu} U_0 = \frac{M}{\mu} \frac{5}{2} RT$$

对多原子分子理想气体

$$i = 6, U = \frac{M}{\mu} U_0 = \frac{M}{\mu} \frac{6}{2} RT$$

例 4-3 温度为 27℃时，1 mol 氧气分子的平动动能、转动动能和内能各是多少？

解：$T = 273 + 27 = 300$ K，氧分子是双原子分子，$i = 5$，其中 $t = 3$，$r = 2$，所以

$$E_{kt} = \frac{3}{2} RT = \frac{3}{2} \times 8.31 \times 300 = 3.74 \times 10^3 \text{(J)}$$

$$E_{kr} = \frac{2}{2} RT = 8.31 \times 300 = 2.49 \times 10^3 \text{(J)}$$

$$U = E_{kt} + E_{kr} = 6.23 \times 10^3 \text{(J)}$$

4.4 麦克斯韦速率分布律

构成气体的大量分子都在永不停息地做无规则热运动，而且彼此间不断地碰撞，气体分子可以以各种大小的速率沿任一方向运动，且速度大小不断地发生变化。因此，在某一时刻，某一特定分子的速度大小是不可预知的，且运动方向也是随机的。但在一定的宏观条件下，对大量气体分子而言，它们的速度分布却遵从一定的统计规律。麦克斯韦在 1859 年用概率论证明了在平衡态下，理想气体分子的速度分布是有规律的，这个规律称为麦克斯韦速度分布律。如果不考虑分子的速度方向，只考虑速度的大小，即速率分布，则称为麦克斯韦速率分布律。作为统计规律的典型例子，下面我们讨论麦克斯韦速率分布律。

4.4.1 速率分布函数

设在平衡态下，一定量的理想气体总分子数为 N，速率在某一区间 $v \sim v+\Delta v$ 内的分子数为 ΔN，则 $\frac{\Delta N}{N}$ 表示速率分布在这一速率区间内的分子数占总分子数的比率(即相对分子数)；也可以说是分子具有速率在 $v \sim v+\Delta v$ 区间内的概率。而 $\frac{\Delta N}{N\Delta v}$ 表示在这一速率区间中单位速率区间内分布的分子数占总分子数的比率，该比值在一般情况下不但与 v 有关，还与所取的速率区间 Δv 有关。当取 $\Delta v \to 0$ 时，$\frac{\Delta N}{N\Delta v}$ 的极限值就成为 v 的连续函数了，并用 $f(v)$ 表示，称 $f(v)$ 为速率分布函数，即

$$f(v)=\lim_{\Delta v\to 0}\frac{\Delta N}{N\Delta v}=\frac{1}{N}\lim_{\Delta v\to 0}\frac{\Delta N}{\Delta v}=\frac{1}{N}\frac{\mathrm{d}N}{\mathrm{d}v} \tag{4-13}$$

其物理意义为，分子热运动速率在 v 值附近单位速率区间内的分子数占总分子数的比率。或者说，气体分子处在速率 v 附近单位速率区间内的概率，也称为概率密度。

应当指出，当我们将速率区间取小($\Delta v \to 0$)时，区间内的分子数 ΔN 也将减少。ΔN 是有涨落现象的，若分子数 ΔN 太小，则涨落就很大，以至统计规律不能成立。因此，速率区间不能取得太小，更不能为零，从微观上看，速率区间内还应有足够多的分子。当谈到速率分布时，我们只能说某速率区间中分子数的比率，而不能说速率为 v 的分子数的比率。若指定某一速率，也许在此区间内具有此速率的分子一个也没有。

4.4.2 麦克斯韦速率分布函数

麦克斯韦根据在平衡态下，分子热运动具有各向同性的特点，利用概率统计的方法导出了理想气体分子的速率分布函数的数学形式为

$$f(v)=4\pi\left(\frac{m}{2\pi kT}\right)^{3/2}\cdot \mathrm{e}^{-\frac{mv^2}{2kT}}\cdot v^2 \tag{4-14}$$

式中：T 为气体的热力学温度，m 为一个气体分子的质量，k 为玻尔兹曼常数。麦克斯韦速率分布函数是气体动理论的基本规律之一。根据式(4-13)可求出分布在速率区间 $v \sim v+\mathrm{d}v$

内的分子数占总分子数的比率，或者说是分子处于此速率区间的概率为

$$\frac{\mathrm{d}N}{N}=4\pi\left(\frac{m}{2\pi kT}\right)^{3/2}\cdot \mathrm{e}^{-\frac{mv^2}{2kT}}\cdot v^2\mathrm{d}v \tag{4-15}$$

以 v 为横坐标，$f(v)$ 为纵坐标画出 $f(v)$ 与 v 之间的函数关系曲线，称为麦克斯韦速率分布曲线，如图 4-3 所示，它形象地描述了分子按速率的分布情况，气体分子的速率可以取从零到无穷大之间的任一数值，但低速或高速运动的分子数比率很小，而具有中等速率的分子数比率却很大。曲线下窄条的面积为 $f(v)\mathrm{d}v=\frac{\mathrm{d}N}{N}$，表示在 $v\sim v+\mathrm{d}v$ 区间内的分子数占总分子数的比率。而在图 4-3 中曲边梯形的面积等于 $\int_{v_1}^{v_2}f(v)\mathrm{d}v=\frac{\Delta N}{N}$，它表示在 $v_1\sim v_2$ 区间内的分子数占总分子数的比率。速率分布曲线下的总面积表示分布在从零到无穷大整个速率范围内的全部分子数比率之和，此和必等于 100%，即等于 1。所以 $\int_0^{\infty}f(v)\mathrm{d}v=1$，这是分布函数必须满足的条件，称为分布函数的归一化条件。

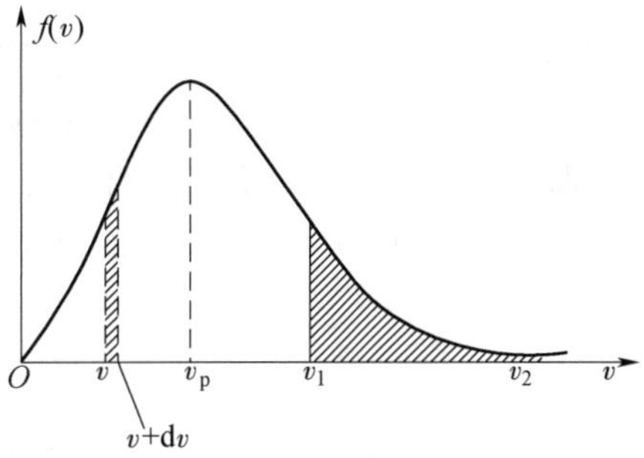

图 4-3 麦克斯韦速率分布曲线

由式(4-14)可知，麦克斯韦速率分布函数与温度 T 和气体种类有关。对于给定的气体(即分子质量一定)，分布曲线的形状随温度而变；当温度升高时，气体中速率小的分子数目减少而速率较大的分子数增加，分布曲线的峰值向速率增大的右方移动。由于 $f(v)$ 是归一的，即分布曲线下的总面积应保持不变，所以 T 增加时，分布曲线峰右移而曲线趋于低平，如图 4-4(a)所示。在相同的温度下，不同气体(m 不同)的分布曲线如图 4-4(b)所示，说明分子质量大的气体中速率大的分子的比率小。

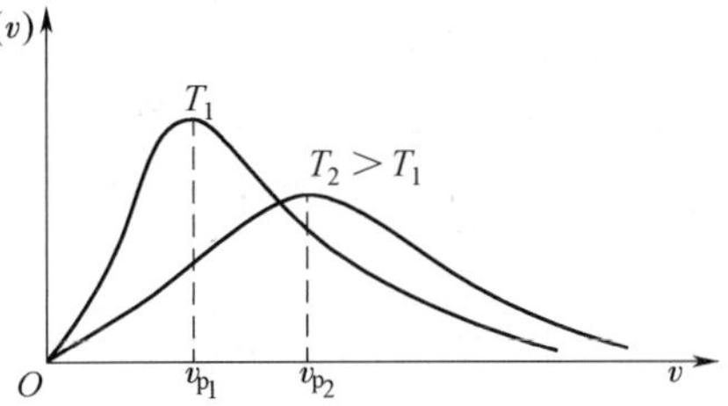

(a) 温度对分布曲线的影响

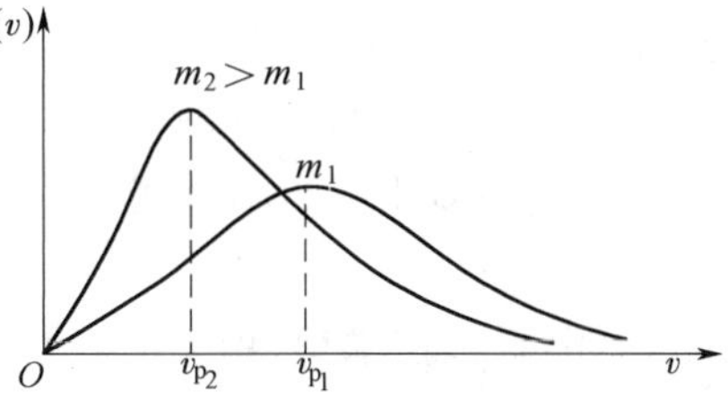

(b) 分子质量不同时，分布曲线形状也不相同

图 4-4 温度和分子质量对分布曲线的影响

应当指出，麦克斯韦速率分布律只适用于处在平衡态的气体；对于处在非平衡态的气体，麦克斯韦速率分布律并不适用；对少量分子组成的系统，也不存在麦克斯韦速率分布律这样的统计规律。尽管速率分布函数不能提供单个分子的详细信息，但它是非常有用的。

借助它,我们可以计算出分子的平均速率及方均根速率,从而计算出系统的宏观量,如温度或压强。

4.4.3 气体分子速率的 3 种统计平均值

麦克斯韦速率分布律是一个统计规律,它只适用于大量分子组成的气体。由于分子运动的无规则性,任一分子的速率时刻都在变化,因此要说速率正好是某一速率 v 的分子数是多少,那是根本没有意义的。这里我们讨论 3 种具有代表性的分子速率,它们是分子速率的 3 种统计值。设 $Q(v)$为速率 v 的函数,则物理量 Q 的统计平均值为

$$\overline{Q}=\int Q(v)\ \frac{\mathrm{d}N}{N}=\int_0^\infty Q(v)f(v)\mathrm{d}v \tag{4-16}$$

应用式(4-16)可以求得分子的平均速率和方均根速率。

(1)平均速率。在热平衡条件下,大量气体分子速率的算术平均值(统计平均值)

$$\bar{v}=\int_0^\infty vf(v)\mathrm{d}v$$

将麦克斯韦速率分布函数代入,得

$$\bar{v}=\sqrt{\frac{8kT}{\pi m}}=\sqrt{\frac{8RT}{\pi\mu}}\approx 1.60\sqrt{\frac{RT}{\mu}} \tag{4-17}$$

(2)方均根速率。在热平衡条件下,大量气体分子速率平方的平均值的平方根。由公式

$$\overline{v^2}=\int_0^\infty v^2 f(v)\mathrm{d}v$$

将麦克斯韦速率分布函数代入,计算可得

$$\sqrt{\overline{v^2}}=\sqrt{\frac{3kT}{m}}=\sqrt{\frac{3RT}{\mu}}\approx 1.73\sqrt{\frac{RT}{\mu}} \tag{4-18}$$

(3)最概然速率。由 $f(v)$与 v 的函数关系曲线可以看到,$f(v)$有一极大值,与这个极大值对应的速率称为最概然速率,通常用 v_p 表示。它的物理意义是:在热平衡状态下,若把整个速率范围分成许多相等的小区间,则在 v_p 附近的单位速率区间内分布的分子数占总分子数的比率最大。

v_p 可由 $f(v)$取极值求得,由

$$\frac{\mathrm{d}f(v)}{\mathrm{d}v}=0$$

得

$$v_\mathrm{p}=\sqrt{\frac{2kT}{m}}=\sqrt{\frac{2RT}{\mu}}\approx 1.41\sqrt{\frac{RT}{\mu}} \tag{4-19}$$

由以上计算可见,对于处于热平衡状态下的某种理想气体来说,这 3 种特征速率的关系是 $v_\mathrm{p}<\bar{v}<\sqrt{\overline{v^2}}$ (图 4-5)。这 3 种速率对于不同的问题有着各自的应用,在讨论速率分布

时，就需用到最概然速率；在讨论分子的碰撞时，要用到平均速率；在计算分子的平均平动动能时，则要用到方均根速率。

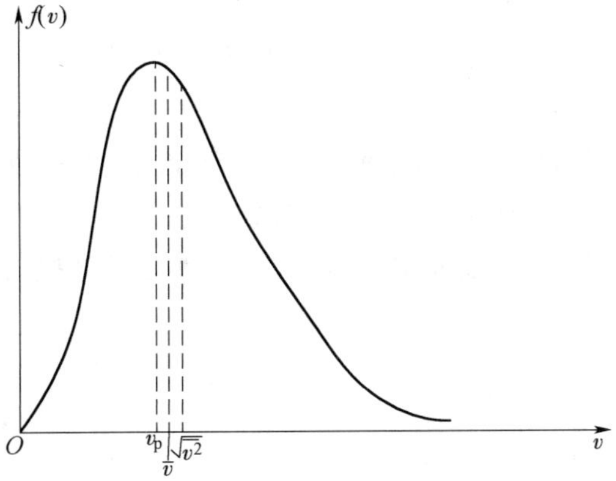

图 4-5 3 种特征速率

由于未能获得足够高的真空，所以在麦克斯韦导出速率分布律的当时，还不能用实验验证，直到 20 世纪 20 年代后由于真空技术的发展，才陆续被实验所验证。斯特恩(Otto Stern，1888—1969)于 1920 年最早测定了分子速率，1934 年我国物理学家葛正权曾测定过铋蒸汽分子的速率分布，实验结果都与麦克斯韦分布律大致相符。在 1956 年，密勒(Miller)和库士(P. Kusch)用钍蒸汽分子做实验精确地验证了麦克斯韦速率分布律。

例 4-4 计算在 300 K 时氧气分子的最概然速率、平均速率和方均根速率。

解：氧气的摩尔质量 $\mu_{O_2}=3.2\times10^{-2}$(kg/mol)

最概然速率

$$v_p=\sqrt{\frac{2RT}{\mu}}=\sqrt{\frac{2\times8.31\times300}{32\times10^{-3}}}=395(\text{m/s})$$

平均速率

$$\bar{v}=\sqrt{\frac{8RT}{\pi\mu}}=445(\text{m/s})$$

方均根速率

$$\sqrt{\overline{v^2}}=\sqrt{\frac{3RT}{\mu}}=483(\text{m/s})$$

对于 300 K 时的氮气分子作同样计算，可得 $v_p=422$(m/s)，$\bar{v}=476$(m/s)，$\sqrt{\overline{v^2}}=517$(m/s)。因为空气的主要成分是氧和氮，通过本题计算使我们可做出估计：在室温下，空气分子的平均速率在每秒几百米的数量级。

4.5 气体分子的平均碰撞频率和平均自由程

前面我们讨论了气体在平衡态下分子对给定平面的碰撞，得出了气体的压强公式。在实际问题中，还常常遇到非平衡态下的过程。当气体内各部分的物理性质不同时，例如温度、密度或流速不均匀时，分子间通过碰撞，将热运动能量、质量或定向动量进行输运，由非平衡态过渡到平衡态。所以气体分子间无规则的碰撞问题也是气体动理论的重要内容之一。分子由一点移动到另一点的过程中，不断地与其他分子碰撞，使得分子的行进路线是一条迂回的折线，如图 4-6 所示。

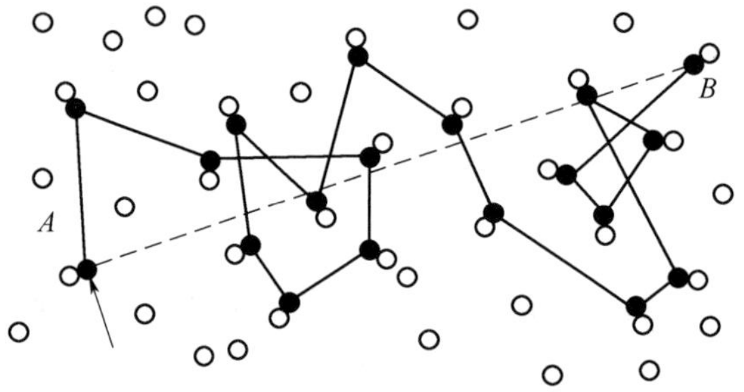

图 4-6　分子的碰撞

4.5.1 气体分子的平均碰撞频率

我们把每个分子在单位时间内与其他分子碰撞的平均次数称为分子的平均碰撞频率，用 $\overline{Z}$ 表示。

分子间的碰撞实质上是在分子力的作用下分子相互间的散射过程。为了计算 $\overline{Z}$，我们假定分子都是直径为 d 的刚性小球(d 称为分子的有效直径)，它们相互之间的碰撞是完全弹性的。为了简化计算过程，如图 4-7 所示，我们可以"追踪"一个分子，比如分子 A，考察它在一段较长的时间 Δt 内的碰撞次数，然后求出分子 A 在单位时间内的平均碰撞频率 $\overline{Z}$。

如图 4-7 所示，设其他分子都静止，分子 A 以平均相对速率运动，在分子 A 运动过程中将不断与其他分子相碰。每碰撞一次，它的速度方向就改变一次。所以运动分子的质心是一条折线。设想以分子 A 质心的运动轨迹为轴线，以分子有效直径 d 为半径作一圆柱体。显然只有中心与分子 A 的中心之间的距离小于或等于分子有效直径 d 的那些分子，才能与 A 相碰。分子 A 以平均相对速率 $\overline{u}$ 运动 Δt 时间后所经过的路程为 $\overline{u}\Delta t$，相应的圆柱体的体积为 $\pi d^2\overline{u}\Delta t$，凡是中心位于该圆柱体内的分子都将与 A 相碰。因为分子 A 一般沿曲折的路径前进，所以这个圆柱体也是一个曲折的柱体。

若以 n 表示单位体积内的分子数，则在 Δt 时间内与分子 A 相碰的分子数目为 $n\pi d^2\overline{u}\Delta t$。因此，平均碰撞频率为

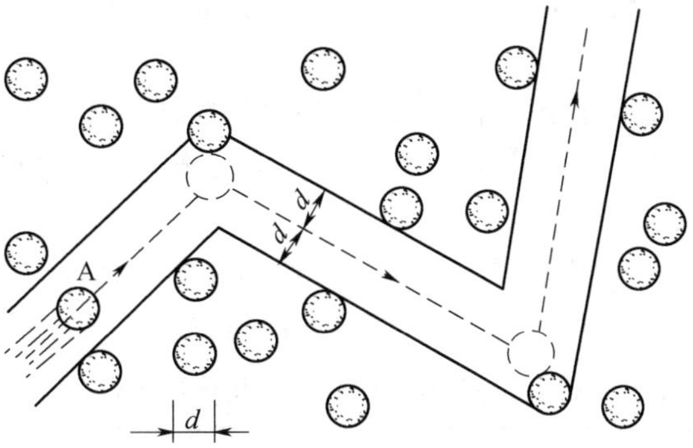

图 4-7 分子碰撞次数计算

$$\overline{Z}=\frac{n\pi d^2\overline{u}}{\Delta t}\Delta t=n\pi d^2\overline{u} \tag{4-20}$$

在式(4-20)的推导过程中,我们已假定分子 A 以平均相对速率运动,而其他分子静止不动。实际上所有的分子都在做无规则的热运动,这种运动将使分子 A 的碰撞频率增加。由麦克斯韦分布律可以证明,平均相对速率与平均速率有如下关系

$$\overline{u}=\sqrt{2}\,\overline{v}$$

所以

$$\overline{Z}=\sqrt{2}\,n\pi d^2\overline{v} \tag{4-21}$$

上式表明,当气体处于平衡状态时,平均碰撞频率 $\overline{Z}$ 与分子的平均速率 $\overline{v}$ 及单位体积内的分子数 n 成正比,也与分子的有效直径 d 的平方成正比。

4.5.2 气体分子的平均自由程

一个分子与其他分子在连续两次碰撞之间所经过的路程称为自由程,用 λ 表示。由于任一分子在任意两次碰撞之间所经过的路程各不相同,因此常用自由程的平均值来描述分子的碰撞情况,分子在连续两次碰撞之间所经路程的平均值,称为平均自由程,用 $\overline{\lambda}$ 表示。

由于分子平均每单位时间所走的路程为 $\overline{v}$,而单位时间内一个分子和其他分子的平均碰撞次数为 $\overline{Z}$,因此,分子的平均自由程 $\overline{\lambda}$ 与平均碰撞频率 $\overline{Z}$ 的关系为

$$\overline{\lambda}=\frac{1}{\sqrt{2}\,\pi d^2 n} \tag{4-22}$$

可见,气体分子的平均自由程与分子运动的平均速率无关,而与 πd^2(也称碰撞截面)和单位体积内的分子数 n 成反比。

因为 $p=nkT$,所以式(4-22)又可写成

$$\overline{\lambda}=\frac{kT}{\sqrt{2}\,\pi d^2 p} \tag{4-23}$$

这说明,当气体的温度给定时,压强越大,平均自由程越小;反之,若压强越小,平均自由程越大。

在标准状态下,各种气体分子的平均碰撞频率 $\overline{Z}$ 的数量级为 $10^9\ \mathrm{s^{-1}}$,平均自由程的数量级为 $10^{-8}\sim10^{-7}$ m,即在 1 s 内每个分子平均与其他分子大约碰撞几十亿次,由于碰撞频繁使得分子的平均自由程非常短。

平均自由程 $\overline{\lambda}$ 的数值可由实验测定。表 4-1 给出在 273 K,1.013×10^5 Pa 状态下,几种气体分子的 $\overline{\lambda}$ 值。表 4-2 给出在温度为 273 K,不同压强下空气分子的 $\overline{\lambda}$ 值。

表 4-1　在 273 K,1.013×10^5 Pa 状态下几种气体分子的 $\overline{\lambda}$ 和 d 值

气体	氢	氮	氧	空气
$\overline{\lambda}$/m	1.123×10^{-7}	5.99×10^{-8}	6.47×10^{-8}	7.0×10^{-8}
d/m	2.3×10^{-10}	3.10×10^{-10}	2.98×10^{-10}	3.1×10^{-10}

表 4-2　在 273 K,不同压强下空气分子的 $\overline{\lambda}$ 值

p/Pa	1.013×10^5	1.33×10^2	1.33	1.33×10^{-2}	1.33×10^{-4}
$\overline{\lambda}$/m	7.0×10^{-8}	5×10^{-5}	5×10^{-3}	0.5	50

例 4-5　试估计下列两种情况下空气分子的平均自由程:

(1)273 K,1.013×10^5 Pa 时;

(2)273 K,1.333×10^{-3} Pa 时。

解:空气中气体的主要成分是氧气和氮气,它们的有效直径 d 均在 3.10×10^{-10} m 附近,把已知数据代入式(4-23)中可得

(1)273 K,1.013×10^5 Pa 时

$$\overline{\lambda}=\frac{kT}{\sqrt{2}\pi d^2p}=\frac{1.38\times10^{-23}\times273}{\sqrt{2}\pi\times(3.1\times10^{-10})^2\times1.013\times10^5}=8.71\times10^{-8}(\mathrm{m})$$

(2)273 K,1.333×10^{-3} Pa 时

$$\overline{\lambda}=\frac{kT}{\sqrt{2}\pi d^2p}=\frac{1.38\times10^{-23}\times273}{\sqrt{2}\pi\times(3.1\times10^{-10})^2\times1.333\times10^{-3}}=6.62(\mathrm{m})$$

由例 4-5 可见,在 273 K、1.333×10^{-3} Pa 时,空气分子的平均自由程为 6.62 m,远大于日常生活中容器(如杜瓦瓶)的线度,如果将空气装入这个容器中,空气分子间的碰撞就很少了,分子只与容器器壁发生碰撞,我们说该容器内腔处于“真空”状态。虽然此时容器中仍有大量分子,但其数密度 n 很小。可见,容器中的真空度越高,气体分子的平均自由程越长。当分子的平均自由程大于容器的线度时,我们就以容器的线度来代替分子的平均自由程进行计算。

4.6 输运过程

前面我们所讨论的都是气体在平衡态下的性质。实际上还常常遇到气体在非平衡态下的情况。例如，气体内各气层间存在相对运动；气体内各部分的温度不相等；气体内各部分压强不相同。有时候这 3 种情况是同时存在的。在非平衡态的情况下，气体内将有质量、能量或动量从一部分向另一部分定向输运，这称为气体内的输运过程。输运过程有扩散现象、热传导现象和黏滞现象 3 种过程，就是典型的由非平衡态趋向平衡态的变化过程。下面分别对它们作一些简要介绍。

4.6.1 扩散现象 扩散系数

假设气体内气层没有相对流动速度，气体内部各处温度相同，但气体的密度不同，这时气体分子会从密度大的区域向密度小的区域迁移，称为扩散。如图 4-8 所示，有一种气体，其密度 ρ 沿 x 轴正方向逐渐增大，密度梯度为 $\frac{d\rho}{dx}$，在 $x=x_0$ 处，取一垂直于 x 轴的平面 ΔS。实验指出，在单位时间内通过 ΔS 面的气体的质量 Δm 与密度梯度成正比，与 ΔS 成正比

$$\frac{\Delta m}{\Delta t}=-D\frac{d\rho}{dx}\Delta S \tag{4-24}$$

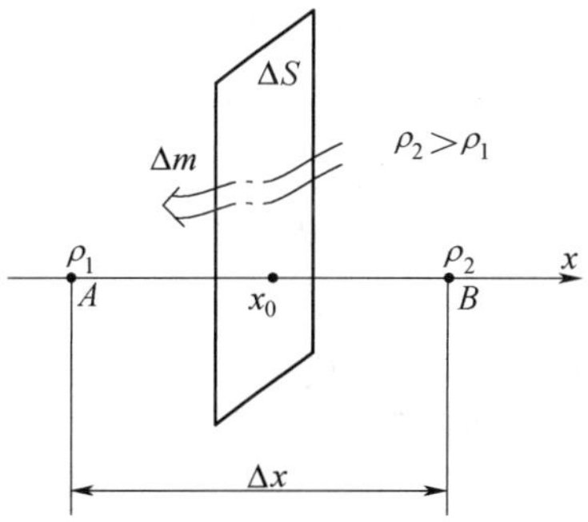

图 4-8 气体的扩散

式中：D 为扩散系数，在国际单位制中，其单位为 m^2/s。式中的负号表示气体的质量沿密度减小的方向输运。

从气体动理论的观点来看，由于分子的无规则热运动，使 ΔS 左右两侧都会有气体分子穿过 ΔS。由于右侧气体的密度大，单位体积内的分子数多；左侧气体的密度小，单位体积内的分子数少。所以在 Δt 时间内，由右侧通过 ΔS 面转移到左侧的分子数比由左侧通过 ΔS 面转移到右侧的分子数多。因而在宏观上有净质量由右侧向左侧迁移，从而引起扩散现象。

关于气体的扩散系数，由气体动理论可导出

$$D=\frac{1}{3}\bar{v}\bar{\lambda} \tag{4-25}$$

不仅在气体内有扩散现象，而且在溶液中也有扩散现象。扩散是动植物体内物质输运的一种重要方式。例如，从植物叶肉细胞壁蒸发出的水汽，先由细胞间隙扩散到气孔，再由气孔扩散到大气中。氧气从动物的肺泡扩散到毛细血管中，而二氧化碳则从毛细血管中扩散到肺泡。当然气体内的扩散要比溶液中溶质的扩散快得多。

4.6.2 气体的热传导现象 热传导系数

假设气体内气层没有定向流动，各处的分子数密度相等，但气层内存在温度差，这时就

会有热量从温度较高区域输运到温度较低区域，这种由于温度差而产生的热量输运现象称为热传导。如图 4-9 所示，设气体内的温度沿 x 轴正方向逐渐升高，温度梯度为 $\frac{\mathrm{d}T}{\mathrm{d}x}$。在 $x=x_0$ 处，取一垂直于 x 轴的平面 ΔS。实验指出，在单位时间内沿通过 ΔS 面所传递的热量与温度梯度成正比，与 ΔS 成正比

$$\frac{\Delta Q}{\Delta t}=-\kappa\frac{\mathrm{d}T}{\mathrm{d}x}\Delta S \tag{4-26}$$

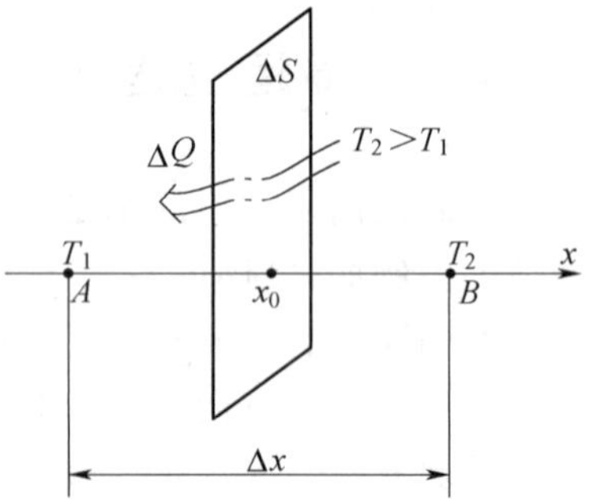

图 4-9　气体的热传导

式中：κ 称为气体的导热系数，其单位为 $\mathrm{J\cdot s^{-1}\cdot m^{-1}\cdot K^{-1}}$。式中的负号表示热量从温度高的区域向温度低的区域输运。

从气体动理论的观点来看，气体的热传导现象也是和分子的无规则热运动和分子间的碰撞密切相关。气体内各处的温度不同表明气体内各处分子的平均热运动能量不同。ΔS 右侧的温度高，分子的平均热运动能量大；ΔS 左侧的温度低，分子的平均热运动能量小。由于分子的无规则热运动，左右两侧气体不断地交换相同数量分子，但交换的热运动能量不相等，这样从宏观的角度来看，其结果使一部分分子热运动能量从右侧输运到左侧。所以我们可以说，气体热传导现象的微观本质是分子热运动能量的定向迁移。

由气体动理论可导出

$$\kappa=\frac{1}{3}\frac{C_V}{\mu}\rho\overline{v}\overline{\lambda} \tag{4-27}$$

式中：ρ 为气体的密度，C_V 为气体的定容摩尔热容量（下章介绍）。

4.6.3　黏滞现象　黏滞系数

对于流动的气体，如果各气层间有相对运动时，则在相邻的两气层之间的接触面上存在黏滞力，也可称为内摩擦力。这种力可使流速较慢的气层速度增加，而使流速较快的气层速度减小。这种现象称为气体的黏滞现象或内摩擦现象。如图 4-10 所示，我们假定气体的温度和分子数密度为定值，若气体沿 x 轴流动，流速 v 随 z 逐渐加大，流速的梯度为 $\frac{\mathrm{d}v}{\mathrm{d}z}$。如在 $z=z_0$ 处，取一垂直于 z 轴的平面 ΔS，则以 ΔS 为接触面的上下两气层间存在一对与 ΔS 面平行、大小相等、方向相反的摩擦力 f。实验指出，该摩擦力为

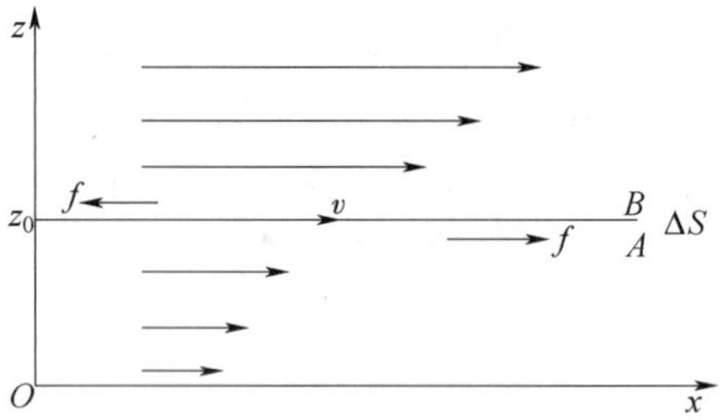

图 4-10　气体的黏滞现象

$$f=\eta\frac{\mathrm{d}v}{\mathrm{d}z}\Delta S \tag{4-28}$$

式中：η 称为气体的黏度，其单位为 $\mathrm{Pa\cdot s}$。上式称为牛顿黏滞定律。f 称为黏滞力或内摩

擦力，它是平面 ΔS 两侧的气层间互施的平行于平面的作用力。由于上侧气层(B 部)的定向运动速度大，下侧气层(A 部)的定向运动速度小，A 部受到 B 部的黏滞力使 A 部的流速加速，B 部受到 A 部的黏滞力使 B 部的流速减速。它们是一对作用力与反作用力，方向相反。

从气体动理论的观点来看，当分子数密度处处相同时，在任意时间内，ΔS 面两侧的分子通过 ΔS 交换的分子数相等。但是 ΔS 面上侧分子的定向动量大于下侧分子的定向动量。由于分子的热运动，ΔS 面两侧分子不断交换，结果使 ΔS 下面气层的定向动量有所增加，而 ΔS 上面气层的定向动量有所减少。从宏观角度看，就表现为有黏滞力作用于 ΔS 上面的气层，使气层流动速度减小，而相等的黏滞力作用于 ΔS 面下侧的气层，使气层流动速度增加。总之，气体的黏滞现象的微观本质是分子定向动量的输运，而这种输运是通过气体分子无规则的热运动来实现的。

由气体动理论可导出

$$\eta=\frac{1}{3}\rho\overline{v}\overline{\lambda} \tag{4-29}$$

□ 思考题

4-1 阿伏伽德罗定律指出：在温度和压强相同的条件下，相同体积中含有的分子数是相等的，与气体的种类无关。试用气体动理论予以说明。

4-2 对一定量的气体来说，当温度不变时，气体的压强随体积的减小而增大。当体积不变时，压强随温度的升高而增大。从微观角度看，两种情况有何区别？

4-3 从气体动理论的观点说明：

(1)当气体的温度升高时，只要适当地增大容器的容积，就可使气体的压强保持不变。

(2)一定量理想气体在平衡态(p_1,V_1,T_1)时的热动平衡状况与它在另一平衡态(p_2,V_2,T_2)时相比有哪些不同？设气体总分子数为 N，$p_2<p_1$，$V_2<V_1$。

(3)气体在平衡状态下，则 $\overline{v_x^2}=\overline{v_y^2}=\overline{v_z^2}=\frac{1}{3}\overline{v^2}$，$\overline{v}_x=\overline{v}_y=\overline{v}_z=0$(式中 v_x，v_y，v_z 是气体分子速度 v 的 3 个分量)。

4-4 有人说“在相同温度下，不同气体分子的平均平动动能相等，氧分子的质量比氢分子的大，所以氢分子的速率一定比氧分子大”。这样讲对吗？

4-5 为什么说温度具有统计意义？讲几个分子具有多大的温度，可以吗？

4-6 试指出下列各式所表示的物理意义。

(1) $\frac{1}{2}kT$；(2) $\frac{3}{2}kT$；(3) $\frac{i}{2}RT$；(4) $\frac{M}{\mu}\frac{i}{2}RT$；(5) $\frac{M}{\mu}\frac{3}{2}RT$ 。

4-7 有两瓶不同的气体，一瓶是氦，另一瓶是氮，它们的压强相同，温度相同，但容积不同，问：

(1)单位容积的分子数是否相同？

(2)单位容积的原子数是否相同?

(3)单位容积的气体质量是否相同?

(4)单位容积气体的内能是否相同?

4-8 一定量的理想气体,在下列状态变化过程中,其内能有无变化?如何变化?

(1)等压膨胀;(2)等容增压;(3)等温压缩。

4-9 已知 $f(v)$是速率分布函数,其物理意义是什么?说明以下各式的物理意义:

(1) $f(v)\mathrm{d}v$;(2) $\int_{v_1}^{v_2} Nf(v)\mathrm{d}v$;(3) $\int_0^{v_p} f(v)\mathrm{d}v$;(4) $\int_0^{\infty} v^2 f(v)\mathrm{d}v$

4-10 有人说:"平均自由程就是各个分子在两次碰撞间所走过的路程。"这种说法是否正确?为什么?

4-11 一定量的气体,保持体积不变,问当气体温度升高时,分子的平均碰撞频率如何变化?分子的平均自由程是否变化?为什么?

4-12 气体分子的平均速率可达每秒几百米,为什么在房间内打开一汽油瓶的瓶塞后,需隔一段时间才能嗅到汽油味?

4-13 若某气体分子的自由度是 i,是否可以说每个分子的能量都是 $\frac{i}{2}kT$ 。

□ 习 题

4-1 目前真空设备的真空度可以达到 1.0×10^{-10} Pa,求在此压强下,温度为 300 K 时单位体积内有多少个气体分子?

4-2 设太阳是由氢原子组成的理想气体,其密度可视为均匀,若其压强为 1.35×10^{14} Pa。试估算太阳的温度(已知氢原子的质量 $m_H=1.67\times10^{-27}$ kg,太阳半径 $R_s=6.96\times10^8$ m,太阳质量 $m_s=1.99\times10^{30}$ kg)。

4-3 一容积为 1.0×10^{-3} m^3 的容器中,含有 4.0×10^{-5} kg 的氮气,温度为 30℃,试求容器中气体的压强。

4-4 当气体温度为 290 K,压强为 1.33 Pa 时,每立方米中有多少气体分子数?

4-5 一容器内储有氧气,压强为 1.0×10^5 Pa,温度为 300 K 时。求:

(1)气体分子的数密度;

(2)氧气的密度;

(3)分子的平均平动动能。

4-6 2.0×10^{-3} kg 氢气装在 2.0×10^{-2} m^3 的容器内,当容器内的压强为 4.0×10^5 Pa 时,氢气分子的平均平动动能为多大?

4-7 3 mol 氢气,在温度为 27℃时,它的平动动能和转动动能各为多少?

4-8 容积为 1.0×10^{-3} m^3,压强为 1.01×10^5 Pa 的气体分子的平动动能的总和为多少?

4-9 将 16×10^{-3} kg 氧气由 15℃加热到 25℃,氧气的内能增加多少?

4-10 在容积为 2.0×10^{-3} m^3 的容器内,有内能为 6.75×10^2 J 的刚性双原子分子理想气体。

(1)求气体的压强；

(2)若容器内分子总数为 5.4×10^{22} 个，求分子的平均平动动能及气体的温度。

4-11 宇宙中某些恒星的温度可达到 1.0×10^{8} K，这也是发生核聚变反应(即热核反应)所需的温度，在此温度下，恒星可看做由质子组成。求：

(1)质子的平均动能是多少？

(2)质子的方均根速率是多大？(质子质量 $m=1.67\times10^{-27}$ kg)

4-12 有一个具有活塞的容器中盛有一定量的气体。如果压缩气体并对它加热，使它的温度从 27℃升到 177℃，体积减少一半，求气体压强变化多少？这时气体分子的平均平动动能变化多少？

4-13 体积为 1.0×10^{-3} m^3 的容器中含有 1.01×10^{23} 个氢气分子，若压强为 1.01×10^{5} Pa，求该氢气的温度和分子的方均根速率。

4-14 在 3.0×10^{-2} m^3 的容器中装有 2.0×10^{-2} kg 气体，容器内气体的压强为 5.06×10^{4} Pa，求气体分子的最概然速率。

4-15 声波在理想气体中传播的速率正比于气体的方均根速率，问声波通过氧气的速率与通过氢气的速率之比是多少？设这两种气体均为理想气体且温度相同。

4-16 试求温度为 127℃的氢分子和氧分子的平均速率、方均根速率和最概然速率。

4-17 在标准状况下氢气的平均自由程 $\bar{\lambda}=1.12\times10^{-7}$ m，计算两次碰撞之间的平均时间是多少？

4-18 目前实验室获得的极限真空约为 1.33×10^{-11} Pa，试求在 27℃时单位体积中的分子数及分子的平均自由程(设分子的有效直径 $d=3.0\times10^{-10}$ m)。

4-19 在压强为 1.01×10^{5} Pa 时，氮气分子的平均自由程为 6×10^{-8} m，当温度不变时，在多大压强下其平均自由程为 1 mm？

4-20 试计算在标准状态下，空气分子的平均碰撞频率和平均自由程。已知此时空气分子的平均速率为 4.85×10^{2} m·s^{-1}，空气分子的有效直径为 3.4×10^{-10} m。

4-21 若氖气分子的有效直径为 2.59×10^{-10} m，问在温度为 600 K，压强为 1.33×10^{2} Pa 时氖分子 1 s 内的平均碰撞次数为多少？(氖气摩尔质量为 20.17×10^{-3} kg·mol^{-1})

4-22 若理想气体的温度保持不变，当压强降为原值的一半时，分子的平均碰撞频率和平均自由程变为原值的多少？

Chapter 5 第 5 章 热力学

Thermodynamics

上一章气体动理论从物质的微观结构出发，运用统计平均的方法说明物质热现象的本质。本章热力学也是研究物质热现象与热运动规律的一门学科，但热力学是从宏观的角度出发，通过观测实验结果综合整理而成的一门系统理论，它不考虑物质的微观结构和微观粒子的相互作用，也不涉及特殊物质的具体性质，仅从能量转化的观点研究物质的热性质。阐明能量从一种形式转换为另一种形式时应遵循的宏观规律。

热力学第一定律与热力学第二定律构成了热力学的理论基础。热力学第一定律是包含了热现象在内的能量守恒定律，讨论热功转换时的数量关系。热力学第二定律则指出一切涉及热现象的宏观过程是不可逆的，它阐明了在这些过程中能量转换或传递的方向、条件和限度。

5.1 热力学第一定律

5.1.1 热力学第零定律

热的物体温度高，冷的物体温度低，这是人们建立在主观感觉上的、定性的对温度的理解。有时我们触摸温度相同的铁块和木块却会得出铁块温度低的错误的主观判断，这是由于两者对热量的传导速率不同导致我们对它们温度高低做出了不客观的判断。热力学第零定律则是对温度给出了严格的、科学的定义以及给出了测量物体温度的方法。

把一个冷的物体与一个热的物体互相接触，这种接触叫热接触。热接触产生热传导，经验告诉我们，冷的物体伴随热传导将会变热，热的物体将会变冷，即两者的状态都将发生变化，但经过一段时间的接触后两者的状态会趋于一致，热传导会停止，达到一个共同的平衡状态。由于是在发生热传导的条件下达到的平衡状态，所以叫作热平衡。

还存在这样一种情形，当两个物体产生热接触时两者的状态都不会发生变化，即没有热传递发生，这说明两个物体原来就已经处在一个共同的平衡状态之中。所以还可以把热平衡的概念用于两个相互间不发生热传递的物体。

以上所述的例子中，两个物体达到热平衡时，二者的冷热程度就被认定为一样。科学上定义此时它们的温度相同。反之，具有相同温度的物体放在一起它们一定会处于热平衡状态。

可以做这样一个实验，取3个热力学系统A，B，C（热力学中把所研究的物体或物体组称为热力学系统，简称系统）。如果系统A和系统B分别与系统C处于热平衡，如图5-1(a)所示，那么当A和B接触时，它们也会处于热平衡，如图5-1(b)所示。

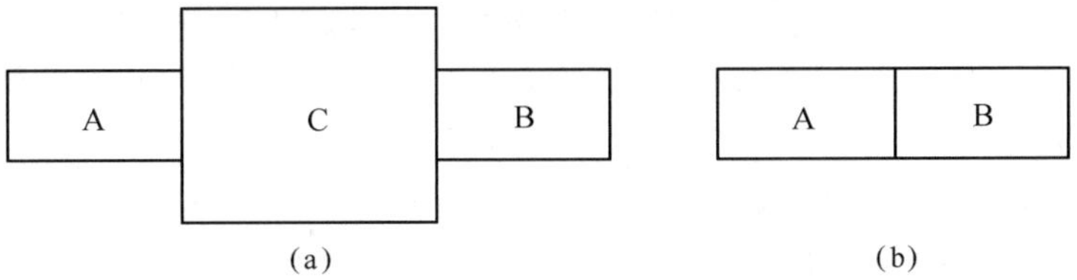

图5-1 热力学第零定律说明

由此可以得出结论：如果两个热力学系统中的每一个都与第3个热力学系统处于热平衡，则它们彼此也必定处于热平衡。这个结论叫作热平衡定律。历史上，人们对热力学第一定律和热力学第二定律的重要性的认识先于热平衡定律。之后人们才认识到热平衡定律的重要性并不亚于热力学第一定律和热力学第二定律，所以后来把热平衡定律称为热力学第零定律。

热力学第零定律表述了处在同一热平衡状态下的所有热力学系统，在宏观上都具有一种共同的物理性质，描述这一共同的物理性质的量就是“温度”。即当两个系统相互接触达到热平衡后，它们的性质不再变化，它们就有共同的温度。热力学第零定律的实质是指出了温度这个状态函数的存在。

热力学第零定律为建立“温度”概念提供了实验基础，这也是使用温度计测量温度的依据。在比较各个物体的温度时，不需要将各物体直接接触，只需将一个作为标准的第三系统分别与各个物体相接触达到热平衡，这个作为第三物体的标准系统就是温度计。

5.1.2 热力学系统、准静态过程

1. 热力学系统

热力学中所研究的对象都是由大量分子或原子组成的宏观物体或物体系统（如气体、液体、固体等），称之为热力学系统，简称系统。系统以外的物质统称为外界或环境。根据系统和外界的关系可将热力学系统分为：孤立系统、封闭系统和开放系统三大类。

孤立系统：与环境既不交换物质，也不交换能量的系统。孤立系统是为了研究问题方便而引入的理想化系统，绝对不受周围环境影响的系统是不存在的。

封闭系统：与环境不交换物质，但可以交换能量的系统。

开放系统：与环境既交换物质，又交换能量的系统。

2. 准静态过程

当系统通过做功或传热的方式与外界交换能量时，系统原来的平衡态就被破坏。一旦系统与外界的这种相互作用停止，经过一段时间后，系统又会达到另一个平衡态。由一个平衡态过渡到另一个平衡态所需要经历的时间称为弛豫时间。也就是说系统与外界的相互影

响停止后，只要经历一段长于系统弛豫时间的时间，系统就会达到另一个平衡态。

系统由一个平衡态过渡到另一个平衡态时，我们就说系统经历了一个热力学过程。如果在热力学过程的变化过程中，系统平衡态不断地被打破，一直处于非平衡态之中，则这种以非平衡态过渡的热力学过程称为非静态过程。

我们现在来讨论一种在热力学中具有重要意义的准静态过程。

对一定量的气体来讲，状态参量压强 p、体积 V、温度 T 中只有两个是独立的。所以给定任意两个状态参量的数值，就确定了一个平衡态。我们可以选压强 p、体积 V 作为描述系统状态的状态参量。以 p 为纵坐标，V 为横坐标，作 p-V 图，则热力学过程始末两个平衡态在 p-V 图上有着两个对应的点 1，2[图 5-2(a)]。对非静态过程来说，1，2 之间的中间过程由于是非平衡态，所以系统不能用状态参量来描述，p-V 图中在 1，2 之间没有对应的点。假设在 1，2 过程的中间让热力学过程的变化停顿一段满足弛豫时间的时间，然后过程的变化再继续进行，则在 1，2 过程的中间会形成一个平衡态。在 p-V 图中 1，2 两点之间会多出一个点[图 5-2(b)]。如此类推，若系统从一个平衡态连续经过无数个中间的平衡态过渡到另一个平衡态，即过程中系统偏离平衡状态无限小并且随时恢复到新的平衡状态，这种以一系列平衡态过渡的热力学过程称为平衡过程也叫准静态过程。这时 p-V 图中 1，2 过程中间形成无穷个中间点[图 5-2(c)]，亦即 1，2 过程在 p-V 图中形成一条光滑的过程曲线[图 5-2(d)]。

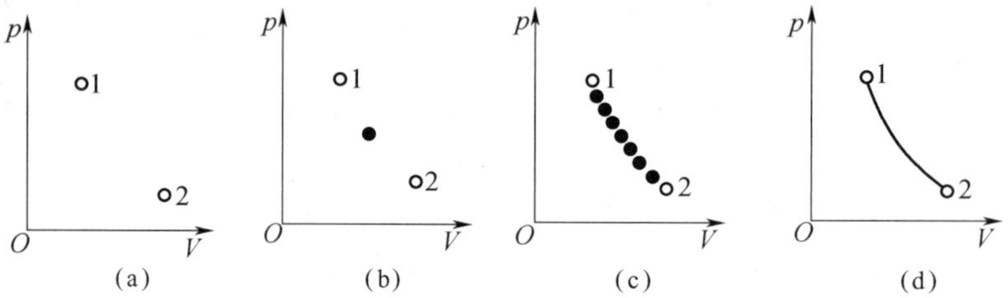

图 5-2 用曲线表示准静态过程

按照以上的假设，由于整个准静态过程是累积无穷段弛豫时间的过程，所以准静态过程是无限缓慢过程的极限。显然，它是一种理想化的过程。实际过程只能接近准静态过程，而不可能达到准静态过程。对气态系统来说，当促使系统平衡态被破坏的压强差，温度差为无限小的时候，热力学过程就是准静态过程。我们可以做一个装置来理解准静态过程(图 5-3)。

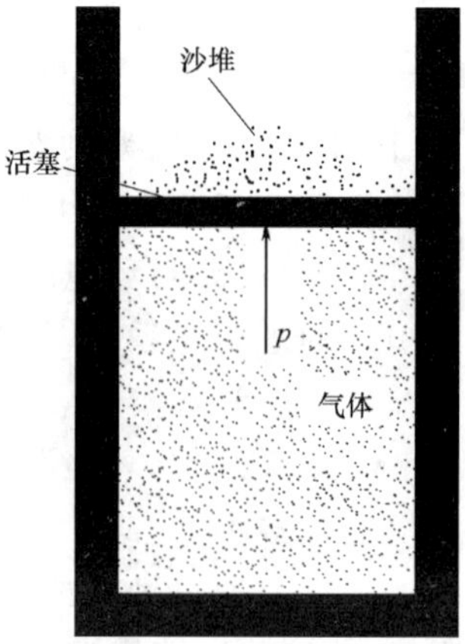

图 5-3 准静态过程

在带有活塞的容器内贮有一定量的气体，活塞可沿容器壁滑动，在活塞上放置一些沙粒。开始时，气体处于平衡态。然后将沙粒缓慢地一粒一粒地拿走，沙子拿完后气体最终达到另一个平衡态。如果把每拿走一粒沙子造成活塞的压强差近似地看成无限小压强差，则过程中系统偏离平衡状态无限小并且随时恢复到新的平衡状态，这样整个热力学过程的中间过程是一系列平衡态的过渡，也就可以把全过程近似地看成准静态过程。

一般来说，系统的弛豫时间很短，实际的热力学过程只要不是特别快(如爆炸过程)往往都可以用准静态过程来讨论。本章后面讨论的热力学过程，如不作说明，都看作准静态过程。

5.1.3 做功、热量和内能

1. 做功

以上谈到对一定量的气态系统来说，系统由初状态 1 经历一个准静态过程达到末状态 2 时，在 p-V 图上有一段对应的光滑的过程曲线。设系统初状态的体积为 V_1，末状态的体积为 V_2[图 5-4(b)]。我们现在来讨论系统经历这一体积膨胀过程时所做的功。设系统是装在一个带有活塞的气缸内的一定量的气体，气体的压强为 p，活塞的面积为 S[图 5-4(a)]，则系统作用在活塞上的压力为 $F=pS$。

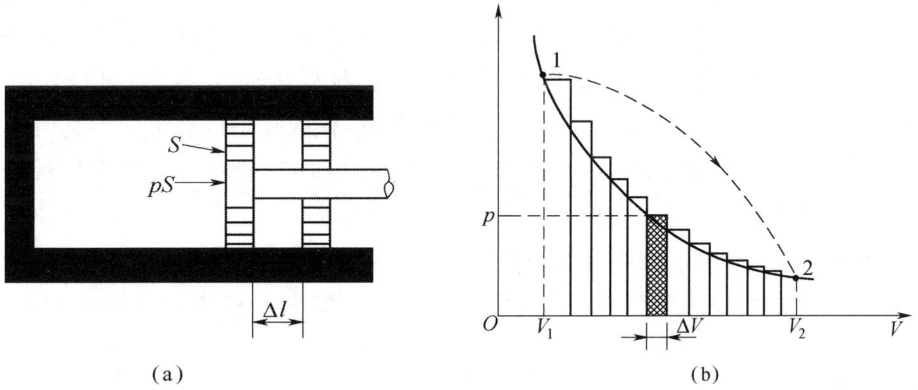

图 5-4 气体膨胀时所做的功

先考虑系统作一微小变化时所做的功。设活塞移动一微小段距离 Δl，系统所做的功为

$$\Delta W=F\Delta l=pS\Delta l=p\Delta V$$

其中 ΔV 为气体体积的变化量。这一微过程的功 ΔW 在图 5-4(b)中由一条矩形小面积表示。系统由初态到末态的体积膨胀由一系列微过程组成，所以全过程的功是这些微过程的功的求和

$$W=\sum\Delta W=\sum p\Delta V \tag{5-1}$$

在 p-V 图上，W 就是所有矩形小面积的总和。当微过程的体积变化量取无穷小时，微过程的功表示为

$$\mathrm{d}W=p\,\mathrm{d}V$$

这时式(5-1)变为积分式

$$W=\int_{V_1}^{V_2}p\,\mathrm{d}V \tag{5-2}$$

p-V 图上原来所有小矩形面积的总和就变成了准静态过程曲线以下的面积。当系统由 1 到 2 膨胀时，系统对外界做正功；当系统由 2 到 1 被压缩时，系统对外界做负功。

以上看到气体膨胀过程所做的功等于 p-V 图上的过程曲线下的面积，所以对于相同的初态和末态而言，如果膨胀时系统经历的热力学过程不一样，如图 5-4(b)由 1 经过虚线所表示的热力学过程膨胀到 2，则 p-V 图上过程曲线下的面积就不同，所以做功的大小也不同。由于系统的做功量并不仅仅取决于系统的初末状态，所以说功不是状态的函数。功是过程量，因为它的大小与过程的路径有关。

2. 热量

热是物质运动的一种表现形式，它与大量分子的无规则运动相关。当两个温度不同的物体相接触时由于两者的分子无规则热运动的强度不同，它们就会通过彼此的分子间碰撞来传递能量以达到新的热平衡。这种能量传递方式不需要借助机械的方式，不显示任何宏观运动的迹象。这种通过接触来传递分子无序热运动能量的方式叫热传导，简称传热。以传热方式交换的能量称为热量，因此热量就是在热传导方式下所交换能量的计量。通常用 Q 表示热量，并规定当系统吸热时，Q 取正，即 $Q>0$，系统放热时，Q 取负，即 $Q<0$。由于热量是交换能量的一种量度，所以热量取能量的计量单位，在国际单位制中为 J(焦耳)。[热量的计量单位过去曾用卡路里(calorie)，简称卡(cal)。现在在一些场合还经常出现。换算关系为 1 cal=4.186 J。]

应当指出的是，热力学过程热量传递的多少不仅取决于系统的初末状态，还与传热的具体方式及过程有关。所以热量与功一样，不是状态的函数，是与热力学过程有关的量，热量也是一个过程量。

3. 内能

由前面知识可知，内能是一种与热运动有关的能量，我们把物体内所有分子做无规则运动的动能和分子势能的总和叫作物体的内能。一切物体都具有内能。一般来说，物体的内能代表了物体微观上的能量形式。而在宏观上，当系统具有一定量的内能时，如这时与外界没有能量的交换(不做功、不传热)，系统将会达到平衡态。达到平衡态时，系统的状态由一些状态参量来描述。也就是说系统的内能在宏观上与系统的状态相对应，系统处于某一平衡状态，系统的内能就具有某一确定的量。当外界对系统做功时外界就把机械能传递给了系统，并转化为系统的内能；当外界对系统传热时，外界就把分子无序热运动的能量传递给了系统，系统也可以把这一能量转化成系统的内能。可见外界做功和传热对系统来说具有等效性。当外界对系统做功或传热或两者兼有时，系统的平衡态就被打破，过渡到新的平衡态。新的平衡态也唯一地确定了系统的内能。换句话说，系统的内能由系统的状态唯一地确定，并随状态变化而变化。因此，内能是状态的单值函数。系统的内能改变量只由热力学过程的初末状态所确定，而与经历怎样的变化过程无关，不论过程采用的是做功还是传热，也不论做功和传热的具体方法如何。内能变化不是过程量，这与做功、传热是过程量有所不同。

5.1.4 热力学第一定律

由上面的讨论已经知道，系统内能发生改变既可以通过外界对系统做功来实现，也可以通过外界对系统传递热量来实现。如果外界对系统做功 W，转化成了系统的内能，则系统内能的增量等于外界所做的功 W；若外界对系统传递热量 Q，转化成了系统的内能，则系统内能的增量就等于传递的热量 Q。如果热力学过程是外界既对系统做功 W，同时也对系统传热 Q，显然系统内能的增量，根据能量守恒定律，应为

$$\Delta U = U_2 - U_1 = W + Q \tag{5-3}$$

上式表明，系统经过一个热力学过程由状态 1 变到状态 2 时，系统内能的增量等于外界向系统做功的量与外界向系统传递的热量之和。

我们现在来把式(5-3)中的等量关系换成另外一种习惯表述法。我们知道外界对系统做功与系统对外界做功意义相反，即在外界对系统做功的同时，就等于系统在对外界做负功。如果在热力学过程中我们把做功看成是系统对外界做功，则式(5-3)变为

$$\Delta U = -W + Q$$

即

$$Q = W + \Delta U \tag{5-4}$$

注意式(5-4)中的 W 这时已是代表系统对外界做功。把式(5-4)称为热力学第一定律。它的物理意义是：在热力学过程中系统吸收外界的热量一部分用于系统对外界做功，余下部分用来增加系统的内能。显然，热力学第一定律就是能量守恒定律在热力学中的具体体现。

在使用式(5-4)时，注意使用规则为：热力学过程中系统从外界吸热时，Q 为正，向外界放热时，Q 为负；系统对外做功时，W 为正，外界对系统做功时，W 为负；系统内能增加时 ΔU 为正，系统内能减少时 ΔU 为负。

对于系统状态微小变化过程，热力学第一定律的数学表达式可写成

$$dQ = dW + dU \tag{5-5}$$

历史上曾有一些人设想通过巧妙的设计，制造出一种机器，这种机器不需要外界向它传递热量，也不消耗系统的内能却能不断地对外做功。这种机器叫第一类永动机。由于它违反了热力学第一定律，所以始终没能制成。因此热力学第一定律也表述为，第一类永动机是不可能做成的。

5.2 热力学第一定律在理想气体中的应用

热力学第一定律描述了热力学过程中系统与外界之间热量传递、做功和内能之间的相互关系。在这一节中，作为对热力学第一定律的应用，我们来讨论理想气体的几个重要的准静态过程。

5.2.1 等容过程、等压过程、等温过程

1. 等容过程、摩尔定体热容

等容过程就是系统体积保持不变的热力学过程。其特点为 $V=$恒量，$\mathrm{d}V=0$。

将一定量的理想气体贮存在一汽缸中，活塞保持固定不动，把汽缸连续地与一系列有微小温度差的恒温热源相接触，对汽缸内的气体准静态地传热，使气体缓慢升温，压强逐渐增大。这一准静态过程就是一个等容过程。在 p-V 图上等容过程曲线称为等容线。等容线是一条平行于 p 轴的线段(图 5-5)。

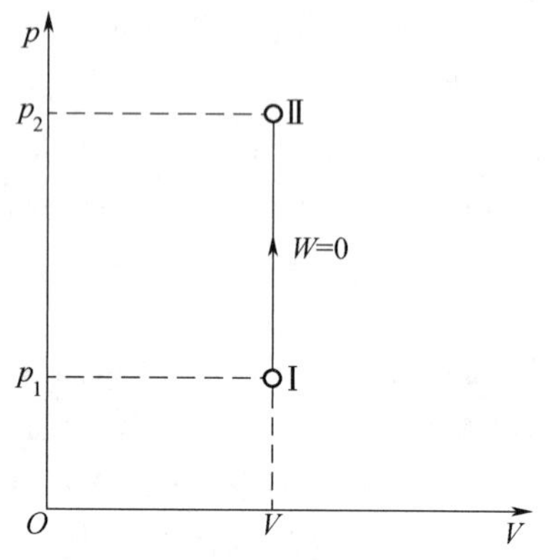

图 5-5 气体的等容线

对微过程，因 $\mathrm{d}V=0$，所以

$$\mathrm{d}W_V=p\,\mathrm{d}V=0 \tag{5-6}$$

下角标 V 表示体积不变。系统在热力学过程中没有对外做功 $\mathrm{d}W_V=0$。

根据热力学第一定律 $\mathrm{d}Q=\mathrm{d}W+\mathrm{d}U$，有

$$\mathrm{d}Q_V=\mathrm{d}U \tag{5-7}$$

对有限过程，则有

$$Q_V=U_2-U_1 \tag{5-8}$$

上式表明，在等容过程中，气体吸收的热量全部用来增加气体的内能。

下面我们来讨论理想气体的摩尔定体热容。热容的定义是：系统升高 1 K 温度时所吸收的热量。或表述为系统吸收的热量与它温度变化量的比值，用 C 表示，其定义式为

$$C=\frac{\mathrm{d}Q}{\mathrm{d}T}$$

显然，热容的大小与系统所含的物质的量有关，同时还与系统升温的过程或条件有关。质量大小不同的系统、不同的热力学过程，热容的值都是不同的。1 mol 气体在体积不变的条件下(即等容过程)，温度升高 1 K 所吸收的热量，定义为气体的摩尔定体热容。单位是 $\mathrm{J\cdot K^{-1}\cdot mol^{-1}}$，用 $C_{V,\mathrm{m}}$ 表示。这样，质量为 M 的气体在等容过程中，温度改变 $\mathrm{d}T$ 时所需要的热量就是

$$\mathrm{d}Q_V=\frac{M}{\mu}C_{V,\mathrm{m}}\mathrm{d}T \tag{5-9}$$

在上一章气体动理论的学习中，我们曾从能量按自由度均分定理出发，得出质量为 m 的理想气体的内能为

$$U=\frac{M}{\mu}\,\frac{i}{2}RT$$

由此得

$$dU = \frac{M}{\mu}\ \frac{i}{2} R\,dT \tag{5-10}$$

把式(5-9)和式(5-10)代入式(5-7)整理后，可得摩尔定体热容为

$$C_{V,\mathrm{m}} = \frac{i}{2} R \tag{5-11}$$

式(5-11)说明，理想气体的摩尔定体热容是一个只与分子的自由度有关的量。它与气体的温度无关。

对于单原子气体，$i=3$，$C_{V,\mathrm{m}}=\frac{3}{2}R=12.5\ \mathrm{J/(mol\cdot K)}$；

对于双原子气体，$i=5$，$C_{V,\mathrm{m}}=\frac{5}{2}R=20.8\ \mathrm{J/(mol\cdot K)}$；

对于多原子气体，$i=6$，$C_{V,\mathrm{m}}=\frac{6}{2}R=24.9\ \mathrm{J/(mol\cdot K)}$。

2. 等压过程、摩尔定压热容

等压过程就是系统压强保持不变的热力学过程。其特点为 $p=$恒量，$dp=0$。

设汽缸活塞朝上，汽缸活塞上放置砝码，砝码的重量保持不变(这样汽缸内气体的压强可保持不变)。令汽缸与一系列温差微小的热源依次接触，对汽缸内的气体准静态地传热，气体的温度会逐渐升高，体积会逐渐增大，但压强不变。所以这一平衡过程是一个等压过程。

在 p-V 图上等压过程曲线是一条平行于 V 轴的线段，称为等压线，如图 5-6 所示。对微过程，系统对外所做的功为

$$dW_p = p\,dV$$

式中下角标 p 表示压强不变。

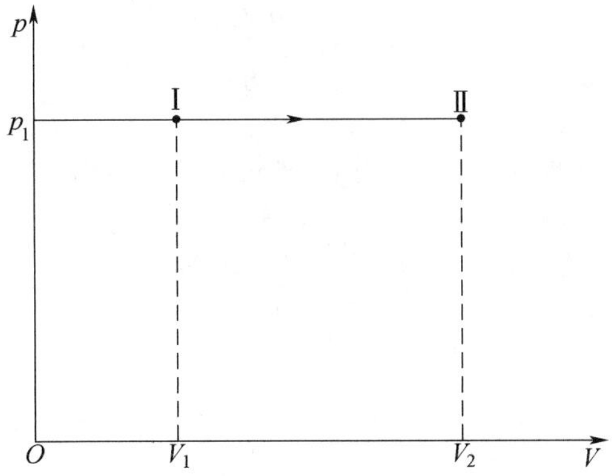

图 5-6 气体的等压线

对有限过程，则有

$$W_p = \int_{V_1}^{V_2} p\,\mathrm{d}V = p(V_2 - V_1) \tag{5-12}$$

式中 V_2 和 V_1 分别代表等压过程的末态和初态的体积。

根据理想气体状态方程

$$pV = \frac{M}{\mu}RT \tag{5-13}$$

在等压过程中 p 为恒量，则 V 和 T 为变量。如果气体的体积由初态 V_1 膨胀到末态 V_2，则温度由初态 T_1 升高到末态 T_2。根据式(5-13)，对微过程，系统对外所做的功 $\mathrm{d}W = p\,\mathrm{d}V$ 也可用温度参量表达为

$$\mathrm{d}W_p = p\,\mathrm{d}V = \frac{M}{\mu}R\,\mathrm{d}T \tag{5-14}$$

对有限过程，则有

$$W_p = \int_{T_1}^{T_2} \frac{M}{\mu}R\,\mathrm{d}T = \frac{M}{\mu}R(T_2 - T_1) \tag{5-15}$$

根据理想气体内能公式 $U = \frac{M}{\mu}\,\frac{i}{2}RT$，对微过程，系统内能增量为

$$\mathrm{d}U = \frac{M}{\mu}\,\frac{i}{2}\,R\,\mathrm{d}T \tag{5-16}$$

有限过程内能增量为

$$U_2 - U_1 = \frac{M}{\mu}\,\frac{i}{2}R(T_2 - T_1) \tag{5-17}$$

我们现在来确定理想气体的摩尔定压热容。把 1 mol 理想气体在压强不变的条件下，温度升高 1 K 所吸收的热量，定义为理想气体的摩尔定压热容，用 $C_{p,\mathrm{m}}$ 表示。即

$$C_{p,\mathrm{m}} = \frac{\mathrm{d}Q_p}{\frac{M}{\mu}\mathrm{d}T}$$

单位是 $\mathrm{J \cdot K^{-1} \cdot mol^{-1}}$。根据这个定义，等压过程的微过程吸收的热量为

$$\mathrm{d}Q_p = \frac{M}{\mu}C_{p,\mathrm{m}}\,\mathrm{d}T \tag{5-18}$$

有限过程吸收的热量为

$$Q_p = \frac{M}{\mu}C_{p,\mathrm{m}}(T_2 - T_1) \tag{5-19}$$

根据热力学第一定律，$\mathrm{d}Q_p = \mathrm{d}U + \mathrm{d}W_p$，把式(5-14)、式(5-16)、式(5-18)代入其中，得

$$\frac{M}{\mu}C_{p,\mathrm{m}}\,\mathrm{d}T = \frac{M}{\mu}\,\frac{i}{2}R\,\mathrm{d}T + \frac{M}{\mu}R\,\mathrm{d}T$$

整理得

$$C_{p,m}=\frac{i}{2}R+R \tag{5-20}$$

即

$$C_{p,m}=\frac{i+2}{2}R$$

因 $C_{V,m}=\frac{i}{2}R$，所以式(5-20)变为

$$C_{p,m}=C_{V,m}+R \tag{5-21}$$

式(5-21)叫作迈耶公式。它的意义是，在等压过程中，1 mol 理想气体温度升高 1 K 时，除了吸收热量转换成内能使气体的温度升高外，还比在等容过程中要多吸收 R=8.31 J 的热量，用以对外做功。

摩尔定压热容 $C_{p,m}$ 与摩尔定体热容 $C_{V,m}$ 之比，用 γ 表示称为热容比。

$$\gamma=\frac{C_{p,m}}{C_{V,m}}=\frac{i+2}{i} \tag{5-22}$$

对于单原子气体，$\gamma=1.67$；双原子气体 $\gamma=1.40$；多原子气体 $\gamma=1.33$。

例 5-1 质量为 2.8×10^{-3} kg、温度为 300 K、压强为标准大气压的氮气，等压膨胀到原来体积的 2 倍。求氮气所做的功 W_p、吸收的热量 Q_p 以及内能的增量 ΔU。

解：在等压过程中，有 $T_2=T_1\frac{V_2}{V_1}=300\times2=600$ K，由式(5-14)，气体做功为

$$W_p=\frac{M}{\mu}R(T_2-T_1)=\frac{2.8\times10^{-3}}{0.028}\times8.31\times(600-300)=249.3\ (\text{J})$$

因 $i=5$，由式(5-16)，内能增量为

$$\Delta U=U_2-U_1=\frac{M}{\mu}\ \frac{i}{2}R(T_2-T_1)=\frac{2.8\times10^{-3}}{0.028}\times\frac{5}{2}\times8.31\times(600-300)=624\ (\text{J})$$

根据热力学第一定律，吸收的热量为

$$Q_p=W_p+\Delta U=249.3+624=873.3\ (\text{J})$$

---

3. 等温过程

等温过程就是系统温度保持不变的热力学过程。其特点为 $T=$恒量，$\mathrm{d}T=0$。由于理想气体的内能只取决于温度，所以在等温过程中，理想气体的内能也保持不变，亦即 $\mathrm{d}U=0$。

设想一汽缸内贮有理想气体，汽缸壁用绝热材料包裹，而底部则是绝对导热的。把汽缸的底部和一恒温热源相接触。开始时系统处于平衡态。先考虑一微过程。当活塞上的外界

压强缓慢地降低一微量时，缸内气体将推动活塞缓慢膨胀一微量，系统对外做功 dW，气体内能随之消耗一微量，气体的温度将微有下降，从而低于恒温热源的温度。当气体温度比热源温度略低时，恒温热源就有微量的热量传递给气体，使气体重新达到热平衡，温度恢复原值。整个热力学过程由这样一系列的微过程构成，这就是一个准静态的等温膨胀过程。

根据理想气体状态方程 $pV=\frac{M}{\mu}RT$，系统在等温过程中遵从关系式

$$pV=\text{常量}$$

所以每一等温过程在 p-V 图上对应一条双曲线，称为等温线如图 5-7 所示。

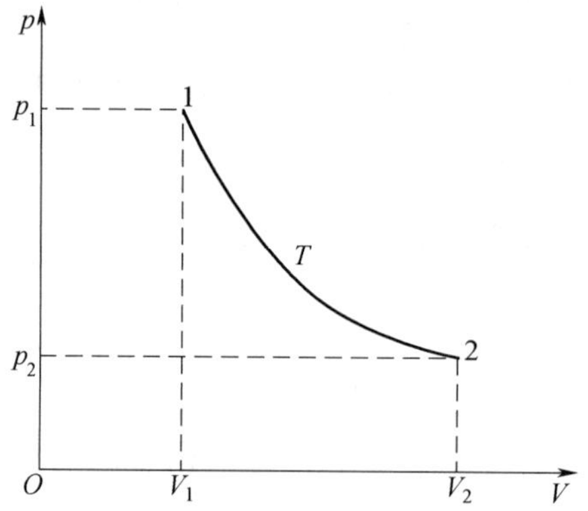

图 5-7　等温过程气体的等温线

因为在等温过程中内能不变 $dU=0$，故由热力学第一定律，在微过程中，有

$$dQ_T=dW_T=p\,dV \tag{5-23}$$

上式中下角标 T 表示温度不变。其中 dQ_T 为系统从温度为 T 的热源中吸收的热量，dW_T 为系统对外做的功。上式表明，在等温膨胀过程中，系统所吸收的热量全部转化为对外界所做的功；反之，在等温压缩过程时，外界对系统所做的功，将全部转化为系统向外界放出的热量。

对有限过程，系统对外做的功为

$$W_T=\int_{V_1}^{V_2}p\,dV \tag{5-24}$$

由理想气体状态方程 $pV=\frac{M}{\mu}RT$，得

$$p=\frac{M}{\mu}\frac{RT}{V}$$

代入式(5-24)，得

$$W_T=\int_{V_1}^{V_2}\frac{M}{\mu}RT\frac{dV}{V}$$

在等温膨胀过程中 T 是常量，所以

$$W_T=\frac{M}{\mu}RT\int_{V_1}^{V_2}\frac{\mathrm{d}V}{V}=\frac{M}{\mu}RT\ln\frac{V_2}{V_1} \tag{5-25}$$

因为在等温过程有 $p_1V_1=p_2V_2$，所以式(5-25)也可写成

$$W_T=\frac{M}{\mu}RT\ln\frac{p_1}{p_2} \tag{5-26}$$

功的数值等于 p-V 图中等温线下由 V_1 到 V_2 之间的面积。

5.2.2 绝热过程

1. 绝热过程

绝热过程就是系统保持与外界没有热量交换的情况下所发生的热力学过程。它的特征是 $\mathrm{d}Q=0$。显然，绝热过程是一种理想化过程，因为绝对的绝热材料是不存在的。只能做到近似的绝热过程。例如，内燃机汽缸中燃料的爆炸燃烧过程，由于过程进行得比较迅速，系统来不及与外界交换热量。又例如在用良好绝热材料包裹的系统中进行的热力学过程，由于系统对外界所传递的热量很小而可忽略不计。这时我们就可以把这些实际过程近似地看成绝热过程，用绝热过程来讨论这些问题。

下面我们来讨论理想气体绝热的准静态过程的规律。在微过程中，根据绝热过程的特征 $\mathrm{d}Q=0$，热力学第一定律($\mathrm{d}Q=\mathrm{d}U+\mathrm{d}W$)可写成

$$\mathrm{d}U+\mathrm{d}W_Q=0$$

即

$$\mathrm{d}W_Q=-\mathrm{d}U \tag{5-27}$$

式中下角标 Q 表示热力学过程与外界绝热。从上式可以看出，在绝热膨胀过程中，系统对外做功是完全靠减少自身的内能来实现的。由于理想气体的内能仅是温度的函数，所以绝热膨胀过程系统内能减少将导致系统温度的降低。反之，在绝热压缩过程中，外界对系统所做的功将完全转换成系统的内能。绝热压缩过程系统内能增加将导致系统温度的上升。

对有限过程，质量为 m 的理想气体由温度为 T_1 的初状态绝热地变到温度为 T_2 的末状态，系统对外界做的功为

$$W_Q=-(U_2-U_1)=-\frac{M}{\mu}\frac{i}{2}R(T_2-T_1) \tag{5-28}$$

或写为

$$W_Q=-(U_2-U_1)=-\frac{M}{\mu}C_{V,\mathrm{m}}(T_2-T_1) \tag{5-29}$$

这就是说，在绝热过程中，只要通过式(5-29)计算系统内能的变化就能算出系统所做的功。

2. 绝热过程方程

绝热过程中两个独立状态参量之间的关系式称为绝热过程方程。我们现在来研究绝热

过程方程。

由以上讨论知道绝热膨胀过程将导致系统温度的降低。由理想气体状态方程 $pV=\frac{M}{\mu}RT$ 可知，当 V 增大、T 减小时，压强 p 必将随着减小。可见在绝热过程中，理想气体的 3 个状态参量 p,V,T 是同时变化的，这和前面已讨论过的等容过程、等压过程和等温过程中系统总有一个状态参量是恒定的有所不同。

由前面的讨论已知绝热过程有

$$\mathrm{d}W_Q=-\mathrm{d}U$$

即

$$p\,\mathrm{d}V=-\frac{M}{\mu}C_{V,\mathrm{m}}\mathrm{d}T \tag{5-30}$$

系统同时还要满足理想气体状态方程 $pV=\frac{M}{\mu}RT$。在绝热过程中，因 p,V,T 3 个量都在变化，所以对理想气体状态方程取微分，得

$$p\,\mathrm{d}V+V\mathrm{d}p=\frac{M}{\mu}R\,\mathrm{d}T \tag{5-31}$$

由式(5-30)和式(5-31)两式联立，消去 $\mathrm{d}T$，整理后得到

$$(C_{V,\mathrm{m}}+R)p\,\mathrm{d}V=-C_{V,\mathrm{m}}V\mathrm{d}p$$

因 $C_{V,\mathrm{m}}+R=C_{p,\mathrm{m}}$，则上式变为

$$C_{p,\mathrm{m}}p\,\mathrm{d}V=-C_{V,\mathrm{m}}V\mathrm{d}p$$

令 $\gamma=\frac{C_{p,\mathrm{m}}}{C_{V,\mathrm{m}}}$，得

$$\frac{\mathrm{d}p}{p}+\gamma\frac{\mathrm{d}V}{V}=0$$

将上式积分，得

$$\ln p+\gamma\ln V=\text{常量}$$

即

$$pV^{\gamma}=\text{常量} \tag{5-32}$$

这就是绝热过程中 p 与 V 的关系式。应用理想气体状态方程 $pV=\frac{M}{\mu}RT$ 和式(5-32)消去 p 或者消去 V，即可分别求得 V 与 T 及 p 与 T 之间的关系式：

$$V^{\gamma-1}T=\text{常量} \tag{5-33}$$

$$p^{\gamma-1}T^{-\gamma}=\text{常量} \tag{5-34}$$

式(5-32)、式(5-33)、式(5-34)统称为绝热过程方程,简称绝热方程,也叫泊松方程。注意等号右方的常量的大小在 3 个式子中是各不相同的,其值与气体的质量及初始状态有关。

当气体做绝热变化时,按式(5-32)在 p-V 图上可画出 p 与 V 的关系曲线,这条过程曲线叫绝热线。绝热线和等温线有点相似,如图 5-8 所示。

绝热过程和等温过程都是压强随体积膨胀而下降的过程。我们来对绝热过程和等温过程作一比较。在图 5-8 中的实线表示绝热线,虚线则表示同一气体的等温线,A 点是两线的相交点。

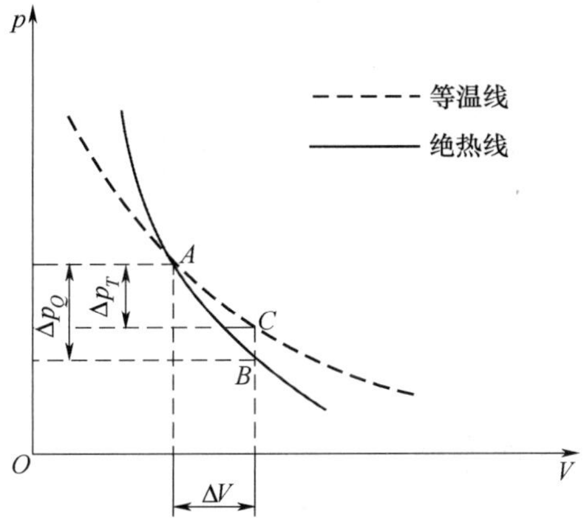

图 5-8　等温线与绝热线

设同一气体,初始状态相同,在相交点 A。现在分别经历绝热过程和等温过程。我们先分别求出绝热过程曲线和等温过程曲线在 A 点的斜率。根据绝热过程方程 $pV^{\gamma}=$常量,可求得绝热线在 A 点的斜率为

$$\left(\frac{\mathrm{d}p}{\mathrm{d}V}\right)_Q=-\gamma\frac{p_A}{V_A} \tag{5-35}$$

根据等温过程方程 $pV=$常量,可求得等温线在 A 点的斜率为

$$\left(\frac{\mathrm{d}p}{\mathrm{d}V}\right)_T=-\frac{p_A}{V_A} \tag{5-36}$$

对式(5-35)和式(5-36)进行比较:由于 $\gamma>1$,所以在两线的交点 A 处,绝热线的斜率的绝对值较等温线的斜率的绝对值为大。这表明同一气体如果从同一初状态做同样的体积增量 ΔV 时,绝热过程压强的变化比等温过程要大 $|\Delta p_Q|>|\Delta p_T|$。这是因为在等温膨胀过程中,体积增大后分子密度减小,这时分子单位时间内对容器壁碰撞的次数减小。由气体动理论知道,这时压强的降低是单纯由分子密度的减小引起的。而在绝热膨胀过程中,压强的降低,除了气体分子密度减小这一因素外,还有由于系统温度降低,从而分子动能减小这一因素。这时不仅分子单位时间内对容器壁碰撞的次数减小了,而且分子对容器壁碰撞的力度也减小了。因此,在同等的体积增量下,绝热膨胀过程中压强的降低比等温过程多。

例 5-2 2 mol 氢气在温度为 300 K 时体积为 0.05 m^3。经过绝热膨胀体积变为 0.25 m^3。试求绝热膨胀过程气体对外做的功。

解：由式(5-33) $V^{\gamma-1}T=$常量，有 $V_2^{\gamma-1}T_2=V_1^{\gamma-1}T_1$

$$T_2=T_1\left(\frac{V_1}{V_2}\right)^{\gamma-1}=300\times\left(\frac{0.05}{0.25}\right)^{1.4-1}=157.6\ (\mathrm{K})$$

由式(5-29)，有

$$W_Q=-(U_2-U_1)=-\frac{M}{\mu}C_{V,\mathrm{m}}(T_2-T_1)$$

$$=-2\times\frac{5}{2}\times 8.31\times(157.6-300)=5.91\times10^3\ (\mathrm{J})$$

5.3 循环过程

5.3.1 循环过程和卡诺循环

1. 循环过程

1698 年萨维利和 1705 年纽可门(Thomas Newcomen，1664—1729)先后发明了蒸汽机，但当时蒸汽机的效率极低，使得蒸汽机在工业生产中的应用受到了限制。1765 年瓦特对蒸汽机进行了重大改进，他给蒸汽机增添了冷凝器，发明了活塞阀、飞轮、离心节速器等，完善了蒸汽机，大大提高了蒸汽机的效率，并最终使之成为真正的动力，广泛地应用于纺织、轮船和火车的制造中。此后，人们就一直在为提高热机的效率而努力。从理论上研究热机效率问题，一方面指明了提高效率的方向，另一方面也推动了热学理论的发展。

历史上，热力学理论最初是在研究蒸汽机工作过程的基础上发展起来的。因此，让我们先简单地介绍一下蒸汽机的工作过程，如图 5-9 所示，水泵 B 将水池 A 中的水压入锅炉 C 中，在锅炉 C 中水被加热而变成高温高压的气体，在这个过程中水由高温热源吸收热量而使水的内能增加。然后高温高压的气体经过管道进入汽缸 D 内，并在汽缸中膨胀，推动活塞对外做功，同时，高温高压的气体变为低温低压的气体，即气体的内能减小，在这个过程中气体的内能通过膨胀做功而转变为机械能，最后低温低压的气体经过放热凝结成水，再经过水泵 F 将水压入水池，开始下一个循环。从能量转化的角度讲，该循环的最终结果就是，工作物质从高温热源吸收热量用来增加自己的内能，其中的一部分内能用来在汽缸内推动活塞对外做功，另一部分在低温热源处通过放热而传给外界。这样，经过一系列的循环过程，蒸汽机就能将热能持续不断地转化为机械能，从而供人类所利用。

为了从能量转化的角度研究各种热机的性能，我们引入循环过程的概念。一般地说，系统经过一系列变化后，又回到原来的状态的过程叫热力学循环过程。若循环的每一阶段都是准静态过程，则此循环可用 p-V 图上的一条闭合曲线表示。图 5-10 实线即为 p-V 图上所示的某一准静态循环过程。沿顺时针方向进行的循环称为正循环；沿逆时针方向进行的循环称为逆循环。

对于正循环，由图5-10可以看出，在过程 AcB 中，气体的体积增大，系统对外做正功，其大小等于曲线 AcB 下覆盖的面积，在过程 BdA 中，气体的体积减小，外界对系统做功，大小等于 BdA 曲线下覆盖的面积。因此，工作物质在整个循环过程中对外做的净功等于曲线 $AcBdA$ 所包围的面积。

因为内能是系统的状态函数，系统经历一个循环过程之后，又回到原来的状态，所以内能的变化为零。这是循环过程的重要特征。

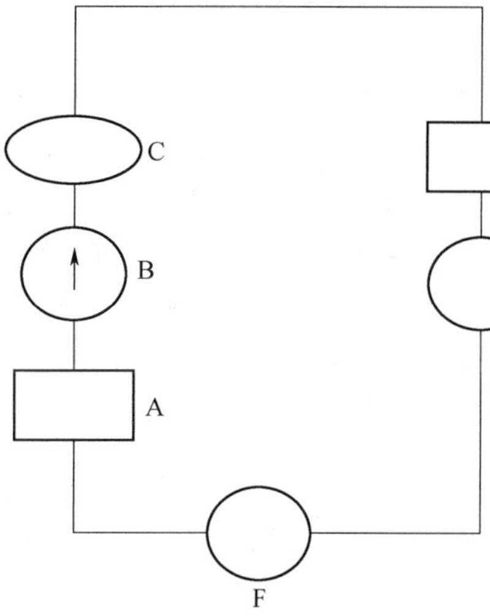

图 5-9　蒸汽机工作示意图

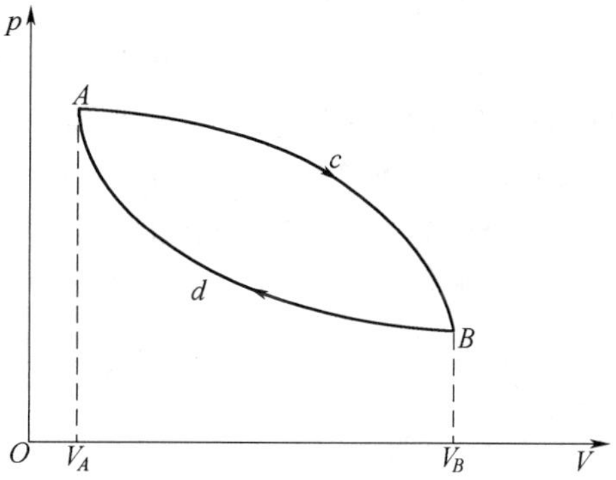

图 5-10　循环过程

2. 卡诺循环

1824年法国的年轻工程师、热力学的创始人之一卡诺创造性地用“理想实验”的思维方法，提出一个工作在两热源之间最简单、但有重要理论意义的理想循环——卡诺循环。该循环由两个准静态的等温过程和两个准静态的绝热过程所组成。同时，他还给出了热机效率的理论极限值，并提出了著名的卡诺定理。

5.3.2　热机与制冷机

工作物质作正循环的机器叫作热机，它是把热能持续地转变为功的机器，例如，蒸汽机、内燃机都属于热机。工作物质作逆循环的机器叫作制冷机，它是利用外界对工作物质做功使热量由低温端流入高温端，从而获得低温的机器，例如，电冰箱、空调都属于制冷机。

如图5-11所示，经过一个正循环，整个循环过程中工作物质从高温热源吸收热量的总和为 Q_1，对外界做的功为 W，并向低温热源放出的热量总和为 Q_2，由于工作物质最后回到原来的状态，所以其内能不变，由热力学第一定律可知，在整个循环过程中工作物质从高温热源吸收热量的总和 Q_1 必然大于放出的热量总和 Q_2，而且

$$W = Q_1 - Q_2$$

由此可见，系统经过这一系列循环过程则将从高温热源吸收的热量 Q_1 中的一部分转化

为有用功 W，另一部分 Q_2 放回给低温热源（环境），而系统回到最初的状态。通常把

$$\eta=\frac{W}{Q_1}=\frac{Q_1-Q_2}{Q_1}=1-\frac{Q_2}{Q_1} \tag{5-37}$$

叫作热机效率或循环效率，不同的热机其循环过程不同，因而有不同的效率，表 5-1 给出几种装置的热机效率。

表 5-1　各种装置的热机效率

液体燃料火箭	燃气轮机	柴油机	汽油机	蒸汽机车	热电偶
$\eta=48\%$	$\eta=46\%$	$\eta=37\%$	$\eta=25\%$	$\eta=8\%$	$\eta=7\%$

逆循环过程反映了制冷机的工作过程，图 5-12 是一个制冷机的示意图，由该图可以看出，制冷机经历一个逆循环，整个循环过程中，外界对工作物质做的功为 W，该制冷机可以从低温热源吸收热量的总和为 Q_2，并向高温热源释放出热量的总和为 Q_1，由于工作物质最后也回到了原来的状态，所以其内能不变。根据热力学第一定律，$W=Q_1-Q_2$，这就是说，制冷机经历一个逆循环后，由于外界对其做功，可以把热量由低温热源传递到高温热源，外界不断做功，就能不断地从低温热源吸收热量，传递到高温热源。这就是制冷机的工作原理，通常把

$$e=\frac{Q_2}{W}=\frac{Q_2}{Q_1-Q_2} \tag{5-38}$$

叫作制冷机的制冷系数。

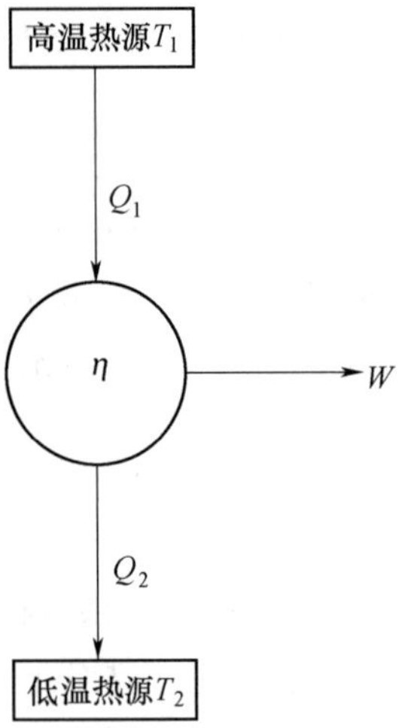

图 5-11　热机的示意图

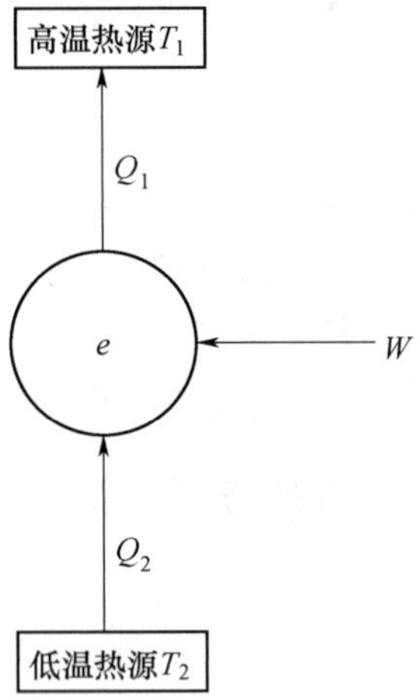

图 5-12　制冷机的示意图

例 5-3　1 mol 氧气的循环曲线如图 5-13 所示，ab 为等容过程，ca 为等压过程，bc 为绝热过程，试求

(1) ab、ca 过程系统吸收的热量 Q_{ab} 和 Q_{ca}；

(2) 循环效率 η（要求：Q_{ab}、Q_{ca} 可用 p_1、p_2、V_1 字母表示，η 需算出数值）。

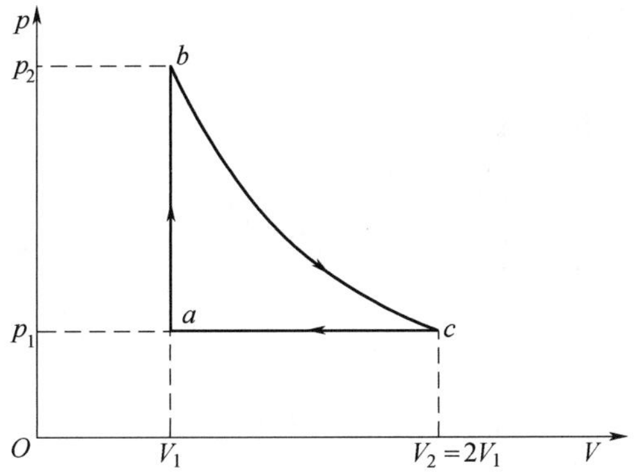

图 5-13 例 5-3 用图

解：(1) $$Q_{ab}=C_V(T_b-T_a)=\frac{C_V}{R}(p_b-p_a)V_a=\frac{5}{2}(p_2-p_1)V_1$$

$$Q_{ca}=C_p(T_a-T_c)=\frac{C_p}{R}p_1(V_1-V_2)=-\frac{7}{2}p_1V_1$$

(2) $$\eta=1-\frac{Q_2}{Q_1}=1-\frac{|Q_{ca}|}{Q_{ab}}=1-\frac{7}{5}\frac{p_1V_1}{(p_2-p_1)V_1}=1-\frac{7}{5\left(\frac{p_2}{p_1}-1\right)}$$

根据绝热方程

$$p_bV_b^\gamma=p_cV_c^\gamma$$

由于氧气是双原子理想气体，所以 $\gamma=1.4$

得

$$\frac{p_2}{p_1}=\left(\frac{V_2}{V_1}\right)^\gamma=2^\gamma=2^{1.4}$$

$$\eta=1-\frac{1.4}{2^{1.4}-1}=14.6\%$$

5.3.3 卡诺热机及其效率

上面我们已经提到了一个特殊的循环过程——卡诺循环。如果热机中的工作物质在工作时进行的是卡诺正循环，则称该热机为卡诺热机。

现在我们来研究当卡诺热机中的工作物质为理想气体时该卡诺热机的效率。如图 5-14 所示，曲线 AB 和 CD 分别是温度为 T_1 和 T_2 的两等温线，曲线 BC 和 DA 分别是两条绝热线，为了求该热机的效率，我们来讨论一下各过程中能量的转化情况：

(1)A—B 等温膨胀过程：气体与高温热源(T_1)接触，温度不变，因而气体的内能没有改变；而气体对外做功 W_1，根据热力学第一定律，该功等于气体从温度为 T_1 的高温热源中吸收的热量 Q_1，即

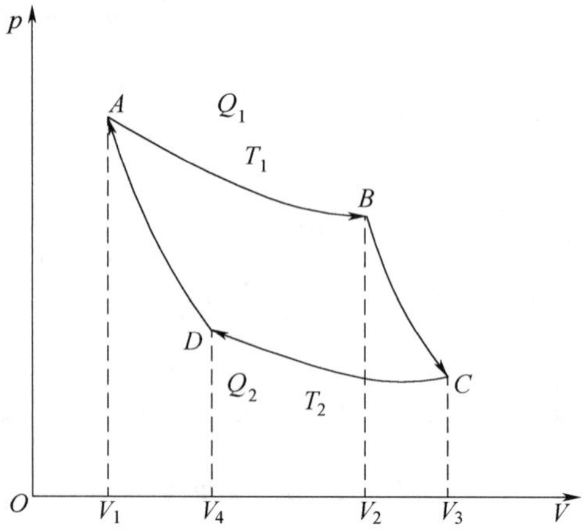

图 5-14　卡诺循环

$$W_1 = Q_1 = nRT_1 \ln \frac{V_2}{V_1} \tag{5-39}$$

(2)B—C 绝热膨胀过程;气体与外界无热量的传递,气体的体积由 V_2 变到 V_3。

(3)C—D 等温压缩过程:与温度为 T_2 的低温热源接触,温度不变,因而气体的内能不变;根据热力学第一定律,外界对气体做的功($-W_2$),等于气体向温度为 T_2 的低温热源放出的热量($-Q_2$),即

$$Q_2 = W_2 = nRT_2 \ln \frac{V_3}{V_4} \tag{5-40}$$

(4)D—A 绝热压缩过程:气体与外界无热量的传递,气体的体积由 V_4 变到 V_1。由热机效率的公式,可得卡诺热机的效率为

$$\eta = \frac{W}{Q_1} = \frac{Q_1 - Q_2}{Q_1} = 1 - \frac{Q_2}{Q_1}$$

再由理想气体绝热方程 $TV^{\gamma-1} = \text{const}$,可得

$$T_1 V_2^{\gamma-1} = T_2 V_3^{\gamma-1}$$

和

$$T_1 V_1^{\gamma-1} = T_2 V_4^{\gamma-1}$$

以上两式相除,得

$$\frac{V_2}{V_1} = \frac{V_3}{V_4}$$

把它们代入式(5-39)、(5-40),化简后得

$$\frac{Q_1}{T_1} = \frac{Q_2}{T_2}$$

把它们代入热机的效率公式，得卡诺热机的效率为

$$\eta=1-\frac{T_2}{T_1} \tag{5-41}$$

上式表明：

(1)完成一次卡诺循环必须有温度一定的高温和低温热源。

(2)卡诺热机的效率只由高温热源和低温热源的温度决定，与热机中的工作物质无关，高温热源温度越高，低温热源温度越低，则卡诺热机的效率越高。

(3)高温热源的温度不可能无限制地提高，低温热源的温度也不可能达到绝对零度，因而热机的效率总是小于 1 的，即不可能把从高温热源所吸收的热量全部用来对外界做功。

如果制冷机中的工作物质在工作时进行的是卡诺逆循环，则称该制冷机为卡诺制冷机，如图 5-15 所示。作与上面卡诺热机类似的推导，可以得到卡诺制冷机的制冷系数为

$$e=\frac{Q_2}{W}=\frac{Q_2}{Q_1-Q_2}=\frac{T_2}{T_1-T_2} \tag{5-42}$$

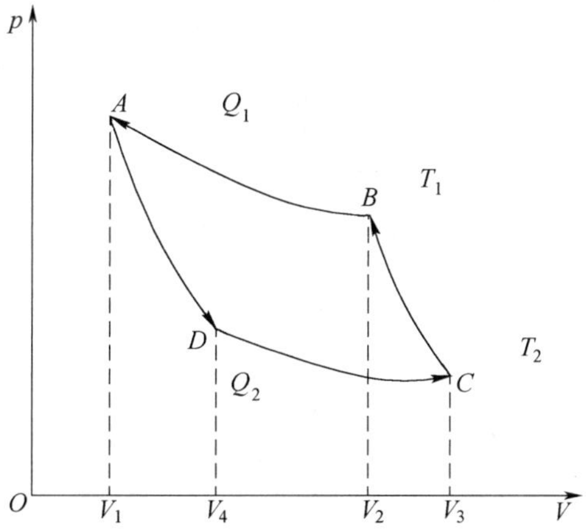

图 5-15 卡诺逆循环

例 5-4 一卡诺热机，工作于温度分别为 27℃和 127℃的两热源之间，在正循环中该机从高温热源吸收热量 5 840 J，问该机向低温热源放出多少热量？对外做多少功？

解：卡诺热机效率为

$$\eta=1-\frac{T_2}{T_1}=1-\frac{300}{400}=25\%$$

则热机向低温热源放出的热量为

$$Q_2=Q_1(1-\eta)=5\ 840\times(1-0.25)=4\ 380(\mathrm{J})$$

对外做功为

$$W=\eta Q_1=0.25\times5\ 840=1\ 460(\mathrm{J})$$

例 5-5 一台电冰箱放在室温为 20℃的房间里，冰箱储藏柜中的温度维持在 5℃。现每天有 2.0×10^7 J 的热量自房间传入冰箱内，若要维持冰箱内温度不变，外界每天需做多少功？该冰箱的功率为多少？设在 5～20℃之间运转的制冷机(冰箱)的制冷系数，是卡诺制冷机制冷系数的 55%。

解：由题意，可知该冰箱的制冷系数为

$$e=e_{卡}\times55\%=\frac{T_2}{T_1-T_2}\times\frac{55}{100}=10.2$$

由制冷机制冷系数的定义，$e=\dfrac{Q_2}{Q_1-Q_2}$

得

$$Q_1=\frac{e+1}{e}Q_2$$

已知房间传入冰箱的热量 $Q'=2.0\times10^7(\mathrm{J})$

达到热平衡时 $Q'=Q_2$，得

$$Q_1=\frac{e+1}{e}Q_2=\frac{e+1}{e}Q'=\frac{10.2+1}{10.2}\times2.0\times10^7(\mathrm{J})=2.2\times10^7(\mathrm{J})$$

如果保持冰箱在 5～20℃之间运转，每天需要做的功为，

$$W=Q_1-Q_2=Q_1-Q'=2.2\times10^7-2.0\times10^7=0.2\times10^7(\mathrm{J})$$

该冰箱的功率为

$$P=\frac{W}{t}=\frac{0.2\times10^7}{24\times3\,600}=23(\mathrm{W})$$

5.4 热力学第二定律

5.4.1 热力学过程的方向性

热力学第一定律指出了能量的守恒和转化以及在转化过程中各种能量之间的相互关系，但它却不能指出热力学过程进行的方向。例如，①在焦耳的热功当量实验中，重物下降，带动搅拌器，量热器中的水被搅动，从而使水温上升。它的逆过程即水的温度自动降低而重物自动举起这一过程不会自动进行。②气体的真空膨胀，它的逆过程即气体的压缩过程不会自动进行。③热量由高温物体传入低温物体，它的逆过程即热量由低温物体流入高温物体，不会自动进行。以上这些例子的逆过程都不违反热力学第一定律，但这些逆过程却是不能自发进行的，这表明：自然界中的热力学过程是有方向性的。为了进一步研究热力学过程方向性的问题，有必要介绍可逆过程和不可逆过程的概念。

可逆过程和不可逆过程的定义如下:在系统状态变化过程中,如果逆过程能重复正过程的每一状态,而不引起其他变化,这样的过程叫作可逆过程;相反,在不引起其他变化的条件下,不能使逆过程重复正过程的每一状态,或者虽然重复但必然会引起其他变化,这样的过程叫作不可逆过程。下面通过具体的实例来说明实现可逆过程的条件。

为说明方便,设系统为汽缸中的气体,该气体的压强为 p_1,假定气体在膨胀时活塞与汽缸间不存在摩擦,则当汽缸中的气体迅速膨胀微小的体积 $\mathrm{d}V$ 时,气体对外做功为 $W_1=p_1\mathrm{d}V$,反之,当气体被迅速压缩微小体积时,环境对气体做功为 $W_2=p_2\mathrm{d}V$,由于气体是被快速压缩的,因此 $p_1<p_2$,即 $W_1<W_2$,这样当气体恢复原来的状态时,环境对气体做了 W_2-W_1 的功,这部分功转变为了系统对环境放出的热,要使环境也回复到原来的状态,则必须能够从单一热源吸收热量使其完全转变为功,倘若这是可能的,则环境和系统就都可以回到原来的状态,但是实践经验证明这是不可能的。由此可见,气体的快速膨胀是一个不可逆过程。只有当气体膨胀非常缓慢,气体内部的压强才非常接近于压缩气体时环境对活塞的压强,气体膨胀一微小体积所做的功等于 $p_1\mathrm{d}V$,那样我们才能非常缓慢地对气体做功 $p_1\mathrm{d}V$,将气体压回原来的体积,所以,只有非常缓慢的亦即准静态的膨胀过程,才是可逆的膨胀过程。同理,我们也可以证明,只有非常缓慢的亦即准静态的压缩过程,才是可逆的压缩过程。

由以上的例子可以看出:只有当系统的状态变化是无限缓慢的准静态过程,而且在过程进行之中没有摩擦和能量耗散,这时系统所经历的过程才是可逆过程;否则,就是不可逆过程。可逆过程是一种理想的极限情形,是一种科学的抽象,客观世界中并不存在真正的可逆过程,而不可逆过程在自然界中却是普遍存在的,例如,前面讲过的热功转换、气体的混合、气体的扩散和热传导等都是不可逆过程,除此之外,生物体的生长和衰老也都是不可逆过程。

人们在生活和生产实践中遇到许多只能自动向单方向进行的过程,它们的共同特性就是不可逆性。换言之,一切实际过程都是热力学的不可逆过程。为何真正的宏观过程都是不可逆过程呢?是否存在着某种物理学规律支配着自然界中的热力学过程自发地朝某个方向进行,而其逆过程却不能自发地完成?这些都是热力学中迫切所需要解决的问题。为此人们在实践的基础上总结出了一条新的定律,即热力学第二定律。

5.4.2 热力学第二定律的表述

在19世纪初期,由于热机的广泛使用,使提高热机的效率成为一个十分重要的问题。人们根据热力学第一定律,知道要制造一种机器,它不需要外界提供任何能量,却能对外不断的做功,即效率大于100%的循环工作的热机,是不可能的。但是,有没有可能制造这样一种循环工作的热机,它只从单一热源吸收热量,并将吸收的热量全部用来做功而不放出热量给低温热源,即不使外界发生任何变化,因此它的效率为100%,即第二类永动机呢?由于该类永动机并不违反热力学第一定律,因而,如果我们只考虑第一定律的话,该类永动机是应该可以制成的。然而,人们经过长期的实践认识到,第二类永动机是不可能实现的。在这些事实及其他一些实践经验的基础上,开尔文总结出一条重要的原理,即热力学第二定律的开尔文表述。

热力学第二定律的开尔文表述是：不可能制成一种循环工作的热机，只从一个热源吸收热量，使之全部变为有用功，而不产生其他影响。它说明热变功是一个非自发的过程，要使之实现，必须花费一定的代价或具备一定的条件(或者说要引起其他变化)，例如，热机从热源吸收的热量中，只有一部分可以变为功而另一部分热量必然要排向冷源。也就是说，热变功这一非自发过程的进行是以热量从高温热源移至低温热源来作为补偿条件的，即热机的效率不可能达到100%，因此它指出了热功转换过程的方向、限度和条件，与开尔文表述等价的另一表述是：第二类永动机是不可能制成的。同时，应该强调的是：热力学第二定律的开尔文表述指的是循环工作的热机，如果工作物质进行的不是循环过程，如气体做等温膨胀，那是可以把从一个热源吸收的热量全部用来对外做功的。但是，等温膨胀过程并不是能够循环工作的热机，用它来持续对外做功是不可能的。从内容上看，热力学第二定律的开尔文表述反映了热功转换过程中的方向性，这一方向性就是：在一循环过程中，功能全部转变为热，而热不能全部转变为功。

1850年，克劳修斯(Rudollf Clausius，1822—1888)在大量实验事实的基础上提出了热力学第二定律的另一种表述：不可能把热量从低温物体自动传到高温物体而不引起环境的变化。该表述说明，要把热量从低温物体传向高温物体，就一定会引起其他变化，例如，可用一卡诺制冷机将热量从低温物体传到高温物体，但这必须由压缩机来做功，压缩机做的功就属于其他变化。在孤立系统中，没有外界做功，热量就不可能由低温物体传到高温物体。从内容上看，热力学第二定律的克劳修斯表述正是反映了热量传递过程中的方向性，这一方向就是：在一孤立的系统中，热量只能自发地从高温物体传递给低温物体，而不能反向进行。

热力学第二定律的开尔文和克劳修斯的表述都指出了某种热力学过程的不可逆性和单方向性，各自从不同角度反映了热力学过程的方向性。前者讲的是热功转换的不可逆性和单方向性，后者讲的是热传导的不可逆性和单方向性，虽然这两种表述从内容上看似乎毫不相干，但它们具有等价性。

下面我们就来论证，开尔文和克劳修斯两种表述是等价的。即一个表述是正确的，另一个表述也必然是正确的；如一个表述不成立，另一个表述也必然不成立。下面我们用反证法来证明两者的等价性。我们先证明，如果开氏表述不成立，则克氏表述也不能成立。如果开氏表述不成立，即一个热机 E 能够从高温热源 T_1 取得热量 Q_1，并把它全部转变为功 W(图5-16)。这样我们就可以利用这个功来带动一个逆卡诺循环 D，使它从低温热源 T_2 取得热量 Q_2，输出热量 Q_1+Q_2 给高温热源，整个过程的最终效果是将热量 Q_2 从温度为 T_2 的低温热源传到温度为 T_1 的高温热源而未引起其他变化。这样克氏表述也不能成立。

反之，我们再证明如果克氏表述不成立，则开氏表述也不能成立。如果克氏表述不成立，亦即允许一个循环可以将热量 Q_2 从温度为 T_2 的低温热源传递到温度为 T_1 的高温热源而不引起其他变化，今有一个卡诺热机 E 在 T_1 和 T_2 之间工作，从温度为 T_1 的高温热源吸收 Q_1 的热量，并向低温热源释放 Q_2 的热量，对外做功 $W=Q_1-Q_2$，则由图5-17可以看出全部过程的最终结果是从温度为 T_1 的高温热源吸取 Q_1-Q_2 的热量，将之完全变成有用功。这样开氏表述也不能成立。

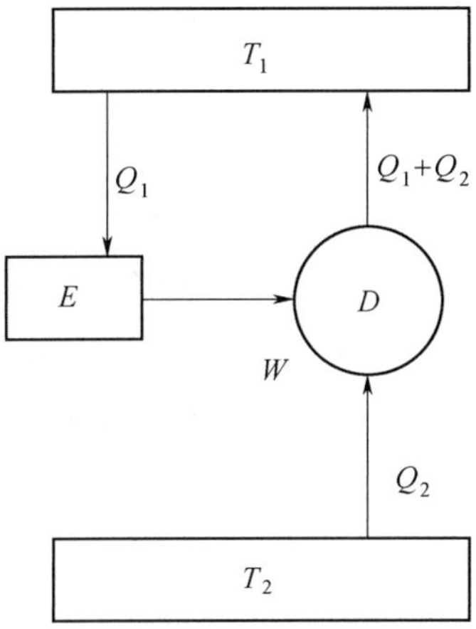

图 5-16 证明开尔文表述与克劳修斯表述的等价性(1)

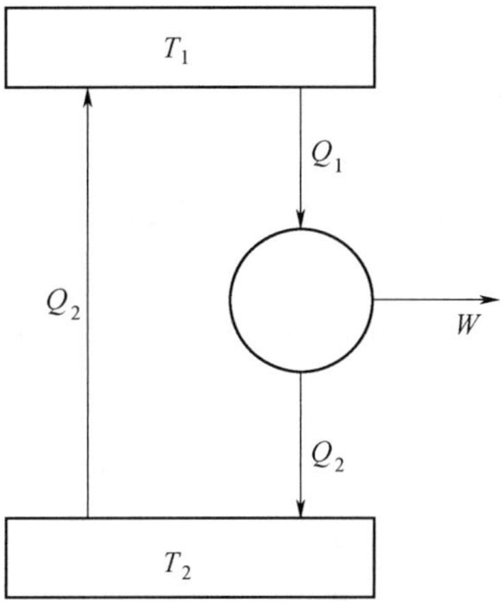

图 5-17 证明开尔文表述与克劳修斯表述的等价性(2)

热力学第二定律与热力学第一定律一样，是大量实验和经验的总结，它不能从更普遍的定律推导出来，它的正确性是由它的推论都符合客观实际而得到证实的。它的适用范围和条件是：

(1)对有限范围内的宏观过程是成立的；

(2)不适用于少量分子的微观体系；

(3)也不能把它推广到无限的宇宙。

经验告诉我们，功可以完全变为热(如摩擦生热)，而热力学第二定律指出，要把热全变为功而不产生其他影响是不可能的。这是热力学第一定律得不到的结论，因为无论功变热还是热变功都不违反热力学第一定律。同时，实践也告诉我们，当两个不同温度的物体互相接触时，热量由高温物体向低温物体传递，但热力学第二定律指出，热量不可能自发地由低温处向高温处传递，此结论也不违反热力学第一定律。那么，我们可以看出热力学第二定律是独立于热力学第一定律的新规律，是一个能够反映热力学过程进行方向的规律。

5.4.3 卡诺定理

热力学第二定律否定了第二类永动机的存在，明确指出效率为100%的热机是不可能制成的。那么热机的最高效率可以达到多少呢？卡诺在分析理想的可逆循环，即卡诺循环效率的基础上，于1824年提出了热机理论中非常重要的卡诺定理，该定理正是解决了这一问题。从本质上来讲，该定理定义了一个真实热力学过程的理想参考过程，以便于我们在对该理想过程分析的基础上，来研究自然界中的真实过程。该定理的表述如下：

(1)在相同的高温热源和低温热源之间工作的一切可逆热机，不论使用何种工作物质，其效率都相等$\left(1-\frac{T_2}{T_1}\right)$。

(2)在相同的高温热源和低温热源之间工作的一切不可逆热机，其效率都不可能超过可

逆热机的效率,即

$$\eta \leqslant 1-\frac{T_2}{T_1} \tag{5-43}$$

上式为卡诺定理的数学表达式,其中等号用于可逆机,小于号用于不可逆机。

卡诺定理在热机的发展史上占有重要的地位,它不仅给出了真实热机效率的极限值,而且指明了提高热机效率的途径。就过程而言,应当使实际的不可逆机尽量接近可逆机。对高温热源和低温热源的温度来说,应当尽量提高两热源的温度差,由于一般热机总是以周围的环境作为低温热源,所以要提高热机的效率实际上就只能从提高高温热源的温度着手。

5.4.4 熵和熵增加原理

热力学第二定律的两种表述都指出,一切与热现象有关的宏观过程都是不可逆的,都是有方向性的,例如,热传导过程中,热量总是由高温物体向低温物体传递直到两物体的温度相等为止。又比如,气体的真空膨胀过程,气体能自发地向真空做自由膨胀,但其相反的过程却不能自发地进行。由以上现象的共同特点可以看出:自然界的实际过程总是由有序状态自发地向无序的状态进行。那么如何定量地描述系统的无序性,从而更方便地判别孤立系统中过程进行的方向呢?为此,我们引入一个新的状态函数——熵,并用熵的变化把系统实际过程中进行的方向表示出来,这就是熵增加原理。

1. 熵

熵(Entropy,希腊文中字义为“发展演化”)是德国物理学家克劳修斯(R. Clsuslus)1854年首先提出的一个热力学状态函数。克劳修斯将熵这个概念引入热力学,用来阐明热力学第二定律。

根据卡诺定理,工作于两个热源(T_1 和 T_2)间的可逆卡诺热机的效率是

$$\eta=\frac{Q_1-Q_2}{Q_1}=\frac{T_1-T_2}{T_1}$$

得

$$\frac{Q_1}{T_1}=\frac{Q_2}{T_2}$$

这里,Q_1 为系统从高温热源吸收的热量,Q_2 为系统向低温热源放出的热量,如果我们按照热力学第一定律中热量符号的规定,即系统从外界吸热为正,系统放热为负,则上式应改写为

$$\frac{Q_1}{T_1}+\frac{Q_2}{T_2}=0 \tag{5-44}$$

这里$\frac{Q_1}{T_1}$和$\frac{Q_2}{T_2}$分别为等温过程中吸收或放出的热量与热源温度的比,称为热温比。这样,该式表明,在可逆卡诺循环中,系统经历一个循环后,其热温比的总和为零。

对于如图 5-18 所示的任意可逆循环，它可视为由许多可逆卡诺循环所组成，这样对于任一微小的可逆卡诺循环

$$\frac{\Delta Q_i}{T_i}+\frac{\Delta Q_{i+1}}{T_{i+1}}=0$$

如果我们对所有的微小卡诺循环求和，得

$$\sum_{i=1}^{n}\frac{\Delta Q_i}{T_i}=0 \tag{5-45}$$

当小卡诺循环的数目无限多时，即该式中的 $i\to\infty$，这时，求和可用积分来代替，有

$$\oint\frac{\mathrm{d}Q}{T}=0 \tag{5-46}$$

这里，$\mathrm{d}Q$ 为系统从温度为 T 的热源中吸收的微分热量。该式表明，系统经历任意可逆循环后，其热温比之和为零。

在图 5-19 所示的可逆循环中存在两个状态 A 和 B，我们可以把这个可逆循环分为 ACB 和 BDA 两个可逆过程，根据式(5-46)，有

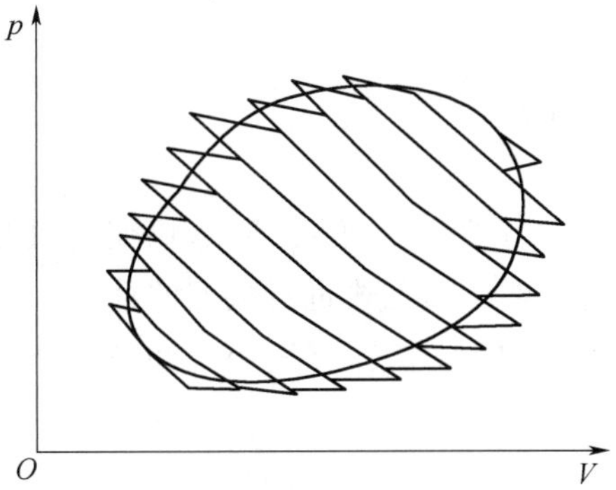

图 5-18 任意可逆循环可看作由无限多个卡诺循环组成

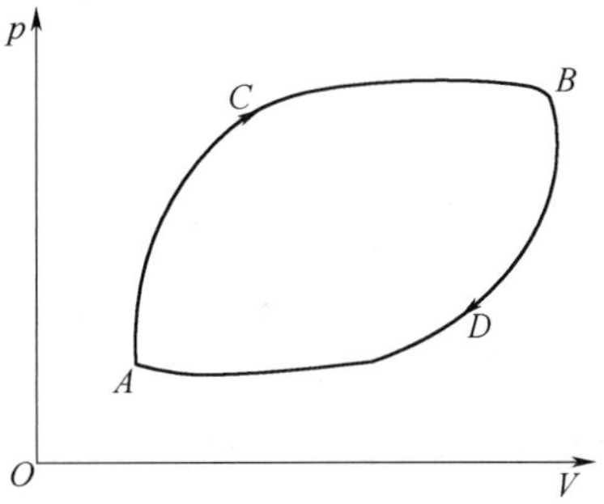

图 5-19 熵是状态函数

$$\oint\frac{\mathrm{d}Q}{T}=\int_{ACB}\frac{\mathrm{d}Q}{T}+\int_{BDA}\frac{\mathrm{d}Q}{T}=0 \tag{5-47}$$

由于以上两个过程都是可逆的，所以有

$$\int_{BDA}\frac{\mathrm{d}Q}{T}=-\int_{ADB}\frac{\mathrm{d}Q}{T}$$

得

$$\int_{ACB}\frac{\mathrm{d}Q}{T}=\int_{ADB}\frac{\mathrm{d}Q}{T} \tag{5-48}$$

由上式可知，在可逆过程中，系统从状态 A 改变到状态 B，其热温比的积分只决定于始

末状态，而与过程无关。上述结果标示着存在一个新的态函数，这个态函数在始、末两态 A，B 间的增量为一确定值，等于这两平衡态之间任意一个可逆过程的热温比 dQ/T 的积分，而与怎样的具体过程无关，这个态函数叫作熵，其定义式如下

$$\Delta S = S_B - S_A = \int_A^B \frac{dQ}{T} \tag{5-49}$$

式中 S_A 和 S_B 分别表示系统在态 A 和态 B 的熵，其物理意义是：热力学系统从初态 A 变化到末态 B，系统熵的增量等于初态 A 和末态 B 之间任意一可逆过程热温比（dQ/T）的积分。如系统经历无限小可逆过程，则，

$$dS = \frac{dQ}{T} \tag{5-50}$$

熵的单位名称是焦耳每开尔文，符号是 J/K。

2. 熵变的计算

在热力学中，熵是一个非常重要的物理量，通过对自然界中某个不可逆过程熵变的计算，我们可以了解该过程自发进行的方向。为了正确计算熵变，必须注意以下几点：

(1)熵是系统状态的单值函数。

(2)对于可逆过程，熵变可用下式进行计算

$$\Delta S = S_B - S_A = \int_A^B \frac{dQ}{T}$$

(3)如果过程是不可逆的，则不能直接应用上式。由于熵是一个态函数，熵变和过程无关，可以设计一个始末状态相同的可逆过程来代替，然后再应用上式进行熵变的计算。

(4)系统如分为几个部分，系统的熵是各部分的熵之和，故各部分熵变之和就等于系统的总熵变，即熵具有可加性。

下面举两个计算熵变的实例。

例 5-6 理想气体自由膨胀过程中的熵变。将 2 mol 的理想气体装入体积为 5.0 L 的绝热容器中，让气体再自由膨胀进入另一真空绝热容器，此时体积为 20.0 L，求该过程中的熵变。

解：该过程是在绝热条件下进行的，而且气体是向真空做自由膨胀，即气体不对外做功，因而气体的内能没有改变，这显然是个不可逆过程，为计算熵变就必须设想一个可逆过程。由以上分析可知，气体在自由膨胀过程中温度保持不变，这样我们就可以假设气体从始态到终态是在可逆的等温下进行的，故熵变为

$$\Delta S = \int \frac{dQ}{T} = \int \frac{p\,dV}{V} = nR\int_{V_2}^{V_1} \frac{dV}{V} = nR\ln\frac{V_2}{V_1} = 2\times 8.31\times \ln\frac{20.0}{5.0} = 23.04(\text{J/K})$$

所以

$$\Delta S > 0$$

由以上计算可知，在孤立系统中理想气体的自由膨胀过程，熵是增加的。而气体的自由膨胀是一个不可逆过程，因此我们可以说，在孤立系统中不可逆过程的熵是增加的。

例 5-7 热传导过程中的熵变。如图 5-20 所示，有一个容器的器壁是由绝热材料制成的，容器内有两个彼此相接触的物体 A 和 B，它们的温度分别为 600 K 和 250 K，如果有 4 000 J 的能量由 A 自发地传递到 B，则该过程中的熵变为多少？（假设在热传递过程中两个热源的温度不变）

解：由于热量传递是在等温的可逆的过程中进行的，则 A 物体的熵变为

$$\Delta S_{\mathrm{A}}=\frac{-Q_{\mathrm{A}}}{T_{\mathrm{A}}}=\frac{-4\ 000\ \mathrm{J}}{600\ \mathrm{K}}=-6.63\ \mathrm{J/K}$$

B 物体的熵变为

$$\Delta S_{\mathrm{B}}=\frac{Q_{\mathrm{B}}}{T_{\mathrm{B}}}=\frac{4\ 000\ \mathrm{J}}{250\ \mathrm{K}}=16.0\ \mathrm{J/K}$$

这样，整个过程中的熵变为

$$\Delta S=\Delta S_{\mathrm{A}}+\Delta S_{\mathrm{B}}=(-6.67+16.0)\mathrm{J/K}=9.33\ \mathrm{J/K}$$

所以

$$\Delta S>0$$

从计算结果可以看出，在热传导过程中，虽然高温物体 A 的熵减少了，但低温物体 B 的熵增加得更多，导致系统的熵增加了，由于系统与外界间没有能量传递，因此，上述的计算结果也表明：在孤立（或绝热）系统中所进行的热传导过程，熵是增加的。而热传导也是一个不可逆过程，所以热传导过程中熵增加的例子又一次说明，孤立系统中的不可逆过程熵是增加的。

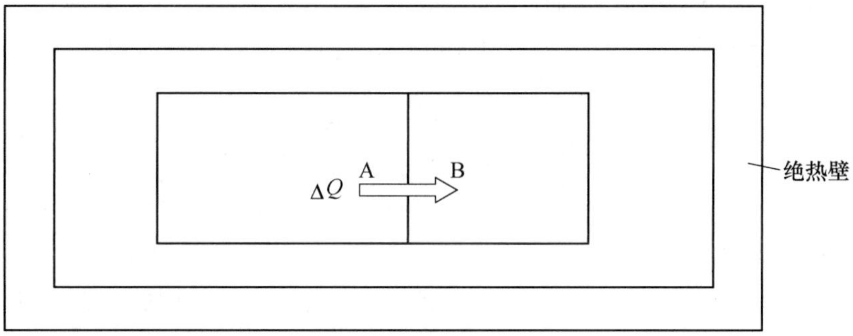

图 5-20 例 5-7 用图

3. 熵增加原理

在上面几个不可逆的绝热过程中，无论是气体的自由膨胀还是热传导，计算的结果表明，系统的熵总是增加的，即

$$\Delta S>0（不可逆绝热过程）$$

其实，在自然界中发生的大多数热力学过程都是不可逆的，例如前面已经讲过的热功转换、气体的混合等，都是典型的不可逆过程，如果我们对这些过程的熵变进行计算，也都能得到熵增加的结果。因此不可逆绝热过程的熵是增加的。

此外，对于可逆的绝热过程，由于系统与外界没有热交换，即 $dQ=0$，因此，由熵的定义式可知，可逆的绝热过程，其熵应该保持不变，即

$$\Delta S=0（可逆的绝热过程）$$

综上所述，对于自然界发生的任意绝热过程，系统的熵永不减少，即

$$\Delta S\geqslant 0（绝热过程或孤立系统）$$

这就是熵增加原理，熵增加原理只能用于孤立系统或绝热过程。根据熵增加原理，就可以判断绝热过程的方向，即：孤立系统中（绝热）的不可逆过程总是向着熵增加的方向进行，而孤立系统中（绝热）可逆过程则总是沿着等熵的方向进行。也正是由于这个原因，我们把熵增加原理看作是热力学第二定律的另一种表述形式。下面我们介绍一下与熵增加原理有关的几个问题。

（1）熵增与时间之矢。由于熵可以定量地描述系统状态的混乱程度，因此，熵增加原理就给出了孤立系统随时间进化的信息，也就是说，它向我们展示了时间箭头的方向。例如，对于同一个孤立系统的两个状态一和二，如果通过分析能够判断状态一比状态二具有更大的无序度，那么状态一在时间上一定滞后于状态二，即时间的箭头总是指向更无序的状态。现在我们已知，由于一切运动都伴随着热现象，所以自然界中的一切宏观过程都是沿着熵增加的方向进行，无论是无机系统还是有机系统所发生的过程都具有方向性，实际上时间正是这一客观属性的体现，而熵增原理所规定的方向性正是时间存在及其单向流逝的客观基础。

（2）熵增与热寂论。伴随着熵增加原理的确立，一些物理学家将熵增加原理应用于整个宇宙而得到宇宙最终将达到热寂状态的结论。他们认为整个宇宙是一个孤立系统，根据熵增加原理，宇宙的熵将趋于极大，因此一切宏观的变化都将停止，全宇宙将进入一个死寂的永恒状态。这就是热寂论。由于这是一个在有限的时间和空间内无法以观测来验证的问题，所以，热寂论几乎一直在困扰着 19 世纪的一些物理学家。

随着科学的发展，人们逐渐认识到了热寂论是荒谬的，它在于把无限的宇宙看成是一个热力学中所说的孤立系统，事实上，热力学第二定律是建立在有限空间和时间范围内所考察的现象上的，热力学所说的孤立系统是指外界对它影响较弱的有限系统，把无限的宇宙看成是一个有限的孤立系统，这是根本错误的。

（3）熵增与生命进化。达尔文 1859 年出版了当时震动学术界的《物种起源》一书，指出地球上各种各样的生物都是经过漫长的年代由简单到复杂，由低级到高级进化而成的，如用物理的语言，就是由无序到有序，从有序到更加精确有序的发展过程。高度有序是生命系统的特征，系统的结构越有序，系统的熵值越小。那么，是不是生命的进化违背了热力学第二定律呢？

前面我们已经指出，熵增加原理只能用于孤立系统或绝热过程，而众所周知，生命系统是一个开放的非平衡系统，因此，熵增加原理不能简单地应用于生命系统。对于非孤立的开放系统来说，熵也可能在过程中减少从而使系统的无序程度降低。这是因为开放系统熵的

改变来自两个方面:一是系统内部的不可逆过程引起熵的增加,称为熵产生;一是与外界交换中流入系统的熵,称为熵流。在适当的条件下,可以造成负熵流,即系统向周围流出的熵大于本身产生的熵。这种情况下,系统的熵在变化过程中就会减少。例如,生命系统就是一个高度有序的开放系统,熵越低就意味着越完善和健全,而生命力越强。早在 20 世纪 40 年代,著名物理学家薛定谔(Erwin Schrodinger,1887—1961)就曾指出:生命系统之所以能够存在,就是因为它从环境中不断地得到"负熵"。生物为什么能够进化?也正是由于它是开放系统,与外界有着充分的物质、能量以及熵的交流,因而从单细胞生物逐渐演化成现在这样丰富多彩的自然界。

5.4.5 热力学第二定律的统计意义

上面从宏观观点出发讨论了表述热力学过程方向性的熵增加原理,下面我们将从无序性的意义和玻耳兹曼方程来简述热力学第二定律的统计意义,从而加深对熵和熵增加原理的理解。

1. 无序性

要说明系统的无序性,需先了解热力学概率的概念。

设有 4 种颜色不同的小球,其颜色分别为红、黄、绿、蓝,现要将其分装在 2 个体积相同的容器 A 和 B 中,4 个小球在 2 容器的可能的分布方式,如表 5-2 所示。由该表可以看出,小球在容器中的分布共有 16 种微观状态,4 种颜色的小球同时放入 A 中的可能性是存在的,其概率为 $1/16=1/2^4$,不难证明,若有 N 个分子,则这 N 个分子全部集中在一边的概率为 $1/2^N$。如果 N 非常大,则这个数值是很小的,以至于 N 个气体分子集中在一边的概率实际上为零。所以当气体膨胀后,再让这些气体分子全部回到一边的概率是如此之小,即该过程是不能自发进行的。

表 5-2 小球在盒 A 和 B 内各种分布状态

分配方式	分配的微态数	容器 A	容器 B
(4:0)	1	红黄绿蓝	0
(3:1)	4	红黄绿 红黄蓝 红绿蓝 黄绿蓝	蓝 绿 黄 红
(2:2)	6	红黄 红绿 红蓝 黄绿 黄蓝 绿蓝	绿蓝 黄蓝 黄绿 红蓝 红绿 红黄
(1:3)	4	红 黄 绿 蓝	黄绿蓝 红绿蓝 红黄蓝 红黄绿
(0:4)	1	0	红黄绿蓝

所谓热力学概率就是指与某一宏观状态相对应的微观状态数。宏观态所对应的微观状态数越多，表明该系统越混乱和无序；宏观态所对应的微观状态数越少，表明该系统越整齐和有序。所以说，热力学概率是分子热运动的系统无序性的量度，无序仅仅意味着比有序有更大的概率。由于自然界过程的自发倾向总是从热力学概率小的宏观状态向热力学概率大的宏观状态过渡，因此，自然界一切与热现象有关的实际过程都是由有序自发地朝无序的方向进行。

2. 玻耳兹曼方程——热力学第二定律的统计意义

前面已经讲过热力学概率是系统无序度的量度，而熵又可以定量地描述系统的无序度，因而熵与系统的热力学概率存在某种必然的联系。那么，怎样把系统的熵和热力学概率定量地联系起来呢？1877 年，奥地利物理学家玻耳兹曼(Ludwig Boltzmann，1844—1906)提出了玻耳兹曼方程，建立了熵与系统热力学概率的联系，赋予了熵统计学的意义。玻尔兹曼同时给出了熵的计算公式

$$S=k\ln\Omega \tag{5-51}$$

在该方程中 k 为玻耳兹曼常数，Ω 为系统的微观状态数，上式叫作玻耳兹曼方程。

这是一个非常重要的方程，它赋予了热力学第二定律以统计意义，通过该方程使热力学与统计热力学发生了联系，从而奠定了统计热力学的基础。

熵在宏观上是指热温比，但这个概念比较抽象，而玻耳兹曼方程从微观上给出了熵的定义，该定义不仅给热力学熵以统计解释，使我们对熵的微观本质有了进一步的理解，而且由于在生产和科学实验中存在大量的随机事件以及由概率所描述的不确定性问题，因此，熵的应用范围已经超出了热力学范围，在生命科学和信息科学中也被广泛应用。例如，蛋白质的折叠和组装，信息熵等。

由以上分析可以看出，从宏观上看，对于孤立系统内部发生的实际过程是由有序状态自发地向着无序的状态进行；但从微观上看，就是由概率小的状态向概率大的状态进行，由包含微观状态数少的宏观状态向包含微观状态数多的宏观状态进行，无序仅仅是比有序有更大的概率，这样，我们就可以从微观的角度来理解热力学第二定律的统计意义。由其统计意义也可以看出，热力学第二定律所禁止的过程并非绝对不可能发生，只是出现的概率非常非常小而已。

热力学第二定律是在提高热机效率的生产实践中发现的，但它对实践的指导意义却不限于热机，随着对热力学第二定律的普遍认识，它就在越来越多的方面得到了广泛的应用，它和热力学第一定律一起，构成了热力学的主要理论基础。

□ 思考题

5-1　当热力学系统处于非平衡态时，温度的概念是否适用？

5-2　内能和热量的概念有何不同？下面两种说法是否正确？

(1)物体的温度越高，则热量越多；

(2)物体的温度越高，则内能越大。

5-3 什么是热力学系统的平衡态？气体在平衡态时有何特征？当气体处于平衡态时还有分子热运动吗？

5-4 试说明为什么气体热容的数值可以有无穷多个？什么情况下气体的热容为零？什么情况下气体的热容是无穷大？什么情况下是正值？什么情况下是负值？

5-5 有可能对物体加热而不致升高物体的温度吗？有可能不作任何热交换，而使系统的温度发生变化吗？

5-6 讨论理想气体在下述过程中 ΔU、W、Q 的正负。

(1)等容降压；

(2)等压压缩；

(3)绝热膨胀。

5-7 有人说，因为在循环过程中系统对外做的净功的数值等于 p-V 图中封闭曲线所包围的面积，所以封闭曲线所包围的面积越大，循环效率就越高，对吗？

5-8 温度差对于热机的驱动是否是必需的，为什么？

5-9 夏天将冰箱的门打开，让其中的冷空气出来为室内降温，这种方法可取吗？

5-10 判别下列说法是否正确：

(1)功可以全部转化为热，但热不能全部转化为功；

(2)热量能从高温物体传到低温物体，但不能从低温物体传到高温物体。

5-11 从原理上讲如何计算在始末状态之间进行不可逆过程所引起的熵变。

□ 习 题

5-1 一热力学系统由如图 5-21 所示的状态 a，沿 acb 过程到达状态 b 时，吸收了 560 J 的热量，对外做功 356 J。

(1)如果它沿 adb 过程达到状态 b 时，系统对外做功 220 J，它吸收了多少热量？

(2)当系统由 b 状态沿曲线 ba 返回状态 a 时，外界对系统做功为 282 J，试问系统是吸热还是放热？热量传递多少？

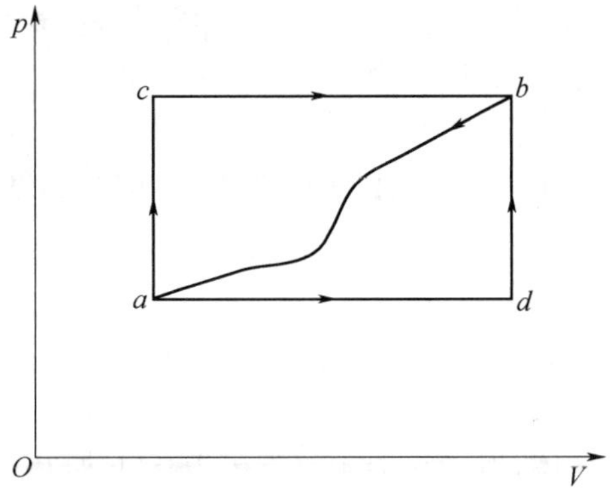

图 5-21 习题 5-1 用图

5-2 64 g 氧气的温度由 273 K 升至 323 K,

(1)保持体积不变;

(2)保持压强不变。在这两个过程中氧气各吸收了多少热量? 各增加了多少内能? 对外各做了多少功?

5-3 10 g 氦气吸收 10^3 J 的热量时压强未发生变化,它原来的温度是 300 K,最后的温度是多少?

5-4 如图 5-22 所示,一定量的空气,开始时在状态 A,其压强为 2.0 atm,体积为 2 L,沿直线 AB 变化到状态 B 后,压强变为 1.0 atm,体积变为 3 L,求在此过程中气体所做的功。

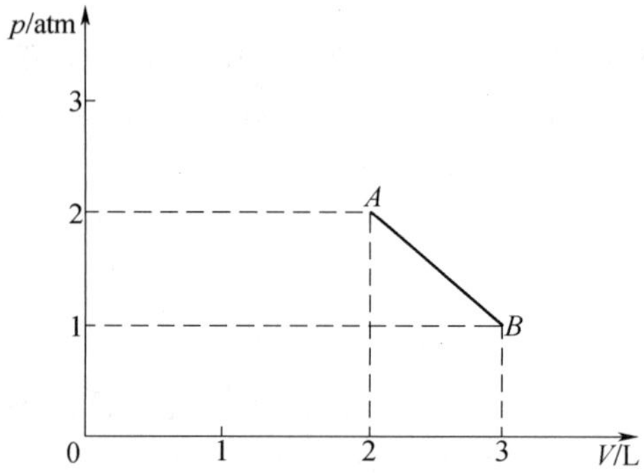

图 5-22 习题 5-4 用图

5-5 一定量氢气在保持压强为 4.00×10^5 Pa 不变的情况下,温度由 273 K 升高到 323 K 时,吸收了 6.0×10^4 J 的热量。

(1)求氢气的量是多少摩尔。

(2)求氢气内能变化多少。

5-6 标准状态下的 2 mol 氢气吸收外界 500 J 的热量。

(1)若体积不变,问这热量变为什么? 氢的温度变为多少?

(2)若温度不变,问这热量变为什么? 氢的压强和体积各变为多少?

5-7 2 mol 的理想气体在 300 K 时,从 4 L 等温压缩到 1 L,试求这气体做的功和吸收的热量。

5-8 一定量的氮气,压强为 1 atm,体积为 10 L,温度为 300 K。

(1)保持体积不变;

(2)保持压强不变。

温度都升到 400 K 的过程中,各需吸收多少热量? 内能增加多少? 对外做功多少?

5-9 一定质量的理想气体,其 $\gamma=1.40$,若在等压下加热,使其体积增大为原体积的 n 倍为止。试求传给气体的热量中,用于做功与增加内能的热量之比。

5-10 有 1 mol 的氧气，温度为 300 K 时，体积为 0.002 m^3，试计算下列两种过程中氧气所做的功：

(1)绝热膨胀到体积为 0.02 m^3；

(2)等温膨胀到体积为 0.02 m^3。

5-11 一作卡诺循环的热机，高温热源的温度为 400 K，每一循环从此热源吸进 100 J 的热量并向一低温热源放出 80 J 的热量。求：

(1)低温热源温度；

(2)该循环的热机效率。

5-12 有一卡诺制冷机，从一温度为－10℃的冷藏室中吸取热量，而向温度为 20℃的物体(通常为水)放出热量，设该制冷机所耗功率为 15 kW，问每分钟从冷藏室中吸取的热为多少？每分钟放热为多少？

5-13 一卡诺热机的低温热源温度为 7℃，效率为 40%，若要将其效率提高到 50%，求高温热源的温度需要提高多少？

5-14 一热机在 1 000 K 和 300 K 之间工作，若

(1)高温热源温度提高到 1 100 K；

(2)低温热源温度降低到 200 K，求理论上热机效率各增加多少？为了提高热机的效率，哪一种方案更好？

5-15 1 mol 氦气经过如图 5-23 所示的循环过程，其中 $p_2=2p_1$，$V_4=2V_1$，求 1—2、2—3、3—4、4—1 各过程中气体吸收的热量和热机的效率。

5-16 1 mol 单原子分子理想气体的循环过程如图 5-24 所示，其中 c 点的温度 $Tc=600$ K，求：

(1)ab，bc，ca 各个过程系统吸收的热量；

(2)经过该循环系统所做的净功；

(3)循环的效率($\ln 2=0.693$)。

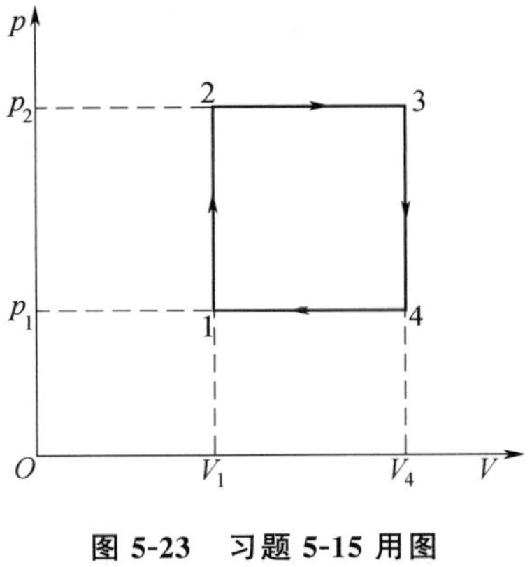

图 5-23 习题 5-15 用图

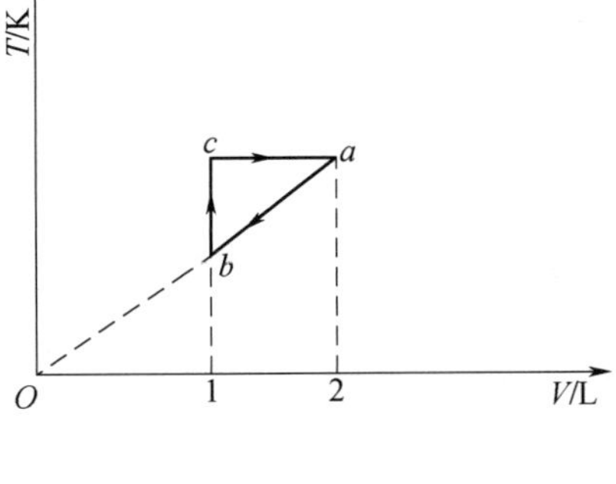

图 5-24 习题 5-16 用图

5-17 在一个绝热容器中，用隔板将容器分成两部分，其容积分别为 $V_1=1$ L 和 $V_2=3$ L，2 mol 的理想气体装在 1 L 容积的一边，另一边为真空。若将隔板抽去，试求气体达到平衡时的熵变。

5-18 计算不同温度液体混合后的熵变。质量为 0.30 kg、温度为 90℃的水，与质量为 0.70 kg、温度为 20℃的水混合后，最后达到平衡状态，试求水的熵变。设整个系统与外界间无能量传递。

5-19 2 mol 理想气体从 300 K 加热到 600 K，体积由 25 dm^3 变为 100 dm^3，试计算该过程中的熵变，已知该气体的 $C_{V,m}$ 为 19.5 $J\cdot K^{-1}\cdot mol^{-1}$。

5-20 今有 1 kg 0℃的冰融化成 0℃的水，求其熵变（设水的溶解热为 3.35×10^5 J/kg)。

5-21 有 2 mol 的理想气体，经过可逆的等压过程，体积从 V_0 膨胀到 3 V_0，求在该过程中的熵变。

第3部分

电磁学

PART 3

ELECRTOMAGNETICS

近代电磁学的进展及其在农林中的应用

电学又称电磁学，从原来互相独立的两门科学（电学、磁学）发展成为物理学中一个完整的分支学科，主要是基于两个重要的实验发现，即电流的磁效应和变化的磁场的电效应。这两个实验现象，加上麦克斯韦关于变化电场产生磁场的假设，奠定了电磁学的整个理论体系，1888年，赫兹通过实验检测到电磁波，标志着电磁学基本理论体系的确立。

从那以后，电磁学研究从未停止前进的脚步，在电子的发现与性质、无线电与微波技术、半导体与超导体材料等方面取得重要突破，并且衍生出了电子技术、自控技术等新兴学科，极大地促进了科学的发展和技术的进步。

1. 电子的发现与性质

1896年洛伦兹（Hendrik Antoon Lorentz，1853—1928）提出了电子论，并将麦克斯韦方程组应用到微观领域，把物质的电磁性质归结为原子中电子的效应，统一地解释了电、磁、光现象，使电磁学和原子与物质结构的理论结合了起来。此外，洛伦兹还根据电子论导出了关于运动介质中的光速公式，把麦克斯韦理论向前推进了一步。

1897年，J·J·汤姆孙（Jospeh John Thomson，1857—1940）通过阴极射线荷质比的测量发现了电子。1899年他进一步研究了爱迪生效应中越过空间的电流，用磁偏法测出其荷质比，证实这种电流也是由电子组成。这样不仅可以解释物质的极化、磁化、导电等现象以及物质对光的吸收、散射和色散现象；而且还成功地解释了关于光谱在磁场中分裂的正常塞曼效应。

密立根（Robert Andrews Millikan，1868—1953）于1913年宣布用油滴法精确测定电子电荷电量，进一步确立了电子的存在和性质。以此为基础，1916年发表实验结果全面地证实了爱因斯坦光量子理论对光电效应的分析。

1911年英国里查森（Owen Willans Richardson，1879—1959）推导出的热电子发射公式并随后用实验证实，这个公式与后来量子统计分布推出的热电子发射公式完全一致。里查森的工作最引人注目的应用之一是在无线电电子学方面。热电子发射定律的发现对无线电电子学的发展有深远影响，因为不论是早期的二极管和三极管，还是后来的X射线管、示波管、电子显像管和磁控管、速调管，都离不开热电子发射的理论与实验技术。

1923年法国德布罗意（Louis Victor de Broglie，1892—1987）对原子理论进行深入探讨，提出实物粒子也有波粒二象性，特别提到了电子的波动性质。德布罗意提出："通过电子在晶体上的衍射实验，应当有可能观察到这种假定的波动的效应"。戴维森（Davidson，1881—1958）和G·P·汤姆森（George Paget Thomson，1892—1975）的电子衍射实验证实了该假设，这种实验技术分别发展成为低能电子衍射技术和反射式高能电子衍射技术，在表面物理学中有广泛应用，并且为后来电子显微镜的诞生奠定了基础。

鲁斯卡（Ernst August Friedrich Ruska，1906—1988）通过计算认识到，根据德布罗意的物质波理论，电子波长比光波波长短5个数量级，电子显微镜可能实现更高的分辨率。鲁斯卡进行了利用磁透镜和静电透镜使电子束聚焦成像的实验研究，1933年，鲁斯卡制作成功了12 000倍放大率的电子显微镜。

经过多年改进，出现了商品化的透射电镜和扫描电镜。20世纪70年代出现的超高分辨率电子显微镜使人们能够直接观察原子。这对于固体物理、固体化学、固体电子学、材料科学、地质矿物学和农学、生物学的发展起了巨大的推动作用。

1957年初日本江崎首先发现隧道效应。他发现这种薄PN结的正向电阻特性没有变化，但反向电阻却呈直线下降趋势。江崎用量子力学理论令人信服地证明了这正是人们长期以来所寻找的隧道效应。

透射电镜的图像实际上是很薄样品的内部讯息，不可能用于表面微观观察。扫描电镜虽然给表面观察及分析提供了有力的工具，但由于高能电子束对样品有一定穿透深度，所得的信息也不能反映"真实"表面状态。针对这一问题，基于江崎等的隧道效应、隧穿电流的研究成果，IBM在瑞士苏黎世研究所的宾尼希（Gerd Karl Binning，1947—）与罗雷尔（Heinrich Rohrer，1933—）于1982年发明了扫描隧道显微镜（STM）。在不到5年的时间内，分辨率就达到了原子水平。基于STM的基本原理，现在已发展起来了一系列扫描探针显微镜（SPM），如原子力显微镜（AFM）、磁力显微镜（MFM）、弹道电子发射显微镜（BEEM）、光子扫描隧道显微镜（PSTM）、扫描电容显微镜（SCAM）、扫描近场光学显微镜（SNOM）等。这些现代仪器在化学、微电子学、生物学、农学及高新技术领域发挥巨大作用。

2. 电磁波研究与应用领域

1895年，俄国的波波夫和意大利的马可尼分别实现了无线电信号的传送。1901年马可尼第一次建立了横跨大西洋的无线电联系。基于热电子发射的电子管的发明及其在线路中的应用，使得电磁波的发射和接收都成为易事，推动了无线电技术的发展，电报电话收音机相继问世，极大地改变了人类的生活。近代电学在电磁波研究与应用领域，特别是无线电、微波技术、核磁技术等方面也取得了许多重大突破。

1938年，美国汉森教授利用谐振腔对电子束进行速度调制，从而发明了双腔速调管，解决了在厘米波段产生小功率振荡的问题。1940年英国的兰德尔和布特发明了多腔磁控管，使得大功率小型化的微波的产生和发射成为可能，为以后核磁技术、雷达、无线广播、通信甚至微波炉的应用奠定了基础。

美国的拉比受到荷兰物理学家哥特的启发，于1938年把射频共振法应用于分子束技术，创立了分子束共振法。分子束磁共振方法后来推广并取得了广泛的应用，例如在原子钟、核磁共振乃至于微波激射器和激光器中，都用到了这种方法。

1945年12月，美国的珀塞尔和他的小组在石蜡样品中观察到质子的核磁共振吸收信号，1946年1月，美国的布洛赫和他的小组在水样品中也观察到质子的核感应信号。他们两人用的方法稍有不同，几乎同时在凝聚态物质中发现了核磁共振，精确地测定了核磁矩。

汤斯小组历经两年的试验，终于在1953年制成了第一台微波激射器。1958年普罗霍罗夫和汤斯在该成果的基础上指出光学中使用的法布里-珀罗标准具可用作从亚毫米波直到可见光波段的谐振腔。在他们的理论指导下，两年后就发明了激光器。

美国拉姆齐在1950年提出分离振荡场方法，解决了原子钟设计里的关键问题，创制了铯原子钟。原子钟的出现，使得时间成为世界上测量最精确的物理量，时间单位秒的定义，长度单位米的定义现在都以精确计时为基础。现在应用很广的GPS全球定位技术，其核心也是基于精确计时与原子钟。精确计时还在宇宙探测，验证爱因斯坦相对论的实验中得到应用。

另外，核磁共振的研究还发展出高分辨核磁共振技术，核磁共振成像仪(MRI)和核磁共振谱仪(NMR)得以问世。这些仪器在化学、蛋白质结构分析、生物学医学成像探测方面取得巨大成功。在物理学之外，NMR在1991年、2002年两次获得诺贝尔化学奖，MRI相关研究获得2003年诺贝尔生理与医学奖。

3.超导体与半导体研究

近代电磁学在导电物质尤其是半导体超导体研究方面，也取得了惊人成就，不仅造就了当今世界规模最大的电子工业，而且为未来的相关技术发展做好了理论与实验基础。

在半导体研究方面，贝尔实验室在1946年成立的固体物理研究组，于1947年发明了晶体管。晶体管体积细小、可靠、耐用、耗电量少而且效率高。晶体管的出现，令工程师能设计出更多更复杂更小型化成本低的电路，使得音响电视等得到普及，各种仪器的自动控制得以方便地实现，使电子技术发展进入晶体管时代。

1958年美国的基尔比首先发明半导体集成电路，但该方法无法适应大规模自动化生产制造。1959年罗伯特·诺伊斯用一种崭新的平面科技制造集成电路，这项技术上的突破取代了以往的人手焊接。而以硅取代锗使集成电路的成本大为下降，令集成电路商品化变得可行。罗伯特·诺伊斯和戈登·摩尔其后创立了英特尔公司，促进了计算机与自动化技术的发展与普及，现在我们的工业、国防、通信、教育、网络乃至生活娱乐都离不开那小小的晶体管集成电路了。

超导现象最早在1911年由卡末林-昂内斯和他的助手霍尔斯特在研究超低温水银导电特性时发现。1957年美国的巴丁、库珀和施里弗3人合作发展以他们3人姓氏的第1字母表示的BCS理论的超导电性理论。德国物理学家柏诺兹与瑞士物理学家缪勒在1986年首先发现了陶瓷材料系统中“高温”超导电性，并最终将超导材料的临界温度提高了近100开尔文，使超导材料在磁悬浮、集成电路、聚变反应、电子对撞机等领域现在和将来起到极其重要的作用。

4.电磁学在农林业中的应用

在农林业生产和科研中，诱变育种是继选择育种和杂交育种之后发展起来的一项现代育种技术。使用电场、磁场和电子射线(β射线)来诱变育种，是非常重要的农业生产技术。辐射的作用有的是与细胞中的原子、分子发生冲撞，造成电离或激发；有的则是以能量形式产生光电吸收或光电效应；对染色体的数目、结构等都会产生影响，当然射线也可作用在染色体核苷酸分子的碱基上，从而使基因(遗传密码)发生突变。电场诱导作用使得植物细胞的突变率比平时高出千百倍，有些变异是其他手段难以得到的。当然，所产生的变异绝大多数不能遗传，但是可遗传的好性状一经获得便可育成品种或种质资源。

使用电子显微镜、各种扫描探针显微镜研究和观察植物组织、细胞超微结构，花粉与孢子，植物细菌，病毒的结构和功能甚至土壤与植物化石结构等，其在农林业科学研究中非常重要。使用NMR、MRI技术，在农林科学研究中的蛋白质结构与功能、种子检测等高级研究领域有重要应用。而且随着农业、林业的科研和生产走向微观、走向深入，这些技术将发挥越来越大的作用。

农林信息主要是耕地与粮棉作物生产的信息，对生产管理与政府决策是至关重要的。农林监测的主要任务是监测耕地的变化，森林生长情况，粮棉作物的面积、长势、灾害与产量。由于信息技术的发展，3S 技术，即遥感（RS），地理信息（GIS）与 GPS 技术，已用于国家与全球尺度的农林监测。除此之外，用探空雷达监测迁徙的鸟类、迁飞的害虫等也取得很大进展。

以半导体为基础的电子产业，极大地改变了农业林业的面貌。各种农林业环境的监测，各种自动化设备，水电建设，天气预报，节水灌溉，产品的销售、贮藏、加工都离不开电子信息技术。例如现在的设施农业已经由大棚温室发展到具有人工环境控制的自动化、机械化程度极高的现代化大型温室和植物工厂，由传感器、继电器、驱动器与电机、节水灌溉、热屏遮阴系统等组成，能对肥料、温度、光照、CO_2 浓度等综合控制，可以为社会提供丰富的无污染、安全、优质的绿色健康食品。

Chapter 6 第 6 章

静电场

Electrostatic Field

电磁运动是物质的一种运动形式。电磁相互作用是自然界已知的 4 种基本相互作用之一。一般情况下，运动的电荷将同时激发电场和磁场，电场和磁场相互关联，密不可分。而对于观察者静止的电荷——静电荷，它只激发电场而无磁场，它所产生的电场称为静电场。

人类对物质世界的认识总是遵循从特殊到一般，从简单到复杂的认识过程。因此，对静电场的研究，是人们认识电磁场的开端。本章主要内容：点电荷的实验定律——库仑定律；描述静电场的两个基本物理量——电场强度和电势；反映静电场性质的两个基本规律——高斯定理和环路定理。

6.1 库仑定律和电场强度

6.1.1 库仑定律

1. 两种电荷

近代物理学的发展，使我们对物质的结构有了较为深入的认识，进而对带电现象有了更为本质的认识。一切物质都是由原子组成，原子又是由带正电的原子核和带负电的电子所组成。原子核中有质子和中子，质子带正电，中子不带电。因此，人们将电荷分为正负两种，电子具有负电荷 $e=-1.60\ 219\times10^{-19}$ C(库仑)，质子具有正电荷 $e=1.60\ 219\times10^{-19}$ C，中子不带电。

物理学对电荷的认识可概括如下：

(1)电荷和质量一样，是基本粒子的固有属性。

(2)电荷有两种：正电荷和负电荷。一切基本粒子只可能具有电子或质子所具电荷的整数倍，电荷是不连续的。

(3)电荷具有守恒性，它是物理学的普遍原理。

(4)电荷之间的相互作用，是通过电场传递的。

2. 库仑定律

1785 年法国物理学家库仑(Charles Augustin de Coulomb，1736—1806)利用扭秤实验

直接测定了两个带电球体之间的相互作用电力。库仑在实验的基础上提出了两个点电荷之间的相互作用规律,即“库仑定律”。当两个带电体本身限度 d 远小于它们之间的距离 r 时,即 $d \ll r$ 时,带电体就可以近似看作“点电荷”,“点电荷”是研究电学问题所引入的一个模型。

“真空中,两个静止的点电荷之间的相互作用力,其大小与所带电量的乘积成正比,与它们之间的距离平方成反比,作用力方向沿着它们之间的连线,同号电荷相斥,异号电荷相吸。”——库仑定律。

库仑定律的矢量表达式为

$$\boldsymbol{F}_{21}=k\frac{q_1q_2}{r_{21}^2}\boldsymbol{e}_{r_{21}} \tag{6-1}$$

如图 6-1 所示,其中 $\boldsymbol{F}_{21}$ 表示电荷 q_2 受到电荷 q_1 的作用力,$\boldsymbol{e}_{r_{21}}$ 表示从 q_1 指向 q_2 的单位矢量。q_1 和 q_2 分别表示两个点电荷的电量(带有正负号的代数量)。进一步可知,两个静止的点电荷之间作用力符合牛顿第三定律,即 $\boldsymbol{F}_{21}=-\boldsymbol{F}_{12}$。相互作用的电荷性质不同,作用力方向不同(图 6-2)

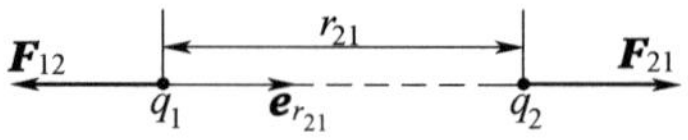

图 6-1　库仑定律

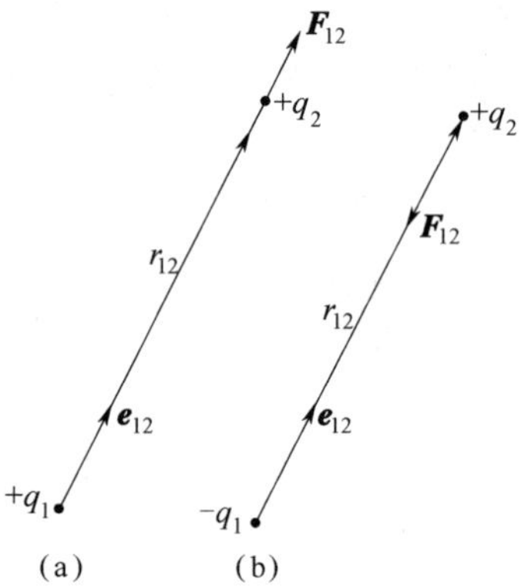

图 6-2　相互作用的电荷性质不同,作用力方向不同

在国际单位制中,电量的单位为 C,距离的单位为 m,力的单位为 N,实验测得比例常数 $k\approx 9\times 10^9\ \mathrm{N\cdot m^2/C^2}$。通常还引入另一常数——真空电容率 ε_0,令 $k=1/(4\pi\varepsilon_0)$,则 $\varepsilon_0=1/4\pi k=8.85\times 10^{-12}\mathrm{C^2/(N\cdot m^2)}$。

因此,真空中库仑定律的形式还可表示为

$$\boldsymbol{F}_{21}=\frac{1}{4\pi\varepsilon_0}\frac{q_1q_2}{r_{21}^2}\boldsymbol{e}_{r_{21}} \tag{6-2}$$

如果存在两个以上的点电荷,则公式对其中每一对点电荷都成立。其中任一点电荷所受到的其他电荷的作用力,可以用矢量合成方法来求得。

6.1.2　电场　电场强度

1. 静电场

“力”是物体之间相互作用的表现形式。库仑定律表明,真空中两个相距一定距离的点电荷之间发生相互作用，通过实验证实，这种作用不需要任何介质，也不需要任何时间。这种相互作用究竟是通过什么方式和途径来实现？围绕这一问题，历史上曾有多种看法和认识，并就此展开讨论，推动着物理学的发展。通过反复研究，人们终于认识到任何电荷都将在其周围形成静电场，电荷间相互作用是通过电场对电荷作用来实现的。

场是一种特殊形态的物质，它与物质的另一种形态——实物一起，构成了物质世界丰富多彩的图像，静电场存在于静止电荷周围的空间，是普遍存在的电磁场的一种特殊情形，它具有物质的一般属性，对外的表现形式是：力的属性，它对引入静电场的任何带电物质有作用力；能的属性，在电场中移动电荷时，电场力做功。

由此引入描述电场性质的两个物理量：电场强度和电势。

2. 电场强度

设空间中有一个相对于观察者静止的电荷 $+Q$，在它周围存在着静电场。为了研究电场力的属性，我们把一个试验电荷 $+q_0$ 分别放于电场中不同位置，观察电场对试验电荷 $+q_0$ 的作用力情况。其中试验电荷满足两点：①限度无限小可以考察场中任意空间位置；②电量足够小，置于任何位置对原电场的影响都可以忽略不计。

如图 6-3 所示，将试验电荷依次放入静电场不同位置，q_0 所受的电场力 $\boldsymbol{F}$ 依场点的位置而异。如果在电场中某确定位置依次放入电量不同的试验电荷，试验表明，各试验电荷所受的力 $\boldsymbol{F}$ 不同，但 $\boldsymbol{F}$ 与 q_0 的比值保持不变，即 $\frac{\boldsymbol{F}}{q_0}$ 与试验电荷的电量无关，只与电场中的位置有关。由此可见，可以用 $\frac{\boldsymbol{F}}{q_0}$ 来描述电场性质，我们把比值 $\frac{\boldsymbol{F}}{q_0}$ 称为电场强度。

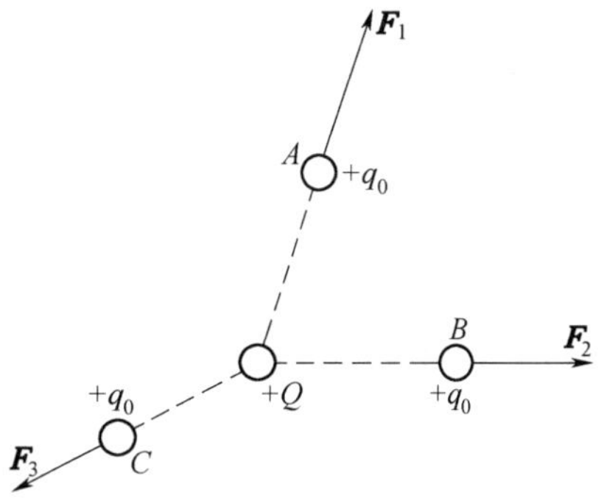

图 6-3 试验电荷在电场中不同点的受力情况

电场强度是电场空间的位置函数，用符号表示为

$$\boldsymbol{E}=\boldsymbol{F}/q_0 \tag{6-3}$$

空间中某点电场强度 $\boldsymbol{E}$——大小等于位于该点的单位正电荷所受力的大小，方向为正电荷在该点所受电场力的方向。

在国际单位制中，电场强度的单位是牛顿每库仑，符号为 $\mathrm{N\cdot C^{-1}}$，也可用 $\mathrm{V\cdot m^{-1}}$，$1\ \mathrm{N\cdot C^{-1}}=1\ \mathrm{V\cdot m^{-1}}$。

若已知静电场中某点电场强度为 $\boldsymbol{E}$，则可求出该点电荷所受电场力 $\boldsymbol{F}=q\boldsymbol{E}$。若 $q>0$，则 $\boldsymbol{F}$ 与 $\boldsymbol{E}$ 同向，若 $q<0$，则 $\boldsymbol{F}$ 与 $\boldsymbol{E}$ 方向相反。

3. 点电荷的场强

由场强的定义和库仑定律，我们可以求得真空中点电荷 Q 产生电场的场强。

如图 6-4 所示，把试验电荷 q_0 置于距离场源为 r 的场点 P 处，根据库仑定律，试验电荷 q_0 受到电场力

$$\boldsymbol{F}=\frac{1}{4\pi\varepsilon_0}\frac{qq_0}{r^2}\boldsymbol{e}_r$$

式中 $\boldsymbol{e}_r$ 是从场源电荷指向场点 p 的单位矢量。

由场强定义式可得，点电荷电场 p 点的场强

$$\boldsymbol{E}=\boldsymbol{F}/q_0=\frac{1}{4\pi\varepsilon_0}\frac{q}{r^2}\boldsymbol{e}_r \tag{6-4}$$

上式为点电荷电场场强分布公式，$Q>0$，$\boldsymbol{E}$ 与 $\boldsymbol{e}_r$ 同向；$Q<0$，$\boldsymbol{E}$ 与 $\boldsymbol{e}_r$ 反向。即：在正点电荷电场中，各点场强方向沿该点矢径方向；在负点电荷电场中，各点场强方向与该点矢径的方向相反，如图 6-5 所示。

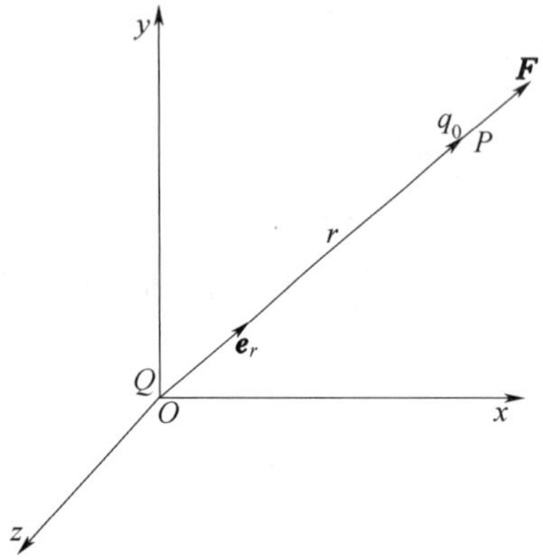

图 6-4　点电荷电场

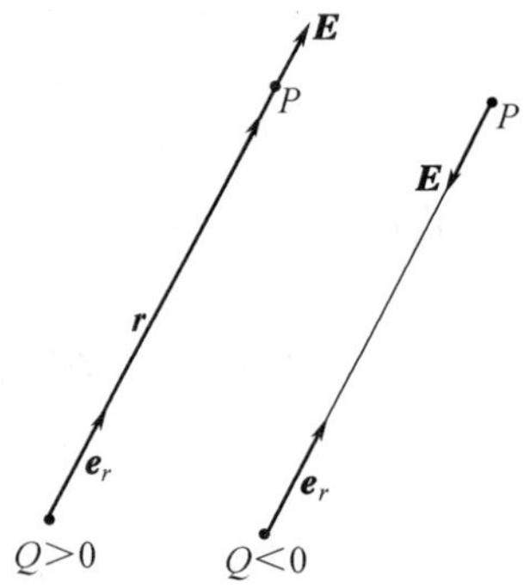

图 6-5　电荷带电性质不同，场强方向不同

由点电荷场强公式可以看出，点电荷的电场具有球对称性。

我们把各点场强大小相等，方向相同的电场称为匀强电场。

4. 场强叠加原理

若静电场由点电荷系 $q_1, q_2, \cdots, q_i$ 所产生，则在空间某点的试验电荷 q_0 所受的作用力 $\boldsymbol{f}$ 为各点电荷单独存在时所产生的电场对 q_0 的作用力 $\boldsymbol{f}_1, \boldsymbol{f}_2, \cdots$ 的矢量和，若电荷连续分布，为各电荷元产生的电场对 q_0 作用力 $\mathrm{d}\boldsymbol{f}$ 的矢量积分。即

$$\boldsymbol{f}=\sum \boldsymbol{f}_i \quad \text{或} \quad \boldsymbol{f}=\int \mathrm{d}\boldsymbol{f}$$

等式两边除以 q_0，得

$$\boldsymbol{E}=\sum \boldsymbol{E}_i=\frac{1}{4\pi\varepsilon_0}\sum_i \frac{q_i}{r_i^2}\boldsymbol{e}_{r_i}$$

或

$$\boldsymbol{E}=\int \mathrm{d}\boldsymbol{E}=\frac{1}{4\pi\varepsilon_0}\int \frac{\mathrm{d}q}{r^2}\boldsymbol{e}_r$$

式中 $\boldsymbol{E}_1=\dfrac{\boldsymbol{f}_1}{q_0}$，$\boldsymbol{E}_2=\dfrac{\boldsymbol{f}_2}{q_0}$，…代表 $q_1, q_2, \cdots$ 在某点单独存在时产生的场强，$\mathrm{d}\boldsymbol{E}=\dfrac{\mathrm{d}\boldsymbol{f}}{q_0}$ 是电荷元 $\mathrm{d}q$ 在某点的场强，$\boldsymbol{E}=\dfrac{\boldsymbol{f}}{q_0}$ 是该点的总场强。

场强叠加原理：点电荷系（或连续分布电荷）电场在某点的场强等于各点电荷（或电荷元）单独存在时产生的电场在该点场强的矢量叠加。

点电荷系

$$\boldsymbol{E}=\sum \boldsymbol{E}_i=\frac{1}{4\pi\varepsilon_0}\sum \frac{q_i}{r_i^2}\boldsymbol{e}_r \tag{6-5}$$

连续分布电荷

$$\boldsymbol{E}=\int \mathrm{d}\boldsymbol{E}=\frac{1}{4\pi\varepsilon_0}\int \frac{\mathrm{d}q}{r^2}\boldsymbol{e}_r \tag{6-6}$$

例 6-1　求电偶极子中垂线上任意一点的电场强度。

解：两个等量异号电荷相距为 l，当所考虑的场点 P 到它们的距离 r 远大于 l 时，把这样的电荷系统称为电偶极子，如图 6-6 所示。

设 P 为电偶极子中垂线上任意一点，到 $+q$，$-q$ 连线的距离为 r，且与 $+q$ 和 $-q$ 的距离相等，建立如图所示坐标系。则

$$r_+=r_-=\sqrt{r^2+\left(\frac{l}{2}\right)^2}$$

$+q$ 和 $-q$ 在 P 点产生的场强分别为 E_+ 和 E_-，它们的大小相等

$$E_+=E_-=\frac{1}{4\pi\varepsilon_0}\frac{q}{\left[r^2+\left(\frac{l}{2}\right)^2\right]}$$

P 点的总场强为

$$\boldsymbol{E}=\boldsymbol{E}_++\boldsymbol{E}_-=-(E_+\cos\theta+E_-\cos\theta)\boldsymbol{i}+(E_+\sin\theta+E_-\sin\theta)\boldsymbol{j}-2E_+\sin\theta\boldsymbol{i}$$

由图 6-6 可知，$\cos\theta=\dfrac{\frac{l}{2}}{\sqrt{r^2+\left(\frac{l}{2}\right)^2}}$，则

$$\boldsymbol{E}=-\frac{1}{4\pi\varepsilon_0}\frac{ql}{\left[r^2+\left(\frac{l}{2}\right)^2\right]^{\frac{3}{2}}}\boldsymbol{i}$$

又 $l\ll r$，故

$$\left[r^2+\left(\frac{l}{2}\right)^2\right]^{\frac{3}{2}}=r^3\left(1+\frac{l^2}{4r^2}\right)^{\frac{3}{2}}\approx r^3\left(1+\frac{3}{2}\frac{l^2}{4r^2}\right)\approx r^3$$

所以

$$\boldsymbol{E}=-\frac{1}{4\pi\varepsilon_0}\frac{ql}{r^3}\boldsymbol{i}$$

ql 是反映电偶极子的性质的物理量，定义 $p_i = ql$，把 p_i 称为电偶极矩，p_i 的方向由 $-q$ 指向 $+q$，与单位矢量 $\boldsymbol{i}$ 的方向一致，简称为电矩。由此 E 的表达式还可表示为

$$\boldsymbol{E} = -\frac{1}{4\pi\varepsilon_0}\frac{p_i}{r^3}\boldsymbol{i}$$

上式表明，电偶极子中垂线上某点的电场强度与电偶极子的电矩成正比，与该点到电偶极子中心的距离的三次方成反比，方向与电矩的方向相反。

例 6-2 求均匀带电圆环轴线上一点的电场强度。

解：如图 6-7 所示，建立如图所示坐标系，使坐标原点与环心相重合，x 轴垂直圆环所在平面。

设有正电荷 q 均匀地分布在半径为 R 的圆环上，P 为圆环轴线上的一点，点 P 与环心 O 的距离为 x。

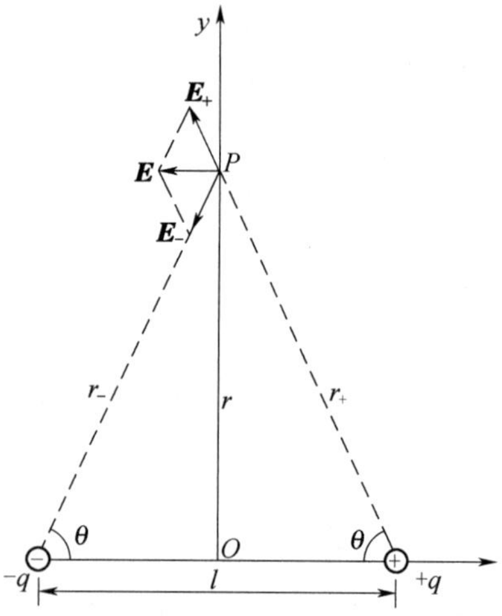

图 6-6 电偶极子

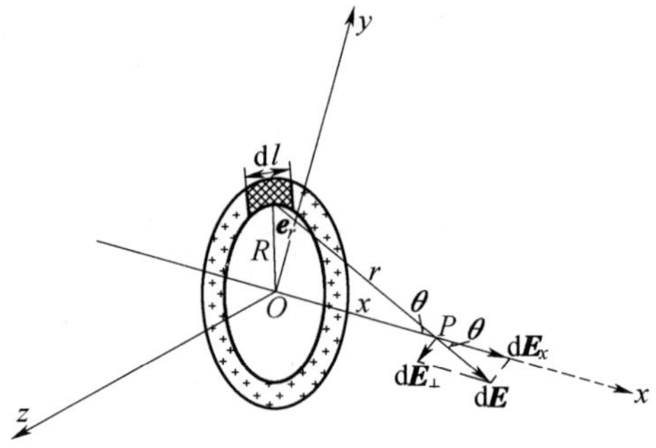

图 6-7 均匀带电圆环

由于电荷均匀分布，则其电荷线密度 $\lambda = q/(2\pi R)$，在环上取线段元 $\mathrm{d}l$，其电荷元 $\mathrm{d}q = \lambda\mathrm{d}l$。该电荷元所产生的电场在点 P 处的电场强度为

$$\mathrm{d}\boldsymbol{E} = \frac{1}{4\pi\varepsilon_0}\frac{\lambda\mathrm{d}l}{r^2}\boldsymbol{e}_r$$

由于电荷分布的对称性，圆环上各电荷元对点 P 处产生的电场强度 $\mathrm{d}\boldsymbol{E}$ 的分布也具有对称性。则 $\mathrm{d}\boldsymbol{E}$ 在垂直于 x 轴方向上的分量 $\mathrm{d}\boldsymbol{E}_\perp$ 将互相抵消，即 $\int \mathrm{d}E_\perp = 0$；$\mathrm{d}\boldsymbol{E}$ 沿 x 轴的分量 $\mathrm{d}\boldsymbol{E}_x$ 都具有相同的方向互相加强。由图 6-7 可知，$\mathrm{d}\boldsymbol{E}$ 沿 x 轴的分量 $\mathrm{d}E_x = \mathrm{d}E\cos\theta$；对这些分量求积分，有

$$E = \int_l \mathrm{d}E_x = \int_l \mathrm{d}E\cos\theta$$

因为

$$\mathrm{d}E\cos\theta=\frac{1}{4\pi\varepsilon_0}\frac{\lambda\,\mathrm{d}l}{r^2}\frac{x}{r}=\frac{1}{4\pi\varepsilon_0}\frac{\lambda x}{(x^2+R^2)^{\frac{3}{2}}}\mathrm{d}l$$

代入上式有

$$E=\frac{1}{4\pi\varepsilon_0}\frac{\lambda x}{(x^2+R^2)^{\frac{3}{2}}}\int_0^{2\pi r}\mathrm{d}l$$

故

$$E=\frac{1}{4\pi\varepsilon_0}\frac{qx}{(x^2+R^2)^{\frac{3}{2}}}$$

均匀带电圆环对轴线上任意点处的电场强度，是该点距环心 O 的距离 x 的函数，即 $E=E(x)$。

讨论若 $x\gg R$，则 $(x^2+R^2)^{3/2}\approx x^3$，这时有：$E\approx\frac{1}{4\pi\varepsilon_0}\frac{q}{x^2}$，在远离圆环的地方，可以把带电圆环看成为点电荷。

若 $x\approx 0$，$E\approx 0$，环心处的电场强度为零。

例 6-3 求均匀带电薄圆盘轴线上一点的电场强度。

解：如图 6-8 所示，设有一个电荷均匀分布、半径为 R_0、带电量为 Q 的薄圆盘，P 为通过盘心且垂直盘面的轴线上的任意一点。

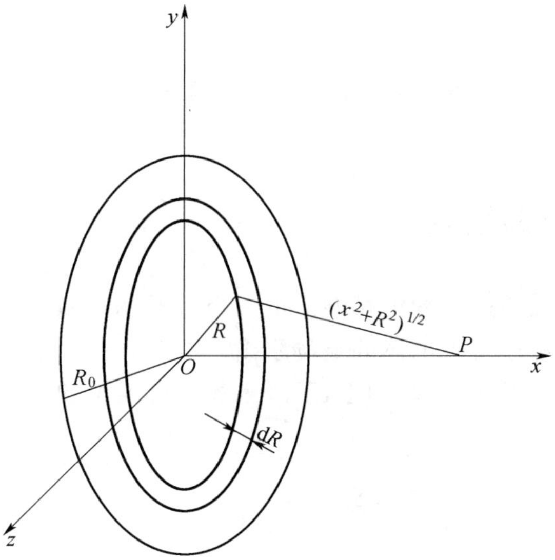

图 6-8 均匀带电圆盘

建立如图坐标系，盘心位于坐标原点 O，薄圆盘平面位于 yz 平面内。圆盘电荷均匀分布，圆盘上的电荷面密度为 $\sigma=\frac{q}{\pi R_0^2}$。

在圆盘上取半径为 R，沿半径线度为 $\mathrm{d}R$ 的圆环为微分元，微分元面积为 $\mathrm{d}S=2\pi R\,\mathrm{d}R$，

该微分元上所带的电荷元为 $dq=\sigma 2\pi R dR$，由上面例题可知，环带上的电荷元对 x 轴上点 P 处激起的电场强度为

$$dE_x = \frac{x\,dq}{4\pi\varepsilon_0 (x^2+R^2)^{3/2}} = \frac{\sigma}{2\varepsilon_0}\frac{xR\,dR}{(x^2+R^2)^{3/2}}$$

圆盘上所有带电的环带对在点 P 处的电场强度都沿 x 轴同一方向，可得带电圆盘的轴线上点 P 处的电场强度为

$$E=\int dE_x = \frac{\sigma x}{2\varepsilon_0}\int_0^{R_0}\frac{R\,dR}{(x^2+R^2)^{3/2}}$$

积分得

$$E=\frac{\sigma x}{2\varepsilon_0}\left(\frac{1}{\sqrt{x^2}}-\frac{1}{x^2+R_0^2}\right)$$

讨论 $x \ll R_0$ 时，带电圆盘可近似为“无限大”的均匀带电平面，$\left(\frac{1}{\sqrt{x^2}}-\frac{1}{\sqrt{x^2+R_0^2}}\right)\approx \frac{1}{\sqrt{x^2}}$，此时

$$E=\frac{\sigma}{2\varepsilon_0}$$

E 的方向与平面垂直。

无限大均匀带电平面附近的电场可以看作是匀强电场。

6.2 静电场的高斯定理

上节我们用解析方法描述了静电场性质的一个重要物理量——电场强度，并从叠加原理出发讨论了点电荷系和连续带电体的电场强度。本节我们将进一步用图示方法，形象地描述静电场，并将在介绍电场线的基础上，引入电场强度通量的概念，给出静电场的重要性质定理之一——高斯定理。

6.2.1 电场线 电场强度通量

1. 电场线

为了形象地描绘电场分布，我们可以引入一种假想的曲线——电场线。如图 6-9、图 6-10 所示，正点电荷的电场线是以正电荷为中心的、沿径矢向外辐射的射线；负点电荷的电场线，是以负电荷为中心的、沿径矢向内汇聚的射线。

静电场的电场线具有以下性质：静电场线总是起自正电荷，终止于负电荷；在静电场中，电场线不会形成闭合；任意两条静电场线不会在没有电荷的地方相交。

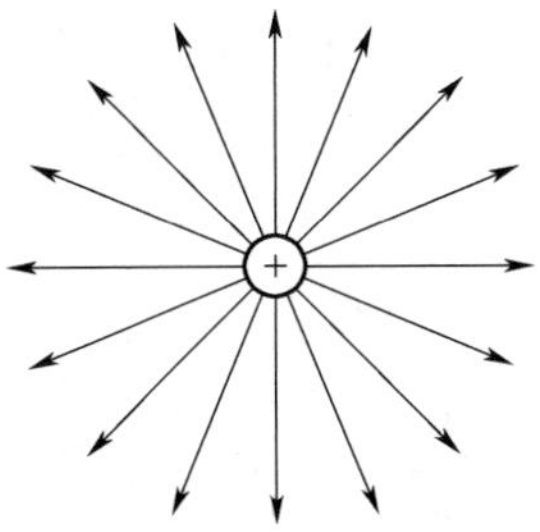

图 6-9 正电荷电场线

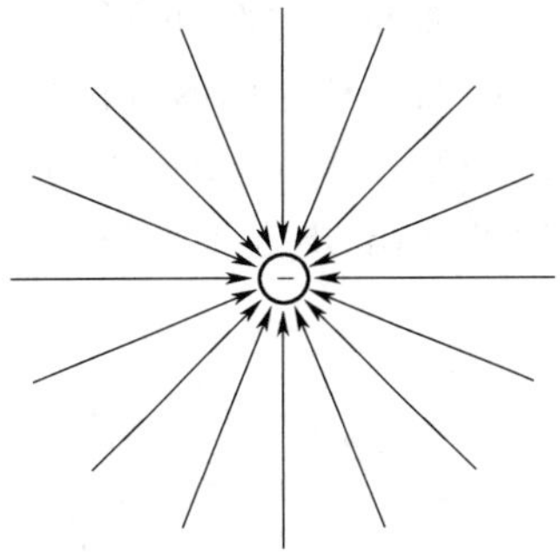

图 6-10 负电荷电场线

前两条是静电场的基本规律的反应，最后一条表明静电场中各场点的场强方向唯一。

为了使得电场线既能表示各场点场强的方向，也能表示该点电场强度的大小，我们做出如下规定：通过电场中某点垂直于 $\boldsymbol{E}$ 的单位面积的电场线条数等于该点处电场强度 $\boldsymbol{E}$ 的大小。即：$\dfrac{dN}{dS_{\perp}}=E$，如图 6-11 所示。$\dfrac{dN}{dS_{\perp}}$ 也叫作电场线密度。

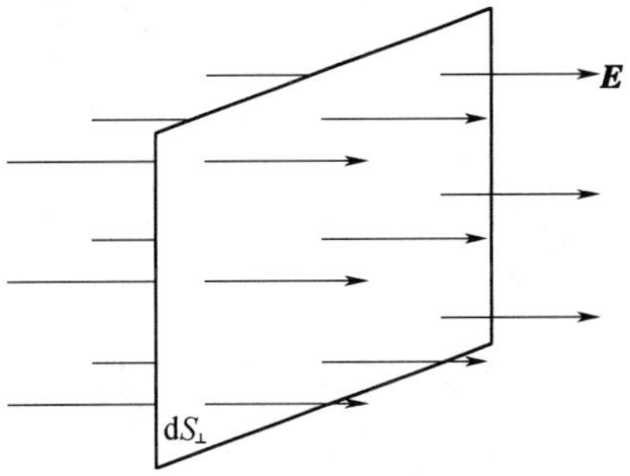

图 6-11 电场线密度

2. 电场强度通量

我们把通过某一个面的电场线条数叫作通过这个面的电通量。用 Φ_e 来表示，Φ_e 是标量。在匀强电场中，如图 6-12 所示，

$$\Phi_e=\boldsymbol{E}\cdot\boldsymbol{S}$$

一般情况下，在非匀强电场中，对于电场中任意一个有限大小的曲面 S，在图 6-13 中，它上面各点的场强大小和方向都不再恒定。对于非匀强电场，我们可以在曲面上取一微分面元 $d\boldsymbol{S}$，由于 $d\boldsymbol{S}$ 足够小，我们可以把 $d\boldsymbol{S}$ 范围内的电场作为匀强电场处理，通过该微分面元的电通量为 $d\Phi_e$，则

$$d\Phi_e=dN=\boldsymbol{E}\cdot d\boldsymbol{S}$$

因此，通过整个 S 面的电通量

$$\Phi_e=\int_S d\Phi_e=\int_S \boldsymbol{E}\cdot d\boldsymbol{S} \tag{6-7}$$

面元 $d\boldsymbol{S}$ 是矢量，它的正方向可以任意规定。

对于任意一个闭合曲面 S 而言，通过它的电通量可以表示为

$$\Phi_e=\oint_S \boldsymbol{E}\cdot d\boldsymbol{S} \tag{6-8}$$

式中 $\oint_S$ 表示沿闭合曲线的积分。在计算闭合曲面的电通量时曲面上各面元 $d\boldsymbol{S}$ 的正方向，

可以指向闭合曲面的内部,也可以指向闭合曲面的外部,为了统一规则,我们通常规定垂直于曲面并指向曲面外空间的方向(也称外法线方向)为正方向。这样,曲面上各微分面元的电通量 $d\Phi_e$ 就会出现正、负两种情况。具体来说,电场线由外向里穿进,电通量为负;电场线由内空间向外穿出,电通量为正。

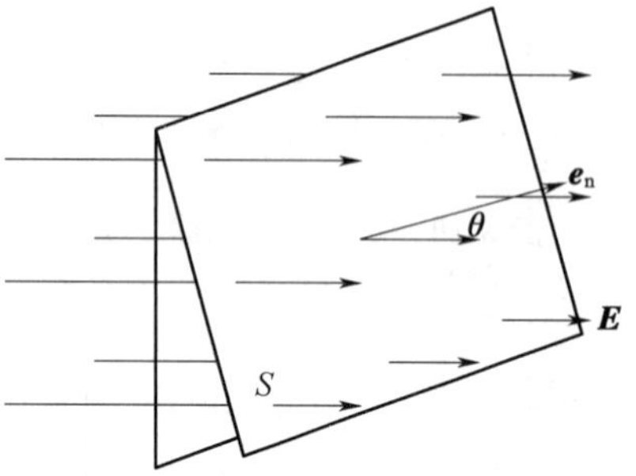

图 6-12　电通量

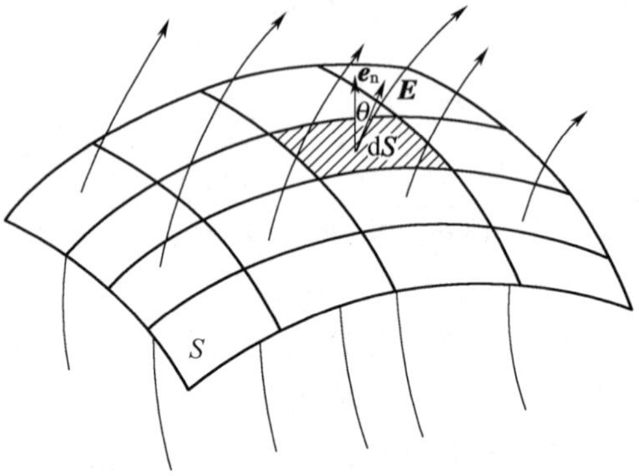

图 6-13　电通量的计算

6.2.2　高斯定理及其应用

1. 高斯定理

1839 年,德国物理学家和数学家高斯(Johann Carl Friedrich Gauss,1777—1855),从理论上证明了通过电场中闭合曲面的电通量与产生电场的源电荷的电量之间的关系,这一反映电场与场源关系的基本规律,即是静电场的高斯定理。

高斯定理:在真空中静电场内,通过任意一个闭合曲面的电通量,在数值上等于该闭合曲面所包围的电荷代数和的$\frac{1}{\varepsilon_0}$倍。该闭合曲面称为高斯面。

下面我们从特殊到一般,对高斯定理的推导加以简单说明。

(1)包围点电荷特殊闭合曲面的电通量　设电量为 q 的点电荷静止于 O 点,如图 6-14 所示,根据库仑定理,q 产生的电场在任一点的场强为

$$\boldsymbol{E} = \frac{1}{4\pi\varepsilon_0}\frac{q}{r^2}\boldsymbol{e}_r$$

取以点电荷 q 为中心任意长度 r 为半径的球面,在这样的球面上任一点 $\boldsymbol{E}$ 和 $d\boldsymbol{S}$ 的方向一致,都沿着半径向外。利用公式(6-8)计算通过闭合球面 S_1 的电通量

$$\Phi_e = \oint_{S_i}\boldsymbol{E}\cdot d\boldsymbol{S} = \oint_{S_i}\frac{1}{4\pi\varepsilon_0}\frac{q}{r^2}dS = \frac{1}{4\pi\varepsilon_0}\frac{q}{r^2}\oint_{S_i}dS$$
$$= \frac{1}{4\pi\varepsilon_0}\frac{q}{r^2}\cdot 4\pi r^2 = \frac{q}{\varepsilon_0}$$

上式表明,通过球面 S_1 的电通量,只与它包围的电荷有关,与所取球面半径 r 无关,等于闭合曲面所围电荷的 $1/\varepsilon_0$ 倍。

(2)包围点电荷任意闭合曲面的电通量　图 6-14 中，S 是包围点电荷 q 的任意形状的闭合曲面。为了计算通过 S 面的电通量，我们以 q 点为中心，作同心球面 S_2，并使 S_2 处于闭合曲面 S 的外部。由电场线性质可知，通过闭合曲面 S_1，S 与 S_2 的电场线数目相同。因此，通过包围点电荷 q 的任意形状的闭合面的电通量也等于闭合曲面所围电荷的 $1/\varepsilon_0$ 倍。

(3)不包围电荷的任意闭合曲面的电通量　见图 6-15，点电荷处于 S 之外，由电场线性质可知，穿进 S 的电场线必定全部穿出，所以闭合面 S 的电通量为零。即：$\Phi_e=\oint_S \boldsymbol{E}\cdot d\boldsymbol{S}=0$。

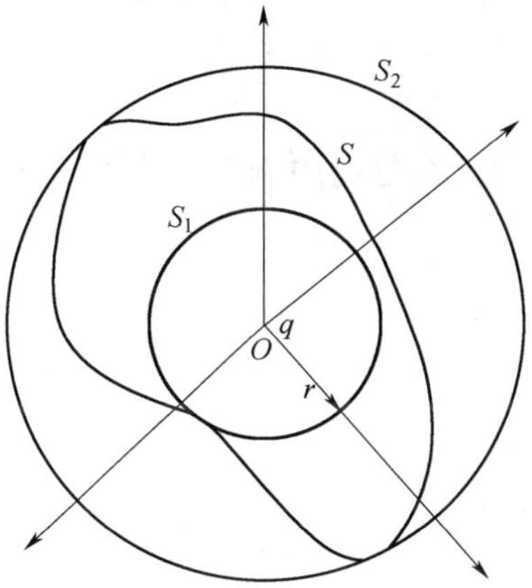

图 6-14　包围点电荷闭合曲面的电通量

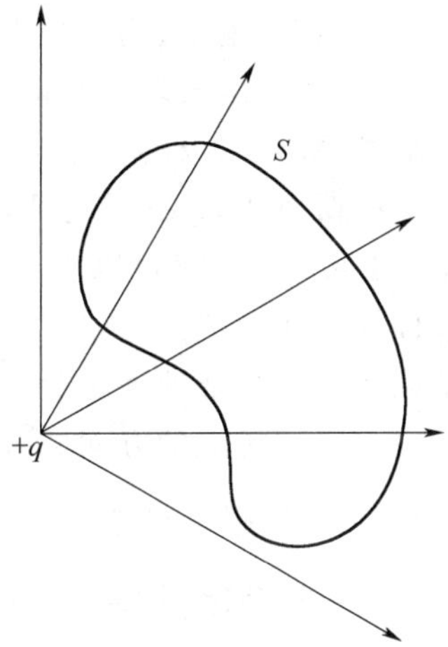

图 6-15　不包围电荷的任意闭合曲面的电通量

(4)包围多个点电荷 $q_1, q_2, \cdots, q_n$ 的任意闭合曲面 S 的电通量　由场强叠加原理可知，它们在闭合曲面上任一面元 $d\boldsymbol{S}$ 处产生的总场强等于各个点电荷单独存在时在 $d\boldsymbol{S}$ 处产生场强的矢量和，有：$\boldsymbol{E}=\boldsymbol{E}_1+\boldsymbol{E}_2+\cdots+\boldsymbol{E}_n$。

通过闭合曲面 S 的电通量可以表示为

$$\begin{aligned}\Phi_e &= \oint_S \boldsymbol{E}\cdot d\boldsymbol{S}=\oint_S (\boldsymbol{E}_1+\boldsymbol{E}_2+\cdots+\boldsymbol{E}_n)\cdot d\boldsymbol{S} \\ &= \oint_S \boldsymbol{E}_1\cdot d\boldsymbol{S}+\oint_S \boldsymbol{E}_2\cdot d\boldsymbol{S}+\cdots+\oint_S \boldsymbol{E}_n\cdot d\boldsymbol{S} \\ &= \Phi_1+\Phi_2+\cdots+\Phi_n=\frac{1}{e_0}\sum_{S内} q_i\end{aligned}$$

符号 $\sum_{S内}$ 表示只对闭合曲面内所围的点电荷求代数和。

若带电体系是弥漫在空间的电荷，ρ 为连续分布源电荷的体密度，V 为包围在闭合曲面内的体积，则在体积元 dV 内的电量为：$dq=\rho dV$，此时曲面 S 的电通量为

$$\oint_S \boldsymbol{E}\cdot d\boldsymbol{S}=\frac{1}{\varepsilon_0}\int_V \rho dV$$

包围多个点电荷 $q_1, q_2, \cdots, q_n$ 的任意闭合曲面 S 的电通量，也等于闭合曲面所围电荷代数和的 $1/\varepsilon_0$ 倍。

综上所述，从以上4种情况我们即可简单推出真空中静电场的高斯定理。高斯定理告诉我们静电场是有源场。

2. 高斯定理的应用

高斯定理的一个重要应用是利用它可以求解电荷分布具有某种对称性的特殊场的电场强度。

解题步骤分为3步：

步骤1　对称性分析：产生电场的电荷分布一般具有以下对称性：

- 球对称性：如点电荷、均匀带电球面、均匀带电球体和均匀带电同心球壳等。
- 轴对称性：如无限长均匀带电圆柱体、无限长均匀带电同轴圆柱面等。
- 面对称性：如无限大均匀带电平面等。

步骤2　高斯面选取：利用高斯定理求场强，其关键在于在电场中选取一个特殊的高斯面，高斯面的选取通常要满足以下4点：

- 高斯面通过所求点。
- 高斯面上各点场强的大小相等。
- 高斯面上各点场强的方向和 d**S** 方向相同或垂直。
- 高斯面的形状规则，使它的面积（$\oint_S d\boldsymbol{S}$）易于计算。

步骤3　利用高斯定理求解所求场点的 **E**。

例 6-4　求均匀带电球壳的电场强度。

解：设有一半径为 R，均匀带电为 Q 的球壳，球壳内部和外部任意点的电场强度为 **E**。因为球壳均匀带电，电荷分布呈球对称，所以 **E** 的分布也呈球对称，即电场中任意一点 P 的电场强度 **E** 的方向都沿径矢。

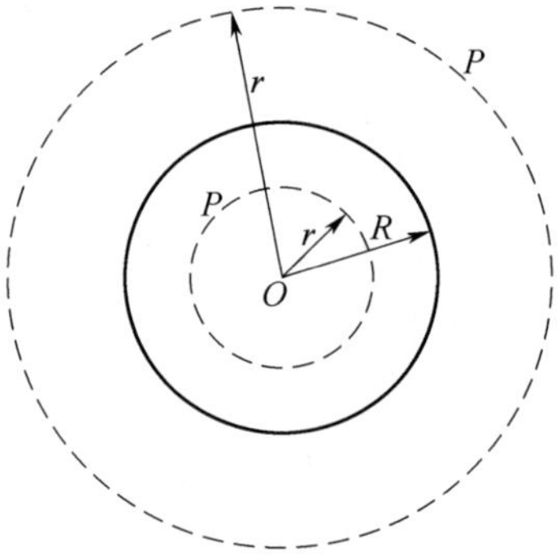

图 6-16　均匀带电球壳

取一个与带电球壳同心的任意球面，则同一球面上各点 **E** 的大小相等，且 **E** 与球面上各处的 d**S** 相垂直，如图 6-16 所示。

①$r<R$（点 P 在球壳内一点）

选以球心到球内一点 P 的距离 r 为半径的球面做高斯面，高斯面内没有电荷，即 $\sum q=0$。

由高斯定理可得

$$\oint_S \boldsymbol{E}\cdot d\boldsymbol{S}=E4\pi r^2=0$$

有

$$E=0\quad (r<R)$$

该式表明，均匀带电球壳内部的电场强度为零。

②$r>R$(点 P 在球壳外一点)

选以球心到球外一点 P 的距离 r 为半径的球面做高斯面,高斯面内所围的电荷为 Q,$\sum q=Q$。由高斯定理可得

$$\oint_S \boldsymbol{E}\cdot \mathrm{d}\boldsymbol{S}=E4\pi r^2=\frac{Q}{\varepsilon_0}$$

点 P 的电场强度为

$$E=\frac{1}{4\pi\varepsilon_0}\frac{Q}{r^2}\quad (r>R)$$

矢量式 $\boldsymbol{E}=\dfrac{1}{4\pi\varepsilon_0}\dfrac{Q}{r^2}\boldsymbol{e}_r(r>R)$,$\boldsymbol{e}_r$ 为沿径矢的单位矢量。

由此可知,均匀带电球壳外部一点的电场强度,与等量电荷全部集中在球心时的电场强度相同。

由球壳内外场强分布表达式可以做出图 6-17 的 E-r 曲线。

从曲线上可以看出,球壳内($r<R$)的 E 为零,球壳外($r>R$)的 E 与 r^2 成反比,球壳处($r=R$)的电场强度有跃变。

例 6-5 求无限长均匀带电直线的电场强度。

解:设有一根无限长均匀带电直线,电荷分布线密度为 λ。由于带电直线无限长,且电荷分布均匀,所以无限长均匀带电直线的电场呈轴对称,其电场中各点 $\boldsymbol{E}$ 距直线等距离处大小相等,方向沿垂直于该直线的径矢方向。

建立如图 6-18 所示坐标,直线沿 z 轴放置,点 P 在 xy 平面上,选取以 z 轴为对称轴的高度为 h,底面半径为 r 正圆柱面为高斯面,高斯面内所包围的电荷为 λh。

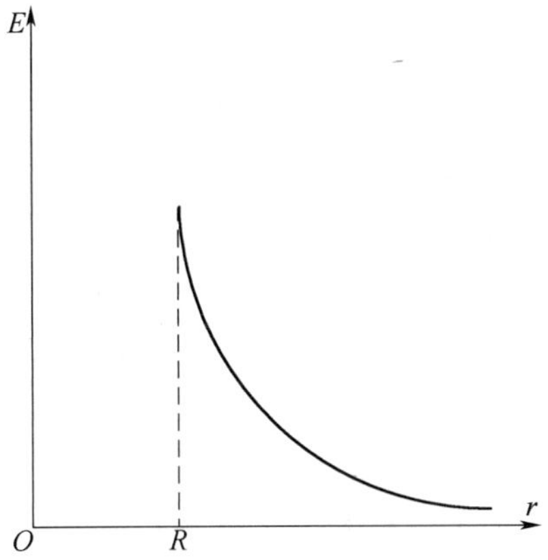

图 6-17 球壳场强分布曲线

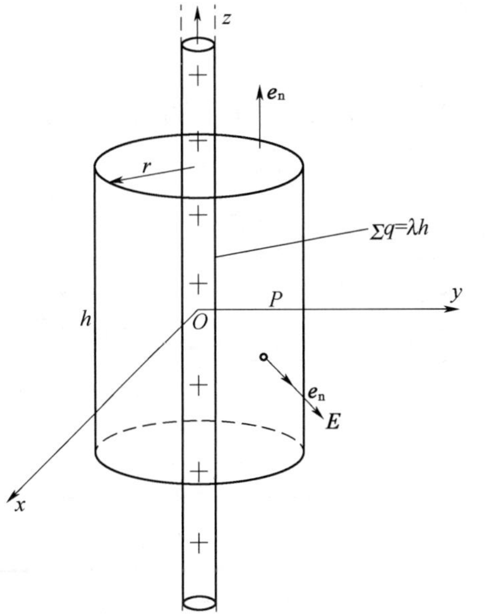

图 6-18 无限长均匀带电直线

因为 $\boldsymbol{E}$ 与上、下底面的法线垂直，所以通过圆柱两个底面的电场强度通量为零。

根据高斯定理

$$E2\pi rh=\frac{\lambda h}{\varepsilon_0}$$

由此

$$E=\frac{\lambda}{2\pi\varepsilon_0 r}$$

即无限长均匀带电直线外一点的电场强度，与电荷线密度 λ 成正比，与该点距带电直线的垂直距离 r 成反比。

例 6-6 求无限大均匀带电平面的电场强度。

解：设有一个无限大均匀带电平面，所带电荷面密度为 $+\sigma$。

由于均匀带电平面无限大，呈面对称，所以带电平面附近的电场也具有面对称性，平面两侧的电场强度垂直于该平面。如图 6-19 所示。

选图 6-20 所示穿过带电平面的对称圆柱面为高斯面。由于高斯面侧面的法线与电场强度垂直，故通过侧面的电场强度通量为零；底面上电场强度大小相等，底面 S 的法线与电场强度平行，所以通过两底面的电场强度通量各为 ES。又由题设得带电平面的电荷面密度为 $+\sigma$，根据高斯定理可有

$$2ES=\frac{\sigma S}{\varepsilon_0}$$

则

$$E=\frac{\sigma}{2\varepsilon_0}$$

上式表明，无限大带电平面的电场为匀强电场。

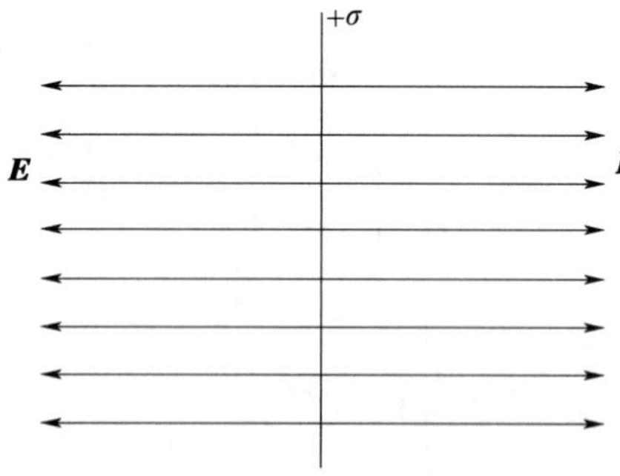

图 6-19 无限大均匀带电平面

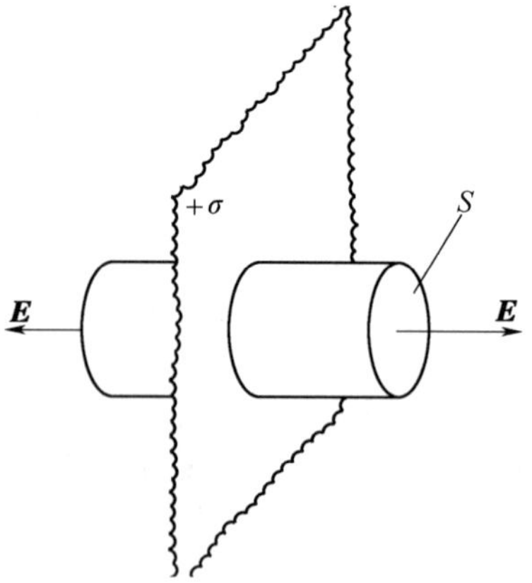

图 6-20 无限大均匀带电平面高斯面的选取

6.3 静电场的环路定理 电势

前面我们学习了描述静电场性质的一个基本定理——高斯定理，本节我们将继续介绍反映静电场另一性质的基本定理——环路定理。两个定理相结合，全面表达出了静电场的基本特性——有源无旋性。

6.3.1 静电场的环路定理

1. 静电场是保守力场

牛顿力学中我们已经了解，凡是保守力所做的功都只与起始和终了位置有关，与路径无关，并由此引入了相应的势能概念。下面我们讨论一下试验电荷 q_0 在静电场中受到静电场力的作用运动时，静电场力做功的情况。

如图 6-21 所示，在点电荷 q 电场中，在静电场力作用下试验电荷 q_0 从 a 运动到 b，设在经过任意点 c 点时受到的电场力为 $\boldsymbol{F}$，$\boldsymbol{F}=q_0\boldsymbol{E}$。

在 c 处取位移元 $\mathrm{d}\boldsymbol{l}$，对于位移元 $\mathrm{d}\boldsymbol{l}$，场强 $\boldsymbol{E}$ 是均匀的，则电场力 $\boldsymbol{F}$ 将 q_0 移动 $\mathrm{d}\boldsymbol{l}$ 所做的功

$$\mathrm{d}W=q_0\boldsymbol{E}\cdot\mathrm{d}\boldsymbol{l}=q_0E\,\mathrm{d}l\cos\theta$$

式中：θ 角为 $\boldsymbol{E}(c)$ 和 $\mathrm{d}\boldsymbol{l}$ 之间的夹角；$\mathrm{d}l\cos\theta$ 为 $\mathrm{d}\boldsymbol{l}$ 在 $\boldsymbol{E}(c)$ 方向上的投影。

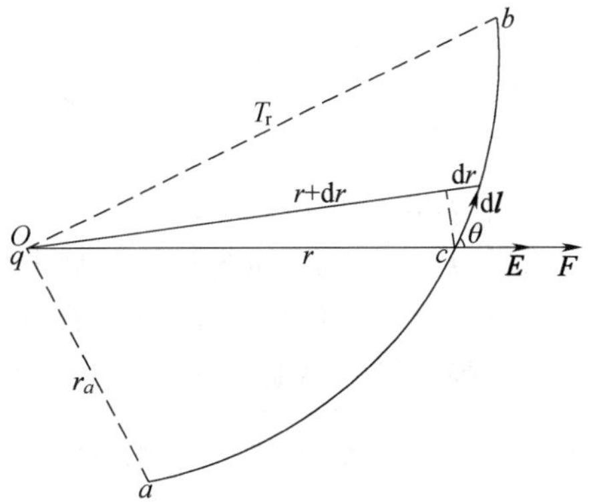

图 6-21 电场力做功

由图 6-21 可知，$\mathrm{d}l\cos\theta=\mathrm{d}r$，而 $E=\dfrac{q}{4\pi\varepsilon_0 r^2}$，代入上式得

$$\mathrm{d}W=q_0\frac{q}{4\pi\varepsilon_0 r^2}\mathrm{d}r$$

故 q_0 从 a 点移动到 b 点时，电场力所做的功

$$W_{ab}=\int_a^b\mathrm{d}W=\int_a^b q_0\boldsymbol{E}\cdot\mathrm{d}\boldsymbol{l}=\frac{q_0q}{4\pi\varepsilon_0}\int_{r_a}^{r_b}\frac{\mathrm{d}r}{r^2}$$

$$=\frac{q_0q}{4\pi\varepsilon_0}\left(\frac{1}{r_a}-\frac{1}{r_b}\right) \tag{6-9}$$

式中 $r_a=Oa$，$r_b=Ob$，上式表明，在点电荷 q 的静电场中，电场力对试验电荷 q_0 所做的功只取决于路径的起点和终点位置，与路径无关。因此，点电荷所产生的静电场是保守场。

当试验电荷 q_0 是在一个连续带电的带电体所产生的电场中移动时，由于任何一个带电体都可以看作是由许多电荷元组成的电荷系，按照场强叠加原理，整个带电体在空间产生的电场强度 $\boldsymbol{E}$ 等于各个电荷元产生的电场强度的矢量和。因此，试验电荷 q_0 从起点 a 移动到终点 b 电场力所做的功可表为

$$W=q_0\int_a^b \boldsymbol{E}\cdot \mathrm{d}\boldsymbol{l}=q_0\int_a^b (\boldsymbol{E}_1+\boldsymbol{E}_2+\cdots+\boldsymbol{E}_n)\cdot \mathrm{d}\boldsymbol{l}$$

$$=q_0\int_a^b \boldsymbol{E}_1\cdot \mathrm{d}\boldsymbol{l}+q_0\int_a^b \boldsymbol{E}_2\cdot \mathrm{d}\boldsymbol{l}+\cdots+q_0\int_a^b \boldsymbol{E}_n\cdot \mathrm{d}\boldsymbol{l}$$

上式中每一项都与路径无关，所以总电场力的功 W 也与路径无关。因此，连续带电体或电荷系所形成的电场同样也是保守场。

2. 静电场的环路定理

试验电荷 q_0 在静电场中任意沿闭合回路 L 运动一周时，电场力所做的功一定为零。即

$$W=\oint_L \mathrm{d}W=\oint_L q_0\boldsymbol{E}\cdot \mathrm{d}\boldsymbol{l}=\int_a^b q_0\boldsymbol{E}\cdot \mathrm{d}\boldsymbol{l}+\int_b^a q_0\boldsymbol{E}\cdot \mathrm{d}\boldsymbol{l}$$

$$=\int_a^b q_0\boldsymbol{E}\cdot \mathrm{d}\boldsymbol{l}-\int_a^b q_0\boldsymbol{E}\cdot \mathrm{d}\boldsymbol{l}=0$$

因此

$$\oint_L \boldsymbol{E}\cdot \mathrm{d}\boldsymbol{l}=0 \tag{6-10}$$

“在静电场中电场强度沿任意一个闭合回路的线积分都为零。或称静电场中对任意闭合路径，$\boldsymbol{E}$ 的环流等于零。”——静电场的环路定理。

环流为零的场称作无旋场，静电场是无旋场。

由静电场的高斯定理和环路定理，我们可知静电场是有源无旋场。

6.3.2 电势能　电势差和电势

功是能量转化和传递的量度，做功是能量转化和传递的一种方式。静电场是保守力场，静电场力做功引起电势能改变。

1. 电势能

保守力做功只与场点位置有关，与路径无关，为此，在力学中我们引入了势能。同理，试验电荷在电场中运动，静电场力做功引起电势能的改变。

如果以 E_{p} 表示电势能，则静电场力做功可表示为

$$W=\int_a^b q_0\boldsymbol{E}\cdot \mathrm{d}\boldsymbol{l}=-(E_{\mathrm{p}b}-E_{\mathrm{p}a}) \tag{6-11}$$

在试验电荷移动过程中，当静电场力对 q_0 做正功，$W>0$，则 $E_{\mathrm{p}b}<E_{\mathrm{p}a}$，电势能减少；电场力做负功，$W<0$，则 $E_{\mathrm{p}b}>E_{\mathrm{p}a}$，电势能增加。电势能是相对量，要确定 q_0 在电场中一点的电势能，必须选择一个电势能为零的参考点。当我们选定试验电荷 q_0 在无限远处的电势能为零时，即令 $E_{\mathrm{p}\infty}=0$，则上式为

$$E_{\mathrm{p}a}=W_{a\infty}=q_0\int_a^{\infty} \boldsymbol{E}\cdot \mathrm{d}\boldsymbol{l} \tag{6-12}$$

该式表明，试验电荷 q_0 在电场中某一点 a 处的电势能 $E_{\mathrm{p}a}$ 在数值上等于将 q_0 从 a 点移至无限远处静电场力所做的功。

2. 电势差

由式(6-11)知，等式两边同时除以 q_0，则

$$\frac{W}{q_0}=\frac{-(E_{pb}-E_{pa})}{q_0}=\int_a^b \boldsymbol{E}\cdot \mathrm{d}\boldsymbol{l} \tag{6-13}$$

上式与实验电荷的电量 q_0 无关，只由电场 a，b 两点位置所决定，是一个描述电场性质的物理量。我们将比值 $\frac{E_{pb}-E_{pa}}{q_0}$ 定义为电场中 b，a 两点的电势差，用 $V(b)-V(a)$ 来表示，即

$$\frac{W}{q_0}=-[V(b)-V(a)]=V_{ab}=\int_a^b \boldsymbol{E}\cdot \mathrm{d}\boldsymbol{l} \tag{6-14}$$

静电场中任意两点 a，b 之间的电势差等于从 a 点到 b 点电场强度沿任意路径的线积分，等于把单位正试验电荷从点 a 沿任意路径移到点 b 时，静电场力所做的功，记作 V_{ab}。电势差和参考点的选择无关。

3. 电势

式(6-14)给出了静电场中任意两点的电势差。其中 $V(a)$，$V(b)$ 分别称为 a 点、b 点的电势，电势是一相对量。

$$V(a)=\int_a^b \boldsymbol{E}\cdot \mathrm{d}\boldsymbol{l}+V(b) \tag{6-15}$$

为了确切给出静电场中各点的电势值，我们需要选择一个零电势参考点 $V(b)$，这一参考点叫电势零点。通常实际有意义的物理量是静电场中两点之间的电势差，因此电势零点如何选取并不重要。若以“O”表示电势零点，即 $V(O)=0$，则由式(6-15)可得静电场中任一点 P 的电势

$$V(P)=\int_P^{“O”} \boldsymbol{E}\cdot \mathrm{d}\boldsymbol{l} \tag{6-16}$$

因此，电场中某点的电势就是该点相对于电势零点的电势差。即：静电场中某点的电势，等于将单位正电荷从该点沿任意路径移到电势零点过程中，静电场力所做的功。

电势零点的位置可以任意选择，通常习惯做如下处理：

- 如果电荷分布在有限空间，选择无限远处的电势为零电势参考点，表达式

$$V(P)=V(P)-V(\infty)=\int_P^{\infty} \boldsymbol{E}\cdot \mathrm{d}\boldsymbol{l} \tag{6-17}$$

- 如果电荷分布在无限大平面或无限长直线中，选地球或某一有限远处的电势为零电势。

4. 电势的计算

(1)已知场强分布求电势：

$$V(a)=\int_a^b \boldsymbol{E}\cdot \mathrm{d}\boldsymbol{l}+V(b)$$

式中 $V(b)$ 为参考点的电势。

(2)利用电势叠加原理计算电势：设点电荷的电量为 q，位于坐标原点 O，其场强矢量为

$$\boldsymbol{E}=\frac{q}{4\pi\varepsilon_0 r^2}\boldsymbol{e}_r$$

则距离点电荷为 r 的场点 P 处电势为

$$V(r)=\int_r^{\infty}\boldsymbol{E}\cdot \mathrm{d}\boldsymbol{l}=\frac{q}{4\pi\varepsilon_0}\int_r^{\infty}\frac{1}{r^2}\boldsymbol{e}_r\cdot \mathrm{d}\boldsymbol{l}=\frac{q}{4\pi\varepsilon_0}\int_r^{\infty}\frac{\mathrm{d}r}{r^2}=\frac{q}{4\pi\varepsilon_0 r} \tag{6-18}$$

对于若干个点电荷 $q_1,q_2,\cdots,q_i$，单独存在时产生的电场场强分别为 $\boldsymbol{E}_1,\boldsymbol{E}_2,\cdots,\boldsymbol{E}_i$，根据场强叠加原理：$\boldsymbol{E}=\sum\limits_i \boldsymbol{E}_i$，则点电荷系的电场中某点电势为

$$\begin{aligned}V(r)&=\int_r^{\infty}\boldsymbol{E}\cdot \mathrm{d}\boldsymbol{l}=\int_r^{\infty}(\sum_i \boldsymbol{E}_i)\cdot \mathrm{d}\boldsymbol{l}\\&=\int_r^{\infty}\boldsymbol{E}_1\cdot \mathrm{d}\boldsymbol{l}+\int_r^{\infty}\boldsymbol{E}_2\cdot \mathrm{d}\boldsymbol{l}+\cdots+\int_r^{\infty}\boldsymbol{E}_i\cdot \mathrm{d}\boldsymbol{l}+\cdots\\&=\sum_i\int_r^{\infty}\boldsymbol{E}_i\cdot \mathrm{d}\boldsymbol{l}=\sum_i V_i(r)\end{aligned} \tag{6-19}$$

“在由多个点电荷组成的电场中，任意一点的电势等于各个点电荷在该点产生的电势的代数和。”——电势叠加原理

如果是连续分布的带电体，若求场中某点的电势，则只需对整个导体作积分即可解决，即

$$V(P)=\int\frac{\mathrm{d}q}{4\pi\varepsilon_0 r} \tag{6-20}$$

由于电势是标量，所以，电势叠加比场强叠加的计算要简单。对于连续带电体电荷呈体分布、面分布和线分布时，上式还可进一步表示为

$$V(P)=\frac{1}{4\pi\varepsilon_0}\int_V\frac{\rho\,\mathrm{d}V}{r} \tag{6-21}$$

$$V(P)=\frac{1}{4\pi\varepsilon_0}\int_S\frac{\sigma\,\mathrm{d}S}{r} \tag{6-22}$$

$$V(P)=\frac{1}{4\pi\varepsilon_0}\int_L\frac{\lambda\,\mathrm{d}l}{r} \tag{6-23}$$

例 6-7 求电偶极子的电势分布。

解：如图 6-22 所示，在场中任取一点 P，该点到正、负点电荷的距离分别为 r_+ 和 r_-。P 点到电偶极子中点的距离为 r，设 $+q$ 和 $-q$ 单独存在时，在 P 点产生的电势分别为

$$V_+=\frac{1}{4\pi\varepsilon_0}\frac{q}{r_+}\qquad V_-=\frac{1}{4\pi\varepsilon_0}\frac{-q}{r_-}$$

根据电势叠加原理，电偶极子在 P 点产生的电势为

$$V=V_{+}+V_{-}=\frac{q}{4\pi\varepsilon_0}\left(\frac{1}{r_{+}}-\frac{1}{r_{-}}\right)$$

由题意 $r \geqslant l$，由图 6-22 可知

$$r_{+}\approx r-\frac{l}{2}\cos\theta \qquad r_{-}\approx r+\frac{l}{2}\cos\theta$$

因此有

$$r_{+}-r_{-}\approx -l\cos\theta \qquad r_{+}\cdot r_{-}\approx r^2$$

代入 V 得到

$$V=\frac{q}{4\pi\varepsilon_0}\frac{r_{-}-r_{+}}{r_{+}\cdot r_{-}}\approx\frac{q}{4\pi\varepsilon_0}\frac{l\cos\theta}{r^2}=\frac{1}{4\pi\varepsilon_0}\frac{\boldsymbol{p}\cdot\boldsymbol{r}}{r^3}$$

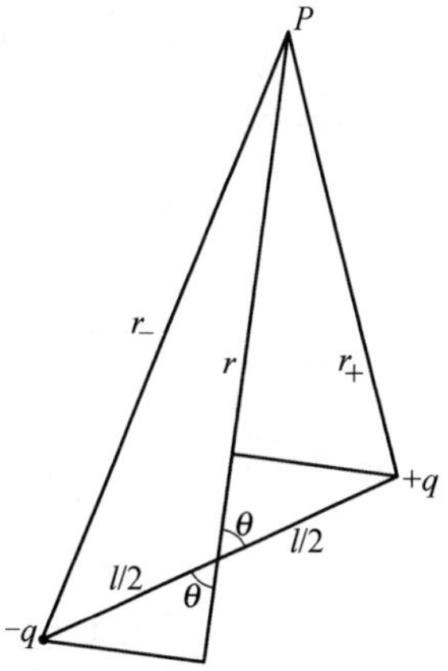

图 6-22 电偶极子的电势

$\boldsymbol{p}$ 是电偶极子的电偶极矩，$\boldsymbol{p}=q\boldsymbol{l}$。

例 6-8 试求均匀带电圆环轴线上一点的电势(图 6-23)。

解：设圆环的半径为 R，环上所带电量为 q，则圆环的线电荷密度是 $\lambda=\frac{q}{2\pi R}$。在环上任意位置取线元 $\mathrm{d}l$，该线元所带的电量

$$\mathrm{d}q=\lambda\,\mathrm{d}l=\frac{q}{2\pi R}\mathrm{d}l$$

$\mathrm{d}q$ 在圆环轴线上 P 点产生的电势

$$\mathrm{d}V=\frac{1}{4\pi\varepsilon_0}\frac{\mathrm{d}q}{r}=\frac{1}{4\pi\varepsilon_0}\frac{\mathrm{d}q}{\sqrt{R^2+x^2}}$$

如图 6-23 所示，x 为 P 点到环心距离。对上式积分求得整个环在 P 点产生的电势为

$$V=\int_0^{2\pi R}\frac{1}{4\pi\varepsilon_0}\frac{\lambda\,\mathrm{d}l}{\sqrt{R^2+x^2}}=\frac{q}{4\pi\varepsilon_0\sqrt{R^2+x^2}}$$

当 $x \geqslant R$ 时，P 点远离环心时 $V=\frac{1}{4\pi\varepsilon_0}\frac{q}{x}$；

当 $x=0$ 时，环心处的电势为 $V_0=\frac{1}{4\pi\varepsilon_0}\frac{q}{R}$。

例 6-9 试求均匀带电球壳内外的电势(图 6-24)。

解：对于半径为 R 的均匀带电球壳，前面通过高斯定理我们已经知道它的场强

球外一点 $\qquad E_{外}=\frac{1}{4\pi\varepsilon_0}\frac{q}{r^2} \qquad (r>R)$

球内一点 $\qquad E_{内}=0 \qquad (r<R)$

根据电势的定义，P 点的电势 $V=\int_P^{\infty}\boldsymbol{E}\cdot\mathrm{d}\boldsymbol{l}$。

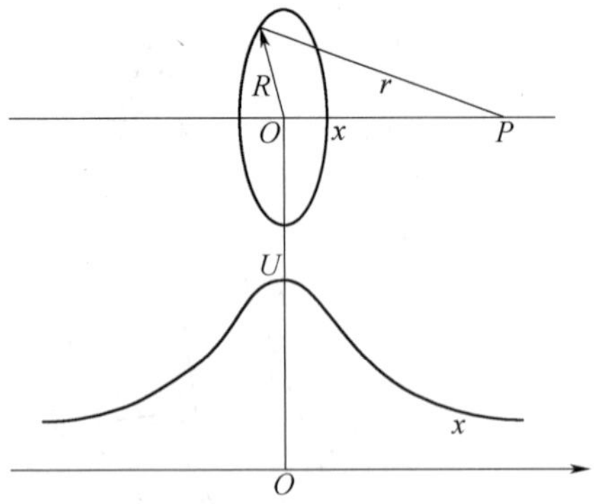

图 6-23 均匀带电圆环轴线上电势分布

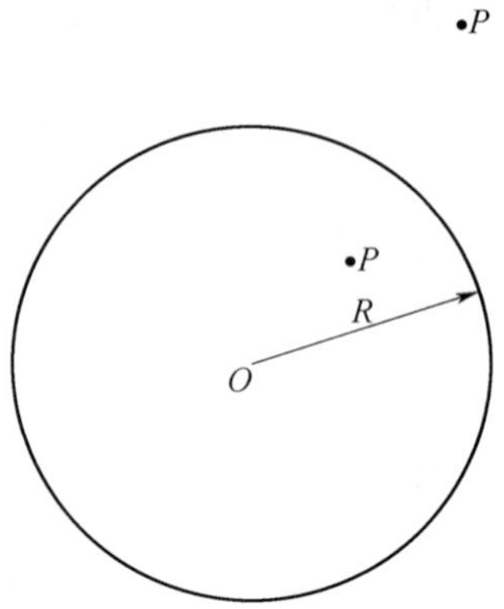

图 6-24 均匀带电球壳电势

球外一点 P

$$V=\int_P^{\infty}\boldsymbol{E}\cdot \mathrm{d}\boldsymbol{l}=\frac{1}{4\pi\varepsilon_0}\int_{r_0}^{\infty}\frac{q}{r^2}\mathrm{d}r=\frac{1}{4\pi\varepsilon_0}\frac{q}{r_0}\qquad (r>R)$$

球内一点 P

$$V=\int_P^{\infty}\boldsymbol{E}\cdot \mathrm{d}\boldsymbol{l}=\int_{r_0}^{R}E_{内}\,\mathrm{d}r+\int_{r_0}^{R}E_{外}\,\mathrm{d}r=\frac{1}{4\pi\varepsilon_0}\frac{q}{R}\qquad (r<R)$$

6.3.3 等势面 电场强度与电势梯度

在图示法中，我们用电场线形象地描绘了电场中电场强度的分布，接下来我们将用等势面来形象地描绘电场中电势的分布，并进一步找出二者之间的联系。

1. 等势面

由电场中电势相等的点构成的面，叫等势面。在电场中，电荷 q 沿等势面运动时，电场力对电荷不做功，即 $q\boldsymbol{E}\cdot \mathrm{d}\boldsymbol{l}=0$。由于 q，$\boldsymbol{E}$ 和 $\mathrm{d}\boldsymbol{l}$ 均不为零，故上式成立的条件是：电场强度 $\boldsymbol{E}$ 必须与 $\mathrm{d}\boldsymbol{l}$ 垂直，即某点的 $\boldsymbol{E}$ 与通过该点的等势面垂直。为了用等势面的疏密程度来表示出各个场点电场的强弱，我们对等势面的疏密做出如下规定：电场中任意两个相邻等势面之间的电势都相等。

根据上述规定，图 6-25 至图 6-27 给出了一些典型电场的等势面和电场线的图形。其中实线代表电场线，虚线代表等势面。不难看出，等势面越密的地方，电场强度也越大。

2. 电场强度与电势梯度

如图 6-28 所示，设在静电场中有两个靠得很近的等势面Ⅰ和Ⅱ，它们的电势分别为 V 和 $V+\Delta V$。在两等势面上分别取点 A 和点 B，两点间距为 Δl（Δl 很小），它们之间的电场强度 $\boldsymbol{E}$ 可以认为是不变量，设 $\Delta \boldsymbol{l}$ 与 $\boldsymbol{E}$ 之间的夹角为 θ，则将单位正电荷由点 A 移到点 B，电场力所做的功为

$$W=-(V_B-V_A)=\boldsymbol{E}\cdot\Delta\boldsymbol{l}=E\Delta l\cos\theta$$

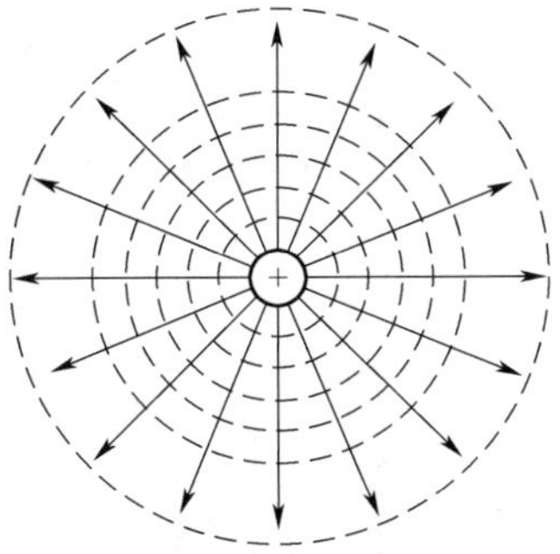

图 6-25 点电荷电场的电场线与等势面

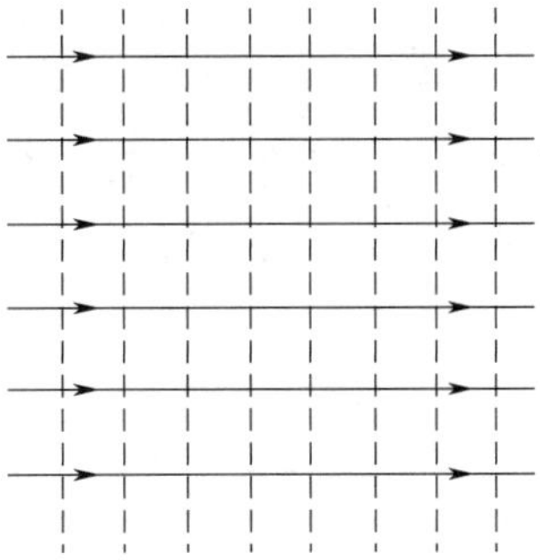

图 6-26 匀强电场的电场线与等势面

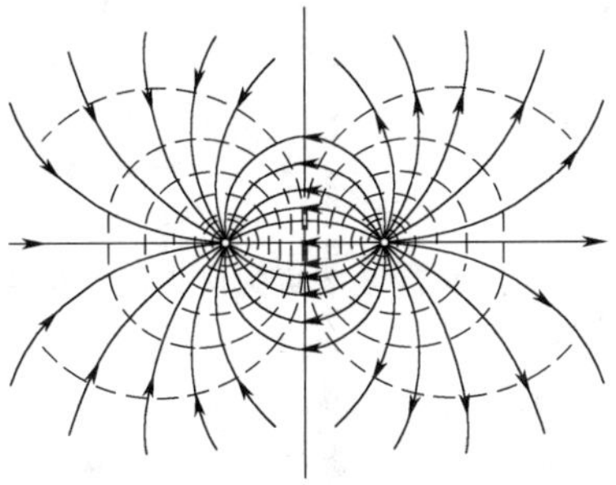

图 6-27 一对等量异号电荷电场的电场线与等势面

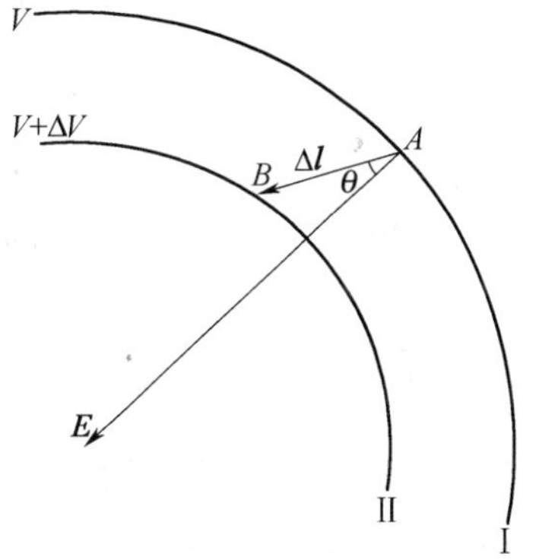

图 6-28 电场强度与电势梯度

因为$-(V_B-V_A)=-\Delta V$，$\boldsymbol{E}_l$ 为电场强度 $\boldsymbol{E}$ 在 $\Delta \boldsymbol{l}$ 上的分量，$E\cos\theta=E_l$，所以

$$-\Delta V=E_l\Delta l \quad 或 \quad E_l=\frac{-\Delta V}{\Delta l}$$

其中$\dfrac{\Delta V}{\Delta l}$为电势沿 Δl 方向的单位长度上电势的变化率。

上式表明，当$\dfrac{\Delta V}{\Delta l}<0$ 时，$E_l>0$，即沿着电场强度的方向，电势由高到低；逆着电场强度的方向，电势由低到高；等势面密集的地方电场强度大，等势面稀疏的地方电场强度小，等势面的分布定性地表达出了电场强度的强弱分布。

又
$$\lim_{\Delta l\to 0}\frac{\Delta V}{\Delta l}=\frac{\mathrm{d}V}{\mathrm{d}l}$$

所以

$$E_l=-\frac{\mathrm{d}V}{\mathrm{d}l}$$

$\dfrac{\mathrm{d}V}{\mathrm{d}l}$是沿 l 方向单位长度的电势变化率。由此得出，电场中某点的电场强度与电势变化率的关系是：电场中某一点的电场强度沿任意方向的分量，等于该点的电势沿该方向单位长度的电势变化率的负值。

若电场强度沿法线的分量 $\boldsymbol{E}_n$ 为：$E_n=-\dfrac{dV}{dl_n}$，dV/dl_n 是指电势沿法线方向单位长度上电势的变化率。由于等势面上任一点电场强度的切向分量都为零，所以电场中任意点 $\boldsymbol{E}$ 的大小就是该点 $\boldsymbol{E}$ 的法向分量 $\boldsymbol{E}_n$。所以有

$$E=-\frac{dV}{dl_n}$$

式中负号表示，当 $\dfrac{dV}{dl_n}<0$ 时，$E>0$，即 $\boldsymbol{E}$ 的方向与 $\boldsymbol{e}_n$ 的方向相反，$\boldsymbol{E}$ 的方向总是由高电势指向低电势(图 6-29)，写成矢量式

$$\boldsymbol{E}=-\frac{dV}{dl_n}\boldsymbol{e}_n \tag{6-24}$$

电场中任意一点的电场强度 $\boldsymbol{E}$ 等于该点电势沿等势面法线方向单位长度的变化率的负值，方向与法线方向相反。

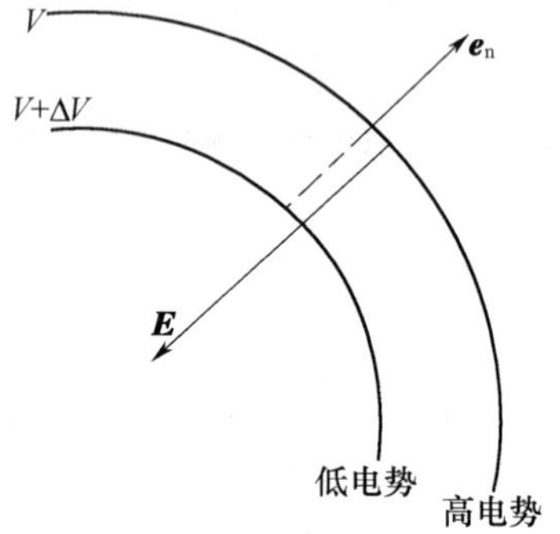

图 6-29　电场强度指向电势降落方向

直角坐标系中，电势 V 通常是坐标 x，y 和 z 的三维函数。电场强度在这 3 个方向上的分量分别为：$E_x=-\dfrac{\partial V}{\partial x}$，$E_y=-\dfrac{\partial V}{\partial y}$，$E_z=-\dfrac{\partial V}{\partial z}$

于是电场强度与电势关系的矢量表达式可写成

$$\boldsymbol{E}=-\left(\frac{\partial V}{\partial x}\boldsymbol{i}+\frac{\partial V}{\partial y}\boldsymbol{j}+\frac{\partial V}{\partial z}\boldsymbol{k}\right)=-\frac{dV}{dl_n}\boldsymbol{e}_n \tag{6-25}$$

在数学上，常把标量函数 $f(x,y,z)$ 的梯度 grad$f$ 定义为

$$\text{grad } f=\frac{\partial f}{\partial x}\boldsymbol{i}+\frac{\partial f}{\partial y}\boldsymbol{j}+\frac{\partial f}{\partial z}\boldsymbol{k}$$

grad f 是坐标 x，y，z 的矢量函数，因此公式还可写为

$$\boldsymbol{E}=-\text{grad } V \tag{6-26}$$

即电场强度 E 等于电势梯度的负值。

例 6-10　用电场强度与电势的关系，求均匀带电圆环轴线上一点的电场强度。

解：前面我们已经求得在均匀带电圆环轴线 x 轴上一点 P 的电势为

$$V=\frac{1}{4\pi\varepsilon_0}\frac{q}{(x^2+R^2)^{1/2}}$$

R 为圆环的半径，则点 P 的电场强度为

$$E=E_x=-\frac{\partial V}{\partial x}=-\frac{\partial}{\partial x}\left[\frac{1}{4\pi\varepsilon_0}\frac{q}{(x^2+R^2)^{1/2}}\right]=\frac{1}{4\pi\varepsilon_0}\frac{qx}{(x^2+R^2)^{3/2}}$$

6.4　静电场中的导体和电介质

前面我们讨论了真空中的静电场，实际上在静电场中总会有导体和电介质（绝缘体）存在。本节中我们讨论一下当静电场中存在导体和电介质时，静电场的分布会受到哪些影响。

6.4.1　导体的静电平衡

1. 静电平衡及其条件

金属导体由大量的带负电的自由电子和带正电的晶体点阵构成。当导体不带电或不受外电场作用时，导体对外呈现电中性。金属导体内的自由电子不会发生宏观定向运动，只做微观的无规则运动。

若把金属导体放在外电场中，导体中的自由电子在做无规则运动的同时，还将在电场力作用下作宏观定向运动，从而使导体中的电荷重新分布。在外电场作用下，引起导体中电荷重新分布而呈现出的带电现象，叫作静电感应现象。

如图6-30、图6-31、图6-32所示，将一块金属板G放入匀强电场$\boldsymbol{E}_0$中，则在电场力的作用下，金属板内部的自由电子将发生运动，在金属板内部建立起一个附加电场，其电场强度$\boldsymbol{E}'$和外来的电场强度$\boldsymbol{E}_0$的方向相反。直到金属板内部的电场强度$\boldsymbol{E}=0$时为止。当导体内部和表面不再出现电荷做定向运动时，导体处于静电平衡状态。

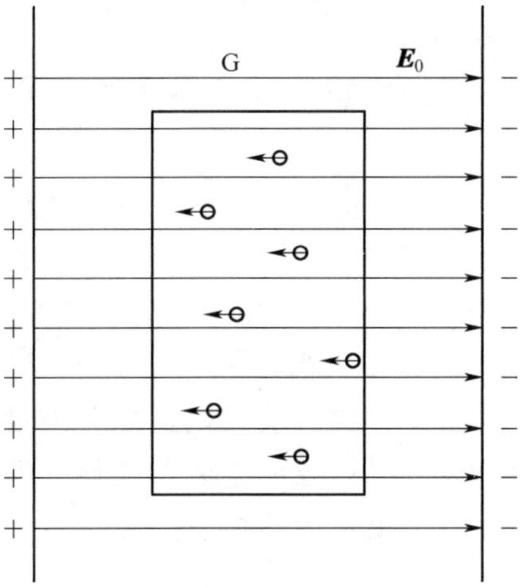

图6-30　导体静电平衡的形成过程(a)

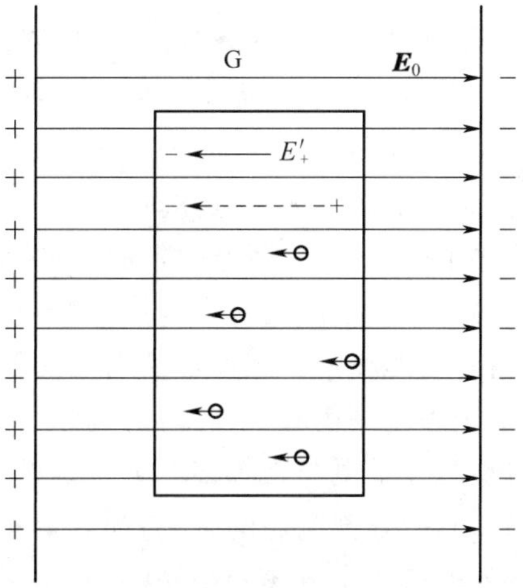

图6-31　导体静电平衡的形成过程(b)

此时满足以下条件：①导体内部任何一点处的电场强度为零；②导体表面处电场强度的方向，都与导体表面垂直。

在静电平衡时，导体表面为一等势面。导体内部与导体表面的电势相等，导体是个等势体。

2. 静电平衡时导体上电荷的分布

由于在静电平衡时,导体内部的电场强度 $\boldsymbol{E}$ 处处为零,如图 6-33 所示。根据高斯定理,可以得到结论:在静电平衡时,导体所带的电荷只能分布在导体的表面上,导体内没有电荷。

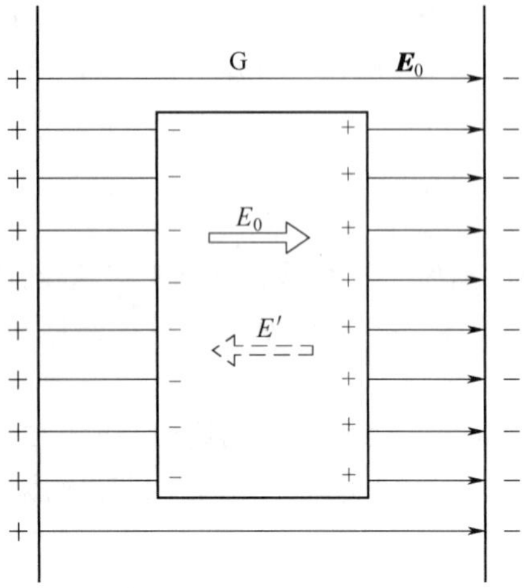

图 6-32 静电平衡时的导体内电场

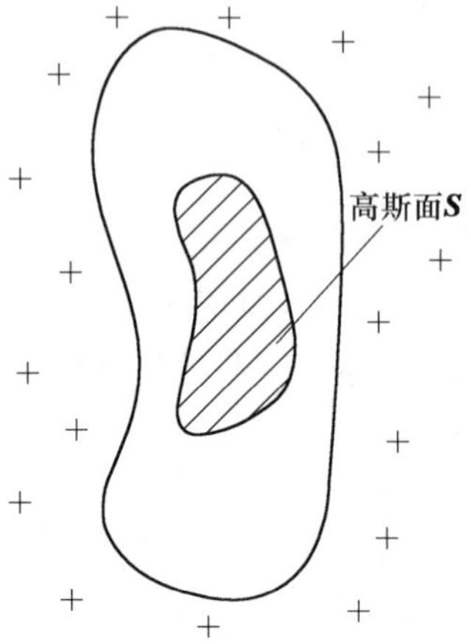

图 6-33 静电平衡时导体上电荷的分布

6.4.2 空腔导体和静电平衡

若导体是空腔导体,在静电平衡条件下,分为两种情况:

(1)若导体空腔内无带电体,则空腔的内表面不带电,电荷只分布在空腔的外表面,空腔内处处场强为零,整个空腔为等势体。

当导体空腔内无带电体时空腔内处处场强为零,导体空腔能有效地保护它所包围的空间,使之不受空腔外部任何电场的影响,这就是导体空腔的静电屏蔽。

(2)若导体空腔内有带电体,则导体空腔内表面所带电荷与空腔内电荷的代数和为零,空腔内各点的场强分布由空腔内电荷及空腔内表面电荷的分布来决定。

由于静电平衡时,空腔内的场强分布由空腔内带电体及空腔内表面电荷的分布唯一确定,与空腔外带电与否等都无关。因此,无论空腔内有无带电体,导体空腔都能使它所包围的空间,不受外部电场的影响,起着静电屏蔽的作用。例如:接地的导体空腔可以有效地消除内、外电荷产生电场的相互影响,实现静电屏蔽。

6.4.3 电介质的极化 电位移矢量

1. 电介质的极化

从物质的微观结构来看,金属中存在大量自由电子,这些自由电子在外电场作用下可在金属中作定向运动;而在构成电介质的分子中,电子和原子核结合得非常紧密,电子处于被束缚状态,所以在电介质内几乎不存在自由电子。当把电介质放在外电场中时,电介质中的电子等带电粒子,只能在电场力作用下作微观的相对位移。

我们所研究的空间通常充满各向同性的电介质。各向同性电介质按其结构可分为两种：一种是介质中分子的正、负电荷中心在无外电场作用时重合，这种分子叫无极分子；另一种是无外电场作用时，介质分子的正、负电荷中心也不重合，这种分子叫有极分子。有极分子的带电特点，相当于一个电偶极子。

上述两种电介质，在静电场中极化过程的微观机理虽然不同，但在宏观上，都表现为在电介质表面上出现极化电荷。

在外电场的作用下电介质表面产生极化电荷的现象，叫作电介质的极化现象。

2. 电位移矢量

静电场中充入电介质后，空间电场强度的分布既和自由电荷分布有关，又和极化电荷分布有关，而极化电荷的分布通常比较复杂。为了消除计算极化电荷带来的问题，我们引入一个辅助物理量——电位移矢量 $\boldsymbol{D}$，令

$$\boldsymbol{D}=\varepsilon_0\varepsilon_r\boldsymbol{E}=\varepsilon\boldsymbol{E} \tag{6-27}$$

式中 $\varepsilon_0\varepsilon_r=\varepsilon$ 为电介质的电容率；ε_r 为电介质的相对电容率。

D 的单位是 $\mathrm{C\cdot m^{-2}}$。用该物理量来讨论介质场中的高斯定理，介质场中高斯定理的数学表达式中只有自由电荷一项，使得问题得到简化。

6.4.4 有电介质时的高斯定理

前面我们研究了真空中静电场的高斯定理。当静电场中充有电介质时，在高斯面内不仅会有自由电荷，而且还会出现极化电荷。下面我们以在平行板电容器中充满各向同性的均匀电介质为例来对电介质场的高斯定理加以探讨。

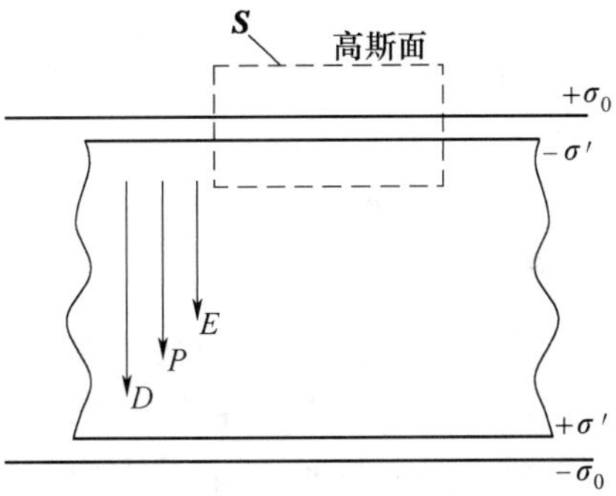

图 6-34 平行板电容器中充满各向同性的电介质

如图 6-34 所示，取一闭合的长方体柱面作为高斯面，高斯面的两端面与极板平行，其中一个端面在电介质内，面积为 S。设极板上的自由电荷面密度为 σ_0，电介质表面上的极化电荷密度为 σ'。对此高斯面来说，由高斯定理，有

$$\oint_S \boldsymbol{E}\cdot\mathrm{d}\boldsymbol{S}=\frac{1}{\varepsilon_0}(Q_0-Q') \tag{6-28}$$

式中 Q_0 和 Q' 分别为 $Q_0=\sigma_0 S$ 和 $Q'=\sigma' S$。由电介质的极化理论可知 $Q_0-Q'=Q_0/\varepsilon_r$，代入上式有

$$\oint_S \boldsymbol{E}\cdot\mathrm{d}\boldsymbol{S}=\frac{Q_0}{\varepsilon_0\varepsilon_r} \quad 或 \quad \oint_S \varepsilon_0\varepsilon_r\boldsymbol{E}\cdot\mathrm{d}\boldsymbol{S}=Q_0$$

又因为 $\boldsymbol{D}=\varepsilon_0\varepsilon_r\boldsymbol{E}=\varepsilon\boldsymbol{E}$

所以

$$\oint_S \boldsymbol{D}\cdot\mathrm{d}\boldsymbol{S}=Q_0 \tag{6-29}$$

式中 $\boldsymbol{D}$ 为电位移矢量，$\oint_S \boldsymbol{D}\cdot\mathrm{d}\boldsymbol{S}$ 则是通过任意闭合曲面 S 的电位移通量。

上式不仅对平行板电容器成立,可以证明在一般情况下它也同样正确。因此,电介质中的高斯定理为:

“在静电场中,通过任意闭合曲面的电位移通量等于该闭合曲面内所包围的自由电荷的代数和。”

数学表达式为

$$\oint_S \boldsymbol{D} \cdot \mathrm{d}\boldsymbol{S} = \sum_{i=1}^{n} Q_{0i} \tag{6-30}$$

由此可以看出,电位移通量只和自由电荷联系在一起。

6.5 静电场的能量和电容

6.5.1 电容器 电容器的能量

1. 电容器

电容器是一种常用的电工和电子元件,通常它由两个用电介质隔开的金属导体所组成,两金属板称为电容器的两个极板。最常用的电容器是由两块彼此靠得很近的平行金属板所组成的平行板电容器。由于极板面积的尺度比极板的距离大很多,因此,我们通常把极板看作无穷大平面。两极板均匀带等量异号电荷$\pm q$,极板之间是匀强电场。所带电荷q与两极板间的电势差U的比值是一个确定的常量,称为电容器的电容,用符号C表示:

$$C = \frac{q}{U} \tag{6-31}$$

在国际单位制中,电容的单位是法拉,符号为F,1 F$=10^6$ μF$=10^{12}$ pF。

电容可以用来描述电容器容纳电荷的本领,是一个反映电容器本身性质的物理量,它决定于电容器本身的结构,与电容器两极板的形状、大小、极板距离及极板间的电介质有关,与极板是否带电无关。

电容器充满电介质时的电容等于真空时电容的ε_r倍。ε_r与电介质有关,称为电介质的相对电容率。ε_r为无量纲的量。

2. 电容器的能量

当把一个已充电的电容器两极板间短接时,可以看到放电的火花。这一事实说明,在充电后的电容器中储有能量。

给电容器充电的过程是把一种电荷从电容器的一个极板搬运到另一个极板的过程,在这个过程中,外界不断做功使电容器储存能量。

当电容器两极板间的电势差为U时,两个极板的带电量为$+q$和$-q$,若电容器的电容为C,则有:$U=\frac{q}{C}$。这时,如果继续把$+\mathrm{d}q$从负极板送到正极板,外力克服静电力所做元功

$$\mathrm{d}W = U\mathrm{d}q = \frac{q}{C}\mathrm{d}q$$

当电容器充电过程完成时，两极板从不带电到最后带$+Q$和$-Q$电量，外力所做的总功为

$$W = \int \mathrm{d}W = \int_0^Q \frac{q}{C}\mathrm{d}q = \frac{Q^2}{2C} \tag{6-32}$$

根据能量守恒定律，这个过程中外界做功W转化成电容器所储存的电能W_e。即

$$W_e = \frac{Q^2}{2C} = \frac{1}{2}CU^2 = \frac{1}{2}QU \tag{6-33}$$

上式中的U为电容器带电量为Q时两极板的电势差，对所有电容器都适用。

6.5.2 静电场的能量和能量密度

电容器带电后，两极板之间存在电场。对电容器充电的过程就是在两极板间建立电场的过程。根据平行板电容器电容公式$C=\frac{\varepsilon S}{d}$和电势差与场强的关系式$U=Ed$可得出平行板电容器带电后的能量为

$$W_e = \frac{1}{2}CU^2 = \frac{1}{2}\frac{\varepsilon S}{d}(Ed)^2 = \frac{1}{2}\varepsilon E^2 Sd = \frac{1}{2}\varepsilon E^2 V \tag{6-34}$$

式中$V=Sd$为两极板间的容积，即平行板电容器中电场占据的空间。

由此可以得到静电场单位体积中所具有的能量，称为电场的能量密度，用符号w_e表示

$$w_e = \frac{W_e}{V} = \frac{1}{2}\varepsilon E^2 \tag{6-35}$$

上式虽然从平行板电容器这一特例得出，但对任何电场都适用。

在非匀强电场中，各点场强E的大小不同，能量密度也不再是常量。已知电场的分布状况，可按下式求得电场全空间的能量

$$W_e = \int_V w_e \mathrm{d}V = \int_V \frac{1}{2}\varepsilon E^2 \mathrm{d}V \tag{6-36}$$

□ 思考题

6-1 $\boldsymbol{E}=\frac{\boldsymbol{F}}{q_0}$与$\boldsymbol{E}=\frac{q}{4\pi\varepsilon_0 r^2}\boldsymbol{r}$两公式有何区别和联系？公式中的$q_0$有何要求？

6-2 电力线、电通量和电场强度的关系如何？电通量的正负表示什么意义？

6-3 如果通过闭合面S的电通量Φ_e为零，能否肯定面S上每一点的场强都等于零？

6-4 4个相等的点电荷放在正方形的4个顶点上，问是否可以以四边形中心为球心作一个球面，利用高斯定理求出它们所产生的场强？对此球面高斯定理是否成立？

6-5　某同学根据高斯定理得出以下结论：

(1)闭合曲面内的电荷代数和为零，则闭合面上任一点的电场强度必为零；

(2)闭合面上各点的电场强度为零，则闭合曲面内一定没有电荷；

(3)闭合面上各点的电场强度仅由曲面内的电荷决定；

(4)通过闭合面的电通量仅由曲面内的电荷决定。

上述结论是否正确？并分别加以说明。

6-6　对于一个绝缘导体屏蔽空腔内部的电场和电势描述正误加以判断：

(1)场强不受腔外电荷的影响，但电势要受腔外电荷的影响；

(2)电势不受腔外电荷的影响，但场强要受腔外电荷的影响；

(3)场强和电势都不受腔外电荷的影响；

(4)场强和电势都受腔外电荷的影响。

□ 习　题

6-1　已知电荷线密度分别为$+\lambda_1$和$-\lambda_2$的两条均匀带电的平行长直导线，相距为d，计算每条导线上单位长度所受的静电力大小是多少。

6-2　宽度为b的无限长均匀带电平面，面电荷密度σ，与带电平面共面的一点P到平面相邻边的垂直距离为a(P点在带电平面外)(图6-35)，求P点的电场强度。

6-3　如图6-36所示，均匀带电球壳带电量Q，壳内、外半径分别为R_1,R_2，求：

(1)空间各点的场强分布；

(2)当$R_1\to 0$时，空间各点的场强分布；

(3)当$R_1\to R_2$时，空间各点的场强分布。

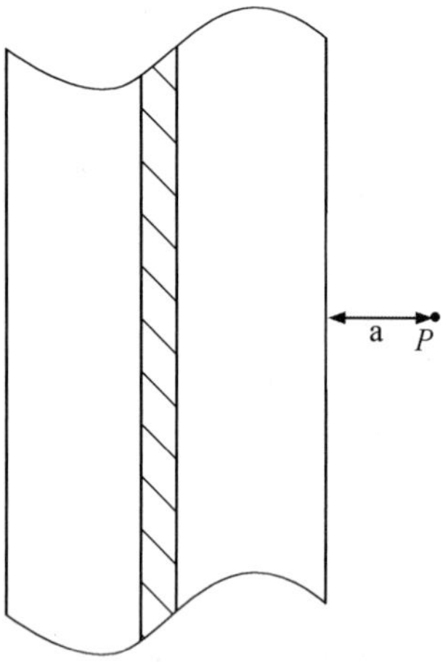

图 6-35　习题 6-2 用图

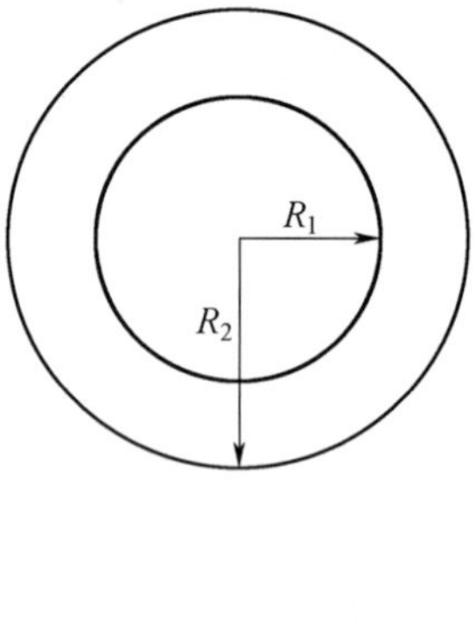

图 6-36　习题 6-3 用图

6-4　如图6-37所示，半径为R的带电球体，其电荷体密度为$\rho=Kr$，K为正常数，r为球心到球内任意点的矢径大小。求：

(1)球内外的场强分布；

(2)球内外的电势分布。

6-5　长为 l 的直导线均匀带电，电荷线密度为 λ，分别求出：在导线延长线上与导线近端相距为 a 的一点和在导线垂直平分线上与导线中点相距为 b 的一点的电势。

6-6　半径为 R 的球体均匀带电 q_1，沿球的径向放一长为 l、均匀带电 q_2 的直线，球心距带电线近端的距离为 $L(L>R)$，如图 6-38 所示。求带电直线给带电球的作用力。

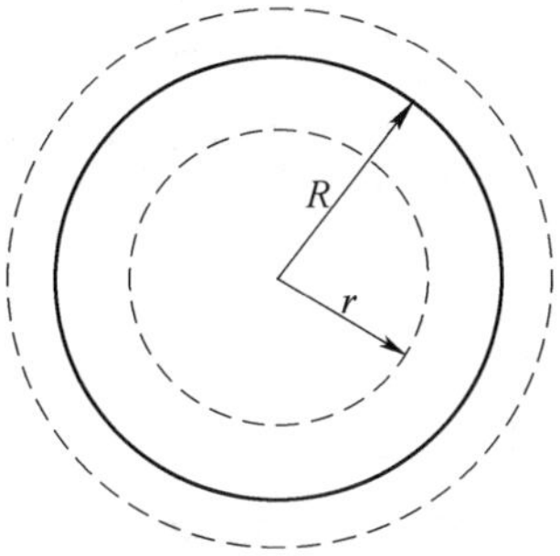

图 6-37　习题 6-4 用图

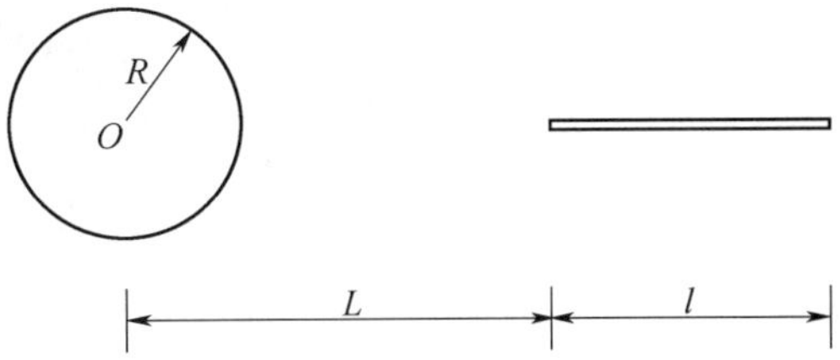

图 6-38　习题 6-6 用图

6-7　一无限长均匀带电直线，电荷线密度为 $\lambda(\lambda>0)$，A，B 两点到直线的距离分别为 a 和 b，若以 A 点为电势零点，B 点的电势是多少。

6-8　现将一正点电荷从无限远处移入电场中 A 点，已知电场力做功为 5.0×10^{-9} J；若将另一等量的负点电荷从无限远处移入该电场中 B 点，电场力做功为 -7.0×10^{-9} J，分析判断电场中 A、B 场点的电势性质及其两点的电势大小关系。

6-9　两共轴长直圆柱面均匀带有等量异号电荷，设内柱带有正电荷，内、外半径分别为 R_1、R_2，两柱面间电势差 U_0 已知，计算空间中的电场分布。

6-10　圆柱形电容器由共轴的两个导体薄圆筒组成，内外筒的半径分别为 R_1，R_2，高为 $l(l\gg R_2-R_1)$ 其间充满介电常数为 ε 的均匀介质。当两柱面间电势差为 U_0 时，求：

(1)计算出极板间的电场强度；

(2)若已知介质被击穿时的最大电场强度是 E_M，求此电容器的最大耐压 U_M；

(3)当此电容器达到最大耐压时，电容器储能。

Chapter 7 第 7 章

恒定磁场

Constant Magnetic Field

本章首先介绍了恒定电流场的性质和电流场与磁场的关系。恒定电流所激发的磁场称为恒定磁场。恒定磁场的两条重要规律是高斯定理和安培环路定理。其次，分析了磁场对运动电荷和电流的作用，即洛伦兹力和安培力。最后，介绍了磁介质及其磁化机制和有磁介质存在时的安培环路定理。

7.1 恒定电流与欧姆定律的微分形式

7.1.1 电流 电流密度

电荷的定向移动形成电流。从微观上看，电流是带电粒子的定向运动，形成电流的带电粒子统称为载流子。载流子包括电子、质子、正负离子和半导体材料中带正电的“空穴”。

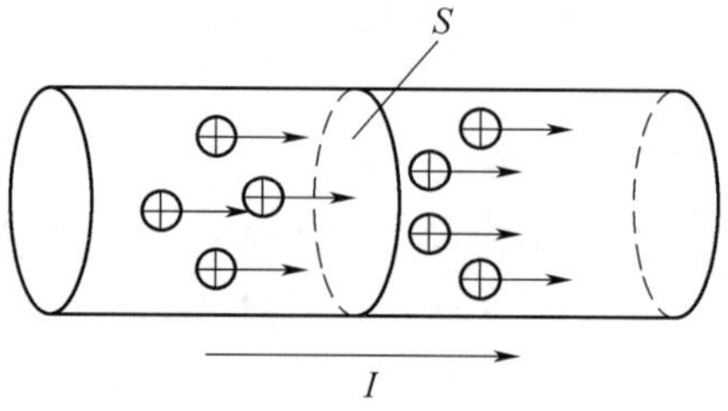

图 7-1 导体中的电流

电流的强弱用电流 I 来描述，电流为单位时间内通过导体任一截面的电荷量。如图 7-1 所示，在截面为 S 的导体中有电流流过，若在一段时间 Δt 内，通过导线某一横截面的电量为 Δq，则通过该截面的电流为

$$I = \lim_{\Delta t \to 0} \Delta q / \Delta t = \mathrm{d}q / \mathrm{d}t \tag{7-1}$$

电流是 SI 制中 7 个基本物理量之一，其国际单位是安培(简称安)，用 A 表示。电流是

标量,电流的方向是指导体中正电荷运动的方向。这是因为正电荷沿某一方向的运动和等量的负电荷反方向运动对电流的贡献是等效的。习惯上把电流看成正电荷流动形成的,并规定正电荷流动的方向为电流的方向。在导体中电流的方向总是沿着电场方向,从高电势处指向低电势处。

电流描述了导体中载流子通过某一横截面的整体特征,但不能表示出载流子通过该横截面时的分布情况。在实际问题中,会遇到电流在粗细不均匀的导线中或大块导体中流动的情形。这时导体中不同部分电流的大小和方向都不一样,如图 7-2 所示。图 7-2(a)为一根粗细不均的导线,导线各截面的电流相同,但通过各截面单位面积上的电流并不相同;图 7-2(b)为半球形接地电极,可看出半球形电极附近的导体中,电流的方向和分布是不均匀的。因此为详细地描述导体中各处电流的分布情况,需引入电流密度 $\boldsymbol{j}$ 这一物理量。

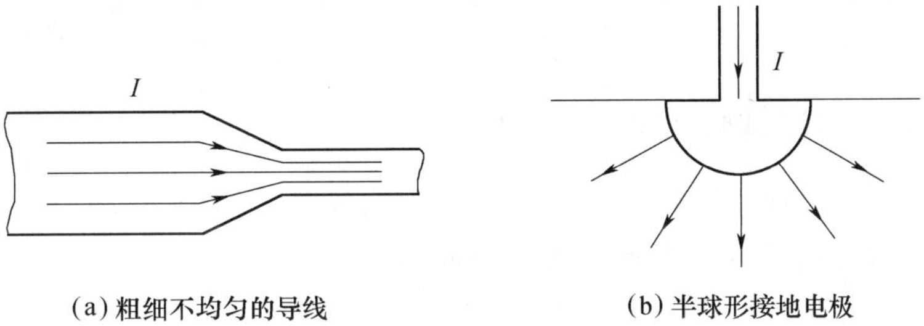

图 7-2 电流分布不均匀的情况

电流密度是矢量,导体中任意一点电流密度的方向为该点的电流方向,其大小等于通过该点垂直于电流方向的单位面积上的电流。

如图 7-3(a)所示,设想在导体内任一点 P 处,取垂直于该点电流方向的面元 ΔS,通过该面元的电流强度为 ΔI,则 P 点处电流密度的大小为

$$j = \lim_{\Delta S \to 0} \Delta I / \Delta S = \mathrm{d}I / \mathrm{d}S \tag{7-2}$$

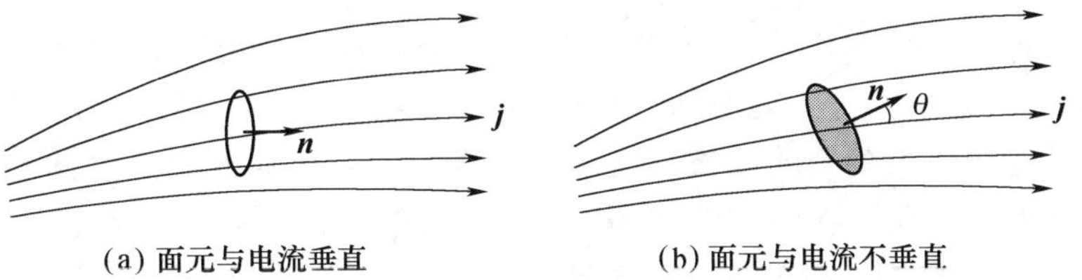

图 7-3 电流密度

电流密度的单位是安培/米^2(A/m^2)。在导体中已知电流密度的分布,便可求出导体任一截面处的电流。通过式(7-2)可知,通过垂直于电流的面元 ΔS 的电流为

$$\mathrm{d}I = j\,\mathrm{d}S$$

如果面元 $\mathrm{d}\boldsymbol{S}$ 的法线 $\boldsymbol{n}$ 与该处电流方向成 θ 角,如图 7-3(b)所示,则通过面元 $\mathrm{d}\boldsymbol{S}$ 的电流为

$$dI = j\,dS\cos\theta$$

式中 $dS\cos\theta$ 为面元在垂直于电流密度方向上的投影。上式可写成矢量式为

$$dI = \boldsymbol{j} \cdot d\boldsymbol{S} \tag{7-3}$$

则通过导体任一有限截面 S 的电流为

$$I = \int_S \boldsymbol{j} \cdot d\boldsymbol{S} \tag{7-4}$$

电流密度 $\boldsymbol{j}$ 在空间分布构成的矢量场,称为电流场。如同电场分布可以用电场线来形象地描绘一样,电流场也可以用电流线来描绘。电流线是一系列曲线,其上每点的切线方向与该点的电流密度矢量方向一致,通过单位垂直面积的电流线条数等于该点电流密度的大小。可见电流密度 $\boldsymbol{j}$ 和电流 I 的关系,就是一个矢量场和它的通量的关系。

7.1.2 电流的连续性方程 恒定电流

电流场的一个重要性质是它的连续性方程,其实质是电荷守恒定律。设想电流场中有任一闭合曲面,如图 7-4 所示,规定曲面上任意点的法线方向指向外面。单位时间内,从闭合曲面内向外流出的电荷,即通过闭合曲面向外的总电流为

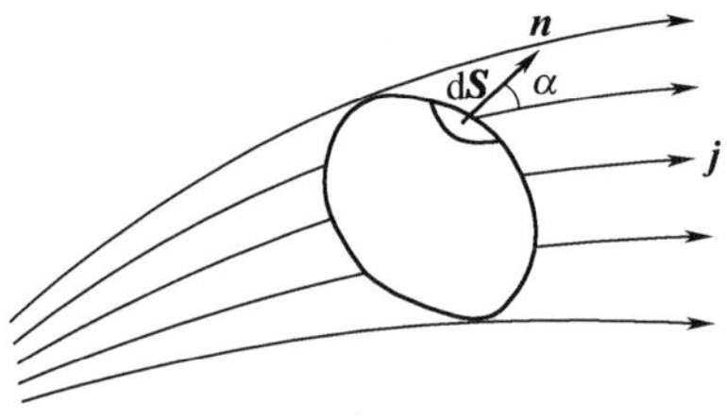

图 7-4 电流连续性原理

$$I = \oint_S \boldsymbol{j} \cdot d\boldsymbol{S}$$

根据电荷守恒定律,在单位时间内,通过闭合曲面向外流出的电荷,应等于此闭合曲面内所减小的电荷,即表示为

$$\oint_S \boldsymbol{j} \cdot d\boldsymbol{S} = -dQ_i/dt \tag{7-5}$$

式中负号表示电荷"减小"。式(7-5)称为电流的连续性方程。此式表明,单位时间内通过闭合曲面流出(流入)的电荷,等于此时间内闭合曲面里电荷的减小(增加)量。

恒定电流是指导体内各处的电流密度 $\boldsymbol{j}$ 都不随时间变化的电流。这就要求空间各点处的电荷分布不随时间变化。在恒定电流场中,任取一闭合曲面 S,由于面内电荷不随时间变化,即 $dQ_i/dt=0$,根据式(7-5)电流的连续性方程知

$$\oint_S \boldsymbol{j} \cdot d\boldsymbol{S} = 0 \tag{7-6}$$

式(7-6)为恒定电流的条件,表明从导体中任意闭合曲面流入的电流,等于从闭合曲面流出的电流。闭合曲面内没有电荷被积累起来,此时闭合曲面的电流是恒定的。

7.1.3 欧姆定律

要使导体内有电流流过,两端必须有一定的电势差。德国物理学家欧姆(G. S. Ohm)通

过实验发现，通过一段导体的电流与导体两端的电势差成正比，这个结论称为欧姆定律，表达式为

$$U=IR \tag{7-7}$$

式中 R 称为电阻，在SI制中，电阻的单位是欧姆(Ω)。欧姆定律不仅适用于金属导体，也适用于电解液。

实验表明，导体电阻与导体的材料和几何形状有关，对于某一材料制成的横截面均匀的导体，它的电阻 R 与长度 l 成正比，与横截面积 S 成反比，还和材料的性质有关，公式表示为

$$R=\rho l/S=l/\sigma S \tag{7-8}$$

$$\sigma=1/\rho$$

式中：ρ 为导体材料的电阻率，欧[姆]米(Ω·m)；σ 为导体材料的电导率，西(门子)每米(S/m)。式(7-8)称电阻定律。

欧姆定律式(7-7)给出了电压和电流的关系，表示电场在一段导体内引起的总效果。由于电场强度和电压有一定的关系，所以还可以根据式(7-7)推出电场强度和电流的关系，即欧姆定律的微分形式。

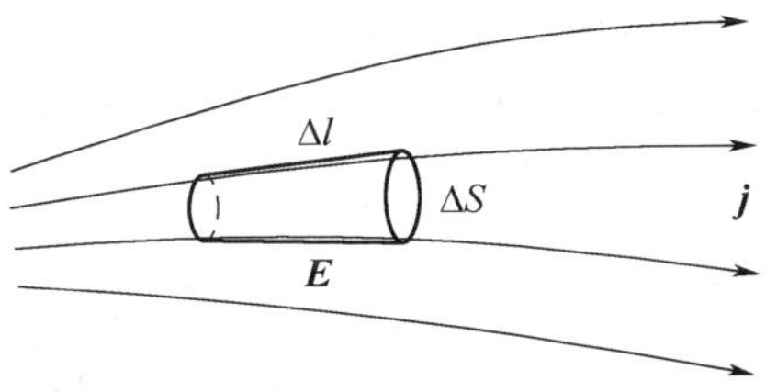

图 7-5 用小电流管推导欧姆定律

设想在导体中取一小电流管，如图7-5所示，其横截面积为 ΔS，长度为 Δl，通过电流为 ΔI，两端电压为 U。由于 $U=E\Delta l$，电流 $\Delta I=j\Delta S$，电阻 $R=\Delta l/\sigma\Delta S$，把上面3式代入欧姆定律式(7-7)可以得到

$$\boldsymbol{j}=\sigma\boldsymbol{E} \tag{7-9}$$

式(7-9)称为欧姆定律的微分形式，该式表明导体中各处的电流密度 $\boldsymbol{j}$ 与该处的电场强度的关系。该式不仅适用于恒定电流场，对非恒定电流场也适用，具有普遍性。

7.2 基尔霍夫定律

欧姆定律只适用于串联、并联和串并混联的简单电路的问题，对于有多个电源和多个电阻复杂联结的电路，不能用欧姆定律来计算。计算复杂电路的一般方法是应用基尔霍夫(Kirchhoff)定律，它包含两个基本内容。

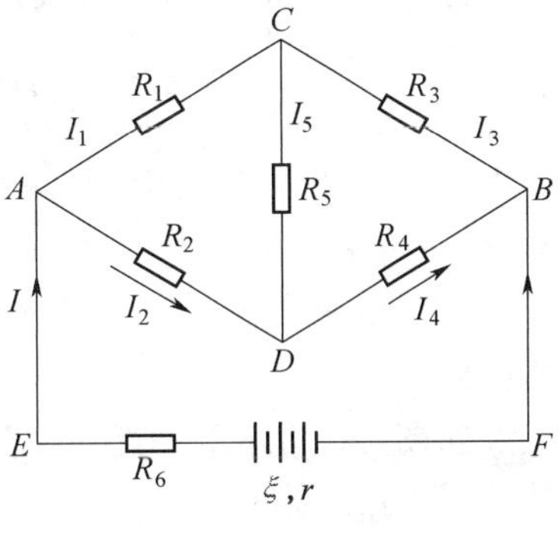

图 7-6 电桥电路

在电路中，把电源和(或)电阻串联而成的通路叫作支路，支路中电流处处相等。3条或更多条支路汇合的点叫作节点，支路也就是两节点间的一段电路。几条支路构成的闭合通路叫作回路。在复杂电路中，各支路联结会形成多个节点和多个回路。例如，图7-6所示电桥电路，有6条支路($AEFB$、AC、CB、AD、BD、CD)，4个节点(A、B、

C、D），7 个回路（$ADBEA$、$ACBEA$、$ACDBEA$、$ADCBEA$、$ACDA$、$CBDC$、$ACBDA$）。

通常求解的电路问题包括：已知电源电动势、内阻和电阻的条件下，计算出每一条支路上的电流；或者已知某些支路上的电流，求解出某些电阻和电动势。基尔霍夫第一定律阐述了电路中任一节点处各支路电流的关系；基尔霍夫第二定律阐述了电路中任一回路各部分电势差的关系。

7.2.1 基尔霍夫第一定律

基尔霍夫第一定律又称节点电流定律。它的理论基础是恒定电流的条件。做一闭合曲面包围电路的节点，如图 7-7 所示，根据式(7-6)恒定电流的条件，流入该节点的电流与由该节点流出的电流相等。按规定流入节点的电流为负值，流出节点的电流为正值。节点连接的各支路电流的代数和为零。对于图 7-7 所示的节点电流方程为 $I_3-I_2-I_1=0$。

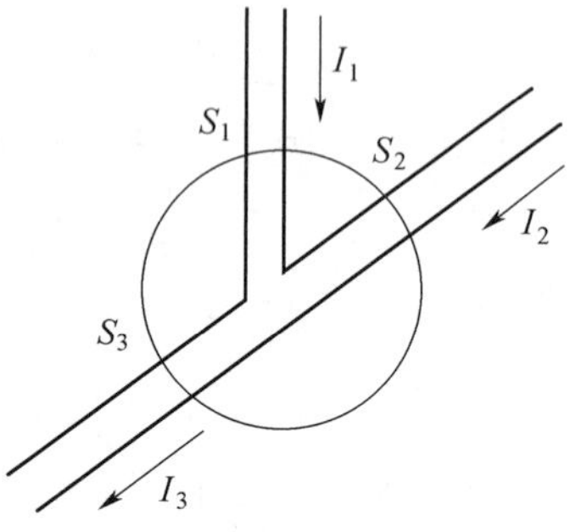

图 7-7　节点电流

电路中任一节点处电流的代数和等于零，把这一规律称为基尔霍夫第一定律，其数学表达式为

$$\sum_{k=1}^{n} I_k = 0 \text{（基尔霍夫第一方程组）} \tag{7-10}$$

式中 n 为汇合于节点处的支路数。

对电路中的每个节点都可应用基尔霍夫第一定律写出一个方程式。容易证明，如果电路中有 n 个节点，所写出的 n 个方程中只有 $n-1$ 个方程是独立的，这 $n-1$ 个独立的方程式组成的一个方程组，称为基尔霍夫第一方程组。

7.2.2 基尔霍夫第二定律

基尔霍夫第二定律又称为回路电压定律。它的理论基础是静电场的安培环路定理 $\oint_l \boldsymbol{E}\cdot \mathrm{d}\boldsymbol{l}=0$。根据环路定理，沿回路环绕一周回到出发点，电势的数值不变。按规定在回路的绕行方向上，电势降低取正值，电势升高取负值。则沿回路绕行一周时，各电源与电阻上电势差的代数和为零，这一规律称为基尔霍夫第二定律，其数学表达式为

$$\sum IR + \sum \xi = 0 \text{（基尔霍夫第二方程组）} \tag{7-11}$$

式中 ξ 表示电源电动势，在绕行方向上，电源从正极到负极，电势降落 ξ 取负值；电源从负极到正极，电势升高 ξ 取正值。当电源有内阻时，可以把电源等效为电压源与内阻的串联。

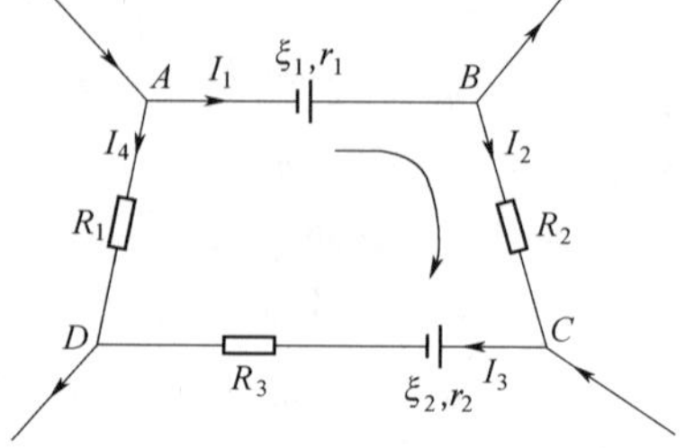

图 7-8　回路电压

如图 7-8 所示的回路 $ABCDA$，顺时针环绕一周，应用基尔霍夫第二定律可写成

$$-\xi_1+I_1r_1+I_2R_2+\xi_2+I_3(r_2+R_3)-I_4R_1=0$$

对电路中每个回路均可应用基尔霍夫第二定律写出一个方程式,如果电路有 m 个回路,其中只有 $m-1$ 个回路方程是独立的,这 $m-1$ 个方程式组成的一个方程组,称为基尔霍夫第二方程组。

7.2.3 基尔霍夫定律的应用

对于 n 个节点 p 条支路的复杂电路,共有 p 个未知电流,根据基尔霍夫第一定律可以列出 $n-1$ 个独立的节点电流方程;根据基尔霍夫第二定律可以列出 $p-n+1$ 个独立的回路电压方程,即总共有 p 个独立的方程,与未知电流数目相等,因此基尔霍夫方程组是可解的,且解是唯一的。应用基尔霍夫定律原则上可以解决任何直流电路问题。

例 7-1 已知图 7-9 所示的电路中,电动势 $\xi_1=3.0\ \text{V}$,$\xi_2=1.0\ \text{V}$,内阻 $r_1=0.5\ \Omega$,$r_2=1.0\ \Omega$,电阻 $R_1=10.0\ \Omega$,$R_2=5.0\ \Omega$,$R_3=4.5\ \Omega$,$R_4=19.0\ \Omega$,求电路中电流的分布。

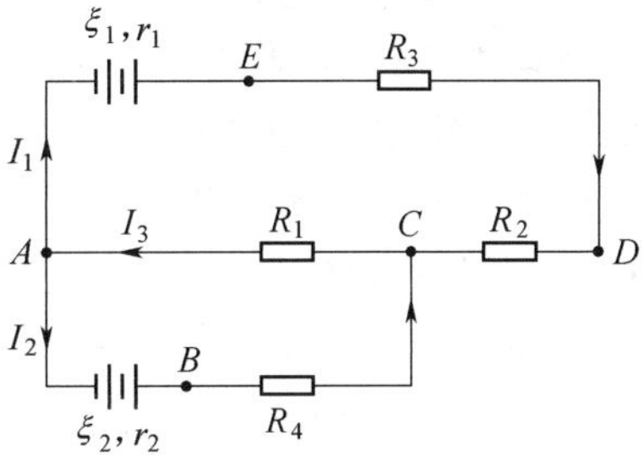

图 7-9 例 7-1 用图

分析:该电路有两个节点 A,C;3 个支路 ABC、$AEDC$、CA;有两个独立回路 $AEDCA$、$ABCA$;需求解 3 个未知电流 I_1,I_2,I_3。根据基尔霍夫定律,可列出一个节点电流方程和两个回路电压方程。

解:假定电路中各支路电流的方向,如图 7-9 所示。

在节点 A 处,应用基尔霍夫第一定律得

$$I_1+I_2-I_3=0 \tag{1}$$

在独立回路 $AEDCA$ 和 $ABCA$ 中,应用基尔霍夫第二定律得

$$I_1(r_1+R_2+R_3)-\xi_1+I_3R_1=0 \tag{2}$$

$$I_2(r_2+R_4)-\xi_2+I_3R_1=0 \tag{3}$$

将上面(1)(2)(3)式联立成方程组,解得

$$\begin{cases} I_1=160\ (\text{mA}) \\ I_2=-20\ (\text{mA}) \\ I_3=140\ (\text{mA}) \end{cases}$$

其中 $I_1>0$,$I_3>0$,表明实际电流方向与假设方向相同,$I_2<0$ 表明实际电流方向与假设方向相反,为图中所标的反方向。

应用基尔霍夫定律解题时,所列的独立方程数要和所求未知数相等;另外,在复杂电路中电流的方向往往不能预先判断出来,可先假定每个支路的电流方向。求出的电流如果为正值,说明实际电流方向与假定方向相同;求出电流为负值,则实际电流方向与假定方向相反。

7.3 磁现象的电本质 毕奥-萨伐尔定律

7.3.1 基本磁现象

人类对磁现象的研究开始于对天然磁石(含 Fe_3O_4 的矿石)的认识,天然磁石能吸引铁、钴、镍等物质,这种性质称为磁性。天然磁石的磁性不强,所以现在常用的强磁性磁铁通常是人造的。人造磁铁是把铁磁物质放在通有电流的线圈中去磁化,使之变成暂时的或是永久的磁铁。

条形磁铁的两端磁性最强,中部几乎无磁性,磁性特别强的区域称为磁极,中部没有磁性的区域叫作中性区。如果将条形磁铁或小磁针的中心支撑或悬挂起来,使其能够在水平面内自由地转动,则两磁极将自动指向南北方向,我们称指北的一端为北极(用 N 表示),指南的一端为南极(用 S 表示)。磁极之间有相互作用力,同号磁极相互排斥,异号磁极相互吸引。

在历史上很长一段时间里,电学和磁学被认为是彼此独立的两门学科。直至 19 世纪初,一系列重要的发现打破了这个界限,使人们开始认识到电与磁之间有着内在的联系。

1819 年,丹麦科学家奥斯特(Hans Christian Oersted,1777—1851)发表了自己的多年研究成果,这就是电磁学史上最著名的奥斯特实验。奥斯特实验可概括如下:如图 7-10 所示,导线 AB 沿南北方向放置,下面有一可在水平面内自由转动的磁针。当导线中没有电流通过时,磁针指向南北。但当导线中通过电流时,磁针会发生偏转。当电流的方向是从 A 到 B 时,则从上向下看,磁针的偏转是沿逆时针方向的;当电流反向时,磁针的偏转是沿顺时针方向。奥斯特实验表明电流可以对磁铁施加作用力。他的发现把千余年分立的电和磁联系起来,开辟了电磁学研究的新领域。

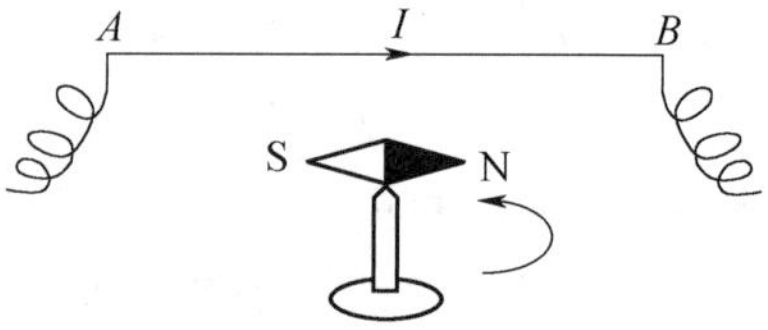

图 7-10 奥斯特实验

1820 年,安培发现放在磁铁附近的载流导线也会受到作用力而发生运动。随后又发现两根载流导线之间也有相互作用,同向载流导线相互吸引,反向载流导线相互排斥。

他在研究了载流螺线管和磁铁棒的相似性后,提出了安培分子环流假说:组成磁铁的最小单元(磁分子)是环形电流。若这样一些分子环流定向地排列起来,在宏观上就会显示出 N、S 极。当时人们还不了解原子的结构,因此不能解释分子环流是怎样形成的。现在我们知道,原子是由带正电的原子核和绕核旋转的负电子组成的,电子不仅绕核旋转而且还有自旋。分子环流就是微观粒子内电子的这些运动形成的。

近代物理告诉我们,无论是磁铁还是导线中的电流,它的磁效应的根源都是电流或电荷的运动。

7.3.2 磁场磁感应强度

从静电场的研究中我们知道,在静止电荷周围的空间存在着电场,电荷间的相互作用是通过电场来传递的。电流(包括运动电荷)间的相互作用是通过磁场来传递的。磁场是存在于电流或运动电荷周围空间的一种特殊物质,磁场对位于其中的运动电荷有力的作用。

磁场有强弱，也有方向，为定量地描述磁场的性质，引入一个重要的物理量——磁感应强度矢量 $\boldsymbol{B}$。由于磁场对运动电荷、载流导体和磁体均有力的作用，所以原则上讲可以用上述 3 种物体之一作为试探元件来研究磁场。下面我们采用磁场对运动电荷的作用来描述磁场。设带电量为 $+q$ 的试探电荷以速率 v 经过磁场中某点，它受到的磁力为 $\boldsymbol{F}$，则定义磁感应强度 $\boldsymbol{B}$ 的方向和大小如下：

(1)若它不受磁场力作用 即 $\boldsymbol{F}=0$，我们规定此时试探电荷的速度方向与磁感应强度 $\boldsymbol{B}$ 的方向相同，见图 7-11(a)。磁感应强度 $\boldsymbol{B}$ 的方向与将小磁针置于此处时小磁针 N 极的指向一致。

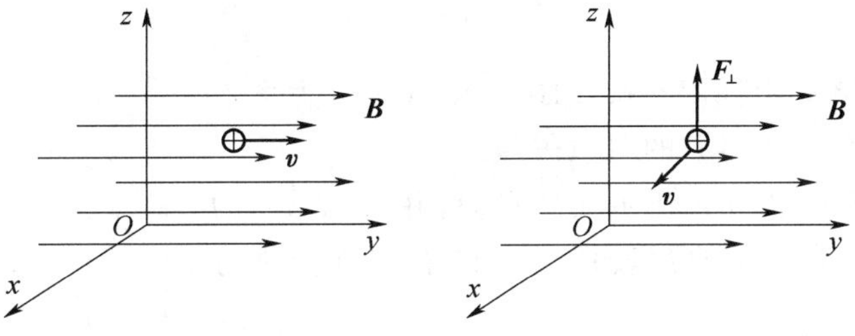

(a) $\boldsymbol{v}//\boldsymbol{B}$ 时，$F=0$　　(b) $\boldsymbol{v}\perp\boldsymbol{B}$ 时，$F=F_{\perp}$

图 7-11　通过运动电荷在磁场中受力情况定义磁感应强度

(2)当试探电荷的速度方向与磁感应强度 $\boldsymbol{B}$ 的方向垂直 见图 7-11(b)，它所受的磁场力 $\boldsymbol{F}$ 最大，记为 $\boldsymbol{F}_{\perp}$，实验证明 $\boldsymbol{F}_{\perp}$ 与乘积 $q\boldsymbol{v}$ 成正比，对磁场中某一场点而言，比值 $F_{\perp}/qv$ 是一个恒量，我们把这个比值规定为磁场中某点的磁感应强度 $\boldsymbol{B}$ 的大小，即

$$B=F_{\perp}/qv \tag{7-12}$$

磁场力 $\boldsymbol{F}$ 既与运动电荷的速度 $\boldsymbol{v}$ 垂直，又与磁感应强度 $\boldsymbol{B}$ 垂直，三者构成右手螺旋系统，故它们之间的矢量关系可写成

$$\boldsymbol{F}=q\,\boldsymbol{v}\times\boldsymbol{B} \tag{7-13}$$

若 $\boldsymbol{v}$ 与 $\boldsymbol{B}$ 之间的夹角为 θ，则 $F=qvB\sin\theta$。当 $\theta=0$ 或 π，即 $\boldsymbol{v}//\boldsymbol{B}$ 时，$\boldsymbol{F}=0$；当 $\theta=\pi/2$，即 $\boldsymbol{v}\perp\boldsymbol{B}$ 时，$\boldsymbol{F}=\boldsymbol{F}_{\perp}$。对于正电荷来说，$\boldsymbol{F}$ 的方向与 $\boldsymbol{v}\times\boldsymbol{B}$ 的方向相同，而负电荷所受 $\boldsymbol{F}$ 的方向与 $\boldsymbol{v}\times\boldsymbol{B}$ 相反。

在 SI 制中，磁感应强度 $\boldsymbol{B}$ 的单位是 $\mathrm{N\cdot s\cdot C^{-1}\cdot m^{-1}}$ 或 $\mathrm{N\cdot A^{-1}\cdot m^{-1}}$，这一单位称为特斯拉(T)，即 $1\ \mathrm{T}=1\ \mathrm{N\cdot A^{-1}\cdot m^{-1}}$。人体磁场大约为 10^{-12} T，地球两极附近磁场可达 6×10^{-5} T，大型电磁铁可产生 1～2 T 的磁场，超导电磁铁产生的磁场可达 5～40 T。

7.3.3 毕奥-萨伐尔定律

下面来研究载流导线周围的磁场是如何分布的。任何载流导体都可以看成长度为 $\mathrm{d}\boldsymbol{l}$ 的众多小段电流的集合，把 $I\mathrm{d}\boldsymbol{l}$ 称为电流元。每个电流元都会在它周围的每一个场点上激发磁场，因此我们可先求出每一个电流元在空间某场点产生的磁感应强度 $\mathrm{d}\boldsymbol{B}$，再根据场叠加原理，求出整个载流导体在该场点产生的磁感应强度 $\boldsymbol{B}$。

19 世纪 20 年代，法国物理学家毕奥（J. B. Biot，1774—1862）和萨法尔（F. Savart，1791—1841）等对载流导体产生的磁场做了大量的实验研究，并在数学家拉普拉斯的帮助下，经过一定的逻辑分析和数学推理，得出电流元激发磁场的规律，称之为毕奥－萨伐尔定律，其内容表述如下：

载流回路上任一电流元 $I\mathrm{d}\boldsymbol{l}$，在空间任意一点 P 处所产生的磁感应强度 $\mathrm{d}\boldsymbol{B}$ 的大小与电流元 $I\mathrm{d}\boldsymbol{l}$ 的大小成正比，与场点 P 相对于电流元的位置矢量 $\boldsymbol{r}$ 和电流元 $I\mathrm{d}\boldsymbol{l}$ 夹角 θ 的正弦 $\sin\theta$ 成正比，而与位置矢量 $\boldsymbol{r}$ 大小的平方成反比。其数学表达式为

$$\mathrm{d}\boldsymbol{B}=\frac{\mu_0}{4\pi}\frac{I\mathrm{d}\boldsymbol{l}\times\boldsymbol{r}_0}{r^2} \tag{7-14}$$

式中：μ_0 为真空磁导率，其值为 $4\pi\times10^{-7}$ N/A^2；$\boldsymbol{r}_0$ 为场点 P 相对于电流元的位置矢量 $\boldsymbol{r}$ 的单位矢量。

$\mathrm{d}\boldsymbol{B}$ 的方向垂直于 $\mathrm{d}\boldsymbol{l}$ 和 $\boldsymbol{r}$ 所组成的平面，并沿 $\mathrm{d}\boldsymbol{l}\times\boldsymbol{r}$ 的方向，即由 $I\mathrm{d}\boldsymbol{l}$ 经小于 180°的角转向 $\boldsymbol{r}$ 时的右螺旋前进方向，见图 7-12。

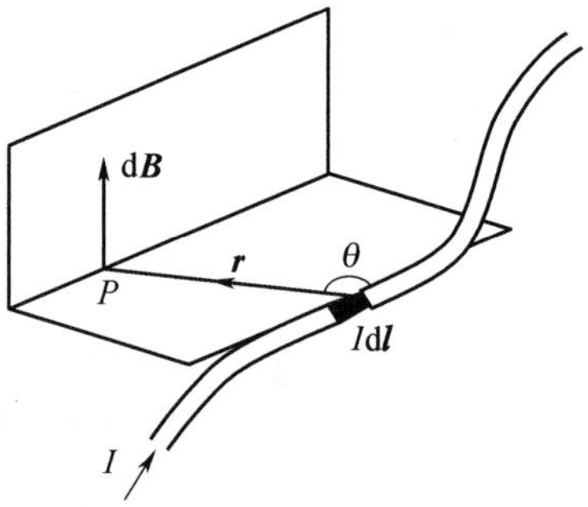

图 7-12　电流元激发的磁感应强度方向

这样，任意载流导线在点 P 处激发的磁感应强度 $\boldsymbol{B}$ 可以写成

$$\boldsymbol{B}=\int\mathrm{d}\boldsymbol{B}=\int\frac{\mu_0}{4\pi}\frac{I\mathrm{d}\boldsymbol{l}\times\boldsymbol{r}_0}{r^2} \tag{7-15}$$

应该注意，式(7-15)为矢量积分。具体计算时，首先要分析载流导线上各电流元所产生的 $\mathrm{d}\boldsymbol{B}$ 的方向是否一致，若 $\mathrm{d}\boldsymbol{B}$ 方向相同，则矢量积分式可化成代数量的积分式；若各个电流元的 $\mathrm{d}\boldsymbol{B}$ 的方向不同，应该先将 $\mathrm{d}\boldsymbol{B}$ 沿选定的各坐标轴投影，再对 $\mathrm{d}\boldsymbol{B}$ 的各坐标分量进行积分。下面计算几种典型载流体的磁场。

例 7-2　载流直导线的磁场。如图 7-13 所示，在真空中有一通有电流 I、长为 L 的直导线 CD，试求此直导线附近任意一点 P 处的磁感应强度 $\boldsymbol{B}$。已知点 P 与长直导线间的垂直距离为 a。

解：过场点 P 取 x 轴垂直于载流导线，垂足为坐标原点 O。在距 O 点为 l 远处取一电流元 $I\mathrm{d}\boldsymbol{l}$，$P$ 点相对于 $I\mathrm{d}\boldsymbol{l}$ 的矢径为 $\boldsymbol{r}$。

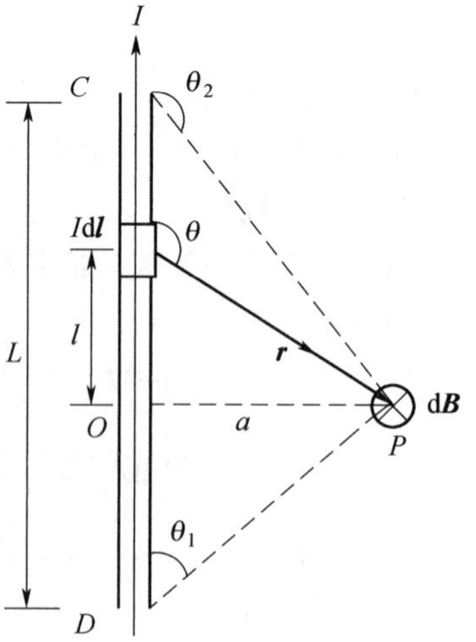

图 7-13　载流直导线的磁场

由毕奥-萨伐尔定律可知，电流元 $I\mathrm{d}\boldsymbol{l}$ 在 P 点产生的磁感应强度 $\mathrm{d}\boldsymbol{B}$ 的大小为

$$\mathrm{d}B=\frac{\mu_0}{4\pi}\frac{I\mathrm{d}l\sin\theta}{r^2} \tag{1}$$

$\mathrm{d}\boldsymbol{B}$ 的方向按矢量叉积 $I\mathrm{d}\boldsymbol{l}\times\boldsymbol{r}$ 判断应垂直纸面向里，用⊗表示。可以看出，导线上任一电流元在 P 点产生的磁感应强

度的方向都相同。故整个导线在 P 点产生的磁感应强度大小为

$$B=\int_L \mathrm{d}B=\int_L \frac{\mu_0}{4\pi}\frac{I\mathrm{d}l\sin\theta}{r^2} \tag{2}$$

要计算这个积分，应当把 l、r 和 θ 化为统一的变量。由图 7-13 可知

$$r=a/\sin(\pi-\theta)=a/\sin\theta$$

又因为 $l=a\cot(\pi-\theta)=-a\cot\theta$，所以 $\mathrm{d}l=a\mathrm{d}\theta/\sin^2\theta$，代入式(2)中可得

$$B=\frac{\mu_0 I}{4\pi a}\int_{\theta_1}^{\theta_2}\sin\theta\mathrm{d}\theta=\frac{\mu_0 I}{4\pi a}(\cos\theta_1-\cos\theta_2) \tag{3}$$

式中 θ_1、θ_2 分别为载流直导线两端 C、D 处电流元与该处到 P 点的矢量 $\boldsymbol{r}$ 间的夹角。

若载流直导线可视为无限长直导线，那么 $\theta_1\approx 0$，$\theta_2\approx\pi$，则有

$$B=\frac{\mu_0 I}{2\pi a} \tag{4}$$

结果表明，无限长载流直导线周围磁感应强度 $\boldsymbol{B}$ 的大小与电流成正比，与导线到场点的距离 a 成反比。

例 7-3 圆形载流导线轴线上的磁场。设在真空中有一半径为 R 的载流导线，通过电流为 I，试求载流圆环轴线上任意一点 P 处的磁感应强度。

解：取载流圆环轴线为 x 轴，圆心为坐标原点，任取一电流元 $I\mathrm{d}\boldsymbol{l}$，如图 7-14 所示，电流元到轴线上任一点 P 的位矢 $\boldsymbol{r}$ 与电流元垂直，故电流元在 P 点产生的磁感应强度大小为

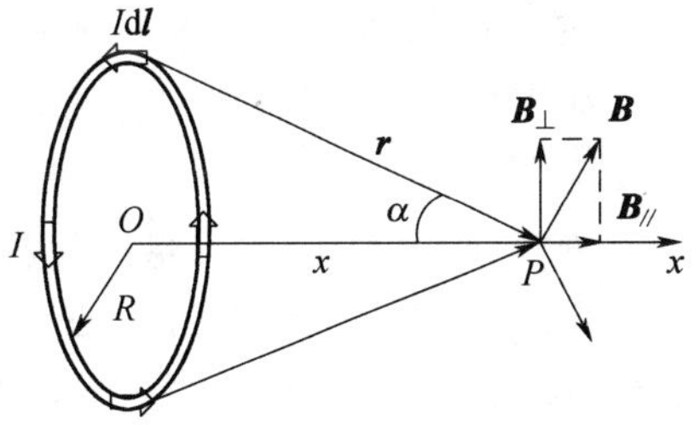

图 7-14 载流圆环的磁场

$$\mathrm{d}B=\frac{\mu_0}{4\pi}\frac{I\mathrm{d}l\cdot\sin\pi/2}{r^2}=\frac{\mu_0}{4\pi}\frac{I\mathrm{d}l}{r^2}$$

$\mathrm{d}\boldsymbol{B}$ 方向如图 7-14 所示，垂直于 $I\mathrm{d}\boldsymbol{l}$ 和 $\boldsymbol{r}$ 组成的平面。将 $\mathrm{d}\boldsymbol{B}$ 进行正交分解，由对称性分析得

$$B_{\perp}=\int\mathrm{d}B_{\perp}=0$$

所以有 P 点的磁感应强度 $\boldsymbol{B}$ 将沿 x 轴方向，大小为

$$B=B_{/\!/}=\int\mathrm{d}B_{/\!/}=\int\sin\alpha\,\mathrm{d}B$$

式中，$\sin\alpha=R/r$，代入上式，得

$$B=\int\frac{\mu_0 I\mathrm{d}l}{4\pi r^2}\frac{R}{r}=\frac{\mu_0 IR}{4\pi r^3}\int_0^{2\pi R}\mathrm{d}l=\frac{\mu_0 IR^2}{2r^3}$$

对于给定的场点 P，r 为定值，$r=(R^2+x^2)^{1/2}$，故

$$B=\frac{\mu_0 IR^2}{2(R^2+x^2)^{3/2}}$$

$\boldsymbol{B}$ 的方向沿 x 轴正方向，与电流成右螺旋关系。

下面我们讨论载流圆环轴线上磁场分布的几种特殊情况。

①在圆环圆心处，$x=0$，则有

$$B=\mu_0 I/2R$$

此式表示圆电流圆心角为 2π 时，在圆心处激发的磁感应强度，由此可推出，任意一段圆心角为 θ 的载流圆弧导线，在圆心处激发的磁感应强度为

$$B=\frac{\mu_0 I}{2R}\ \frac{\theta}{2\pi}=\frac{\mu_0 I\theta}{4\pi R}$$

方向由右手螺旋法则确定。

②在轴线上远离圆心处，$x\gg R$，则有

$$B=\frac{\mu_0 IR^2}{2x^3}=\frac{\mu_0 I\pi R^2}{2\pi x^3}=\frac{\mu_0 IS}{2\pi x^3}$$

式中，$S=\pi R^2$，表示圆线圈的面积。

例 7-4 载流螺线管内部的磁场。设一均匀密绕螺线管长度为 L，半径为 R，单位长度上有 n 匝线圈，通有电流 I，如图 7-15 所示，求载流螺线管周线上的磁场分布。

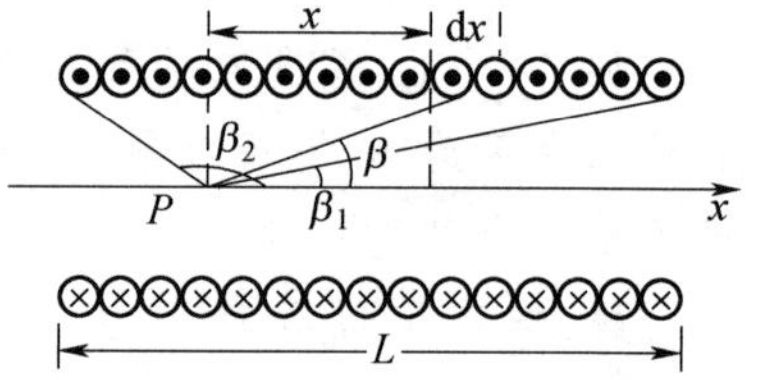

图 7-15 螺线管

解：均匀密绕螺线管可以看成是由许多同轴圆线圈紧密排列组成的，所以载流螺线管轴线上任一点 P 的磁感应强度等于各载流圆线圈在该点产生的磁感应强度的叠加。在螺线管上取长为 $\mathrm{d}x$ 的一小段，$\mathrm{d}x$ 上有线圈 $n\mathrm{d}x$ 匝，可看成一个通有电流 $nI\mathrm{d}x$ 的圆线圈。它在 P 点产生的磁感应强度为

$$\mathrm{d}B=\frac{\mu_0 R^2 nI\mathrm{d}x}{2(R^2+x^2)^{3/2}}$$

方向沿 x 轴正向。

由于螺线管的各小段在 P 点产生的磁感应强度方向相同，则有

$$B=\int_L \mathrm{d}B=\int_L \frac{\mu_0 R^2 nI\mathrm{d}x}{2(R^2+x^2)^{3/2}} \tag{1}$$

为了便于积分，将积分变量 x 换为 θ，由图 7-15 可知

$$x=R\cot\beta,\mathrm{d}x=R\csc^2\beta\mathrm{d}\beta,r^2=R^2+x^2=R^2\csc^2\beta$$

代入式(1)得

$$B=-\int_{\beta_1}^{\beta_2}\frac{\mu_0 nI}{2}\sin\beta\mathrm{d}\beta=\frac{\mu_0 nI}{2}(\cos\beta_2-\cos\beta_1) \tag{2}$$

上式为螺线管轴线上任一点磁感应强度 $\boldsymbol{B}$ 的大小，$\boldsymbol{B}$ 的方向与电流方向成右手螺旋关系。式中 β_1 和 β_2 分别为螺线管两端相对于场点 P 的位矢与螺线管轴线正向的夹角。

下面讨论螺线管内部几个特殊位置的场强。

①P 点处于载流螺线管内轴线上的中点，$\beta_1=\pi-\beta_2$，则有

$$\cos\beta_1=-\cos\beta_2=-\frac{l/2}{\sqrt{(l/2)^2+R^2}}$$

由式(2)可得

$$B=\mu_0 nI\cos\beta_2=\frac{\mu_0 nIl}{2(l^2/4+R^2)^{1/2}}$$

对于细长的螺线管可看作是无限长的，即 $l\gg R$，则有

$$B=\mu_0 nI \tag{3}$$

方向沿 Ox 轴正向。

②P 点处于载流螺线管的一端，则有 $\beta_1=\pi/2,\beta_2=0$，或 $\beta_1=\pi,\beta_2=\pi/2$，由式(2)可得

$$B=\mu_0 nI/2 \tag{4}$$

图 7-16 给出长直螺线管内轴线上磁感应强度的分布，可以看出，密绕载流螺线管内轴线中部附近的磁场完全可以视作均匀磁场。

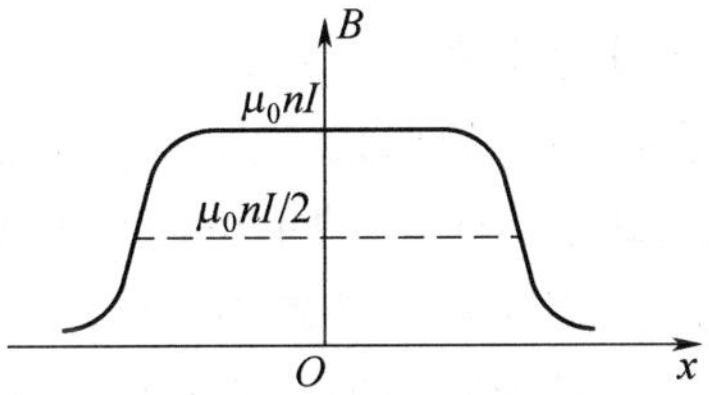

图 7-16 螺线管内磁场的分布

7.3.4 运动电荷的磁场

载流导体中的电流是大量带电粒子的定向运动形成的，所以电流激发的磁场实质上是运动电荷在其周围空间激发的磁场。运动电荷激发的磁场可以由毕奥-萨伐尔定律推得。设有一电流元 $Id\boldsymbol{l}$，其横截面积为 S，此电流元内单位体积内有 n 个定向运动的电荷，为简便计算，这里以正电荷为例，每个电荷电量均为 q，定向运动速度为$\boldsymbol{v}$，则电流密度 $J=nq\boldsymbol{v}$，因此电流元 $Id\boldsymbol{l}=\boldsymbol{J}Sdl=nSq\boldsymbol{v}\mathrm{d}l$，代入毕奥-萨伐尔定律式(7-14)中得

$$\mathrm{d}\boldsymbol{B}=\frac{\mu_0}{4\pi}\frac{nS\mathrm{d}lq\,\boldsymbol{v}\times\boldsymbol{r}_0}{r^2}$$

其中 $nS\mathrm{d}l$ 为电流元中的总电荷数，用 $\mathrm{d}N$ 表示，则

$$\mathrm{d}\boldsymbol{B}=\frac{\mu_0}{4\pi}\frac{\mathrm{d}Nq\,\boldsymbol{v}\times\boldsymbol{r}_0}{r^2}$$

此式表明，电流元 $Id\boldsymbol{l}$ 产生的磁感应强度 $\mathrm{d}\boldsymbol{B}$ 也就是电流元内 $\mathrm{d}N$ 个运动电荷产生的磁场。那么，一个以速度$\boldsymbol{v}$ 运动的电荷，在距它为 r 处所激发磁场的磁感应强度为

$$\boldsymbol{B}=\frac{\mu_0}{4\pi}\frac{q\,\boldsymbol{v}\times\boldsymbol{r}_0}{r^2} \tag{7-16}$$

$\boldsymbol{B}$ 的方向垂直于 $\boldsymbol{v}$ 和 $\boldsymbol{r}$ 组成的平面，当 q 为正电荷时，$\boldsymbol{B}$ 的方向与矢积 $\boldsymbol{v}\times\boldsymbol{r}$ 的方向相

同；当 q 为负电荷时，$\boldsymbol{B}$ 的方向与矢积 $\boldsymbol{v}\times\boldsymbol{r}$ 的方向相反。

式(7-16)是运动电荷的磁场公式，该公式只是用于运动电荷的速率 v 远小于光速 c（即 $v\ll c$）的情况。对于 v 接近于 c 的情形，运动电荷的磁场应当考虑到相对论效应，该公式不再适用。

7.4 磁场中的高斯定律

7.4.1 磁感应线

在静电场中用电场线来表示电场的分布，与此类似，为了形象地反映磁场的分布情况，我们引入磁感线。与电场线一样，磁感线是设想出来的一系列曲线，并非真实存在的。我们规定：①磁感线上任一点的切线方向为该点磁感应强度 $\boldsymbol{B}$ 的方向；②通过磁场中某点处垂直于 $\boldsymbol{B}$ 的单位面积上磁感线的条数等于该点 $\boldsymbol{B}$ 的大小。所以磁感线密集处磁感应强度大；磁感线稀疏处磁感应强度小。

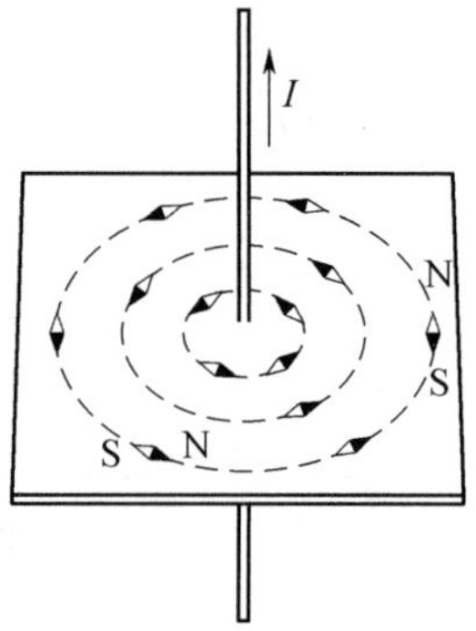

图 7-17 长直导线周围小磁针的分布

磁场中的磁感线可借助小磁针显示出来，在垂直于长直载流导线的玻璃板上放置多个小磁针，它们会在电场中形成如图 7-17 所示的分布图。

由图中可以看出，磁感线的回转方向满足右手螺旋定则。

图 7-18 是几种典型的磁场的磁感线分布图。在恒定电流激发的恒定磁场中，闭合的磁感线与闭合的电流总是互相套合的。它们之间的方向关系总是服从右手螺旋定则，即若以右手伸直的拇指方向代表电流方向，则弯曲的 4 指沿磁感线方向，反之，若弯曲的 4 指沿电流方向时，则拇指指向磁感线方向。

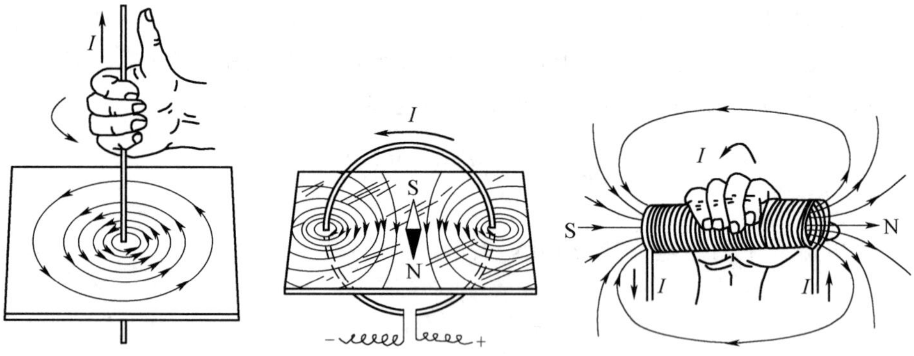

(a) 长直载流导线　(b) 环形载流导线　(c) 载流螺线管

图 7-18 几种典型的磁场的磁感线

从磁感线的图示，可以总结出磁感线有如下特点：①任意两条磁感线不会相交。因为磁场中某点的磁感应强度方向是确定的；②磁感线是无头无尾的闭合曲线，没有起点，也没有终点。

7.4.2 磁通量

在磁场中，通过某一曲面的磁感线的数量，称为通过此曲面的磁通量。用符号 Φ 表示。

计算磁场中任意曲面 S 的磁通量的方法类似于静电场中电通量的求解方法。如图 7-19 所示，将曲面 S 分割成无限多个面积元，任一面积元矢量 $\mathrm{d}\boldsymbol{S}$，它的法线方向与该点处磁感应强度方向的夹角为 θ，通过面积元 $\mathrm{d}\boldsymbol{S}$ 的磁通量为

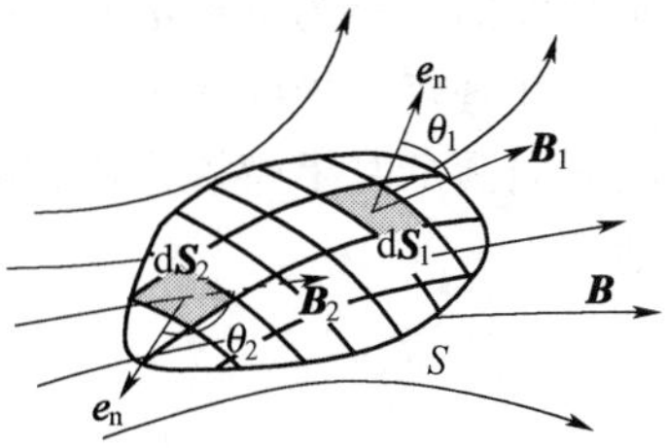

图 7-19　曲面上的磁通量

$$\mathrm{d}\Phi = B\cos\theta\mathrm{d}S = \boldsymbol{B}\cdot\mathrm{d}\boldsymbol{S} \tag{7-17}$$

$$\mathrm{d}\boldsymbol{S} = \mathrm{d}S\cdot\boldsymbol{e}_n$$

式中：$\mathrm{d}\boldsymbol{S}$ 为面积元矢量；$\boldsymbol{e}_n$ 为面积元的单位法线矢量。

通过某一有限曲面的磁通量 Φ 等于通过所有面积元 $\mathrm{d}\boldsymbol{S}$ 上的磁通量 $\mathrm{d}\Phi$ 的总和，即

$$\Phi = \int_S \mathrm{d}\Phi = \int_S B\cos\theta\mathrm{d}S = \int_S \boldsymbol{B}\cdot\mathrm{d}\boldsymbol{S} \tag{7-18}$$

对于闭合曲面来说，规定其单位法线矢量 $\boldsymbol{e}_n$ 的正方向为垂直于曲面向外。依照这个规定，当磁感线从闭合曲面内穿出时，$0\leqslant\theta\leqslant\pi/2$，$\cos\theta>0$，磁通量为正值；当磁感线从闭合曲面外穿入时，$\pi/2\leqslant\theta\leqslant\pi$，$\cos\theta<0$，磁通量为负值。

在 SI 制中，磁通量的单位是韦伯，用符号 Wb 表示。

7.4.3 磁场的高斯定理

由于磁感线是闭合曲线，因此，对于任一闭合曲面来说，有多少条磁感线进入闭合曲面，就一定有多少条磁感线穿出闭合曲面。换句话说，通过任意闭合曲面的磁通量必等于零，即

$$\oint_S \boldsymbol{B}\cdot\mathrm{d}\boldsymbol{S} = 0 \tag{7-19}$$

式(7-19)称为磁场的高斯定理。它是电磁场的一条基本规律。

将磁场的高斯定理与静电场的高斯定理相比较，可以看出磁场与静电场本质的区别。静电场是有源场，其场源是自然界中可以单独存在的正负电荷，所以通过闭合曲面的电通量可以不等于零；而磁场是无源场，自然界迄今为止没有发现单独存在的磁极，所以通过闭合曲面的磁通量必等于零。

7.5 安培环路定律

7.5.1 安培环路定理

在静电场中，电场强度 $\boldsymbol{E}$ 沿任意闭合环路的积分恒等于零，即 $\oint_L \boldsymbol{E}\cdot\mathrm{d}\boldsymbol{l}=0$，说明静电场是保守力场。那么，磁场中磁感应强度 $\boldsymbol{B}$ 沿任意闭合路径的积分 $\oint_L \boldsymbol{B}\cdot\mathrm{d}\boldsymbol{l}$ 等于什么呢？磁

场是否也是保守立场？下面我们来研究这个问题。

我们先以真空中一无限长直载流导线所激发的磁场为例。由毕奥-萨伐尔定律可推得，长直载流导线周围的磁感线是在垂直于导线的平面内、以导线为中心的一系列同心圆，磁感应强度的大小为 $B=\mu_0 I/2\pi a$。

在垂直于导线的平面内，作一包围无限长直载流导线的任意闭合环路 L，环路方向与电流方向满足右手螺旋定则，如图 7-20(a)所示。在环路 L 上任取一线元 $\mathrm{d}\boldsymbol{l}$，与 $\boldsymbol{B}$ 的夹角为 θ，则

$$\oint_L \boldsymbol{B}\cdot\mathrm{d}\boldsymbol{l}=\oint_L B\cos\theta\,\mathrm{d}l$$

由图 7-20 可知，$\mathrm{d}l$ 对 O 点的张角为 $\mathrm{d}\varphi$，有 $\cos\theta\mathrm{d}l=r\mathrm{d}\varphi$，代入上式得

$$\oint_L \boldsymbol{B}\cdot\mathrm{d}\boldsymbol{l}=\oint_L Br\,\mathrm{d}\varphi=\int_0^{2\pi}\frac{\mu_0 l}{2\pi r}r\,\mathrm{d}\varphi=\mu_0 I$$

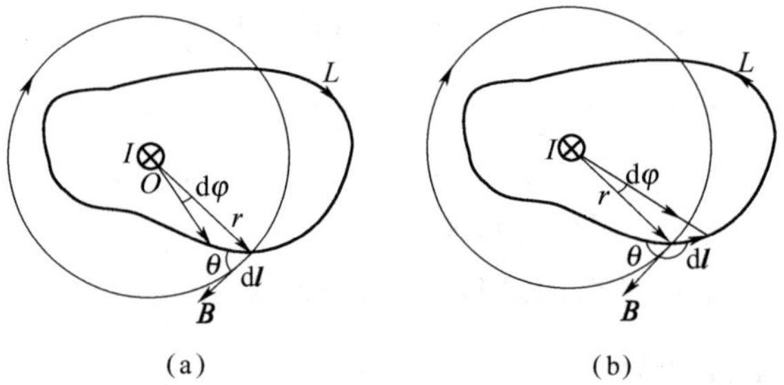

图 7-20　安培环路定理推导

若积分环路 L 不变，而电流反向，见图 7-20(b)，$\mathrm{d}l$ 与 B 的夹角为 $\pi-\theta$，$\cos(\pi-\theta)\mathrm{d}l=-r\mathrm{d}\varphi$，则有

$$\oint_L \boldsymbol{B}\cdot d\boldsymbol{l}=-\mu_0 I=\mu_0(-I)$$

由上面推导结果可以看出：①恒定磁场中，磁感应强度 $\boldsymbol{B}$ 沿闭合环路的积分与闭合环路的形状及大小无关，只与闭合环路包围的无限长直载流导线的电流有关；②当电流的方向与闭合环路绕行方向满足右手螺旋定则时，电流 I 取正值，反之，电流 I 取负值。

若所取的闭合环路 L 不包围无限长直载流导线，见图 7-21，环路上对应同一个张角 $\mathrm{d}\varphi$ 有两个线元 $\mathrm{d}\boldsymbol{l}$ 和 $\mathrm{d}\boldsymbol{l}'$，设它们分别与导线相距 r 和 r'，则有

$$\boldsymbol{B}\cdot\mathrm{d}\boldsymbol{l}=B\cos\theta\mathrm{d}l=-Br\mathrm{d}\varphi=-\frac{\mu_0 l}{2\pi}\mathrm{d}\varphi$$

$$\boldsymbol{B}'\cdot\mathrm{d}\boldsymbol{l}'=B'\cos\theta'\mathrm{d}l'=-B'r'\mathrm{d}\varphi=\frac{\mu_0 l}{2\pi}\mathrm{d}\varphi$$

所以，对于每一对线元 $\mathrm{d}\boldsymbol{l}$ 和 $\mathrm{d}\boldsymbol{l}'$，都有

$$\boldsymbol{B}\cdot\mathrm{d}\boldsymbol{l}+\boldsymbol{B}'\cdot\mathrm{d}\boldsymbol{l}'=0$$

这个结果表明,每一对线元对$\oint_L \boldsymbol{B} \cdot \mathrm{d}\boldsymbol{l}$ 的贡献相互抵消,因此,当闭合环路中不包围无限长直载流导线时,$\boldsymbol{B}$ 沿闭合环路的积分为零,即

$$\oint_L \boldsymbol{B} \cdot \mathrm{d}\boldsymbol{l}=0$$

由此可见,闭合环路外的电流尽管在空间激发磁场,但对磁场环流$\oint_L \boldsymbol{B} \cdot \mathrm{d}\boldsymbol{l}$ 没有贡献。

上面的讨论虽然是针对一根无限长直载流导线和垂直于导线的平面内的闭合环路进行的,但可以证明,所得结论对任意闭合环路 L,包围多根载流导线(电流大小、方向不同)的情况下仍然成立。如图 7-22 所示的情况下,则有

$$\oint_L \boldsymbol{B} \cdot \mathrm{d}\boldsymbol{B}=\mu_0 \sum I_i \tag{7-20}$$

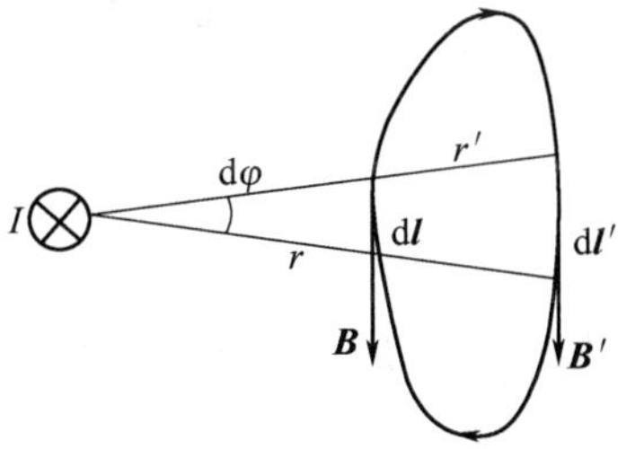

图 7-21 环路中不包围直导线情况

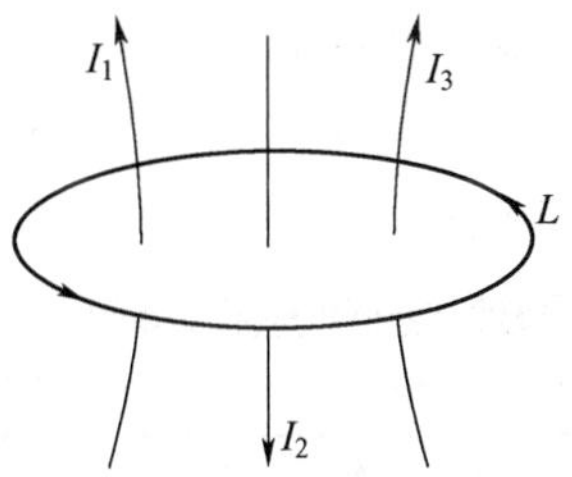

图 7-22 环路中包含多根载流导线

结果表明,在恒定磁场中,磁感应强度 $\boldsymbol{B}$ 沿任意闭合环路的线积分,等于该环路包围的所有电流代数和的 μ_0 倍。这就是恒定磁场的安培环路定理。

式(7-20)揭示恒定磁场的重要性质,它表明磁场是非保守场。矢量分析中,把矢量环流等于零的场称为无旋场,反之称为有旋场(也称涡旋场)。因此,静电场为无旋场,而恒定磁场为有旋场。

7.5.2 安培环路定理的应用

在电流所激发的磁场具有某种对称性的情况下,利用安培环路定理可以很方便地计算出磁场的磁感应强度 $\boldsymbol{B}$。这种方法与利用静电场的高斯定理求解电场强度的方法类似。下面举例来说明安培环路定理的应用。

例 7-5 求无限长均匀载流圆柱导体的磁场。设无限长均匀载流圆柱导体的截面半径为 R,电流 I 沿轴线方向流动,如图 7-23 所示,试计算载流圆柱导体内、外的磁感应强度 $\boldsymbol{B}$。

解:根据圆柱导体是无限长的,可知导体激发的磁场是对称的。取与圆柱导体同轴、半径为 r 的圆环为安培环路。

由安培环路定理得

$$\oint_L \boldsymbol{B} \cdot \mathrm{d}\boldsymbol{l} = B \cdot 2\pi r = \mu_0 \sum I_i$$

(1)对圆柱导体外一点有 $r>R$，则 $\sum I_i = I$，得

$$B = \frac{\mu_0 I}{2\pi r}\text{（与直导线磁场分布相同）}$$

(2)对圆柱体内部一点，有 $r<R$，则

$$\sum I_i = \frac{I}{\pi R^2}\pi r^2 = \frac{r^2}{R^2}I$$

解得

$$B = \frac{\mu_0}{2\pi r} \cdot \frac{r^2}{R^2}I = \frac{\mu_0 r I}{2\pi R^2}$$

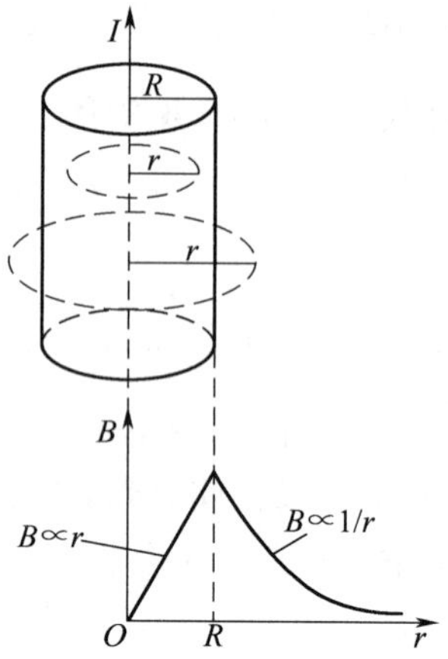

图 7-23　无限长均匀载流圆柱的磁场

B-r 曲线如图 7-23 所示。

例 7-6　求无限长载流螺线管内外的磁场。设无限长载流螺线管中通有电流 I，单位长度上的匝数为 n，如图 7-24 所示，试求载流螺线管内外的磁感应强度 $\boldsymbol{B}$。

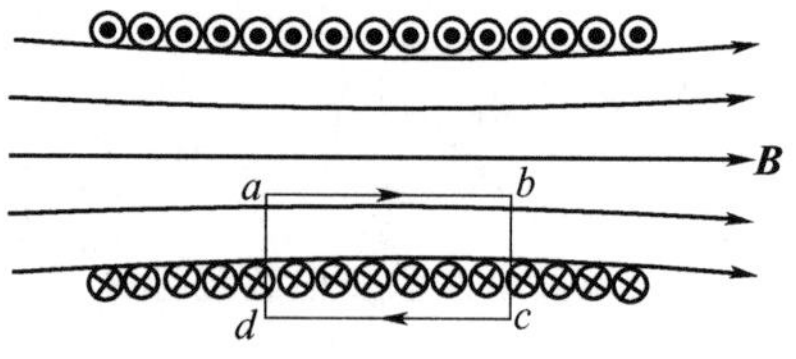

图 7-24　例 7-6 用图

解：由对称性分析，磁场分布见图 7-24。管内部 $\boldsymbol{B}$ 线平行于轴线，离轴等距离处 $\boldsymbol{B}$ 大小相等。管外部贴近管壁处 $\boldsymbol{B}$ 趋近于零。

取过管内任一点 P 的矩形回路 $abcda$ 为安培环路 L，绕行方向顺时针。则 $\boldsymbol{B}$ 环流为

$$\oint_L \boldsymbol{B} \cdot \mathrm{d}\boldsymbol{l} = \int_a^b \boldsymbol{B} \cdot \mathrm{d}\boldsymbol{l} + \int_b^c \boldsymbol{B} \cdot \mathrm{d}\boldsymbol{l} + \int_c^d \boldsymbol{B} \cdot \mathrm{d}\boldsymbol{l} + \int_d^a \boldsymbol{B} \cdot \mathrm{d}\boldsymbol{l}$$

因为

$$\int_a^b \boldsymbol{B} \cdot \mathrm{d}\boldsymbol{l} = Bab, \int_b^c \boldsymbol{B} \cdot \mathrm{d}\boldsymbol{l} = 0, \int_c^d \boldsymbol{B} \cdot \mathrm{d}\boldsymbol{l} = 0, \int_d^a \boldsymbol{B} \cdot \mathrm{d}\boldsymbol{l} = 0$$

所以，由安培环路定理得

$$\oint_L \boldsymbol{B} \cdot \mathrm{d}\boldsymbol{l} = Bab = \mu_0 I(nab)$$

解得

$$B = \mu_0 n I$$

可见，无限长螺线管内部为均匀磁场，磁感应强度方向可由右手螺旋定则判断。

例 7-7　求无限大载流薄平板的磁场。一无限大导体平板，其厚度可忽略不计，设单位宽度上通有恒定电流 I，如图 7-25(a)所示，试求无限大载流薄平板周围的磁感应强度 $\boldsymbol{B}$。

解：根据无限大平板的对称性可知，周围的磁感应强度方向必定平行于板面，并垂直于电流方向。如图 7-25(b)表示平板 MN 线上的横截面积。图中电流方向垂直于纸面向外，取矩形闭合路径 $abcda$ 为安培环路，安培环路方向与电流方向满足右手螺旋定则。

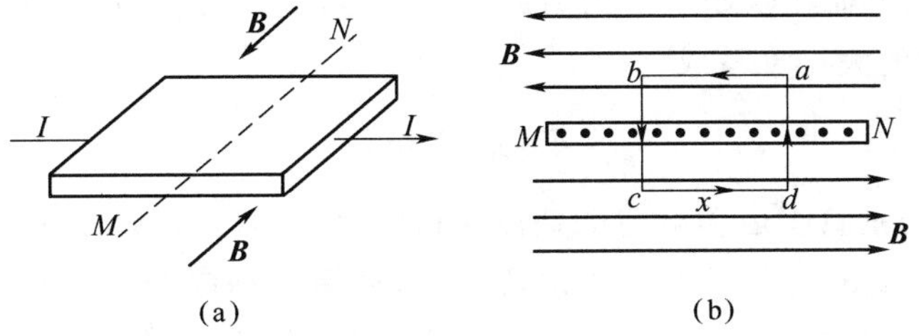

图 7-25 例 7-7 用图

磁场环流为

$$\oint_L \boldsymbol{B} \cdot \mathrm{d}\boldsymbol{l} = \int_a^b \boldsymbol{B} \cdot \mathrm{d}\boldsymbol{l} + \int_b^c \boldsymbol{B} \cdot \mathrm{d}\boldsymbol{l} + \int_c^d \boldsymbol{B} \cdot \mathrm{d}\boldsymbol{l} + \int_d^a \boldsymbol{B} \cdot \mathrm{d}\boldsymbol{l} = Bx + 0 + Bx + 0 = 2Bx$$

式中 $x = ab = cd$。

根据安培环路定理，得

$$2Bx = \mu_0 I x$$

解得

$$B = \mu_0 I / 2$$

可见，无限大载流薄平板在其两侧产生匀强磁场，且两侧磁感应强度 $\boldsymbol{B}$ 的大小相等，方向相反。

当电流分布具有对称性时(无限长、无限大、柱对称等)，可应用安培环路定理求磁场分布。

7.6 洛伦兹力和安培力

前面介绍了恒定电流所激发的磁场，以及磁场的两个基本定理——磁场的高斯定理和安培环路定理。本节将介绍运动电荷和载流导线在磁场中的受力作用和运动情况。

7.6.1 洛伦兹力

可通过在阴极射线管外加磁场的实验观察带电粒子的受力情况。阴极射线管是在两个电极之间加上高电压的真空放电管，它的阴极会发射出电子束，即所谓的阴极射线。电子束本身不能用肉眼观察到，可借助在管中放入荧光屏观察电子的径迹。没有磁场时，电子束由阴极发出后沿直线前进。如果在阴极射线管旁放一根磁棒，电子束就会偏转。这表明电子束受到磁场的作用力。

通过实验能够证明，运动带电粒子在磁场中受的力 $\boldsymbol{F}$ 与粒子的电荷 q、速度 $\boldsymbol{v}$ 和磁感应强度 $\boldsymbol{B}$ 之间有如下关系：

$$\boldsymbol{F} = q\boldsymbol{v} \times \boldsymbol{B} \tag{7-21}$$

式(7-21)给出的运动电荷在磁场中受的力，叫作洛伦兹力。如图 7-26 所示。按照矢量叉乘的定义式，洛伦兹力的大小可写成

$$F = qvB\sin\theta \tag{7-22}$$

洛伦兹力的方向垂直于运动电荷的速度 $\boldsymbol{v}$ 和磁感应强度 $\boldsymbol{B}$ 所组成的平面，且符合右手螺旋定则：右手 4 指由 $\boldsymbol{v}$ 经小于 180°的角弯向 $\boldsymbol{B}$，拇指的指向是正电荷所受洛伦兹力的方向。当运动粒子带电量为正时，$\boldsymbol{F}$ 的方向与 $\boldsymbol{v}\times\boldsymbol{B}$ 相同，当带电量为负时，$\boldsymbol{F}$ 的方向与 $\boldsymbol{v}\times\boldsymbol{B}$ 相反。

应当注意，洛伦兹力的方向总与带电粒子速度的方向垂直(图 7-26)，所以洛伦兹力永远不对粒子做功。它只改变粒子运动的方向，而不改变粒子的速率和动能。

带电粒子在均匀磁场中运动时，如果略去重力作用，仅受洛伦兹力的作用，按带电粒子的初速度 $\boldsymbol{v}$ 与磁场 $\boldsymbol{B}$ 的关系，运动可分为 3 种情况。

(1)$\boldsymbol{v}\,/\!/\,\boldsymbol{B}$。根据洛伦兹力的定义式(7-21)，$F=0$，即带电粒子不受力，带电粒子将沿原速度方向做匀速直线运动。

(2)$\boldsymbol{v}\perp\boldsymbol{B}$。设电荷为 $+q$，质量为 m 的带电粒子，以初速度 $\boldsymbol{v}_0$ 进入磁感应强度为 $\boldsymbol{B}$ 的匀强磁场中，且 $\boldsymbol{v}_0$ 与 $\boldsymbol{B}$ 垂直，如图 7-27 所示，根据式(7-21)可得带电粒子所受洛伦兹力的值为 $F=qv_0B$，方向垂直于 $\boldsymbol{v}_0$ 与 $\boldsymbol{B}$ 所构成的平面，所以带电粒子进入磁场后作速率为 v_0 的匀速圆周运动。带电粒子的动力学方程为

$$qv_0B = mv_0^2/R$$

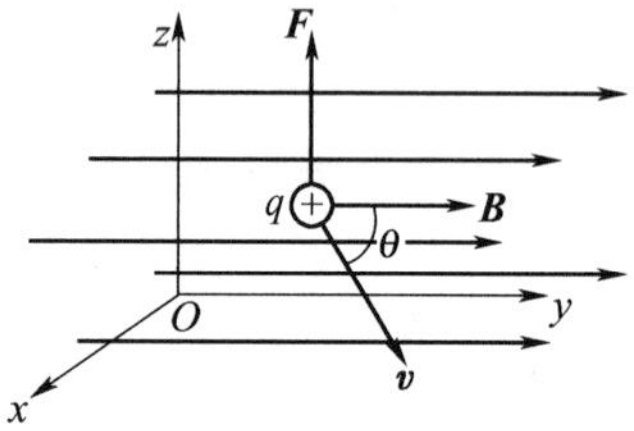

图 7-26　洛伦兹力的方向

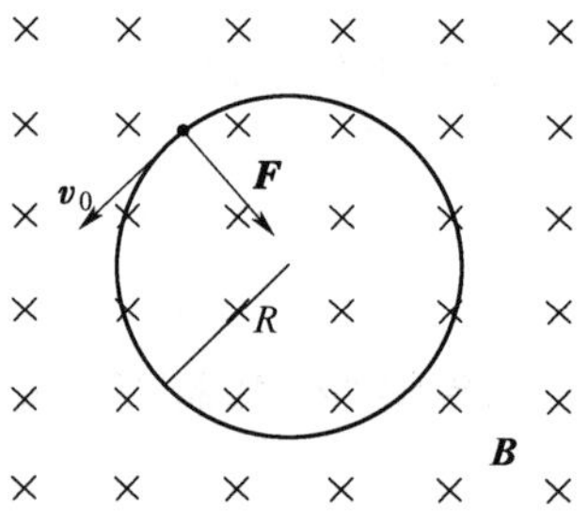

图 7-27　$\boldsymbol{v}\perp\boldsymbol{B}$ 时电荷运动轨迹

可推导出圆周运动的轨道半径

$$R = mv_0/qB \tag{7-23}$$

式中 R 称为回旋半径，与带电粒子的速度 $\boldsymbol{v}_0$ 的值成正比，与磁感应强度 $\boldsymbol{B}$ 的值成反比。

带电粒子绕轨道运行一周所需的时间称回旋周期，用符号 T 表示。可表示为

$$T = \frac{2\pi R}{v_0} = \frac{2\pi m}{qB} \tag{7-24}$$

单位时间内，带电粒子绕圆周轨道的圈数，称为回旋频率，用 f 表示，有

$$f = \frac{1}{T} = \frac{qB}{2\pi m} \tag{7-25}$$

式(7-24)和式(7-25)表明，T 和 f 与 R 和 v_0 无关，只取决于带电粒子的荷质比 q/m 和磁感应强度 B。回旋加速器的基本原理即在于此。

(3)$\boldsymbol{v}$ 与 $\boldsymbol{B}$ 成角度 θ。当带电粒子的初速度 $\boldsymbol{v}_0$ 与匀强磁场的磁感应强度 $\boldsymbol{B}$ 成任意角 θ 时，可将初速度 $\boldsymbol{v}_0$ 分解成平行于 $\boldsymbol{B}$ 的分量 $v_{/\!/}=v_0\cos\theta$ 和垂直于 $\boldsymbol{B}$ 的分量 $v_\perp=v_0\sin\theta$。通过前面的分析可知，速度的平行分量 $v_{/\!/}$ 使粒子做匀速直线运动；速度的垂直分量 $v_\perp$ 使粒子做匀速圆周运动。带电粒子同时参与两种运动，其合运动轨迹是一条螺旋线，见图 7-28。螺旋线的半径为

$$R=\frac{mv_\perp}{qB}=\frac{mv_0\sin\theta}{qB} \tag{7-26}$$

回旋周期为

$$T=\frac{2\pi m}{qB} \tag{7-27}$$

把粒子回转一周所前进的距离称作螺距，则其值为

$$h=v_{/\!/}\,T=\frac{2\pi mv_0\cos\theta}{qB} \tag{7-28}$$

上式表明，螺距 h 与 $v_\perp$ 无关，只与 $v_{/\!/}$ 成正比。

利用上述结果可实现磁聚焦。如图 7-29 所示，在均匀磁场中 A 点发射一束初速度相差很小的带电粒子流，它们的 $\boldsymbol{v}_0$ 与 $\boldsymbol{B}$ 的夹角 θ 有所不同，但都很小。由于 $v_\perp=v_0\sin\theta\approx v_0\theta$，所以这些粒子垂直速度略有差异，会使粒子沿不同半径的螺旋线运动。但是由于 $v_{/\!/}=v_0\cos\theta\approx v_0$，各粒子的螺距 h 近似相等。因此，这些粒子沿半径不同的螺旋线运动，经过距离 h 后都相交于屏上同一点 P。这个现象与光束通过光学透镜聚焦的现象很相似，故称为磁聚焦现象。磁聚焦在电子光学中有广泛的应用。

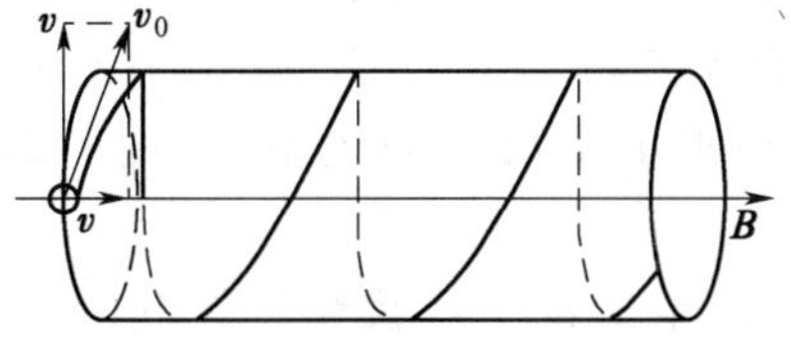

图 7-28　$\boldsymbol{v}$ 与 $\boldsymbol{B}$ 成角度 θ 时电荷运动轨迹

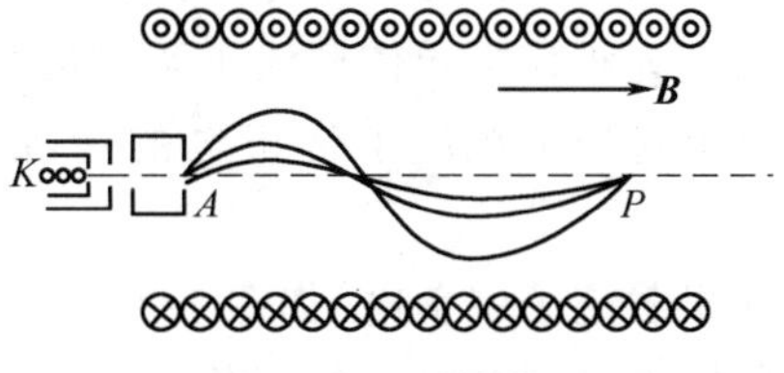

图 7-29　磁聚焦

7.6.2　霍尔效应

如图 7-30 所示，将一导电板放置在垂直于它的磁场中，当有电流流过时，在导电板两侧 A、A' 会产生一个电势差 U_H。这种现象叫霍尔效应。所产生的电势差 U_H 称霍尔电压。实验表明当场强不太强时，霍尔电压 U_H 与电流 I 和磁感应强度 B 成正比，与板的厚度 d 成反比，即

$$U_H=K\frac{IB}{d} \tag{7-29}$$

式中的比例系数 K 称为霍尔系数。

霍尔效应可用洛伦兹力来说明。设导电板中的载流子为正电荷 q，其定向速度 v，载流子在磁场中受到的洛伦兹力为 qvB，并在洛伦兹力的作用下向板的 A 端移动，从而使导电板两侧积累正负电荷产生电势差 $U_{AA'}$，这样 A、A'之间形成电场 $E=U_{AA'}/b$（b 为导电板的宽度，见图 7-30），载流子同时受到与洛伦兹力方向相反的电场力的作用。当电场力增大到与洛伦兹力相等时，载流子不再偏转，两侧达到稳定的电势差，即霍尔电压 U_H。由受力分析得

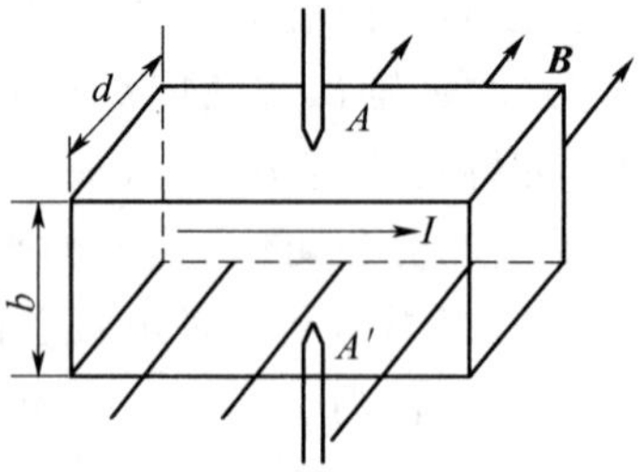

图 7-30　霍尔效应

$$qvB=q\frac{U_H}{b}$$

此外，设载流子浓度为 n，则电流 I 与 v 的关系为

$$I=nqvbd$$

于是有

$$U_H=\frac{1}{nq}\frac{IB}{d}$$

将上式与式(7-29)比较，可知霍尔系数为

$$K=\frac{1}{nq} \tag{7-30}$$

式(7-30)表明，K 与载流子的浓度成反比。因此可以通过测量霍尔系数 K 确定导体内载流子的浓度 n。半导体内载流子的浓度远比金属中的载流子浓度小，所以半导体的霍尔系数远比金属的大得多。另外半导体内载流子的浓度受温度、杂质以及其他因素的影响很大，因此霍尔效应为研究半导体载流子浓度的变化提供了重要的方法。

以上讨论了载流子带正电的情况，所得霍尔电压和霍尔系数均为正值，如图 7-31(a)所示。

如果载流子带负电，如图 7-31(b)所示，分析可知所产生的霍尔系数和霍尔电压均为负值。所以通过霍尔电压的正负可以判断载流子带的是正电还是负电。

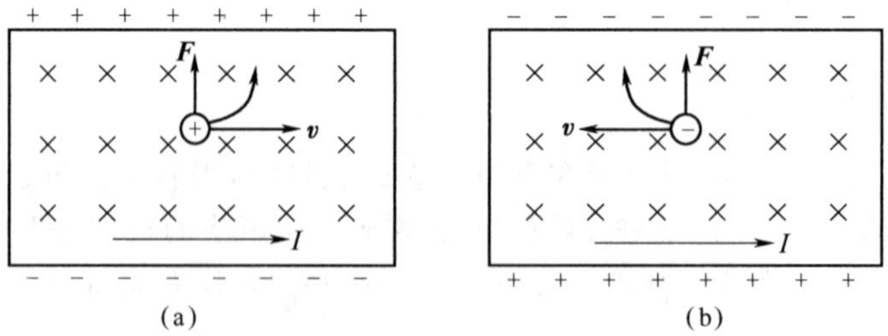

图 7-31　霍尔效应与载流子电荷正负的关系

利用霍尔效应原理制成的霍尔元件，作为一种特殊的半导体器件，已在科研和生产中得到了广泛的应用。如判别材料的导电类型、确定载流子的浓度与温度的关系、测量磁场、测量电流等。霍尔元件具有结构简单而牢靠、使用方便、成本低廉等优点，所以得到越来越普遍的应用。

7.6.3 安培力

1. 安培定律

导线中的电流是由载流子定向运动形成的，当把载流导线置于磁场中时，运动的载流子受到洛伦兹力的作用而侧向漂移，与晶格上的正离子碰撞把力传递给导线，所以宏观上表现出载流导线在磁场中受到力的作用，通常把这个力称为安培力。

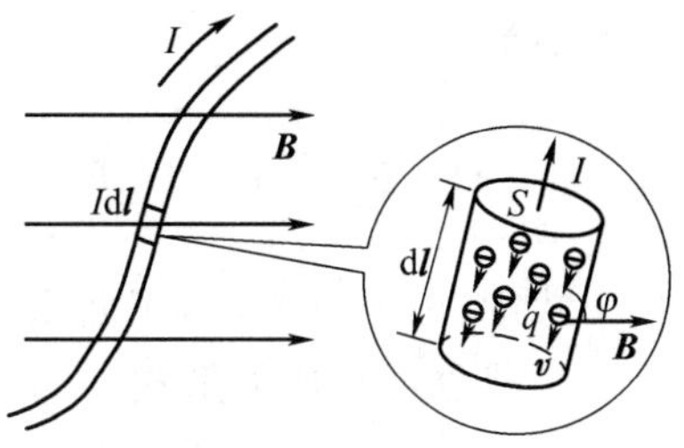

图 7-32 磁场对载流导线的作用

如图 7-32 所示，为计算任意形状的载流导线在外磁场中受到的安培力，首先推导载流导线上任一电流元 $I\mathrm{d}\boldsymbol{l}$ 所受的安培力。设导线的横截面积为 S，载流子的浓度为 n，每个载流子所带的电量均为 q，载流子的平均漂移速度为 $\boldsymbol{v}$，由于每个载流子受到洛伦兹力都为 $q\boldsymbol{v}\times\boldsymbol{B}$，而电流元中有 $nS\mathrm{d}l$ 个载流子，所以电流元 $I\mathrm{d}l$ 所受的安培力为

$$\mathrm{d}\boldsymbol{F}=nS\mathrm{d}lq\,\boldsymbol{v}\times\boldsymbol{B}$$

由于 $q\boldsymbol{v}$ 的方向与 $\mathrm{d}\boldsymbol{l}$ 的方向相同，而 $I=nqSv$，所以

$$nS\mathrm{d}lq\,\boldsymbol{v}=I\mathrm{d}\boldsymbol{l}$$

利用这一关系式，电流元所受的安培力可改写成

$$\mathrm{d}\boldsymbol{F}=I\mathrm{d}\boldsymbol{l}\times\boldsymbol{B} \tag{7-31}$$

式(7-31)称为安培定律。安培定律给出了电流元 $I\mathrm{d}\boldsymbol{l}$ 在外磁场 $\boldsymbol{B}$ 中所受到安培力的规律。根据安培定律和力的叠加原理可以求出一段任意形状的载流导线 L 所受的安培力，即

$$\boldsymbol{F}=\int_L\mathrm{d}\boldsymbol{F}=\int_L I\mathrm{d}\boldsymbol{l}\times\boldsymbol{B} \tag{7-32}$$

如果长为 L 的一段载流直导线放在均匀磁场 $\boldsymbol{B}$ 中，电流 I 的方向与 $\boldsymbol{B}$ 之间的夹角为 φ，因为载流直导线上各电流元所受的安培力的方向一致，所以载流直导线所受的安培力的大小为

$$F=BIl\sin\varphi$$

安培力方向垂直于直导线与磁感应强度所组成的平面。当 $\varphi=0$ 时，$F=0$；当 $\varphi=\pi/2$ 时，载流直导线所受的力最大为 BIl。

2. 均匀磁场对载流线圈的作用

设在均匀磁场 B 中放置一矩形载流线圈 $abcd$，边长分别为 l_1、l_2，电流强度为 I，用 $\boldsymbol{e}_n$ 的方向代表线圈平面的法线单位矢量，规定 $\boldsymbol{e}_n$ 的指向与线圈中电流的环绕方向之间满足右手螺旋关系，即右手四指环绕方向为电流方向，拇指的指向为 $\boldsymbol{e}_n$ 的方向。线圈平面与 B 的

方向夹角为 θ。见图 7-33(a),对边 ab、cd 与磁场垂直。由安培定律可求出边 bc、ad 所受的安培力为

$$F_{bc}=F_{ad}=BIl_1\sin\theta$$

F_{bc} 和 F_{ad} 大小相等,方向相反,并且在同一直线上,是一对平衡力,合力为零。

线圈两边 ab、cd 所受的安培力为

$$F_{ab}=F_{cd}=BIl_2$$

F_{ab} 和 F_{cd} 大小也相等,方向相反,但不在同一直线上,见图 7-33(b),这一对力对 OO' 轴的力矩为

$$M=F_{ab}\frac{l_1}{2}\cos\theta+F_{cd}\frac{l_1}{2}\cos\theta=BIl_1l_2\cos\theta=BIl_1l_2\cos\left(\frac{\pi}{2}-\varphi\right)=BIS\sin\varphi$$

式中:$S=l_1l_2$ 为线圈面积;φ 为 $\boldsymbol{e}_{\mathrm{n}}$ 与 B 之间的夹角。

上式也可写成矢量式

$$\boldsymbol{M}=I\boldsymbol{S}\times\boldsymbol{B} \tag{7-33}$$

$$\boldsymbol{S}=S\boldsymbol{e}_{\mathrm{n}}$$

力矩 $\boldsymbol{M}$ 的方向与矢积 $\boldsymbol{e}_{\mathrm{n}}\times\boldsymbol{B}$ 的方向相同。

可以推出,式(7-33)适用于任意形状的载流平面线圈,力矩的大小与线圈的面积成正比,而与线圈的形状无关。因此我们可以定义一个代表载流线圈本身性质的物理量 $\boldsymbol{p}_{\mathrm{m}}=I\boldsymbol{S}$,称为载流线圈的磁矩。式(7-33)可表示为

$$\boldsymbol{M}=\boldsymbol{p}_{\mathrm{m}}\times\boldsymbol{B} \tag{7-34}$$

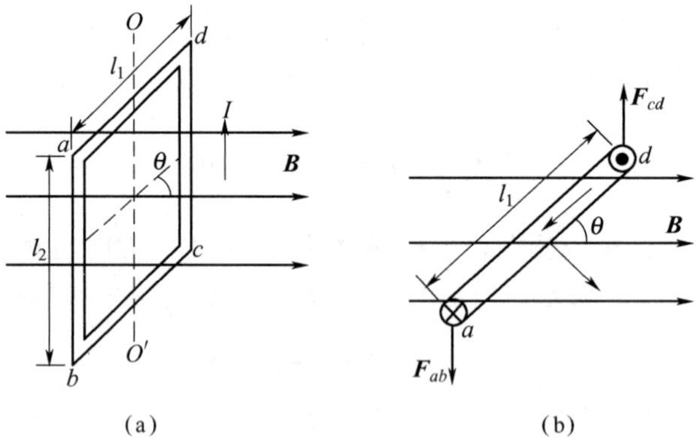

图 7-33 载流线圈在均匀磁场中受磁力矩作用

下面讨论几种特殊情况:

(1)$\varphi=0$ 时,线圈平面与磁场方向垂直,$\boldsymbol{p}_{\mathrm{m}}$ 与 $\boldsymbol{B}$ 方向相同,线圈所受力矩为零,线圈处于稳定平衡状态。

(2)$\varphi=\pi/2$ 时,线圈平面与磁场方向平行,$\boldsymbol{p}_{\mathrm{m}}$ 与 $\boldsymbol{B}$ 方向垂直,线圈所受力矩最大。

(3)$\varphi=\pi$ 时,线圈所受力矩为零,这时线圈处于非稳定平衡状态,只要线圈稍稍偏过一个微小角度,它就会在力矩的作用下离开这个位置。

7.7 磁介质

7.7.1 磁介质及其磁化

1. 磁介质

前面讨论了恒定电流在真空中所激发磁场的性质和规律。而实际情况中,磁场中会存在着各种各样的物质,这些物质能够被磁场磁化,从而产生附加磁场影响原磁场。在外磁场的作用下能够显示出磁性的物质称为磁介质。一切由分子或原子所组成的物质都是磁介质。

在磁场中磁感应强度为 $\boldsymbol{B}_0$ 的某点,放入某种各向同性的磁介质后,磁化的磁介质产生的附加磁场为 $\boldsymbol{B}'$,这时磁场中该点的磁感应强度 $\boldsymbol{B}$ 应为 $\boldsymbol{B}_0$ 和 $\boldsymbol{B}'$的矢量和,即

$$\boldsymbol{B}=\boldsymbol{B}_0+\boldsymbol{B}' \tag{7-35}$$

实验发现,磁介质中的磁感应强度是真空中磁感应强度的 μ_r 倍,即

$$\boldsymbol{B}=\mu_r\boldsymbol{B}_0 \tag{7-36}$$

式中 μ_r 称为磁介质的相对磁导率,是一个无量纲的数值量。随磁介质的种类和状态的不同而不同。在常温常压下,几种磁介质的相对磁导率见表 7-1。

表 7-1　几种磁介质在常温下的相对磁导率 μ_r

顺磁质	相对磁导率 μ_r	抗磁质	相对磁导率 μ_r	铁磁质	相对磁导率 μ_r
锰	$1+12.4\times10^{-5}$	铋	$1-1.7\times10^{-5}$	铸铁	200～400
铬	$1+4.5\times10^{-5}$	铜	$1-0.108\times10^{-5}$	铸钢	500～2 200
铝	$1+0.82\times10^{-5}$	汞	$1-2.90\times10^{-5}$	硅钢	7×10^3(最大值)
铂	$1+3.0\times10^{-4}$	氢	$1-2.47\times10^{-4}$	铍镆合金	1×10^5(最大值)

根据 μ_r 的大小不同,也就是磁化效果不同,可将磁介质分为 3 类:

(1)顺磁质。$\mu_r>1$ 的磁介质称为顺磁质。顺磁质产生的附加磁场 $\boldsymbol{B}'$与原磁场 $\boldsymbol{B}_0$ 同向,如氮、氧、铝、铬、锰、铂等均属顺磁质。

(2)抗磁质。$\mu_r<1$ 的磁介质称为抗磁质。抗磁质产生的附加磁场 $\boldsymbol{B}'$与原磁场 $\boldsymbol{B}_0$ 反向,如金、银、铜、水银、锌、铅、氢等均属抗磁质。

(3)铁磁质。$\mu_r\gg1$ 的磁介质称为铁磁质。铁磁质产生的附加磁场 $\boldsymbol{B}'$与原磁场 $\boldsymbol{B}_0$ 同向,且 $B\gg B_0$。如铁、钴、镍等均属铁磁质。

无论是顺磁质还是抗磁质,附加磁感应强度 $\boldsymbol{B}'$的值都较 $\boldsymbol{B}_0$ 小得多(约为几万分之一或

几十万分之一),对原磁场的影响极为微弱,所以顺磁质和抗磁质统称为弱磁质。而铁磁质的附加磁感应强度 $\boldsymbol{B}'$的方向虽与顺磁质一样,但因为 $\mu_r \gg 1$,所以产生的附加磁场 $\boldsymbol{B}'$要比 $\boldsymbol{B}_0$ 大得多(可达 $10^2 \sim 10^4$ 倍),这类磁介质能够使原磁场显著增强,磁化效应较强,所以称为强磁质。

2.介质磁化的微观解释

三种磁介质被磁化时,宏观上呈现出不同的磁化特性,可以从物质的微观结构上进行解释。运用安培的分子电流说可以简要说明顺磁质和抗磁质磁化的微观机制,而铁磁质的磁化机制需要用磁畴理论去解释,我们将在后面另作介绍。

在组成物质的分子中,每个电子都绕原子核作轨道运动,从而使之具有轨道磁矩,此外电子本身还有自旋,因而也会具有自旋磁矩,一个分子内所有电子全部磁矩的矢量和,称为分子的固有磁矩,简称分子磁矩,用符号 $\boldsymbol{p}_m$ 表示。分子磁矩可用一个等效的圆电流 I 来表示。

(1)顺磁质的磁化机理。在顺磁质中,每个分子磁矩不为零。在无外磁场时,由于分子的热运动使得各个分子磁矩的取向杂乱无章。故在一定宏观体积内,所有分子磁矩的矢量和为零,即 $\sum \boldsymbol{p}_m = 0$,对外不显磁性,如图 7-34(a)所示。

当有外磁场 $\boldsymbol{B}_0$ 存在时,每个分子磁矩将会受到外磁场磁力矩的作用,使各分子磁矩都不同程度地沿外磁场的方向排列,因此在一个宏观小体积中,所有分子磁矩的矢量和不再为零,$\sum \boldsymbol{p}_m \neq 0$,其方向沿外磁场方向。如图 7-34(b)所示,磁介质内部分子电流沿外磁场方向产生一个附加磁场 $\boldsymbol{B}'$,从而使磁介质内部的磁感应强度增加。即在外磁场中,顺磁质内的磁感应强度 $\boldsymbol{B}$ 的大小为

$$B = B_0 + B'$$

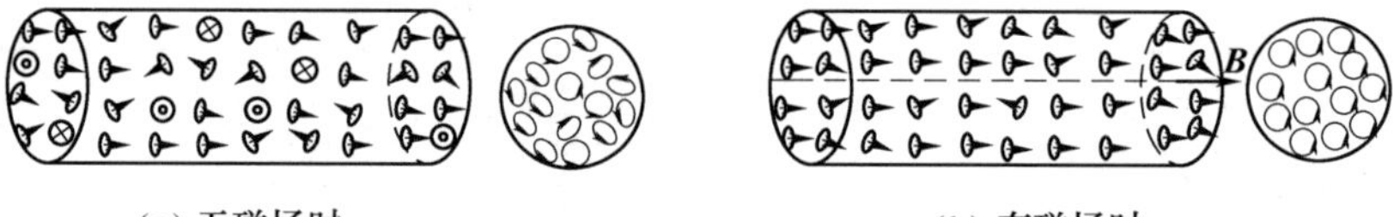

(a) 无磁场时　　(b) 有磁场时

图 7-34　顺磁质的磁化

(2)抗磁质的磁化机理。抗磁质的分子结构与顺磁质不同,抗磁质的每个分子磁矩都等于零,即 $\sum \boldsymbol{p}_m = 0$,所以在无外磁场作用时,抗磁质不显磁性。但在外磁场作用下,分子中每个电子的轨道运动和自旋运动都将受到影响,从而产生附加磁矩,且附加磁矩的方向与外磁场的方向相反,宏观上便显现出抗磁性。

设原子中的电子以速率 $\boldsymbol{v}$ 绕原子核做圆周运动,如图 7-35(a)所示。若外磁场 $\boldsymbol{B}_0$ 方向与电子轨道磁矩方向一致,则电子受到的洛伦兹力沿轨道半径向外,这将会使电子运动的向心力减小。若要使电子轨道半径保持不变,电子运动的速率就要减小。由于电子磁矩的大小与其运动速率成正比,所以电子磁矩减小,这就等效于产生了一个与 $\boldsymbol{B}_0$ 方向相反的附加磁矩 $\Delta\boldsymbol{p}_m$。

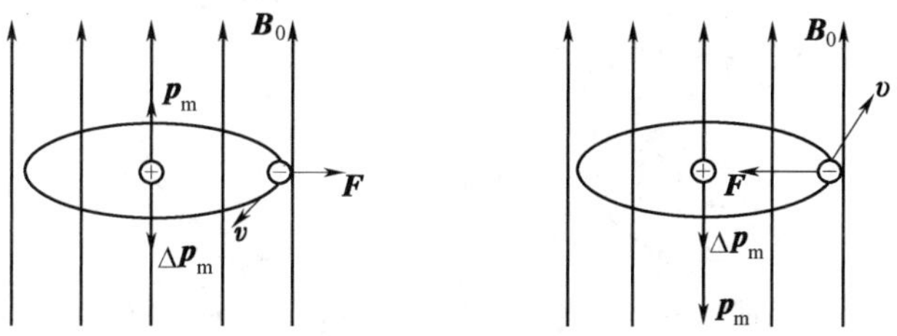

(a) B_0与电子轨道磁矩方向相同　　(b) B_0与电子轨道磁矩方向相反

图 7-35　抗磁质的磁化

若外磁场 $\boldsymbol{B}_0$ 方向与电子轨道磁矩方向相反，如图 7-35(b)所示，同样可作类似上述分析，得出附加磁矩 $\Delta \boldsymbol{p}_m$ 与 $\boldsymbol{B}_0$ 方向相反的结论。因此，在外磁场 $\boldsymbol{B}_0$ 中，不论电子轨道磁矩的方向与 $\boldsymbol{B}_0$ 方向相同或相反，均能产生一个与 $\boldsymbol{B}_0$ 方向相反的附加磁矩 $\Delta \boldsymbol{p}_m$，结果也就产生了一个与 $\boldsymbol{B}_0$ 方向相反的附加磁场 $\boldsymbol{B}'$，即在抗磁质内的磁感应强度 $\boldsymbol{B}$ 的大小为

$$B = B_0 - B'$$

应当指出，任何物质都具有抗磁性。因为任何物质分子中的电子都在绕原子核作轨道运动，在外磁场下都能产生和外磁场方向相反的附加磁矩。但是附加磁矩要比轨道磁矩小很多。所以物质的分子磁矩不为零时，顺磁效应掩盖了抗磁效应。只有分子磁矩为零的物质，外磁场引起的附加磁矩才能显现出来，就是我们所说的抗磁质。

7.7.2　描述磁化状态的物理量

为了描述磁介质的磁化状态(磁化的方向和程度)，需要引入磁化强度的概念。

从前面的讨论可以看出，磁介质磁化的实质是磁介质在外磁场的作用下产生了附加磁矩。因此我们可以用磁介质中单位体积内分子的合磁矩来表示介质的磁化情况。故我们定义：磁介质中某点附近单位体积内分子磁矩的矢量和为该点的磁化强度。用 $\boldsymbol{M}$ 表示，即

$$\boldsymbol{M} = \frac{\sum \boldsymbol{p}_m}{\Delta V} \tag{7-37}$$

在 SI 制中，磁化强度 $\boldsymbol{M}$ 的单位是安培/米，符号为 A/m。如果磁介质内各处的磁化强度矢量都相同，称为均匀磁化。以下讨论的都是均匀磁化的情况。

设在电流为 I 的长直螺线管内，充满着各向同性的均匀磁介质。在螺线管磁场 $\boldsymbol{B}_0$ 的作用下，磁介质内的分子磁矩作有规则排列。如图 7-36 所示，在磁介质内部各处的分子电流总是方向相反，相互抵消，只有在边缘上形成近似环形电流，这个电流成为磁化电流，用 I_m 表示。可以证明磁化强度和磁化电流之间的关系为

$$\oint_L \boldsymbol{M} \cdot d\boldsymbol{l} = \sum_{L内} I_m \tag{7-38}$$

上式表明磁化强度 M 沿任意闭合回路 L 的线积分，等于回路 L 所包围的磁化电流的代数和。

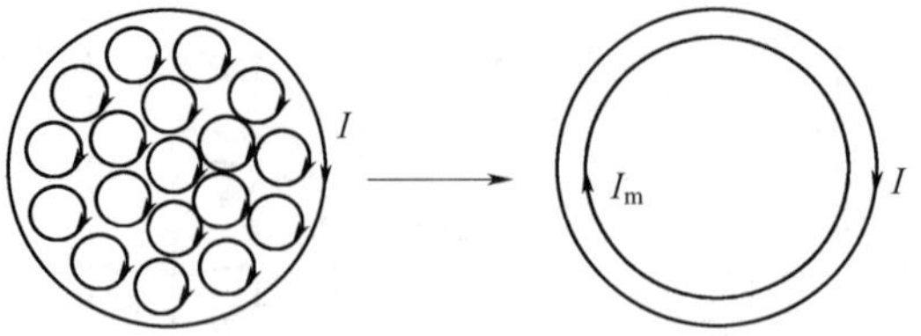

图 7-36　充满均匀顺磁质的载流长直螺线管

7.7.3　铁磁质

铁磁质是以铁为代表的一类磁性很强的物质，它们具有许多特殊的性质。除铁之外，过渡族中的其他元素（如钴、镍）和某些稀土族元素（如镝、钬）都属于铁磁质。常用的多是它们的合金和氧化物。铁磁质在科学研究、工农业生产、军事技术等多领域都有广泛的应用。铁磁质内存在着无数自发磁化的小区域，叫作磁畴，它的大小为 $10^{-12} \sim 10^{-8}$ m^3，在每个磁畴中，所有原子的磁矩全都向着同一个方向整齐排列。在未磁化的铁磁质中，由于热运动，各磁畴的磁化方向不同，因而在宏观上对外界不显示出磁性，如图 7-37(a)所示。当铁磁质受到外磁场作用并逐渐增大时，其磁矩方向和外加磁场方向相近的磁畴逐渐扩大，而方向相反的磁畴逐渐缩小。最后当外加磁场大到一定程度后，所有磁畴的磁矩方向都指向同一个方向，这时铁磁质就达到了磁饱和状态，如图 7-37(b～d)所示。如果在磁化饱和后撤除外磁场，铁磁质将重新分裂为许多磁畴，但由于掺杂和内应力等的作用，磁畴并不能恢复到原来的退磁状态，因而表现出磁滞现象。当铁磁质的温度超过某一临界温度时，分子热运动加剧，达到使磁畴瓦解的程度，从而使材料的铁磁性消失而变为顺磁性，这个温度称为居里温度或居里点。

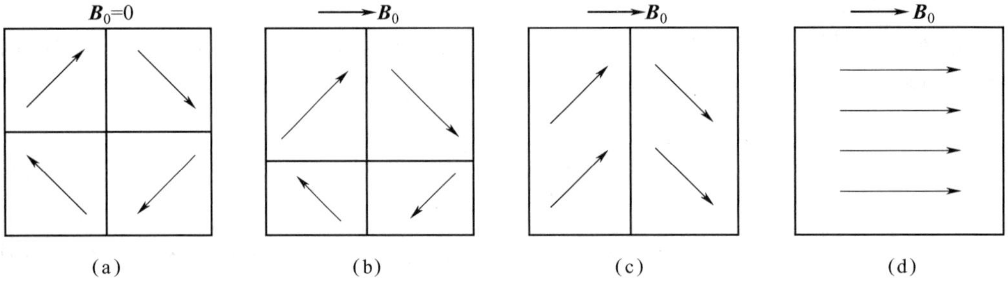

图 7-37　铁磁质的磁化示意图

铁磁质的主要特性归纳为如下几点：

①它具有很大的磁导率 μ，在外磁场作用下，能产生很大的与外磁场同向的附加磁感应强度，并且磁导率 μ 不是常数，而是随着铁磁质中的磁场强度变化。

②存在磁滞现象。铁磁质的磁化过程落后于外加磁场的变化，当外加磁场停止作用后，铁磁质仍保留部分磁性，称为剩磁现象。

③任何铁磁质都有一个临界温度，称为居里温度或居里点。当温度超过居里点时，铁磁

质的铁磁性立即消失而变为普通的顺磁质。

7.7.4 有磁介质时的安培环路定理

在磁介质中，总的磁感应强度 $\boldsymbol{B}$ 为传导电流 I 产生的磁场 $\boldsymbol{B}_0$ 和磁化电流 I_m 产生的附加磁场 $\boldsymbol{B}'$ 叠加的结果。为简便起见，我们仍以无限长载流直螺线管中充满均匀的各向同性顺磁质为特例来讨论介质中的安培环路定理。设线圈中的传导电流为 I，磁介质表面磁化电流为 I_m，磁介质的相对磁导率为 μ_r，单位长度线圈的匝数为 n。安培回路仍取一矩形回路，由式(7-36)

$$\boldsymbol{B}=\mu_r\boldsymbol{B}_0$$

对长直螺线管 $B_0=\mu_0 nI$。在磁介质中，安培环路定理可写成

$$\oint_L \boldsymbol{B}\cdot \mathrm{d}\boldsymbol{l}=\mu_0\left(\sum I+\sum I_m\right) \tag{7-39}$$

因为磁化电流 I_m 通常是未知的，且大小与 B 有关，所以将式(7-38)代入上式消去 I_m 后，得

$$\oint_L \boldsymbol{B}\cdot \mathrm{d}\boldsymbol{l}=\mu_0\sum I+\mu_0\oint_L \boldsymbol{M}\cdot \mathrm{d}\boldsymbol{l}$$

整理得

$$\oint_L \left(\frac{\boldsymbol{B}}{\mu_0}-\boldsymbol{M}\right)\cdot \mathrm{d}\boldsymbol{l}=\sum I$$

令 $\boldsymbol{H}=\dfrac{\boldsymbol{B}}{\mu_0}-\boldsymbol{M}$，则上式可写为

$$\oint_L \boldsymbol{H}\cdot \mathrm{d}\boldsymbol{l}=\sum I \tag{7-40}$$

式(7-40)是有磁介质存在时安培环路定理的数学表达式。式中 $\boldsymbol{H}$ 称为磁场强度矢量。该式说明磁场强度 $\boldsymbol{H}$ 沿任意闭合环路的线积分等于穿过以闭合环路为周界的任意曲面的传导电流的代数和，即只决定于传导电流的分布，而与磁化电流无关。引入磁场强度 $\boldsymbol{H}$ 为研究磁介质存在时的情况提供了方便。但是真正具有物理意义的、确定磁场中运动电荷或电流受力的是磁感应强度 $\boldsymbol{B}$，由于历史原因才把 $\boldsymbol{H}$ 称为磁场强度。

在 SI 制中，磁场强度 $\boldsymbol{H}$ 的单位是安培/米，符号为 A/m。

由磁场强度的定义式可知，磁感应强度 $\boldsymbol{B}$ 与磁场强度 $\boldsymbol{H}$ 和磁化强度 $\boldsymbol{M}$ 之间的关系式为

$$\boldsymbol{B}=\mu_0\boldsymbol{H}+\mu_0\boldsymbol{M} \tag{7-41}$$

对于各向同性的均匀磁介质，由实验可测得磁介质任一点处的 $\boldsymbol{M}$ 与 $\boldsymbol{H}$ 有正比关系，即

$$\boldsymbol{M}=\chi_m\boldsymbol{H} \tag{7-42}$$

式中，比例系数 χ_m 称为磁化率，是一个无量纲的量。它的值取决于磁介质的性质。将上式代入式(7-41)，有

$$\boldsymbol{B}=\mu_0\boldsymbol{H}+\mu_0\chi_m\boldsymbol{H}=\mu_0(1+\chi_m)\boldsymbol{H}=\mu_0\mu_r\boldsymbol{H}=\mu\boldsymbol{H} \tag{7-43}$$

$$\mu_r=1+\chi_m$$

$$\mu=\mu_0\mu_r$$

式中：μ_r 为磁介质的相对磁导率；μ 为磁介质的磁导率。

磁介质的磁化率、磁导率和相对磁导率都是描述介质磁化特性的物理量。只要知道这3个量中的一个就能求出另两个。真空相当于磁化率为零、相对磁导率为1的磁介质；顺磁质的磁化率 $\chi_m>0$，相对磁导率 $\mu_r>1$，磁导率 $\mu>\mu_0$；抗磁质的磁化率 $\chi_m<0$，相对磁导率 $\mu_r<1$，磁导率 $\mu<\mu_0$。

计算有磁介质存在的磁场分布时，我们可根据传导电流的分布，利用式(7-40)先求出 $\boldsymbol{H}$ 的分布，然后再利用式(7-43)确定 B 的分布。

例 7-8 如图 7-38 所示，有两个半径分别为 R_1 和 R_2 的无限长同轴圆柱面，两圆柱面间充以相对磁导率为 μ_r 的磁介质。当两圆柱面通过相反方向的电流时，试求：①磁介质中任意点 P 的磁感应强度的大小；②大圆柱面外任一点 Q 的磁感应强度。

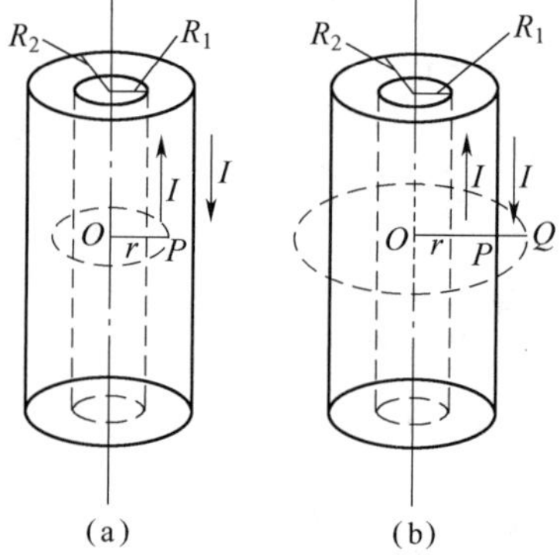

图 7-38 同轴圆柱面的磁场

解：①两个无限长的同轴圆柱面所产生的磁场是对称分布的。如图 7-38(a)所示，设磁介质内任一点 P 到轴线 O 的垂直距离为 r，并以 r 为半径作一个圆周。根据磁介质中的安培环路定理有

$$\oint_L \boldsymbol{H}\cdot d\boldsymbol{l}=\oint_L H\,dl=H\oint_L dl=H2\pi r=I$$

所以

$$H=\frac{I}{2\pi r}$$

由式(7-43)可得 P 点的磁感应强度的大小为

$$B=\mu H=\frac{\mu I}{2\pi r}=\frac{\mu_0\mu_r I}{2\pi r}$$

②如图 7-38(b)所示，设两同轴圆柱面之外任一点 Q 到轴线 O 的垂直距离为 r，并以 r 为半径作一个圆周，同理由磁介质中的安培环路定理得

$$\oint_L \boldsymbol{H}\cdot d\boldsymbol{l}=0$$

所以

$$H=0$$

Q 点的磁感应强度的大小为

$$B=0$$

思考题

7-1 什么是磁场？

7-2 对比电场与磁场。

7-3 一束质子(带正电)水平向你靠近，在此过程中质子束经过一竖直向下的磁场，则磁场使质子束如何偏转？

7-4 在图 7-39(a)和(b)中各有一半径相同的圆形回路 L_1、L_2，圆周内有电流 I_1、I_2，其分布相同，且均在真空中，但在(b)图中 L_2 回路外有电流 I_3，P_1、P_2 为两圆形回路上的对应点，则：

(A) $\oint_{L_1} \boldsymbol{B}\cdot \mathrm{d}\boldsymbol{l}=\oint_{L_2} \boldsymbol{B}\cdot \mathrm{d}\boldsymbol{l}, B_{P_1}=B_{P_2}$； (B) $\oint_{L_1} \boldsymbol{B}\cdot \mathrm{d}\boldsymbol{l}\neq\oint_{L_2} \boldsymbol{B}\cdot \mathrm{d}\boldsymbol{l}, B_{P_1}=B_{P_2}$；

(C) $\oint_{L_1} \boldsymbol{B}\cdot \mathrm{d}\boldsymbol{l}=\oint_{L_2} \boldsymbol{B}\cdot \mathrm{d}\boldsymbol{l}, B_{P_1}\neq B_{P_2}$； (D) $\oint_{L_1} \boldsymbol{B}\cdot \mathrm{d}\boldsymbol{l}\neq\oint_{L_2} \boldsymbol{B}\cdot \mathrm{d}\boldsymbol{l}, B_{P_1}\neq B_{P_2}$。

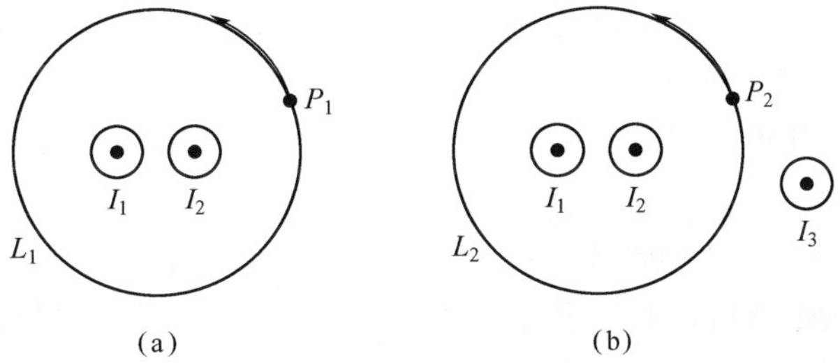

图 7-39 思考题 7-4 用图

7-5 在图 7-40 中哪一幅图线能确切描述载流圆线圈在其轴线上任意点所产生的 B 随 x 的变化关系？(x 坐标轴垂直于圆线圈平面，原点在线圈中心 O)

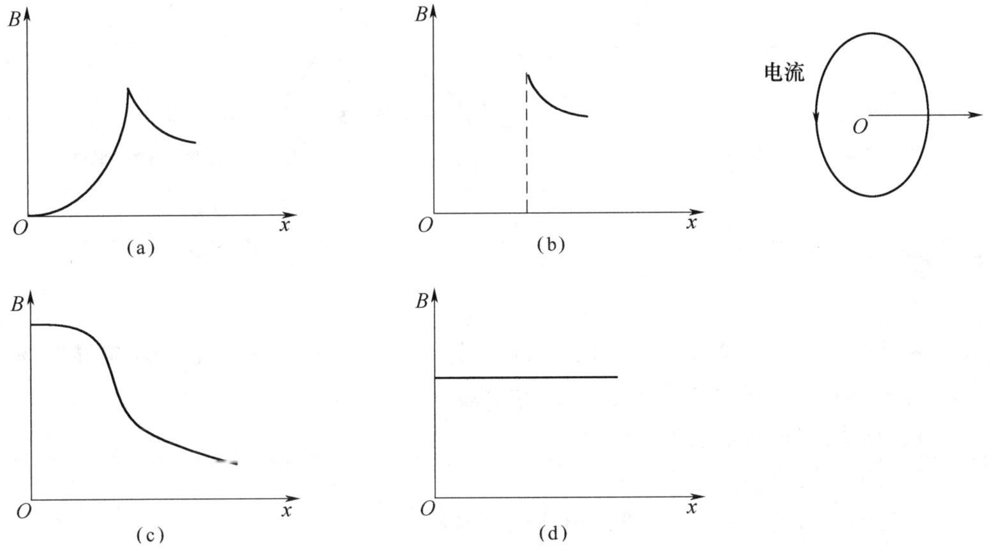

图 7-40 思考题 7-5 用图

7-6 取一闭合积分回路 L,使 3 根载流导线穿过它所围成的面。现改变 3 根导线之间的相互间隔,但不越出积分回路,则:

(A)回路 L 内的 $\sum I$ 不变,L 上各点的 $\boldsymbol{B}$ 不变;

(B)回路 L 内的 $\sum I$ 不变,L 上各点的 $\boldsymbol{B}$ 改变;

(C)回路 L 内的 $\sum I$ 改变,L 上各点的 $\boldsymbol{B}$ 不变;

(D)回路 L 内的 $\sum I$ 改变,L 上各点的 $\boldsymbol{B}$ 改变。

7-7 一载有电流 I 的细导线分别均匀密绕在半径为 R 和 r 的长直圆筒上形成两个螺线管($R=2r$),两螺线管单位长度上的匝数相等。两螺线管中的磁感应强度大小 B_R 和 B_r 应满足:

(A)$B_R=2B_r$;(B)$B_R=B_r$;(C)$2B_R=B_r$;(D)$B_R=4B_r$。

7-8 均匀磁场的磁感应强度 $\boldsymbol{B}$ 垂直于半径为 r 的圆面。今以该圆周为边线,作一半球面 S,则通过 S 面的磁通量的大小为多少?

7-9 如图 7-41 所示,匀强磁场中有一矩形通电线圈,它的平面与磁场平行,在磁场作用下,线圈向什么方向转动?

7-10 一均匀磁场,其磁感应强度方向垂直于纸面,两带电粒子在磁场中的运动轨迹如图 7-42 所示,则:

(A)两粒子的电荷必然同号;

(B)两粒子的电荷可以同号也可以异号;

(C)两粒子的动量大小必然不同;

(D)两粒子的运动周期必然不同。

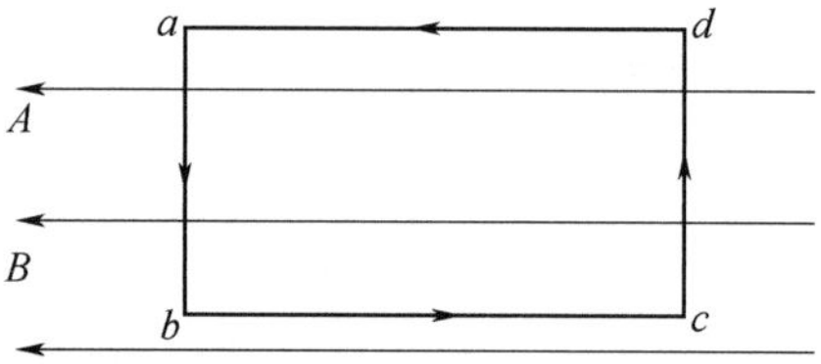

图 7-41 思考题 7-9 用图

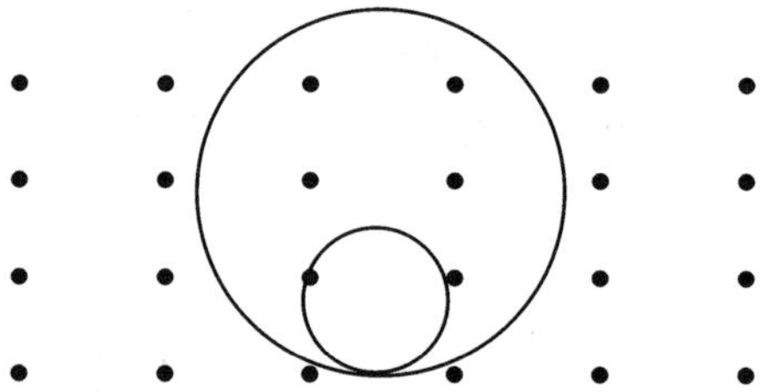

图 7-42 思考题 7-10 用图

□ 习 题

7-1 在半径为 R_1 和 R_2 的两个同心金属球壳中间,充满电阻率为 ρ 的均匀导电物质,若保持两球壳间的电势差恒定为 U,求:

(1)球壳间导电物质的电阻;

(2)两球壳间的电流;

(3)两球壳间距球心为 r 处的电流密度。

7-2 一根铜线和一根铁线，长度均为 l，直径均为 d，现把两者连接起来，并在两端加上电势差 U，已知 $l=100$ m，$U=10$ V，$\rho_{Cu}=1.75\times10^{-8}$ Ω·m，$\rho_{Fe}=9.78\times10^{-8}$ Ω·m。求：

(1)每根导线的磁场强度；

(2)每根导线的电流密度；

(3)每根导线两端的电势差。

7-3 如图 7-43 所示电路，已知 $\xi_1=12$ V，$\xi_2=10$ V，$\xi_3=8$ V，$r_1=r_2=r_3=1$ Ω，$R_1=R_2=R_3=R_4=R_5=2$ Ω。求 U_{AB} 和 U_{CD}。

7-4 如图 7-44 所示电路，$\xi_1=15$ V，$\xi_2=10$ V，$R_1=50$ Ω，$R_2=80$ Ω，$R_3=10$ Ω，电源内阻忽略不计。求电路的电流分布。

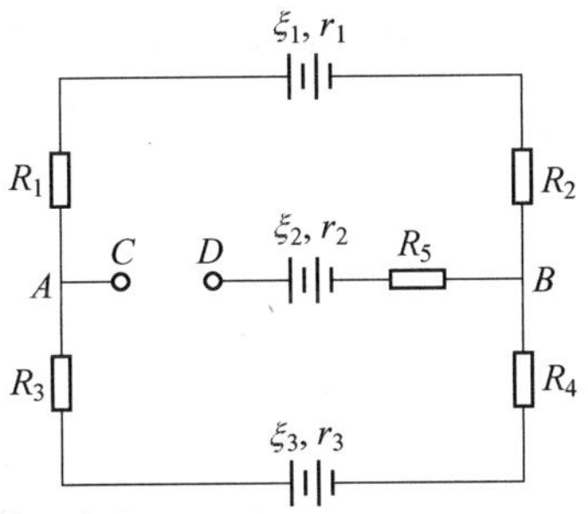

图 7-43 习题 7-3 用图

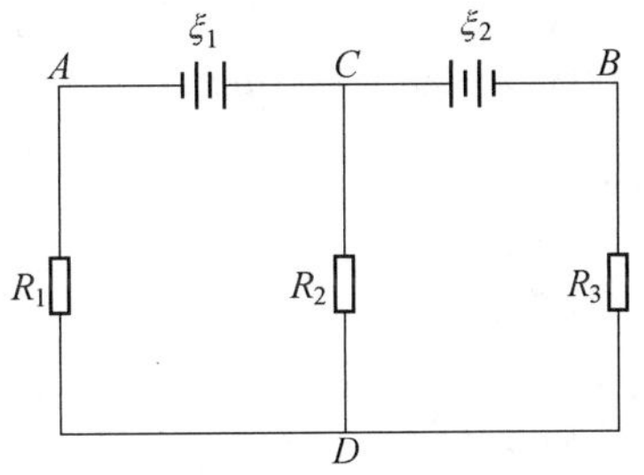

图 7-44 习题 7-4 用图

7-5 如图 7-45 所示，几种载流导线在平面内分布，电流均为 I，它们在 O 点的磁感应强度各为多少？

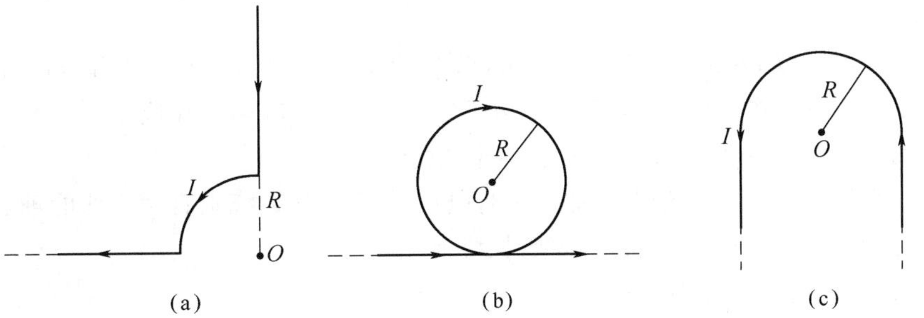

图 7-45 习题 7-5 用图

7-6 如图 7-46 所示，一条无限长直导线在一处弯折成一个半圆，其半径 $R=0.5$ cm，导线上电流强度 $I=10$ A。求圆心 O 处的磁感应强度；若 b 点距 O 点非常远。求 b 点的磁感应强度。

7-7 如图 7-47 所示，被折成 120°钝角的长导线中通有 20 A 的电流。求 A 点的磁感应强度。

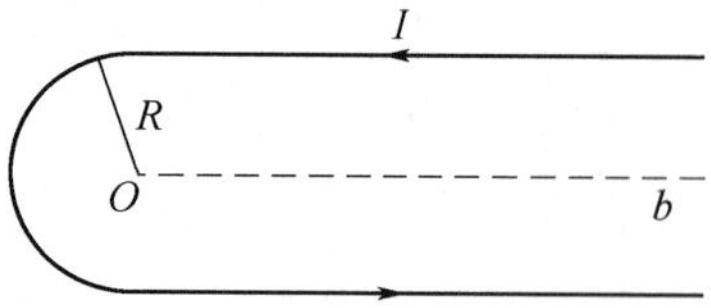

图 7-46　习题 7-6 用图

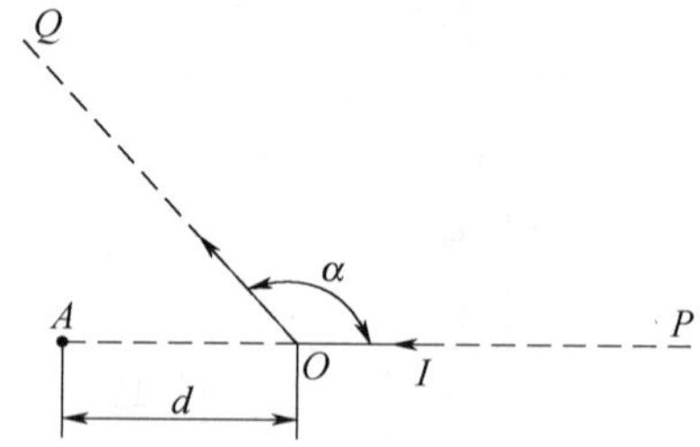

图 7-47　习题 7-7 用图

7-8　两根长直导线沿半径方向接到粗细均匀的铁质圆环上的 M、N 两点(图 7-48),并与很远处的电源相接。求环中心 O 点处的磁感应强度。

7-9　如图 7-49 所示,一宽为 b 的薄金属板,其电流为 I。试求在薄板的平面上距板的一边为 r 的点 P 的磁感应强度。

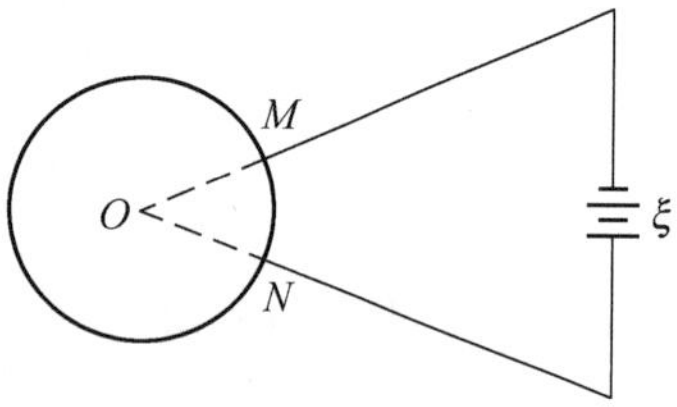

图 7-48　习题 7-8 用图

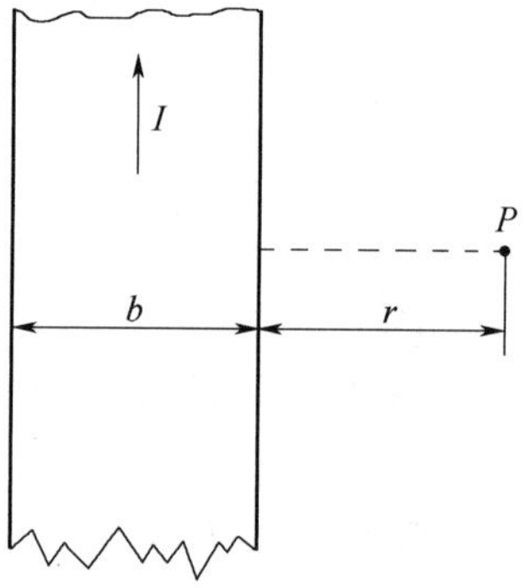

图 7-49　习题 7-9 用图

7-10　一载流导线 $abcde$ 如图 7-50 所示,求 O 点的磁感应强度的大小和方向。

7-11　半径为 R 的圆片上均匀带电,电荷密度为 σ,该片以匀角速度 ω 绕它的轴旋转。求轴线上距圆片中心为 x 处的磁感应强度。

7-12　如图 7-51 所示,均匀带电细杆 AB,电荷线密度为 λ,绕垂直于直线的轴 O 以 ω 角速度匀速转动(O 点在细杆 AB 延长线上)。求:

(1)O 点的磁感应强度;

(2)磁矩 $\boldsymbol{p}_{\mathrm{m}}$。

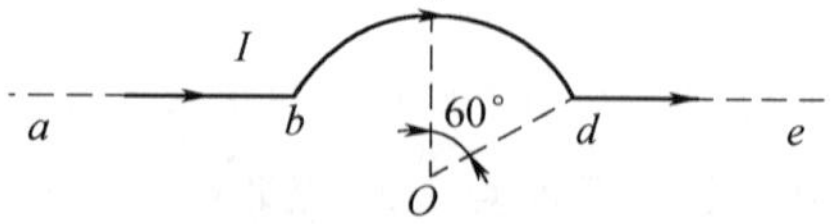

图 7-50　习题 7-10 用图

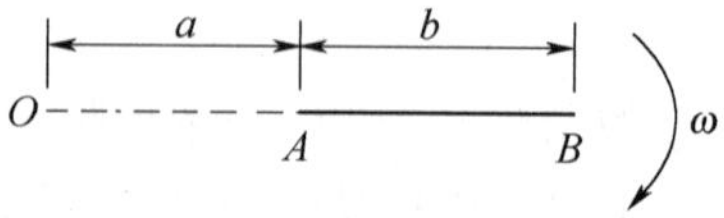

图 7-51　习题 7-12 用图

7-13　已知矩形线圈与无限长直导线在同一平面内,无限长直导线中通有电流为 I(图 7-52)。求通过矩形线圈的磁通量。

7-14 如图 7-53 所示，一边长为 $l=0.15$ m 的立方体如图放置，有一均匀磁场 $\boldsymbol{B}=6\boldsymbol{i}+3\boldsymbol{j}+1.5\boldsymbol{k}$(T)通过立方体所在区域，计算：

(1)通过立方体上阴影面的磁通量；

(2)通过立方体六个面的总磁通量。

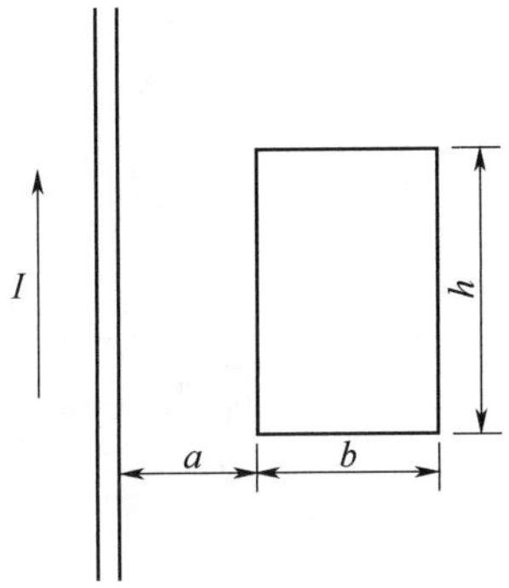

图 7-52 习题 7-13 用图

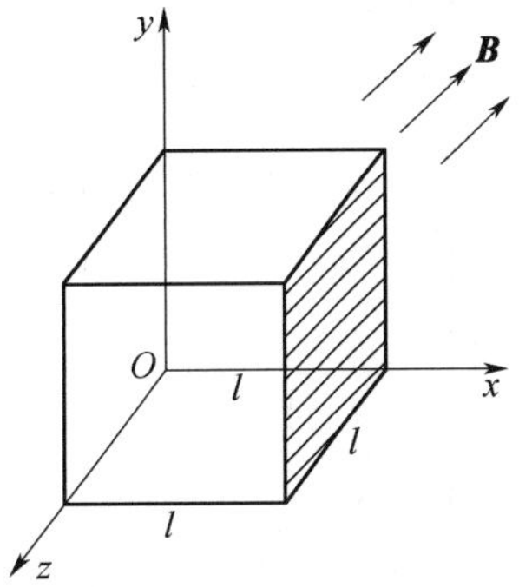

图 7-53 习题 7-14 用图

7-15 如图 7-54 所示，一同轴电缆内芯半径 R_1，外部圆筒结构内半径 R_2、外半径 R_3，内芯和外筒中的电流均为 I，但电流流向相反，导体的磁性可不考虑，求以下各处磁感强度：① $r<R_1$；② $R_1<r<R_2$；③ $r>R_3$。

7-16 如图 7-55 所示的空心柱形导体半径分别为 R_1 和 R_2，导体内载有电流为 I，设电流 I 均匀分布在导体的截面上，求导体内部($R_1<r<R_2$)各点的磁感应强度。

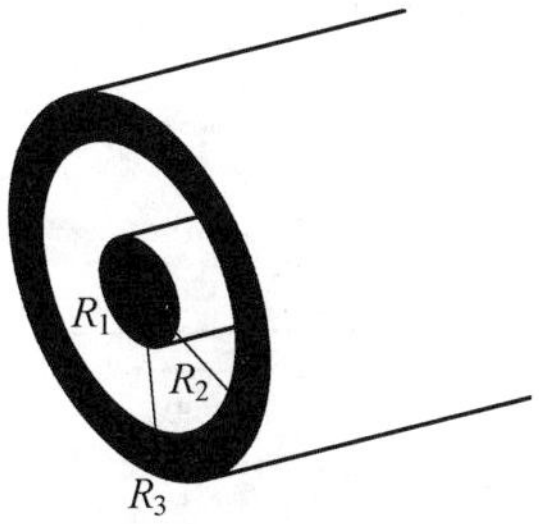

图 7-54 习题 7-15 用图

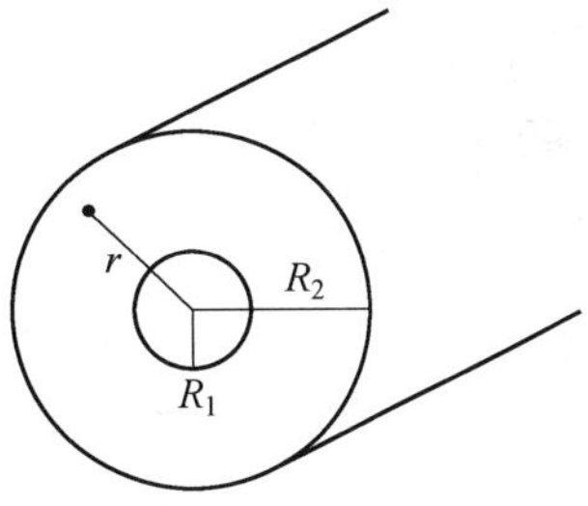

图 7-55 习题 7-16 用图

7-17 一质子以 1.0×10^7 m/s 的速度射入磁感应强度 $B=1.5$ T 的均匀磁场中，其速度方向与磁场方向成 30°角。计算：

(1)质子做螺旋运动的半径；

(2)螺距。

7-18 一电子在 $B=20\times10^{-4}$ T 的均匀磁场中作沿半径为 $R=2.0$ cm、螺距 $h=5.0$ cm 的螺旋线运动，求电子的速度。

7-19 设在一个电视显像管中，电子在水平面内从南向北运动，其动能为 1.2×10^4 eV。若地磁场在显像管处竖直向下分量为 0.55×10^{-4} T，电子在显像管内南北飞行距离为 20 cm 时，其轨道向东偏转多少？

7-20 一无限长直导线，通有电流 $I_1=10\ \mathrm{mA}$，矩形线圈中通有电流 $I_2=10\ \mathrm{mA}$，如图 7-56 放置，若 $d=2\ \mathrm{cm}$，$b=8\ \mathrm{cm}$，$l=10\ \mathrm{cm}$，求矩形线圈所受的合力。($\mu_0=4\pi\times10^{-7}\mathrm{T\cdot m\cdot A^{-1}}$)

7-21 通电直导线旁放一通电导体棒，两者相互垂直(图 7-57)。求此导体棒所受安培力的大小和方向。

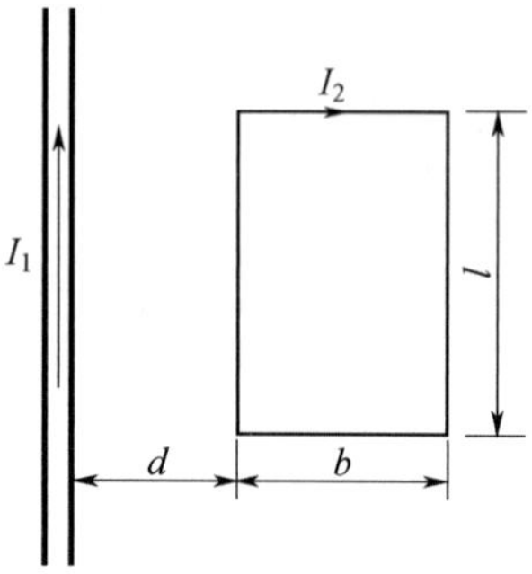

图 7-56 习题 7-20 用图

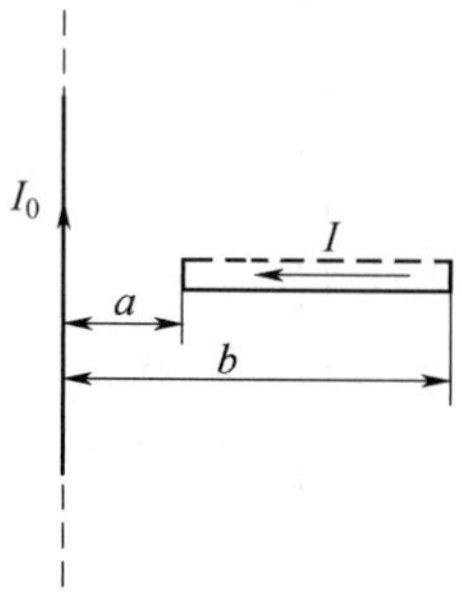

图 7-57 习题 7-21 用图

7-22 有一根长为 50 cm，质量为 10 g 的直导线，用细线平挂在磁感应强度为 1 T 的匀强磁场中，如图 7-58 所示。问在导线中通以多大的电流、流向如何才能使导线受到的合力为零。

7-23 如图 7-59 所示，两根相互绝缘的无限长直导线 1 和 2 绞接于 O 点，两导线间夹角为 θ，通有相同的电流 I。求单位长度的导线所受磁力对 O 点的力矩。

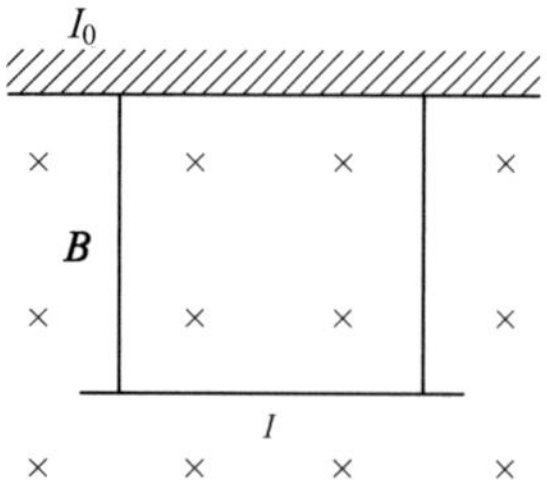

图 7-58 习题 7-22 用图

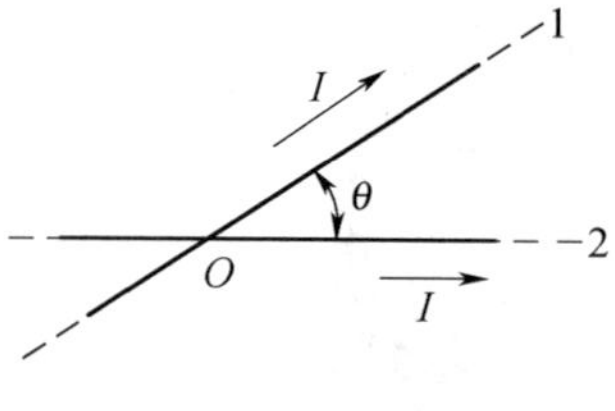

图 7-59 习题 7-23 用图

7-24 一铁环中心线的周长为 30 cm，横截面积为 $1.0\ \mathrm{cm}^2$，在环上紧密地绕有 300 匝表面绝缘的导线。当导线中通有电流 3.2 mA，通过环的横截面积的磁通量为 2.0×10^{-6} Wb。求铁环内部的磁感应强度的大小 B 和磁场强度的大小 H 以及环内材料的相对磁导率。

7-25 如图 7-60 所示，磁导率为 μ_1 的无限长磁介质圆柱体，半径为 R_1，其中通以电流 I，且电流沿横截面均匀分布。在它的外面有半径为 R_2 的无限长同轴圆柱面，圆柱面与柱体之间充满着磁导率为 μ_2 的磁介质，圆柱面外真空，求磁感应强度的分布。

7-26 有一磁介质细圆环，在外磁场撤销后仍处于磁化状态，磁化强度 $\boldsymbol{M}$ 的大小处处相同，$\boldsymbol{M}$ 的方向如图 7-61 所示，求环内的磁场强度 $\boldsymbol{H}$ 和磁感应强度 $\boldsymbol{B}$。

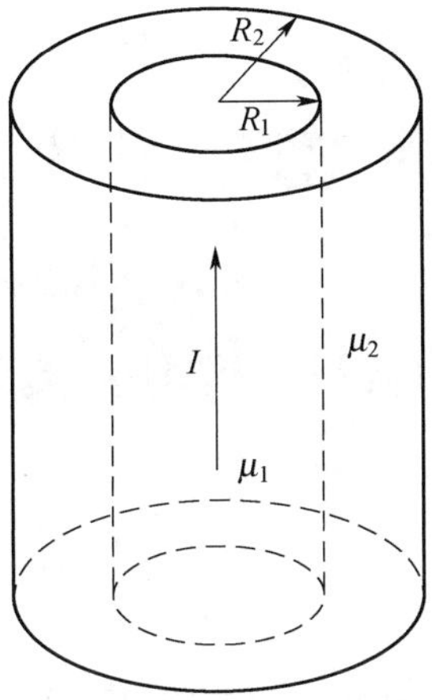

图 7-60 习题 7-25 用图

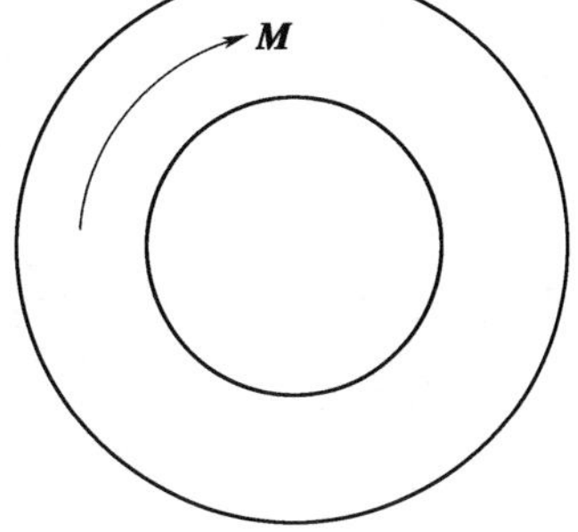

图 7-61 习题 7-26 用图

Chapter 8 第 8 章

电磁感应

Electromagnetic Induction

本章主要讲述电磁感应的规律及产生感应电动势的两种方式，自感、互感及电磁场的能量，最后引入麦克斯韦方程组。

8.1 法拉第电磁感应定律

8.1.1 电磁感应现象

自从奥斯特发现了电流的磁效应后，科学家们便开始了对磁产生电流的现象的探究，这其中最具代表性的人物就是法拉第（Faraday，1791—1867）。从 1824 年起，他就开始了这方面的实验研究，经过无数次的失败，他终于在 1831 年第一次发现了电磁感应现象。法拉第在实验中发现：当穿过闭合导体回路的磁通量发生变化时，回路中就产生电流。他称此现象为电磁感应现象，通常称此电流为感应电流。既然有电流，当然就有相应的电动势，通常称此电动势为感应电动势。实验表明：当导体回路不闭合时，则无感应电流但感应电动势依然存在。因此，电磁感应现象应理解为：当穿过导体回路的磁通量发生变化时，回路就产生感应电动势。

8.1.2 法拉第电磁感应定律

德国物理学家纽曼（Neumann，1798—1895）于 1845 年在法拉第工作的基础上，从理论上总结出了感应电动势的定量表达式，即

$$\varepsilon = -\frac{\mathrm{d}\Phi}{\mathrm{d}t} \tag{8-1}$$

上式表明：导体回路中的感应电动势的大小与穿过导体回路的磁通量的变化率成正比。此为法拉第电磁感应定律。式(8-1)只适合于单匝回路，对于由 N 匝回路串联而成的电路，在整个电路中的感应电动势 ε 应为每匝回路中感应电动势之和。设每匝回路的磁通量分别为 $\Phi_1,\Phi_2,\cdots,\Phi_N$ 则

$$\begin{aligned}\varepsilon &= \varepsilon_1 + \varepsilon_2 + \cdots + \varepsilon_N \\ &= -\frac{d}{dt}(\Phi_1 + \Phi_2 + \cdots + \Phi_N) \\ &= -\frac{d\psi}{dt}\end{aligned} \tag{8-2}$$

式中 $\psi = \Phi_1 + \Phi_2 + \cdots + \Phi_N$ 称为磁通链数，或全磁通。若穿过每匝回路的磁通量相同，均为 Φ，则 $\psi = N\Phi$，这样

$$\varepsilon = -\frac{d\psi}{dt} = -N\frac{d\Phi}{dt} \tag{8-3}$$

式(8-1)至式(8-3)中的负号代表感应电动势的方向。

若用式中的负号正确反映感应电动势的方向就必须满足下面的约定：

首先，要任意给定导体回路的绕行方向；

其次，对磁通量 $\Phi = \iint \boldsymbol{B} \cdot d\boldsymbol{S}$ 中的 $d\boldsymbol{S}$ 方向作如下约定：$d\boldsymbol{S}$ 的方向与回路的绕行方向成右手螺旋关系，如图 8-1 所示。

最后，代入式(8-1)至式(8-3)计算 ε，当 $\varepsilon > 0$ 时，表示 ε 的方向与回路的绕行方向一致，若 $\varepsilon < 0$，则表示 ε 的方向与回路的绕行方向相反。

下面举例说明如何用法拉第电磁感应定律判定 ε 的方向，如图 8-2 所示。

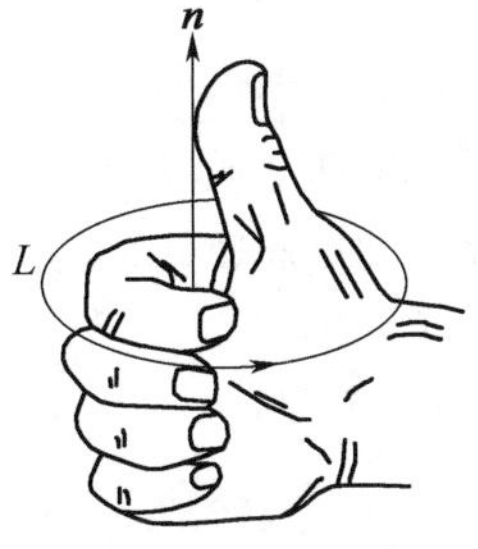

图 8-1 右手螺旋关系

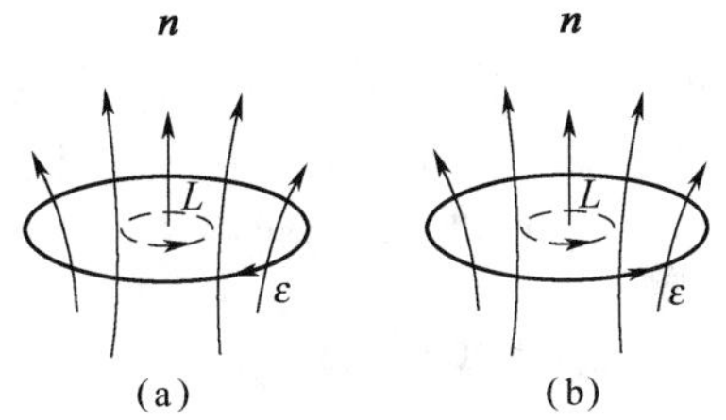

图 8-2 ε 的方向

图 8-2 中，我们选虚线所示的方向为回路的绕行方向，依右手定则，回路所包围面积的正法线方向 $\boldsymbol{n}$ 如图所示，这样，在图 8-2(a)中 $\Phi = \iint \boldsymbol{B} \cdot d\boldsymbol{S} > 0$，又因 Φ 是随 t 增大的，故$\frac{d\Phi}{dt} > 0$，依法拉第电磁感应定律知 $\varepsilon = -\frac{d\Phi}{dt} < 0$，所以 ε 的方向与回路的绕行方向相反，如图 8-2(a)所示。在图 8-2(b)中 $\Phi > 0$，而 Φ 随 t 减小，故 $\frac{d\Phi}{dt} < 0$，依法拉第电磁感应定律，有 $\varepsilon = -\frac{d\Phi}{dt} > 0$，所以 ε 的方向与回路的绕行方向相同，如图 8-2(b)所示。

关于感应电流(或电动势)的方向的判定，有一个更直接的方法，这就是楞次定律。1833 年楞次(H. F. E. Lenz，1804—1865)提出了这个判据：闭合回路中感应电流的方向，总是使得它所激发的磁场来阻止引起感应电流的磁通量的变化。此为楞次定律。楞次定律是能量守恒定律在电磁感应现象上的具体体现。在实际中，运用楞次定律来确定感应电动势的方向往往是比较方便的。

例 8-1 如图 8-3 所示，一导体回路，其中 ab 段可自由滑动。现将其放入匀强磁场中，设 $l=0.2\ \mathrm{m}$，$B=0.15\ \mathrm{T}$，现 ab 边以速度 $v=3\ \mathrm{m/s}$ 向右匀速移动。求回路中的感应电动势。

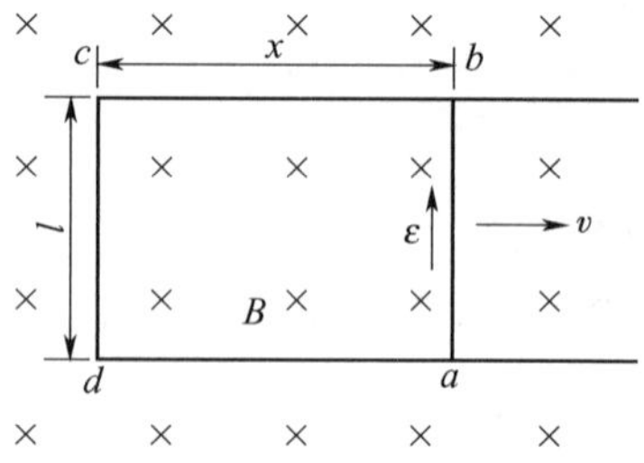

图 8-3 例 8-1 用图

解：选回路的绕行方向沿顺时针方向，则

$$\Phi=\iint \boldsymbol{B}\cdot \mathrm{d}\boldsymbol{S}=\iint B\mathrm{d}S=Blx$$

所以

$$\begin{aligned}\varepsilon&=-\frac{\mathrm{d}\Phi}{\mathrm{d}t}\\&=-Bl\frac{\mathrm{d}x}{\mathrm{d}t}=-Blv=-0.15\times0.2\times3\\&=-0.09(\mathrm{V})\end{aligned}$$

式中的负号表示 ab 中 ε 的方向与回路的绕行方向相反，即沿 a 到 b 的方向。

8.2 动生和感生电动势

按照磁通量变化的原因不同，通常把感应电动势分为两种，即动生电动势和感生电动势。在稳恒磁场中运动着的导体内产生的感应电动势叫动生电动势；而导体不动，只因磁场的变化而产生的感应电动势叫感生电动势。

8.2.1 动生电动势

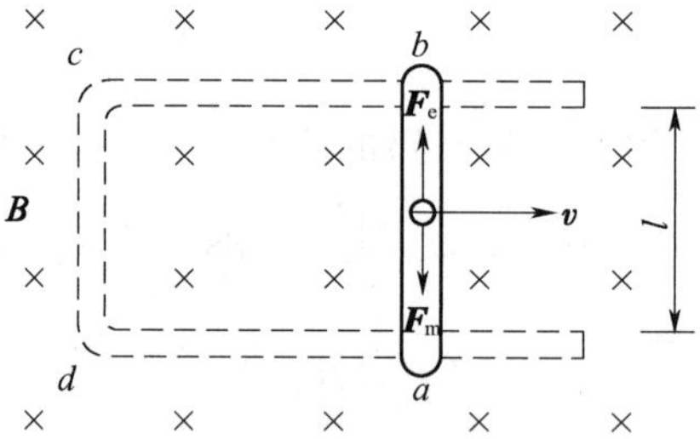

图 8-4 动生电动势

产生动生电动势的非静电力是洛仑兹力，如图 8-4 所示，将一段导体 ab 放于匀强磁场中，当 ab 以速度 $\boldsymbol{v}$ 向右移动时，ab 中的电子亦以 $\boldsymbol{v}$ 向右移动，依洛伦兹力公式，电子将受到洛伦兹力的作用 $\boldsymbol{F}_{\mathrm{m}}=-e\boldsymbol{v}\times\boldsymbol{B}$，方向向下。在此力的作用下，电子向 a 端运动，从而在 a 端积累一定数量的负电荷，相应地在 b 端便积累了数量相等的正电荷，这些电荷在 ab 内形成一静电场 $\boldsymbol{E}$，方向向下，这样电子还要受到静电场力 $\boldsymbol{F}_{\mathrm{e}}=-e\boldsymbol{E}$ 的作用。当电子受的静电场

力 $\boldsymbol{F}_e$ 与洛伦兹力 $\boldsymbol{F}_m$ 达到平衡时，$\boldsymbol{E}$ 取一稳定值，从而 ab 端形成稳定的电势差。因此这段运动的导体相当于一个电源，b 端为高电位端，a 端为低电位端，而非静电力就是洛仑兹力。

下面我们来推导动生电动势的公式。

依电动势的定义 $\varepsilon=\int_{-}^{+}\boldsymbol{k}\cdot \mathrm{d}\boldsymbol{l}$，这里 $\boldsymbol{k}$ 是移动单位正电荷的非静电力，结合洛伦兹力公式 $\boldsymbol{F}_m=-e\boldsymbol{v}\times\boldsymbol{B}$，有

$$\boldsymbol{k}=\frac{\boldsymbol{F}_m}{-e}=\boldsymbol{v}\times\boldsymbol{B}$$

由此可得，ab 导体中动生电动势的公式

$$\varepsilon=\int_a^b(\boldsymbol{v}\times\boldsymbol{B})\cdot \mathrm{d}\boldsymbol{l}$$

我们将上式推广到普遍的情况：设在一恒定磁场中，有一任意形状的导体线圈 L，可以闭合，也可以不闭合，它在磁场中运动着或在发生形变，设此线圈上任一线元 $\mathrm{d}\boldsymbol{l}$ 的运动速度为 $\boldsymbol{v}$，磁感应强度为 $\boldsymbol{B}$，则线元 $\mathrm{d}\boldsymbol{l}$ 中的动生电动势为

$$\mathrm{d}\varepsilon=(\boldsymbol{v}\times\boldsymbol{B})\cdot \mathrm{d}\boldsymbol{l} \tag{8-4}$$

若线圈 L 不闭合，则整个 L 中的动生电动势为

$$\varepsilon=\int_L(\boldsymbol{v}\times\boldsymbol{B})\cdot \mathrm{d}\boldsymbol{l} \tag{8-5}$$

若线圈 L 闭合，则整个 L 中的动生电动势为

$$\varepsilon=\oint(\boldsymbol{v}\times\boldsymbol{B})\cdot \mathrm{d}\boldsymbol{l} \tag{8-6}$$

动生电动势只存在于运动的那部分导体中。

例 8-2 如图 8-5 所示，在匀强磁场 $\boldsymbol{B}$ 中有一导体棒 OA 以角速度 ω 绕 O 点逆时针旋转，设导体棒的长度为 L，求棒中的动生电动势和棒两端的电势差。

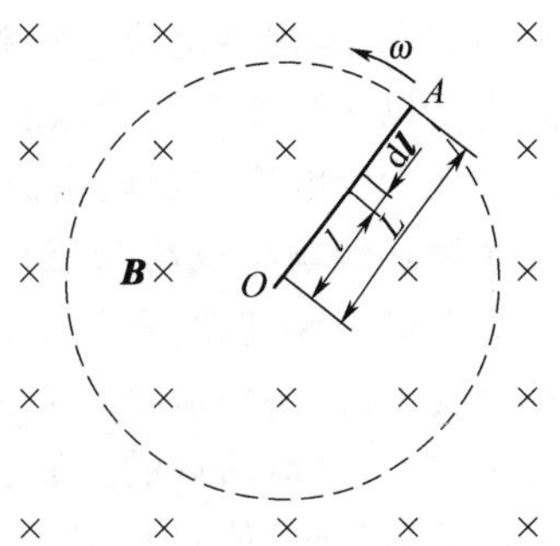

图 8-5 例 8-2 用图

解：(1)在 OA 上取一小线元 $\mathrm{d}\boldsymbol{l}$，设其距 O 点为 $\boldsymbol{l}$，则 $\mathrm{d}\boldsymbol{l}$ 上的动生电动势

$$\mathrm{d}\varepsilon=(\boldsymbol{v}\times\boldsymbol{B})\cdot \mathrm{d}\boldsymbol{l}=-\omega l\boldsymbol{B}\cdot \mathrm{d}\boldsymbol{l}$$

所以，整个导体棒上的动生电动势为

$$\varepsilon=\int_O^A \mathrm{d}\varepsilon=-\int_O^A\omega lB\,\mathrm{d}l=-\frac{1}{2}\omega BL^2$$

负号表示电动势的方向为由 A 指向 O。

(2)棒两端的电势差为：$\varphi_O-\varphi_A=-\varepsilon=\frac{1}{2}\omega BL^2$。

8.2.2 感生电动势

由前面知，感生电动势是由变化的磁场产生，导体回路并不运动，因此产生感生电动势的非静电力肯定不会再是洛伦兹力，那么是什么力呢？麦克斯韦(James Clerk Maxwell, 1831—1879)提出假设，他认为：变化的磁场会在周围的空间激发一个电场，他称之为感生电场，此感生电场对电荷有一个电力的作用，此力就是感应电动势所对应的非静电力。设此感生电场的场强为$\boldsymbol{E}_i$，它是作用于单位正电荷上的非静电力，则依电动势的定义，有感生电动势

$$\varepsilon = \oint \boldsymbol{E}_i \cdot d\boldsymbol{l} \tag{8-7}$$

由上式知，$\boldsymbol{E}_i$的环流不为0，因此感生电场是有旋场，称为涡旋电场。

根据法拉第电磁感应定律，导体回路中的感生电动势满足

$$\varepsilon = -\frac{d\Phi}{dt} = -\frac{d}{dt}\iint_S \boldsymbol{B} \cdot d\boldsymbol{S} = -\iint_S \frac{\partial \boldsymbol{B}}{\partial t} \cdot d\boldsymbol{S} \tag{8-8}$$

这里，$\boldsymbol{S}$是以L为周界的任一曲面。

将式(8-7)和式(8-8)联立，有

$$\oint \boldsymbol{E}_i \cdot d\boldsymbol{l} = -\iint_S \frac{\partial \boldsymbol{B}}{\partial t} \cdot d\boldsymbol{S} \tag{8-9}$$

这里，$d\boldsymbol{S}$的法线方向必须与L的绕行方向成右手螺旋关系。

上述方程是电磁学的基本方程之一，它表明了感生电场与变化的磁场之间的关系。

8.2.3 涡电流

大块导体处于变化的磁场中或在磁场中运动时，根据法拉第电磁感应定律，其内部会产生感应电流，这些电流呈涡旋状，故称为涡电流，简称涡流。由于大块金属的电阻很小，因此涡流可以达到非常大的强度。

强大的电流在金属内流动会产生大量的焦耳热，工业上常用这种热效应制成高频感应电炉来冶炼金属。图8-6是高频感应电炉的原理图，在坩埚的外面绕有线圈，当线圈中通有高频交变电流时，坩埚中的需冶炼的金属便处于很强的高频交变磁场中，从而被冶炼的金属会由于电磁感应而产生涡流释放出大量的焦耳热，使自身熔化，这种冶炼方法的最大优点是无接触加热，我们可以把坩埚和金属放在真空中进行冶炼，从而使金属不被玷污，也不会在高温下被氧化，另外这种加热的方式还具有效率高，速度快的特点。

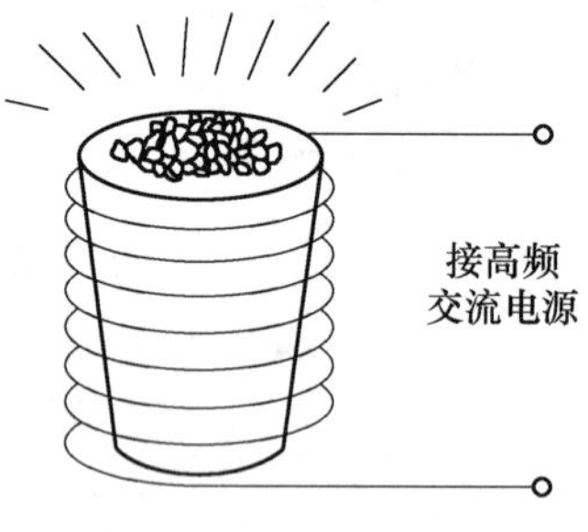

图 8-6 涡电流

涡流的热效应在某些情形下也是非常有害的，比如变压器中的铁芯会由于涡流的存在而产生大量的热，从而白白地损失大量的能量，甚至由于发热而烧毁设备，因此为了减小涡流及其损失，通常用彼此绝缘的硅钢片叠合起来代替整块铁芯。

涡流不仅可以产生热效应，还可以产生机械效应，这种机械效应常被用于电磁制动和电磁驱动。

8.3 自感和互感

8.3.1 自感

当通过某线圈的电流发生变化时，则电流激发的磁场会随之变化，进而穿过该线圈的磁链也会发生变化，从而在线圈中产生感应电动势。这种因线圈中电流变化而在线圈自身所引起的电磁感应现象叫自感现象，所产生的感应电动势叫自感电动势。

设线圈中通有电流 I，由于磁感应强度正比于 I，故穿过线圈的磁链也正比于 I，即 $\psi = LI$，这里的 L 称为自感系数，它的大小只与线圈的形状、大小、匝数及周围磁介质的分布有关，通常与线圈中的电流无关，在国际单位制中，它的单位为亨利(H)。

由电磁感应定律知，在 L 一定的条件下，自感电动势满足

$$\varepsilon = -\frac{\mathrm{d}\psi}{\mathrm{d}t} = -L\frac{\mathrm{d}I}{\mathrm{d}t} \tag{8-10}$$

在上式中，我们取电流的方向为回路的绕行方向，故若 $\frac{\mathrm{d}I}{\mathrm{d}t}<0$，则 $\varepsilon>0$，说明自感电动势与电流方向相同；若 $\frac{\mathrm{d}I}{\mathrm{d}t}>0$，则 $\varepsilon<0$，说明自感电动势与电流方向相反。

由此可知，自感电动势总是要阻碍回路本身电流的变化，L 越大这种阻碍作用越强。

例 8-3 计算一长直密绕螺线管的自感系数。设螺线管的截面积为 S，单位长度的匝数为 n，长度为 l。

解：设螺线管中通有电流 I，则螺线管内的 $B=\mu_0 nI$，故

$$\psi = nlBS = nl\mu_0 nIS = n^2 l\mu_0 IS$$

$$L = \frac{\psi}{I} = n^2 l\mu_0 S = n^2 V\mu_0$$

8.3.2 互感

如图 8-7 所示，两相邻线圈 1 和 2，当线圈 1 中的电流 I_1 变化时，I_1 激发的变化磁场会在线圈 2 中产生感应电动势，线圈 2 中的电流 I_2 变化时，同样会在线圈 1 中产生感应电动势。这种一个线圈中的电流变化而在附近另一个线圈中产生感应电动势的现象叫互感现象，相应的感应电动势叫互感电动势。

设线圈 1 中电流 I_1 激发的磁场穿过线圈 2 的磁链为 ψ_{21}，根据毕奥-萨伐尔定律，ψ_{21} 正比于 I_1。写成等式，有

$$\psi_{21}=M_{21}I_1 \tag{8-11}$$

同理:线圈 2 中通有电流 I_2 它在线圈 1 中产生的磁链为 ψ_{12},则与式(8-11)类似,有

$$\psi_{12}=M_{12}I_2 \tag{8-12}$$

可以证明:

$$M_{12}=M_{21}=M$$

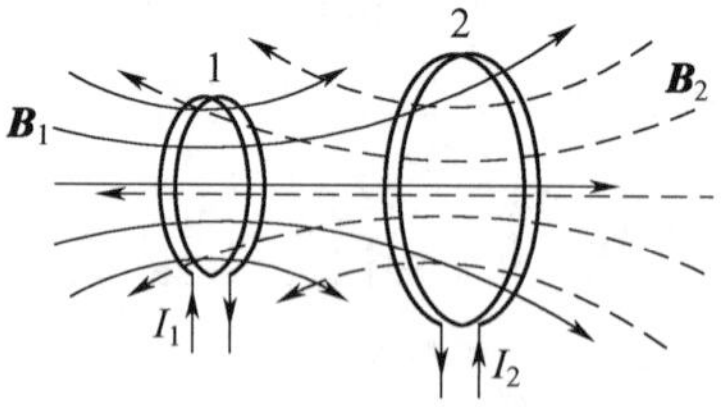

图 8-7 互感现象

我们称 M 为互感系数,简称互感,它的单位也是 H。M 的大小与二线圈的大小、形状、匝数、相对位置以及磁介质有关。

根据法拉第电磁感应定律,线圈 1 中电流 I_1 的变化在线圈 2 中产生的互感电动势

$$\varepsilon_{21}=-\frac{\mathrm{d}\psi_{21}}{\mathrm{d}t}=-M\frac{\mathrm{d}I_1}{\mathrm{d}t} \tag{8-13}$$

而线圈 2 中的电流 I_2 的变化在线圈 1 中产生的互感电动势

$$\varepsilon_{12}=-\frac{\mathrm{d}\psi_{12}}{\mathrm{d}t}=-M\frac{\mathrm{d}I_2}{\mathrm{d}t} \tag{8-14}$$

互感系数的计算一般比较复杂,实际上常采用实验的方法测定。

例 8-4 如图 8-8 所示,一长直螺线管 1,长度为 l_1,匝数 N_1;截面积 S_1,在此螺线管外部的中间,绕有另一螺线管 2,其长度为 $l_2<l_1$,匝数 N_2,截面积 S_2,求二螺线管之间的互感系数 M。

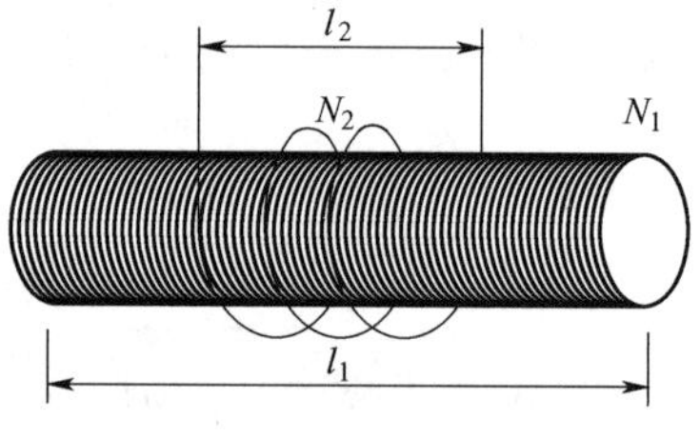

图 8-8 例 8-4 用图

解:设在线圈 1 中通有电流 I_1,则 I_1 激发的磁场

$$B_1=\mu_0 n_1 I_1=\mu_0\frac{N_1}{l_1}I_1$$

穿过线圈 2 的磁链

$$\psi_{21}=N_2B_1S_1=N_2\mu_0\frac{N_1}{l_1}I_1S_1$$

故

$$M=\frac{\psi_{21}}{I_1}=N_2\mu_0\frac{N_1}{l_1}S_1$$

8.4 磁场的能量

8.4.1 自感的磁能

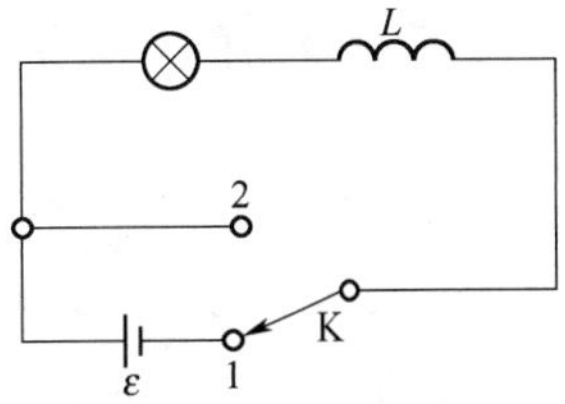

图 8-9 自感的磁能

让我们先来做一个演示实验。如图 8-9 所示，当把开关 K 从 1 扳向 2 时，电源已不再向灯泡提供能量了，但灯泡却突然强烈地闪亮了一下后才熄灭。那么灯泡闪亮所需的能量是谁提供的呢？显然是电感元件。那么电感元件的能量又是哪来的呢？我们知道，当把开关倒向 1 时，电源、灯泡、自感元件构成回路，回路中的电流 i 将从 0 增加到一个定值 I。在电流由 0 增大到 I 的过程中，自感电动势将阻碍电流的这一变化，因此电源必须克服自感电动势而做功，此功便转化为能量储存在自感元件中，我们称这一能量为自感磁能，用 W_L 表示，由上面分析知 W_L 等于电源克服自感电动势所做的功 A_L，而

$$
\begin{aligned}
A_L &= \int_0^{\infty}(-\varepsilon_L)i\,\mathrm{d}t \\
&= \int_0^{\infty}L\frac{\mathrm{d}i}{\mathrm{d}t}i\,\mathrm{d}t \\
&= \int_0^{I}Li\,\mathrm{d}i \\
&= \frac{1}{2}LI^2
\end{aligned}
$$

故

$$W_L = \frac{1}{2}LI^2 \tag{8-15}$$

8.4.2 磁场的能量

现在我们把式(8-15)用场量表示出来。设有一长直螺线管，长为 l，截面积为 S，单位长度的匝数为 n，则由例 8-3 知自感系数 $L=n^2l\mu_0S=n^2V\mu_0$。当螺线管中通有电流 I 时，由式(8-15)知此螺线管的储能为 $W_L=\frac{1}{2}LI^2=\frac{1}{2}I^2n^2V\mu_0$。而当螺线管通有电流 I 时，相应的场量 B 和 H 分别为

$$B=\mu_0nI$$
$$H=nI$$

所以

$$W_L=\frac{1}{2}I^2\ n^2V\mu_0=\frac{1}{2}HBV$$

对于密绕的螺线管，磁场完全局限在它的内部，上式表明，自感磁能的大小与磁场所占体积成正比，也就是说，磁能是分布在磁场中的，我们就把磁场中单位体积所具有的磁能叫磁能密度，用 w_{m} 表示，由 $W_L=\frac{1}{2}HBV$ 知

$$w_m = \frac{1}{2}BH$$

可以证明，对普遍情况，磁场的能量密度为

$$w_m = \frac{1}{2}\boldsymbol{B} \cdot \boldsymbol{H} 。\tag{8-16}$$

所以磁场的总能量 W_m 等于能量密度 w_m 对磁场所占空间的积分，即

$$W_m = \iiint w_m \mathrm{d}V = \frac{1}{2}\iiint (\boldsymbol{B} \cdot \boldsymbol{H})\mathrm{d}V \tag{8-17}$$

例 8-5 如图 8-10 所示，一很长的同轴电缆由半径分别为 R_1 和 R_2 的二导体圆柱面构成，电流 I 由内柱面流出去，再由外柱面流回来，构成闭合回路。求长为 l 的一段电缆所储存的磁场能量。

解：依安培环路定理，可得同轴电缆的磁场分布为：

$$H = \frac{I}{2\pi r}, B = \frac{\mu_0 I}{2\pi r} \qquad (R_1 < r < R_2)$$

$$H = 0, B = 0 \qquad (r < R_1, r > R_2)$$

式中 r 为场点到中轴线的距离。

$$x_m = \frac{1}{2}BH = \frac{1}{2}\frac{\mu_0 I}{2\pi r}\frac{I}{2\pi r} = \frac{\mu_0 I^2}{8\pi^2 r^2}$$

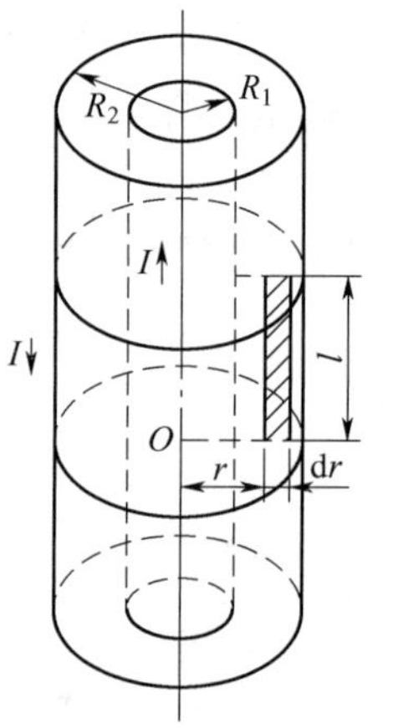

图 8-10 例 8-5 用图

故长为 l 的电缆内储存的总磁能为

$$W_m = \iiint w_m \mathrm{d}V = \int_{R_1}^{R_2} w_m \cdot 2\pi r l \cdot \mathrm{d}r = \int_{R_1}^{R_2} \frac{\mu_0 I^2 l \,\mathrm{d}r}{4\pi r} = \frac{\mu_0 I^2 l}{4\pi}\ln\frac{R_2}{R_1}$$

8.5 麦克斯韦方程组

麦克斯韦系统地总结了库仑、安培、法拉第等关于电磁学的全部成就，并开创性地提出了感生电场和位移电流假说，揭示了电场与磁场的内在联系，把电场和磁场统一为电磁场，并总结出了电磁场的基本方程——麦克斯韦方程组，建立了完整的电磁场理论。他还以此理论为依据，预言了电磁波的存在，论证了光是一种电磁波，从而把波动光学纳入电磁学的范畴。

8.5.1 位移电流、全电流安培环路定理

从第 7 章我们知道，在恒定条件下，安培环路定理可写成：

$$\oint_L \boldsymbol{H} \cdot \mathrm{d}\boldsymbol{l} = \sum_{L内} I_{0i}$$

这里的 $\sum\limits_{L内} I_{0i}$ 是穿过以 L 为周界的任意曲面的传导电流。

那么对非恒稳条件，上式是否成立呢？

我们以电容器的充、放电为例讨论这个问题。如图 8-11 所示，设在电容器充电的某一时刻 t，导线中的传导电流为 I_0，它是随时间而变化的，而在电容器的二极板间传导电流为 0。

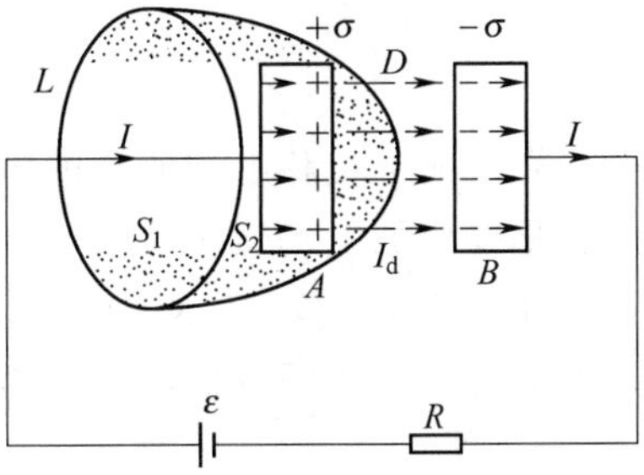

图 8-11　电容器的充、放电

现在我们围绕导线取一闭合回路 L，以 L 为周界，我们取两个曲面 S_1 和 S_2，其中 S_1 与导线相交，而 S_2 穿过电容器二极板之间，不与导线相交。

根据安培环路定理，对 S_1 有：$\oint \boldsymbol{H}\cdot \mathrm{d}\boldsymbol{l}=I_0$；对 S_2 有：$\oint \boldsymbol{H}\cdot \mathrm{d}\boldsymbol{l}=0$。

由于磁场的唯一性，$\oint \boldsymbol{H}\cdot \mathrm{d}\boldsymbol{l}$ 的取值一定是唯一的，不可能既等于 I_0 又等于零，上面二式有矛盾，因此，在非恒稳条件下，安培环路定理不再适用。

为了解决这一矛盾，麦克斯韦于 1861 年开创性地提出了位移电流假说，他假设：在变化的电场中存在一位移电流 I_d，而通过某一面积的位移电流就等于通过该面积的电位移通量对时间的变化率，即

$$I_d=\frac{\mathrm{d}\Phi_D}{\mathrm{d}t} \tag{8-18}$$

或

$$I_d=\iint\limits_S \frac{\partial \boldsymbol{D}}{\partial t}\cdot \mathrm{d}\boldsymbol{S} \tag{8-19}$$

下面我们来证明，如图 8-11 所示的充电电路，$I_0=I_d$。

设 t 时刻，导线中的传导电流为 I_0，极板上电荷为 q，则

$$I_0=\frac{\mathrm{d}q}{\mathrm{d}t}$$

而依 $\boldsymbol{D}$ 的高斯定理，有 $\oiint\limits_{S_1+S_2} \boldsymbol{D}\cdot \mathrm{d}\boldsymbol{S}=q$，而 $\Phi_D=\oiint\limits_{S_1+S_2} \boldsymbol{D}\cdot \mathrm{d}\boldsymbol{S}=q$，所以

$$I_d=\frac{\mathrm{d}\Phi_D}{\mathrm{d}t}=\frac{\mathrm{d}q}{\mathrm{d}t}=I_0$$

也就是说，在电容器极板表面被中断的传导电流 I_0 被二极板间的位移电流 I_d 接替下去，二者合在一起保持了电流的连续性，我们就把传导电流和位移电流合在一起称为全电流，用 I 表示，即

$$I=I_0+I_d \tag{8-20}$$

有了位移电流的概念后，麦克斯韦就把安培环路定理推广到了对非恒定情况也成立的普遍形式，这就是麦克斯韦位移电流假说，也叫全电流安培环路定理，它的文字表述如下：在普遍情况下，磁场强度 H 沿任一闭合回路 L 的积分，等于穿过以该回路为周界的任意曲面 S 的全电流，即

$$\oint \boldsymbol{H} \cdot \mathrm{d}\boldsymbol{l} = \sum I_0 + \iint \frac{\partial \boldsymbol{D}}{\partial t} \cdot \mathrm{d}\boldsymbol{S} \tag{8-21}$$

麦克斯韦位移电流假说的本质在于它表明了位移电流与传导电流都可以激发磁场，其核心是变化的电场激发磁场。

1888 年，赫兹(H. R. Hertz，1857—1894)用振荡的电偶极子产生了电磁波，从而为麦克斯韦的位移电流假设提供了有力的证据。

例 8-6 如图 8-12 所示，一圆形平行板电容器，半径 $R=0.1$ m，在充电的过程中，极板间的电场强度随时间的变化率为 $\frac{\mathrm{d}E}{\mathrm{d}t}=10^{13}$ N/(C · s)，若极板间为真空，求极板间的位移电流，及极板边缘的磁感应强度 B。

解：(1)极板间的位移电流：$I_\mathrm{d}=\frac{\mathrm{d}\Phi_D}{\mathrm{d}t}=S\frac{\mathrm{d}D}{\mathrm{d}t}=\pi R^2\varepsilon_0\frac{\mathrm{d}E}{\mathrm{d}t}$

$$=3.14\times0.1^2\times8.85\times10^{-12}\times10^{13}$$

$$=2.8(\mathrm{A})$$

(2)由位移电流的轴对称性可知，它激发的磁场也具有轴对称性，其磁场线是一圈圈的同心圆，作如图所示的回路，依全电流的安培环路定理，有

$$\oint \boldsymbol{H} \cdot \mathrm{d}\boldsymbol{l} = \iint \frac{\partial \boldsymbol{D}}{\partial t} \cdot \mathrm{d}\boldsymbol{S}$$

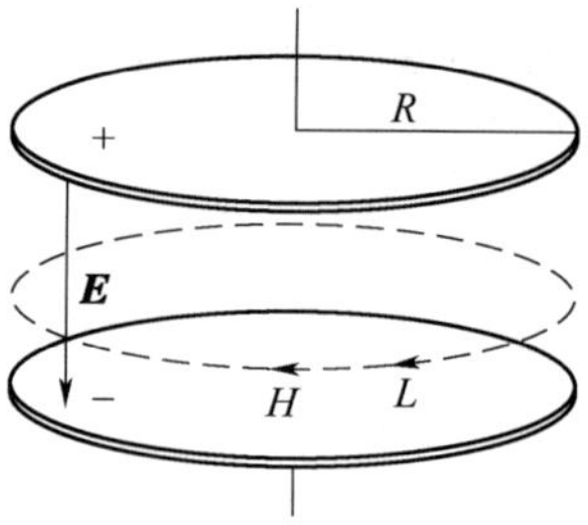

图 8-12　例 8-6 用图

即

$$H\cdot 2\pi R=\varepsilon_0\pi R^2\frac{\mathrm{d}E}{\mathrm{d}t}$$

所以，$H=\frac{\varepsilon_0 R}{2}\cdot\frac{\mathrm{d}E}{\mathrm{d}t}$，而 $B=\mu_0 H$

所以

$$B=\frac{\mu_0\varepsilon_0 R}{2}\cdot\frac{\mathrm{d}E}{\mathrm{d}t}$$

$$=\frac{1}{2}\times4\pi\times10^{-7}\times8.85\times10^{-12}\times0.1\times10^{13}$$

$$=5.6\times10^{-6}(\mathrm{T})$$

8.5.2 麦克斯韦方程组的积分形式

麦克斯韦不仅提出了感生电场和位移电流假说，他还把电场中的高斯定律和磁场的高斯定理推广到了非恒定的情况，即认为在非恒定条件下，二定理依然成立，这样麦克斯韦便得到了下面的 4 个方程，我们称之为麦克斯韦方程组的积分形式，是麦克斯韦在

1865 年提出来的。

$$\oiint \boldsymbol{D} \cdot \mathrm{d}\boldsymbol{S} = \sum q \tag{8-22}$$

$$\oint \boldsymbol{E} \cdot \mathrm{d}\boldsymbol{l} = -\iint \frac{\partial \boldsymbol{B}}{\partial t} \cdot \mathrm{d}\boldsymbol{S} \tag{8-23}$$

$$\oiint \boldsymbol{B} \cdot \mathrm{d}\boldsymbol{S} = 0 \tag{8-24}$$

$$\oint \boldsymbol{H} \cdot \mathrm{d}\boldsymbol{l} = \sum I_0 + \iint \frac{\partial \boldsymbol{D}}{\partial t} \cdot \mathrm{d}\boldsymbol{S} \tag{8-25}$$

根据麦克斯韦方程组可以解决宏观电磁场的各类问题，而麦克斯韦电磁场理论的最大成就之一就是预言了电磁波的存在。

8.5.3 电磁波

在麦克斯韦方程组中，式(8-23)和式(8-25)表明：变化的磁场会激发一电场，此电场一般而言是随时间变化的；而变化的电场也会激发一磁场，此磁场一般而言也是随时间变化的。这就意味着，若空间某处有一电磁振源，它有变化的电流或电场存在，那么它就会在自己周围空间激发一变化的磁场，而变化的磁场又会在自己周围空间激发变化的电场……这样交变的电磁场相互激发，闭合的电场线和磁场线就像链条一样一环套一环地在空间传播开去，就形成了电磁波。由于电磁波是靠电场和磁场的相互激发来传播的，故它传播并不需要介质，在真空中电磁波也可以传播。

下面我们来介绍一下在自由空间传播的电磁波的主要性质。

(1)电磁波是横波。我们用 $\boldsymbol{k}$ 来表示电磁波传播方向的单位矢量，则电矢量 $\boldsymbol{E}$ 和磁矢量 $\boldsymbol{B}$ 皆垂直于 $\boldsymbol{k}$，即 $\boldsymbol{E}\perp\boldsymbol{k}$，$\boldsymbol{B}\perp\boldsymbol{k}$。

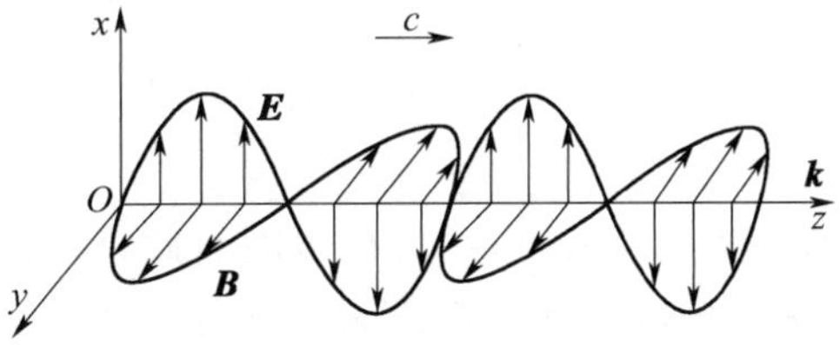

图 8-13　$\boldsymbol{E}$、$\boldsymbol{B}$ 和 $\boldsymbol{k}$ 3 个矢量的方向

(2)电矢量与磁矢量相互垂直，即 $\boldsymbol{E}\perp\boldsymbol{B}$。

(3)$\boldsymbol{E}$ 和 $\boldsymbol{B}$ 同相，且 $\boldsymbol{E}$、$\boldsymbol{B}$ 和 $\boldsymbol{k}$ 3 个矢量构成一个右旋的直角坐标系，如图 8-13 所示，也就是说 $\boldsymbol{E}\times\boldsymbol{B}$ 总是沿着电磁波的传播方向 $\boldsymbol{k}$。

(4)$\boldsymbol{E}$ 和 $\boldsymbol{B}$ 的幅值成正比。设 E_0 和 B_0 分别为 $\boldsymbol{E}$ 和 $\boldsymbol{B}$ 的幅值，则理论计算表明

$$\sqrt{\varepsilon_r \varepsilon_0}\, E_0 = \sqrt{\mu_r \mu_0}\, B_0 \tag{8-26}$$

(5)电磁波的传播速度为：

$$u=\frac{1}{\sqrt{\varepsilon_r\varepsilon_0\mu_r\mu_0}} \tag{8-27}$$

对真空，有 $$\varepsilon_r=\mu_r=1$$

所以电磁波在真空中的传播速度为 $u=\frac{1}{\sqrt{\varepsilon_0\mu_0}}=3.0\times10^8$ m/s，这正是光在真空中的速度。

与机械波相同，电磁波的传播也伴随着能量的传播。我们定义电磁波的能流密度矢量为：单位时间通过垂直于传播方向的单位面积的电磁波的能量，其方向沿电磁波的传播方向，用 $\boldsymbol{S}$ 表示，$\boldsymbol{S}$ 也叫作坡印廷矢量，可以证明，$\boldsymbol{S}$ 满足下式：$\boldsymbol{S}=\boldsymbol{E}\times\boldsymbol{H}$。

电磁波所包含的范围很广，从无线电波到光波，再到 X 射线、γ 射线等，都属于电磁波的范畴。这些电磁波本质上完全相同，只是波长和频率有很大的不同。通常我们可以按照频率或波长的顺序把电磁波排列起来，这就形成了电磁波谱，如图 8-14 所示。不同频率的电磁波有不同的特点，因此，也有不同的用途。比如，无线电波中的中短波可以用于无线电广播和通信，微波可以用于电视和雷达。红外线的热效应显著，可以用于食品加工，军事侦察；X 射线可用于人体检查及分析晶体结构等。

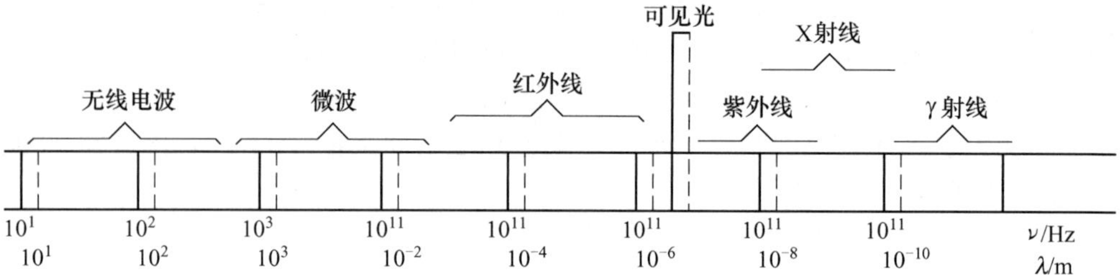

图 8-14 电磁波谱

□ 思考题

8-1 一根无限长直导线中通有电流 I，一矩形线圈与此直线共面，且沿垂直于直线的方向匀速运动，如图 8-15 所示，试分析线圈中感应电动势的方向。

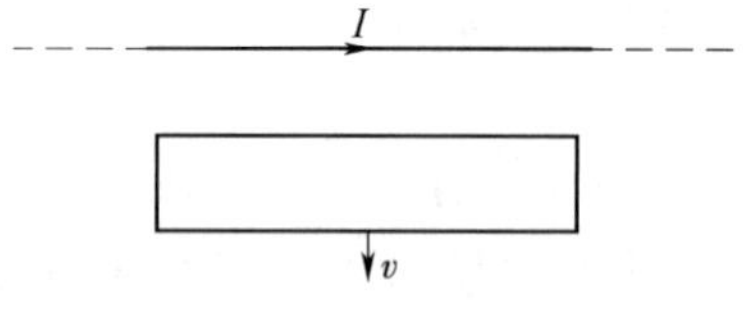

图 8-15 思考题 8-1 用图

8-2 设有一铜环和一铝环，若二环的形状和大小完全相同，现把它们静止地放置于一交变磁场中，如果通过二环的磁通量随时间的变化率相同，则二环中的感应电流是否相同？感应电动势是否相同(不计自感)。

8-3 一个线圈的自感系数与哪些因素有关?

8-4 试比较传导电流与位移电流的异同。

8-5 电磁波为什么可以在真空中传播?

□ 习 题

8-1 设有一线圈,共 50 匝,把它放于变量磁场中,若通过每一匝线圈的磁通量都满足 $\Phi=1.0\times10^{-5}\sin 100\pi t$(Wb),试求:在 $t=2.0\times10^{-2}$(s)时,线圈中的感应电动势。

8-2 如图 8-16 所示,一无限长通电直导线中通有电流 $I=5$ A,一金属棒 AB 以 $v=5$ m/s 的速度平行于长直导线运动。已知 $a=10$ cm,$b=50$ cm,求棒中感应电动势的大小,哪边电势高?

8-3 如图 8-17 所示,一导线 abc 被弯成图示形状,现将此导线放于匀强磁场中,且导线以 v 的速度匀速向右移动。已知 $ab=bc=L$,磁感应强度为 B,导线弯折角度为 α。试求 ac 导线上的感应电动势。

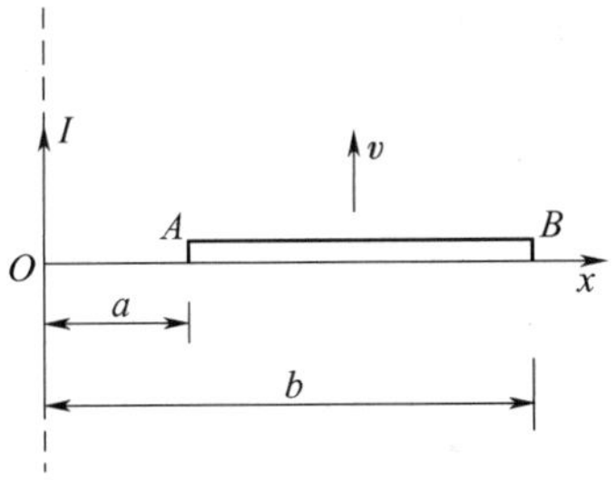

图 8-16 习题 8-2 用图

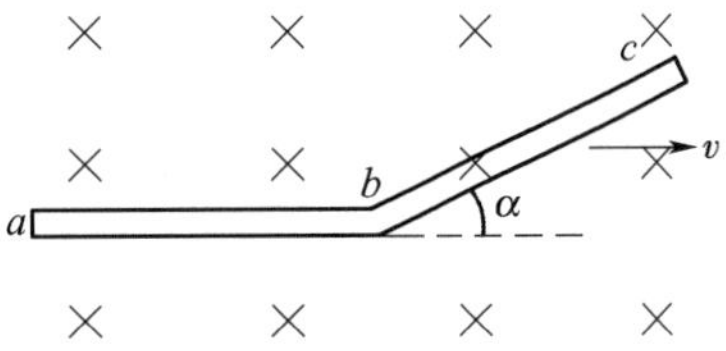

图 8-17 习题 8-3 用图

8-4 如图 8-18 所示,一无限长直导线通有电流 $I=5.0$ A,一矩形单匝线圈与此长直导线共面。设矩形线圈以 $v=2.0$ m/s 的速度垂直于长直导线向右运动。已知:$l=0.40$ m,$a=0.20$ m,$d=0.20$ m,求矩形线圈中的感应电动势。

8-5 在上题中,若线圈保持不动,而长直导线中的电流变为交变电流 $i=10\sin(100\pi t)$ A,求线圈中的感应电动势。

8-6 一半径为 R 的铜盘,被置于匀强磁场 B 中,磁场的方向与盘面垂直。现铜盘以每秒 n 转的速度绕过圆心且垂直于盘面的转轴旋转,求盘中心与边缘之间的电动势。

8-7 如图 8-19 所示,一半径为 R 的半圆形导线 OP 被放在匀强磁场 B 中,现在令 OP 导线以速度 v 匀速向右移动,求导线中的感应电动势。

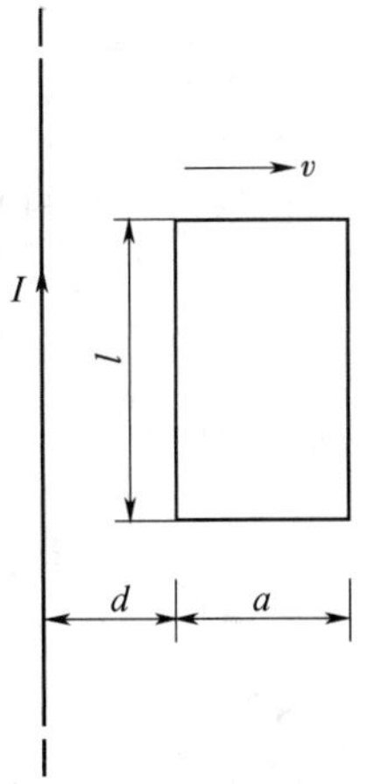

图 8-18 习题 8-4 用图

8-8 在半径为 R 的圆柱体内,充满磁感应强度为 B 的均匀磁场,一长为 l 的金属棒 PQ 置于该磁场中,如图 8-20 所示。设磁场随 t 的变化率

$\frac{dB}{dt}>0$ 为已知。求:棒中感应电动势的大小,并指出哪边电势高。

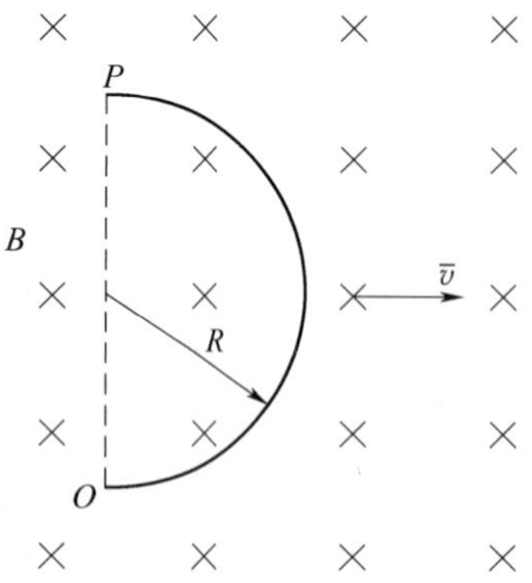

图 8-19　习题 8-7 用图

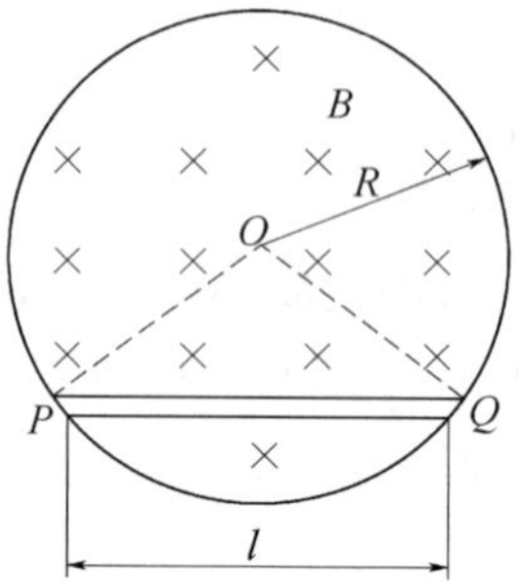

图 8-20　习题 8-8 用图

8-9　如图 8-21 所示,一导线被弯成 α 角的 V 形,其上有一可自由滑动的直导线 MN,且 $MN\perp Ox$。设此导线处于磁场 B 中,B 满足下式:$B=kx\cos\omega t$,若 MN 以速度 v 匀速向右运动,取 $t=0$ 时 $x=0$,试求:导体框架内的感应电动势。

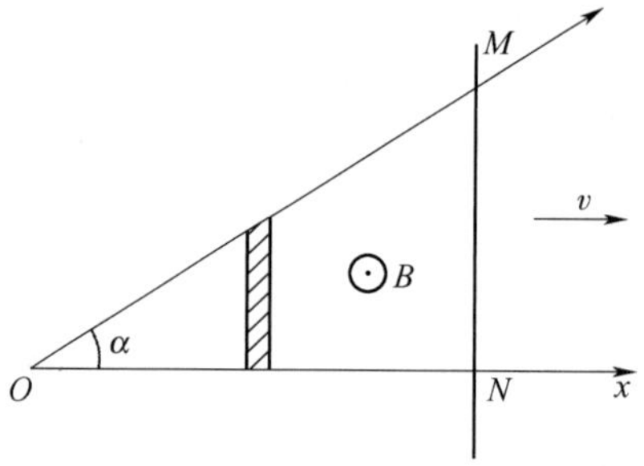

图 8-21　习题 8-9 用图

8-10　一长直螺线管,半径为 1.0 cm,长为 30.0 cm,上面均匀密绕 1 000 匝线圈,求:

①此螺线管的自感系数。

②若 t 时,此线圈内放入 $\mu_r=5\ 000$ 的铁芯,则此时线圈的自感系数为多大?

③若此螺线管内通有的电流以 2.0 A/s 的速率变化,求线圈中的自感电动势。

8-11　一长直螺线管,当线圈中通有 5.0 A 的恒定电流时,通过每匝线圈的磁通量是 10 μWb,当电流以 2.0 A/s 的速率变化时,产生的自感电动势为 2.0 mV。求此螺线管的自感系数与总匝数。

8-12　一圆柱形纸筒,其上密绕两组线圈,匝数分别是 N_1 和 N_2,若筒的长度为 l,半径为 R,求两组线圈的互感系数(设筒内为空气)。

8-13　一螺线环,其上密绕两组线圈,匝数分别是 N_1 和 N_2,若螺线环的横截面的半径为 a,中心线的半径为 R,且 $R\gg a$,求二线圈的自感 L_1 和 L_2 及二线圈的互感 M。

8-14 一半径为 r，截面积为 $2.0\ \text{cm}^2$ 圆形小线圈，共 30 匝，现把它放在半径为 $R=20\ \text{cm}$ 共 50 匝的大圆形线圈的中心，如图 8-22 所示，二线圈同心且共面，求两线圈的互感系数；若大线圈中电流的变化率为 10 A/s，求小线圈中感应电动势的大小。

8-15 一无限长直导线，截面的半径为 R，设有电流 I 均匀地流过此导线，如图 8-23 所示，求单位长度导线内所储藏的磁能。

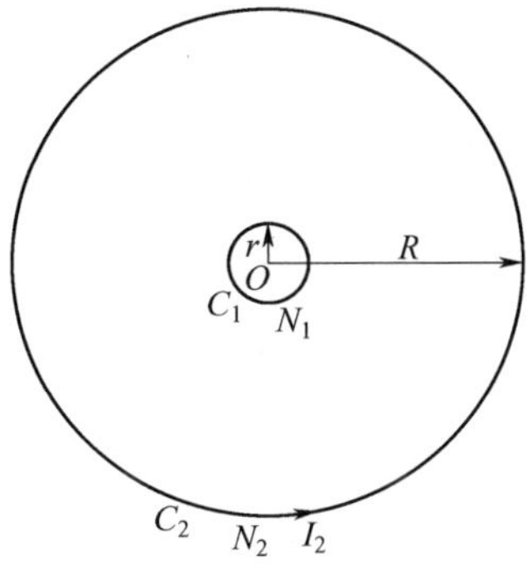

图 8-22 习题 8-14 用图

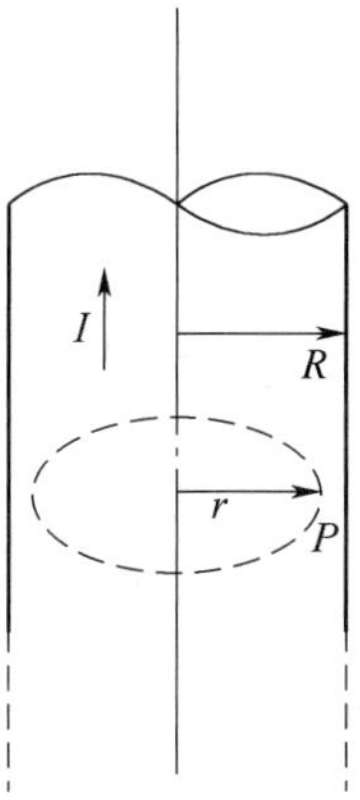

图 8-23 习题 8-15 用图

8-16 中子星表面的磁场估计为 10^8 T，该处磁场的能量密度为多大？

第4部分

光学和近代物理

PART 4

OPTICS AND MODERN PHYSICS

近代光学和物理学的进展及其在农林中的应用

近年来，光学的研究工作取得了举世瞩目的长足进展，特别是在激光问世以来的50多年里，光学的面貌发生了深刻的变化。不仅形成了庞大的学科群：激光物理、非线性光学、高分辨率光谱学、强光光学、量子光学等学科，而且这些学科正日趋成熟和交叉，并孕育着光子学、超快光谱学和原子光学等新的分支学科。

在光学的最新研究成果中，有许多令人振奋或好奇的现象。例如X射线激光全息术让人类洞察到电子显微镜所不及的微观世界。1986年，美国布鲁克海汶国家实验室的哈维尔等利用X射线源得到了老鼠胰腺酶颗粒的全息图。关于光本性的研究方面，20世纪70年代曼德尔(L. Mandal)等利用红宝石激光器作为两独立光源进行干涉实验，试图探索单个光子的行为。这两个激光器分别发出两束高度减弱的激光，使激光在屏幕上发生干涉。因为每一束激光中一次仅有一个光子通过，当一束光中仅存在一个光子时，另一束激光中光子存在的概率只有万分之一，所以这实际上是“单光子干涉”。这一实验使人们惊异地看到，当一台激光器发出的光束中，仅有一个光子奔向控测器时，另一只激光器还未发出光子，就已经发生了干涉。然而，当把另一只激光器关掉时，这种干涉就消失了。似乎光子能“预见”与它干涉的光子即将到来，就先发生了作用，或者似乎光子能与“虚无”发生作用。这种现象使人困惑不解。

在以量子力学和相对论为代表的近代物理理论方面，无论在深度和广度上，都得到进一步的发展。在粒子物理和统一场论领域，最为成功的理论为标准模型理论，该理论认为组成世界的基本粒子有3族，每一族包含两个夸克和一个电子，或者电子的伙伴，以及一个相应的中微子，如表1所示。

表1　3族基本粒子及其质量(以质子质量为单位)

第1族		第2族		第3族	
粒子	质量	粒子	质量	粒子	质量
电子	0.000 54	μ子	0.11	τ子	1.9
电子中微子	$<10^{-8}$	μ子中微子	$<0.000\,3$	τ子中微子	<0.033
上夸克	0.004 7	粲夸克	1.6	顶夸克	189
下夸克	0.007 4	奇夸克	0.16	底夸克	5.2

注：中微子质量至今未能确定。

这3族粒子中同一行相应的粒子除质量依次增大外，其性质完全相同。

物质都是由这3族粒子及它们的反粒子组合成的粒子构成的。质子由两个上夸克和一个下夸克组成，中子由一个上夸克和两个下夸克组成。质子和中子组成原子核，原子核和电子组成原子，原子组成分子从而构成自然界。世界的大多数事物是由第1族基本粒子组成的，其他两族组成的粒子大多寿命较短。

这些基本单元的相互作用都可以归结为4种基本力，按其强弱大小为序，这4种基本力分别为色、电磁、弱和引力等相互作用(表2)。标准模型认为所有的力都关联着一个粒子，为最小的力元，相互作用是通过交换这个粒子来完成的。

表2　4种基本力及其相关粒子和质量(以质子质量为单位)

力	力的粒子	质量
色	胶子	0
电磁	光子	0
弱	弱规范玻色子	86.97
引力	引力子	0

近来，随着夸克渐进自由理论、对称自发破缺理论相继确立，标准模型越来越被公认为是色、电磁和弱相互作用的正确理论。但要将引力也统一起来，遇到很大的困难。

为实现4种基本相互作用的统一，物理学家提出超弦理论。超弦理论认为组成世界的最小单元不是点状结构的粒子而是线状结构的线和环，这些线和环被称为弦。它们大小是普朗克长度10^{-35} m的数量级。这些弦以不同方式(不同形状、频率和能量)振动，这种振动是量子化的。每一种振动方式都对应一种基本粒子。例如电子是弦的一种振动方式，上夸克是弦的另一种振动方式。而一种弦的振动方式是光子，能说明电磁作用。一种弦的振动方式是引力子，能说明引力作用。4种相互作用都是同样的弦的不同振动方式，因而超弦理论能把4种基本相互作用统一起来。

超弦理论还是第一种对空间的维数做出预测的理论，为使波函数的计算不出现负的概率，需要将弦在10个独立方向上振动，也就是说我们所处的空间是10维的，如果加上时间维，则时空为11维。其中10个空间维分为3个伸展维和7个卷缩维，我们感觉到的是3个伸展维，而7个卷缩维在三维空间各点卷缩起来而使其线度小于10^{-35} m，因而感觉不出来。弦理论中和弦的不同振动方式相应的各种粒子，其能量都可和“普朗克能量”10^{19} GeV相比或更高。弦理论给出上述距离和能量，在目前无法用实验探测出来。因此，弦理论要能真正说明客观基本结构并证实4种自然力的“超统一”，还有一段很长的路要走。

在量子技术应用方面，在量子纠缠的基础上提出的量子通信和量子计算机技术一旦实现，必将对信息传输和信息计算处理带来重大变革，并使得目前较为难处理的问题迎刃而解。

近几十年来，原子物理学和核物理学也取得了长足进展。随着核探针能量和种类的增加，核物理学在新的自由度和新的层次上不断取得新成果。

物理学的研究成果必将影响和促进农业生产，下面分几个方面阐述。

1.激光在农业中的应用

(1)激光育种。激光能诱发生物遗传结构改变，甚至发生突变，从而培育出优良的新品种，这种科学方法称为激光育种。激光育种是激光技术在农业中的最新应用，并已经获得了成功。激光育种是在其他高科技成果的基础上发展起来的，在微波育种、X射线育种、放射性同位素育种、中子育种等背景下出现的。传统的杂交育种，周期长，见效慢。以适当剂量的激光辐射大豆、水稻、小麦、玉米、谷子、蚕豆、蔬菜等种子，可以加快农作物生长，增强抑制病虫害的能力。提高种子农学参数(发芽率、发芽势)和改善叶绿素含量，增强光合作用强度和一些生物酶的活性，有利于作物的生长，达到增产的目的。我国广东用激光培育水稻良种“科激号”，平均每亩增产 50 kg 左右。四川培育的油菜种子“川油 9 号”，成熟期提前 5～6 d，产量提高二成。吉林用激光处理的“罗 16 号”小麦种子，可早熟 7～10 d。

(2)激光改良果树。用激光照射果树，可提高产量和改善品质。比如：广西产的沙田柚，肉嫩味甜，是国内外消费者都爱吃的水果。但美中不足的是它的果籽太多，平均每个果内有 140～150 粒籽，大大影响口感。科技工作者用激光培育柚子树，使结出柚子含籽数目大大减少，还有约 10%的果内无籽，不只这样，它的果肉比原先更甜，而且每棵树结的果子数目也增加了许多，比过去多 150～200 个。不同国家的人，对诸如橘子、柑、橙、苹果等水果的口味要求有些差别，一些国家的人喜欢带点酸味的水果，我国人则多数喜欢甜味比较浓的水果。现在，利用激光技术也可以“设计”出不同口味要求的橘子树、柑树、橙树和苹果树。

(3)激光除草。美国一家农业研究所的科研人员研制成功一种新型的激光除草剂，其主要成分是氨基乙酰丙酸。这种除草剂完全是通过光发挥作用的，于黄昏前喷射施用，被杂草吸收后，在光的作用下，便产生有害物质，破坏杂草的细胞膜，最后流出汁液，在 4 h 之内杂草就变白而枯死。

2.遥感技术在农业中的应用

遥感技术是基于物理学原理在现代信息技术支持下完成的一种远程宏观对地测试工作。在常温条件下，物体热辐射的电磁波波长大都处于红外区域，利用空中飞行的卫星或飞机对农作物辐射的热辐射特征进行测量分析，以便对农作物生长情况进行监视以及对农作物产量进行估计，它是现代物理原理和规律在农业上的重要应用，也是遥感的主要原理和方法。早在“八五”期间，我国将遥感估产列为攻关课题，开展了对小麦、玉米和水稻人均面积遥感估产试验研究，建成了大面积“遥感估产试验运行系统”，并完成了全国范围的遥感估产的部分基础工作。通过多年试验运行，分别对多省市的小麦、水稻和玉米种植面积、长势和产量进行监测和预报，在指导农业生产及农业决策中发挥了重要作用。经过多年对遥感技术的研究，在遥感信息源选取、作物识别、面积提取、模型构建、系统集成等各个技术环节有了大幅度进步。遥感与其他技术的进一步结合和应用，对我国精确农业和农业现代化建设将会发挥越来越大的作用。

3.辐射在农业中的应用

(1)辐射育种。应用^{60}Co或^{137}Cs产生的伽马射线辐照作物，诱发遗传变异从而育出新品种。植物育种技术在改良粮食作物上起至关重要的作用。自印度尼西亚第一个用辐照育出新品种以来，世界已辐照育出上千个新品种，有日本西红柿、荷兰洋葱、美国花生、法国大麦和我国的大豆、水稻等。辐射培育良种已成为不可缺少的方法。

(2)辐照食品。辐照能抑制活体细胞分裂，降低新陈代谢率，杀死细菌和寄生虫。经过辐照的食品不需冷冻即能常温保鲜，保鲜期延长，有的可达数年。如易腐的草莓经辐照可常温保鲜两星期而且可彻底消毒、杀菌和寄生虫，不留任何有毒物质，比化学保鲜防腐更有效安全，成本更低。日本辐照土豆的成本仅占土豆价格的 2%～3%。

(3)辐射除虫。世界粮农组织估计全球被昆虫毁坏的粮食可供 1 亿人食用。辐照能直接杀死谷物、木材、书本和艺术品中各种菌和虫害。释放经辐照不育的昆虫，使之与自然界的同类交配，因而不育绝种，从而大面积根除害虫。这种方法投资少、效率高、不用或少用化学除虫剂、不污染环境。墨西哥和埃及在国际原子能机构及联合国粮农组织的帮助下大量释放辐照不育的果蝇进行除虫，在墨西哥每年仅花 1 000 万美元就挽救了每年高达 5 亿美元的损失。

随着农业高新技术的发展及物理学的发展，物理学在农业生产中的应用和地位必将得到进一步加强并发挥更大的作用。

Chapter 9 第9章
物理光学
Physical Optics

9.1 光的干涉

光波是一种电磁波，它与无线电波、微波、X射线和γ射线并无本质的不同。通常意义的光波是指能引起人眼视觉的电磁波，它的频率在$(3.9\sim7.6)\times10^{14}$ Hz，相应的在真空中的波长为0.39～0.77 μm。这一波长范围的电磁波又可称为可见光。不同波长的光给人以不同颜色的感觉，当波长从小到大变化时，给人感觉出从紫到红的各种颜色。

干涉现象是一切波动所具有的共同特征。在波动一章中，我们知道能够发生干涉的两列波叫相干波，相干波必须满足一定的条件，即两列波频率相同、振动方向相同和相位差恒定。类似地，我们把能够发生干涉的光叫相干光，相干光也必须满足一定的条件。我们可以根据波的相干条件来确定光的相干条件，即两束光必须频率相同、振动方向相同和相位差恒定。

对于机械波，相干条件很容易满足。但对于光波，两个普通光源不可能发出相干光。普通光源是由大量分子或原子构成的，发光是由于分子或原子能级激发跃迁而产生。分子或原子激发发光有两个特点：一是间歇性，一个分子或原子一次发光的时间很短(约为10^{-8} s)，在这段时间内发出一段有限长的光波，称为光波列。分子或原子一次发光后，第2次再发光是不确定的，而且前后两次发出的光波列即使频率相同，振动方向也不一定相同，相位之间也没有一定关系。二是独立性，不同分子或原子发光是彼此独立的，它们发出的光波列的振动方向和初相位具有随机性。因此由大量原子或分子发出的光波列组成的两束光是不满足相干条件的。实际上即使是同一光源不同部位发出的光也不能是相干光。

获得相干光的方法的基本原理是把由光源上同一原子或分子发出的每一光波列都一分为二，然后再使这两部分叠加起来。这样分出来的两波列是满足相干条件的，即频率相同、振动方向相同和相位差恒定。分解波列的方法有两种，一是分波阵面法，由于同一波阵面上各点的振动具有相同相位，所以从同一波阵面上取出的两部分可以作为相干光源。杨氏干涉实验和菲涅耳双镜实验就利用了这种方法。二是分振幅法，就是利用很薄的薄膜的上下两个表面的反射和折射使同一列光波一分为二，产生相干光。例如薄膜干涉实验和牛顿环实验就是利用了这种方法。

9.1.1 光的相干性

一列光波在空间传播时，将在空间每一点引起振动。当两列光波在空间同一区域中传播时，其中每一点的振动是各列光波单独在该点产生的光振动的合成，如图 9-1 所示，即

$$\boldsymbol{E}=\boldsymbol{E}_1+\boldsymbol{E}_2$$

$\boldsymbol{E}_1$ 和 $\boldsymbol{E}_2$ 的大小为

$$E_1=E_{10}\cos(\omega t+\varphi_1)$$
$$E_2=E_{20}\cos(\omega t+\varphi_2)$$

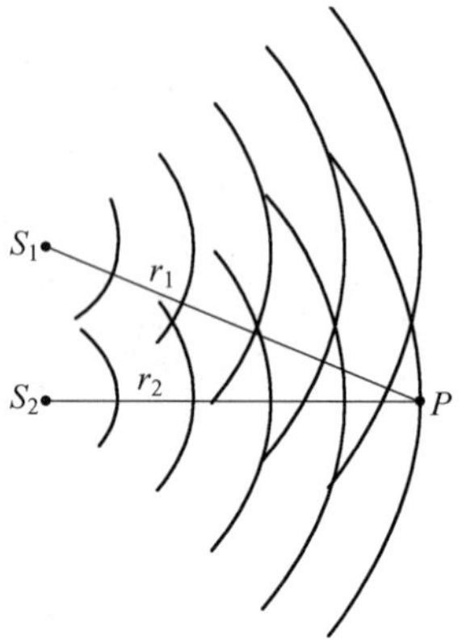

图 9-1 光的相干叠加

两分振动在 P 点的叠加结果为

$$E=E_1+E_2= E_{10}\cos(\omega t+\varphi_1)+ E_{20}\cos(\omega t+\varphi_2)=E_0\cos(\omega t+\varphi)$$

合振动的振幅 E_0 和初相 φ 分别由下式确定

$$\begin{cases}E_0=\sqrt{E_{10}^2+E_{20}^2+2E_{10}E_{20}\cos(\varphi_2+\varphi_1)}\\ \tan\varphi=\dfrac{E_{10}\sin\varphi_1+E_{20}\sin\varphi_2}{E_{10}\cos\varphi_1+E_{20}\cos\varphi_2}\end{cases} \tag{9-1}$$

在观察时间内，平均光强 I 正比于 E^2 的时间平均值，即

$$I\propto\overline{E_0^2}=\overline{E_{10}^2}+\overline{E_{20}^2}+2E_{10}E_{20}\overline{\cos(\varphi_{20}-\varphi_{10})}$$

如果这两列频率相同的单色光是分别由两个独立的普通光源发出的，由于光源中原子或分子发光的间歇性和随机性，这两个光波间的相位差$(\varphi_2-\varphi_1)$也将随机地变化，并以相同的概率取 0 到 2π 间的一切数值。因此在观测的时间内

$$\overline{\cos(\varphi_2-\varphi_1)}=0$$

从而

$$\overline{E_0^2}=\overline{E_{10}^2}+\overline{E_{20}^2}$$

即

$$I=I_1+I_2$$

上式表明两列光重合后的光强等于两列光分别照射时的光强 I_1 和 I_2 之和，把这种情况称为光的非相干叠加。

如果这两列光来自同一光源而使它们的相位差始终保持恒定，则合成后的光强为

$$I=I_1+I_2+2\sqrt{I_1I_2}\cos(\varphi_{20}-\varphi_{10}) \tag{9-2}$$

此时 $\cos(\varphi_{20}-\varphi_{10})$将不随时间而变，$2\sqrt{I_1I_2}\cos(\varphi_{20}-\varphi_{10})$被称为相干项，这种情况称为光的相干叠加。合成后的光强不仅取决于两列光的光强 I_1 和 I_2，还与两列光之间的相位

差 $\Delta\varphi=\varphi_{20}-\varphi_{10}$ 有关。当两列光在空间不同位置相遇时，由于这些位置离光源的距离不同，其相位差也将不同，在空间各个不同点处的光强将发生连续变化，光强在空间重新分布。

当 $\Delta\varphi=\pm k\pi(k=0,1,2,\cdots)$时，$I=I_1+I_2+2\sqrt{I_1I_2}$，在这些位置的光强最大，称为干涉相长。

当 $\Delta\varphi=\pm(2k+1)\pi\ (k=0,1,2,\cdots)$时，$I=I_1+I_2-2\sqrt{I_1I_2}$，在这些位置光强最小，称为干涉相消。如果 $I_1=I_2$，那么合成后的光强为

$$I=2I_1(1+\cos\Delta\varphi)=4I_1\cos^2\frac{\Delta\varphi}{2}$$

这时光强随相位差 $\Delta\varphi$ 的变化情况如图 9-2 所示，这就是光的干涉现象。

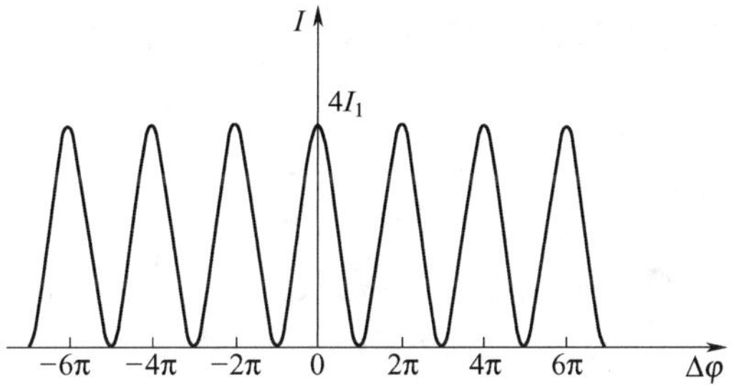

图 9-2　干涉现象的光强分布

9.1.2 光程　光程差

从前面分析可知，两列相干光叠加后出现亮条纹还是暗条纹决定于两相干光的相位差，所以相位差的计算在分析光的干涉现象中是很重要的。如果两列相干光始终在同一种介质中传播，它们到达某一点叠加时，两光振动的相位差决定于两相干光间的几何路程差。但是，如果两列光通过不同的介质传播时，由于光波的波长随介质的不同而不同，就不能直接按几何路程来计算相位差。为此，我们引入光程的概念。

设有一单色光，它在真空中的传播速度为 c，波长为 λ。它在折射率为 n 的介质中传播时，其频率是不变的，但速度变为 $v=c/n$，这时的波长 $\lambda_n=\lambda/n$。

当光传播一个波长的距离时，相位改变 2π，若光在介质中传播的几何路程为 x 时，则相位变化为

$$\Delta\varphi=2\pi\frac{x}{\lambda_n}=2\pi\frac{nx}{\lambda} \tag{9-3}$$

上式表明，光在介质中传播时，相位的变化不但与光在真空中的波长 λ、光波传播的几何路程 x 有关，而且还与介质的折射率 n 有关。如果对于任意介质，都采用真空中的波长 λ 计算相位的变化，那么就需要把介质中通过的几何路程 x 乘以折射率 n。光在介质中传播距离 x 与光在真空中传播距离 nx 一样，经历了相同的相位变化。所以我

们将光波在某一介质中所经历的几何路程 x 与这介质中的折射率 n 的乘积 nx，称为光程。

假设在折射率分别为 n_1 和 n_2 的两种介质中，光源 S_1 和 S_2 各自发出一列简谐光波，在 P 点相遇，如图 9-3，这时各自引起简谐振动为

$$E_1=E_{10}\cos\left(\omega t-2\pi\frac{r_1}{\lambda_1}+\varphi_{10}\right)$$

$$E_2=E_{20}\cos\left(\omega t-2\pi\frac{r_2}{\lambda_2}+\varphi_{20}\right)$$

两分振动在 P 点的相位差为

$$\Delta\varphi=\left(\omega t-2\pi\frac{r_2}{\lambda_2}+\varphi_{20}\right)-\left(\omega t-2\pi\frac{r_1}{\lambda_1}+\varphi_{10}\right)=(\varphi_{20}-\varphi_{10})-\left(\frac{2\pi r_2}{\lambda_2}-\frac{2\pi r_1}{\lambda_1}\right)$$

对于分波振面法或分振幅法获得的相干光，两列光的初相位一般相同。由式(9-3)折算到真空中的波长 λ_0，得

$$\Delta\varphi=\frac{2\pi n_1 r_1}{\lambda_0}-\frac{2\pi n_2 r_2}{\lambda_0}=\frac{2\pi}{\lambda_0}(n_1 r_1-n_2 r_2) \tag{9-4}$$

由此可见，两相干光波在相遇点的相位差不是决定于它们的几何路程之差，而是决定于它们的光程差

$$\delta=n_1 r_1-n_2 r_2$$

式(9-4)可写为

$$\Delta\varphi=\frac{2\pi\delta}{\lambda} \tag{9-5}$$

例如，S_1 和 S_2 为两相干光源，其发出的相干光经过几何距离 r_1 和 r_2 后，在 P 点相遇如图 9-4 所示，两束光线的路径为真空，但其中一束光线还经过折射率为 n 且厚度为 a 的介质，则光线 S_2P 的光程就是几何路程 r_2，而光线 S_1P 的光程是 r_1-a+na，两者的光程差为 $\delta=r_1-a+na-r_2$，相位差为 $\Delta\varphi=\frac{2\pi}{\lambda}[r_1-r_2+(n-1)a]$。

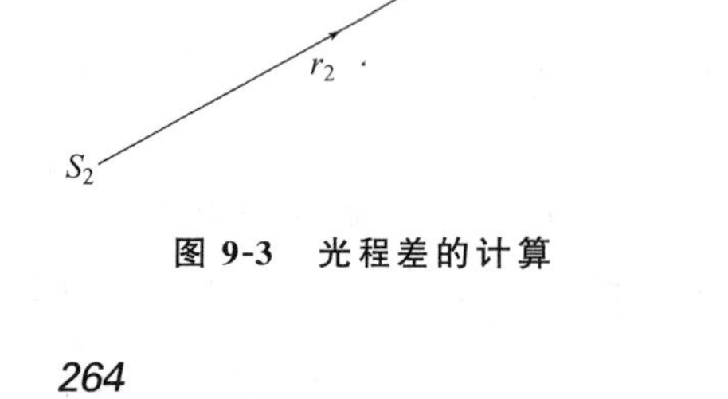

图 9-3 光程差的计算

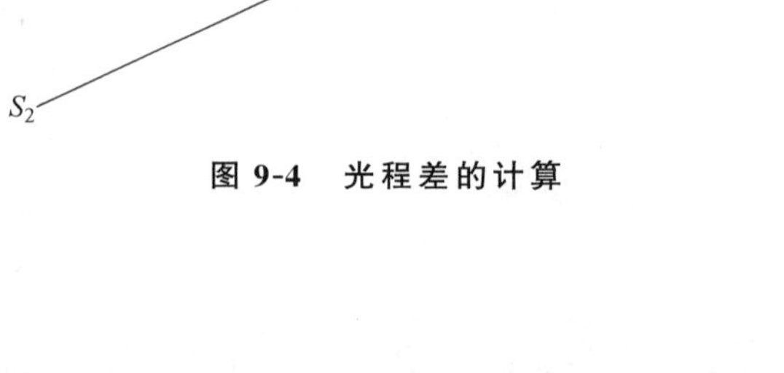

图 9-4 光程差的计算

在干涉和衍射实验中，常常需要用透镜将光线汇聚到一点，那么使用透镜会不会改变光程差呢？

图 9-5 表示平行光通过凸透镜会聚到点 F，对于正入射的情况，经过透镜边缘与透镜中心附近光线的几何路程是不同的，例如 CcF 的几何路程比 AaF 短，但前者在透镜中的路程比后者长，而透镜材料的折射率大于 1，如果这算成光程，通过计算可以证明两者的光程变化相等，使用透镜不会改变光程差。对于斜入射的平行光或非平行光这一结论同样正确。

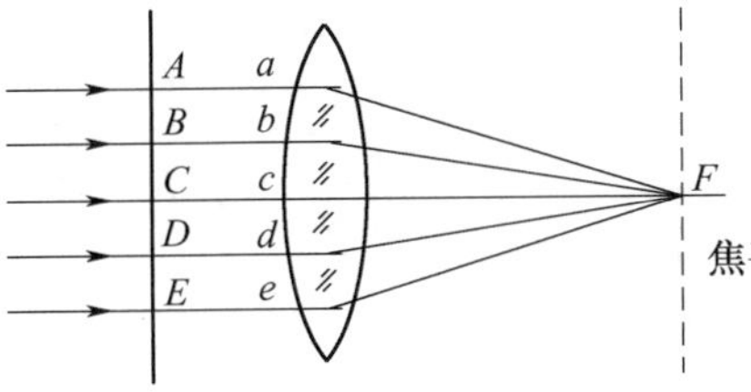

(a) 正入射平行光

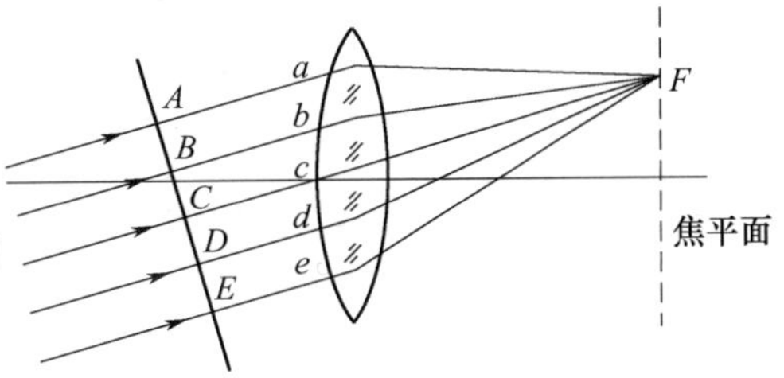

(b) 斜入射平行光

图 9-5 通过透镜的各光线的光程相等

9.1.3 杨氏双缝干涉实验

1801 年英国物理学家托马斯·杨(Thomas Young，1773—1829)用简单的实验装置研究了光的干涉现象，杨氏最初是让太阳光通过一针孔，再通过这一针孔后面的两个针孔，在离这两针孔一定距离的屏幕上得到了彩色干涉图样，继而发现，用相互平行的狭缝代替针孔，得到更为明亮的干涉条纹，并由此测定了光的波长。此干涉实验称为杨氏干涉。杨氏干涉首次通过实验证明了光的波动性。

杨氏双缝干涉实验如图 9-6 所示，S 为单色线光源，在 S 后面又放置两个相距很近且与 S 平行的狭缝 S_1 和 S_2，$SS_1=SS_2$。这时狭缝 S_1 和 S_2 构成一对相干线光源，从 S_1 和 S_2 发出的光波在空间叠加，产生干涉现象。若在双缝后面放置一屏幕，将出现一组明暗相间的干涉条纹，这些条纹彼此间距相等并平行于狭缝。

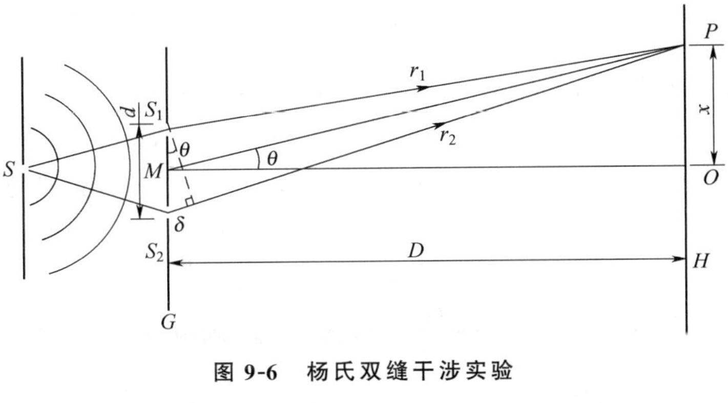

图 9-6 杨氏双缝干涉实验

下面对屏幕上干涉条纹的位置做定量分析。设单色相干光源 S_1 和 S_2 之间的距离为 d，其中点为 M，到屏幕 H 的距离为 D。在屏幕上任取一点 P，设 P 到光源 S_1 和 S_2 的距离分别为 r_1 和 r_2。由于空气折射率的值取 1，所以从 S_1 和 S_2 发出的两束光到达 P 处的光程差为

$$\delta = r_2 - r_1$$

图中 P 点的位置可用 x 表示，也可以用 θ 来表示，考虑到杨氏实验中 $D \gg x$ 且 O 点到双缝的距离相等，所以上述光程差变为

$$\delta = r_2 - r_1 \approx d\sin\theta \approx d\tan\theta = d\,\frac{x}{D}$$

我们得到杨氏干涉实验中光程差公式

$$\delta = d\,\frac{x}{D} \tag{9-6}$$

根据波动理论，当光程差 $\delta = d\,\dfrac{x}{D} = \pm k\lambda\ (k=0,1,2,\cdots)$，$P$ 为明纹，这时各级明纹中心距 O 点的距离(即明纹位置)为

$$x = \pm k\,\frac{D\lambda}{d}\quad (k=0,1,2,\cdots) \tag{9-7}$$

对应于 $k=0$ 的称为零级明纹或中央明纹，对应于 $k=1,2,\cdots$ 称为第 1 级、第 2 级…明纹。

如果 $\delta = d\,\dfrac{x}{D} = \pm(2k+1)\dfrac{\lambda}{2}\ (k=0,1,2,\cdots)$，$P$ 为暗纹，即各级暗纹中心距 O 点距离(即暗纹位置)为

$$x = \pm(2k+1)\frac{D\lambda}{2d}\quad (k=0,1,2,\cdots) \tag{9-8}$$

由明纹或暗纹位置公式可得，两相邻明纹或暗纹的间距都是

$$\Delta x = \frac{D\lambda}{d} \tag{9-9}$$

所以干涉条纹是等间距分布的。

例 9-1 在杨氏双缝干涉实验中，用白光($\lambda = 390 \sim 750$ nm)作光源，设双缝间距为 d，双缝离干涉屏幕的距离为 D，求能观察到的清晰可见的光谱级次。

解：明纹的位置为

$$x = \pm k\,\frac{D\lambda}{d}\quad (k=0,1,2,\cdots)$$

当 $k=0$，即在 $x=0$ 处各种波长的光程差为零，所有波长的零级明纹在 $x=0$ 处重叠，形成中央白色明纹。在中央明纹两侧，各种波长的同一级次明纹位置因波长不同而彼此

错开，并可能使某一级次的红光($\lambda_1=750$ nm)与高一级次的紫光($\lambda_2=390$ nm)发生重叠，因此，能观察到的从紫到红的清晰可见光谱级次由下式决定

$$k\frac{D\lambda_1}{d}=(k+1)\frac{D\lambda_2}{d}$$

所以

$$k=\frac{\lambda_2}{\lambda_1-\lambda_2}=\frac{390}{750-390}=1.08$$

由于 k 只能取整数，因此从紫到红排列的光谱只有正负一级，如图 9-7 所示。

例 9-2 在杨氏双缝干涉实验中用薄云母片($n=1.58$)覆盖双缝中的一条缝上如图 9-8 所示，屏幕上的零级明纹移到原来的第 7 级明纹 P 处。设入射光波长 $\lambda=550$ nm，求云母片的厚度。

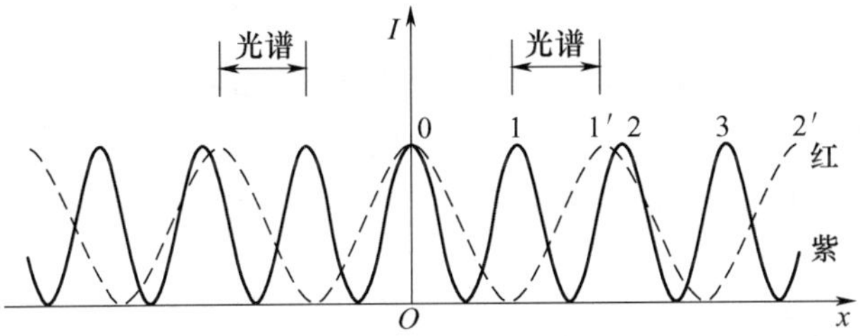

图 9-7 白光干涉条纹强度分布

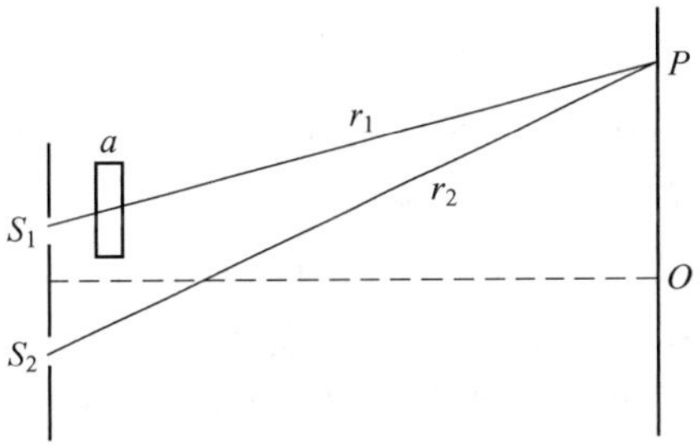

图 9-8 杨氏双缝干涉中云母片厚度的计算

解：取空气的折射率为 1，所以在 P 点的两光程差为

$$r_2-r_1=7\lambda$$

插入云母片后，P 点变为零级明纹，因云母片很薄，光通过它的路程近似为其厚度，所以

$$r_2-(r_1-a+na)=0$$

故

$$a=\frac{7\lambda}{n-1}=\frac{7\times550\times10^{-9}}{1.58-1}=6.6\times10^{-6}(\text{m})$$

9.1.4 劳埃德镜与半波损失

在杨氏双缝干涉实验中，只有当 S、S_1 和 S_2 都很狭窄时，才能在屏幕上出现清晰可辨的干涉条纹，但是这时通过狭缝的光太弱，干涉条纹不够明亮。人们受杨氏双缝干涉实验启发，创造了几种分波阵面法的干涉实验。例如菲涅耳双棱镜实验、菲涅耳双面镜实验和劳埃德镜实验。这些实验的基本思想就是利用镜的虚像代替杨氏双缝干涉实验中的一个或两个狭缝，把同一光源发出的光分成两部分然后使它们干涉叠加，下面介绍劳埃德镜实验。

图 9-9 为劳埃德(H. Lloyd)于 1834 年提出的一种简单的干涉实验装置。S_1 是一个狭缝光源,KL 为一块平玻璃板,用作反射镜。从 S_1 发出的光波,一部分掠射(入射角接近 90°)到玻璃平板上,经玻璃表面反射到达屏幕上,另一部分直接射到屏幕上。这两部分光是由一个波阵面的不同部分直射或反射而来,所以是通过分波阵面法得到的相干光。其中反射光可以看成是由虚光源 S_2 发出的,它到达的区域为光在空间的叠加区域。这时在屏幕上可以观察到明暗相间的干涉条纹。

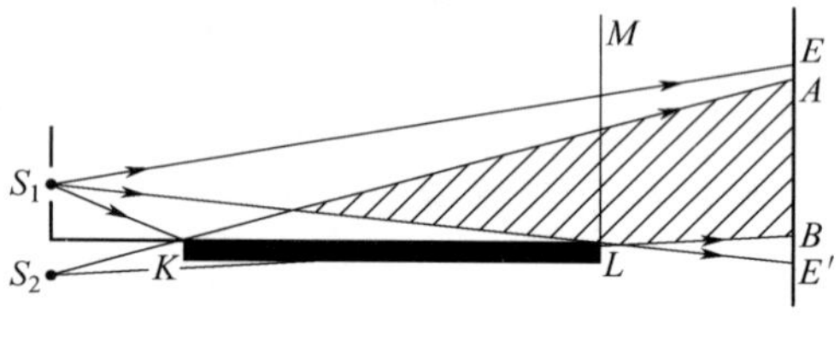

图 9-9　劳埃德镜干涉实验

但是,在劳埃德镜实验中,如果把屏幕移到 M 的位置,即让屏幕与镜面边缘相接触。这时从 S_1 和 S_2 发出的光到达接触处的路程相等,应该出现明纹,但实验结果却是暗纹。与杨氏实验相比,其他应该出现明纹的地方也出现了暗纹。这一实验事实说明光在玻璃表面反射时发生了相位突变 π。

严格的理论证明,光作为电磁波,从光疏介质(n 较小)射向光密介质(n 较大)界面反射时,在界面上反射光的相位相对于入射光发生 π 的相位突变,相当于光多走(或少走)半个波长的距离,通常称此为半波损失现象。所以杨氏实验的光程差公式应用于劳埃德镜实验时应该表达为

$$\delta = r_2 - r_1 + \frac{\lambda}{2} \approx d\,\frac{x}{D} + \frac{\lambda}{2} \tag{9-10}$$

所以,劳埃德镜实验的干涉条纹分布,与杨氏干涉条纹同一位置明暗相反,除此之外,另一区别是前者只分布于中央明纹的一侧,而杨氏干涉条纹于中央明纹两侧对称分布。

例 9-3　在劳埃德镜实验中,设单色光源 S 的波长 λ=720 nm,若将屏幕 P 紧靠平面镜 M 右边缘 L 点放置,如图 9-10 所示,求平面镜右边缘 L 到屏幕上第一条明纹的距离。

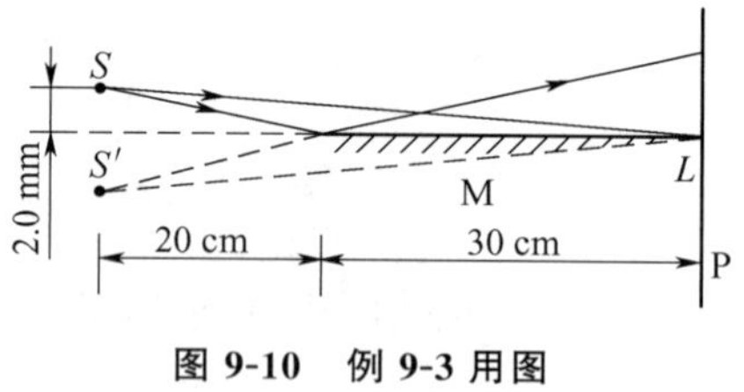

图 9-10　例 9-3 用图

解:根据明条纹产生条件

$$\delta = r_2 - r_1 + \frac{\lambda}{2} \approx d\,\frac{x}{D} + \frac{\lambda}{2} = k\lambda \quad (k=1,2,\cdots)$$

令 $k=1$ 得第一明纹到 L 的距离为

$$x = \frac{D\lambda}{2d} = \frac{(20+30)\times 10^{-2}\times 720\times 10^{-9}}{2\times 4\times 10^{-3}} = 4.5\times 10^{-5}\,(\text{m})$$

9.1.5　等倾干涉　等厚干涉

在日常生活中我们经常观察到薄膜一类的介质，例如肥皂膜、水面上的油膜等，在阳光照射下会呈现彩色的花纹。这是一种光波经薄膜两表面反射后相互叠加所形成的干涉现象，称为薄膜干涉。由于光波的能量与光波振幅的平方呈正比，而每一次反射的光波都只是入射光能量的一部分，所以这样获得相干光的方法称为分振幅法。

薄膜干涉分为等倾干涉和等厚干涉，前者是指厚度均匀的薄膜在无限远处形成的干涉条纹，后者为厚度不均匀薄膜在薄膜表面附近形成的干涉条纹。

1. 等倾干涉

如图 9-11 所示，厚度为 e、折射率为 n_2 的平面薄膜，其上下方介质的折射率分别为 n_1 和 n_3，有一光线 a 以入射角 i 射到薄膜上，在入射点 A 产生反射光 a_1，而折射光在 B 点经反射后到 C 点，又折射到膜的上方成为光 a_2。另外还有在薄膜内经更多次反射后再折射到薄膜上方的光线，但其强度迅速下降，所以仅考虑 a_1 和 a_2 两束光的干涉。当薄膜厚度很小时，由反射和折射定律可知，a_1 和 a_2 两束光线相互平行，因此只能在无穷远处相交而产生干涉。实际应用时，通常利用透镜将这两条光线聚焦在透镜的焦平面上，以获得干涉条纹。

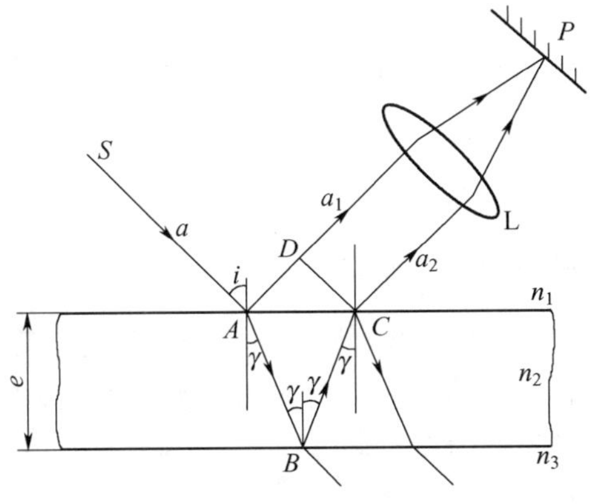

图 9-11　薄膜干涉

现在来计算两光线 a_1 和 a_2 在 P 点相遇时的光程差。作 $CD \perp AD$，由于透镜的等光程性，从 C、D 点到 P 点两光线不会产生附加光程差。由折射率的相对大小关系，两光线的光程差可分为两种情况：

(1)若 $n_1 > n_2 > n_3$ 或者 $n_1 < n_2 < n_3$，两光线要么都没有半波损失，要么都有半波损失，所以不存在附加光程差。所以光程差为

$$\delta = n_2(AB + BC) - n_1 AD \tag{9-11}$$

由图 9-11 可以看出

$$AB = BC = e/\cos\gamma$$
$$AD = AC\sin i = 2e\tan\gamma\sin i$$
$$n_1\sin i = n_2\sin\gamma$$

将以上 3 式代入式(9-11),得

$$\delta=2n_2e\cos\gamma \tag{9-12}$$

或

$$\delta=2e\sqrt{n_2^2-n_1^2\sin^2 i} \tag{9-13}$$

(2)若 $n_1>n_2$,$n_2<n_3$ 或者 $n_1<n_2$,$n_2>n_3$,两条光线中,其中一条有半波损失而另外一条无半波损失,所以应加上附加光程差,即

$$\delta=2n_2e\cos r+\frac{\lambda}{2}$$

或

$$\delta=2e\sqrt{n_2^2-n_1^2\sin^2 i}+\frac{\lambda}{2}$$

于是,在 P 点干涉加强或减弱的条件为

$$\delta=\begin{cases}k\lambda \quad (k=1,2,3,\cdots) & \text{加强} \\ (2k+1)\dfrac{\lambda}{2} \quad (k=0,1,2,\cdots) & \text{减弱}\end{cases}$$

在上述光程差公式中,如果入射光垂直入射,即入射角为 0,则公式变为更为简单的形式

$$\delta=2n_2e+\frac{\lambda}{2} \tag{9-14}$$

式中是否有 $\frac{\lambda}{2}$ 项,视是否存在附加光程差而定。

薄膜干涉可用来测定光的波长和薄膜的厚度。另外,在光学元件表面镀膜也用到薄膜干涉原理,如镀一层厚度均匀的透明膜使其反射光因干涉而相消,这层膜称为增透膜。如果使透射光因干涉而相消,则这层膜称为增反膜。

例 9-4 光学仪器的透镜($n_1=1.50$)表面镀一层 MgF_2($n_2=1.38$)的增透膜,设垂直入射光的波长 $\lambda=550$ nm,求使光增加透射的膜的最小厚度是多少。

解:因为 MgF_2 的折射率介于空气与玻璃折射率之间,所以反射光没有附加光程差,

$$2n_2e=(2k+1)\frac{\lambda}{2} \quad (k=1,2,3,\cdots)$$

令 $k=0$,则

$$e=\frac{\lambda}{4n_2}=\frac{550\times10^{-9}}{4\times1.38}=9.96\times10^{-8}(\text{m})$$

2. 等厚干涉

当用平行光照射到表面平整、厚度不均匀的薄膜上时,产生的干涉条纹将出现在薄膜的上表面,而且同一条条纹所在处薄膜厚度相等,所以称为等厚干涉。通常我们看到的肥皂膜

和油膜上色彩绚丽的花纹就是属于这一类干涉。在实验室中，通常利用平行光垂直入射获得此类干涉条纹，最常见的是劈尖膜和牛顿环的干涉。

(1)劈尖膜的干涉。两块平面玻璃板 G_1 和 G_2 相叠合，在一端垫一细丝(或纸片)，上板下表面和下板上表面之间形成楔形的空气层，即为空气劈尖，如图 9-12(a)所示。

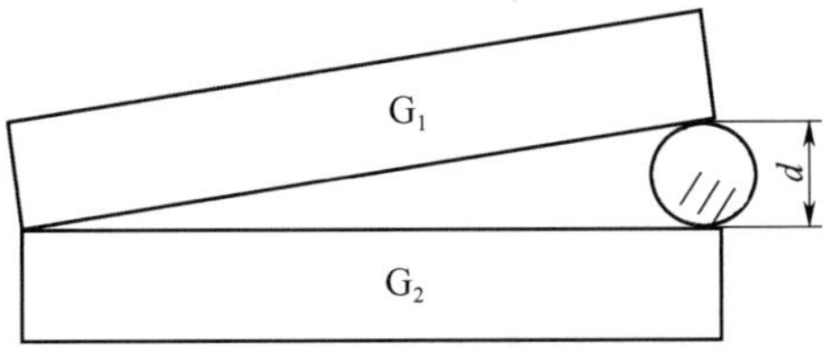

(a)

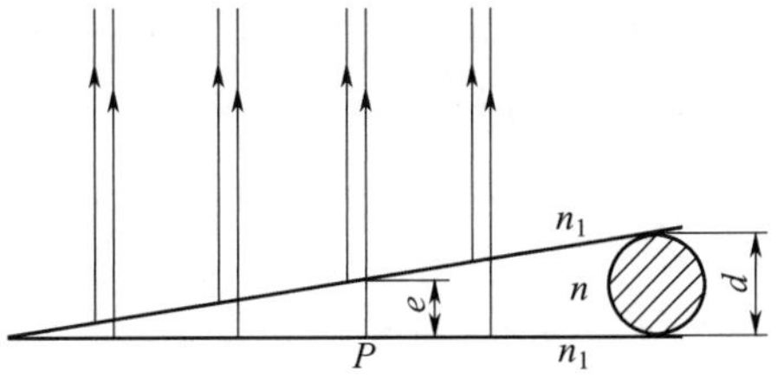

(b)

图 9-12　劈尖膜干涉

空气劈尖的上下两个表面之间的夹角 θ 很小，当光垂直入射时，透入膜内的光也与第 2 个表面是近于垂直的，即两个表面的反射光与入射光近于重合。设劈尖内的折射率为 $n(n=1)$，上下两块玻璃的折射率为 n_1。因为 $n<n_1$，则在劈尖厚度为 e 的 P 点处，如图 9-12(b) 所示，劈尖上下表面反射光的光程差有附加光程差 $\lambda/2$，即产生明暗条纹的条件为

$$\delta=2ne+\frac{\lambda}{2} \tag{9-15}$$

$$\delta=2e+\frac{\lambda}{2}=k\lambda \quad (k=1,2,3,\cdots) \quad \text{明纹}$$

$$\delta=2e+\frac{\lambda}{2}=(2k+1)\frac{\lambda}{2} \quad (k=0,1,2,\cdots) \quad \text{暗纹}$$

干涉条纹为平行于劈尖棱边(上下表面的交线)的直线条纹，每一明、暗条纹都与一定的 k 值对应，也就是与劈尖的一定厚度相对应。在棱边处膜厚 $e=0$，由于半波损失，光程差为 $\frac{\lambda}{2}$，所以看到的应该是零级暗条纹，然后，随着膜厚的增加，依次是 1 级明纹、1 级暗纹、2 级明纹、2 级暗纹……

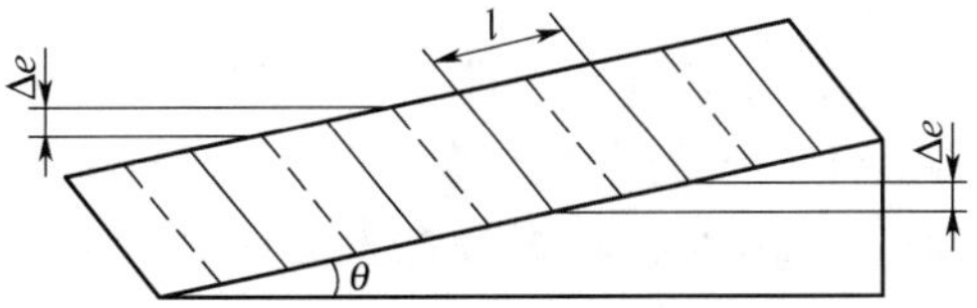

图 9-13　相邻明纹对应的厚度差

如图 9-13 所示，任何两个相邻的明纹或暗纹之间的距离 l 由下式决定

$$l\sin\theta=e_{k+1}-e_k=\frac{1}{2}(k+1)\lambda-\frac{1}{2}k\lambda=\frac{\lambda}{2} \tag{9-16}$$

可见，θ 越小，l 就越大，即干涉条纹越疏；θ 越大，l 就越小，即干涉条纹越密集。如果波长 λ 为已知，可算出劈尖的微小角度 θ。

利用劈尖干涉还可以检测工件表面是否平整。若工件不平时，根据条纹弯曲的方向和形状对工件逐步研磨，直至条纹变直。另外，利用劈尖干涉制成的干涉膨胀仪可以测定样品的膨胀系数。

例 9-5 两块平玻璃板，长 $L=4.0$ cm，一端相接触，另一端垫一细金属丝，两板间形成空气劈尖，如图 9-14 所示，今以波长 $\lambda=500$ nm 的单色平行光垂直入射，在空气劈尖上方用显微镜观察干涉条纹。

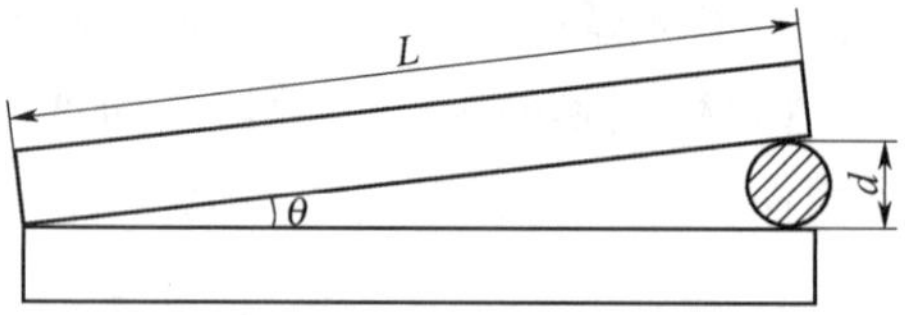

图 9-14 例 9-5 用图

(1)如果两条相邻明纹间距为 0.01 mm，求金属丝的直径；

(2)金属丝与棱边之间总共有多少条明纹？如果金属丝移向棱边，其间明条纹总数是否变化？

解：(1)设两块玻璃板间夹角为 θ，金属丝直径为 d，相邻明纹间距为 l，则

$$l\sin\theta=\frac{\lambda}{2}$$

$$\sin\theta=\frac{d}{L}$$

所以

$$d=\frac{L\lambda}{2l}=1.0\times10^{-2}(\text{cm})$$

(2)设金属丝与棱边间明条纹总数为 N，则

$$N=\frac{L-\frac{l}{2}}{l}+1=\frac{2d}{\lambda}+\frac{1}{2}$$

可见，N 仅与单色光波长 λ 与金属丝直径 d 有关，而与金属丝到棱边的距离无关，所以金属丝移向棱边时，明条纹总数不变。

(2)牛顿环。一曲率半径很大的平凸透镜，置于平玻璃板上，如图 9-15 所示，两者形成厚度不均匀的空气薄膜，当单色平行光垂直射向平凸透镜时，可以观察到透镜表面上一组等厚干涉条纹，这些条纹都是以接触点为圆心的一系列间距不等的同心圆，称为牛顿环。

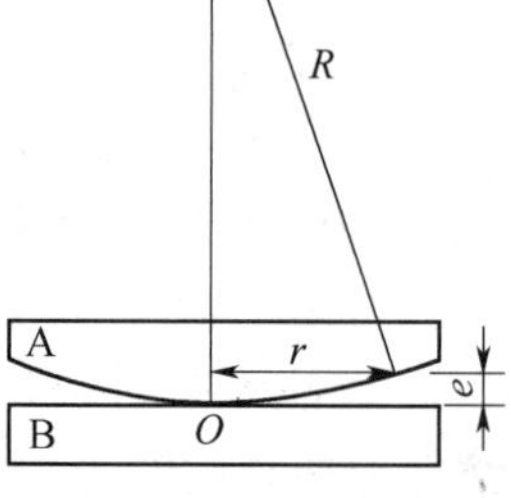

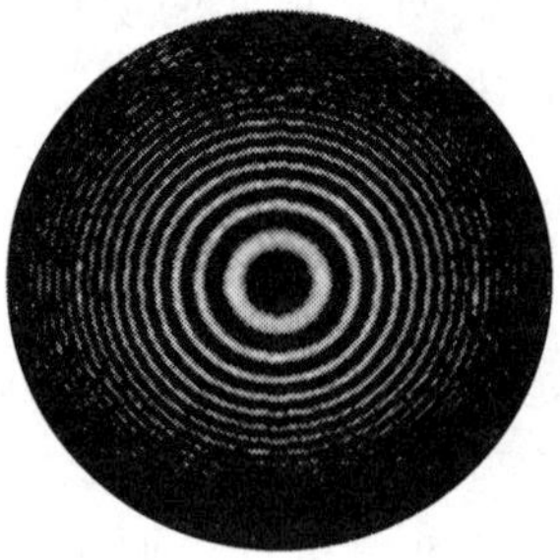

图 9-15 牛顿环

牛顿环是由透镜下表面反射光和平玻璃板上表面反射光发生干涉形成的。明暗条纹处所对应的空气薄膜厚度 e 满足

$$2e+\frac{\lambda}{2}=k\lambda \qquad (k=1,2,3,\cdots) \quad \text{明环}$$

$$2e+\frac{\lambda}{2}=(2k+1)\frac{\lambda}{2} \qquad (k=0,1,2,\cdots) \quad \text{暗环}$$

在中心接触点 O,由上面的暗纹条件可知,牛顿环的中心是一个暗斑,由中心沿半径向外,膜厚的增加越来越快,因而牛顿环也就越来越密。

由图 9-15 可以看出

$$r^2=R^2-(R-e)^2=2eR-e^2\approx 2eR$$

所以

$$e\approx\frac{r^2}{2R}$$

由此得牛顿环明纹和暗纹的半径分别为

$$r=\sqrt{\frac{(2k-1)R\lambda}{2}} \qquad (k=1,2,3,\cdots) \quad \text{明环}$$

$$r=\sqrt{kR\lambda} \qquad (k=0,1,2,\cdots) \quad \text{暗环}$$

在实验中,可以利用牛顿环来测量透镜的曲率半径 R,由于牛顿环中心为一暗斑,干涉条纹的半径 r 不易直接测定。所以通常先测定第 k 圈暗环的直径 d_k ,再测出由它往外数第 m 圈暗环的直径 d_{k+m},便可由暗环公式算出透镜的曲率半径 R,即

$$R=\frac{d_{k+m}^2-d_k^2}{4m\lambda}$$

牛顿环还用来测定光波的波长。另外,在生产中用以检查透镜的质量。

9.1.6 迈克耳逊干涉仪

干涉仪是根据光的干涉原理制成的,是近代精密仪器之一,在科学技术方面有着广泛而重要的应用。干涉仪具有很多类型,其中由美国物理学家迈克耳逊(Albert Abraban Michelson,1852—1931)于 19 世纪 80 年代设计的迈克耳逊干涉仪是一种比较典型的干涉仪,它不但为很多近代干涉仪的原形,而且其实验结果否定了以太的存在,促进了爱因斯坦相对论的诞生。

图 9-16(a)是迈克耳逊干涉仪的结构简图。图中 M_1 和 M_2 是两块平面反射镜,分别安装在两个相互垂直的导轨上,其中 M_2 固定不动,M_1 可在精密螺旋的控制下沿导轨作微小移动。G_1 和 G_2 是两块材料相同厚度均匀的平板玻璃,两者相互平行,各自与两平面镜成 45°角。在 G_1 朝着光屏 P 的一面镀有铝或银的半反膜,光在其上一半反射一半透射,起到分光的作用。

图 9-16(b)是迈克耳逊干涉仪的光路图。光源发出的光经过透镜后,成为平行光束入射到玻璃板 G_1 上,一部分被 G_1 反射,转向 M_1,经 M_1 反射后再穿过 G_1 向观察屏 P 传播,这部

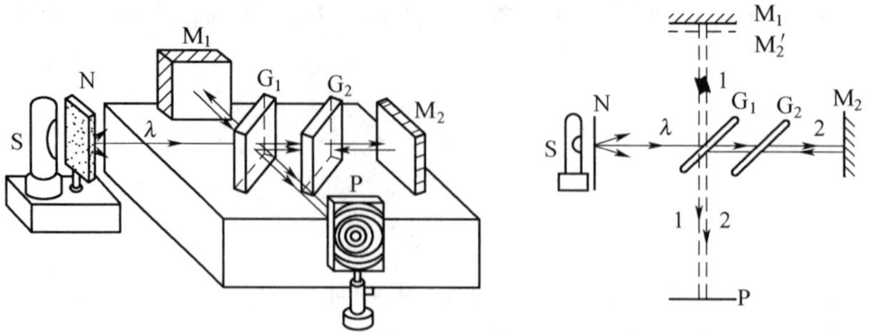

(a) 结构简图　　　　(b) 光路图

图 9-16　迈克耳逊干涉仪

分光称为反射光束(图中光线 1);另一部分则透过 G_1 和 G_2,经 M_2 反射后,再穿过 G_2,经 G_1 反射也向观察屏 P 传播(图中光线 2)。显然,到达屏 P 的光 1 和光 2 是通过分振幅法产生的相干光。G_2 的作用是使光 2 和光 1 一样,都是 3 次穿过相同的玻璃板,从而避免 1、2 间出现额外的光程差,G_2 也叫补偿板。

平面镜 M_2 经 G_1 反射形成的虚像为 M_2',因为虚像 M_2'和实物 M_2 相对于半反膜的位置是对称的,所以虚像 M_2'应该在 M_1 附近。来自 M_2 的反射光 2 可以看成是从 M_2'处反射的。这样,相干光 1、2 的光程差由 M_1 和 M_2'的距离 d 决定。如果 M_1 和 M_2 并不严格垂直,那么,M_1 和 M_2'也不严格平行,它们之间的空气膜层就形成一个空气劈尖。这时观察到的干涉条纹是等厚条纹。若 M_1 和 M_2 严格垂直,则 M_1 和 M_2'也严格平行,他们之间的空气膜层厚度一样,这时观察到的干涉条纹是圆环状的等倾条纹,如图 9-17 所示。

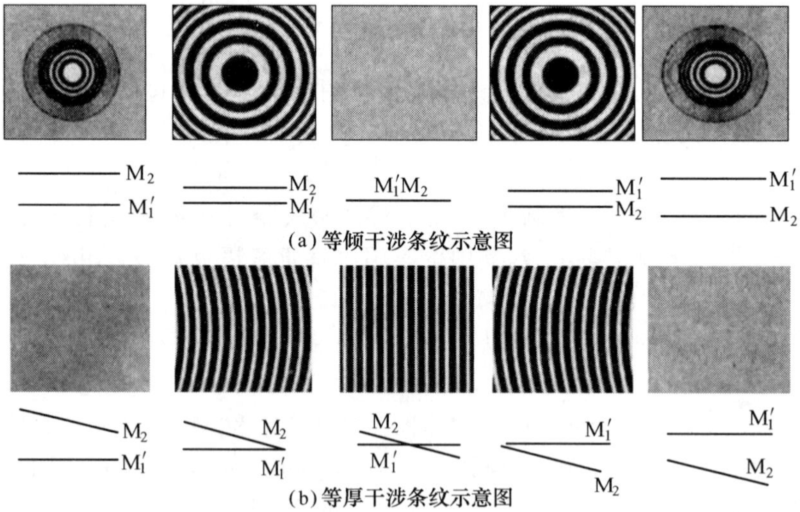

(b) 等厚干涉条纹示意图

图 9-17　迈克耳逊对干涉仪产生的各种图形

调节 M_1,也就是改变空气膜层的厚度 d,干涉条纹会发生变化。如果增大 d,可观察到干涉条纹不断从中心冒出并移向边缘,且视场中的条纹变得密集。如果减小 d,条纹则移向中心并在中心位置处消失，视场中的条纹变得稀疏。如果 d 等于零，则全部干涉条纹消失。

若入射单色光的波长为 λ，则每当 M_1 向前或向后移动 $\frac{\lambda}{2}$ 的距离时，就可以看到干涉条纹平移过一条。测出视场中移过的条纹数目 Δn，就可算出 M_1 移动的距离

$$\Delta d = \Delta n \frac{\lambda}{2} \tag{9-17}$$

上式指出，用已知波长的光可以测定长度，也可用已知的长度测定波长。由于光波的波长数量级是 10^{-7} m，因此用迈克耳逊干涉仪测定的长度，其精度是很高的。

在迈克尔逊干涉仪中，可通过改变光路中的介质或移动反射镜的方法来改变两束光的光程差。这些特点决定了迈克尔逊干涉仪和以它为原型发展起来的多种干涉仪具有广泛用途，例如测量工件表面光洁度、测定气体或液体折射率、研究光谱结构等。

例 9-6 在迈克尔逊干涉实验中，当 M_1 移动 0.1 mm 时，条纹移过 316 条，求入射波波长 λ。

解：由 $\Delta d = \Delta n \frac{\lambda}{2}$，得

$$\lambda = \frac{2\Delta d}{\Delta n} = \frac{2\times 0.1\times 10^{-3}}{316} = 6.33\times 10^{-7}(\text{m})$$

9.2 光的衍射

衍射是波动的一个基本特征。光波在传播过程中遇到障碍物后产生偏离直线传播的现象，即光波可绕过障碍物而在一定程度上达到障碍物的几何阴影区，称为光的衍射现象。声波和无线电波的衍射现象能在日常生活中明显察觉到它们的存在，但是由于光的波长太短，在一般光学实验中光的衍射现象并不明显。实验表明，只有当障碍物的大小与光的波长可以相比拟时，才能观察到衍射现象。

在实验室观察衍射现象时，需要有光源、衍射屏和观察屏三部分组成的一个衍射系统。为了研究的方便，通常按光源和观察屏离衍射屏的远近，将衍射现象分为菲涅耳衍射和夫琅禾费衍射两大类。衍射屏离光源和观察屏的距离为有限远的衍射称为菲涅耳衍射；衍射屏与光源和观察屏的距离都是无穷远的衍射，也就是照射在衍射屏上的入射光和离开衍射屏的衍射光都是平行光的衍射，称为夫琅禾费衍射，如图 9-18 所示。夫琅禾费衍射可用两个会聚透镜来实现。由于夫琅禾费衍射在实际应用和理论上都十分重要，而且这类衍射的分析与计算都比菲涅耳衍射简单，因此本书只讨论夫琅禾费衍射。

9.2.1 惠更斯-菲涅耳原理

为了解释波的衍射现象，惠更斯(Christian Huygens，1629—1695)于 1690 年提出：介质

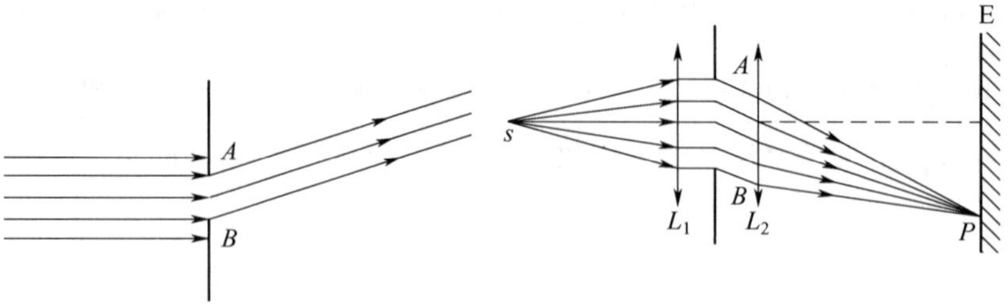

图 9-18 光的衍射装置示意图

中任一波阵面上的各点，都可以看作是发射子波的波源，其后任一时刻，这些子波的包络面就是新的波阵面，这就是惠更斯原理。

光波也是波，惠更斯原理同样适用。但是，惠更斯原理未涉及波的时空周期性——波长、频率和相位，只能解释光波衍射中偏离直线传播的现象，不能解释光强的不均匀分布现象。菲涅耳运用波的叠加原理，给惠更斯原理作了补充，提出了子波相干的思想。他认为，从同一波阵面上各点发出的子波是相干波，在传播到空间某一点时，各子波进行相干叠加的结果，决定了该处的振幅。这一发展了的惠更斯原理叫作惠更斯-菲涅耳原理。

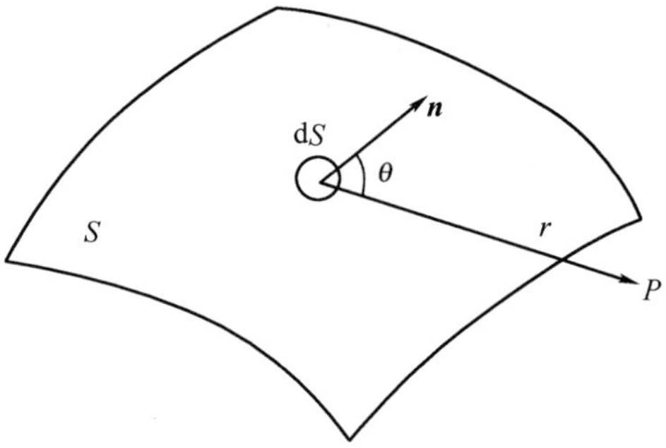

图 9-19 惠更斯-菲涅耳原理计算图

如图 9-19 所示，设波阵面 S 为光波在某时刻的波前，dS 为其上的任一面元，dS 可视为发射子波的子波源，空间任一点 P 的光振动取决于波阵面 S 上所有面元发出的子波在该点的相干叠加。菲涅耳认为，子波在 P 点的振幅正比于面元的面积 dS，反比于面元 dS 到 P 点的距离 r，而且和 dS 法线 $\boldsymbol{n}$ 与 r 之间的夹角 θ 有关，子波在 P 点的相位仅取决于光程 nr。如果时间 $t=0$ 时波前 S 的相位为零，则面元 dS 在 P 点引起的光振动可以表示为

$$\mathrm{d}E=CK(\theta)\frac{\mathrm{d}S}{r}\cos\left(\omega t-\frac{2\pi nr}{\lambda}\right)$$

式中 C 为比例系数，$K(\theta)$为随 θ 角增大而缓慢减小的函数，称为倾斜因子。菲涅耳认为，沿原波传播方向的子波振幅最大，因此当 $\theta=0$ 时，$K(\theta)$最大，可取作 1。当 $\theta\geqslant\pi/2$ 时，$K(\theta)=0$，即子波不能向后传播。由子波相干叠加得到 P 点的合振动为

$$E=\int_S \mathrm{d}E=C\int_S K(\theta)\frac{1}{r}\cos\left(\omega t-\frac{2\pi nr}{\lambda}\right)\mathrm{d}S \tag{9-18}$$

应用惠更斯-菲涅耳原理可以计算各个方向上的衍射强度。一般情况下，上式的积分计算非常复杂，实际处理衍射问题时，常用菲涅耳半波带法。

9.2.2 夫琅禾费单缝衍射

夫琅禾费单缝衍射装置如图 9-20 所示，单色线光源位于凸透镜 L_1 的焦平面上，从线光源发出的光经过透镜后变成平行光。这束平行光垂直照射在宽度约为十分之几毫米的单缝上。一部分穿过单缝，再经过凸透镜 L_2，在 L_2 焦平面处的观察屏 E 上将出现一组明暗相间的平行直条纹。

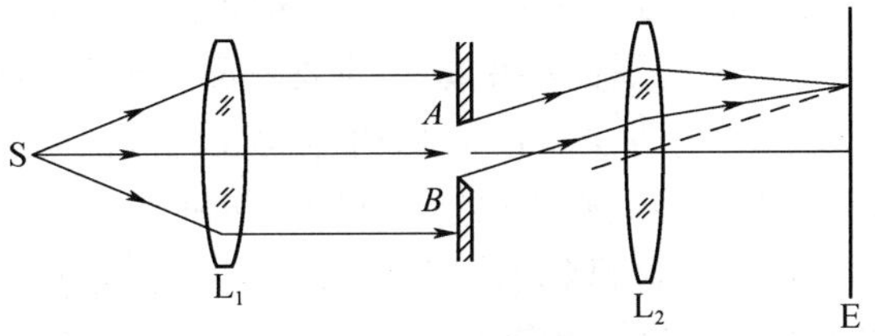

图 9-20 单缝衍射实验

单缝衍射可用菲涅耳半波带法进行研究。如图 9-21(a)所示，设单缝的宽度为 a，在平行单色光的垂直照射下，位于单缝所在处的波阵面 AB 上各点所发出的子波沿各个方向传

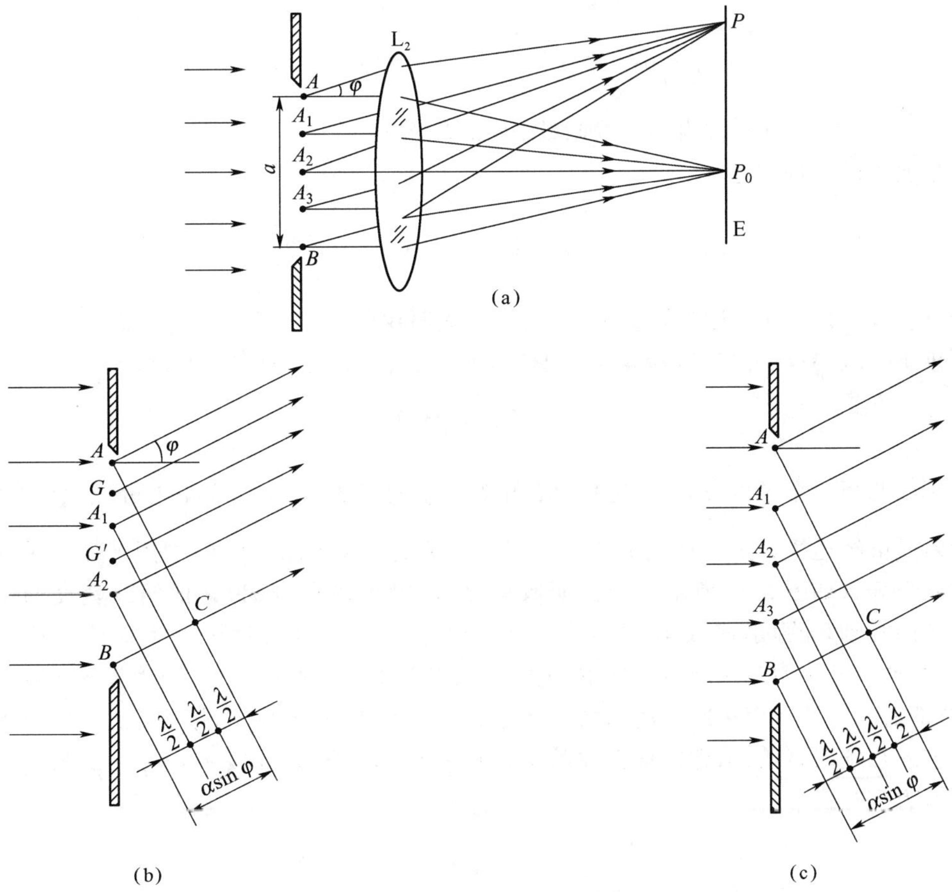

图 9-21 单缝衍射和菲涅耳半波带

播。我们把衍射后沿某一方向传播的子波波线与单缝法线之间的夹角称为衍射角。衍射角 φ 相同的衍射线经过透镜后，聚焦在观察屏上 P 点。两条边缘衍射线之间的光程差为

$$BC=a\sin\varphi$$

P 点条纹的明暗可以用惠更斯-菲涅耳原理积分进行计算，但较为复杂。菲涅耳在惠更斯-菲涅耳原理的基础上，提出了将波阵面分割成许多面积相等的波带处理方法。如图 9-21(b)、(c)所示，对特定的衍射角 φ，作整数个平行于 AC 的相互平行的平面，可使平面间距恰好等于入射波波长的一半即 $\lambda/2$。这些平面将单缝处的波阵面平分为 AA_1、A_1A_2…整数个等面积的带，称为菲涅耳半波带。由于各个带的面积相等，所以在观察屏上同一点引起的光振动振幅接近相等。在相邻带的对应点(例如 AA_1 中的 G 点和 A_1A_2 的 G' 点)发出子波的光程差为 $\lambda/2$，由于透镜不产生光程差，所以到达 P 点后相位差总是 π。任何两个相邻波带所发出的子波在 P 点引起的光振动将完全相互抵消。由此可见，对应给定的衍射角 φ，如果 BC 是半个波长的偶数倍，两两半波带发出的光相互抵消，则在 P 点将出现暗纹。如果 BC 恰好为半个波长的奇数倍，单缝 AB 将被平分出奇数个波带，作用的结果将剩余一个波带，这样，在 P 点将呈现明纹。

综上所述，夫琅禾费单缝衍射出现暗纹的条件为

$$a\sin\varphi=\pm 2k\frac{\lambda}{2}\qquad (k=1,2,3\cdots)$$

对应于 $k=1,2,3,\cdots$分别称为第 1 级暗纹、第 2 级暗纹…

产生明纹的条件为

$$a\sin\varphi=\pm(2k+1)\frac{\lambda}{2}\qquad (k=1,2,3\cdots)$$

对应于 $k=1,2,3,\cdots$分别称为第 1 级明纹、第 2 级明纹…

两个第 1 级暗纹之间的区域是中央明纹，即 φ 适合的范围为中央明纹。

$$-\lambda<a\sin\varphi<\lambda$$

对于任意衍射角来说，BC 一般不能恰好等于$\frac{\lambda}{2}$的整数倍，即 AB 不能分成整数个波带。此时衍射光束经透镜聚焦后形成屏幕上的照度介于最明和最暗之间的中间区域。单缝衍射图样中光强分布如图 9-22 所示。中央明纹最亮，同时也最宽(约为其他明纹宽度的 2 倍)。中央明纹的两侧，光强迅速减小，直至第一级暗纹。其后光强又逐渐增大而成为第一级明纹，依此类推。各级明条纹随着级次的增大，光强逐渐减小，这是由于 φ 增大，半波带数目增多，未被抵消的半波带面积减小的缘故。如果以单色光入射，通常只能观察到中央明纹附近为数不多的几条明暗条纹，即衍射条纹的衍射角 φ 很小。所以 $\tan\varphi\approx\sin\varphi\approx\varphi$ 第 1 级暗纹的衍射角为

$$\varphi=\pm\frac{\lambda}{a}$$

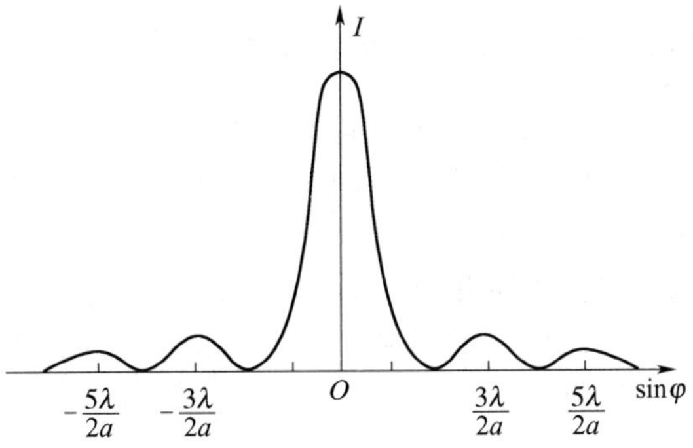

图 9-22　单缝衍射的光强分布

由此可得中央明纹的角宽度为

$$\Delta\varphi_0 = 2\frac{\lambda}{a}$$

如果 f 是单缝后透镜的焦距，则中央明纹的线宽度为

$$l = f\Delta\varphi_0 = 2f\frac{\lambda}{a}$$

同理可得两相邻明纹或暗纹中心的角宽度为

$$\Delta\varphi = \frac{\lambda}{a} \tag{9-19}$$

由上式可以看出，当 λ、f 一定时，缝宽 a 越小，条纹分布越宽，衍射作用越明显。当缝宽一定时，若用白光照射狭缝，中央明纹极大位置与波长无关，仍为白色，而在两侧则呈现一系列由紫到红的彩色条纹，形成衍射光谱。

例 9-7　在夫琅禾费单缝衍射实验中，设缝宽 $a=5\lambda$，缝后透镜焦距 $f=40$ cm，求第1级明纹的线宽度。

解：第1级和第2级暗纹的条件为

$$a\sin\varphi_1 = \lambda, a\sin\varphi_2 = 2\lambda$$

所以第1级和第2级暗纹中心在屏上的位置分别为

$$x_1 = f\tan\varphi_1 \approx f\sin\varphi_1 = f\frac{\lambda}{a} = 40\times\frac{\lambda}{5\lambda} = 8(\text{cm})$$

$$x_2 = f\tan\varphi_2 \approx f\sin\varphi_2 = f\frac{2\lambda}{a} = 40\times\frac{2\lambda}{5\lambda} = 16(\text{cm})$$

得第1级明纹的线宽度为

$$\Delta x = x_2 - x_1 = 16 - 8 = 8(\text{cm})$$

9.2.3 圆孔的夫琅禾费衍射　光学仪器分辨率

光波通过小圆孔时产生的衍射现象称为圆孔衍射。由于大多数光学仪器中所用的光阑、透镜的边缘都是圆形的，所以圆孔衍射是影响透镜或光学仪器成像的重要因素。

如果在夫琅禾费单缝实验装置中，用小圆孔代替单缝。用单色平行光垂直照射到圆孔上，光通过圆孔会聚到观察屏上，按照几何光学，屏上只能出现一个亮点。实验结果是在圆孔的衍射图样中，中央是一个较亮的圆斑，称为爱里斑，紧接环绕着明暗相间的同心圆环。其中爱里斑约占整个入射光强的 84%，如图 9-23 所示。

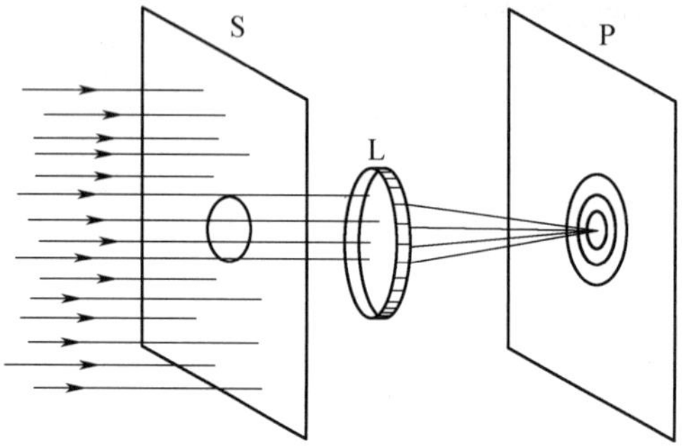

(a) 实验装置

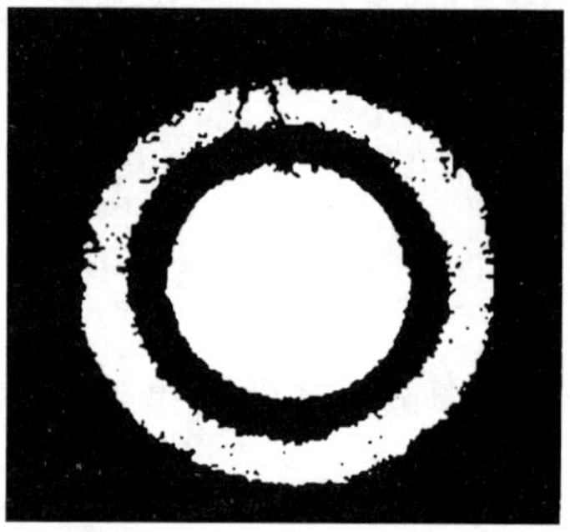

(b) 爱里斑

图 9-23　圆孔衍射

由理论计算可得，爱里斑的半角宽度为

$$\theta = \arcsin \frac{1.22}{D}\lambda$$

由于 θ 很小，上式可写成

$$\theta = 1.22\frac{\lambda}{D}$$

式中 D 和 λ 分别是圆孔的直径和单色光波长。由上式可以看出，当波长一定时，爱里斑的大小与圆孔直径成反比。

由图 9-24 可以得出，爱里斑的半径(即第 1 暗环的半径)为

$$R = f\tan\theta \approx f\theta = 1.22\frac{f\lambda}{D} \tag{9-20}$$

一般光学仪器都是由一些透镜组成的，透镜相当于一个透光的小圆孔。当光通过小圆孔时，由于光的衍射现象，光学仪器的分辨本领也要受到衍射的限制。

如图 9-25 所示，设有两个点光源 S_1、S_2，各自在透镜焦平面处的观察屏上形成相应的衍射条纹。如果两个点光源相距较远，则两个爱里斑分得很开，这样就可以清楚分辨出两个像。但是，当两个光源逐渐靠近时，形成的两个爱里斑也逐渐靠近，以至相互重叠。如果重叠部分很少，仍能分辨出这两个像，若重叠部分很多就难以区分出两个像。

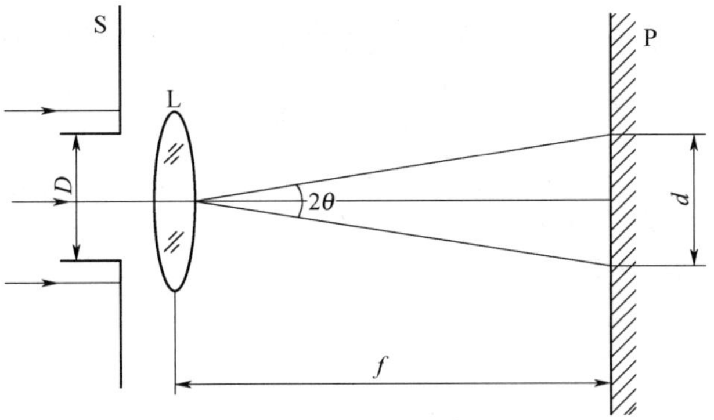

图 9-24 爱里斑角宽度

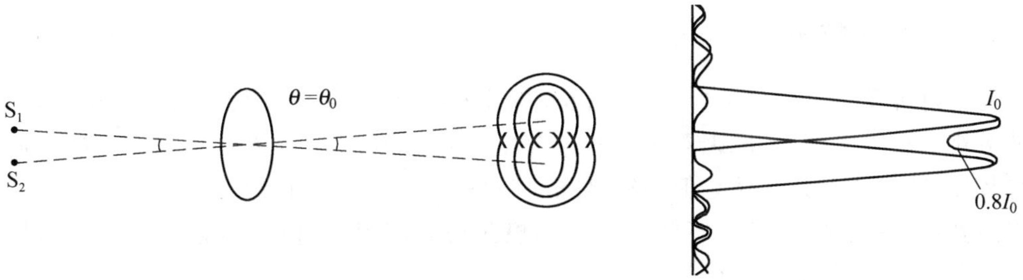

图 9-25 分辨两个衍射图样的条件

为了建立一个较为客观的标准，德国物理学家瑞利提出了如下的瑞利判据：如果一个点光源的衍射图样的中央最亮处刚好与另一个点光源的衍射图样的第一个最暗处重合，则这两个点光源恰好能被光学仪器所分辨。这时两个爱里斑中心的连线的中点处，其光强约为每个爱里斑中心光强的 80%，对于大多数人眼睛来说是能够分辨出这种光强差别的。

根据瑞利判据，能够分辨的两个点光源之间的角距离正好等于爱里斑的角半径

$$\theta_0 = 1.22\frac{\lambda}{D} \tag{9-21}$$

θ_0 称为最小分辨角，它的倒数称为分辨率或分辨本领。最小分辨角越小，表明光学仪器的分辨本领越大。为了提高光学仪器的分辨率，方法之一是增大透镜的直径，例如哈勃望远镜主镜的直径达 2.4 m。方法之二是利用短波长的照射光，例如用紫外线($\lambda = 2.75\times10^{-7}$ m)，紫外线显微镜的鉴别距离约为 0.1 μm。由近代物理知识可知，任何运动的微观粒子都相当于一个波，这种波称为物质波。用电子束代替光可得到电子显微镜，电子显微镜有很高的分辨率，它的鉴别距离可达几个埃。

例 9-8 在通常亮度下(可见光平均波长 λ=550 nm)，人眼瞳孔直径约为 3 mm，问人眼的最小分辨角为多大？远处两根细丝之间的距离为 1.0 mm，问细丝离开多远时人眼恰能分辨？

解：人眼的最小分辨角为

$$\theta_0=1.22\frac{\lambda}{D}=1.22\times\frac{550\times10^{-9}}{3\times10^{-3}}=2.24\times10^{-4}(\text{rad})$$

设细丝间距为 s，人眼与细丝相距 L，则两丝对人眼的张角 θ 为

$$\theta=\frac{s}{L}$$

恰能分辨时应有

$$\theta=\theta_0$$

所以

$$L=\frac{s}{\theta_0}=\frac{1.0\times10^{-3}}{2.24\times10^{-4}}=4.45(\text{m})$$

9.2.4 光栅衍射

光的衍射现象尽管经常被应用于光谱分析技术中，但是在单缝衍射的图样中，对不同频率光的分辨效果并不理想，原因是单缝衍射很难兼顾条纹间距和条纹亮度之间的矛盾。如果单缝较宽，这时衍射条纹较亮但各级亮条纹间隔太小，难以将它们分开；如果单缝很窄，条纹间隔虽宽，但亮度减小，条纹不够清晰。要想获得亮度很大、衍射角较大而条纹本身又很窄的衍射条纹，就必须采用光栅技术。

所谓光栅，是指由大量等宽等间距的平行狭缝构成的光学器件。如图 9-26 所示，一般常用的光栅是在玻璃片上刻出大量平行刻痕制成，在每条刻痕处因漫反射，光不易透过，而刻痕之间的光滑部分可以透光，相当于狭缝，这叫透射光栅，如图 9-26(a)所示。另外还有反射光栅，如图 9-26(b)所示，即在光洁度很高的金属表面刻出一系列等间距的刻痕，利用刻痕之间的光滑金属面可以反射光。

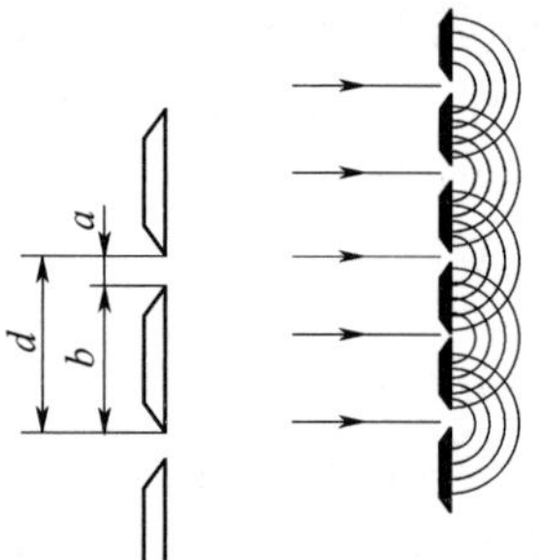

(a)

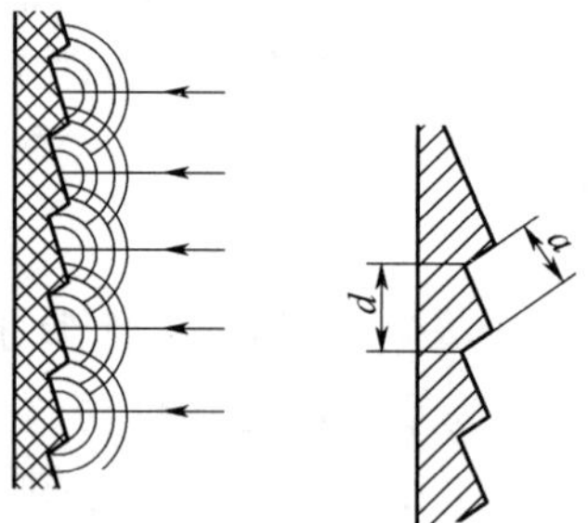

(b)

图 9-26 光栅衍射

一般光栅在 1 cm 内有几百乃至上万条刻痕，光栅的总缝数 N 的数量级可达 10^5。狭缝的宽度 a 和刻痕的宽度 b 之和 $a+b$ 称为光栅常数。

如图 9-27 所示，单色平行光垂直照射在光栅上，透过光栅每个缝的光都有衍射，这 N 个缝的 N 套衍射条纹通过透镜完全重合，而通过光栅不同缝的光要发生干涉，所以，光栅的衍

射条纹是单缝衍射和多缝干涉的总效果，就是 N 个缝的干涉条纹要受到单缝衍射的调制。

选取任意两条相邻的单缝来分析，设一束沿某一 θ 衍射的平行光被透镜会聚于 Q 点。若衍射角 θ 满足下列关系

$$(a+b)\sin\theta=\pm k\lambda \qquad (k=0,1,2,\cdots) \tag{9-22}$$

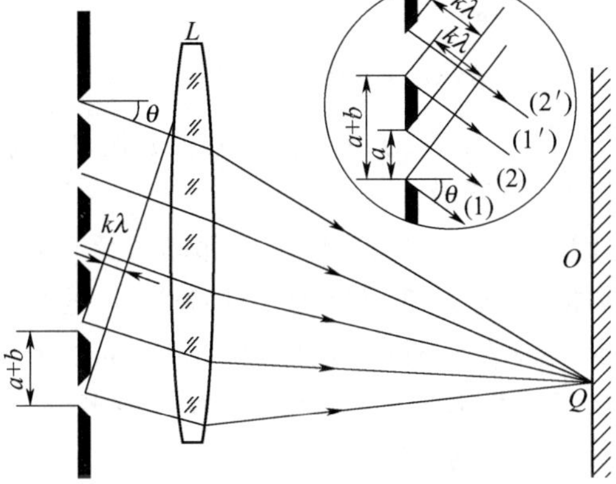

图 9-27 光栅衍射条纹的形成

即从相邻狭缝发出的相干光之间的光程差为入射波长 λ 的整数倍时，这些相干光在 Q 点叠加后干涉加强，形成明条纹。$k=0$ 时，称为中央明纹，$k=1,2,\cdots$ 分别称为第 1 级、第 2 级…… 主明纹。由于这种明纹是由所有狭缝的对应点射出的光叠加而成，所以强度极大，称为主明纹或主极大。光栅缝数 N 越多，则明条纹越亮。式(9-22)是决定主明纹位置的方程，称为光栅方程。

如果在 Q 点处光振动的合振幅等于零，将出现暗纹。这时，各分振动的振幅矢量应组成一闭合多边形，如图 9-28(b)所示。设光栅狭缝数目为 N，对应于某衍射角 θ，若任意相邻狭缝的光振动矢量的相位差为 α，那么，合振动的振幅按多边形法则，可得合矢量 $\mathbf{A}$。如果

$$N\alpha=2\pi$$

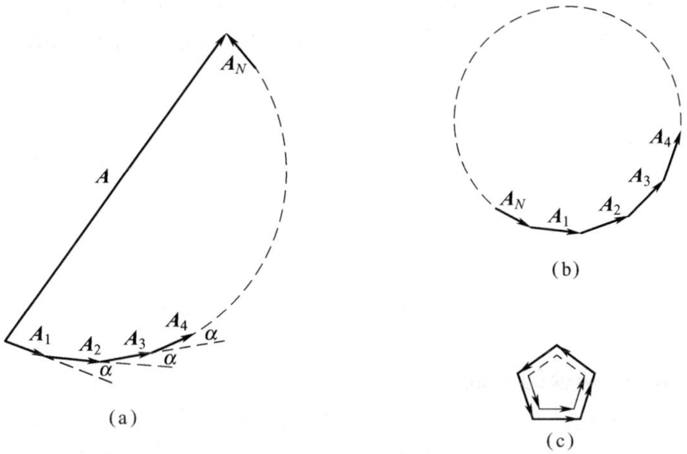

图 9-28 光矢量的叠加

由于相位差 2π 对应一个波长 λ，所以

$$N(a+b)\sin\theta=\lambda$$

那么各分振动振幅矢量组成一个闭合多边形，合振幅为零。如果

$$N\alpha=m2\pi \quad (m\text{ 为整数但不等于 }N\text{ 的整数倍})$$

即

$$N(a+b)\sin\theta=\pm m\lambda$$

其中 $m=1,2,\cdots,N-1,N+1,\cdots,2N-1,2N+1,\cdots$ 各分振动振幅矢量形成 m 个闭合的多边形，合振幅也为零，如图 9-28(c)所示。

可见，在相邻主明纹之间有 $N-1$ 个暗纹，两相邻暗纹之间有一个强度很小的明纹，这些地方虽然光振动没有全部抵消，却是部分抵消。计算表明，这些明纹的强度仅为主明纹的 4%左右，所以称为次明纹或次极大。两主明纹之间出现的次明纹的数目由暗纹可推知为 $N-2$。由于光栅狭缝总数 N 很大，暗纹和次明纹的数目很多，在主明纹之间实际上是一片暗区，主明纹很亮很细，如图 9-29 所示($N=5$)。

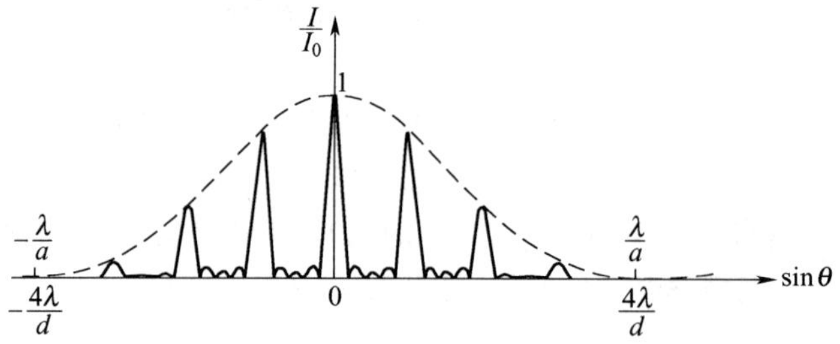

图 9-29　光栅衍射的光强分布

光栅衍射条纹是由 N 个狭缝的衍射光相互干涉形成的，即在某个衍射角 θ 方向上，首先必须存在有每个缝的衍射光，然后 N 条衍射光才能产生干涉效应。如果 θ 仅满足了光栅方程，但是该 θ 又符合单缝衍射出现暗纹的条件，那么，结果就应该是暗纹了。这是因为在此方向上根本没有衍射光射出。这就是所谓光栅衍射的缺级，见图 9-30(c)。

如果 θ 同时满足

$$(a+b)\sin\theta=k\lambda$$
$$a\sin\theta=k'\lambda$$

则缺级的级数为

$$k=\frac{a+b}{a}k' \quad (k'=\pm1,\pm2,\pm3,\cdots) \tag{9-23}$$

例如，当$(a+b)=3a$ 时，缺级的级数为$\pm3,\pm6,\cdots$

从光栅方程可知，在光栅常数$(a+b)$一定时，各级明纹位置都与波长 λ 有关，波长越长，明纹位置的 θ 也越大。若入射光为白光，则各种波长的单色光将产生各自的衍射条纹，除中央明纹由各色光混合仍为白光外，其两侧的各级明纹都是由紫到红对称排列的。这些彩色

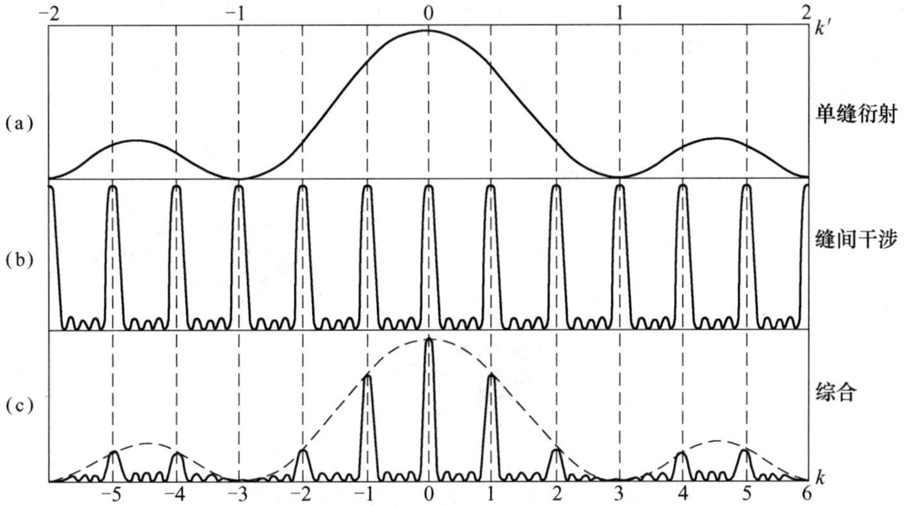

图 9-30 单缝衍射对缝间干涉的调制

光带称为衍射光谱。由于波长短的光的衍射角小，波长长的光衍射角大。所以在同一级光谱中，紫光靠近中央明纹，红光远离中央明纹。

例 9-9 为了测定一个给定光栅的光栅常数，用 $\lambda=632.8$ nm 的单色平行光照射光栅，已知第 1 级明纹的衍射角为 38°。

(1)求光栅的光栅常数；

(2)第 2 级明纹出现在什么角度？

(3)如果用此光栅对某单色光进行同样的实验，测得第 1 级明纹的衍射角为 27°，求这单色光的波长。对这单色光，最多可看到第几级明纹？

解：(1)光栅方程为

$$(a+b)\sin\theta=k\lambda$$

可得

$$a+b=\frac{k\lambda}{\sin\theta}=\frac{632.8\times10^{-9}}{\sin 38^\circ}=1.03\times10^{-6}(\text{m})$$

(2)对应于某单色光的第 2 级明纹有

$$\sin\theta_2=\frac{2\lambda}{a+b}=\frac{2\times632.8\times10^{-9}}{1.03\times10^{-6}}>1$$

所以第 2 级明纹不存在。

(3) $\lambda'=(a+b)\sin\theta_1=1.03\times10^{-6}\sin 27^\circ=4.68\times10^{-7}(\text{m})$

最远的明纹对应的衍射角应小于 90°，所以

$$k=\frac{(a+b)\sin 90^\circ}{\lambda'}=\frac{1.03\times10^{-6}}{4.68\times10^{-7}}=2.2\approx2$$

最多可看到第 2 级明纹。

例 9-10 一衍射光栅,每厘米有200条透光缝,每条透光缝宽 $a=2\times10^{-3}$ cm,在光栅后放置一焦距 $f=100$ cm 的凸透镜,用单色平行光 $\lambda=600$ nm 垂直照射光栅。

(1)透光缝的单缝衍射中央明纹宽度为多少?

(2)在该宽度内,有几个光栅衍射主明纹?

解:(1)由单缝衍射中央明纹宽度公式得

$$l=f\Delta\varphi_0=2f\frac{\lambda}{a}=2\times100\times10^{-2}\times\frac{600\times10^{-9}}{2\times10^{-3}\times10^{-2}}=0.06(\mathrm{m})$$

(2)光栅常数为

$$a+b=\frac{1\times10^{-2}}{200}=5\times10^{-5}(\mathrm{m})$$

由光栅方程和单缝衍射公式

$$(a+b)\sin\theta=k\lambda,a\sin\theta=k'\lambda\quad(令\ k'=1)$$

得

$$k=\frac{a+b}{a}=\frac{5\times10^{-5}}{2\times10^{-3}\times10^{-2}}=2.5$$

在单缝衍射的中央明条纹内,能够观察到的光栅衍射主明纹级次有 $k=\pm1,\pm2$,共5条主明纹。

9.2.5 X射线衍射

1895年德国物理学家伦琴(Wilhelm Conrad Roentgen,1845—1923)在研究阴极射线时发现,通过数万伏特以上的高电压,如图9-31所示,将电子流加速,然后撞击一金属靶就可以产生一种穿透本领很强的辐射,由于在当时无法知道其性质,故名X射线。现在一般把波长从0.01~10 nm的电磁辐射叫作X射线,也称为伦琴射线。既然X射线是一种波长很短的电磁波,就应该有干涉和衍射现象。但由于其波长实在太短,用普通的光栅观测不到X射线的衍射现象。而且也无法用机械方法制造出适合X射线的光栅。

1912年德国物理学家劳厄(Max Theodor Felix Von Laue,1879—1960)想到,晶体是由一组有规则排列的粒子组成的,它也许会构成一种适合于X射线用的天然三维衍射光栅。劳厄的实验装置如图9-32所示,当X射线穿过铅板P上的小孔射向薄片晶体C上时,在晶体后的照相底片E上发现具有某种对称性分布的斑点,称为劳厄斑。这是因为X射线通过晶体的过程中被晶体中原子的空间点阵所散射。经典电磁理论中所谓散射,是指电磁波的电场对晶体中原子的束缚电子发生作用,使其作受迫振动,振动的频率等于入射波的频率,电子就向四周发射该种频率的电磁波,这种波称为散射波。原子中所有电子散射的总效果可以等效于该原子的一个散射中心的散射。劳厄斑点就是这些散射波叠加产生干涉,在某些确定的方向上产生衍射最大的结果。

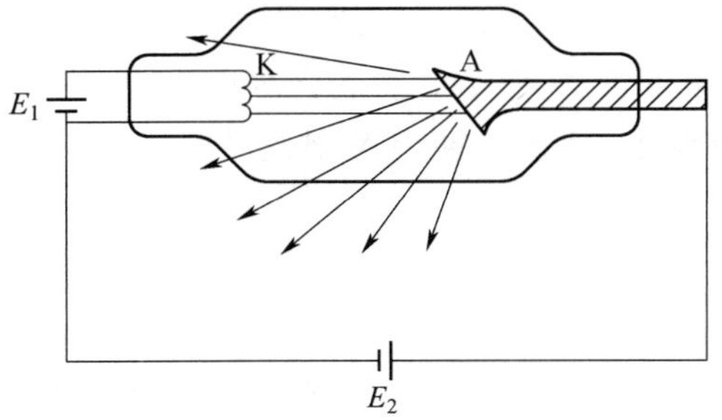

图 9-31 X 射线真空管

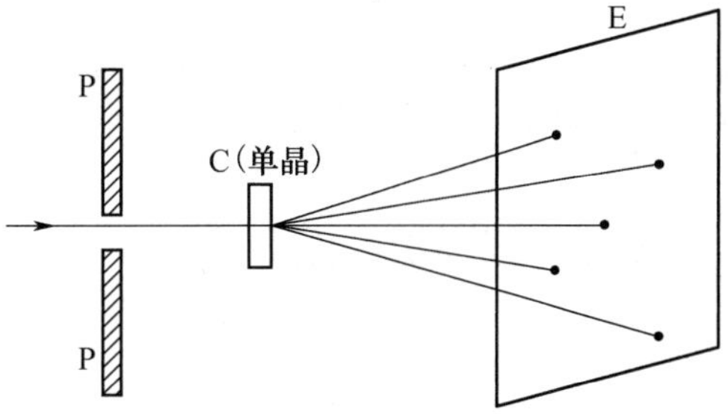

图 9-32 劳厄实验

1913 年,布喇格父子提出了另外一种等效的研究方法,并作了定量计算,因而荣获了 1915 年的诺贝尔物理学奖。他把晶体看成是由一系列彼此平行的原子层所组成,这些原子层称为晶面,如图 9-33 所示。设晶面之间的距离为 d,称为晶格常数。当一束波长为 λ 的平行 X 射线以掠射角 φ 射入晶体时,一部分被晶体表面晶面所反射,另一部分被内层晶面所反射。衍射最大值出现在反射角等于入射角的方向上。上下晶面所反射的 X 射线的光程差为

$$\delta = AC + CB = 2d\sin\varphi$$

由其他任何相邻的两晶面反射的 X 射线之间也都有与此相同的光程差,当

$$2d\sin\varphi = \pm k\lambda \qquad (k=1,\ 2,\ 3,\cdots) \tag{9-24}$$

各层晶面的反射都相互干涉加强,形成亮点。上式就是著名的布喇格公式。

由于晶体中除了平行于晶体表面的一组晶面以外,还有其他许多组的晶面如图 9-34 所示,11′为一组晶面,22′为另一组晶面等。一束 X 射线对于不同的晶面有不同的掠射角 φ,晶面之间的间隔也不相同,但是只有满足布喇格公式才能形成劳厄斑点。实际情况是入射的 X 射线含有许多波长,但真正能够满足上述条件的并不多,所以在照相底片上能形成比较清晰的劳厄斑。

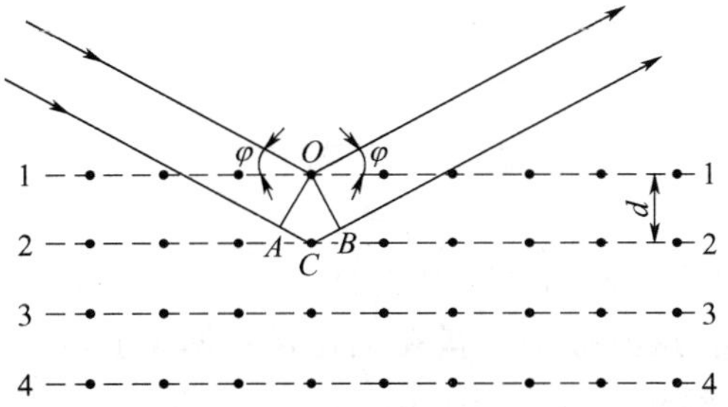

图 9-33 布喇格方法

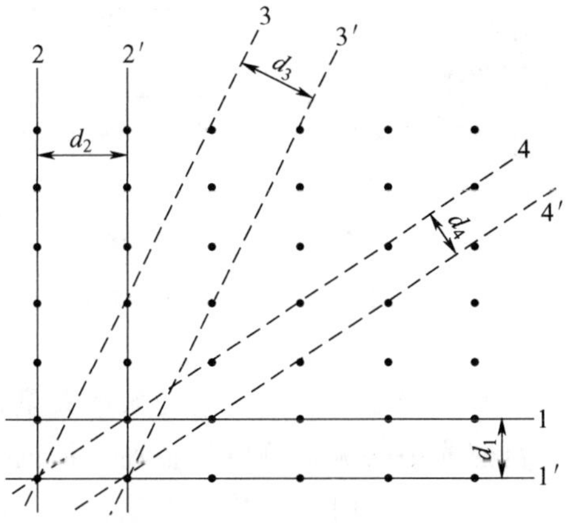

图 9-34 晶面族

布喇格公式是 X 射线衍射的基本规律，它被广泛用来解决两个方面的问题。第一，如果已知某种晶体结构，测出 φ 角就可算出入射的 X 射线的波长 λ，由此发展为 X 射线光谱学。第二，如果已知 X 射线的波长，测出 φ 就可算出晶格常数，由此发展为 X 射线结构分析学。

9.3 光的偏振

光的干涉、衍射现象表明光是一种波动，但还不能证明光是横波或是纵波。因为不论横波或是纵波都能产生干涉和衍射，而光的偏振现象则证明光是横波。

9.3.1 自然光与偏振光

麦克斯韦电磁理论表明光是特定频率的电磁波。电磁波包括电场强度矢量和磁场强度矢量，而实验表明无论是光的视觉效应或是光的化学效应，起主要作用的是电场强度矢量，所以习惯上把电场强度矢量叫作光矢量。通常情况下，在垂直于光传播方向的平面内，光矢量可能有各种不同的振动状态。如果光矢量始终沿某一方向振动，这样的光就称为线偏振光。光的振动方向和传播方向构成的平面称为振动面。由于线偏振光的光矢量保持在固定的偏振面内，所以线偏振光又叫作平面偏振光，如图 9-35 所示。光的振动方向在振动面内分布的不均匀性称为偏振。偏振是横波区别于纵波的最明显标志。

一个原子每次发光所发出的波列可以认为是线偏振光，它的光矢量具有一定的方向。但是，普通光源的发光过程是各个原子发光过程的随机叠加。不同原子同一时刻发出的波列或同一原子不同时刻发出的波列是随机的，它们之间的振动方向没有固定的关系，随机分布。所以在垂直于光传播方向的平面上，各个方向上都有大小不等、前后参差不齐而变化很快的光矢量的振动。按统计平均来说，没有哪一个方向的振动比其他方向更占优势，各个方向上的振动呈均匀分布，振幅也相等，这种光称为自然光，如图 9-36(a)所示。

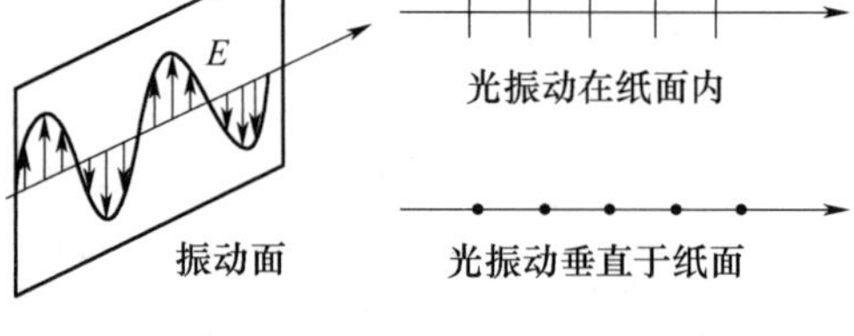

(a) 线偏振光　　(b) 简单表示

图 9-35　线偏振光的表示

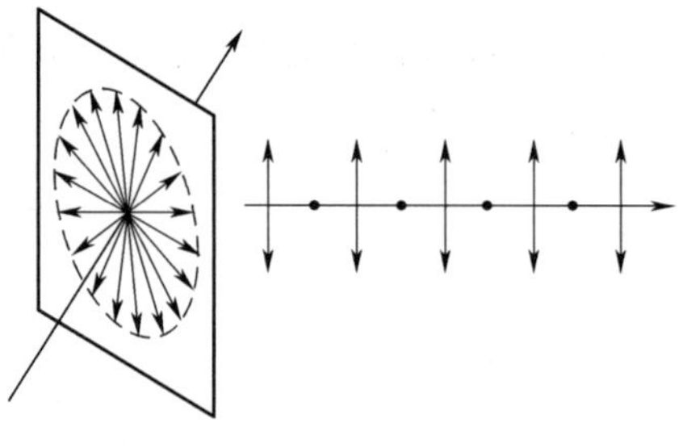

(a) 自然光　　(b) 简单表示

图 9-36　自然光的表示

平面内任何一个方向的振动矢量都可以分解为任意的两个相互垂直方向上的分量，由于自然光中的振动可以取各种可能的方向，因此所有这些振动矢量在上述任意两个垂直方向上的分量的时间平均值应该相等。这样我们把自然光分解为两个相互独立、等振幅、互相垂直方向的振动，即把自然光分解为两束相互独立的、等振幅的、振动方向相互垂直的线偏振光，这两个线偏振光的光强各等于自然光强的一半。这两个线偏振光无固定的相位关系，因此不能再合成为一个线偏振光。自然光可用图 9-36(b)所示的方法表示。图中用短线和点分别表示在纸面内和垂直于纸面的光振动。

实验表明,当自然光通过某些各向异性的介质时,由于介质对不同振动方向的光有不同的吸收和反射,所以沿不同方向的光振动的振幅不再相等,这样就产生一种介于自然光和线偏振光之间的偏振光,我们称之为部分偏振光,如图 9-37(a)所示。部分偏振光的表示方法如图 9-37(b)所示。

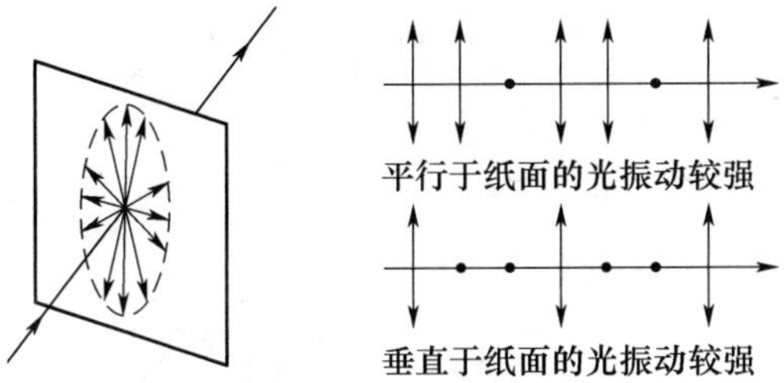

(a) 部分偏振光　(b) 简单表示

图 9-37　部分偏振光的表示

还有一种完全偏振光称为椭圆偏振光。这种光的光矢量在沿着光的传播方向传播的同时,还绕着传播方向匀速转动。若光矢量的大小不断改变,其端点的轨迹为一椭圆,这种光称为椭圆偏振光。若光矢量大小不变,则称为圆偏振光。按照光矢量旋转方向的不同,上述两种光有左旋光和右旋光之分。面对光源来看,光矢量顺时针旋转的为右旋偏振光;反之,则为左旋偏振光。图 9-38 表示的是左旋圆偏振光。

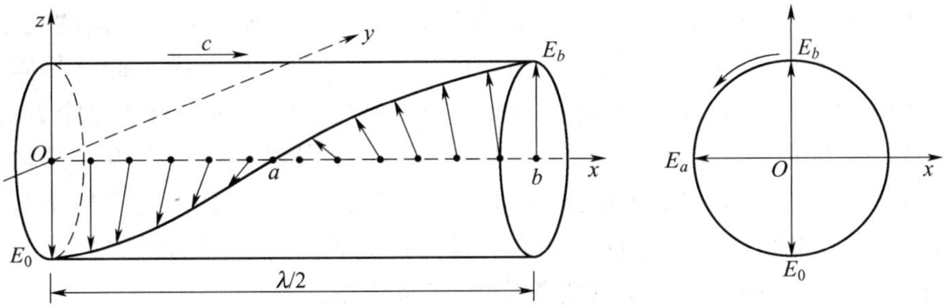

(a) 左旋圆偏振光　(b) 简单表示

图 9-38　圆偏振光的表示

我们可以用振动的合成原理来说明光矢量的旋转现象。如果有两束线偏振光的传播方向相同、频率相同、振动方向相互垂直,它们在空间某点的振动表达式为

$$E_x = A_x \cos(\omega t + \varphi_1)$$
$$E_y = A_y \cos(\omega t + \varphi_2)$$

式中:E_x 和 E_y 为两偏振光振动矢量的大小;A_x 和 A_y 分别为它们对应的振幅。消去两式中的时间 t 可得合成光振动矢量端点的运动轨迹方程

$$\frac{E_x^2}{A_x^2}+\frac{E_y^2}{A_y^2}-\frac{2E_xE_y}{A_xA_y}\cos(\varphi_2-\varphi_1)=\sin^2(\varphi_2-\varphi_1)$$

这是一个椭圆方程，它所描绘的形状由两个分振动的振幅 A_x、A_y 和相位差$(\varphi_2-\varphi_1)$决定。图 9-39 给出不同相位差的椭圆轨迹，随着相位差的不同分别出现右旋偏振光和左旋偏振光。如果两束光的振幅相同则合成圆偏振光；如果两束光的相位相同则合成为线偏振光。

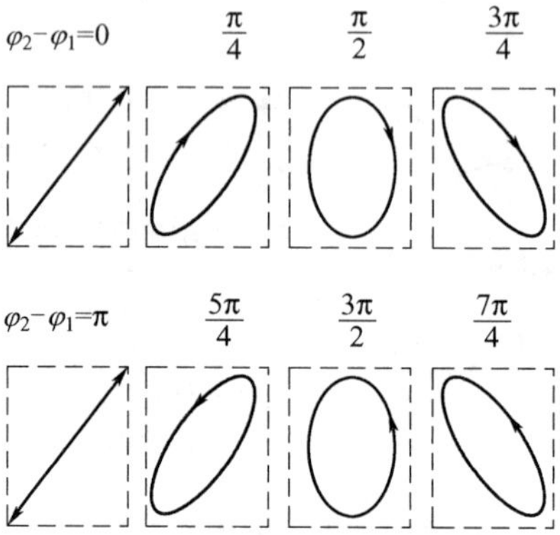

图 9-39　两个同频垂直振动的合成

9.3.2　马吕斯定律

除激光器等特殊光源外，一般光源(如太阳和日光灯等)发出的光都是自然光。使自然光变为偏振光的方法有很多，这里先介绍利用偏振片产生偏振光的方法。

某些晶体，例如电气石、硫酸金鸡纳碱晶体等，能有选择地吸收某一方向的光振动，而只让与这个方向垂直的光振动通过，晶体的这种性质叫作二向色性。因为此类晶体具有不对称的微观结构，在某一方向上的电子容易移动。当入射光的电矢量平行于这个方向时，电矢量驱动电子运动，电子又与晶格原子碰撞，动能变为热能，其结果为这个方向振动的光被吸收。而振动方向垂直于该方向的入射光，其电矢量不能驱动电子，因而它可以不被吸收而通过晶体，这样就导致晶体的二向色性。二向色性晶体允许透过的光振动方向称为偏振化方向。把具有二向色性的晶体涂敷于透明基片上，就成为偏振片。

如图 9-40 所示，在垂直于光传播方向上放置两个偏振片 P_1 和 P_2，当自然光垂直入射于偏振片 P_1，透过的光将成为线偏振光，其振动方向平行于 P_1 的偏振化方向，强度等于入射自然光强度的 1/2。透过 P_1 的线偏振光再入射到偏振片 P_2 上，当以入射方向为轴转动偏振片 P_2 时，发现透过 P_2 的光强度不断变化，在 P_1 和 P_2 的偏振化方向相互垂直时，通过 P_1 的线偏振光不再能通过 P_2，因此透射光强为零。在 P_1 和 P_2 的偏振化方向相互平行时，通过 P_1 的光也能通过 P_2，这时透射光强最大。由此可见，当用偏振片对着光观察时，转动偏振片，若看到视场由最暗变到最亮，再由最亮变到最暗，则这束光就是线偏振光；如果去掉 P_1，让自然光直接通过旋转的 P_2，则没有亮度的变化。

自然光从 P_1 出射成为线偏振光，称为起偏；P_2 的作用是用来检验从 P_2 出来的光是否为线偏振光，称为检偏。称 P_1 为起偏器，称 P_2 为检偏器。一般来说，能用作起偏器的元件也可以用作检偏器。

设起偏器 P_1 与检偏器 P_2 两者偏振化方向的夹角为 α，如图9-41所示。用 A_1 表示射到 P_2 的线偏振光的振幅，由图可知，透过 P_2 的线偏振光的振幅 A_2 只是 A_1 在 P_2 方向上的投影，即 $A_2 = A_1 \cos\alpha$。由于光的强度正比于振幅的平方，所以

$$\frac{I_2}{I_1}=\frac{A_2^2}{A_1^2}=\frac{A_1^2\cos^2\alpha}{A_1^2}=\cos^2\alpha$$

可得

$$I_2=I_1\cos^2\alpha \tag{9-25}$$

上式是由法国军事工程师马吕斯(Etienne Louis Malus，1775—1812)发现的，称为马吕斯定律。

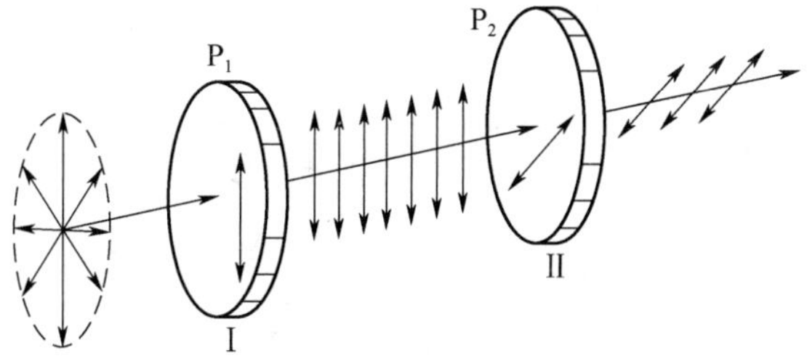

图 9-40 起偏器和检偏器

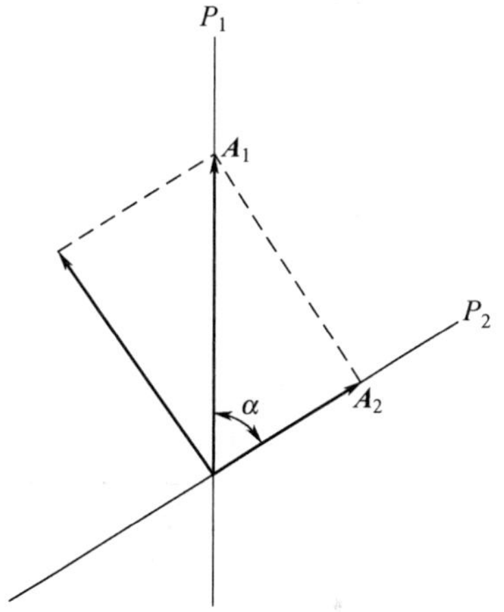

图 9-41 马吕斯定律

例 9-11 设一束单色自然光穿过两个平行放置的偏振片，当它们的偏振化方向之间的夹角为30°时，出射光强为 I_1；当它们的偏振化方向之间的夹角为60°时，另一束单色自然光穿过它们，出射光强为 I_2，且 $I_1 = I_2$。求两束单色自然光的强度之比。

解：设第1束和第2束单色自然光的强度分别为 I_{10} 和 I_{20}，它们透过第1个偏振片后，强度变为原来的一半，由马吕斯定律得

$$I_1=\frac{I_{10}}{2}\cos^2 30^\circ$$

$$I_2=\frac{I_{20}}{2}\cos^2 60^\circ$$

所以两束单色自然光的强度之比为

$$\frac{I_{10}}{I_{20}}=\frac{\cos^2 60^\circ}{\cos^2 30^\circ}=\frac{1}{3}$$

9.3.3 布儒斯特定律

在19世纪初，人们就从大量的实验中发现，当一束自然光以任意入射角入射到两种介质的分界面上时，反射光和折射光一般都变成部分偏振光。在特定的入射角下，反射光成为完全偏振光。下面我们介绍这一现象。

如图9-42所示，入射光为自然光，i 为入射角，γ 为折射角。我们把自然光的光振动矢量分解为垂直于入射面的分量(图中用黑点表示)和平行于入射面的分量(图中用短线表示)。实验表明，当入射角 i 为任意时，反射光和折射光都是部分偏振光。在反射光中，垂直于入射面的光振动占优势；在折射光中，平行于入射面的光振动占优势。当改变入射角 i 时，反射光的偏振化程度也随之改变，当入射角满足 i_0 时，反射光成为完全偏振光，其振动垂直于入射面，但折射光仍然是部分偏振光。式(9-26)称为布儒斯特定律，i_0 称为起偏角或布儒斯特角。

$$\tan i_0=\frac{n_2}{n_1} \tag{9-26}$$

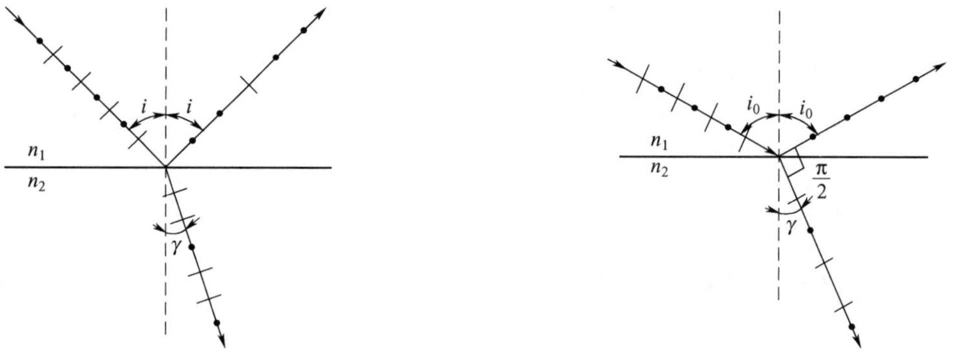

(a)入射角为 i 时产生部分偏振光　　(b)入射角为 i_0 时，反射光为偏振光

图9-42　反射光与折射光的偏振性质

由折射定律

$$\frac{\sin i_0}{\sin\gamma}=\frac{n_2}{n_1}$$

结合布儒斯特定律有

$$\sin\gamma=\cos i_0$$

所以

$$i_0+\gamma=\frac{\pi}{2} \tag{9-27}$$

上式表明，当入射角等于布儒斯特角时，反射光与折射光互相垂直。

当自然光以布儒斯特角入射时，反射光虽然是完全偏振光，但光强较弱，而折射光虽光强较大，但却是部分偏振光。例如，自然光以布儒斯特角从空气射向单块玻璃板时，入射光中平行于入射面的光振动全部被折射，垂直于入射面的光振动只有 15%左右被反射，而大部分都被折射进入玻璃并被透射出来。为了增强反射光的强度和折射光的偏振化程度，可以将许多相互平行的玻璃片装在一起，构成一玻璃片堆，如图 9-43 所示。

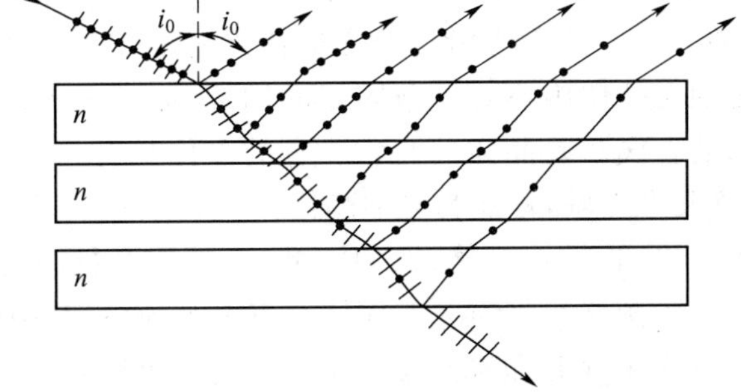

图 9-43　玻璃片堆折射光近似为偏振光

自然光以布儒斯特角入射玻璃片堆时，光在各层玻璃片上经过多次反射和折射，逐渐除去垂直振动的成分，最后透射出的几乎全部是平行于入射面的光振动了。

例 9-12　某透明介质在空气中的布儒斯特角 $\theta_B=58.0°$，求它在水中的布儒斯特角，已知水的折射率为 1.33。

解：根据布儒斯特定律，可以求出这种透明介质的折射率，

$$\tan\theta_B=\frac{n}{1}$$

所以

$$n=\tan\theta_B=\tan58.0°=1.60$$

设透明介质在水中的布儒斯特角为 θ'_B，则

$$\theta'_B=\arctan\frac{1.60}{1.33}=50.3°$$

9.3.4　双折射现象

当一束自然光从空气进入各向同性的介质(如玻璃)时，折射光只有一束，而且遵守光的折射定律。但当自然光射入各向异性的介质(如方解石)中时，会出现两束折射光，如图 9-44 所示，这种现象叫作双折射现象。当光垂直晶体表面入射产生双折射现象时，如果将晶体绕光的入射方向慢慢转动，其中按原方向传播的那束光的传播方向不变，而另一束光则随着晶体的旋转而绕着前一束光旋转。

以不同角度把自然光射入各向异性晶体进行观察，发现两束折射光的性质不同。其中一束光遵守折射定律，即折射光线在入射面内，入射角 i_1 与折射角 i_2 的正弦之比为一常数，即 $\frac{\sin i_1}{\sin i_2}=n$。这束光称为寻常光，简称 o 光。而另一束光不遵守折射定律，在一般情况下，折

射光不在折射面内，$\frac{\sin i_1}{\sin i_2}=n(i_1)$不是一个常数，它的数值随入射角 i_1 而改变，并且与入射光对晶体的取向有关。这束光称为非常光，简称 e 光。上述实验中随晶体转动的光就是 e 光。

实验和理论都证明，在晶体内存在一个特殊的方向，当光在晶体中沿此方向传播时，o 光和 e 光的传播速度都相等。因而光沿这个方向传播时不发生双折射现象。这个特殊方向称为晶体的光轴。光轴在晶体中不是一条固定的轴线，而是一个固定的方向。过晶体内任一点平行于这个方向的直线都是晶体的光轴。有的晶体只有一个光轴，我们称之为单轴晶体；也有一些晶体包含几个光轴，称之为多轴晶体。

天然方解石晶体是个斜平行六面体，其每个晶面都是平行四边形，各面的锐角均为 $78°8'$，钝角均为 $101°52'$。如图 9-45 所示。6 面体共有 8 个顶角，其中两个顶角 A 和 B 是由 3 个面的钝角所组成，其余的 6 个顶角都是由 3 个面中的一个钝角和两个锐角所组成。由顶点 A 或者 B 引出一条直线，并使它与晶体的各邻边成等角，这一直线方向就是方解石晶体的光轴方向。

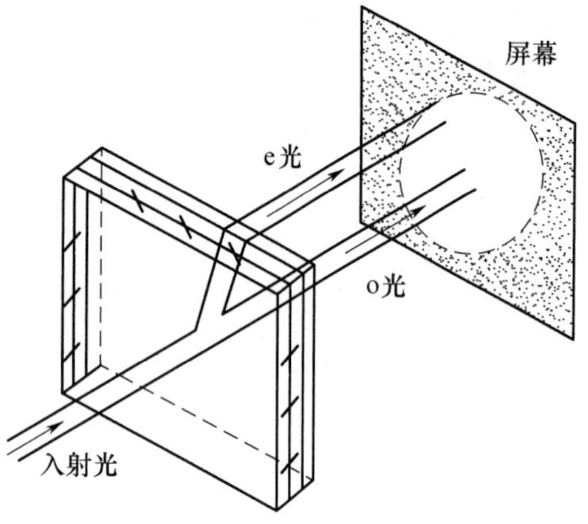

图 9-44　o 光和 e 光

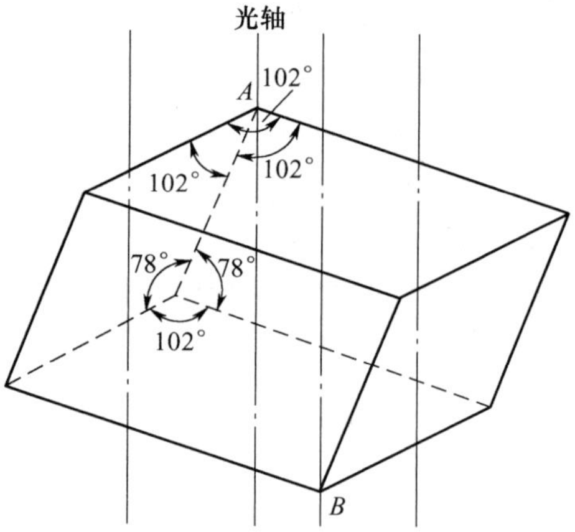

图 9-45　方解石晶体的光轴

在晶体内，晶体光轴与晶面法线方向构成的平面叫作晶体的主截面。在晶体中 o 光和光轴所组成的平面叫作 o 光的主平面，e 光和光轴组成的平面叫作 e 光主平面。实验表明，o 光的振动方向垂直于其主平面，而 e 光的振动方向在其主平面内。在一般情况下，这两个主平面不重合，但在大多数情况下其夹角很小，可以认为 o 光和 e 光的振动方向是相互垂直的。当光的入射面为晶体主截面时，o 光和 e 光的主平面重合，并与晶体的主截面重合。

显然，如果能将晶体内 o 光和 e 光分开，我们就能获得线偏振光，尼科耳棱镜就是实现这一目的的一种装置。如图 9-46 所示。用加拿大树胶将两块根据特殊要求加工成的方解石晶体黏合在一起，就构成了尼科耳棱镜。

当自然光射入棱镜左端面后，分成 o 光和 e 光。由于所选用的加拿大树胶的折射率为 1.550，介于方解石的折射率 $n_o=1.658$ 和 $n_e=1.486$ 之间，当 o 光射到树胶层时，由于其入射角(77°)超过了临界角(69.2°)而发生全反射，结果被涂黑的侧面所吸收。而 e 光是由光疏介质射向光密介质，不会发生全反射，能透过树胶并从右端射出。射出的光是振动方向平行于主截面的线偏振光。

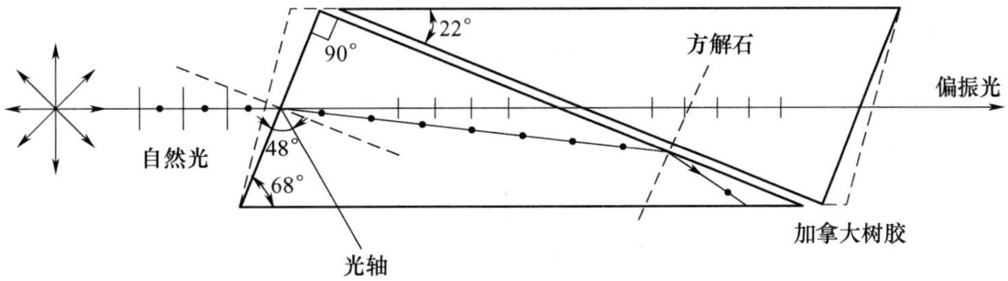

图 9-46　尼科耳棱镜

9.3.5　偏振光的干涉

线偏振光经双折射晶体后产生的 o 光与 e 光，虽然频率相同，有固定的相位差，但因振动方向互相垂直，因此只能合成椭圆偏振光而不能产生干涉。如果让这两束光经过一块偏振片，则两束光在振动方向的分振动就在同一方向上，它们之间就会产生干涉，这就是偏振光的干涉现象。

偏振光干涉的实验装置如图 9-47 所示，P_1 和 P_2 为互相垂直的偏振片，C 为光轴平行于晶面的双折射晶片。单色自然光垂直通过 P_1 后变为线偏振光，此线偏振光进入晶片 C 后分解为有一定相位差但光振动互相垂直的 o 光和 e 光。这两束光再通过 P_2 时，只有沿 P_2 的偏振化方向的光振动才能通过，这样就得到两束相干的线偏振光。

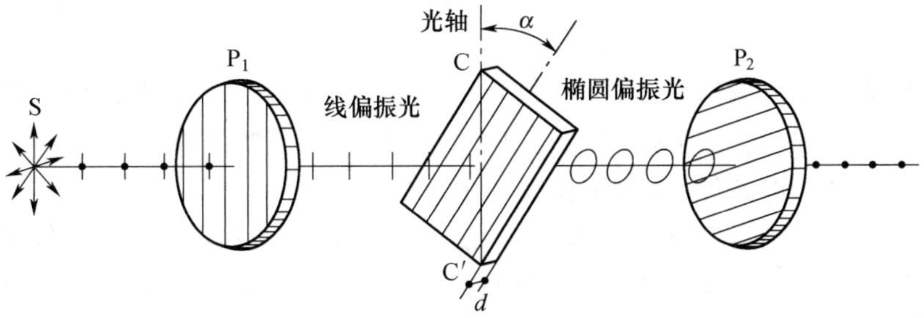

图 9-47　偏振光的干涉

在图 9-48 中 MM' 和 NN' 代表两正交偏振片 P_1 和 P_2 的偏振化方向，CC' 代表晶片 C 的光轴，A 为入射到晶片上的光振幅，在晶面上可分解为振幅分别为 A_e 和 A_o 的 e 光和 o 光。它们在透过 P_2 后的振幅分别为 A_{2e} 和 A_{2o}。由图可以看出

$$A_{2o}=A_o\cos\alpha=A\sin\alpha\cos\alpha$$
$$A_{2e}=A_e\sin\alpha=A\cos\alpha\sin\alpha$$

由上式可见，通过 P_2 后的光是振幅相等、振动方向相同、有恒定相位差的两束相干光。

A_{2e} 和 A_{2o} 的方向相反，相应的相位差为 π，所以通过厚度为 d 的晶片后，两束相干偏振光总的相位差为

$$\Delta\varphi=\frac{2\pi}{\lambda}(n_o-n_e)d+\pi \tag{9-28}$$

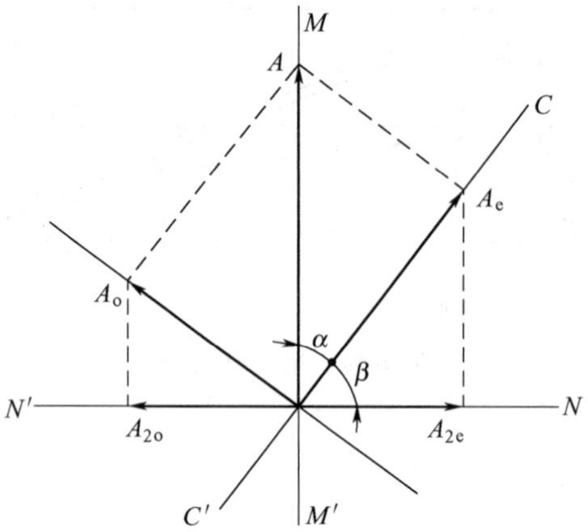

图 9-48　两束相干偏振光的振幅的确定

两偏振光干涉加强和减弱的条件分别为当

$$\Delta\varphi=\frac{2\pi}{\lambda}(n_o-n_e)d+\pi=\pm 2k\pi \quad (k=1,2,3\cdots)$$

干涉加强。当

$$\Delta\varphi=\frac{2\pi}{\lambda}(n_o-n_e)d+\pi=\pm(2k+1)\pi \quad (k=1,2,3\cdots)$$

干涉相消。

由此可见,当用单色偏振光照射时,如果晶片厚度均匀,则从 P_2 透出的光的强弱由晶片的厚度决定,视场呈现最亮、最暗、或介于两者之间,但无干涉条纹。当晶片的厚度不均匀时,由于镜片上各处干涉条件不同,则在视场中出现干涉条纹。

若入射光为白光,则对各种不同波长的光,干涉加强或减弱的情况不同,在晶片的厚度一定时,视场将出现一定的颜色,这种现象叫色偏振。若此时晶片各处厚度不同,则视场中将出现彩色条纹。

9.4　光的其他现象

9.4.1　旋光现象

1811 年阿拉果发现,当线偏振光沿某些透明晶体的光轴传播时,透射光虽然仍是线偏振光,但其振动面相对于入射光的振动面却旋转了一个角度。这种现象称为旋光现象。能产生旋光现象的物质称为旋光物质。如石英晶体、糖及酒石酸溶液等都是旋光性较强的物质。

研究物质的旋光性的实验装置如图 9-49 所示。图中 F 是滤光器,用以获得较好的单色光。C 是旋光物体(如光轴垂直于晶面的石英片),M 和 N 分别为起偏器和检偏器,当缓慢转动 N 时,可以看到视场由暗变亮,将 N 再旋转某一角度后,视场重新变暗。这个实验表明，线偏振光经过石英以后振动面旋转了一个角度。实验表明，当单色光入射到固态旋光物质时，振动面的旋转角 φ 为

$$\varphi=\alpha l \tag{9-29}$$

式中：l 为旋光物质的透光长度，α 为旋光物质的旋光率，不同物质的旋光率不同，旋光率的数值还与光的波长 λ 有关。例如，石英对 $\lambda=589$ nm 的黄光，$\alpha=21.75°/\text{mm}$；对 $\lambda=408$ nm 的紫光，$\alpha=48.9°/\text{mm}$。

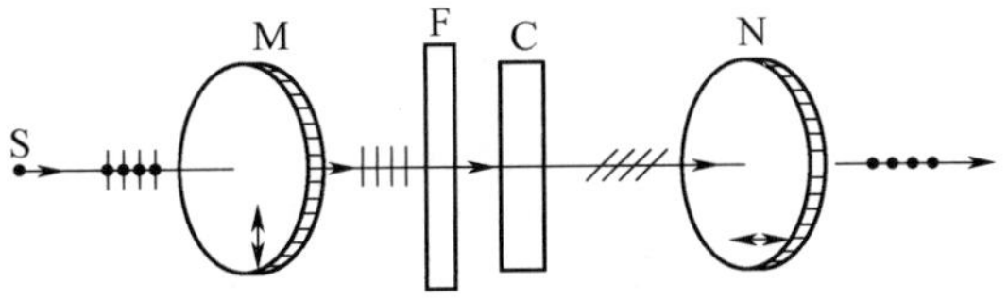

图 9-49　物质的旋光性实验

很多液体或溶液也有旋光性，如松节油、乳酸、糖溶液等。线偏振光通过这些液体时，偏振面转过的角度 φ 还与溶液浓度成正比，即

$$\varphi=\alpha lc \tag{9-30}$$

式中：c 为溶液浓度；α 为溶液的旋光率，与溶液性质、温度及光的波长有关。测出 α 以后，可根据 φ 数值算出溶液浓度。工业上的量糖计就是根据这个原理制成的。

实验还表明，振动面的旋转具有方向性。迎着光线望去，光振动面沿顺时针方向旋转的称为右旋物质，反之称为左旋物质。规定右旋物质的 α 为正，左旋物质的 α 为负。例如生物体内的葡萄糖为右旋物质，果糖为左旋物质。而一般的葡萄糖有右旋和左旋两种，它们的原子组成一样，都是 $C_6H_{12}O_6$，但空间结构不同，这两种分子叫同分异构体。令人不解的是人工合成的同分异构体，例如左旋糖和右旋糖，总是左右旋分子各半，而来自生命的同分异构体，例如甘蔗和甜菜榨出的蔗糖以及生物体内的葡萄糖都是右旋的。生物总是选择右旋糖吸收而对左旋糖不感兴趣。

9.4.2　光的吸收

1. 朗伯定律

光通过任何物质时，都会或多或少地被物质吸收，因此光的强度随穿进物质的深度而减弱。这里所指的吸收是真正的吸收(即吸收的光能转化为热能)，不包括由于反射和散射引起的光强减弱。

让一束单色平行光在某种均匀物质中沿 x 方向传播，如果通过厚度为 $\mathrm{d}x$ 的薄层，光的强度由 I 变为 $I-\mathrm{d}I$，实验表明，在相当广阔的光强范围内，光强的相对改变量 $\mathrm{d}I/I$ 与吸收层的厚度成正比，即

$$\frac{\mathrm{d}I}{I}=-\alpha\,\mathrm{d}x$$

式中 α 称为物质的吸收系数，它是由物质的性质和光波的波长决定，而与光强无关。将上式

积分，可求出光束在通过厚度为 l 的物质后的光强

$$I=I_0 e^{-\alpha l} \tag{9-31}$$

I_0 及 I 分别是通过厚度为 l 的物质层前后的光强度。式(9-31)称为光的吸收定律，也叫布格-朗伯定律。这是1729年布格从实验中得出的，1760年朗伯从理论上进行了证明。

例 9-13 某金属的吸收系数 $\alpha=1.0\times10^4\ \text{cm}^{-1}$，问它的厚度为多少时能透过50%的光。

解：根据吸收定律，透射光强与入射光强之比为

$$\frac{I}{I_0}=e^{-\alpha l}$$

上式两边取对数得

$$\ln\frac{I}{I_0}=-\alpha l$$

因此金属厚度为

$$l=\frac{\ln\frac{I}{I_0}}{-\alpha}=\frac{\ln 0.5}{-1.0\times10^4}=6.9\times10^{-5}(\text{cm})$$

此例说明，物体的透明程度不仅与物质的吸收系数有关，而且与物体的厚度有关。对于如金属或岩石等吸收系数很大的物质，如果制成厚度足够小的薄片，在较大光强的照射下，仍然可以认为是透明的。因此，在显微镜下观察岩石标本时，常将样品磨成很薄的薄片。

溶液对光的吸收，与溶液的浓度有关。实验证明，透明溶剂中溶解的物质对光的吸收系数 α 与溶液的浓度 c 成正比

$$\alpha=Ac$$

于是布格-朗伯定律可以表示为

$$I=I_0 e^{-Acl} \tag{9-32}$$

式中 A 是由吸收物质分子特性决定的常数，与浓度无关。式(9-32)称为比尔定律。根据比尔定律，可以通过测定光在溶液中被吸收的比例，求出溶液浓度 C。式(9-32)说明吸收系数与浓度呈线性关系，但在实际测量中可观察到偏离线性的情况。这说明比尔定律的成立是有条件的。首先，比尔定律只有溶质分子的吸收本领不受周围分子的影响时才成立。当溶液的浓度很大时，分子间的影响不可忽略，比尔定律不再成立。

2. 一般吸收和选择吸收

如果物质对某波长范围内的各种波长的吸收程度几乎都相等，即吸收系数 α 与波长无关，则这种吸收称为一般吸收。例如，纯水、无色玻璃等对可见光产生一般吸收。在一般吸收情况下，物质对光的吸收很少，光束通过时，只改变强度而不改变颜色。

如果物质对某些波长的光吸收特别强烈，而对其他波长的光吸收较少，则称这种吸收为选择吸收。凡是有颜色的物体，其颜色都是来源于对可见光选择吸收。例如白光照射下呈

现绿色的物体，就是因为它们对绿光吸收很少，而对其他波长的光有强烈的吸收。假如一物体对白光中所有波长的光都强烈吸收，它就呈现黑色，如煤炭和黑漆。物体这种由于选择吸收所呈现的颜色称为体色。对于呈现体色的物体，入射光透进物体内部，经过选择吸收后，其余的光通过散射和反射从物体射出，所以体色反映物体内部的颜色。与体色相对应的是表面色，表面色是由于物质表面选择反射而产生的。例如金属，它们的表面对不同波长的光有不同的反射能力，黄金所呈现的黄色是由于对黄光强烈反射的缘故。

从广阔的电磁波谱来看，任何物体都同时存在一般吸收和选择吸收。在可见光波段内具有一般吸收的物质，往往对红外光或紫外光有选择吸收。例如普通玻璃对可见光是透明的，红外线和紫外线因被选择吸收而透过很少。所以红外光谱仪的透镜通常由对红外线透明的 CaF_2 或 LiF 晶体制成，紫外光谱仪的透镜则需用对紫外线透明的石英制成。

9.4.3　光的散射

当光束通过光学性质均匀的介质（如无色玻璃、清水）时，从光束的侧向观察，几乎看不到光。但是当光束通过光学性质不均匀的介质（如水中滴几滴牛奶或者悬浮灰尘的空气）时，则从各个方向都可以观察到光，这种现象称为光的散射。例如一束太阳光从门或窗户射入房内，我们可以从侧面清晰看到光束的经迹，这是因为空气中悬浮灰尘产生散射的缘故。

光的散射与介质中不均匀性的尺度有很大关系，一般将散射分为两大类：廷德耳散射和分子散射。廷德耳散射是介质中悬浮微粒的散射，这些微粒的线度可以和光的波长比较。例如胶体、烟、雾和含有尘埃的空气等的散射都属于此类。分子散射是由于介质分子的热运动造成分子密度局部的涨落而引起的散射。十分纯净的气体或液体发生的比较微弱的散射就属于分子散射。在热学中，曾提到物质的临界态，密度起伏非常明显，这时观察到的临界乳光也是分子散射的结果。

瑞利对很小微粒的散射进行研究，发现散射光强度 I_s 与光波长的四次方成反比，即

$$I_s \propto \frac{1}{\lambda^4}$$

这个关系称为瑞利散射定律。红光波长在 7×10^{-7} m 左右，青紫光波长在 4×10^{-7} m 左右，所以青紫光的散射光强度可为红光的 9 倍。

瑞利散射定律有一定的适用条件，它仅在散射微粒的线度比光的波长小的情况下成立。在此情况下，根据经典电磁理论，介质中的分子在光的作用下成为以光波频率振动的电偶极子，从光波获得能量，同时发出辐射。由于分子热运动破坏了分子之间辐射的固定相位关系，电偶极子发出的次波不再相干，所以散射光强仅仅是次波光强的非相干叠加。电偶极子辐射的振幅与电子振动的加速度成正比，设电子振动的位移

$$x = x_0 \cos\omega t$$

则加速度

$$\frac{d^2x}{dt^2} = -x_0\omega^2\cos\omega t$$

所以散射光振幅与圆频率的平方 ω^2 成正比，于是光强与 ω^4 成正比，即散射光强与 λ^4 成

反比。

利用瑞利散射定律可以解释我们熟悉的自然现象。例如晴朗的天空为什么是蓝色的?这是因为太阳光通过大气时受到大气分子的散射,其中波长较小的蓝光比波长较长的红光散射强烈,所以散射光中波长较短的蓝光占优势,天空便呈现蓝色。如果我们走出大气层,太阳光得不到大气的散射,即使在白天,也只能看到光辉夺目的太阳悬挂在漆黑的背景中,这正是宇航员见到的景象。又例如,清晨和傍晚的太阳呈红色,这是因为此时的太阳光几乎平行于地面,穿过的大气层最厚,散射效应最明显。其中的短波部分更多地向四周散射开来,而剩下的波长较长的红光直射地面,所以见到红色的朝阳和夕阳。中午时,太阳光穿过大气最薄,散射效应不明显,故太阳呈白色。

9.5 光度学基础

光度学是研究可见光在对视觉系统作用过程中能量计量的科学,与光度学相关的学科是辐度学,辐度学是研究包括可见光在内的所有电磁波的发射、传播和吸收过程中能量计量的科学。显然光度学是辐度学的一部分,前者更注重光所引起的人的生理和心理作用。本节介绍光度学的基本概念、基本原理及光对生物的作用。

9.5.1 光通量

1. 辐射通量

光是一种电磁波,它的传播过程和其他波一样,也是能量传播过程。人们把单位时间内通过某一面积的辐射能,叫作通过该面积的辐射通量。若 $\mathrm{d}t$ 时间内通过传播方向上一个面积 $\mathrm{d}S$ 的辐射能量为 $\mathrm{d}W$,定义该面积辐射通量为

$$\Phi_e=\frac{\mathrm{d}W}{\mathrm{d}t} \tag{9-33}$$

辐射通量也叫辐通量,它的单位与功率相同,也是瓦特(W)。例如当太阳光线与地面垂直时,太阳光到达地面的最大辐通量,在 1 m^2 面积上,大约为 1 320 W。

辐射通量 Φ_e 表示在单位时间内通过某一面积的辐射能量的多少,但不能反映该能量引起的人眼视觉强弱。实验证明,波长不同但辐射通量相同的光,引起的视觉响应(眼睛感到的明亮程度)并不相等。例如,当我们观察太阳光谱时,会感到光谱中部的黄绿色最为明亮,靠近两端的红色和紫色最微弱,而对于可见光区外的其他波长的辐射则不能观察。

2. 视见函数

为了对不同波长引起的视觉强弱做定量描述,必须研究眼睛对不同光波的灵敏度。眼睛的灵敏度各人稍有差别,只能对许多人的大量观察结果取其平均灵敏度。表述人眼对各种波长光的相对灵敏度的数量,称为视见函数,用 $V(\lambda)$ 表示。假设两相邻波长 λ_1 和 λ_2 的光波在相等的面积上,引起同样强弱视觉感受所需要的辐射通量分别为 $\Phi(\lambda_1)$ 和 $\Phi(\lambda_2)$,则这两个波长的视见函数 $V(\lambda_1)$ 和 $V(\lambda_2)$ 之比为

$$\frac{V(\lambda_1)}{V(\lambda_2)}=\frac{\Phi(\lambda_2)}{\Phi(\lambda_1)} \tag{9-34}$$

由于人眼对于波长为 555 nm 的黄绿光最灵敏，故取此光波的视见函数值为 1，这样，根据式(9-34)即可推得波长为 λ 的视见函数 $V(\lambda)$ 的表达式为

$$V(\lambda)=\frac{\Phi(555)}{\Phi(\lambda)} \tag{9-35}$$

式中 $\Phi(555)$ 和 $\Phi(\lambda)$ 分别为波长在 555 nm 和 λ 时引起相同视觉感受所需的辐射通量。因为 $\Phi(555)$ 是最小的辐射通量，所以其他波长的光的视见函数都小于 1，而在光谱可见光范围以外，光的视见函数值则都为零。

基于视觉神经的生理结构特征，人眼的视觉有白昼视觉和黄昏视觉之别，因此白昼与黄昏的视见函数值也不一样。在暗光下，视见函数 $V(\lambda)$ 与波长 λ 的关系如图 9-50 中虚线所示。

与白昼视觉(实线)曲线相比，它的最大值要向短波方向移动约 50 nm。

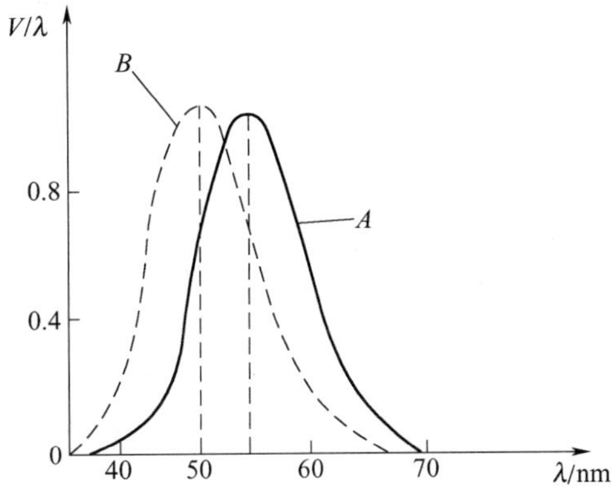

图 9-50　人眼的视见函数

3. 光通量

不同波长的可见光对人眼的视觉强度不同，不能用辐射可见光的功率来衡量，同是 1 W 的绿光看上去要比 1 W 红光亮得多。引入光通量来表示光辐射通量对人眼引起的视觉强度，用 F 表示。显然，光通量 F 与入射光的辐射通量 $\Phi(\lambda)$ 和视见函数 $V(\lambda)$ 的乘积成正比

$$F=RV(\lambda)\Phi(\lambda) \tag{9-36}$$

光通量的单位为流明(lm)。因为规定波长为 555 nm 的黄绿光的视见函数值为 1，且在该波长光照射下 1 W 的辐射通量可产生 683 lm 的光通量，所以 $R=683$ lm/W。因此上式变为

$$F=683\,V(\lambda)\Phi(\lambda)$$

例 9-14　波长为 450 nm 的一束蓝光，其视见函数值为 0.038，它的光功率(辐射通量)为 2 W，求这束光的光通量。

解：根据光通量的公式得

$$F=683V(\lambda)\Phi(\lambda)=683\times0.038\times2=52(\text{lm})$$

9.5.2　发光强度

当光源的线度与光源到空间被照物体的距离相比，可以忽略不计时，这样的光源称为点光源。在各向同性介质中点光源发出光波的波面是球面。为了探讨点光源的发光强度，首先必须了解立体角的定义。

如图 9-51 所示，其中立体角 $\mathrm{d}\Omega$ 就是以点光源为球心，以某长度 r 为半径作一球面，在

球面上取一面元 dS,面元的边缘与球心的连线构成一个锥面,此锥面所张开的空间角度称为该方向的立体角,大小为

$$d\Omega=\frac{dS}{r^2} \tag{9-37}$$

立体角的单位为球面度(Sr)。球面的面积 $S=4\pi r^2$,故整个球面对球心所张开的立体角为 4π。

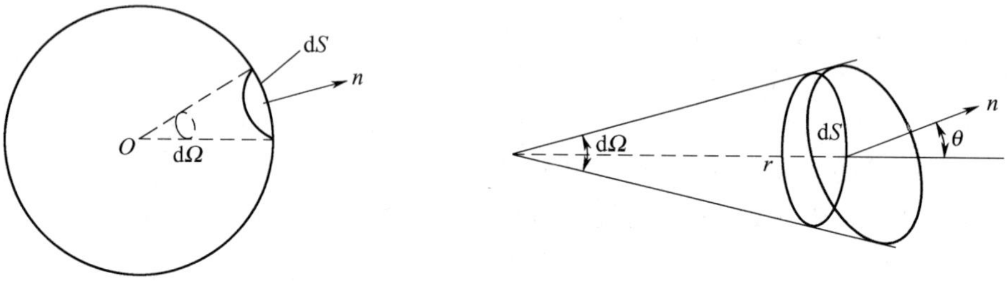

图 9-51 球坐标中立体角的表示

发光强度在数量上等于通过单位立体角的光通量。设一点光源在某一方向的空间立体角 dΩ 内发出的光通量为 dF,那么在这个方向上的发光强度为

$$I=\frac{dF}{d\Omega}$$

对于均匀发光的点光源,它发出的总光通量 F 均匀分布在 4π 球面度角内,所以它的发光强度在各个方向都相同,为一常数,即

$$I=\frac{F}{4\pi}$$

发光强度的单位为坎德拉(cd),它是国际单位制中 7 个基本单位之一。1979 年第 16 届国际计量大会上确定了坎德拉的新定义:发光频率为 540×10^{12} Hz 的单色辐射光源,沿给定方向的辐射强度为$\frac{1}{683}$W/Sr 时,光源在该方向上的发光强度为 1 cd。

对非均匀发光的点光源,如用球坐标 θ、φ 来表征方向,发光强度 I 应为 θ、φ 的函数,即 $I=I(\theta,\varphi)$。在球坐标系中总立体角元 $d\Omega=\sin\theta d\theta d\varphi$,所以

$$dF=Id\Omega=I\sin\theta d\theta d\varphi$$

点光源向空间发出的总光通量为

$$F=\int I d\Omega=\int_0^{2\pi}d\varphi\int_0^{\pi}I\sin\theta d\theta$$

则光源的平均发光强度(等效发光强度)为

$$\bar{I}=\frac{1}{4\pi}\int_0^{2\pi}d\varphi\int_0^{\pi}I\sin\theta d\theta$$

例 9-15 一台氦氖激光器发射激光的波长为 6.328×10^{-7} m，辐射通量为 2.0×10^{-2} W，发散立体角为 3.14×10^{-6} Sr。试求此激光器的发光强度(波长为 6.328×10^{-7} m 的激光的视见函数值为 0.24)。

解：由光通量公式得

$$F=683V(\lambda)\Phi(\lambda)=683\times0.24\times2.0\times10^{-2}=3.28(\mathrm{lm})$$

根据发光强度公式得

$$I=\frac{\mathrm{d}F}{\mathrm{d}\Omega}=\frac{3.28}{3.14\times10^{-6}}=1.05\times10^{6}(\mathrm{cd})$$

9.5.3 光照度

当光源的光投射到一个物体的表面时，此物体就会被照明，为了定量描述物体表面被照明的程度，我们引入“光照度”这一概念。被照体表面面积元 $\mathrm{d}S$ 上所投受的光通量为 $\mathrm{d}F$，那么该面积元上的光照度为

$$E=\frac{\mathrm{d}F}{\mathrm{d}S}$$

光照度简称照度。光照度的单位为勒克司，用符号“lx”表示。

在一般实际问题中，光源离被照物体较远时，可将光源视为点光源。所以讨论点光源的光照度问题具有一定的实际意义。如图 9-52 所示，设点光源 O 的发光强度为 I，面元 $\mathrm{d}S$ 对 O 所张的立体角为

$$\mathrm{d}\Omega=\frac{\mathrm{d}S\cos\theta}{r^2}$$

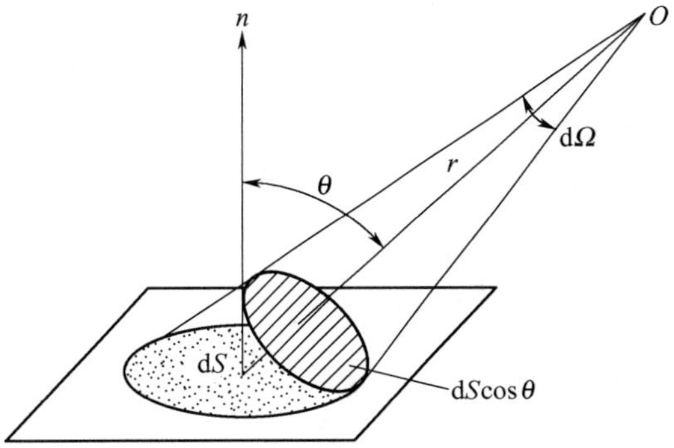

图 9-52 点光源的光照度

则投射到 $\mathrm{d}S$ 面元的光通量为

$$\mathrm{d}F=I\,\mathrm{d}\Omega=I\,\frac{\mathrm{d}S\cos\theta}{r^2} \tag{9-38}$$

故光照度为

$$E=\frac{\mathrm{d}F}{\mathrm{d}S}=\frac{I\cos\theta}{r^2} \tag{9-39}$$

这就是点光源的光照度定律。

如果有许多点光源同时照射，可参照式(9-39)分别求出每一点光源在某点所产生的光照度，然后相加就得到该点的光照度

$$E=\frac{I_1\cos\theta_1}{r_1^2}+\frac{I_2\cos\theta_2}{r_2^2}+\cdots$$

在日常生活和工作时,保持合适的照度是非常必要的。过分强烈或过分阴暗的环境对人的眼睛都是不利的。表 9-1 给出了若干不同情况下的标准照度。

表 9-1　不同条件下的照度值

不同条件	照度值/lx
无月夜星光在地面上的照度	3×10^{-4}
满月在地面上的照度	0.2
阅读工作需要的照度	50
书写工作需要的照度	75
电影银幕上的照度	20～80
精细工作(刻图章、修表)需要的照度	100
晴朗夏日采光良好室内的照度	100～500
太阳不直接照射露天地面的照度	$10^3\sim10^4$
晴朗夏日正午露天地面的照度	10^5

例 9-16　一个各向均匀地发出波长 $\lambda=590$ nm 黄光的点光源,辐射通量为 100 W,已知此黄光的视见函数为 $V(\lambda)=0.750$,求光源正下方 2 m 处地面的照度。

解:光通量为

$$F=683V(\lambda)\Phi(\lambda)=683\times0.750\times100=5.12\times10^4(\mathrm{lm})$$

光源的发光强度为

$$I=\frac{F}{4\pi}=\frac{5.12\times10^4}{4\times3.14}=4.08\times10^3(\mathrm{cd})$$

根据点光源照度公式,可求得照度

$$E=\frac{\mathrm{d}F}{\mathrm{d}S}=\frac{I\cos\theta}{r^2}=\frac{I}{r^2}=\frac{4.08\times10^3}{2^2}=1.02\times10^3(\mathrm{lx})$$

9.6　色度学基础

我们知道,光是电磁波,对于不同波长的可见光,人的眼睛感觉是不同的颜色。现实世界中,人们见到单色光的机会不多,一般都是混合光或一定成分的混合光,光往往含有多个波长成分,人的眼睛对含有多种波长成分的可见光,有什么样的颜色感觉呢?这是很值得研究的问题。色度学就是这样的学科,是研究人眼对颜色感觉规律的一门科学。

9.6.1　色彩三要素

光的物理性质由它的波长和能量来决定。光照射到我们的眼睛时,能量决定了光的强度，而不同波长的光刺激人们的视觉神经则产生颜色感觉。波长相同能量不同，则决定了色彩明暗的不同。颜色在客观上是光的一种特性，在主观上是一种视知觉现象，像味觉、听觉、嗅觉、触觉一样，是人的感受器官对外界刺激的反映。与一般的物理量不同，它包含着复杂的生理和心理过程。人眼能分辨颜色的数量，人们从不同角度进行过推算，其结果出入很大，有人说在最佳观察条件下人眼能辨别 1 000 多万种颜色。总之，人的视觉系统辨别颜色的能力是很强的。尽管分辨颜色种类惊人，但人眼只能分辨颜色的 3 种变化，怎样衡量人眼对颜色的感觉呢？显然，光的强度、波长及其波长的差异都能引起人眼相应的反应。我们采用以下几个量来衡量人眼对色彩的感觉。即明度、色调和饱和度。

明度：指色彩的明暗程度，主要取决于光的强度，每一种颜色在不同强弱的照明光线下都会产生明暗差别。

色调：就是指不同颜色之间质的差别，它们是可见光谱中不同波长的电磁波在视觉上的特有标志。色彩所具有的最显著特征就是色调，从物理光学的角度上来讲，各种色调是由射入人眼中光线的光谱成分所决定的，色调形成取决于该光谱成分的波长。光源的色调取决于辐射的光谱组成和光谱能量分布及人眼所产生的感觉。一束平行的白光透过一个三棱镜时，这束白光因折射而被分散成一条彩色的光带，形成这条光带的红、橙、黄、绿、青、蓝、紫等颜色，就是不同的色调。

物体的颜色取决于物体表面对光线中各种色光的吸收和反射性能。例如，红布之所以呈现红色，是由于它只反射红光，吸收了红光之外的其余色光。

饱和度：是指构成颜色的纯度，也就是彩色的纯洁性、色调深浅的程度。它表示颜色中所含彩色成分的比例。彩色比例越大，该色彩的饱和度越高，反之则饱和度越低。色彩饱和度与被摄物体的表面结构和光线照射情况有着直接的关系。同一颜色的物体，表面光滑的物体比表面粗糙的物体饱和度大；强光下比阴暗的光线下饱和度高。

对人眼来说，不同的色调在视觉上也有不同的饱和度，红色的饱和度最高，绿色的饱和度最低，其余的颜色饱和度适中。

色调与饱和度合称为色度(chromaticity)，它既说明彩色光的颜色类别，又说明颜色的深浅程度。色度再加上亮度，就能对颜色作完整的说明。

色调、亮度和饱和度是色彩的 3 个特征，也是色觉的 3 个属性，通常将色调、亮度和饱和度称为“色彩三要素”。

9.6.2 三原色原理

在人眼的视网膜上存在着大约 1 亿个视杆细胞和 700 万个视锥细胞，这两类细胞有不同的视觉功能，视杆细胞只有在低亮度水平(百分之几 cd/m^2 以下 ）起作用，称为暗视觉。视杆细胞只有明暗感觉，不能分辨物体细节，也不能分辨颜色。视锥细胞只在高亮度水平(几个 cd/m^2 以上)下起作用，称为明视觉。视锥细胞既能分辨物体细节，又能分辨颜色。视锥细胞之所以能分辨颜色，是因为它有 3 种类型，各有自己的光谱响应特性。这 3 种细胞有时称为亲红、亲绿、亲蓝视锥细胞，就是说它们受到光刺激时分别产生红、绿、蓝的颜色感觉，锥状细胞对颜色的分辨就是色度学的基础。不同波长的光，刺激同一种视锥细胞时，只是效率不同，但产生的颜色感觉是一样的，3 种刺激按不同比例组合才能产生出千千万万种颜色。因为只有3种视锥细胞，人眼对光谱波长的分辨力有限，一般来说，对于某一光谱组合的光，有一种确定的颜色与之对应；但反过来，一种颜色并不只对应一种光谱组合，也就是说，两种光谱成分完全不同的混合光，有可能引起的颜色知觉完全一样。例如6 W 540 nm (绿)与25 W 650 nm (红)的单色光相混合，产生的颜色与10 W 580 nm (黄)的单色光相同。这种现象在色度学中称为"同色异谱"。这种人眼对波长分辨能力的缺陷不一定是坏事，否则彩色电视、彩色照相的实现将困难千万倍。可见光进入人眼后，聚焦在视网膜上，被视杆细胞和视锥细胞所吸收而转换成神经信息。这些信息经过其他视觉系统进行复杂处理传至大脑中枢神经，而后产生颜色知觉现象，这个过程是极其复杂的，它涉及光学、光化学、视觉生理、视觉心理等方面，要定量探测这个过程是困难的，色度学避开这个复杂的过程，直接研究进入人眼的光刺激与最后色知觉量之间的对应关系，这是一种心理物理学的研究方法，这种方法表示的颜色量称为心理物理色，目前色度学主要研究的就是心理物理色。

在前一节中提到，人眼对波长变化引起的颜色变化的辨认能力，在光谱中的不同位置是不同的，最灵敏处为480 nm(青)及600 nm(橙黄)附近，最不灵敏处为540 nm(绿)及光谱两端。灵敏处只要波长改变1 nm，人眼就能感受到颜色的变化，而多数要改变1～2 nm才行。

颜色混合实验存在着这样的事实：适当选取红、绿、蓝3种色光，按不同比例相混合，就可得到任意一种颜色。实验方法是：将视场分为两半，一半投以待测色光，另一半投以红、绿、蓝光。调节红、绿、蓝光的比例，视场中的分界线消失时，两半视场颜色相同，称为待测色光与三色混合色光达到了匹配。因此，自然界中各种物体所表现出的不同色彩，都是由蓝色、绿色和红色光线按适当比例混合起来即作用不同的吸收或反射而呈现在人们眼中的。所以，蓝色、绿色和红色就是组成各种色彩的基本成分。我们把这3个感色单元称为三原色。三原色的光谱波长如下：

435.8 nm 波长400～500 nm的范围属蓝光范围；

546.1 nm 波长500～600 nm的范围属绿光范围；

700 nm 波长600～700 nm的范围属红光范围。

这3个原色的光波在可见光光谱中各占1/3。3个原色中的一个与另外两个原色或其中一个原色等量相加，就可得到其他的色彩，任何颜色都可以用红、绿、蓝这3种颜色按不同的比例混合而成，这就是三原色原理。三原色的原理可以概括为以下四点：

(1)自然界的色彩是由三原色为基本色构成的，三原色按不同的比例相混合可以合成出自然界中的任何颜色。

(2)蓝、绿、红这3种原色是互相独立的，它们中的任何一种颜色都不能用另外两种颜色混合得到。

(3)3种原色的混合比例决定色别。

(4)混合色光的亮度等于各原色光的亮度和。

两种色光相加后如果得到白光，则该两色光互为补色。与蓝光、绿光和红光互为补色的三色光分别为黄光、品红光和青光。我们通常称这三色光为"三补色"。这3个补色，在可见光谱中，各约占2/3。

根据上述色光叠加的规律，色光A＝色光B，色光C＝色光D，则A＋C＝ B＋D。此式说明色光相加符合数学上的向量加法法则。

9.6.3 彩色的度量和表示

根据三原色原理，我们可以写出颜色匹配方程

$$C(\text{colour})=R(\text{R})+G(\text{G})+B(\text{B}) \tag{9-40}$$

式中(R)表示红色，(G)表示绿色，(B)表示蓝色，R、G、B 分别为红、绿、蓝的比例，称为光谱三刺激值。在正常视觉的群体中间，人眼对颜色的视觉反应也有一定的差别。在人们眼中所反映出的颜色，不单取决于物体本身的特性，而且还与照明光源的光谱成分有着直接的关系。所以说在人们眼中反映出的颜色是物体本身的自然属性与照明条件的综合效果，以及多人平均的效果。颜色匹配通过实验来确定。图 9-53 为颜色匹配实验示意图，图中，整个视场的一半为投射的待测某些光谱色，另一半视场由三原色来匹配，当与待测色光达到颜色匹配时，确定所需三原色的数量，这里所说三原色"数量"的单位不是一般的物理量单位，而是色度学单位。色度学单位与物理单位有一定关系，色度学单位的确定方法是：选一特定的白光作为标准，用选定的三原色与白光进行匹配，当达到颜色匹配时，如果所需要的三原色光的光通量值分别为 L_{R}、L_{G}、L_{B}(lm)，则 L_{R}、L_{G}、L_{B} 定为三刺激值的相对亮度单位，即色度学单位，例如配某一色光所用三原色光分别为 F_{R}、F_{G}、F_{B}(lm)，它的三刺激值就等于 FR/L_{R}、FG/L_{G}、FB/L_{B}。在颜色匹配实验中，待测色光也可以是单色光，对单色光进行匹配，可以得到单色光的三刺激值。如果在匹配实验中，将各单色光的辐射能量保持为相同，这时所得到的三刺激值称为"光谱三刺激值"，也就是匹配等能光谱色的三原色数量。也就是说，若待测光是某一种波长的单色光，所对应 R，G，B 值即为光谱三刺激值(颜色匹配函数)，用 r，g，b 表示。

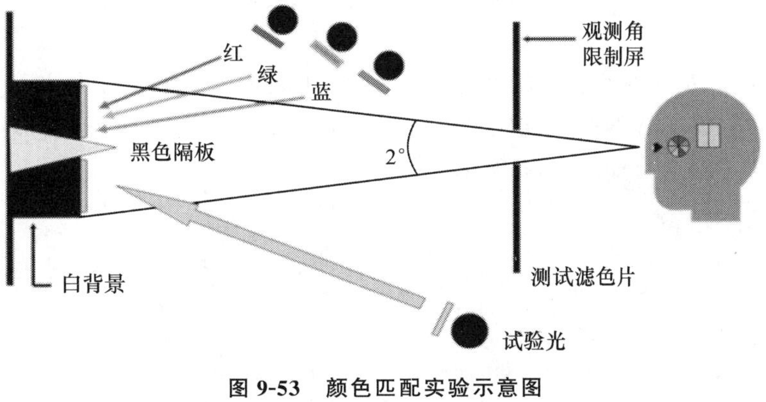

图 9-53 颜色匹配实验示意图

1931 年国际照明委员会(CIE)根据莱特(W. D. Wright)1928—1929 年和吉尔德(J. Guild)研究三原色的角度观察效果，加以平均，定出了匹配等能光谱色的光谱三刺激值，从而制定了 CIE 1931-RGB 色度系统，它的数值只决定于人眼的视觉特性，式(9-40)可写为：

$$C(\text{colour})=\bar{r}(\text{R})+\bar{g}(\text{G})+\bar{b}(\text{B}) \tag{9-41}$$

因为任何颜色的光都是由不同单色光混合而成的，所以光谱三刺激值能作为其他色光三刺激值的计算基础。RGB 色度系统是在许多正常视觉人群中观测得来的数据而得出的

平均结果,就技术应用理论上来说,已具备足够的代表性和可靠性。所以光谱三刺激值能作为颜色色度计算的基础。光谱三刺激值与光谱色色度坐标的关系为:

$$\begin{cases} r = \dfrac{\bar{r}}{\bar{r}+\bar{g}+\bar{b}} \\ g = \dfrac{\bar{g}}{\bar{r}+\bar{g}+\bar{b}} \\ b = 1 - r - g \end{cases} \tag{9-42}$$

据此,CIE 给出了用等能标准三原色来匹配任意颜色的光谱三刺激值曲线,如图 9-54 所示。

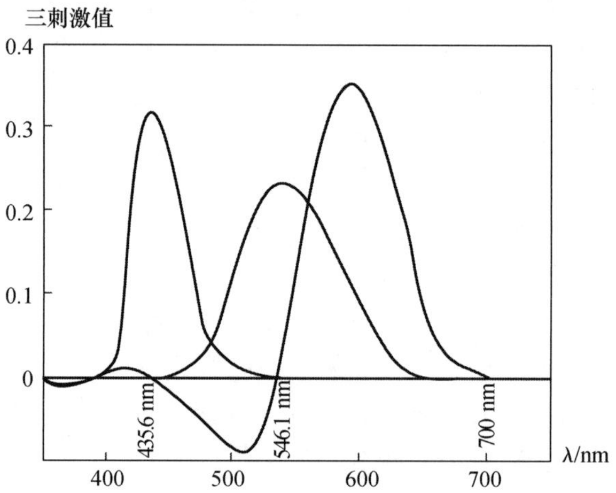

图 9-54　光谱三刺激值曲线

只要知道 r、g、b 其中的 2 个就可确定第 3 个,所以可用二维坐标来表示各种彩色的色度,将 380 nm 到 780 nm 的所有纯色光进行配色实验,求得其色度坐标,并标注于 r、g 坐标系中,得到 RGB 色度图,如图 9-55 所示。

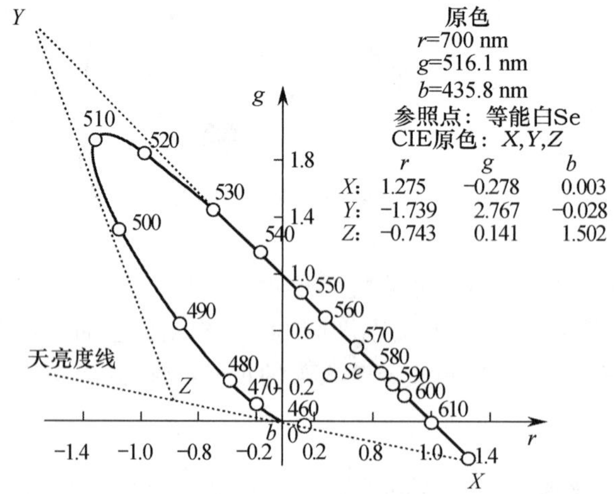

图 9-55　CIE 1931-RGB 色度图

RGB 色度图中，由谱色光的色度坐标连成的舌形曲线称为谱色轨迹，实色都在谱色轨迹内，曲线旁边标明了相应的波长数值。等能白色 Se 点在三角形的重心，该点 $r=1/3$、$g=1/3$、$b=1/3$。穿过该点的任意直线连接的三角形上的两个点对应互补色相加得白色。坐标越靠近谱色轨迹饱和度越高，越靠近等能白 Se 点饱和度越低。

从光谱三刺激值曲线和色度图中可见，r，g，b 值和光谱轨迹的色度坐标有一大部分出现负值，表明用物理三基色[R][G][B]计色时会出现负系数。表示用[R][G][B]三基色相加混合配不出此种颜色的光。当然负系数出现其物理意义可以从颜色匹配实验的过程来理解：当投射到半视场的某些光谱色，用一半视场的三原色来匹配时，不管三原色如何调节都不能使两半视场达到颜色匹配，只有在光谱色的半视场内加上三原色之一才能匹配，这就出现了负的色度坐标值。也就是说，在进行三原色配色时，可能发现有些颜色始终混不出来，这时可以将某个原色移至待配色一端，然后调节至两边色感相同，这时将移到待配色一端的原色定义为负值。另外，谱色的坐标不全在第Ⅰ象限，作图不方便。为克服 RGB 计色制的缺点，CIE 委员会制定了新的系统——CIE-XYZ 表色系。

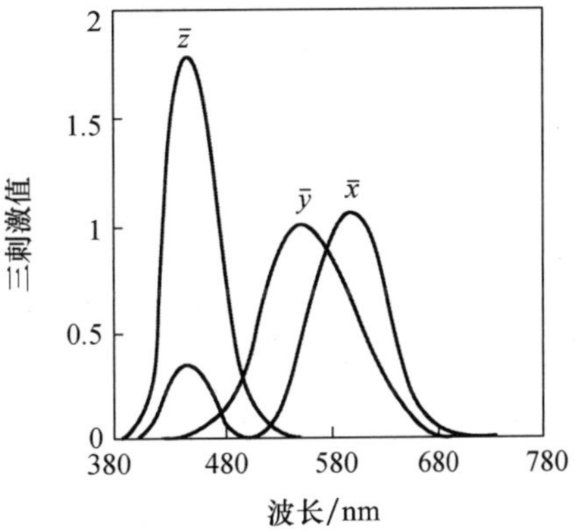

图 9-56　光谱三刺激值 xyz 曲线

CIE 用假想的红(X)、绿(Y)、蓝(Z)作为三原色，等能白(即在可见光范围内光谱功率分布为恒定值的白光)作为标准白光，建立了 CIE 色度系统。CIE 推荐的光谱三刺激值曲线如图 9-56 所示。已用表格的形式公布，它代表人类平均色觉特性，称为“标准色度观察者”。任何色光的三刺激值可用下列方程计算：

$$
\begin{aligned}
X &= k\int S(\lambda)\bar{x}(\lambda)\mathrm{d}\lambda \\
Y &= k\int S(\lambda)\bar{y}(\lambda)\mathrm{d}\lambda \\
Z &= k\int S(\lambda)\bar{z}(\lambda)\mathrm{d}\lambda
\end{aligned}
\tag{9-43}
$$

式中：$S(\lambda)$为进入眼睛色光的光谱功率分布，$\bar{x}(\lambda)$、$\bar{y}(\lambda)$、$\bar{z}(\lambda)$ 是光谱三刺激值，k 是规一化常数。3 个假想原色的确定主要考虑了 3 个问题：

(1)X ，Z 两原色只代表色度而无亮度，亮度量只与 Y 成比例，

(2)此系统中光谱三刺激值全为正值，其光谱轨迹应全在三角形 XYZ 以内。

(3)等能白光色度点仍然是变化后三角形的重心。

(4)从 540～700 nm 范围，光谱轨迹需近似为曲线，即此范围内的光谱色只要用两种色即可仿得。根据以上条件变换计算，CIE1931 标准色度系统和 RGB 系统的换算可表示为：

$$\begin{vmatrix} X \\ Y \\ Z \end{vmatrix} = \begin{vmatrix} 2.7689 & 1.7517 & 1.1302 \\ 1.000 & 4.5907 & 5.5943 \\ 0.0565 & 1.1302 & 0.000 \end{vmatrix} \begin{vmatrix} R \\ G \\ B \end{vmatrix} \tag{9-44}$$

颜色方程为

$$C = X(X) + Y(Y) + Z(Z) \tag{9-45}$$

在色度学计算中，常用色度坐标是三刺激值各自在三刺激值的总量中所占的比例，用 x, y, z 表示：

$$\begin{cases} x = \dfrac{X}{X+Y+Z} \\ y = \dfrac{Y}{X+Y+Z} \\ z = \dfrac{Z}{X+Y+Z} \end{cases} \tag{9-46}$$

以色度坐标 x, y 所表示的色度图，如图 9-57 所示，任何一种颜色均能在色度图中找到对应点，将单色光在色度图上的点连接，形成一马蹄形，马蹄形内包括了自然界能得到的所有颜色。

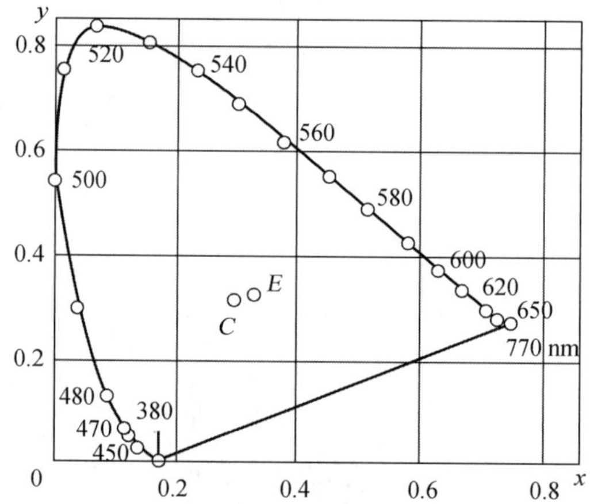

图 9-57　CIE 1931-XYZ 色度图(1)

CIE 1931 色度图中的弧形曲线上的各点是光谱上的各种颜色即光谱轨迹，是光谱各种颜色的色度坐标。红色波段在图的右下部，绿色波段在左上角，蓝紫色波段在图的左下部。图下方的直线部分，即连接 400 nm 和 700 nm 的直线，是光谱上所没有的、由紫到红的系列。靠近图中心的 C 是白色，相当于中午阳光的光色，其色度坐标为 $X=0.3101, Y=0.3162$。

CIE 1931 色度图有很大的实用价值。可由该图得出饱和度等值，例如，色度图(图 9-58)上有一颜色 S，由 C 通过 S 画一直线至光谱轨迹 O 点(590 nm)，S 颜色的主波长即为 590 nm，此处光谱的颜色即 S 的色调(橙色)。某一颜色离开 C 点至光谱轨迹的距离表明它的色纯度，即饱和度。颜色越靠近 C 越不纯，越靠近光谱轨迹越纯。S 点位于从 C 到 590 nm 光谱轨迹的 45%处，所以它的色纯度为 45%（色纯度% =（CS/CO）×100）。从光谱轨迹的任一点通过 C 画一直线抵达对侧光谱轨迹的一点，这条直线两端的颜色互为补色（虚线）。

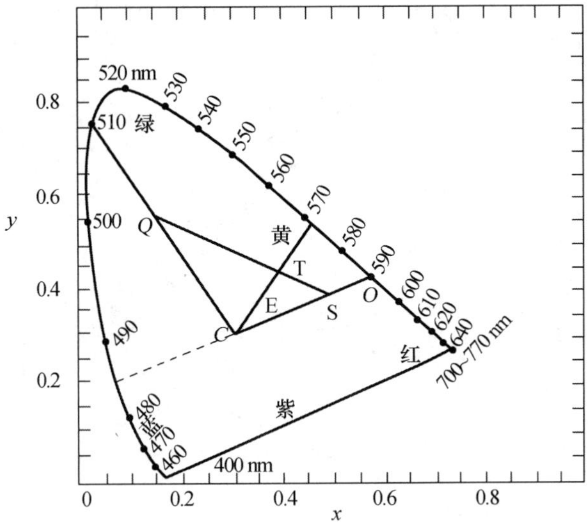

图 9-58　CIE 1931-XYZ 色度图(2)

如 Q 和 S 相加，得出 Q 到 S 直线的各种中间颜色，如 T 点，由 C 通过 T 抵达 572 nm 的光谱色，可由 552 nm 的波长颜色看出 T 的色调，并可由 T 在 C 与 552 nm 光谱色之间所占位置看出它的纯度。

例 9-17　如图 9-59 中，样品颜色(M)的色度坐标为(x=0.223、y=0.503)，C 点的色度坐标为(x_0=0.310、y_0=0.316)，求颜色(M)的色纯度。

解：样品颜色(M)的主波长 519.4 nm，查等能光谱轨迹色度坐标表，光谱色 519.4 nm 的色度坐标值约为：y_λ=0.834

则有：

$$P_e=\frac{y-y_0}{y_\lambda-y_0}=\frac{0.503-0.316}{0.834-0.316}=0.361$$

样品的色纯度（饱和度）为 36.1%

色度图有很大的实用价值，任何颜色，不管是光源色还是表面色，都可以在这个色度图上标定出来，这就使颜色的描述简便而准确了。例如为了保证颜色标志的正确辨认和交通安全的管制，在色度图上规定了具体的范围，它适用于各种警告信号和颜色标志的编码。按特定要求产生彩色的过程称为彩色复现，彩色电视、彩色照相、彩色印刷已为人们所熟悉。色度学的成果为彩色复现提供了理论依据；彩色复现的新发展又给色度学提出了新的研究课题。在印染、油漆等行业需要用不同色料配制所要求的颜色，过去是由配色师凭经验估算配方，一般来说，这种方法命中率不高。电脑配色系统由分光光度计、计算机和软件组成，它

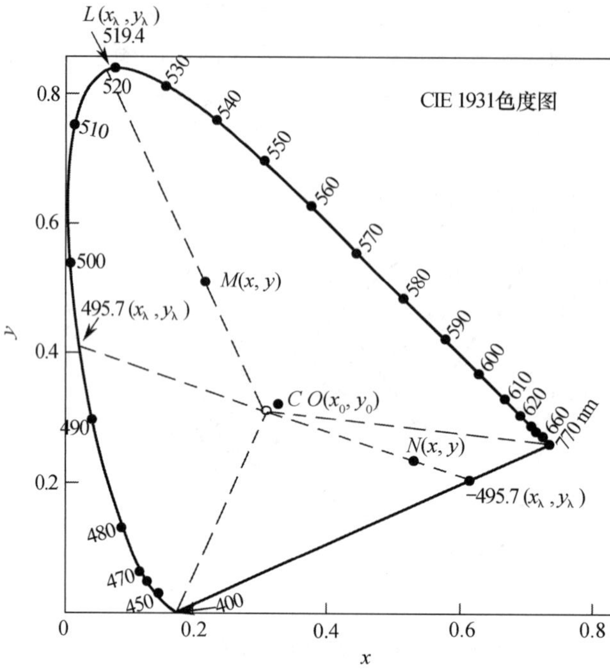

图 9-59 CIE 1931-XYZ 色度图(3)

的工作过程是:将用户要求的样品放在分光光度计上进行测试,计算机采集到数据后,以预先存储在机内的色料基础数据库为依据,按色度学原理进行计算,几分钟内便可以给出多种配方供选择,这种全自动求解色料配方可以满足多种行业的需要。现代色度学的成果在工农业生产和科学技术研究中得到了广泛的应用。

□ 思考题

9-1 在杨氏双缝实验中,若将入射光由正入射改为斜入射,则屏幕上干涉图样如何改变?

9-2 将劈尖由空气中放入折射率为 n 的介质中,条纹间距如何变化?

9-3 在单缝的夫琅禾费衍射中,单缝宽度对衍射图样有何影响?

9-4 什么是缺级?产生缺级的条件是什么?

9-5 偏振现象反映光波的什么性质?

9-6 试解释我们看到的天空是蓝色的,而宇航员看到的天空却是黑色的。

9-7 为什么要引进视见函数?

□ 习 题

9-1 在杨氏干涉实验中,两缝间距 $d=1$ mm,两缝距干涉屏 $D=1$ m,现用波长分别为 $\lambda_1=600$ nm 和 $\lambda_2=540$ nm 的光垂直照射双缝。求:

(1)两光波分别形成的明纹间距；

(2)两光波的同一级明纹之间的距离与级数之间的关系；

(3)这两组明纹从第几级开始重合？

9-2　在杨氏双缝实验中，设两缝间距 $d=0.2$ mm，干涉屏距双缝距离 $D=1$ m，若入射光为波长在 400～760 nm 的白光，问干涉屏上离中央明纹 20 mm 处，哪些波长的光最大限度地加强？

9-3　如图 9-60 所示，在杨氏双缝干涉实验中，若 $S_2P-S_1P=r_2-r_1=\lambda/3$，求 P 点的相位差。

9-4　一双缝干涉装置的一个缝被厚度为 t 折射率为 1.40 的薄玻璃片所遮盖，另一个缝被相同厚度折射率为 1.70 的薄玻璃片所遮盖。在玻璃片遮盖后，干涉屏上原来中央明纹所在点，现变为第 5 级明纹。设入射光波长 $\lambda=480$ nm。求玻璃片厚度 t。

9-5　在如图 9-61 所示的劳埃德镜实验装置中，距平面镜垂距为 1 mm 的狭缝光源 S_0 发出波长为 680 nm 的红光。求平面反射镜的右边缘 M 到观察屏上第一条明条纹中心的距离。已知 $MN=30$ cm，光源至平面镜一端 N 的距离为 20 cm。

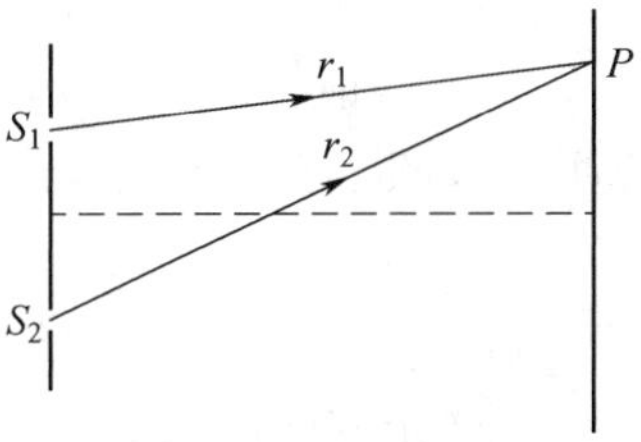

图 9-60　习题 9-4 用图

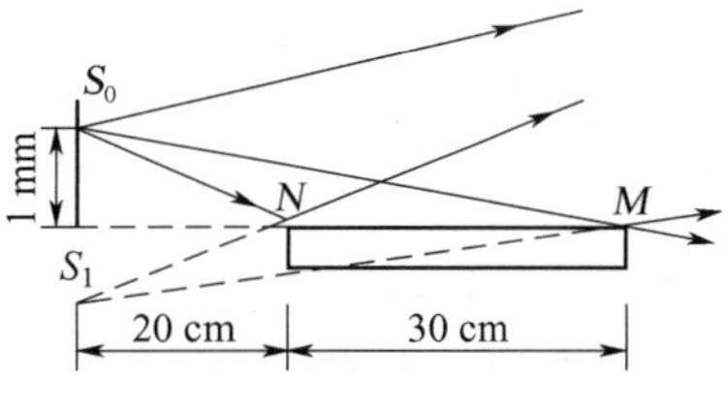

图 9-61　习题 9-5 用图

9-6　一油船失事，把大量石油($n=1.2$)泄漏在海面上，形成一个很大的油膜。如果你从飞机上竖直地向下看油膜厚度为 460 nm 的区域，哪些波长的可见光反射最强？

9-7　垂直入射的白光从一薄膜上反射(放置在空气中)，在可见光谱内有一个干涉极大($\lambda_1=600$ nm)，而在光谱紫端有一干涉极小($\lambda_2=375$ nm)。如果薄膜的折射率 $n=1.33$，试求它的最小厚度。

9-8　白光垂直照射到空气中一厚度为 380 nm 的肥皂膜上，肥皂膜的折射率 $n=1.33$，问经肥皂膜反射后呈什么颜色？

9-9　波长为 λ 的单色光垂直照射到折射率为 n_2 的劈形膜上，如图 9-62 所示，图中 $n_1<n_2<n_3$，观察反射光形成的干涉条纹。

(1)从劈形膜顶部 O 开始向右数起，第 5 条暗纹中心所对应的薄膜厚度 e_5 是多少？

(2)相邻的二明纹所对应的薄膜厚度之差是多少？

9-10　一波长 $\lambda=0.68\ \mu$m 的平行光垂直地照射在两块玻璃片上，两块玻璃片的一边互相垂直，另一边用直径为 0.048 mm 的金属丝分开。试求在空气劈上呈现多少明条纹？

9-11　如图 9-63 所示，G_1 是用来检验加工件质量的标准件，G_2 是待测的加工件。它们的端面都经过磨平抛光处理。将 G_1 和 G_2 放置在平台上，用一光学平板玻璃盖住。设垂直入射光的波长 $\lambda=589.3$ nm，G_1 与 G_2 相隔 $d=0.5$ cm，T 与 G_1 以及 T 与 G_2 间的干涉条纹的间隔都是 0.5 mm。求 G_1 与 G_2 的高度差 Δh。

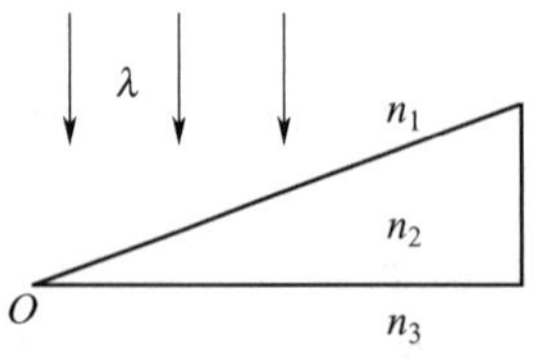

图 9-62　习题 9-9 用图

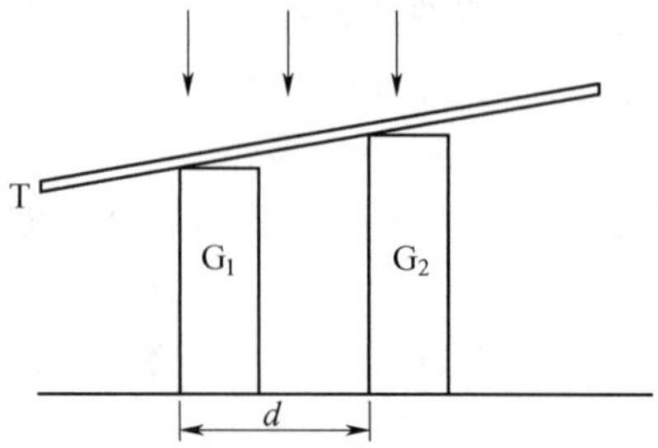

图 9-63　习题 9-11 用图

9-12　用迈克耳逊干涉仪可测量单色光的波长。当 M_2 移动距离 $d=0.3220$ mm 时，测得某单色的干涉条纹移过 $N=1\ 204$ 条，求该单色光的波长。

9-13　在单缝夫琅禾费衍射实验中，如果缝宽 a 与入射光波长 λ 的比值分别为 1，10，100，试分别计算中央明条纹边缘的衍射角，再讨论计算结果说明了什么问题。

9-14　单缝宽 $a=0.2$ mm，在缝后放一焦距 $f=0.5$ m 的透镜，在透镜的焦平面上放一屏幕。用波长为 $\lambda=0.5461\ \mu$m 的平行光垂直地照射到单缝上，试求中央明纹及其他明纹的角宽度。

9-15　在复色光照射下的单缝衍射图样中，其中某一波长的第 3 级明纹位置恰与波长 $\lambda=600$ nm 的单色光的第 2 级明纹位置重合，求这光波的波长。

9-16　波长 $\lambda=600$ nm 的单色光垂直照射一光栅，光栅所产生的第 2 级和第 3 级明纹分别出现在 $\sin\theta_2=0.20$ 和 $\sin\theta_3=0.30$，第 4 级缺级。问

(1)光栅常数为多大？

(2)光栅上狭缝的最小宽度为多大？

(3)按上选定的 a、b 值，在衍射屏上出现多少条明纹？

9-17　用 1.0 mm 内有 500 条刻痕的平面透射光栅观察钠光谱($\lambda=589$ nm)，设透镜焦距 $f=1.00$ m。问：

(1)光线垂直入射时，最多能看到第几级光谱？

(2)若用白光(波长范围为 400～760 nm)垂直照射光栅，求第 1 级光谱的线宽度。

9-18　在垂直入射于光栅的平行光中，有 λ_1 和 λ_2 两种波长。已知 λ_1 的第 3 级光谱线(即第 3 级明条纹)与 λ_2 的第 4 级光谱线恰好重合于离中央明条纹为 5 mm 处，而 $\lambda_2=486.1$ nm，并发现 λ_1 的第 5 级光谱线缺级，透镜的焦距为 0.5 m，试求：

(1)λ_1 和光栅常数$(a+b)$；

(2)光栅的最小缝宽 a。

9-19　汽车的两盏前灯相距 1.2 m，试问汽车离人多远的地方，眼睛才可能分辨这两盏灯？假设夜间人眼瞳孔直径为 5.0 mm，车灯发光波长为 $\lambda=550.0$ nm。

9-20 已知天空中两颗星相对于一望远镜的角距离为 4.84×10^{-6} rad，由它们发出的光波波长 $\lambda=550.0$ nm。望远镜物镜的口径至少要多大，才能分辨出这两颗星？

9-21 如果图 9-64 中入射 X 射线束不是单色的，而是含有由 0.095～0.130 nm 这一波带中的各种波长。晶体的晶格常量 $a_0=0.275$ nm，问：与图中所示的晶面族相联系的衍射的 X 射线束是否会产生？

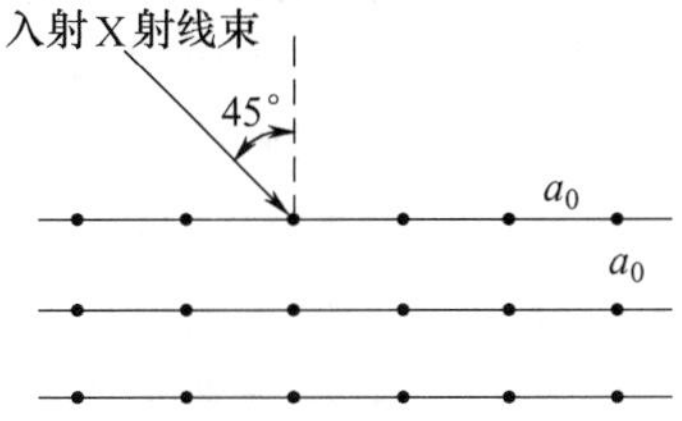

图 9-64 习题 9-21 用图

9-22 将 3 个偏振片叠放在一起，第 2 个与第 3 个的偏振化方向分别与第 1 个的偏振化方向成 45°和 90°角。

(1)强度为 I_0 的自然光垂直入射到这一堆偏振片上，试求经每一个偏振片后的光强和偏振状态。

(2)如果将第 2 个偏振片抽走，情况又如何？

9-23 平行放置两偏振片，使它们的偏振化方向成 60°的夹角。

(1)如果两偏振片对光振动平行于其偏振化方向的光线均无吸收，则让自然光垂直入射后，其透射光强与入射光强之比是多少？

(2)如果两偏振片对光振动平行于其偏振化方向的光线分别吸收 10%的能量，则透射光强与入射光强之比是多少？

9-24 一束自然光入射到一组偏振片上，这组偏振片由 4 块偏振片组成，这 4 块偏振片的关系是，每块偏振片的偏振化方向相对于前面的一块偏振片，沿顺时针方向转过了 30°角。试求入射光中有多大一部分透过这组偏振片？

9-25 一光束由强度相同的自然光和线偏振光混合而成，此光束垂直入射到几个叠在一起的偏振片上。

(1)欲使最后出射光振动方向垂直于原来入射光中线偏振光的振动方向，并且入射光中两种成分的光的出射光强相等，至少需要几个偏振片？它们的偏振化方向应如何放置？

(2)这种情况下最后出射光强与入射光强的比值是多少？

9-26 水的折射率为 1.33，玻璃的折射率为 1.50。当光由水中射向玻璃而反射时，起偏角为多少？当光由玻璃射向水面而反射时，起偏角又为多少？

9-27 测得不透明釉质(珐琅)的起偏角为 $i_B=58.0°$，它的折射率为多少？

9-28 如图 9-65 所示，3 种透明介质 Ⅰ、Ⅱ、Ⅲ 的折射率分别为 $n_1=1.00$，$n_2=1.43$ 和 n_3。Ⅰ、Ⅱ 和 Ⅱ、Ⅲ 的界面互相平行。一束自然光由介质 Ⅰ 射入，若在两界面上的反射光都是线偏振光，则

(1)入射角 i 是多大？

(2)折射率 n_3 是多大？

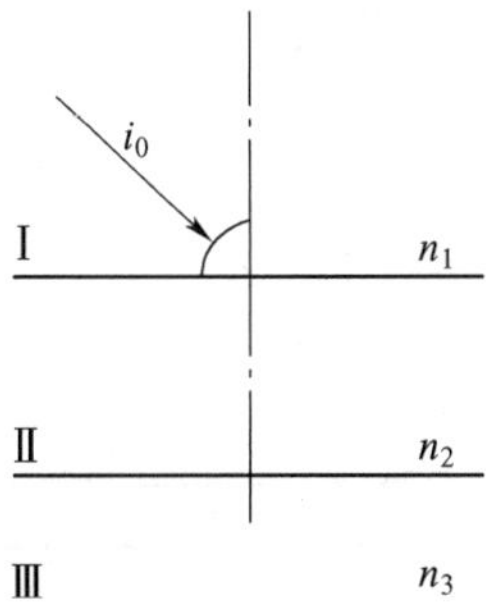

图 9-65 习题 9-28 用图

9-29 蔗糖的旋光率 $\alpha=66.67\ \mathrm{cm^3(mm\cdot g)^{-1}}$，今有一不知浓度的蔗糖溶液，黄色线偏振光通过每毫米厚溶液时

振动面旋转 3.55°，求此溶液的浓度。

9-30 一长 3.50 m 玻璃管内贮藏某种气体，此气体对光的吸收系数为 0.165 0 m^{-1}，求透射光强与入射光强之比。

9-31 设强度相同、波长分别为 253.6 nm 和 546.1 nm 的两束光沿同一方向入射到同一介质中，求瑞利散射光强之比。

9-32 某汽车前灯发光强度为 75 000 cd，光束发散立体角为 5 Sr，求其发出的光通量。

9-33 一光源辐射出 555 nm 和 610 nm 的光，两者的辐射通量分别为 2 W 和 1 W，视见函数分别为 1.000 和 0.503，求光源发出的总光通量各为多少？

9-34 一氦氖激光器发出 1×10^{-2} W 的激光束，其波长为 6.328×10^{-7} m，激光束的立体角为 3.14×10^{-6} Sr，已知该激光的视见函数为 0.24。求：

(1)此激光束的光通量和发光强度；

(2)若此激光器照射在 10 m 远处的白色屏幕上，则屏幕上照射区域的光照度为多少。

Chapter 10 第10章

近代物理

Modern Physics

在19世纪末20世纪初，经典物理学的主要部分，即我们很熟悉的力学、热力学和分子运动论、电磁学及光学，都已经建立起完整的理论体系，并且在应用领域也取得了辉煌的成就，可以说物理学已经发展得相当完善。面临这样局面，当时有许多物理学家认为，自然界中的基本规律已经全部被人类所发现，今后物理学家不会有太多的工作可做，其任务无非是在细节上做些补充和修正，或者是将有关物理常数测得更精确些而已。

然而，正是在这个时候，陆续从一些实验上发现一系列经典物理学难以解释的事实。这些事实与经典物理的基本概念和基本规律产生了无法调和的矛盾，要解决这些矛盾，必须要采用新的基本概念和新的基本规律，从而引起物理学的革命，导致以相对论和量子力学为代表的近代物理的诞生。

本章我们将讨论微观世界规律为主要内容的近代物理学。我们大体上沿着近代物理发展的轨迹，介绍近代物理学的基本概念和基本规律。物理学归根到底是一门实验科学，其基本概念和基本规律都来源于实验，而物理学规律也要能解释实验观测的结果。由于微观领域远离我们的宏观日常体验，用于描述微观世界运动规律有一些新的物理概念和我们过去熟悉的经典宏观规律的物理概念是不同的，和我们日常观察也不一致，因此，会造成理解和掌握这些基本概念和基本规律的困难。在学习中，要以实践为检验真理的唯一标准，理解这些微观世界运动规律，学好近代物理学。

10.1 经典物理的困难和量子论的提出

10.1.1 黑体辐射、普朗克量子假设

在与经典物理基本概念和基本规律产生矛盾的实验中，黑体辐射是最先引出新概念的实验，是近代物理的开篇作之一。为讨论这个实验及其解释，我们首先介绍热辐射概念。

1. 热辐射　描述热辐射的物理量

绝对温度不等于零的物体，都要辐射出电磁波。因为从物质结构看，物质都是由分子原

子组成的，原子是由原子核和电子组成的。只要温度不是绝对零度，分子原子就会处在不断的运动中，其中的带电部分也就处在运动中，而带电物体的运动就会辐射出电磁波。例如，加热一个铁块，我们发现，开始铁块是黑的，随温度上升，铁块开始变红，然后变白。这表明随温度上升，铁块开始发出红光，然后发出白光，进一步的研究表明，铁块开始发出的是人眼没法发现的红外线。红光、白光和红外线都是电磁波，只不过其波长不同而已。其实，人们在生产和生活中，对于这类现象早有注意，例如，人们可以根据炉火的颜色判断炉的温度高低，明亮得发青的炽热物体比暗红的物体温度高。由此可见，物体都会辐射出电磁波，但由于温度的不同，其辐射的电磁波波长或者频率不同，即这些电磁波的波谱(能量与波长的关系)与温度有关，与温度有关的这种辐射就叫热辐射。

在 19 世纪末 20 世纪初，欧美国家正值钢铁、化工等重工业大发展时期，急需高温测量、辐射计和光度计等方面的新技术和新设备，许多研究人员开展了热辐射的实验研究。在热辐射的研究中，人们对于辐射的能量，尤其是辐射能量随波长分布的特性非常感兴趣。为定量描述热辐射能量，我们需要引入以下物理量：辐射出射度和单色辐射出射度。定义如下：

(1)辐射出射度。单位时间内从物体单位面积上辐射出来的各种波长电磁波的总能量，用 M 表示。

(2)单色辐射出射度。单位时间内从物体单位面积上辐射出来的波长在 λ 附近单位波长区间电磁波的能量，用 M_λ 表示。

很显然，辐射出射度和单色辐射出射度之间存在以下关系

$$M=\int_0^\infty M_\lambda \mathrm{d}\lambda \tag{10-1}$$

2. 黑体　黑体辐射实验规律

物体在辐射电磁波的同时，还会吸收从其他物体辐射来的电磁波。当物体在同一时间内辐射电磁波的能量和吸收外来电磁波的能量相等时，物体处在温度一定的热平衡状态。如果我们定义单色吸收比为：物体吸收波长在 λ 附近单位波长区间电磁波的能量与入射到该物体的能量之比，用 α_λ 表示。德国物理学家基尔霍夫(Gustav Robert Kirchhoff，1824—1887)发现：在热平衡状态，物体的单色辐射出射度 M_λ 与其单色吸收比 α_λ 的比值只与温度有关，即

$$\frac{M_\lambda(T)}{\alpha_\lambda(T)}=F(T) \tag{10-2}$$

式中 $F(T)$是一个与物质无关的普适函数。这个关系称为基尔霍夫辐射定律。该定律表明，物体的单色辐射度大，则其单色吸收比也大，反之亦然。

从基尔霍夫辐射定律中，我们发现 $F(T)$具有重要地位。其具体形式是怎样的，是我们要研究的问题。我们当然可以通过 M_λ 和 α_λ 求出 $F(T)$。但我们发现，对外来的电磁波，物体除吸收外还有反射，这样辐射和反射都存在，问题就很复杂。如果我们能找到吸收比等于 1 的物体，即该物体能全部吸收外来的电磁波，没有任何反射，则问题就要简单得多，这时，$M_\lambda(T)=F(T)$，这就意味着普适函数 $F(T)$就是吸收比等于 1 物体的单色辐射度。我们把吸收比等于 1 的物体称为绝对黑体。这样，研究 $F(T)$问题就转为研究绝对黑体的单色辐

射度函数。知道了绝对黑体的单色辐射度以及物体单色吸收比，就能了解一般物体的热辐射特性。所以，研究绝对黑体的单色辐射度是研究热辐射的主要工作。

然而，绝对黑体是理想化的物体，现实中任何物体都不是真正的绝对黑体。用人工方法可获得较为理想的黑体，例如在空腔的壁上挖一小孔，一束射入小孔的光，需经过多次反射才会有一些光从小孔中射出，如果再想办法增加内壁的吸收，减少小孔尺寸，可使反射微乎其微，这样小孔可视为理想的黑体。研究黑体辐射的实验装置如图 10-1 所示。实验测得，在各种平衡温度 T 下，小孔黑体的单色辐射出射度 M_λ 随波长 λ 变化的规律如图 10-2 所示。

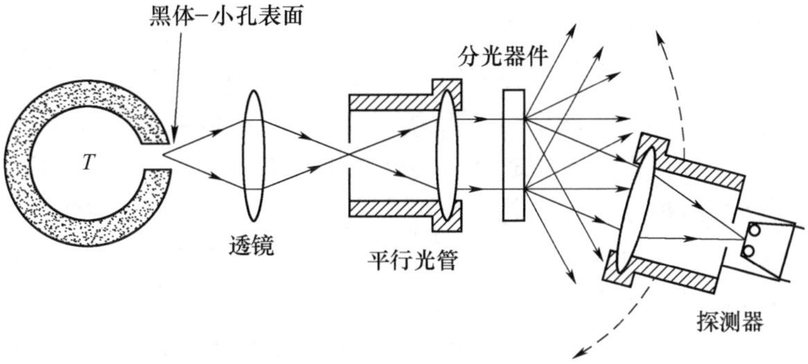

图 10-1　黑体辐射实验示意图

3. 黑体辐射实验规律的解释　普朗克量子假说

对于得到的黑体辐射实验规律，物理学家们发现，如何从理论上解释这一规律是当时的一个难题。物理学家们尝试了用经典热力学、电磁学理论来计算黑体辐射规律。1896 年，维恩(Wilhelm Carl Werner Otto Fritz Franz Wien，1864—1928)根据热力学理论和对实验数据的分析，导出一个关于黑体辐射的半经验公式：

$$M_\lambda(T)=\frac{\alpha c^2}{\lambda^4}e^{\frac{\beta}{\lambda T}} \tag{10-3}$$

称为维恩公式。式中：α，β 为常数；c 为光速。维恩公式在长波波段与实验曲线有明显的偏差，仅在短波波段与实验曲线相符合，见图 10-3。

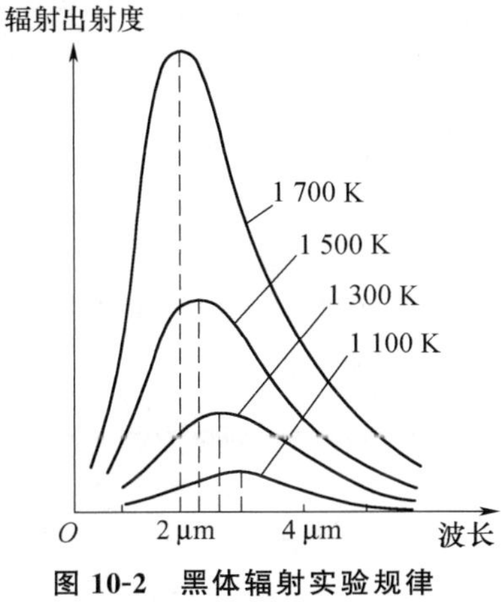

图 10-2　黑体辐射实验规律

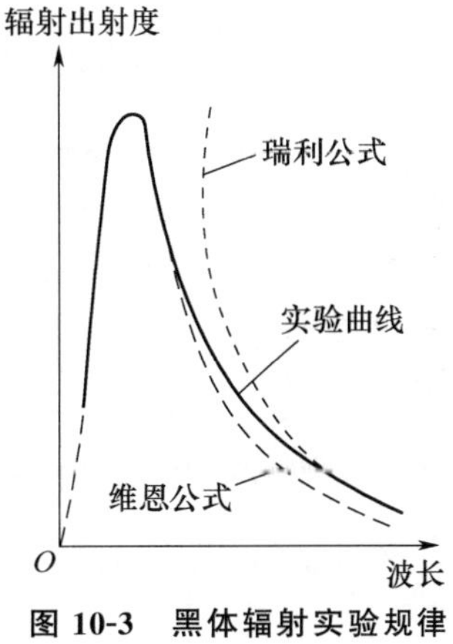

图 10-3　黑体辐射实验规律

由于黑体辐射与辐射体的特性无关，因而，可把黑体辐射产生的机制视为：在一定的温度下，辐射体中的带电粒子以一定的频率振动，构成电谐振子，引起的辐射。电磁波的频率应该与振子的频率相同，振子的能量与振幅的平方成正比。基于上述考虑，1900 年，英国物理学家瑞利(J. W. Rayleigh, 1842—1919)和金斯(J. H. Jeans, 1877—1946)从理论上给出如下公式

$$M_\lambda(T)=\frac{2\pi ckT}{\lambda^4} \tag{10-4}$$

式中 k 为玻耳兹曼常数，上式称为瑞利-金斯公式。由图 10-3 可见瑞利-金斯公式只适合长波波段，而在紫外的短波波段则与实验曲线明显不符。特别是，瑞利-金斯公式表明，辐射的能量随波长的减少而单调增加，最终趋于无穷大，严重偏离实验曲线，令人难以理解，因而被称为“紫外灾难”。这个灾难应该说是经典物理学的灾难，因为，瑞利-金斯公式是由严格的经典物理学理论得到的，推导过程也是无懈可击的，这只能说经典物理学存在不足。

德国物理学家普朗克(Max Karl Ernst Ludwig Planck, 1858—1947)多年从事热辐射的研究，他认为黑体辐射的问题不涉及原子模型或其他特殊的假设，是一个基础性的课题，用已有的物理理论应该可以解释。在推导黑体辐射谱时，为计算方便，他将振子的能量 E 表示为 $E=n\varepsilon$，其中 n 是正整数，ε 是一个小量。按经典理论，他预期 ε 可以是一个任意小量，只是计算过程中的工具。然而，他发现为了要使得到的公式和实验结果符合，ε 却必须是有限的值，且其值和振子的频率成正比，即

$$\varepsilon=h\nu \tag{10-5}$$

式中 $h=6.626\,068\,8\times10^{-34}\,\mathrm{J\cdot s}$，称为普朗克常数。式(10-5)称为普朗克能量子假设，所表达的是能量量子化的思想，即能量的发射是不连续的，一份一份的，最小的份额是 $\varepsilon=h\nu$，$\varepsilon=h\nu$ 称为能量子。显然，这样的思想是和经典物理的理论相矛盾的，普朗克也觉得无法理解，但要得到和实验结果符合的公式又必须这样做。后来，人们认识到这个假设反映的是自然界基本事实，能量量子化的假设标志着近代物理的诞生。

普朗克在能量子假设基础上，根据适用于短波的维恩公式和适用于长波的瑞利-金斯公式，用内插法推导出黑体辐射公式

$$M_\lambda(T)=\frac{2\pi hc}{\lambda^5}\frac{1}{e^{\frac{hc}{\lambda kT}}-1} \tag{10-6}$$

这一公式与实验曲线符合很好。

根据普朗克黑体辐射公式，可以推得当时已被证实的两个实验定律：

(1)维恩位移定律。在温度为 T 的黑体辐射中，最大单色辐射出射度所对应的波长值 λ_m 满足下式

$$\lambda_m T=b \tag{10-7}$$

式中 $b=2.898\times10^{-3}\ \mathrm{m\cdot K}$。

(2)斯特藩-玻耳兹曼定律

$$M=\sigma T^4 \tag{10-8}$$

式中:M 为辐射出射度,$\sigma=5.670\ 51\times10^{-8}\ \mathrm{W/(m^2\cdot K^4)}$,称为斯特藩-玻耳兹曼常量。

由于一般的物体并不是黑体,因此,斯特藩-玻耳兹曼定律可以修正为

$$M=\varepsilon\sigma T^4 \tag{10-9}$$

式中:ε 称为发射率,是一个与辐射物体温度、材料类型、表面形状、发射方向等有关的量。对于黑体,$\varepsilon=1$;一般物体,$\varepsilon<1$。

4. 黑体辐射规律应用简介

在历史上,黑体辐射实验是量子理论得以建立的关键性实验。在现代,热辐射探测技术及相关的定律在国防、科研、航天、天体的演化、医学、考古、环保、工农业生产等各个领域中均有广泛应用。

由于辐射电磁波包含辐射体温度等信息,可以用这一特性来进行温度测量。更进一步,通过测量得出的电磁波,可从中反演出辐射体的特性,即可在一定距离上,不直接接触目标物体,就能测量、判定和分析物体性质,也就是所谓的遥感。遥感分为主动遥感(或有源遥感)和被动遥感(或无源遥感),前者是天线发射信号至目标,再接收它的散射信号;后者是传感器接收目标自身发射的信号。地物自身发射的热红外辐射来自其表层几个微米的分子的热振动。热红外辐射与温度是有必然联系的。通过测量其热辐射,对农作物进行监测、估产起非常重要的作用。

近年来,应用红外遥感、微波遥感等物理技术进行农作物生长监测、土壤水分及病虫害监测已越来越多地应用于农业生产中。利用红外扫描的方法,可以为农作物诊断"疾病"。例如,美国科学家曾派出飞机在900 m高的夜空飞行,机载红外扫描仪沿途测量其下方农作物散发出来的热量。收集到上述信息的计算机可将其"绘制"成彩色"地图",哪里的农作物因患病或遭到虫害侵袭的情况反映得一清二楚。这样就能一方面及时查出病情,针对性地喷洒农药;另一方面预测作物的潜在疾病,采取预防措施。

例 10-1 对太阳辐射光谱测量分析表明:太阳光谱的单色辐射出射度最大值对应的波长为 $\lambda_m=460\ \mathrm{nm}$。

(1)求太阳表面的温度;

(2)求太阳表面的辐射出射度 M。

解:(1)由维恩位移定律 $\lambda_m T=b$,得太阳表面的温度

$$T=\frac{b}{\lambda_m}=\frac{2.898\times10^{-3}}{460\times10^{-9}}=6.3\times10^3(\mathrm{K})$$

(2)由斯特藩-玻耳兹曼定律,太阳表面的辐射出射度为

$$M=\sigma T^4=5.67\times10^{-8}\times(6.3\times10^3)^4=8.931\times10^7(\mathrm{W/m^2})$$

10.1.2 光电效应、爱因斯坦的光子理论

我们知道，需要能量子假设，才能解释黑体辐射实验。除了黑体辐射实验外，还有一些实验，也是需要量子化的假设才能加以解释，其中一个是光电效应实验。

1. 光电效应的实验规律

1887 年德国物理学家赫兹(H. R. Hertz，1857—1894)首先发现光电效应，进一步的实验研究表明，当紫外线照射到金属表面时，会有电子从表面逸出，称这种电子为光电子。光电效应的实验简图如图 10-4 所示。

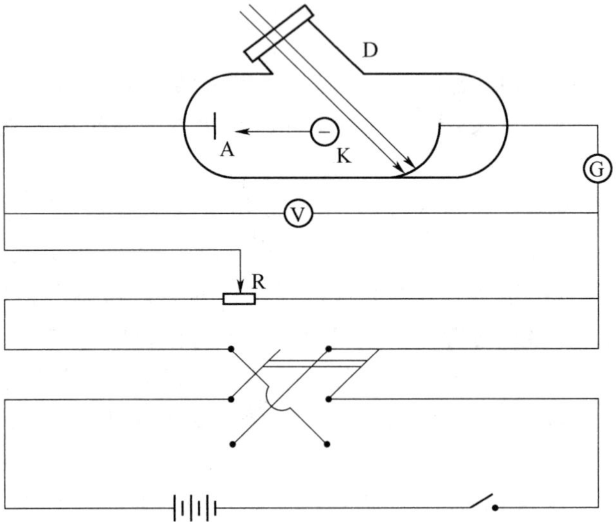

图 10-4 光电效应实验示意图

AK 为光电管，管内为真空，当光通过石英窗口射到阴极 K 上时，就有光电子从阴极逸出。光电子在电场加速下向阳极 A 运动，形成光电流。实验可测如下规律：

(1)光电流强度和加速电压的关系。开始加速电压增大，光电流强度增大，但达到一定值后，光电流强度不再随电压增大而增大，而是达到一个饱和值 I_H，如图 10-5 所示。实验发现 I_H 与入射光强度成正比。由于光电流的大小就是光电子数目的大小，因而可得结论，在单位时间内受光照射金属逸出的电子数和入射光强度成正比。

(2)从光电流与加速电压关系可知，当加速电压减小到零时，光电流并不为零，而是将电压反向增大至 U_a 时，光电流才等于零。U_a 称为截止电压，显然光电子逸出时的最大初动能和截止电压 U_a 的关系为

$$\frac{1}{2}mv_m^2 = eU_a \tag{10-10}$$

式中：m 和 e 分别为电子的质量和电量，v_m 为电子逸出表面的最大速度。

(3)实验表明，截止电压 U_a 与入射光的光强无关，但实验测得 U_a 和入射光频率有关，且是线性的。如图 10-6 所示，其实验曲线可表示为

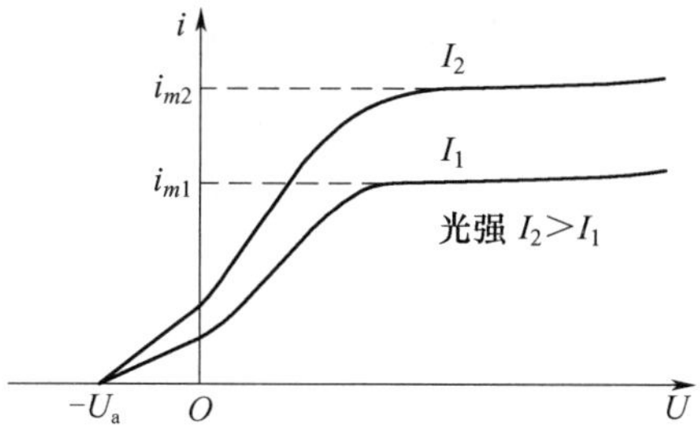

图 10-5　光电流与电压关系

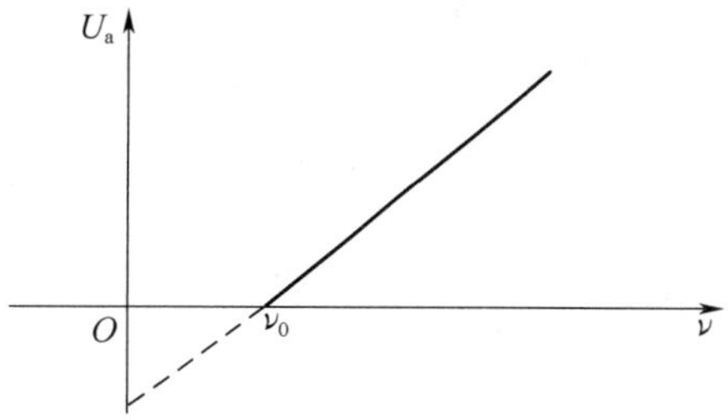

图 10-6　截止电压 U_a 与入射光频率关系

$$U_a = K\nu - U_0 \tag{10-11}$$

式中 K 为斜率，是与金属材料无关的普适常数，U_0 则是与金属材料有关的数。由上面的讨论可得

$$\frac{1}{2}mv_m^2 = eK\nu - eU_0 \tag{10-12}$$

由此可知，当频率小于 $\nu_0 = \frac{U_0}{K}$ 时，光电效应将不会产生。ν_0 称为截止频率或红限频率，不同金属材料有不同的红限。只有当入射光的频率大于某种金属的红限频率时，光电效应才会产生，而且实验还发现其瞬时效应。只要 $\nu>\nu_0$，光电效应马上发生，其响应时间为零，上述实验事实和光的波动说存在着深刻的矛盾。这是因为经典电磁理论认为电磁波的能量是由其幅度，即由光强决定的，和频率无关。因而光电子的初动能应随入射光的强度增加而增加。但实验结果却显示，光电子的最大初动能随入射光的频率线性增加，而与光强无关。因此，根据光的波动说无法解释红限的存在。此外，光电子的逸出几乎是在光照射到金属表面上时发生的，与光的强弱无关，而从光的波动说来看，入射光强越弱，电子积累逸出金属表面所需能量的时间就越长。因而电子的逸出需要一定的时间，即响应时间和光的强度有关，这也与实验结果不符。

2. 爱因斯坦光电子假说

1905 年爱因斯坦（Albert Einstein，1879—1955）为解释光电效应提出光辐射的假设。他认为：辐射场是由一个数目有限的、局限于很小空间中的、以速度 c 传播的能量子组成。它们在运动中并不瓦解，只能整个地吸收或发射，称这种能量子为光量子。根据普朗克能量子假设，每个光量子的能量和辐射场频率之间的关系是：$E=h\nu$。这里 h 为普朗克常数。

采用光量子假设后，光电效应问题就迎刃而解。因为，根据光量子假设，当光量子入射到金属表面，便把能量 $h\nu$ 传递给金属中的电子。当这一能量大于表面电子束缚能（即逸出功 W）时，电子便能从金属逸出。根据能量守恒，电子的动能为

$$\frac{1}{2}mv_m^2 = h\nu - W \tag{10-13}$$

式(10-13)称为爱因斯坦方程，这个方程完全解释了光电效应实验规律。入射光的强弱意味着光子流密度的大小，光强大表明光子流密度大，在单位时间内金属吸收光子的数目

多，从而饱和电流大，但不管光子流密度如何，每个电子吸收的只能是一个光子，能量为 $h\nu$，与光强无关，但与频率成正比。这表明光电子的动能也即截止电压与频率呈线性关系，而与光强无关。当光子能量 $h\nu$ 小于逸出功 w 时，光电效应不会发生，这就是红限 $\nu_0=\frac{w}{h}$，并且由于光电子的逸出是电子接受单个光子能量的结果。因此，光电效应的响应时间与光强无关。

1916 年密立根(Robert Andrews Millikan，1868—1953)对光电效应进行了精确的测量，测量 $h=6.56\times10^{-34}$ J·s，与用热辐射测定的值符合得很好，从实验方面证明爱因斯坦方程的正确性。

应该注意的是，爱因斯坦光量子假设的提出，并不否定光的波动说，而是在肯定光的波动学说的同时，建立光量子说。

由狭义相对论的质能关系式

$$E=mc^2 \tag{10-14}$$

得光子的动量为

$$p=mc=\frac{E}{c}=\frac{h\nu}{c}=\frac{h}{\lambda} \tag{10-15}$$

这表明光既有波动性，又有粒子性，在有些情况下，光突出表现出其波动性，另一些情况下则突出表现出其粒子性。这里波动性和粒子性都是我们借助经典宏观世界的术语描述微观领域的客体。实际上，应该说光既不是经典意义上的“波”，也不是经典意义上的“粒子”。

爱因斯坦由于在光电效应中的贡献，获 1921 年诺贝尔物理奖。

例 10-2 光合作用是植物绿色细胞在光的作用下将 CO_2 和 H_2O 合成为碳水合物的过程。在此过程中每固定 1 mol CO_2 分子约需 468 kJ 的能量，设叶绿素只有 690 nm 的光下才发生光合作用，实验还测量固定一个 CO_2 分子需要 10 个光子。问光合作用能量转换效率是多少？

解：690 nm 光子的能量为 $\varepsilon=h\nu$，固定一个 CO_2 分子需光子能量为 $10h\nu$，固定 1 mol CO_2 分子需能量为 $6.02\times10^{23}\times10h\nu$，这个能量只有 468 kJ 用于光合作用，因而光合作用能量转换率为

$$\eta=\frac{468}{1\ 735}=27\%$$

可见照射到叶片上的光能只有一部分被叶绿素分子吸收，并且在吸收的光能中也仅有很小部分被用于光合作用，如果再考虑到其他因素的影响，植物的光能利用率要比上述的光合能量转换率低很多。据估计，在我国自然植被和主要农作物的平均光能利用率仅为 0.22%和 0.28%。如果小麦和水稻的光能利用率增加到 2.6%，可估算出其产量能达到 1 250 kg/677 m^2。可见，农业生产还有相当大的潜力。目前，现代农业中广泛利用的延长光合时间(延长生育期、补充人工光照)、增加光合面积(合理密植、改变株型)以及加强光合

效率(增加 CO_2 浓度、降低光呼吸)等措施都是为了提高作物的光能利用率。

3. 光电倍增管简介

光电倍增管是一种能将微弱的光信号转换成可测电信号的光电转换器件(图10-7),是一种真空器件,包括阴极室和由若干打拿极组成的2次发射倍增系统两部分。打拿极主要选择那些能在较小入射电子能量下有较高的灵敏度和2次发射系数的材料制成,常用的打拿极材料有锑化铯、氧化的银镁合金和氧化的铜铍合金等。在各打拿极 D_1、D_2、D_3…和阳极A上依次加有逐渐增高的正电压,而且相邻两极之间的电压差应使2次发射系数大于1。当光照射到光电阴极表面时,只要光子能量大于光电阴极材料的逸出功,就会有电子从光电阴极表面逸出而成为自由电子(又称光电子),即光阴极向真空中激发出光电子。光阴极发射的电子在 D_1 电场的作用下以高速射向打拿极 D_1,产生更多的2次发射电子,于是这些电子又在 D_2 电场的作用下向 D_2 飞去。如此继续下去,每个光电子将激发成倍增加的2次发射电子,最后被阳极收集,一般经10次以上倍增,放大倍数可达到 $10^8 \sim 10^{10}$。最后,在高电位的阳极收集到放大了的光电流,输出电流和入射光子数成正比。整个过程时间8~10 s。

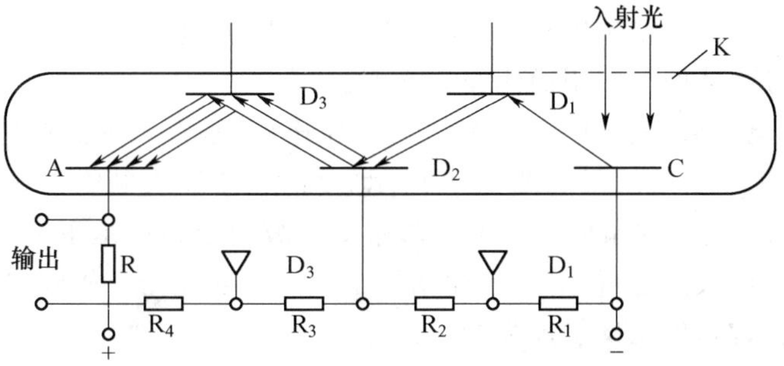

图10-7 光电倍增管原理图

光电倍增管在探测紫外、可见和近红外区的辐射能量的光电探测器中,具有极高的灵敏度和极低的噪声。另外,光电倍增管还具有响应快速、成本低、阴极面积大等优点。可广泛应用于光子计数、极微弱光探测、化学发光、生物发光研究、极低能量射线探测、分光光度计、旋光仪、色度计、照度计、尘埃计、浊度计、光密度计、热释光量仪、辐射量热计、扫描电镜、生化分析仪等仪器设备中。

10.1.3 德布罗意波、戴维孙-革末实验、微观粒子的波粒二象性

1. 德布罗意波假说

1923年,受光具有波动性和粒子性理论的启发,年轻的法国物理学家德布罗意(Louis Victor de Broglie,1892—1987)在他的博士论文中大胆提出了电子、质子等实物粒子也具有波动性和粒子性,并认为实物粒子的能量和动量仍然可由式(10-16)表示

$$E = h\nu \qquad p = \frac{h}{\lambda} \tag{10-16}$$

由于德布罗意提出的假设是如此新奇,也没有任何实验基础,它的导师朗之万(Paul

Langevin，1872—1946）对此也拿不定主意，于是就建议请爱因斯坦来评定。爱因斯坦认为这个观点很有价值，经爱因斯坦推荐，德布罗意的新思想很快为大家所知。为从实验上验证德布罗意的假设，1927 年美国戴维孙（Clinton Joseph Davisson，1881—1958）和革末（Lester Germer，1896—1971）进行了电子在镍单晶表面上的散射实验，观察到了和 X 射线类似的电子衍射现象。

2. 德布罗意波假说的实验检验　微观粒子的波粒二象性

戴维孙-革末实验装置如图 10-8 所示。

怎样才能从实验中验证实物粒子的波动性呢？我们知道光的波动性是由光的干涉和衍射等实验揭示的。在光学实验中，只要光学仪器的有关线度如障碍物、缝的线度与光的波长可比拟时，就能观察到波动形态所特有的干涉和衍射现象。然而，对于德布罗意波来说，实物粒子，例如一个 10 g 的子弹，其速度为 100 m/s，波长为 $\lambda=\frac{h}{p}=\frac{h}{mv}=2.21\times10^{-34}$ m，这样的波长太小，无法观察到其波动性，因此为观察物质波的存在，必须使波长可与仪器的几何参数相比拟。从 $\lambda=\frac{h}{p}=\frac{h}{mv}$ 可知，要使粒子有大的波长，就要选择质量最小的粒子，如电子当其低速运动时，相应的波长较长，计算可知，100 eV 的电子德布罗意波长与晶体中原子之间的距离恰好相近，从而可以用晶体作为光栅。

实验采用低能电子束，电子束在一定的电压加速后，垂直入射到晶体表面，测量散射强度和散射角 θ 的关系。实验结果如图 10-9 所示。可见，在加速电压为 54 V 时，散射电子在 50°处有明显的加强。这一现象可用电子的德布罗意波衍射很好地解释，当电子束垂直入射时，散射基本上在晶体表面进行，晶体表面相当于一个反射光栅。相应的光栅间距 d 取决于晶格常数和表面的取向，出现反射加强的条件为

$$d\sin\theta=k\lambda \quad (k=1,2,\cdots) \tag{10-17}$$

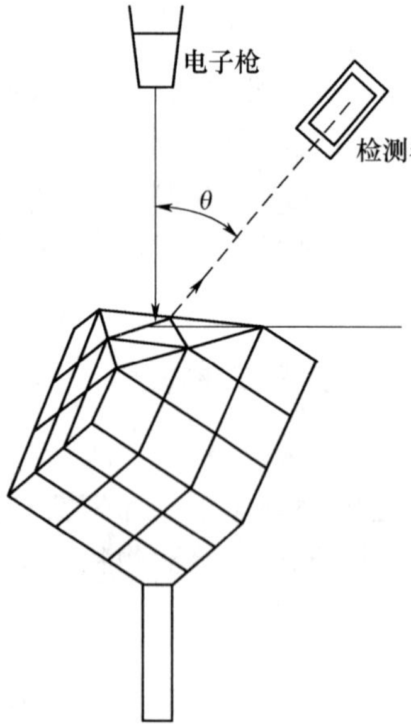

图 10-8　戴维孙-革末实验装置

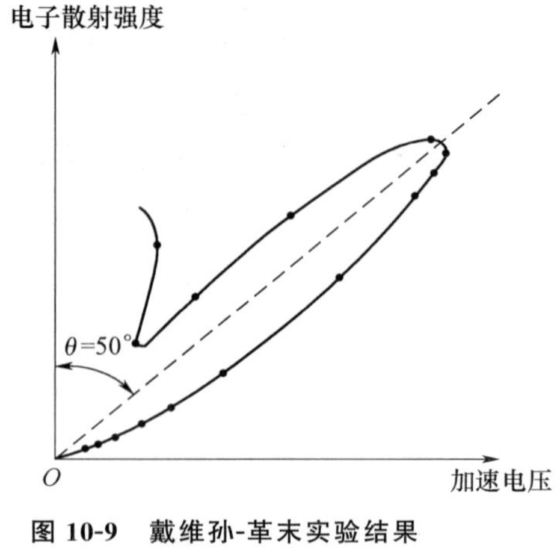

图 10-9　戴维孙-革末实验结果

已知镍单晶表面 $d=2.15$ Å(由 X 射线衍射测得)，电子能量为 54 eV，相应波长为

$$\lambda=\frac{h}{mv}=\frac{h}{\sqrt{2mE}}=\frac{hc}{\sqrt{2mc^2E_k}}=\frac{12.26}{\sqrt{v}}\text{Å}=1.67\text{Å}=0.167\ \text{nm}$$

对于 $k=1$，由 $d\sin\theta=\lambda$，可计算得 $\theta=51°$和实验测量值相符合。

同年汤姆逊用 10～40 keV 的电子束照射多晶金属铂薄箔，在照相底片上记录到由同心圆组成的衍射图样，令人信服地证实电子具有波动性。后来发现，不光电子具有波动性，其他的微观粒子，例如质子、中子等也具有波动性，即实物粒子都具有波粒二象性。

1929 年，由于实物粒子波粒二象性的理论，德布罗意获诺贝尔物理奖，1937 年戴维孙、汤姆逊获诺贝尔物理奖。德布罗意物质波理论的证实，表明实物粒子也具有波粒二象性。

10.1.4　不确定关系

既然实物粒子具有波粒二象性，那么，其状态能否像经典粒子那样，用位置和动量来描述呢？德国物理学家海森堡(Werner Karl Heisenberg，1901—1976)分析研究实验数据，认为粒子的力学量可用矩阵描写，进一步对粒子位置和动量研究，发现两者具有不能同时确定的特性，这与经典情形是完全不同的，这主要是由于粒子具有波粒二象性的缘故。下面我们来讨论这一关系。

以电子单缝衍射为例，设具有确定动量 p 的电子束沿水平方向射到单缝上，设缝宽为 a。则由于电子具有波粒二象性，电子可视为波，电子射到屏上将会出现如图 10-10 所示的衍射强度分布，对于一个电子而言，我们不能确定地说它是从缝中哪一点通过的，而只能说它是从宽为 Δx 的缝中通过的。因此，它在 x 方向上的位置不确定量就是 Δx，它沿 x 方向的动量 p_x 是多大呢？它在缝前的 p_x 等于零，在通过缝时，p_x 就不再是零，因为如果 p_x 还是零，电子就要沿原来水平方向前进而不会发生衍射现象，也就说，原来电子只有水平动量 p，

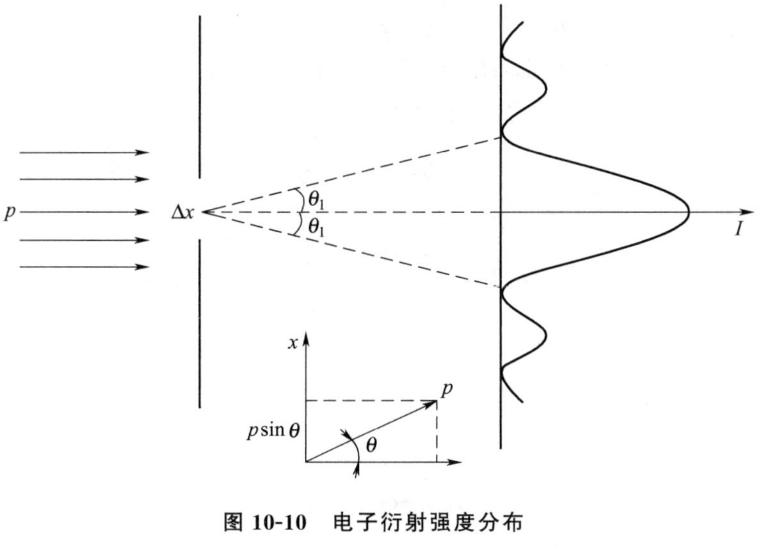

图 10-10　电子衍射强度分布

1 Å=0.1 nm。

但经过缝后电子有了垂直方向的动量 p_x，p_x 有多大呢？如果忽略次级极大，可以认为电子都落在中央主板内，即运动方向最大有 θ_1 的偏转，其 p_x 最大等于 $p_x=p\sin\theta_1$，即电子动量的大小在以下范围

$$0\leqslant p_x\leqslant p\sin\theta$$

即电子动量不确定量为

$$\Delta p_x=p\sin\theta$$

考虑到衍射条纹的次级极大，可得

$$\Delta p_x\geqslant p\sin\theta$$

由光学中单缝衍射公式可知

$$\Delta x\sin\theta_1=\lambda$$

λ 为电子波长，根据德布罗意公式

$$\lambda=\frac{h}{p}$$

$$\Delta p_x>p\sin\theta_1=p\cdot\frac{\lambda}{\Delta x}=\frac{h}{\Delta x}$$

所以得

$$\Delta x\Delta p_x\geqslant h$$

同样

$$\Delta y\Delta p_y\geqslant h$$
$$\Delta z\Delta p_z\geqslant h$$

可以这样来理解不确定关系：如果我们要确定电子的位置，就需要在某一瞬间“停止”电子的运动来确定它的位置，但这样一来，就无法确定它的运动情况，即无法确定它的动量，另一方面，我们可以确定电子在某一时刻的动量，但这样就无法确定它的位置。

注意，在两个相互垂直的方向上，坐标和动量之间不存在任何制约关系。例如在单缝实验中，x 方向和 y 方向的动量无任何限制，即 p_x 和 p_z 是可以有确定值的。

更精确的不确定关系由量子力学理论给出

$$\begin{cases}\Delta x\Delta p_x\geqslant\frac{\eta}{2}\\ \Delta y\Delta p_y\geqslant\frac{\eta}{2}\\ \Delta z\Delta p_z\geqslant\frac{\eta}{2}\end{cases}\tag{10-18}$$

此外，还可以得到能量和时间的不确定关系；

$$\Delta E\Delta t\geqslant\frac{\eta}{2}\tag{10-19}$$

这里，$\eta=\frac{h}{2\pi}=1.054\ 588\ 7\times10^{-34}$ J·s，η 也叫普朗克常量。

不确定关系本质上是粒子波动性的反映，是自然界的根本属性。

例 10-3 设原子的大小为 10^{-10} m，估计在原子中运动电子速度的不确定度。

解：电子在原子中运动，其位置的不确定度可由原子的大小估计，设其位置不确定度用 Δx 表示，则

$$\Delta x = 10^{-10}(\text{m})$$

由不确定关系，知动量不确定度为

$$\Delta p = \frac{\eta}{\Delta x}$$

由于 $p = mv$

所以，电子速度的不确定度为

$$\Delta v = \frac{\eta}{m\Delta x} = \frac{1.05\times 10^{-34}}{9.11\times 10^{-31}\times 10^{-10}} = 1.2\times 10^{6}(\text{m/s})$$

按照牛顿定律，可计算得氢原子中电子速度约为 10^6 m/s，可见电子速度和其不确定度具有同样的数量级，电子的波动性非常明显，不能将电子作为经典粒子用牛顿定律处理，而必须用新的理论来描述电子的运动。

10.2 薛定谔方程

10.2.1 薛定谔方程

从以上几节的讨论我们得知，微观粒子具有波粒二象性，这和经典的粒子有很大的不同，因而就不能像经典的粒子那样，利用牛顿定律来描述研究其运动和性质，需要新理论。那么，这个新理论是否像经典力学那样，有一个地位类似牛顿定律的基本方程呢？如果有，这个方程是怎样的呢？下面我们讨论这个问题。

德布罗意认为微观粒子具有波粒二象性，因此，可以用一个波函数来描述这样的微观粒子状态。在经典力学中，如果已知 $t=0$ 的粒子状态，通过牛顿定律，可以求解出 $t>0$ 后的粒子状态。同样在微观领域，如果已知某一时刻的粒子状态，通过基本方程也应求解以后的粒子状态。所不同的是，经典力学中粒子由位置和动量描述，而微观领域中微观粒子以波函数 ψ 描写。因此，和牛顿方程不同，微观领域的基本方程应该是关于波函数 ψ 的方程，而且应该是一个微分方程。

1925 年，在一个关于德布罗意波的学术报告会后，德拜(Peter Joseph Wilhelm Debye，1884—1966)对他的学生薛定谔(Erwin Schrodinger，1887—1961)说，对于德布罗意波，应该有一个波动方程用于描述微观粒子运动状态。几个月后，薛定谔就拿出一个方程。本书不打算讨论这个方程是如何提出的，这里只给出这个方程的形式

$$-\frac{\eta^2}{2m}\left(\frac{\partial^2\psi}{\partial x^2}+\frac{\partial^2\psi}{\partial y^2}+\frac{\partial^2\psi}{\partial z^2}\right)+U(x,y,z,t)\psi = i\eta\frac{\partial\psi}{\partial t} \tag{10-20}$$

式中：$\eta=\frac{h}{2\pi}$为普朗克常数；$\psi=\psi(x,y,z)$是描述粒子状态的波函数；$U(x,y,z,t)$为外场势能函数。

式(10-20)称为薛定谔方程。必须注意，这个方程不应认为是数学推导出来的，而应该认为是从实验结果中总结归纳出来的。也可以说是一个假设，其正确与否要有实验来检验。这个方程的建立，意味着一门新的学科——量子力学的诞生。

对于一维情形，薛定谔方程为

$$-\frac{\eta^2}{2m}\frac{\partial^2\psi}{\partial x^2}+U(x,y,z)\psi=i\eta\frac{\partial\psi}{\partial t} \tag{10-21}$$

当势能函数不显含时间时，即 $U=U(x,y,z)$，对式(10-20)进行分离变量化简，得定态薛定谔方程

$$-\frac{\eta^2}{2m}\left(\frac{\partial^2\psi}{\partial x^2}+\frac{\partial^2\psi}{\partial y^2}+\frac{\partial^2\psi}{\partial z^2}\right)+U(x,y,z)\psi=E\psi \tag{10-22}$$

而一维定态薛定谔方程为

$$-\frac{\eta^2}{2m}\frac{\partial^2\psi}{\partial x^2}+U(x)\psi=E\psi \tag{10-23}$$

在量子力学中，薛定谔方程的地位就相当于经典力学中的牛顿方程，原则上讲，只要能将波函数解出，所研究对象的所有性质都可知道。因而，量子力学的问题可归结为求解薛定谔方程的问题。但在求解薛定谔方程之前，我们有必要讨论这样的问题：波函数到底代表什么物理意义呢？

10.2.2 波函数的统计假设

早在 1924 年德布罗意提出物质波的概念时，他本人曾认为：这种波是引导粒子运动的“导波”，并预言了双缝干涉的结果，对于这种波的本质是什么，他没有给出明确的回答，只是说它是虚拟的和非物质的。

关于这个波的解释，曾有过各种说法，也有过争论。在 1925 年薛定谔提出关于这个波函数的方程后，他自己也对这个波做出解释。他认为电子是许多波合成的波包，也就是物质波包。但这个解释是有问题的，因为，我们知道波包是包含几种频率波长的，各个频率波长的相速度是不同的，如果电子被看成在三维空间连续分布的物质波包，那么波包各部分的速率不同，波包会越来越胖，随时间增长，波包就会扩散。而实验观测表明，电子是不会越来越大的，这个解释与实验结果是矛盾的。

另一种解释：波动性是由于有大量的电子分布于空间而形成的疏密波，类似于纵波，这种说法也与实验矛盾。实验表明，粒子流衍射实验中，相片上显示的衍射图样与粒子流强度无关，也就是说与单位体积内的电子数目无关，如果减小入射粒子流强度，同时延长时间，也能得到同样的衍射图样。因此，这说明粒子的波动性并不依存于大量电子在空间聚集，单个电子就具有波动性。

这些解释都因与实验不符而被否定。

目前为大家普遍接受的对波函数的解释，是由波恩于1926年提出的，为了说明这个解释，我们考虑电子双缝衍射实验。

电子的双缝衍射图样与光的双缝衍射图样完全一样，显示不出粒子性，但那是大量的电子的实验结果，如果减弱入射电子束的强度，以致使一个一个电子依次通过双缝，开始情形图样如图10-11中的(a)、(b)，图像显示是由点组成的，电子确是粒子。这个结果同时也说明，电子的去向是完全不确定的，一个电子到达何处完全是概率事件，随着入射电子总数的增多，电子堆积逐渐显示出明晰的衍射条纹，这条纹和大量电子短时间内通过双缝后形成的条纹一样，这些条纹把单个电子的概率行为淹没了，情形如图10-11中的(c)、(d)。这说明，尽管单个电子的去向是概率性的，但其概率在一定条件下还是有明确的规律。

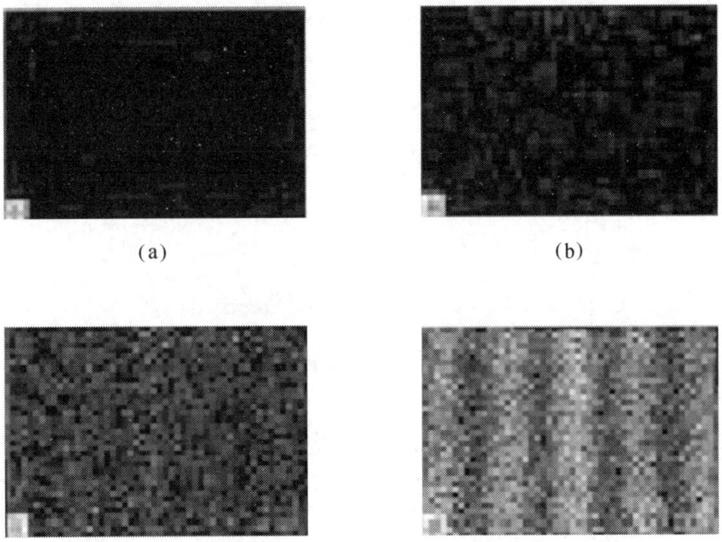

(a) (b) (c) (d)

图10-11 电子衍射图样

对应光的衍射光强分布，我们得出光强对应于粒子流，即粒子流强度大处，粒子出现的概率就大。从波动的观点看，光强是振幅的平方，如果波函数反映的是振幅的话，则粒子流强度就是波函数的平方，也就是粒子的概率。

因此波恩提出概率波的统计解释：波函数在某一点的强度和在该点找到粒子的概率成比例，按照这种解释，描写粒子的波是概率波，波函数称为概率幅。利用波函数的统计解释可以很容易说明电子的衍射实验。

根据波恩概率波假设，如果已知粒子的波函数，则由波函数振幅绝对值的平方，就可以得到粒子在空间任意一点出现的概率。以后我们将看到，由波函数还可以获得体系的各种性质，波函数完全能描述体系的量子状态(简称状态或态)，因此波函数又称态函数。

这种描写状态的方式和经典力学中描写质点状态的方式完全不一样。

经典力学中，质点的状态用该质点的坐标和动量描写，质点的坐标、动量确定后则其能量及其力学量也就确定了。

量子力学中，不可能同时用粒子坐标和动量来描写粒子的状态，因为当粒子处于某一量子状态时，其力学量可能有许多取值，这些可能取值以一定的概率出现，而这些概率则可以由波函数给出。显然，这和经典物理对客观世界的描述的方法是很不一样的。

由于波函数是概率幅，而粒子必然在空间某一点出现，所以粒子在空间各点出现的概率总和等于1。因而粒子在空间各点出现的概率只决定了波函数在空间各点的相对强度，而不是绝对大小，如果把波函数在空间各点的振幅同时加大一倍，并不影响粒子在空间各点的概率。换句话说，将波函数乘上一常数后，所描写的粒子状态并不改变，这和经典波动是不同的，因为，如果是光波、声波，振幅改变两倍则光强就加大4倍，不是原来的状态。这些不同完全是由于微粒的波函数是概率波，不是经典波动的缘故。

设波函数用 $\phi(x,y,z,t)$ 表示，是复数。而波的强度用 $|\phi(x,y,z,t)|^2=\phi^*\phi$ 表示，ϕ^* 是 ϕ 的共轭复数，$|\phi(x,y,z,t)|^2=\phi^*\phi$ 称为复振幅。

如果以 $dw(x,y,z,t)$ 表示在 t 时刻、$x\to x+dx$，$y\to y+dy$，$z\to z+dz$ 区域内找到粒子的概率，则

$$dw(x,y,z,t)\propto dx\,dy\,dz$$
$$dw(x,y,z,t)\propto|\phi|^2$$

写成等式

$$dw(x,y,z,t)=C|\phi|^2dx\,dy\,dz$$

C 是比例系数，$|\phi(x,y,z,t)|^2=\phi^*\phi$ 又称为概率密度，表示在 t 时刻，在 (x,y,z) 附近单位体积内找到粒子的概率。

对整个空间积分，也就是将在各点处找到粒子的概率求和（相加），就得到在整个空间找到粒子的概率。由于在整个空间中粒子必须出现，这个概率等于1，也就是整个空间的概率之和（即积分）等于1：

$$C\int_{\infty}|\phi|^2d\tau=1 \tag{10-24}$$

式(10-24)称为波函数归一化条件。

前面提到，波函数乘上一个常数，并不改变在空间各点找到粒子的概率，即不改变波函数所描写的状态，如把 ϕ 写成

$$\psi=\sqrt{C}\phi$$
$$C=\frac{1}{\int_{\infty}|\phi|^2d\tau} \tag{10-25}$$

则 ψ 和 ϕ 描写同一状态，于是

$$dw(x,y,z,t)=|\psi|^2dx\,dy\,dz$$
$$\int_{\infty}|\psi|^2d\tau=1 \tag{10-26}$$

满足式(10-26)的波函数称为归一化波函数，把 $\phi\to\psi$ 称为归一化，C 称为归一化常数。归一化后波函数还不能完全确定，可以用一个常数 $e^{i\delta}$（δ 是实常数）去乘波函数，既不影响空

间各点找到粒子的概率，也不影响波函数的归一化，因为$|e^{i\delta}|^2=1$。

如果$|\phi|^2$积分等于1，则$|e^{i\delta}\phi|^2$积分也等于1。$e^{i\delta}$称为相因子，归一化波函数可以含有一任意因子。

由于波函数具有表示为粒子出现概率幅的物理意义，进一步的分析研究表明，波函数要能够描述微观粒子，则还需要满足以下3个条件：单值、有限、连续。

至此，量子理论的基础就已经建立起来了，利用这个理论，可以分析和解决微观领域的问题。

10.2.3　一维无限深势阱　势垒

现在，对一些简单但又很有实际意义的问题，我们应用薛定谔方程进行求解，从中我们可以了解微观粒子的一些特性，并掌握处理微观领域问题的基本方法。

1. 一维无限深势阱

考虑一种理想的势能函数，表示如下

$$U=\begin{cases}0 & (|x|\leqslant a/2)\\ \infty & (|x|>a/2)\end{cases} \tag{10-27}$$

称为一维无限深势阱，如图10-12所示，这个势能函数可视真实势能的近似，例如自由电子在金属中运动，但很难逸出金属表面，可认为自由电子处在以金属表面为边界的无限深势阱中，可利用一维无限深势阱来粗略讨论电子在金属中的运动。用薛定谔方程讨论这个问题。

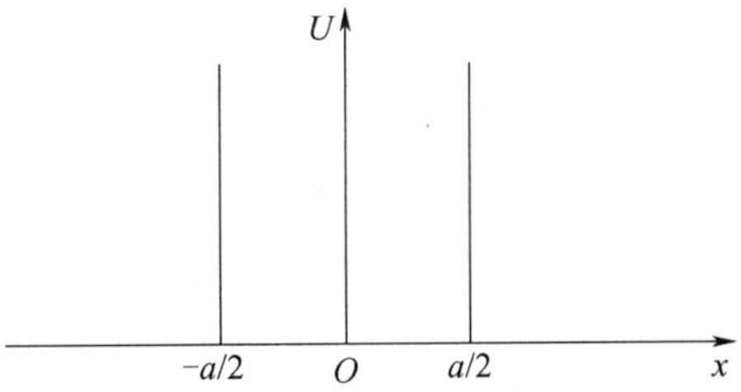

图 10-12　一维无限深势阱

首先建立粒子的薛定谔方程

$$-\frac{\eta^2}{2m}\frac{d^2\psi}{dx^2}+U(x)\psi=E\psi \tag{10-28}$$

是一维定态薛定谔方程，现在来讨论方程的解。

在$|x|>a/2$的区域，由于$U=\infty$，所以要求波函数必须为零，即$\psi=0$，即粒子不可能出现在这一区域。

在$|x|\leqslant a/2$的区域，$U=0$，方程可写为

$$-\frac{\eta^2}{2m}\frac{d^2\psi}{dx^2}=E\psi \tag{10-29}$$

如果我们令$k=\sqrt{2mE}/\eta$，则方程化为

$$\frac{d^2\psi}{dx^2}=-k^2\psi$$

这个方程的解为

$$\psi=A\sin(kx+\varphi) \tag{10-30}$$

前面的讨论得知，如果波函数有物理意义，则波函数必须满足连续、单值和有限3个条

件。由于在势阱外 $\psi=0$，在 $x=\pm\frac{a}{2}$ 处要求波函数连续，应该有

$$A\sin\left(-k\frac{a}{2}+\varphi\right)=0$$

$$A\sin\left(k\frac{a}{2}+\varphi\right)=0$$

由此，得

$$-k\frac{a}{2}+\varphi=m_1\pi$$

$$k\frac{a}{2}+\varphi=m_2\pi$$

m_1,m_2 是整数。

$$2\varphi=(m_1+m_2)\pi$$

$$\varphi=\frac{(m_1+m_2)}{2}\pi=\frac{m}{2}\pi$$

这里，$m=m_1+m_2$ 也是整数。

(1) 当 m 是偶数时

$$\psi=A\sin kx$$

边界条件为：$A\sin\left(-k\frac{a}{2}\right)=0, A\sin\left(k\frac{a}{2}\right)=0$

可得

$$ka=n\pi \qquad n=2,4,6,\cdots \quad n\text{ 取偶数}$$

波函数为

$$\psi=A\sin\frac{n\pi}{a}x$$

(2) 当 m 是奇数时

$$\psi=A\cos kx$$

边界条件为：$A\cos\left(-k\frac{a}{2}\right)=0, A\cos\left(k\frac{a}{2}\right)=0$

可得

$$ka=n\pi \qquad n=1,3,5,\cdots \quad n\text{ 取奇数}$$

波函数为

$$\psi=A\cos\frac{n\pi}{a}x$$

将两类结果合并考虑，得

$$ka=n\pi \qquad n=1,2,3,4,5,6,\cdots \quad n\text{ 取整数}$$

将 k 值代入，可得能量

$$E=\frac{\pi^2\eta^2n^2}{2ma^2} \qquad n=1,2,3,4,5,6,\cdots \tag{10-31}$$

n 取整数，表明势阱中的粒子能量只能取离散的值，即能量是分立的，称为能级，n 称为量子数。这种现象称为能量是量子化的，这是和经典力学是完全不同的物理图像。

粒子的波函数可以并为一个式子

$$\psi=A\sin\frac{n\pi}{a}\left(x+\frac{a}{2}\right) \tag{10-32}$$

常数 A 由归一化条件确定

$$\int_{-\infty}^{\infty}|\psi|^2\mathrm{d}x=1$$

得

$$A=\sqrt{\frac{2}{a}}$$

可得归一化的波函数

$$\begin{cases}\psi=\sqrt{\dfrac{2}{a}}\sin\dfrac{n\pi}{a}\left(x+\dfrac{a}{2}\right) & (|x|\leqslant a/2)\\ \psi=0 & (|x|>a/2)\end{cases} \tag{10-33}$$

2. 一维势垒、隧道效应

典型势垒是方势垒，如图 10-13 所示，可以表示如下

$$U=\begin{cases}U_0 & (0<x<a)\\ 0 & (x<0,x>a)\end{cases}$$

设具有一定能量 E 的粒子沿 x 轴正方向射向方势垒。按照经典力学，只有当粒子的能量 $E>U_0$，粒子才能穿过势垒。当粒子的能量 $E<U_0$ 时，粒子不能穿过势垒，而只能在 $x<0$ 的区域运动。

我们求解这种势场情形的薛定谔方程时，发现当粒子的能量 $E<U_0$ 时，粒子仍然有一定的概率穿过势垒而出现在 $x>a$ 的区域。这种粒子能穿透比它动能更高势垒的现象称为隧道效应，如图 10-14 所示。

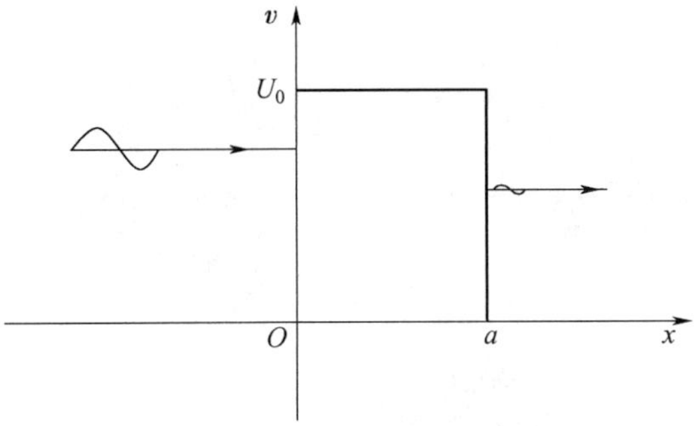

图 10-13　一维势垒

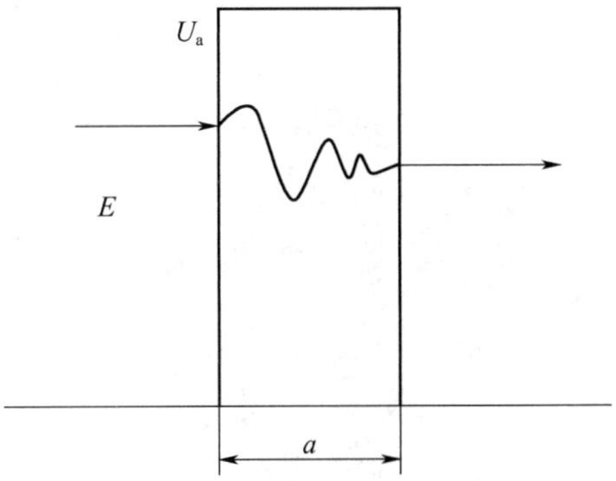

图 10-14　隧道效应

(1)隧道效应的应用——扫描隧道显微镜简介。扫描隧道显微镜(scanning tunneling microscope,STM)是一种利用量子理论中的隧道效应探测物质表面结构的仪器。它于 1981

年由格尔德·宾宁 (Gerd K. Binnig)及亨利希·罗勒(Heinrich Rohrer)在 IBM 位于瑞士苏黎世的苏黎世实验室发明,两位发明者因此与厄恩斯特·鲁什卡分享了 1986 年诺贝尔物理学奖。

(2)扫描隧道显微镜原理。如果两个金属电极用一非常薄的绝缘层隔开,在极板上施加电压 V_T,由于存在隧道效应,电子会穿过绝缘层由负电极进入正电极。

若以针尖为一电极,被测固体表面为另一电极。当它们的距离小到纳米数量级时,电子可以从一个电极通过隧道效应穿过空间势垒到达另一电极形成隧道电流。隧道电流大小取决于针尖与表面间距及表面电子状态。

隧道电流和隧道电阻随隧道间隙的变化非常敏感,隧道间隙即使只发生 0.01 nm 的变化,也能引起隧道电流的显著变化。

如果用一根很尖的探针(如钨针),在距离该光滑样品表面上十分之几纳米的高度上平行于表面沿 x,y 方向扫描,由于每个原子有一定大小,因而在扫描过程中隧道间隙就会随 x,y 的不同而不同,流过探针的隧道电流也不同。即使是百分之几纳米的高度变化也能在隧道电流上反映出来,如图 10-15 所示。利用一台与扫描探针同步的记录仪,将隧道电流的变化记录下来,即可得到分辨率为百分之几纳米的 STM 图像,见图 10-16 和图 10-17。扫描隧道显微镜是探测物质表面结构的重要工具。

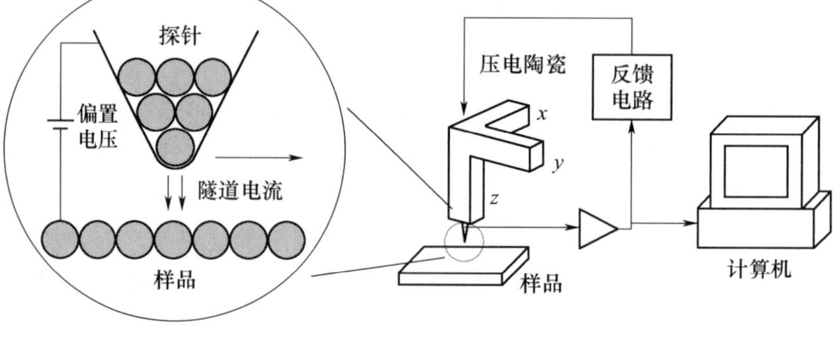

图 10-15　扫描隧道显微镜原理图

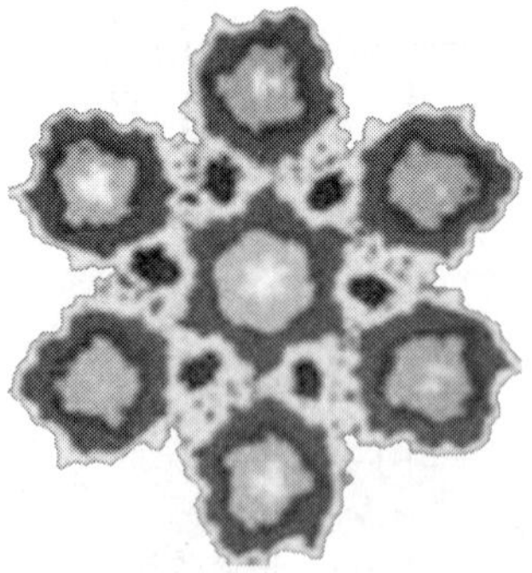

图 10-16　扫描隧道显微镜拍摄的 7 个铀原子团

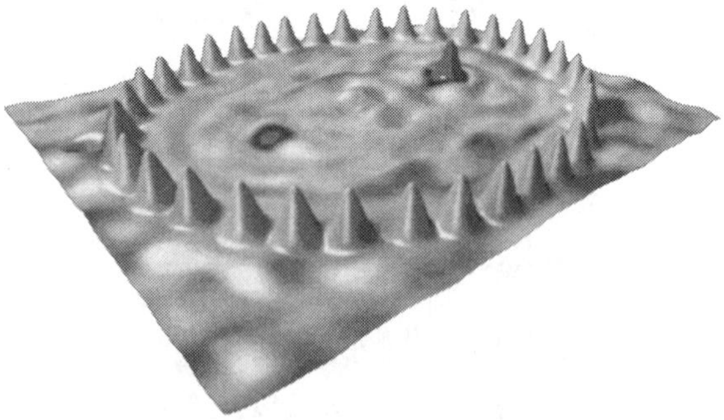

图 10-17　扫描隧道显微镜图像

10.3 原子的壳层结构

10.3.1 氢原子

1. 氢原子光谱

现在我们利用薛定谔方程来讨论氢原子。在讨论之前，有必要介绍氢原子的光谱，因为光谱反映氢原子内部的信息。

提到人类对原子的认识，就不能不提及对光谱的研究。早在牛顿时代就注意到光谱，很早就积累了许多光谱的实验资料。从光谱实验资料中发现，有些光谱是连续分布的，有些光谱则呈线状分布，经过实验分析可知连续部分光谱是由分子发出的，称为分子光谱。而线状光谱是由原子发出的，称为原子光谱。可见，光谱资料包含着大量原子内部运动的信息。在19 世纪中叶，人们已经利用不同元素特有的标志谱线来做微量元素的成分分析。对于氢原子，人们积累了相当丰富的光谱资料。在 1884 年，瑞士的一位中学教师巴耳末(Johann Jakob Balmer，1825—1898)首先发现在氢原子光谱可见光波段内有一谱线序列，可纳入一个经验公式

$$\lambda = B\frac{n^2}{n^2-4} \tag{10-34}$$

式中 $B=3\ 645.6\ \text{Å}=364.56\ \text{nm}$，由这一公式表达的一组谱线称为巴耳末系，如果令

$$\tilde{\nu}=\frac{1}{\lambda} \tag{10-35}$$

$\tilde{\nu}$ 称为波数。则巴耳末公式可写为

$$\begin{aligned}\tilde{\nu}&=\frac{1}{\lambda}=\frac{1}{B}\frac{n^2-4}{n^2}=\frac{4}{B}\left(\frac{1}{2^2}-\frac{1}{n^2}\right)\\&=R_{\mathrm{H}}\left(\frac{1}{2^2}-\frac{1}{n^2}\right)\end{aligned} \tag{10-36}$$

R_{H} 称为里德堡常数

$$R_{\mathrm{H}}=\frac{4}{B}=1.096\ 775\ 8\times10^7\ \mathrm{m}^{-1} \tag{10-37}$$

后来又发现氢原子其他的谱系，一个在紫外，三个在红外，分别由帕邢(Friedrich Paschen，1865—1947)、布喇开(Frederick Sumner Brackett，1896—1972)、普丰特(August Herman Pfund，1879—1949)发现，总结起来

$$\begin{cases}\text{赖曼系} & \tilde{\nu}=R_{\mathrm{H}}\left(\frac{1}{1^2}-\frac{1}{n^2}\right) & n=2,3,4,\cdots\\ \text{巴耳末系} & \tilde{\nu}=R_{\mathrm{H}}\left(\frac{1}{2^2}-\frac{1}{n^2}\right) & n=3,4,5,\cdots\\ \text{帕邢系} & \tilde{\nu}=R_{\mathrm{H}}\left(\frac{1}{3^2}-\frac{1}{n^2}\right) & n=4,5,6,\cdots\\ \text{布喇开系} & \tilde{\nu}=R_{\mathrm{H}}\left(\frac{1}{4^2}-\frac{1}{n^2}\right) & n=5,6,7,\cdots\\ \text{普丰特系} & \tilde{\nu}=R_{\mathrm{H}}\left(\frac{1}{5^2}-\frac{1}{n^2}\right) & n=6,7,8,\cdots\end{cases} \tag{10-38}$$

显然氢原子光谱的波数可以表达为

$$\tilde{\nu}=R_{\mathrm{H}}\left(\frac{1}{m^{2}}-\frac{1}{n^{2}}\right) \tag{10-39}$$

对于每一个 m，$n=m+1,m+2,\cdots$

从这些公式可看出，每一谱线的波数都等于两项的差数，如果令 $T(m)=\frac{R_{\mathrm{H}}}{m^{2}}$，$T(n)=\frac{R_{\mathrm{H}}}{n^{2}}$，称 $T(m)$、$T(n)$ 为光谱项，则氢原子光谱的波数

$$\tilde{\nu}=T(m)-T(n) \tag{10-40}$$

2. 玻耳假设

对于氢原子光谱，玻耳提出以下基本假设：

(1)原子存在一系列定态，其能量取离散数值 $E_1,E_2,E_3,\cdots$（能级），原子处在定态时不发射也不吸收电磁辐射能。

(2)当原子在能级 E_1,E_2 之间跃迁时，发射或吸收特定频率 ν 的光子

$$h\nu=E_2-E_1 \tag{10-41}$$

玻耳根据上述假设，并由经典力学成功地解释了氢原子光谱，获得 1922 年诺贝尔物理奖。但玻耳的理论在解释光的强度等方面存在困难，并且包含内在的矛盾，玻耳理论是有缺陷的。氢原子光谱可由薛定谔方程而获得完全解释。

氢原子是最简单的原子，用薛定谔方程可以精确求解出其能量和波函数。

3. 氢原子能级　波函数

将氢原子核的运动和电子运动分开考虑，可得电子运动的薛定谔方程。在球坐标下，此方程的形式如下

$$-\frac{\eta^{2}}{2m_{\mathrm{e}}r^{2}}\left[\frac{\partial}{\partial r}\left(r^{2}\frac{\partial}{\partial r}\right)+\frac{1}{\sin\theta}\frac{\partial}{\partial\theta}\left(\sin\theta\frac{\partial}{\partial\theta}\right)+\frac{1}{\sin^{2}\theta}\frac{\partial^{2}}{\partial\varphi^{2}}\right]\psi-\frac{e^{2}}{4\pi\varepsilon_{0}r}=E\psi \tag{10-42}$$

这个方程是可以求得解析解的，受篇幅所限，我们不打算详细讨论这个方程的求解过程，这里只给出结果。求解此方程可得

氢原子的能级：$$E_n=-\frac{m_{\mathrm{e}}e^{4}}{2(4\pi\varepsilon_0)^2\eta^2n^2}\qquad n=1,2,3,\cdots \tag{10-43}$$

氢原子的波函数：$$\psi_{nlm}(r,\theta,\varphi)=R_{nl}(r)Y_{lm}(\theta,\varphi) \tag{10-44}$$

这里 $R_{nl}(r)$ 和 $Y_{lm}(\theta,\varphi)$ 是特殊函数，由 n,l,m 标示。可见氢原子波函数中包含 3 个量子数 n,l,m，分别称为主量子数 n、角量子数 l 和磁量子数 m。要求它们按以下式子取值

$$\begin{cases}n=1,2,3,\cdots\\ l=0,1,2,\cdots,n-1\\ m=0,\pm1,\pm2,\cdots,\pm l\end{cases} \tag{10-45}$$

氢原子的能量只能取某些特定的值，即能量是量子化的，称为能级

$$E_n=-\frac{me^4}{2(4\pi\varepsilon_0)^2\eta^2n^2}\quad n=1,2,3,\cdots \tag{10-46}$$

氢原子光谱是氢原子能级之间跃迁的结果，其能级跃迁及谱线系情形如图 10-18 所示。由玻耳假设 $h\nu=E_2-E_1$，得氢原子光谱波数为

$$\tilde{\nu}=\frac{E_n-E_m}{hc}=\frac{2\pi^2me^4}{(4\pi\varepsilon_0)^2\eta^3c}\left(\frac{1}{m^2}-\frac{1}{n^2}\right) \tag{10-47}$$

和式(10-39)比较，则可计算得里德堡常数为

$$R_{\mathrm{H}}=\frac{2\pi^2me^4}{(4\pi\varepsilon_0)^2\eta^3c}=1.097\ 373\ 1\times10^7(\mathrm{m}^{-1}) \tag{10-48}$$

里德堡常数的理论值式(10-48)和实验值式(10-37)比较，可见两者符合的情况超过一般的期望，证明量子力学的正确性。

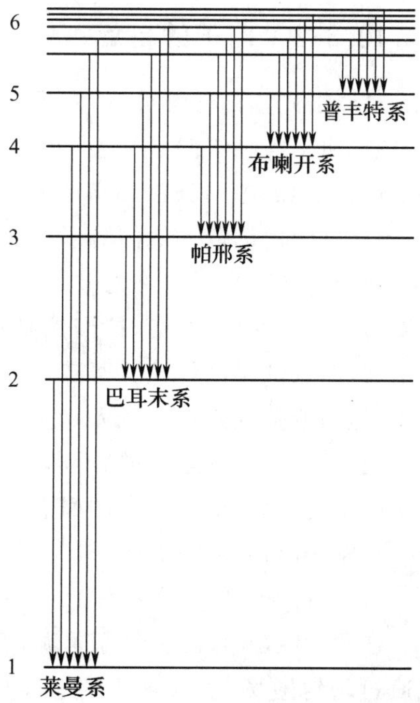

图 10-18 氢原子的能级跃迁及谱线系

从薛定谔方程的氢原子解中我们发现：电子的能级 E_n 只与主量子数 n 有关，而波函数 ψ_{nlm} 却与 3 个量子数 n,l,m 有关，也就是说对于一个能级，有不止一个波函数，对于这种情形，我们称能级 E_n 是简并的($n=1$ 除外)。对应于给定的 n,l 可取 $l=0,1,2,\cdots,n-1$ 共 n 个；给定 l,m 可取 $m=0,\pm1,\pm2,\cdots,\pm l$ 共 $2l+1$ 个。因此，对应于第 n 个能级 E_n 的波函数数目为

$$\sum_{l=0}^{n-1}(2l+1)=\frac{1+[2(n-1)+1]}{2}n=n^2 \tag{10-49}$$

即氢原子电子的第 n 个能级是 n^2 度简并的。

由于每一组 n,l,m 表示氢原子的一种状态，因而，氢原子的状态可用量子数 n,l,m 来描述。

根据波函数是概率幅的统计意义，我们可以讨论氢原子核外电子的概率分布。当氢原子处于 ψ_{nlm} 态时，在(r,θ,φ)点周围的体积元 $\mathrm{d}\tau=r^2\sin\theta\mathrm{d}r\mathrm{d}\theta\mathrm{d}\varphi$ 内发现电子的概率为

$$\mathrm{d}W=\rho_{nlm}(r,\theta,\varphi)\mathrm{d}\tau=|\psi_{nlm}(r,\theta,\varphi)|^2\mathrm{d}\tau=\psi_{nlm}^*\psi_{nlm}\mathrm{d}\tau$$

人们常常形象地把这个概率分布叫作“概率云”或“电子云”。

图 10-19 表示在 $(r,r+\mathrm{d}r)$球壳中找到电子的概率——径向分布。

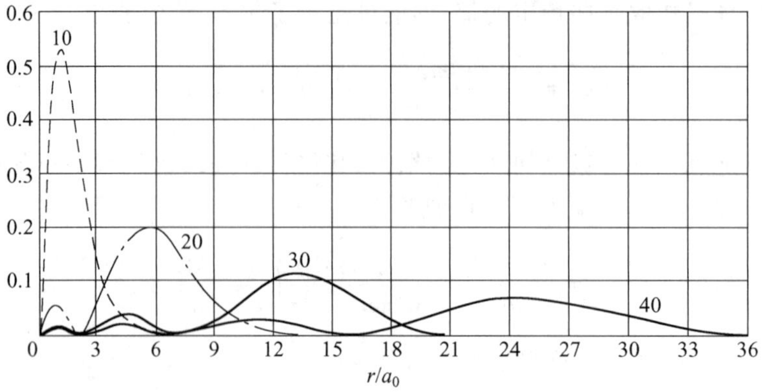

图 10-19 氢原子的径向分布

10.3.2 电子的自旋

对原子光谱的仔细分析,发现很多原子的光谱有精确的双线结构。为解释这一实验现象,1925 年,当时年龄还不到 25 岁的两位荷兰莱顿大学学生,乌伦贝克(George Eugene Uhlenbeck,1900—1988)和高斯密特(1902—1978)提出大胆的假设:电子除具有轨道角动量外,还有自旋角动量。他们写了一篇只有一页的短文由其老师推荐给《自然》杂志,然后他们又求教于著名物理学家洛伦兹,一周后,洛伦兹告诉他们,如果电子围绕自身轴旋转,其表面速度将达到光速的 10 倍,这当然是荒唐的。他们赶紧找老师要回论文,但老师早已将论文寄走,乌伦贝克和高斯密特感到非常懊丧,他们老师安慰说年轻人做点蠢事不要紧。然而,论文发表后,却获得许多物理学家的赞同,并得到实验的证实。现在我们从实验出发,介绍电子自旋的概念。

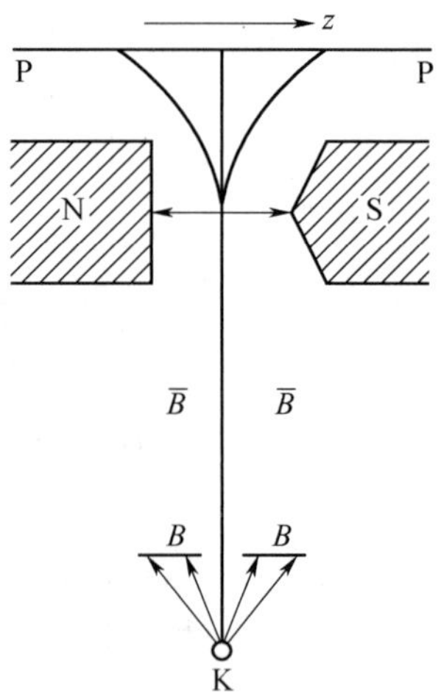

图 10-20 Stern-Gerlach 实验示意图

1. Stern-Gerlach 实验

Stern-Gerlach 实验如图 10-20 所示:

在图 10-20 中,K 为氢原子源,发射氢原子,让 S 态的氢原子束通过均匀磁场,实验观测到在底片 PP 上出现两条分立的线,表明氢原子有磁矩,受磁场作用而发生偏转。

由于实验用的是 S 态的氢原子,$l=0$,轨道角动量为零。设氢原子的磁矩为 $\boldsymbol{\mu}$,则在磁场 $\boldsymbol{B}$ 中的势能为

$$U=-\boldsymbol{\mu}\cdot\boldsymbol{B}=-\mu B_z\cos\theta \tag{10-50}$$

θ 是 $\boldsymbol{\mu}$ 和 $\boldsymbol{B}$ 之间的夹角。

氢原子在 Z 方向受力为

$$F_z=-\frac{\partial U}{\partial z}=\mu\frac{\partial B_z}{\partial z}\cos\theta \tag{10-51}$$

如果氢原子磁矩在空间中可取任何方向，$\cos\theta$ 应当从 -1 连续变化到 $+1$，照片应该是连续的带。但实验是两条线，对应 $\cos\theta=+1$；$\cos\theta=-1$。

2. 自旋的提出

根据乌伦贝克和高斯密特提出的假设，我们可以解释这个实验事实。

乌伦贝克和高斯密特自旋假设叙述如下：

(1)每个电子具有自旋角动量 $\boldsymbol{S}$(电子本身固有的)，它在空间任何方向上的投影只能取两个数值

$$S_Z=\pm\frac{\eta}{2} \tag{10-52}$$

(2)每个电子具有自旋磁矩 $\boldsymbol{\mu}_s$，它和自旋角动量 $\boldsymbol{S}$ 的关系是

$$\boldsymbol{\mu}_s=-\frac{e}{mc}\boldsymbol{S} \tag{10-53}$$

e 是电子的电荷，m 是电子的质量。自旋磁矩 $\boldsymbol{\mu}_s$ 在空间任意方向上的投影只能取两个数值

$$\mu_{sZ}=\pm\frac{e\eta}{2mc}=\pm\mu_B \tag{10-54}$$

$\mu_B=\frac{e\eta}{2mc}$为玻耳磁子。

$$\frac{\mu_{sZ}}{S_Z}=-\frac{e}{mc} \tag{10-55}$$

自旋磁矩 $\boldsymbol{\mu}_s$ 的投影只能取两个数值，从式(10-51)知 $\cos\theta=+1$；$\cos\theta=-1$。这样自旋理论完全解释 Stern-Gerlach 实验。

实验证明，除电子外，其他微观粒子也都具有自旋，如质子、中子、μ 介子等粒子。自旋是微观粒子的固有特性，和微观粒子的其他运动无关，故称为内禀属性。需要注意的是，不能简单看成是机械的自旋。本质上讲，电子自旋是一种相对论效应，其描述应该由相对论量子力学直接给出。

在氢原子的情形我们已经得知，氢原子的状态要求有 3 个量子数描述。现在我们发现，电子还有一种自旋运动是前面 3 个量子数所无法描述的。由此，描述电子状态的量子数就需在 n,l,m_l(为和自旋量区别，将 m 用 m_l 表示)的基础上加上电子自旋量子数 m_s，m_s 只能取$\pm\frac{1}{2}$，也就是说描述电子状态需 n,l,m_l,m_s 4 个量子数。

10.3.3 原子的壳层结构

1. 原子状态量子数描述

除了氢原子外，其他原子的电子数都大于 1。从原则上说，其他原子同样可用薛定谔方程处理，但是对于多电子原子，薛定谔方程不能精确求解。因而处理多电子原子是比较困难的。然而，利用数值方法近似求解薛定谔方程是可能的。本书不打算求解多电子原子的薛

定谔方程，只介绍量子力学对原子的描述。研究表明，多电子原子求解所得原子状态仍然像氢原子一样，可用四个量子数来表示。

(1)主量子数 n。$n=1,2,3,\cdots$，原子中电子的能量主要由主量子数决定。

(2)角量子数 l。对 n 确定值的状态，l 的取值为：$l=0,1,2,3,\cdots,n-1$，它决定电子绕核运动的角动量的大小。$L^2=\sqrt{l(l+1)}\,\eta$ 是量子数 n 相同，而角量子数 l 不同的电子，其能量稍有差别。

(3)磁量子数 m_l。对 n，l 相同的电子，$m_l=0,\pm1,\pm2,\cdots,\pm l$，它确定角动量矢量在外磁场中的取向，表明空间是量子化的。

(4)自旋磁量子数 m_s。$m_s=\pm\dfrac{1}{2}$，它决定电子自旋角动量在外磁场中的取向，也影响原子在外磁场中的能量。

这 4 个量子数确定了原子的状态，这和经典物理描述是完全不同的。量子力学认为电子的径向概率是有一定分布的，对不同的 n 或 l，其概率的极大值出现在不同的 r，因而用壳层和支壳层结构可形象地表示电子的分布情况。

2. 原子的壳层结构

具有相同 n 值的电子称为属于同一壳层的电子，$n=1,2,3,4,5,6,\cdots$的壳层常用下列符号表示：K，L，M，N，O，P，…。对于主量子数为 n 的电子，它的角量子数可以为 0，1，2，3，…，$n-1$，于是对同一个 n，不同 l 量子数可分成 n 个次壳层，通常用 s，p，d，f，…来代表 $l=0,1,2,3,\cdots$次壳层。

对于原子中电子的分布状态，泡利提出著名的泡利不相容原理：在多电子原子中，任何两个电子都不可能处在相同的量子态上，也就是说原子中任意两个电子都不可能有完全相同的四个量子数。因此，这就对每一壳层和次壳层中可以容纳的电子数给予限制。

具有相同 n，l 的电子属于同一次壳层，可以有$(2l+1)$个不同的 m_l 值，而每一个 m_l 值又可以有两个 m_s 值，即 $m_s=\dfrac{1}{2}$和$-\dfrac{1}{2}$。因此，对每一个次壳层可以有 $2(2l+1)$个不同状态的电子，最多可以容纳的电子数目是 $N_l=2(2l+1)$。

主壳层以主量子数 n 来划分，当 n 一定，l 可以有 n 个不同的取值，$l=0,1,2,3,\cdots n-1$，因此，每一个主壳层上最大可容纳的电子数目为

$$N=\sum_{l=0}^{n-1}2(2l+1)=2n^2$$

电子占据哪个状态，还服从能量最低原理，即电子总是占据最低的能态。按照这些原理，原子中电子分布就显现出规律性，由此，元素性质表现出的周期性，这就是元素周期表。下面我们就一些元素的电子壳层结构及有关性质进行讨论。

第一主壳层 K($n=1$)中电子的能量最低，K 壳层只包含一个次壳层 s 壳层 $l=0$，最多只能容纳 2 个电子，电子组态分别为 1s 和 $1s^2$，即为氢原子和氦原子的基态，氦的壳层已填满构成一个闭合壳层，元素周期表第一周期就包含这两个元素。

锂原子中有 3 个电子，其中两个填满 k 壳层，另一个应进入能量较高 L 壳层的 s 次壳

层，电子组态为 $1s^2 2s$。随着原子序数的增加，原子中的电子数也增加，依次填充在 L 壳层上。L 壳层包括 2s 和 2p 两个次壳层，至 $Z=10$ 时，正好将 L 壳层填满形成第 2 个闭合壳层，元素周期表第 2 周期结束。

Na 原子（$Z=11$），电子组态为 $1s^2 2s^2 2p^6 3s^1$，开始进入 M 壳层，由于内壳层是闭合的，$3s^1$ 电子处于最外层，受核的束缚较弱，很容易失去此电子而与其他原子结合，故钠的化学性质很活泼。

$Z=18$ 的氩原子电子组态 $1s^2 2s^2 2p^6 3s^2 3p^6$ 是闭合壳层，第 3 周期结束。

第 4 周期从钾原子（$Z=19$）开始，钾原子的 18 个电子已将 K，L 壳层和 M 壳层中的 3s，3p 次壳层填满，第 19 个电子似乎应该填到 3d 次壳层，但光谱观察和钾的化学性质都表明钾具有一个 4s 电子，经计算得知，虽然 4s 态的主量子数比 3d 态的大，但能量却比 3d 的能量低。因而钾原子的基态应为 $1s^2 2s^2 2p^6 3s^2 3p^6 4s$。在第 4 周期元素中，在次壳层填充的顺序上出现次壳层能级交错复杂的情形。而第 5 周期元素和第 4 周期元素完全类似。例如，银原子 $Z=47$，电子组态为 $1s^2 2s^2 2p^6 3s^2 3p^6 3d^{10} 4s^2 4p^6 4d^{10} 5s^1$，第 47 个电子填在 5s 次壳层，而不是填充在 4f 次壳层，可见 46 个电子填入的各次壳层都已填满，因而它们的总角动量为零，剩下第 47 个电子即 5s 电子的自旋角动量，就是银原子的总角动量。

10.4　激光

10.4.1　光与物质的相互作用

我们已经知道，原子的能量是量子化的，用能级表示。原子和外界如果发生能量的交换，则原子状态就通过能级之间的跃迁而变化：吸收能量从低能级跃迁到高能级，或从高能级跃迁到低能级而放出能量。如果能量交换是以光的形式进行，这就是光与物质的相互作用。在这个基础上对发光机制进行研究，人们发明了崭新的光源——激光。

早在 1917 年，爱因斯坦在光量子论和玻耳能级跃迁频率条件的基础上，首次提出了自发辐射的概念，建立了光和物质相互作用的崭新模型。为了便于讨论，我们假定原子体系是一个二能级的体系。根据原子玻耳能级跃迁频率条件，原子由高能级 E_2 向低能级 E_1 跃迁时，将放出能量为 $h\nu=E_2-E_1$ 的光子。原子由低能级向高能级 E_2 跃迁时，将吸收能量为 $h\nu$ 的光子。设 N_2、N_1 分别表示 E_2、E_1 能级的原子密度。爱因斯坦认为光与物质的相互作用可分为以下几种方式：

1. 自发辐射

处于能级 E_2 的原子按一定的辐射跃迁定则向 E_1 跃迁，放出一个能量为 $h\nu$ 的光子。爱因斯坦称这种过程为自发辐射过程，因为这一过程表现为每一个原子的跃迁都是自发、独立地进行的。跃迁过程中发出的光子的发射方向、频率以及偏振态都是无规则的。为描述自发辐射过程，爱因斯坦引入自发辐射系数 A_{21}。利用这一系数，物质中单位时间、单位体积、由于自发辐射过程而引起能级 E_2 原子数 N_2 的减少可由下式表示

$$\frac{dN_2}{dt}=-A_{21}N_2 \tag{10-56}$$

A_{21} 又称自发辐射概率。因为自发辐射仅与原子有关，而与外加辐射均无关，不同种类的原子或者同种原子的不同能级之间，A_{21} 的数值不同，若无其他过程发生，可定义

$$\tau_{21}=\frac{1}{A_{21}} \tag{10-57}$$

称为自发辐射寿命。

2. 受激吸收

能级处于 E_1 的原子，如果有一个频率为 ν 的光子趋近，设 ν 满足

$$h\nu=E_2-E_1 \tag{10-58}$$

则原子将吸收该光子的能量从 E_1 跃迁到 E_2，爱因斯坦称这个过程为受激吸收。受激吸收不是自发产生的，必须吸收外来光子才会产生。这一过程将使能级 E_2 的原子数密度增加，为描述这一过程，爱因斯坦引入受激吸收系数 B_{12}，单位时间、单位体积内 N_2 的增加为

$$\frac{dN_2}{dt}=B_{12}N_1\rho(\nu) \tag{10-59}$$

式中：$\rho(\nu)$为频率在 ν 附近单位频率区间的辐射能量密度；$B_{12}\rho(\nu)$为受激吸收概率，受激吸收系数 B_{12} 与特定的原子能级有关。

3. 受激辐射

能级处于 E_2 的原子，如果有一个频率为 ν 的光子入射，ν 满足

$$h\nu=E_2-E_1$$

入射光子就能以一定的概率驱使原子从能级 E_2 跃迁到能级 E_1 上，并释放出能量为 $h\nu=E_2-E_1$ 的光子，这个光子叠加到入射光子上。爱因斯坦称这个过程为受激辐射。为描述这一过程，爱因斯坦引入受激辐射系数 B_{21}。利用 B_{21}，单位时间内、单位体积内的受激辐射的光子数为

$$\frac{dN_2}{dt}=B_{21}N_2\rho(\nu) \tag{10-60}$$

式中 $\rho(\nu)$为频率在 ν 附近单位频率区间的辐射能量密度，$B_{21}\rho(\nu)$表示受激辐射概率。

量子力学的计算表明，受激辐射产生的光子与引起这种辐射原来光子的性质、状态完全相同，同属一个光子态，即两者具有相同的频率、方向和偏振态。对于大量光子而言，还可证明，它们的相位也是几乎相同的。3 个过程的物理图像如图 10-21 所示。

由受激吸收和受激辐射过程的特点可以看出，当同样的光辐射作用在同一个原子体系时，受激吸收使原来的光辐射有所减弱，而受激辐射则使原来的光辐射有所增强。这两种过程同时存在、彼此互相竞争，当原子体系的受激辐射占主导地位时，光通过原子体系后就会呈现放大现象。受激辐射是产生激光的最重要最基本的概念。那么，受激辐射过程相对于受激吸收占据主导地位的条件是什么呢？下面就具体讨论这一条件。

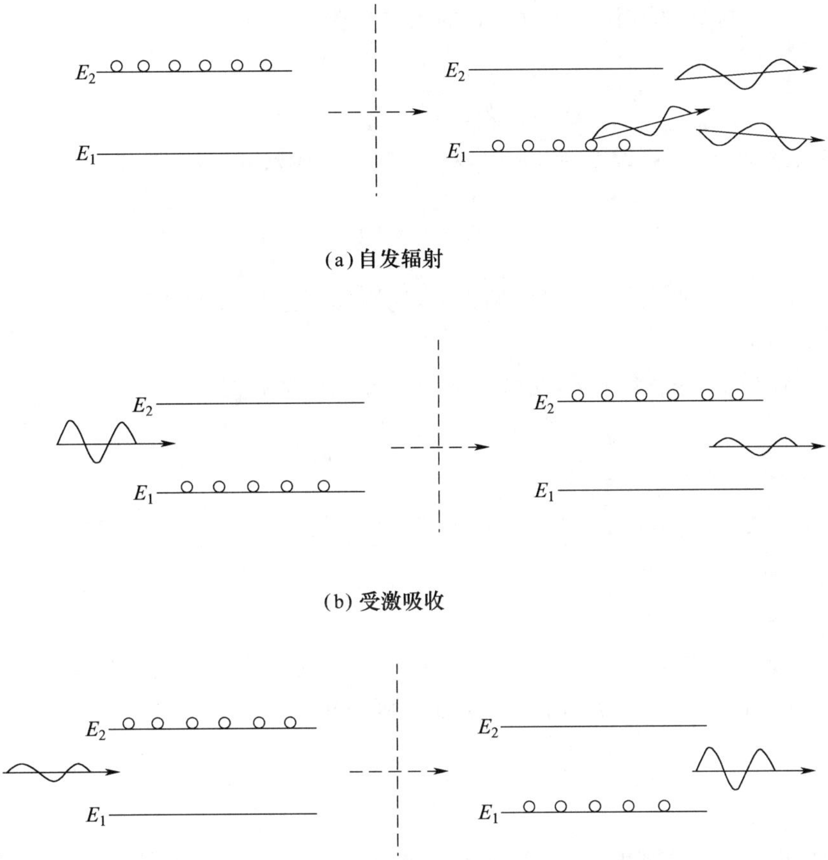

(a)自发辐射

(b)受激吸收

(c)受激辐射

图 10-21 光与物质相互作用示意图

10.4.2 光放大条件粒子数反转

如果令 $\phi_2, \phi_{12}, \phi_{21}$ 分别为单位时间内原子自发辐射，受激吸收和受激辐射的光子密度，则由上面的讨论得知

$$\phi_2 = A_{21} N_2 \tag{10-61}$$

$$\phi_{12} = B_{12} N_1 \rho(\nu) \tag{10-62}$$

$$\phi_{21} = B_{21} N_2 \rho(\nu) \tag{10-63}$$

在热平衡条件下，N_2, N_1 的大小服从玻耳兹曼分布定律，即

$$\frac{N_2}{N_1} = \frac{g_2}{g_1} e^{-\frac{h\nu}{kT}} \tag{10-64}$$

式中 g_1 和 g_2 分别为能级 E_1 和 E_2 的简并度。为简单起见，设能级简并度 $g_1 = g_2$，爱因斯

坦系数 $B_{12}=B_{21}$，则受激辐射与受激吸收的光子数密度之比为

$$\frac{\phi_{21}}{\phi_{12}}=\frac{N_2}{N_1}=e^{-\frac{h\nu}{kT}} \tag{10-65}$$

为了能反映大致的情况，可设 $T=300\ \mathrm{K}$，$\lambda=5\ 000\ \text{Å}$ 代入式(10-63)得

$$\frac{\phi_{21}}{\phi_{12}}\approx 2\times 10^{-42} \tag{10-66}$$

可见，对于一个热平衡体系，在可见光区，受激辐射过程与受激吸收过程相比，受激辐射过程是微乎其微的。

我们再来比较热平衡条件下，受激辐射与自发辐射两种过程。

$$\frac{\phi_{21}}{\phi_2}=\frac{B_{21}N_2\rho(\nu)}{A_{21}N_2}=(e^{\frac{h\nu}{kT}}-1)^{-1} \tag{10-67}$$

令 $T=300\ \mathrm{K}$，$\lambda=6\ 000\ \text{Å}$，代入式(10-67)得

$$\frac{\phi_{21}}{\phi_2}\approx 10^{-35} \tag{10-68}$$

可见与自发辐射相比，受激辐射过程也是完全可以忽略不计的。那么如何使受激辐射过程占优势呢？为了使 $\phi_{21}>\phi_{12}$，若 $B_{12}=B_{21}$，则要求

$$\frac{N_2}{N_1}>1 \tag{10-69}$$

即要求 E_2 能级的粒子数密度大于 E_1 能级的粒子数密度。这个条件称为粒子数反转，这时粒子数的分布与热平衡状态下粒子数密度的玻尔兹曼分布不同，就是说为了使受激辐射比受激吸收占优势，原子体系必须是非热平衡状态。为此必须依靠外界能量对原子系统进行选择性的激发。

再看受激辐射大于自发辐射的条件。当一个原子体系实现粒子数反转后，则入射的光信号因受激辐射而获得增强。因为 $\omega_{21}=B_{21}\rho(\nu)$，$\omega_{21}$ 又相应地增大，反过来又进一步引发大量的受激辐射，这是一个正反馈的过程。在实际激光器中，引发大量原子产生受激辐射的初始信号不是外界注入的，而是来源于激光器自身的自发辐射。由于自发辐射是随机的，在各个方向上原则上都可以引起受激辐射。因此，为了实现某些特定方向，特定频率的光信号诱导的受激辐射占优势，还必须对光的方向和频率有限制，亦即使光子集中在选定的几个或一个状态中。在该状态中，由于受激辐射的放大作用，辐射能量密度 $\rho(\nu)$ 大大增加，而其他状态 $\rho(\nu)$ 很小。在实际激光器中，这种限制作用通过谐振腔来实现。

10.4.3 光学 谐振腔

很显然，受激辐射的放大作用和工作介质的长度有关：长度越长，放大作用越大。但工作介质不能无限长，解决这个问题的办法是设置一个谐振腔。谐振腔由两面相隔一定距离的反射镜组成，这两面反射镜可以是平面，也可以是球面，其中一面镀高反射膜，称为全反镜；另一面为部分透射，称为输出镜。受激辐射光线一旦形成，将会受到反射镜反射重新回

到工作介质，每经过一次工作介质，受激辐射光线就会得到放大。多次反射，使受激辐射光线来回往复多次经过工作介质，就能达到放大受激辐射光线的作用。可见，谐振腔的主要作用是为受激辐射振荡提供光学正反馈。

谐振腔的另一重要作用是限制受激辐射只在几个模式或一个模式上振荡，所谓模式就是满足边界条件的稳定的电磁场分布状态。这是因为：光学谐振腔是开放式的，即没有任何侧表面，由于谐振腔反射镜的存在，只有传播方向与谐振腔轴线平行的光才会在两个镜面之间反射，连锁放大，形成稳定的受激辐射光线，然后从部分反射镜输出。凡偏离轴线的光会散射出工作物质之外，不会被放大而形成激光，即谐振腔可以对激光束方向加以选择和限制。

由于腔的尺寸远远大于光波波长，谐振腔还起限模选频作用，即只让满足共振条件的几种单色光得到放大，抑制其他频率的光。具体过程讨论如下：

设谐振腔的长度为 L，可以被放大的光一定满足驻波条件(即共振条件)，即

$$nL=k\frac{\lambda_k}{2} \tag{10-70}$$

式中：$k=1,2,3,\cdots$为整数，n 为谐振腔内工作介质折射率，λ_k 为真空中光的波长，

$$\lambda_k=\frac{2nL}{k} \tag{10-71}$$

频率为

$$\nu_k=\frac{c}{\lambda_k}=k\frac{c}{2nL} \tag{10-72}$$

可见谐振腔内只有某些频率的光才能形成稳定的驻波，称每一个谐振频率为振动纵模。相邻两个纵模频率的间隔为

$$\Delta\nu_k=\frac{c}{2nL} \tag{10-73}$$

对于 $L=1$ m 的 He-Ne 激光器，$\Delta\nu_k\approx1.5\times10^8$ Hz，632.8 nm 的谱线自然宽度为 $\Delta\nu=1.3\times10^9$ Hz，则在该线宽内存在的纵模个数为

$$N=\frac{\Delta\nu}{\Delta\nu_k}=\frac{1.3\times10^9}{1.5\times10^8}\approx8$$

利用加大纵模间隔 $\Delta\nu_k$ 的方法，可以使谱线宽度 $\Delta\nu$ 区间中只存在几个甚至一个纵模，例如将 L 缩短到 0.1 m，则 $\Delta\nu_k=1.5\times10^9$ Hz，在 $\Delta\nu$ 区间中，只可能存在一个纵模。

10.4.4 激光器和激光的特性

1. 激光器结构

从上面的讨论可知，我们可以找一个原子体系(工作介质)，放在光学谐振腔中，如果输入能量到原子体系(即对工作介质进行激励)，使其粒子数反转，就会产生受激辐射，经谐振腔对受激辐射光线正反馈并对受激辐射光线方向和振荡模式加以选择和限制，就形成激光，这个装置就是激光器。激光器工作介质有气体、固体、染料等。气体激光器结构如图 10-22

所示(谐振腔由两面相隔一定距离的反射镜组成)。

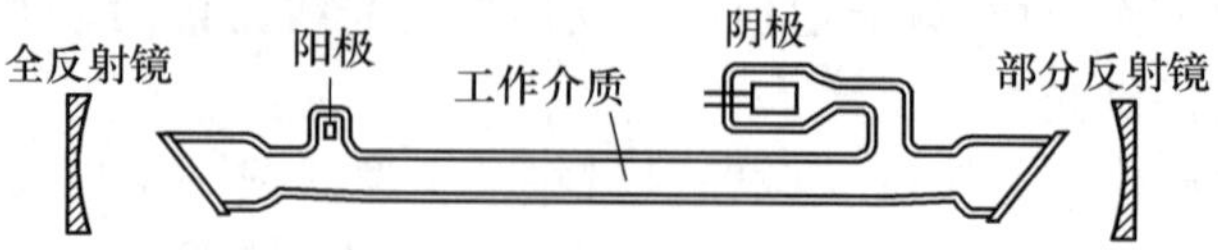

图 10-22　气体激光器示意图

2. 激光的特性

(1)单色性好。由于激光器谐振腔的限模选频作用,可以使激光频率范围极窄,具有良好的单色性。例如氦氖激光器发出光线的谱线宽度,只有 8～10 nm,几乎可视为单色光。

(2)方向性强。由于激光器谐振腔对激光束方向加以选择和限制,所以,激光束的方向性很好,发散角很小,只有几毫弧,激光束几乎就是一条直线。这样它的能量很集中,功率密度很高,是定向的强光。

激光应用领域非常广泛。因为激光的光斑处集中巨大的能量,在工业上可用激光来打孔、切割和点焊;在医学上可用激光作为外科手术刀;在军事上可用激光作为武器。用激光束加热氘氚混合物,可实现核聚变。激光的方向性好,可用于测距。激光良好的单色性,可用于干涉、全息照相、激光测速。激光通信是利用信号对激光载波进行调制而传播信息的,其最大优点是传输的信息量大。

由于激光的良好特性,激光在农业等方面也有许多应用。研究结果表明,激光同其他理化诱变因素一样,能引起水稻后代出现多种性状的变异,特别是早熟、矮秆、籽粒变大等有利变异出现的频率较高,这些变异通过 3～5 代的观察,多数能真实遗传。

用激光辐照(一定强度和时间)作物种子可提高它的农学参数(发芽率、发芽势等)和改善叶绿素含量,增强光合作用强度和一些生物酶的活性,有利于农作物的生长,达到增产的目的。

研究证明,激光可导致 DNA 分子氢键的断裂,引起单链或双链的断裂。1979 年,D. A. Angelor 等首次用激光将 DNA 和 RNA 的一种碱基进行双光子光解,实现了对 DNA 氢键的断裂。当它们再接合时有可能发生差错,DNA 分子将按新的模板进行复制。DNA 分子链上核苷酸或碱基顺序将发生变化,造成基因突变,生物的遗传性将发生变化,稳定后便完成了激光诱发突变。

激光辐照蔬菜种子和蚕卵、蚕蛹、鱼卵、鸡卵等都获得良好的结果。激光还用于酿酒酵母菌的诱变,得到良好变异菌种、酒等。

在生物工程中,激光微束(光斑直径可小于 0.5 μm)可用于细胞融合技术和外源基因转移,这就从根本上改变了过去盲目大量诱变然后再从中进行筛选的传统做法。

10.5　原子核和放射性

10.5.1　原子核的基本性质

原子是由原子核和核外电子组成的,原子核很小,但它集中了原子的几乎全部质量并具有复杂的结构。在这里我们将讨论原子核的一般特性(电荷、质量、大小)和组成。

(1)原子核的电荷。电荷是原子核的重要特征之一。因为整个原子是中性的,而核外电子带负电,所以原子核所带的电荷必然与核外轨道电子的总电荷数值相等而符号相反。每个电子的电荷为 $e=1.6\times10^{-19}$C ,因此原子核电荷的数值应为 $q=Ze$,Z 为核外电子的数目,在核物理中常常把 Z 称为原子核的电荷数,它表示原子核带了多少电子电荷。

显然,电荷数 Z 也就是原子序数。因此,原子核电荷数的多少决定了原子的化学性质。当其他的带电粒子和原子核作用的时候,由于静电作用力和原子核的电荷大小有关,因而产生的各种效应也和 Z 的大小有密切的关系。此外,原子核的电荷还决定了核内的静电能,影响着原子核的稳定性。

在自然界天然存在的原子核中,电荷数最大的是铀 $Z=92$,Z 为 43,61,85,87,93 及 93 以上的元素都不存在,要用人工的方法制造,$Z>92$ 的叫作超铀元素。近几年来已由人工的方法制造出一系列的超铀元素。

(2)原子核的质量。质量是原子核的另一重要特征,电荷和质量知道了,原子核也就完全确定了。原子核的稳定性以及核转变时能释放出多少能量都与原子核的质量和它的变化有密切关系。

在进行与原子核有关的计算时,通常应用的都是中性原子的质量而不是原子核的能量,但后者很容易由前者换算出来,因为在忽略原子中电子的束缚能的情况下,原子的质量就等于原子核的质量与核外电子质量的总和。

原子的质量是很小的,最重的铀原子的质量也只有 3.95×10^{-25} kg,这样,用通常的质量单位(kg)来量度原子质量就太大了,很不方便,所以在核物理中常常采用另一种单位,叫作原子质量单位,记为 amu(atamic mass units 的简写),它是以自然界含量较丰富的碳同位素 ${}^{12}_{6}$C 作标准(自然界中碳有两种稳定的同位素:${}^{12}_{6}$C,相对含量为 98.892%;${}^{11}_{6}$C,相对含量为 1.108%),把一个 ${}^{12}_{6}$C 原子质量的 $\frac{1}{12}$ 作为一个质量单位,又叫作碳原子,按照这样的规定 ${}^{12}_{6}$C 的原子质量就严格地等于 12 amu。

根据精确测定,一个 ${}^{12}_{6}$C 的原子质量为 $1.992\,4\times10^{-26}$ kg,由此可得原子质量单位(amu)和千克(kg)的换算关系为

$$\begin{aligned}1\ \text{amu} &= (1.992\,4\times10^{-26}\text{kg})\times\frac{1}{12}\\ &= 1.660\,35\times10^{-27}\ \text{kg}\end{aligned} \tag{10-74}$$

在用原子质量单位量度时,电子、质子、中子和一些原子的质量列在表 10-1 中。

表 10-1 电子、质子、中子和一些原子的质量 amu

符号	原子质量	符号	原子质量
e	0.000 549	${}^{7}L_{7}$	7.016 005
P	1.007 276	^{12}C	12.000 000
n	1.008 665	^{16}O	15.994 915
H	1.007 825	^{27}Al	26.981 535
^{4}He	4.002 604	^{238}U	238.049 440

由表 10-1 可见，用 amu 作单位表示的原子质量都很接近于整数，我们把和原子质量最接近的整数称为原子核的质量数，并用字母 A 表示。例如，氢原子核的质量数为 $A=1$；$^{4}\mathrm{He}$ 原子质量为 4.002 604 amu，其质量数为 $A=4$；$^{16}\mathrm{O}$ 的原子质量为 15.994 915 amu，其质量数为 $A=16$。

由表 10-1 还可以看到电子的质量是非常小的，只有质子质量的 $\frac{1}{1\,836}$，因此可以认为原子核的质量就近似等于中性原子的质量。

(3)原子核的大小。早在 1911 年，通过 α 粒子散射实验证明了原子有一个核，并确定它的半径大约为 10^{-14} m，后来又发展了许多科学方法来测量原子核的大小，测量结果表明，各种原子核的半径 R 和它们的质量数之间有一定的关系

$$R=r_0A^{\frac{1}{3}} \tag{10-75}$$

式中 r_0 为一常数，用不同的方法测出的数值有差别，一般是在 $(1.1\sim1.5)\times10^{-15}$ m 范围内，通常采用 $r_0=1.2\times10^{-15}$ m。

由 r_0 的数值的关系式可知，原子核是很小的，例如，对于天然存在的最重的铀原子核，$A=238$，由上式可得它的半径为

$$R=1.2\times10^{-15}\times238^{\frac{1}{3}}\,\mathrm{m}=0.74\times10^{-14}\,\mathrm{m}$$

大家知道原子的半径大约为 10^{-10} m 量级，因此原子核的半径只有原子的万分之一左右。利用关系式还可以求出原子核的密度。如果认为原子核是球形，则其体积为 $V=\frac{4\pi}{3}R^3$ 根据式(10-75)可得，

$$V=\frac{4\pi}{3}R^3=\frac{4\pi}{3}r_0^3A \tag{10-76}$$

即原子核的体积和它们的质量数成正比。我们知道原子核的质量数 A 与原子核的质量 M 是非常接近的。V 和 A 成正比也就是原子核的体积和它的质量成正比，这就表明，各种原子核，不论多重，它们的密度都相同。

用原子质量单位表示核的质量时 $M\approx A$，如果用千克作单位，则 $M\approx A\times1.66\times10^{-27}$ kg，这样可以得到以 $\mathrm{kg/m^3}$ 为单位的原子核密度 ρ。

$$\rho=\frac{M}{V}\approx\frac{A}{\frac{4\pi}{3}r_0^3A}\times1.66\times10^{-27}$$

$$=\frac{3}{4\pi r_0^3}\times1.66\times10^{-27}\approx10^{17}\,\mathrm{kg/m^3}=10^{14}\,\mathrm{t/m^3}$$

由此可见，原子核的密度是非常巨大的，如果在 1 $\mathrm{cm^3}$ 的体积内充满了原子核，它的重量就会达到 1 亿 t。

(4)原子核的组成。原子核虽然很小但并不是一个简单的粒子，它是由更基本的粒子——质子和中子组成。

由表 10-1 可见，质子(p)和中子(n)的质量都近似等于 1，而原子核的质量也非常接近于整数(即其质量数 A)，因此原子核的质量数 A 就代表组成原子核的质子和中子的总数。质

子和中子又统称为核子。A 就是组成原子核的核子数。每一个质子都带有一个正电荷，中子则不带电，因此原子核的电荷数 Z 就代表它所包含的质子数。显然，原子核所包含的中子数 N 应当等于核子总数(A)与质子数(Z)之差，即 $N=A-Z$。因此，只要原子核的电荷数和质子数确定了，原子核是多少个质子和中子组成的也就确定了。也就是说，这是哪一种原子核就完全肯定了。

原子核既然是质子和中子组成的，质子都带正电，它们之间就要互相排斥，为什么这些核子不散开来反而能结合成非常紧密的原子核呢？这是因为除了质子之间有静电排斥力之外，在质子与质子、中子与中子以及中子与质子之间还存在另外一种很强的吸引力，叫作核力。它比质子之间的静电排斥力要强很多，正是依靠核力的强烈吸引作用才使核子结合成为一个紧密的整体——原子核。

关于核力的性质，我们不在这里进行详细的讨论，只介绍它的 3 个特点。

①短程性。核力是一种近距离的强作用力，只有当两个核子靠得很近时($\leqslant 10^{-15}$ m)才会有核力作用。只要出现核力，作用就很强，相隔较远时就没有核力作用，这和静电作用力的性质是很不相同的。点电荷之间的静电作用服从库仑定律，当距离增加时，静电作用力和距离的平方成正比而逐渐减小，没有明显的作用范围。核力则有一个比较明显的作用范围，大约为 10^{-15} m，在这范围外，核子之间就没有核力作用。

②电荷无关性。核子之间的核力作用和它们是否带电无关，只要两个核子状态一定，核力作用就完全确定了。不论它们是中子、质子还是一个是中子另一个是质子，核力都完全相同，也就是说，在其他条件都相同的情况下，中子与中子、质子与质子、中子与质子之间的核力作用是完全一样的。

③饱和性。核力的饱和性是指原子核中，一个核子和有限数目的核子有核力作用，核力作用饱和以后，即使附近还有其他的核子，它们之间也没有核力作用。这和化学键有类似之处，例如水分子(H_2O)中，一个氧原子只和两个氢原子结合，如果再加入一个氢原子，氧原子都不和它发生作用。因此可以说，在水分子中，一个氧原子和两个氢原子作用就达到饱和，核力具有饱和性可以由原子核的体积 V 与核子数 A 成正比看出来，如果核力没有饱和性，V 和 A 就不会有正比关系，各种原子核的密度也都不会相同了。

原子核内的质子之间有静电排斥作用，另一方面核子之间又有核力的吸引作用，这样在原子核内就有了两个互相矛盾的因素。这一对矛盾——库仑力的排斥作用和核力吸引作用的矛盾，是决定原子核的组成及其稳定性的基本矛盾，由于矛盾双方状态不同将使原子核表现出不同的性质。

根据现代的原子核模型观念，原子核内的质子和中子都在不停地运动，在正常情况下这些原子和中子总是处于能量最低的状态，这时整个原子核是在基态。如果吸收了外来的能量，中子和质子就可以处于能量较高的状态，这时原子核就处于激发态。

(5)原子核的分类和表示方法。电子数和质量数是原子核最基本的两个特征，为了表示各种不同的原子核，除了写出它的化学符号 X 外，还在他的左下角写出电荷数 Z，在左上角写出质量数 A，有时还在右下角写出中子数 N，即用符号表示为

$$^{A}_{Z}X_{N}$$

根据各种原子核 Z 和 A 的异同可以对它们分类：

①同位素。凡是电荷 Z 相同，质量 A 不同的原子核(或原子)都称为同位素。例如，氧有 3 种稳定同位素：$^{16}_{8}O$，$^{17}_{8}O$，$^{18}_{8}O$；氢也有 3 种稳定同位素：$^{1}_{1}H$，$^{2}_{1}H$，$^{3}_{1}H$。$^{2}_{1}H$ 和 $^{3}_{1}H$ 分别称为氘(重氢)和氚(超重氢)，还常常分用符号 $^{2}_{1}D$ 和 $^{3}_{1}T$ 表示。同位素的原子核所含的质子数都相同但中子数不同。

②同量异位素。质量数相同电荷数不同的原子核称为同量异位素。例如，$^{40}_{18}Ar$，$^{40}_{20}Ca$；$^{92}_{40}Zr$，$^{92}_{42}Mo$。

③同中异荷素(首称同中素)中子数 $N=A-Z$ 相同而电荷数 Z 不同的原子核称为同中素。例如，$^{15}_{7}N_8$，$^{16}_{8}O_8$；$^{23}_{11}Na_{12}$，$^{24}_{12}Mg_{12}$。

除了上面的一些分类外，人们还常常把各种不同的原子核统称为“核素”，一种核素就是指一种原子核，有多少种不同的原子核就有多少种核素。

10.5.2 原子核的自旋和磁矩

1. 原子核的自旋和磁矩

通过研究原子光谱的超精细结构发现原子核也有自旋。对于不同的原子核，其自旋角动量 P_I 也可以不同。一般地可将原子核的自旋角动量表示为

$$P_I = I\eta \tag{10-77}$$

I 称为原子核的自旋量子数。对于不同的原子核，I 的数值可以不同。当用 η 作为单位表示角动量时，原子核的自旋角动量就等于 I，通常就把 I 称为原子核的自旋。

原子核的自旋 I 可用光谱学的方法来测定，表 10-2 列出了对一部分原子核测量的结果。分析这些实验结果可以得出几条一般的规律：

(1)质子数和中子数都为偶数的原子核，自旋为零。

(2)质量数为奇数的原子核，自旋为半整数，$I=\dfrac{1}{2},\dfrac{3}{2},\dfrac{5}{2},\cdots$

(3)质量数为偶数的原子核，自旋为整数 $I=0,1,2,3,\cdots$

表 10-2　部分原子核的自旋和磁矩

核	自旋 I	磁矩 μ(核磁子)	核	自旋 I	磁矩 μ(核磁子)
$^{1}_{0}H$	1/2	−1.913 148	^{33}S	3/2	+0.642 92
^{1}H	1/2	+2.792 76	^{40}K	4	−1.298 2
^{2}H	1	+0.857 354	^{51}V	7/2	+5.145 03
^{4}He	0	0	^{65}Cu	3/2	+2.385 94
^{7}Li	3/2	+3.256 33	^{81}Br	1/2	+2.269 47
^{9}Be	3/2	−1.177 46	^{99}Tc	9/2	+5.680 5
^{10}B	3	+1.800 66	^{119}Sn	1/2	−1.041 1
^{14}N	1	+0.403 69	^{176}Lu	7	4.2
^{16}O	0	0	^{195}Pt	1/2	+0.600 5
^{18}O	0	0	^{233}U	5/2	10.51
^{25}Mg	5/2	−0.854 66	^{235}U	7/2	1.033

表 10-2 中列出的自旋都是原子核在基态时的数值。当原子核处于不同的激发态时，它的自旋也不相同，这是因为原子核在各种激发态时，核内核子的运动状态也发生了变化的缘故。原子核带电，当它作自旋运动时，就相当于一个环形电流因而具有磁矩 μ。原子核的磁矩通常用单位“核磁子”来量度。

$$1\ \text{核磁子}=\frac{e\eta}{2M_{\mathrm{p}}c}=5.050\times10^{-27}\ \mathrm{J/T} \tag{10-78}$$

式中：e 为电子电荷；M_{p} 为质子质量；c 为光速。

一部分原子核的磁矩测量值已列在表 10-2 中，负号表示磁矩的方向和角动量方向相反。由表 10-2 可见原子核的磁矩不像自旋那样有明显的规律性，原子核都带正电，但有原子核磁矩为负值，中子不带电但是也有磁矩，这表明原子核磁矩的形成比较复杂，不能用简单的模型来解释。

2. 核磁共振效应

根据前面的讨论，核自旋量子数与原子核的质量数 A 及原子序数 Z 之间有一定关系。原子核的原子序数及质量数均为偶数者，自旋量子数 I 为零；原子序数为奇数或偶数，质量数为奇数者，I 为半整数；原子序数为奇数，质量数为偶数者，I 为整数(表 10-3)。

表 10-3 原子核的自旋量子数

原子序数	质量数	I	实例
偶数	偶数	0	^{12}C、^{16}O
奇偶	奇数	半整数	^{1}H、^{13}C
奇数	偶数	整数	^{2}H、^{14}N

I 不为零的原子核，由于自旋而使核具有磁矩 μ。μ 与自旋 p 的关系为：$\mu=\gamma p$，γ 称为磁旋比。而

$$p=\sqrt{I(I+1)}\,\eta \tag{10-79}$$

当原子核处在静磁场中时，核自旋角动量 p 取值是空间量子化的，即 p 在 Z 轴(外磁场方向)上的投影为

$$p_{\mathrm{s}}=m\eta \tag{10-80}$$

式中 m 为磁量子数，其值为 $-I,-I+1,\cdots I-1,I$。所以对于自旋量子数为 I 的原子核，p_{s} 共有 $2I+1$ 个数值，与此相应，原子核磁矩在 Z 轴上投影为

$$\mu_{\mathrm{s}}=\gamma p_{\mathrm{s}}=\gamma m\eta \tag{10-81}$$

设 μ 与 H_0 的夹角为 θ，则 μ 与 H_0 的相互作用能量为

$$E=-|\mu||H_0|\cos\theta=-\mu_{\mathrm{s}}H_0 \tag{10-82}$$

将式(10-81)代入，则有

$$E=-\gamma m\eta H_0 \tag{10-83}$$

由于 m 有 $2I+1$ 个值，因此原子核在外磁场中应有 $2I+1$ 个能级，其能量是量子化的，原子核不同能级之间的能量差为

$$\Delta E=-\gamma\Delta m\eta H_0 \tag{10-84}$$

量子力学的选择定则，只有 $\Delta m=\pm1$ 的跃迁才是允许的，所以相邻能级之间发生跃迁所对应的能量差为

$$\Delta E=\gamma\eta H_0 \tag{10-85}$$

由此可见，在静磁场中，具有磁矩的原子核存在着不同的能级，此时运用某一特定频率 ν 的电磁波来照射样品。如果 ν 满足 $h\nu=\Delta E=\gamma\eta H_0$，原子核就会吸收该频率的电磁波进行能级之间的跃迁，就是核磁共振吸收。所以产生核磁共振的条件为

$$\nu=\frac{\gamma H_0}{2\pi} \tag{10-86}$$

根据上述讨论，自旋不等于零的同一种原子核，应该只有一个共振频率。但实际上，在恒定的射频场中，化合物中的同类核往往出现不同的共振频率，这主要是因为这些原子核在分子中所处的“化学环境”不同造成的。所谓化学环境指的就是原子核周围的电子云密度分布的情况。因为核外电子云在外磁场 H_0 的作用下，产生与 H_0 成比例的感应磁场，所以，除了受到 H_0 作用之外，核还受到上述感应磁场的作用。所以，磁核实际受到的磁场 H_0' 一般表示为

$$H_0'=H_0-\sigma H_0=(1-\sigma)H_0 \tag{10-87}$$

式中 σ 称为屏蔽常数，是原子的核外电子云对原子核屏蔽的量度，是核所处化学环境的反应。因此，共振频率为

$$\nu=\frac{\gamma(1-\sigma)H_0}{2\pi} \tag{10-88}$$

可知，即使是同类核，在不同的分子中，也有不同的共振频率，但同类磁核因化学环境的不同而产生的共振频率之差 $\Delta\nu$ 与它们的共振频率相比是非常小的。因此，用共振频率的绝对值描述或比较磁核很不方便。目前实际采用的是相对表示法，即选一化合物中磁核的共振频率作标准，让其他不同环境中的这类磁核与之比较，它们的差值 $(\Delta\nu)$ 称为化学位移，可表示为

$$\Delta\nu=\nu_{样品}-\nu_{标准}=\frac{\gamma(\sigma_{样品}-\sigma_{标准})}{2\pi}H_0 \tag{10-89}$$

式中：$\nu_{样品}$ 为样品中被测定磁核的共振频率；$\nu_{标准}$ 为标准物中磁核的共振频率。

原则上，凡是自旋量子数 I 不等于零的原子核都可测得核磁共振信号，但到目前为止，有实用价值的仅限于 ^{1}H，^{13}C，^{19}F，^{31}P 及 ^{15}N 等少数核，其中以 ^{1}H 氢谱和 ^{13}C 碳谱应用最为广泛。

实验中，选用的磁感应强度值在 1.4～14 T(特斯拉)范围内，测量所需的照射电磁波落在无线电射频区(60～600 MHz)。

目前，核磁共振技术的应用领域不断扩大，不仅是研究物质的物理性能、分子结构、分子构型构象等的重要手段，而且也是高分子材料、生理生化、医疗卫生等方面科研和实验的重要工具。

10.5.3 原子核的结合能

原子核^A_ZX是由Z个质子和$N=A-Z$个中子组成的，那么原子核^A_ZX的质量是否等于Z个质子的质量和$A-Z$个中子的质量的总和呢？让我们先看一个具体例子：氦原子核是由两个质子和两个中子组成的，由表10-1可知：氦原子质量为$M_{He}=4.002\ 604$ amu，氢原子质量为$M_H=1.007\ 825$ amu，中子的质量为$M_n=1.008\ 665$ amu。如果氦原子核的质量等于两个质子的质量和两个中子的质量之和，那么氦原子的质量就应当等于两个氢原子的质量与两个中子的质量之和，因为氦原子比氦原子核多了两个电子，而两个氢原子也比两个质子多两个电子，这样，电子质量的影响就抵消掉了。很容易算得，两个氢原子和两个中子的质量之和等于$2\times1.007\ 825+2\times1.008\ 665=4.032\ 980$(amu)，显然，它比氦原子的质量4.002 604 amu要大，其差额为

$$\Delta M=4.032\ 980-4.002\ 604=0.030\ 376(\text{amu})$$

这说明，氦原子核的质量比两个质子与两个中子的质量之和要小，当两个质子和两个中子结合成为氦核的时候损失了$\Delta M=0.030\ 376$ amu的质量，ΔM称为质量亏损。

不仅氦原子核有质量亏损，当质子和中子结合成任何原子核时都有质量亏损，那么质量亏损是怎么一回事呢？要了解这一问题，首先要了解质量和能量的关系。

1. 质量和能量的关系

质量和能量都是物质的属性，任何物质都具有一定的质量和能量，物质的这两种性质在数量上有一定的联系，根据狭义相对论，它们的关系为

$$E=Mc^2 \tag{10-90}$$

式中：E为物体的总能量；M为物体的总质量；c为光速，这里$c=3\times10^8$ m/s。式(10-90)叫作相对论质能关系式。它表明对于任何物体，当它的质量为M时，它具有能量$E=Mc^2$。如果一个物体的质量改变了ΔM，那么它的能量也将有一个相应的改变

$$\Delta E=\Delta Mc^2 \tag{10-91}$$

反之，如果一个物体的能量改变了ΔE也必然伴随着一定的质量改变

$$\Delta M=\frac{\Delta E}{c^2} \tag{10-92}$$

根据相对论质能关系式可知：能量小，则质量小；能量大，则质量大。因此，当原子核处于基态时，它的能量最低，质量也最小；原子核处于激发态时，能量增大了，相应地质量也要增大。

2. 质量亏损和结合能

现在让我们回到原子核质量亏损的问题上来。由个别的核子结合成原子核时为什么会出现质量亏损呢？

我们知道，核子之间在相距很近的时候有很强的核力作用，由于核力的强烈吸引就使一定数量的质子和中子形成一个紧密的整体——原子核，如果我们把原子核拆散为个别的核子，就要对它做功即消耗能量。反之，在这些核子由于相互吸引而组成原子核的时候就必然会对外做功，即释放能量。由于放出了能量，核子的总能量就减小了，根据质能关系式，它们的总质量也将相应地减小，这样，原子核的质量就比结合以前个别核子质量的总和要小，这就是质量亏损。

核子结合成原子核释放的能量称为结合能。反之如果要把原子核分成个别的核子则需要消耗能量，这种能量就称为分离能。显然，结合能和分离能在数值上是相等的。

原子核的结合能是和它的质量亏损相对应的，根据质能关系式，从质量亏损很易求出结合能来。原子核${}^A_ZX$ 的质量亏损可由式(10-93)计算

$$\Delta M=[ZM_p+(A-Z)M_n]-M(Z,A) \tag{10-93}$$

式中：$M(Z,A)$为原子核${}^A_ZX$ 的质量；M_p 和 M_n 分别为质子和中子的质量，由于通常测出的都是原子质量而不是核的质量。为了计算方便起见，常常用氢原子的质量 M_H 和${}^A_ZX$ 的原子质量$M_A(Z,A)$来代替上式中的 M_p 和 $M(Z,A)$。电子的质量自动抵消了，这样就可将(10-93)式改写为

$$\Delta M=[ZM_H+(A-Z)M_n]-M_A(Z,A) \tag{10-94}$$

和这质量亏损相对应的能量就是原子核的结合能 $E_B(Z,A)$

$$E_B(Z,A)=\Delta Mc^2=[ZM_H+(A-Z)M_n-M_A(Z,A)]c^2 \tag{10-95}$$

式中 c 是光速。

在核物理中，质量的单位常用 amu，能量的单位则用电子伏特(eV)。原子质量单位(amu)和千克的换算关系如式(10-74)所示

$$1\text{ 原子质量单位}=1.660\ 35\times10^{-27}\ \text{kg}$$

1 eV 是一个电子经过一伏特的电位差时获得的能量，它和焦耳的换算关系为

$$1\ \text{eV}=1.602\ 06\times10^{-19}\,\text{J}$$

由于这一单位很小，所以常用千电子伏特(keV)和兆电子伏特(MeV)。

$$1\ \text{keV}=10^3\ \text{eV}$$
$$1\ \text{MeV}=10^6\ \text{eV}$$

根据质能关系式可求出质量为 1 原子质量单位($1.660\ 35\times10^{-27}$kg)的物质所具有的能量为

$$\begin{aligned}&1.660\ 35\times10^{-27}\times(2.997\ 90\times10^8)^2\\&=1.492\ 22\times10^{-10}(\text{J})\\&=931.441(\text{MeV})\end{aligned}$$

这样我们就得到了在核物理中很有用的质量和能量的换算关系

$$1\ \text{amu}=931.441\ \text{MeV} \tag{10-96}$$

利用这一换算关系，在用 amu 量度质量、用 MeV 量度能量时，就可把计算结合能的公式(10-95)改写为

$$E_B(Z,A)=931.441\Delta M=931.441\{[ZM_H+(A-Z)M_n]-M_A(Z,A)\}(\mathrm{MeV})\quad(10\text{-}97)$$

例如对于^{4}He，已知其质量亏损为 $\Delta M=0.030\ 376$ amu，由此可算出它的结合能为

$$E_B(^4\mathrm{He})=0.030\ 376\times931.441=28.296\ \mathrm{MeV}$$

这里，结合能 $E_B(Z,A)$是指原子核的总结合能，即 Z 个质子和 A-Z 个中子结合成原子核时放出的总能量，除总结合能外还有另外两个结合能的概念也是很有用的，这就是比结合能和最后一个核子的结合能。

3. 比结合能 ε

比结合能 ε 是指原子核的总结合能 E_B 与其核子数 A 之比

$$\varepsilon=\frac{E_B}{A}\quad(10\text{-}98)$$

它表示由个别核子结合成原子核时，相对于每个核子平均放出的能量，因此它又称为核子的平均结合能。比结合能是描述原子核性质的一个重要物理量，它的大小反映了原子核结合的紧密程度，比结合能大的原子核结合得紧密比较稳定；反之则结合得就不是很稳定。例如^{4}He 的比结合能为

$$\varepsilon=\frac{E_B(^4\mathrm{He})}{A}=\frac{28.296}{4}=7.074\ \mathrm{MeV}$$

用同样的方法可算出氘核的比结合能为 1.112 MeV，这就表明^{4}He 核比氘结合得要紧密得多。

原子核^A_ZX 中的最后一个核子的结合能，是对另一质量数为$(A-1)$的原子核加入一个核子而组成^A_ZX 时释放的能量。显然，这和最后一个核子是质子还是中子有关，需要分别讨论。如果最后加入的核子是质子，即

$$^{A-1}_{Z-1}Y+^1_1\mathrm{p}\longrightarrow{}^A_ZX$$

则释放的能量称为原子核^A_ZX 的最后一个质子的结合能，用 $S_p(Z,A)$表示。如果最后加入的是中子，即

$$^{A-1}_{Z}X+^1_0\mathrm{H}\longrightarrow{}^A_ZX$$

则释放的能量称为原子核^A_ZX 的最后一个中子的结合能，用 $S_n(Z,A)$表示。显然 $S_p(Z,A)$或 $S_n(Z,A)$也就是从原子核^A_ZX 中拿出一个质子或中子时所需要的能量。最后一个核子的结合能也很容易由质量亏损来计算，计算方法请大家自己考虑。对于不同的原子核，最后一个核子的结合能可以相差很多，例如 $^6_3$Li，$S_n=5.4$ MeV，对于 ^{4}He，$S_n=20.6$ MeV，这和核子数的奇偶性有关。

4. 比结合能曲线及其讨论

把原子核的比结合能对于质量数来做图，就得到图 10-23 所示的曲线，这条曲线称为比

结合能曲线。在 $A<30$ 的区域，曲线的横坐标是放大了的，以便能更清楚地看出轻核比结合能的变化。

从图 10-23 可以看到比结合能的几个重要特点：

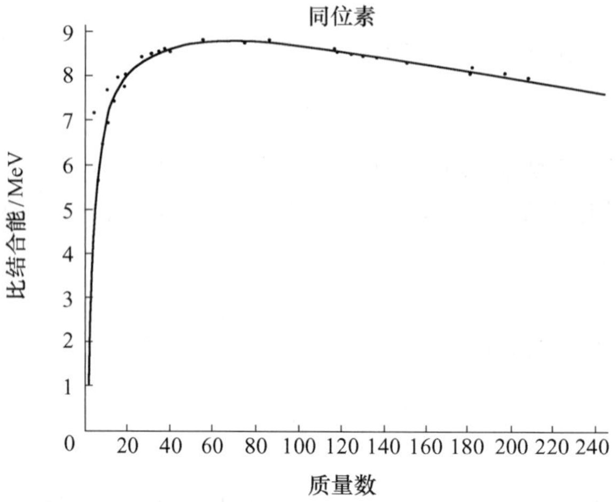

图 10-23　比结合能曲线

(1)对于轻核，比结合能有周期性的起伏。$^{4}_{2}He$，$^{8}_{4}Be$，$^{12}_{6}C$，$^{16}_{3}O$，$^{20}_{10}Ne$ 的比结合能为极大，$^{6}_{3}Li$，$^{10}_{5}B$，$^{14}_{7}N$，$^{19}_{9}F$ 的比结合能为极小。比结合能为极大的这些原子核的质量数都是 4 的倍数，它们的中子数和质子数正好相等且都为偶数(称为偶-偶核)；比结合能为极小的原子核，虽然中子数和质子数也正好相等，但却都是奇数(称为奇-奇核)。这反映了关于原子核稳定性的一个重要特点，即中子和质子都是偶数的原子核比较稳定。

(2)对于中等质量的原子核，由 ^{40}Ar 到 ^{120}Sn，比结合能近似等于常数 $\varepsilon\approx 8.6$ MeV，即使对于重核，如 ^{238}U 比结合能 $\varepsilon\approx 7.5$ MeV，也和中等质量核相差不远。因此可以认为，除少数最轻的原子核外，其他的原子核，比结合能都近似等于常数，因而总结合能 E_B 就近似地和原子核的质量数 A 成正比，这一事实也表明核力具有饱和性。因为，如果核力没有饱和性，每个核子都可以和其余的 $(A-1)$ 个核子发生强烈的核力作用，总结合能就应当和 $(A-1)A$ 成正比，即近似地和 A^2 成正比，反之，只有当核力具有饱和性，每个核子都只和少数有限个核子作用时，每个核子受到的作用力才是一定的，而和核子总数无关，这样比结合能才可能保持为常数。

(3)重核和很轻的核的比结合能都比中等质量核的小，这说明核子结合成为重核和很轻的核时放出能量较少，结合成中等质量核时放出能量较多。显然，如果让重核分裂成中等质量核，它就会进一步放出能量来，这就是原子弹、反应堆的原理。同样如果让很轻的原子核聚合为较重的核也会放出大量能量来，这就是热核反应和氢弹的原理。

10.5.4　放射性衰变的一般规律

1. 放射性现象

1896 年贝克勒尔(Antoine Henri Becquerel，1852—1908)发现放射性现象，并且很快人

们就知道了放射性过程和由原子外围电子云变化而引起的物理和化学变化无关，这表明放射性过程是在原子的最内部分发生的，在1900年卢瑟福等认为放射性现象是一种原子自发地转变为另一种原子时出现的。显然，发生转变的就是原子核，也就是说，放射性现象是原子核自发转变的现象，在原子核转变的时候，就发射出某种射线来。

能发出某种射线的物质称为放射性物质，这类物质表现出一系列的特性，它们使气体电离，使照相底片变黑，使某些荧光物质发光，它们放出能量使放射物质的温度高于周围媒质的温度。产生所有这些作用是因为放射性物质发出了射线。经过研究，发现这些射线可分为3种，分别称为α，β和γ射线。

(1)α射线是氦原子核，放射性物质放出的α粒子能量最大，大约10.5 MeV，由于其质量大，α射线的贯穿本领小，但其电离作用最强。

(2)β射线是电子流，它的能量通常都小于几个MeV，β射线有较强的贯穿本领，但电离作用很小。

(3)γ射线是波长很短的电磁波，天然放射性同位素放出的γ射线能量都不大，最大的为2.62 MeV。在3种射线中，γ射线的贯穿本领最大，电离作用最小。

2.放射性衰变

并不是所有的放射性原子核都能同时放这3种射线，有的只能放射α射线，有的则只能放射β射线。原子核发射出某种射线，其自身就转变为另一种原子核，称这种现象为放射性衰变。和发射这3种射线相联系的原子核有3种不同类型的衰变：

(1)α衰变。原子核放出一个α粒子而变成另一个原子核，α粒子带两个电荷，质量数为4，所以新生成的原子核比原来的电荷数少2，质量数少4。

(2)β衰变。原子核放出一个电子或正电子而变成另一个原子核。此外，原子核也可以从核外俘获一个轨道电子而发生转变，这种过程称为轨道电子俘获，通常也把它作为β衰变的一种形式。电子带一个负电荷，正电子带一个正电荷，因此当原子核发生β^-衰变时电荷就增加一个，发生β^+衰变或轨道电子俘获时，电荷数则减少一个。由于电子质量很小，β衰变时原子核的质量数不变。

(3)γ衰变。原子核发射的γ射线一般都是伴随着α射线或β射线产生的，发射γ射线后原子核的电荷数和质量都不变，只是能量发生变化，原子核也有独立的γ衰变，这种情况称为同质量能跃进。

3.放射性衰变的基本规律

一种核元素发生放射性衰变后变成了另外一种核元素，这样前面那种核素的数量就会越来越少。例如，氡的原子核(^{222}Rn)放出一个α粒子后就变成了R_aA(即^{218}Po)的原子核，氡核的数量就逐渐减少。实验发现，氡核的数量经过约4 d就减少一半，经过8 d就减少到原来的$\frac{1}{4}$，30 d后就实际上完全消失了。氡核的数量随时间的变化如图10-24所示，N表示氡原子核的数目，N_0表示开始计算时氡的原子核数。

如果以时间t做横坐标，以N的对数做纵坐标，则图10-24的曲线变成图10-25的直线。

这表明氡的数量随时间的变化遵守指数衰减规律

$$N=N_0 e^{-\lambda t} \tag{10-99}$$

式中 N 是到时刻 t 时还存在的氡原子核数，N_0 是 $t=0$ 时的氡原子核数，λ 是一个常数，称为衰减常数，显然，它的大小决定衰变的快慢。对式(10-99)两端取对数则得

$$\ln N=\ln(N_0 e^{-\lambda t})=\ln N_0+\ln(e^{-\lambda t})=\ln N_0-\lambda t$$

这就表明 $\ln N$ 和 t 是直线关系，λ 的值则可由图 10-25 中直线的斜率确定。λ 越小则图中直线越平，这就表示当时间增加时原子核数目减少得比较缓慢；λ 越大图中的直线就越陡，表示原子核数减少得很快。

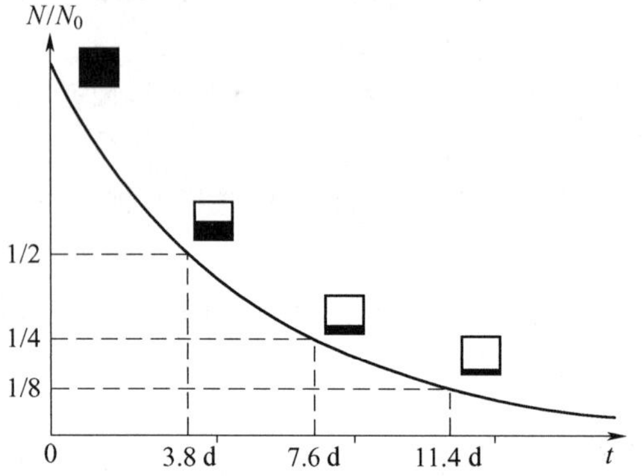

图 10-24　氡的衰变

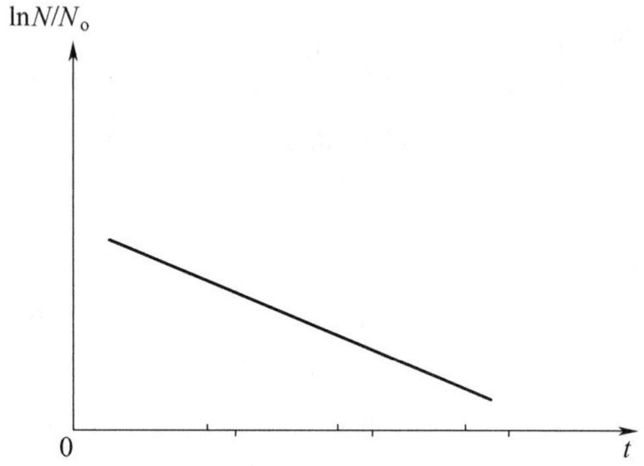

图 10-25　氡的衰变，纵坐标取对数值

我们发现，不仅氡的衰变遵守式(10-99)的规律，任何放射性物质在单独存在时(即只有这一种放射性物质独立存在时)都遵守这样的指数衰减规律，只不过不同的核素它们的衰减常数 λ 不同而已。也就是说尽管有的核素衰减得快，有的衰减得慢，但它们的数量都是随着时间的增加而按指数规律减少的。指数衰减规律是各种放射性原子核单独存在时都遵守的普遍规律。

用氡和其他许多放射性物质进行的实验表明，外界条件的改变，如加高温、高压或加强磁场、电场，都不能改变放射性衰变的速率，这表明原子核的放射性衰变不是外界因素引起的，而是原子核本身固有的性质，只和它的内部运动状态有关。上述这些宏观条件的改变，由于没有能够改变原子核的内部运动性质(例如：中质比，偶奇性等)，因而也就不能使原子核的稳定性发生变化，以致使它们衰变得更快或者更慢。这样对于某种一定的原子核来说，由于它们都具有完全相同的结构，就不能说哪一个核应当先衰变，哪一个应当后衰变。在某一时刻这些原子核都具有同样的发生衰变的概率。但是对于大量原子核，却可以预期某一时刻存在原子核越多，在这时刻发生衰变的原子核数也应越多，如果我们用 $N(t)$ 表示在时刻 t 时存在的原子核数，显然，在时间 $t+dt$ 之间发生衰变的原子核数就应当和 $N(t)$ 成正比，也应和时间间隔 dt 成正比，即

$$-dN\propto N(t)dt \tag{10-100}$$

dN 是在时间间隔 dt 内原子核数目的变化，由于原子核数是减少的，因此 dN 是负值，$-dN$ 就表示衰变掉的原子核数。

引入比例常数 λ，可将比例式(10-100)改写为等式

$$-dN=\lambda N(t)dt \tag{10-101}$$

对式(10-101)积分并令 $t=0$ 时的原子核数为 N_0,则得

$$N(t)=N_0 e^{-\lambda t}$$

这就是指数衰减规律式(10-99)。

4. 衰变常数、半衰期和平均寿命

(1)衰变常数。前面已经指出,衰变常数 λ 的大小反映了原子核衰变的快慢,它的确切的物理意义是什么呢？式(10-99)两边对时间求导,得

$$-\frac{dN}{dt}=\lambda N(t) \tag{10-102}$$

$-\frac{dN}{dt}$代表在时刻 t 的单位时间内发生衰变的原子核数,它是和当时存在的原子核数 $N(t)$ 成正比的,那么在单位时间内一个原子核发生衰变的概率是多少呢？显然这概率应为

$$\frac{-\frac{dN}{dt}}{N(t)}=\lambda \tag{10-103}$$

这样,我们就得到了衰变常数 λ 的确切的物理意义:衰变常数 λ 表示一个原子核在单位时间内发生衰变的概率。它的量纲由式(10-103)可以看出应当是(时间)$^{-1}$,它的单位通常用 s^{-1}。

不同的放射性核素具有不同的衰变常数 λ。如果说指数衰减规律反映了原子核的"共性",那么衰变常数 λ 就反映了各种原子核的"个性"。

(2)半衰期。除了用衰变常数来表示每种原子核衰变的快慢外,实际中用得更多的是另外一个量——半衰期。半衰期的定义是:放射性原子核的数量衰减掉一半所经过的时间。通常用 T 来表示它。

根据指数衰减规律 $N=N_0 e^{-\lambda t}$,随着时间增加,原子核的数目 N 就逐渐减少,当 N 减小到原来的一半,即 $N=\frac{N_0}{2}$时,所经过的时间就是半衰期 T。也就是说当 $t=T$ 时,$N=\frac{N_0}{2}$,这样由式(10-99)可得

$$N=\frac{N_0}{2}=N_0 e^{-\lambda t}$$

$$T=\frac{\ln 2}{\lambda}=\frac{0.693}{\lambda} \tag{10-104}$$

可见 T 和 λ 成反比,这是很显然的,因为在单位时间内发生衰变的概率越大,原子核的衰变就越快,原子核总数减少一半时间自然也就越短。

从式(10-104)还可以看出,一种原子核的半衰期和原子核数量的多少以及开始计算的时间是没有关系的,以任何时候开始算起这种原子核的数量减少一半的时间都是一样的。

(3)平均寿命。除半衰期外,常常还用平均寿命 τ 来表示原子核衰变的时间特性。对许许多多个放射性原子核来说,有的 $t\approx 0$ 时,就衰变掉了,有的生存时间就要长一些,有的则

要到 $t\to\infty$ 时才衰变。每一个原子核的寿命是不同的，平均寿命 τ 就是指一种放射性原子核平均能够生存的时间，按式(10-100)，在时刻 t 的一个极小的时间间隔 dt 内，发生衰变的原子核为 $N\mathrm{d}t$，因此可以认为有 $\lambda N\mathrm{d}t$ 个原子核生存的时间(即寿命)是 t，这些原子核的寿命之和则应 $t\lambda N\mathrm{d}t$。如果 $t=0$ 时的原子核数为 N_0，则这 N_0 个原子核的总寿命 L 应当等于将 $t\lambda N\mathrm{d}t$ 由 $t=0\to\infty$ 进行求和(即积分)

$$L=\int_0^{\infty} t\lambda N\,\mathrm{d}t$$

因此，平均寿命 τ 为

$$\tau=\frac{L}{N_0}=\frac{1}{N_0}\int_0^{\infty} t\lambda N\,\mathrm{d}t$$

把 $N=N_0\mathrm{e}^{-\lambda t}$ 代入上式，并把 N_0 消掉，得

$$\tau=\lambda\int_0^{\infty} t\,\mathrm{e}^{-\lambda t}\,\mathrm{d}t=\frac{1}{\lambda} \tag{10-105}$$

即平均寿命 τ 和衰减常数 λ 互为倒数。这一关系不难理解的，因为 λ 表示核衰变的快慢，λ 大，衰变就快，寿命就短。例如，一个原子核的平均寿命为 10 s，那么在每秒钟内发生衰变的概率有多大呢？当然就是$\frac{1}{10}$，这就是 $\lambda=\frac{1}{\tau}$。

每一种放射性原子核的 λ 是一定的，因此 T 和 τ 也是一定的。例如，对元素氡：$\lambda=2.097\times10^{-6}\ \mathrm{s}^{-1}$，$T=3.825$ d，$\tau=5.56$ d。表 10-4 列出一些放射性物质的半衰期。

表 10-4 各种放射性物质的半衰期

物质	半衰期 T	物质	半衰期 T
钐 $^{129}_{62}\mathrm{Sm}$	2.5×10^{11} 年	碳 $^{11}_{6}\mathrm{C}$	20.4 min
铀 $^{238}_{92}\mathrm{U}$	4.5×10^{9} 年	镭 $\mathrm{C}'\,^{214}_{84}\mathrm{Po}$	1.6×10^{-4} s
镭 $^{226}_{88}\mathrm{Ra}$	1 620 年	钍 $\mathrm{C}'\,^{212}_{84}\mathrm{Po}$	3×10^{-7} s
氡 $^{222}_{86}\mathrm{Rn}$	3.825 d		

10.5.5 放射性活度及其单位

一个放射性样品(或放射源)的强弱用什么来表示呢？用它的重量 W 和原子数 N 来表示行吗？实验发现是不行的。因为放射性原子核只是在衰变时才放出射线来。一个放射源，即使包含的放射性原子核很多，但如果它的半衰期很长，单位时间内衰变掉的原子核很少，那么单位时间内从这个源放出的射线也是很少的。反之，即使原子核数 N 并不多，但半衰期很短，单位时间内有许多原子核发生衰变，相应地放出射线就很多。由此可见，一个放射源的强弱，应当用单位时间内发生衰变的原子核数来衡量。一个放射源在单位时间内发生衰变的原子核数叫作它的放射性活度(或者称衰变率)，即放射性活度是原子核数随时间的变化率，用符号 A 表示。

$$A(t)=-\frac{dN}{dt}=\lambda N_0 e^{-\lambda t}=A_0 e^{-\lambda t} \tag{10-106}$$

这里 $A_0=\lambda N_0$ 是初始放射性活度。放射性活度的国际单位是贝可[勒尔]，符号是 Bq。1 Bq $=1\ s^{-1}$。

放射性活度的常用单位是居里。它的定义为：一个放射源如果在每秒钟内有 3.700×10^{10} 个原子核发生衰变，则其放射性活度为 1 Ci。即

$$1\ \text{Ci}=3.700\times 10^{10}\ \text{衰变/s} \tag{10-107}$$

居里通常用符号 Ci 表示。

居里的单位相当大，因此通常还用毫居里(mCi)和微居里(μCi)等较小的单位。

$$1\ \text{mCi}=10^{-3}\,\text{Ci 即 1 毫居}=3.700\times 10^{7}\ \text{衰变/s}$$
$$1\ \mu\text{Ci}=10^{-6}\,\text{Ci 即 1 微居}=3.700\times 10^{4}\ \text{衰变/s}$$

应该特别注意：放射性活度是以单位时间内原子核的衰变数来表示的，原子核的衰变数和发出的射线数成正比，但不一定相等。例如：每一^{60}Co(钴-60)原子核衰变时，除了放射一个 β^- 粒子外，还同时放出两个 γ 光子。^{32}Cl(氯-32)衰变时，除了放射一个 β^+ 粒子外，同时还放射一个 γ 光子，而^{32}P(磷-32)衰变时则只放射一个 β^- 粒子，并无 γ 光子。因此，居里数相同的两种放射源只是表明在每秒钟内它们衰变的数目是相同的，并不表示它们发出的射线数目也相同。

放射性的一个重要应用是鉴定古物年龄，这种方法叫作放射性鉴年法。例如，测定岩石中铀和铅的含量可以确定该岩石的地质年龄。下面介绍一种对于生物遗物的^{14}C 放射性鉴年法。

^{14}C 放射性鉴年法是利用^{14}C 的天然放射性来鉴定有生命物体的遗物(如骨骼、皮革、木头、纸等)年龄的方法。它是 20 世纪 50 年代里贝(W. F. Libby)发明的，并因此获得 1960 年诺贝尔化学奖。各种生物都要吸收空气中的 CO_2 用来合成有机分子，这些天然碳中绝大部分是^{12}C，只有很小一部分是^{14}C。这些^{14}C 是来自天空深处的宇宙射线中的中子和地球大气中的^{14}N 核发生下述核反应产生的

$$n+{}^{14}N \longrightarrow {}^{14}C+p$$

然后，^{14}C 核接着以(5730±30)年的半衰期进行下述衰变

$${}^{14}C \longrightarrow {}^{14}N+\beta+\bar{\upsilon}_e$$

由于产生的速率不变，同时又进行衰变，经过上万年后空气中的^{14}C 已达到了恒定的自然丰度，约 $1.3\times 10^{-10}\%$。植物活着的时候，它不断地吸收空气中的 CO_2 来制造新的组织代替旧的组织。动物一般要吃植物，所以它们也要不断地吸收碳进行新陈代谢。生物组织不能区别^{12}C 和^{14}C，所以它们身体组织中的^{14}C 丰度和大气中的一样。但是，一旦它们死了，就再不吸收 CO_2 了。在它们的遗体中，^{12}C 的含量不会改变，但^{14}C 由于衰变而不断减少，于是由此衰变产生的活度也将不断减小，测量一定量遗体的活度就能判定该遗体的存在时间，或者年龄。

例 10-4 河北省磁山遗迹中发现有古时的栗。一些这种栗的样品中含有 1 g 碳,它的活度经测定为 2.8×10^{-12} Ci,求这些栗的年龄。

解:1 g 新鲜碳中的^{14}C 核数为

$$N_0=6.023\times10^{23}\times1.3\times10^{-12}/12=6.5\times10^{10}$$

这些栗的样品活着的时候,活度应为

$$\begin{aligned}A_0&=\lambda N_0=(\ln 2)N_0/t_{1/2}\\&=0.693\times6.5\times10^{10}/(5\ 730\times3.156\times10^7)\\&=0.25(\mathrm{Bq})\\&=6.8\times10^{-12}(\mathrm{Ci})\end{aligned}$$

由于 $A_0=6.8\times10^{-12}$(Ci),按 $A(t)=A_0\mathrm{e}^{-0.693t/t_{1/2}}$ 计算,可得

$$t=\frac{t_{1/2}}{0.693}\ln\frac{A_0}{A(t)}=\frac{5\ 730}{0.693}\ln\frac{6.8\times10^{-12}}{2.8\times10^{-12}}=7\ 300(\text{年})$$

据考证这些栗是世界上发现最早的栗,比在印度和埃及发现得都要早。

10.5.6 原子核的裂变反应

1. 原子核的裂变现象

原子核裂变是一个重核分裂为两个质量相近碎块的现象。这种现象一般是由于吸收一个粒子后,原子核受到激发而发生的,所以这种裂变是一种特殊的原子核反应——裂变反应。但也有一些原子核它们未受到别的粒子打击,也能自发地发生裂变。通常称前者为诱发裂变,后者为自发裂变。

原子核裂变现象是经费米、小居里夫妇等的努力,最后在 1939 年被哈恩(Otto Hahn,1879—1968)和史特拉斯曼确认的。此后,对于裂变的研究很快地发展起来,例如发现铀的两个同位素^{238}U 和^{235}U 裂变的情况不同。前者必须用 1.1 MeV 以上的快中子打击才能裂变,后者用热中子就可发生裂变而且效率比快中子还高。

1946 年我国核物理学家钱三强(Qian Sanqiang,1913—1992)、何泽慧等曾观察到铀在中子打击下也有分为 3 块或 4 块等的情况,但这些现象比较稀少。在慢中子打击普通铀的情况下,分为 3 块和分为 2 块的概率之比是 3∶1 000;分为 4 块和分为 2 块之比是 3∶10 000。

除中子能激发裂变外已经证明质子、氘核、α 粒子及光子都能引起裂变。在 1947 年发现能量在几百 MeV 的粒子还能引起较轻原子核的裂变,例如铋($Z=83$),铅($Z=82$),铊($Z=81$)。原子核被中子打击而发生裂变的过程是:吸收中子→形成复合核→裂开。例如慢中子打击^{235}U 的裂变过程是

$$^{235}_{92}\mathrm{U}+\mathrm{n}\rightarrow{}^{236}_{92}\mathrm{U}\rightarrow X+Y$$

X 和 Y 是两个碎块，往往质量不相等。如果按质量来统计（不论其带电量），大量的观察发现，^{235}U 的裂变产物分布在质量数分别为 $A=96$ 和 $A=140$ 处，那里的产物各占全部的 7%，而分为相等质量（$A=118$）的情况，仅占 0.01%。

裂变碎块中往往含过多的中子，因此是不稳定的。例如 $^{95}_{39}Y$ 和 $^{141}_{53}I$ 是可能的 2 个碎块，而稳定的是 $^{89}_{39}Y$ 和 $^{127}_{53}I$，前者中子数超出 6 个，后者超出 14 个。所以裂开后，即刻会放出几个中子。每次裂变后平均放出 2.5 个中子。裂变所放出的中子大约有 99.2% 是在裂变后 10^{-12} s 内放出的，这些中子称瞬发中子。此外，还有少量缓发中子从碎块中放出，缓发时间的数量级是秒。

关于缓发中子可以这样解释：裂变产物除即刻放出中子外，碎块往往以 β 放射形式连续衰变到稳定性，例如

$$^{137}_{53}I \xrightarrow[30\ s]{\beta^-} {}^{137}_{54}Xe \xrightarrow[34\ min]{\beta^-} {}^{137}_{55}Cs \xrightarrow[33\ a]{\beta^-} {}^{137}_{56}Ba\text{（稳定）}$$

但是，在这过程中，也可能出现某些 β 衰变形成的核素，其激发能量大于中子的结合能，中子就可能放出，这些中子就是缓发中子。

裂变释放的能量是很大的。我们可以从稳定核的结合能做一估计。在讨论原子核中核子平均结合能时，我们知道，在 $A=236$ 附近，每个核子的平均结合能是 7.6 MeV；在 $A=118$ 附近，每个核子的平均结合能是 8.5 MeV。根据这些数据，我们可以估计出 ^{236}U 裂变为质量相等的两个原子核，并都达到稳定状态，共放出能量

$$E=2\times\frac{236}{2}+8.5-236\times7.6\approx210(\text{MeV})$$

这里估计的是一个 ^{236}U 核裂变放出的能量，它应是裂变后放出的所有能量，其中有裂变碎块的动能、中子的动能、γ 射线、β 射线的能量等。这个数值比一般原子核反应中能量的变动大得多，设若有 1 g ^{235}U 全部裂变，释放出来的全部能量约有 2×10^{10} cal，这相当于 2.5 t 煤的燃烧热。

2. 裂变的机制

由前面的讨论可知，裂变的效应有：

（1）裂变过程中释放了巨大的能量；

（2）裂变的同时产生中子。

原子核裂变可以用液滴模型来说明。液滴模型认为原子核可视为球状，其表面有类似于液滴的表面能。为了讨论方便，我们以 $n+{}^{235}U\longrightarrow[{}^{236}U]^*\xrightarrow{\text{裂变}}$ 为例。^{235}U 的基态基本上是稳定的球形液滴（半衰期 2.4×10^7 年），它只能绕平衡位置振动而不能裂变。但复合核 $[{}^{236}U]^*$ 则不同，由于它可能处在很高的激发态，振动振幅可能很大，因而不断变形最终导致裂成两个碎块，由于两个碎块间的库伦力，使它们彼此推得很远。

如果裂变势垒很高，此时只有靠外来因素诱发原子核裂变。譬如 ^{235}U 捕获一个热中子，由于中子放出结合能约为 6.8 MeV，使 ^{236}U 处在很高激发态，即 ^{236}U 的能量远大于裂变势垒，所以 ^{236}U 很容易裂变。但是 ^{238}U 捕获一个热中子，放出结合能只有 5.3 MeV。不足以克服裂变势垒，所以慢中子不足以引起 ^{238}U 裂变，必须有 1 MeV 以上动能的快中子被 ^{238}U

俘获，才能把能量提高到势垒之上。由此可见，对^{235}U慢中子和快中子都能引起裂变，而慢中子的效率高，因为吸收截面大，即被^{235}U吸收的可能性大。对^{238}U只有1 MeV以上的快中子才能引起裂变，而且效率不高。

3.裂变的应用——原子反应堆

(1)链式反应。裂变的一个特点是裂变过程中中子增殖，即原子核吸收一个中子发生裂变，放出的中子数目大于吸收的中子数。例如^{235}U吸收一个中子裂变时每次放出2～3个中子，这些中子被其他的铀吸收又发生裂变，产生第2代中子，再通过裂变产生第3代中子，依次下去，一旦开始以后，便能自发地继续下去。我们称这样的反应为链式反应。如果中子没有损失，就会发生剧烈的链式反应。在链式反应的过程中，放出很大的能量，因此，我们可利用这能量。利用的方式有两种：一种是可控制的；另一种是不可控制的。前者即是反应堆；后者即是原子弹爆炸。

(2)原子反应堆。为了利用原子能和制造放射性元素等目的，把铀和其他材料按一定的设计方式装置在一起，让其发生可控制的链式反应，这一装置称为原子反应堆。反应堆的种类很多，有热中子反应堆，快中子反应堆。热中子反应堆又有好些类型。这里只简要地介绍热中子堆的基本原理。在原子反应堆中，链式反应是受控制的，反应强度维持在一定的状态下平稳地进行，反应强度决定于中子的数量。但中子是有损失的，因为，中子可以被堆内其他物质和^{238}U吸收而不引起裂变，中子也会逃逸到堆外，所以如何控制反应堆的反应强度并使反应能安全地进行，需考虑以下一些问题：

①中子减速。对^{235}U发生裂变作用效率高的是热中子，而裂变出来的中子动能在0.1至20 MeV，所以在铀的反应堆中需要减速剂，使中子速度变慢。减速剂必须是轻的原子核。现在通用的有石墨、重水(利用氘核)等。

②增殖因素。维持链式反应堆的必要条件是把中子的一切损失考虑进去，任何一代的中子总数都等于或大于前一代中子总数。这两个数值之比称为中子增殖因素，所以维持链式反应的条件可以写成

$$K=\frac{\text{这一代中子总数}}{\text{前一代中子总数}}\geqslant 1 \tag{10-108}$$

对于一个无穷大的反应堆，K 可以分析成下面4个因子

$$K=f\eta\varepsilon p \tag{10-109}$$

式中 f 为热中子的利用因子；η 为每一个热中子被裂变材料俘获后产生的中子数；ε 为快中子增殖因数；p 为逃脱共振俘获的概率。这几个因素分别说明如下：

$$f=\frac{\text{被裂变材料吸收的热中子}}{\text{热中子总数}}$$

如果原有 N_0 个热中子，则被铀吸收的热中子数是 $N_0 f$。

$$\varepsilon=\frac{\text{快中子增殖后的总数}}{\text{由}^{235}\text{U吸收热中子产生的快中子数}}$$

由于中子能量在6.5～200 MeV范围内，^{235}U对它们有8个大的共振吸收峰，另外还有一些

小的。当快中子逐步减速，在其能量没有到热中子能量前，要经过这个能量范围，所以就有被 ^{235}U 吸收而不产生新中子的可能，能够逃脱被吸收的只是一部分，用 p 表示。

这些常数取决于反应堆的结构。例如，为了使 p 值大，^{235}U 最好与减速剂分离，这就要求把天然铀做成大块形状。但考虑 f 值时，我们又希望在减速剂中产生的热中子都被铀吸收，那么铀最好与减速剂掺和得均匀一些，也就不宜做成大块。虽有这个矛盾，但总可以找到适当的铀块或铀棒的大小和适当的铀与减速剂量之比使 K 成为最大。

③反应堆的控制。反应堆的中子增殖情况对链式反应有很灵敏的影响。如果增殖因数略大于 1，让链式反应自由发展下去就有可能发生爆炸，所以必须有随时控制的办法。一般用镉棒或硼钢棒来控制，因为镉和硼对慢中子有很大的俘获截面。在反应堆中装置几条活动的控制棒，当反应强度过高时，把控制棒拔出一些，吸收中子就少。这种控制动作是自动化的。在反应堆中装有中子测量器，再用放大电路，通过中子流的强弱变化来操纵控制棒升降的机器。

④冷却措施。裂变时释放出很大的能量，以裂变产生物的动能以及 β 射线、γ 射线放出的能量的形式表现出来，其中很大部分会变成热能，反应堆的温度因此而上升，这样产生的热能是可以输送出来加以利用的。另外，反应堆也必须控制在一定温度下，这就需要有冷却措施。常用冷却剂导出热量和冷却，冷却剂有轻水、重水、氦和液态金属钠等。

10.5.7 原子核的聚变反应

1. 原子核的聚变

上一节讨论了如何从重原子核的裂变获得大量的能量，核电站已在这个基础上发展起来了。但据估计，裂变材料——铀和钍的存量也只能用几百年，所以仍有必要另外寻找新能源。轻原子核聚变是另一种更重要的能源。聚变指轻原子核聚合而成为较重原子核的核反应。如何产生可以控制的而且有适当强度的聚变反应，是目前科学界正在研究的课题。

轻原子核中每一核子的平均结合能比稍重一些的原子核中每一核子的平均结合能要小，所以较轻原子核聚合成较重原子核时，会放出能量。下面是几个典型的聚变反应：

$$^{2}H + ^{2}H \longrightarrow ^{3}He + n + 3.25\ \text{MeV}$$
$$^{2}H + ^{2}H \longrightarrow ^{3}H + p + 4.00\ \text{MeV}$$
$$^{3}H + ^{2}H \longrightarrow ^{4}He + n + 17.6\ \text{MeV}$$
$$^{3}He + ^{2}H \longrightarrow ^{4}_{2}He + p + 18.3\ \text{MeV}$$
$$^{6}Li + ^{2}H \longrightarrow ^{4}_{2}He + 22.4\ \text{MeV}$$
$$^{7}Li + p \longrightarrow ^{4}_{2}He + 17.3\ \text{MeV}$$

这些都是放能反应，已在实验室中观察到。问题是如何使这类反应大量发生，以便取得大量的能量。

上列第 1 式的产物 ^{3}He 是第 4 式中的聚变材料，第 2 式中的产物 ^{3}H 是第 3 式中的聚变材料。发生上列前 4 个反应的材料都是氘核。如果有适当的装置使氘核能进行这 4 个反应，那么这 4 个反应一共用去 6 个氘核，共放出能量 43.2 MeV，平均每一个氘核放出 7.2 MeV。就单位质量放出的能量来说，它是 ^{235}U 裂变放出能量的 1 000 倍。

海水中含有氘与氢原子数之比是 0.000 15∶1，这就是说，按重量计，含氘的水约为海水的 1/6。而地球表面的海水估计为 10^{18} t 的数量级。按上述数据，每克氘可放出 10^5 千瓦时的数量级。按目前世界能量消耗率估计，可以用几百亿年。所以如果能做到从氘的聚变获取能量，那么能源的问题实际上就完全解决了。

2. 高温等离子体与聚变反应

要产生大量聚变而获取能量，目前知道的办法只有在极高温度下，原子核高速做无规则运动，使原子核能有足够的能量克服由于核带正电而产生的库仑排斥力，彼此连续地互相碰撞，才能产生大量聚变。这种反应依靠的是原子核的热运动，因此称为热核反应。

两个氘核相碰撞发生反应就需要使氘核有足够的动能，才能克服库伦斥力，互相接近而发生聚变。那么，要多高的温度呢？可以做一个简单的估计。设两个氘核相碰，那么中心距离是两个半径，这时的势能是 $e^2/4\pi\varepsilon_0(2R)$，$e$ 是一个氘核的电量，R 是氘核的半径。因此，它们开始互相接近的动能必须等于

$$E=\frac{e^2}{4\pi\varepsilon_0(2R)}\approx 9\times10^9\times\frac{(10^{-19})^2}{2\times10^{-15}}\approx10^{-14}(\mathrm{J}) \tag{10-110}$$

如果把它看做热运动的平均能量，即 $E=\frac{3}{2}kT$，k 是玻耳兹曼常数，T 是绝对温度，则 $T=10^{10}$ K。这个估计高了一些，有两个理由可以说明温度不需要那么高：

(1)处在热运动状态的氘是麦克斯韦分布的，它的尾部有较高的能量，而在上面的计算中用的是平均能量，因此实际上温度不要这么高。

(2)需要的动能不一定要达到势垒的高度。按量子力学原理，粒子穿透势垒有一定概率，所以动能可以比上式的低一些。

考虑这些因素，经细致的计算表明，温度达到 $10^8\sim10^9$ K 就可以进行热核反应。尽管如此，这也是很高的温度。如何达到这么高的温度呢？在氢弹爆炸中，引发热核反应的高温度是靠先爆炸原子弹得到的，但是，这样的热核反应是不可控制的。

从式(10-110)可见，要氘核有这么大的能量并不是很难，只要在加速器中将氘加速，应该可以达到这样的能量。但是用加速器的快速粒子打击一固定氘靶的办法，不能获得足够强度的聚变反应。这是因为加速的氘(如能量为 50 keV)在通过物质(氘靶)时氘的能量主要损失在与氘靶中的电子碰撞上。据估计，这个截面约 7 500 bar，能量为 50 keV 氘的 DD(D 指氘核)反应截面约是 0.01 bar，所以两者之比是 10^{-6}，即是说在 100 万个氘核中，只有一个发生聚变反应，其余都因和电子作库伦散射损失掉了。采用这个办法，放出的能量微不足道，而消耗的能量却要大得多，因此这个办法不可行，需寻找别的途径。

由上面讨论可知，氘打在固定靶上会造成大量的能量损失，因此不能用这种方法产生聚变反应。这种方法之所以不能实现，主要是因为用了“冷靶”，如果把靶的温度提到使电子的平均能量同入射氘的能量相仿，使靶中氘原子的电子全部解离，则上面所说的能量损失就不存在，实现聚变就成为可能了。这样做需要有约 10^8 K 的高温。在这种温度下，靶不可能再是固体，而是变成了等离子体。这样自然即引入研究等离子体中的聚变反应问题了。那么，怎样把等离子体的温度提高使热核反应能以适当强度进行？

这包括两个问题：一是开始时怎样把等离子体的温度提高；二是温度该多高才能使热核

反应持续下去，并放出可利用的能量。开始“点火”，可以有许多方法，例如：

①对等离子体作绝热压缩，在这个过程中，离子和电子一同加热。

②优先加热电子，然后电子把能量传递给离子。具体的做法可以是在等离子体中通大电流而发生欧姆加热。

③把高能离子，例如氘核，先在加速器中加速，使其具有超过热核反应所需要的能量，然后射入等离子体中起“点火”作用。

上述几个方法可以单独用，也可以合并使用。

维持适当的温度才能使反应持续进行。而在高温等离子体中，造成能量损失的主要方式是轫致辐射。这是因为电子和正离子接近时有加速度，因此就会产生电磁辐射。可以证明在单位时间单位体积内的轫致辐射能量损失为

$$P_{\text{轫致}}=\frac{64\sqrt{2\pi}}{3}\frac{e^6Z^3n^2}{mc^3\eta}\sqrt{\frac{kT}{m}} \tag{10-111}$$

式中 n 为每单位体积内的正离子数，所以 Zn 是单位体积内的电子数。另外可以算出单位体积、单位时间内由于聚变而获得的能量。对 DD 聚变反应，获得能量是

$$P_{\text{核}}=\frac{1}{2}n^2\sigma\bar{v}\omega \tag{10-112}$$

其中 n 是单位体积内的离子数，σ 是碰撞截面，v 是离子速度，ω 是一次聚变放出的能量，在各种温度下，v 可以从测定的 σ 算出，因此 $P_{\text{核}}$ 在不同温度下的数值可算得。上式算得的 $P_{\text{核}}$ 数值和 $P_{\text{轫致}}$ 值之比，见表 10-5。

表 10-5 聚变能量与轫致辐射之比

KT/keV	T/K	$R=P_{\text{核}}/P_{\text{轫致}}$
1.0	1.16×10^7	0.000 52
2.0	2.32×10^7	0.009 2
10	1.16×10^8	0.71
20	2.32×10^8	2.1
60	6.96×10^8	5.4
100	1.16×10^9	7.8

显然比值 $R=P_{\text{核}}/P_{\text{轫致}}$ 必须大于 1，温度才能保持，热核反应才能持续下去。由表中的 R 值也得到温度必须高达 10^8 K 左右。

这样高温的等离子体是不能用容器保存的。因为一与器壁接触，后者就会融化或蒸发。由于等离子体带电，所以只有靠电磁场来约束等离子体，使它同容器壁隔离。电场显然不适用，因为等离子气体中有正负两类粒子，一种被约束时，另一种就不被约束，所以磁场约束便成为热核反应的重要问题。

3. 磁场对于等离子体的作用

现在的问题是如何利用磁场约束等离子体，使它同容器壁隔离，并且温度不下降。大家知道两根平行导线如果通入同向电流则由于磁作用而互相吸引，同样，我们在一柱形等离子

体的两端加上一个高电压，引起的强大电流也会产生收缩效应。实际的压缩装置不是柱形的，因为这样的装置有两个严重缺点：

①等离子柱体不可能是稳定的，主要是易于发生扭曲。

②所谓开端效应，即等离子体在放电过程中很快从一端打到另一端，因此实际约束时间极短满足不了要求。

为克服后一弱点，人们改用环形磁场，这就是所谓托卡马克装置。托卡马克是一种准稳态环形放电装置。在环形系统中，它的结构最简单，但是在其上所获得的等离子体参数却是到目前为止最好的，而且有可能最先建成热核聚变反应堆。这类装置另一好处是对不稳定性有自动抑制作用，所以目前各国主要在研究这类装置。

4. 适当的密度

前面的讨论曾得到释放的核能与离子密度 n 的平方成正比，而辐射损失也与 n 的平方成正比。能量的获得必须大于辐射损失，这由温度来保证。但我们还需要有能量输出，因此需要考虑有适当的密度，以便在高温下有可用的能量输出。

假定等离子体的密度是 10^{21} 个粒子/m^3，虽然这还相当于高真空，但由于温度高（10^8 K），这样的密度已相当于很高的气压（15 atm）。现在来估计一下这个密度是否合用。为此要估计一下 DD 反应和 DT（T 是氚核）反应的功率。DD 反应有两个方式，各占 50%，平均反应能等于(4.0+3.3)/2=3.7 MeV。在 10^8 K，DD 反应的 $\sigma\bar{v}$ 是 10^{-18} 数量级。于是 DD 反应在单位体积中的功率是

$$P_{DD}=\frac{n^2}{2}\sigma\bar{v}\omega \approx \frac{(10^{21})^2}{2}\times10^{-18}\times3.7\times1.6\times10^{-13}\approx3\times10^5(\mathrm{W/m^3})$$

DT 反应每次放出的能量是 17.6 MeV。在 10^8 K，DT 反应的 $\sigma\bar{v}$ 是 10^{-16} 数量级。那么，在上述条件下，DT 反应单位体积中功率是

$$P_{DT}=n_1n_2\sigma\bar{v}\omega\approx\frac{10^{21}}{2}\times10^{-18}\times\frac{10^{21}}{2}\times10^{-16}\times17.6\times1.6\times10^{-13}\approx70\times10^6(\mathrm{W/m^3})$$

所以 DD 反应的功率比通常动力站的功率低，而 DT 的功率与通常动力站的功率同数量级。因此，10^{21}/m^3 的粒子密度对 DT 反应是可用的。

5. 约束持续时间

现在的问题是等离子体被保持在高温和适当的密度下应当持续多久。显然我们要求这段时间最好长到平均每个粒子有一次核反应的机会。因为 $n\sigma\bar{v}$ 是平均一个粒子在单位时间内同别的粒子碰撞的次数，那么每个离子发生核反应平均需要的时间 $t=\frac{1}{n\sigma\bar{v}}$，对 DT 反应，则

$$t\approx\frac{1}{10^{15}\times10^{-16}}=10(\mathrm{s})$$

对 DD 反应则有

$$t\approx\frac{1}{10^{15}\times10^{-18}}=1\ 000(\mathrm{s})$$

如果等离子体被维持在所需的温度和密度下可以达到这样的时间，那么平均每一个粒子都有核反应的机会，当然是最好的。但如果只要求在一段时间内维持高温下的热运动就可以了，每次核反应放出的能量是几百万电子伏特，所以约束持续时间只要约等于上面算出的百分之一就可以。这就是说，约束持续时间至少应等于下列数值：

$$t \geqslant \frac{1}{10}(\mathrm{s}) \quad \text{对 DT 反应}$$

$$t \geqslant 10(\mathrm{s}) \quad \text{对 DD 反应}$$

总结以上的讨论，我们得出受控聚变反应必须在下列条件下才能进行：

①须在等离子体中以热核反应方式进行；

②温度 $T \geqslant 10^8$ K，即离子动能 $\geqslant 10$ keV；

③离子密度 $n \approx 10^{21}\,\mathrm{m}^{-3}$；

④需有磁场，强度 $H \approx 1.6 \times 10^6$ A/m，以便维持条件②和③；

⑤等离子体被约束的持续时间：

$$t \geqslant \frac{1}{10}(\mathrm{s}) \quad \text{对 DT 反应}$$

$$t \geqslant 10(\mathrm{s}) \quad \text{对 DD 反应}$$

目前的实验还没有能够很好地满足这些条件，离最后目标——大功率输出——还有相当长的道路要走。

□ 思考题

10-1 人体也向外发出热辐射，为什么在黑暗中还是看不见人呢？

10-2 刚粉刷完的房间从房外远处看，即使在白天，它的开着的窗口也是黑的。为什么？

10-3 在光电效应实验中，如果①入射光强度增加 1 倍；②入射光频率增加 1 倍，各对实验结果有什么影响？

10-4 若一个电子和一个质子具有同样的动能，哪个粒子的德布罗意波长较大？

10-5 $n=3$ 的壳层内有几个次壳层，各次壳层都可容纳多少个电子？

10-6 完成下列核衰变方程：

(1) $^{238}\mathrm{U} \longrightarrow {}^{234}\mathrm{Th} + ?$

(2) $^{90}\mathrm{Sr} \longrightarrow {}^{90}\mathrm{Y} + ?$

(3) $^{29}\mathrm{Cu} \longrightarrow {}^{29}\mathrm{Ni} + ?$

(4) $^{29}\mathrm{Cu} + ? \longrightarrow {}^{29}\mathrm{Zn}$

□ 习　题

10-1 夜间地面降温主要是由于地面的热辐射。如果晴天夜里地面温度为 −5℃，按黑体辐射计算，每平方米地面失去热量的速率多大？

10-2 宇宙大爆炸遗留在空间均匀、各向同性的背景热辐射相当于3K的黑体辐射。

(1)求此辐射的光谱辐射出射度 M_λ 的极大值出现在何波长处。

(2)求地球表面接收此辐射的功率。

10-3 在地球表面，太阳光的强度为 1.0×10^3 W/m²。一太阳能水箱的涂黑面直对阳光。按黑体辐射计，热平衡时水箱内的水温可达几摄氏度？忽略水箱其他表面的热辐射。

10-4 铝的逸出功是4.2 eV，今用波长为200 nm的光照射铝表面，求：

(1)光电子的最大动能；

(2)截止电压；

(3)铝的红限波长。

10-5 电子和光子各具有波长0.20 nm。它们的动量和总能量各是多少？

10-6 室温(300 K)下的中子称为热中子。求热中子的德布罗意波长。

10-7 一电子显微镜的加速电压为40 keV。经过这一电压加速的电子的德布罗意波长是多少？

10-8 用干涉仪确定一个宏观物体的位置的精确度为 $\pm10^{-12}$ m。如果我们以此精度测得一个质量为0.50 kg的物体的位置，根据不确定关系，它的速度的不确定量多大？

10-9 一个细胞的线度为 10^{-5} m，其中一粒子质量为 10^{-14} g。按一维无限深方势阱计算，这个粒子的 $n_1=100$ 和 $n_2=101$ 的能级和它们的差各是多大？

10-10 一个氧分子被封闭在一个盒子内。按一维无限深方势阱计算，并设势阱宽度为10 cm。

(1)该氧分子的基态能量是多大？

(2)设该分子的能量等于 $T=300$ K时的平均热运动能量 $3/2\ kT$，相应的量子数 n 的值是多少？这第 n 激发态和第 $n+1$ 激发态的能量差是多少？

10-11 求氢原子光谱莱曼系的最小波长和最大波长。

10-12 写出硼(B, $Z=5$)，氩(Ar, $Z=18$)，铜(Cu, $Z=29$)，溴(Br, $Z=35$)等原子在基态时的电子排布式。

10-13 CO_2 激光器发出的激光波长为10.6 μm。

(1)和此波长相应的 CO_2 的能级差是多少？

(2)温度为300 K时，处于热平衡的 CO_2 气体中在相应的高能级上的分子数是低能级上的分子数的百分之几？

(3)如果此激光器工作时其中 CO_2 分子在高能级上的分子数比低能级上的分子数多1%，则和此粒子数反转对应的热力学温度是多少？

10-14 ^{16}N，^{16}O和^{16}F的原子质量分别是16.006 099 u，15.994 915 u，16.011 465 u。试计算这些原子的核的结合能。

10-15 有些核可以看成是由几个 α 粒子这种“原子”组成的“分子”。例如，^{12}C可看成是3个α粒子在一三角形的3顶点配置而成，而^{16}O可看成是4个α粒子在一四面体的四顶点配置而成。试通过计算证明用这种模型计算的^{12}C和^{16}O结合能和用质量亏损计算的结合能是相符的，如果每对α粒子的结合能为2.42 MeV并且计入每个α粒子本身的结合能。

10-16 天然钾中放射性同位素^{40}K的丰度为1.2×10^{-4}。此种同位素的半衰期为1.3×10^9年。钾是活细胞的必要成分，约占人体重量的0.37%。求每个人体内这种放射源的活度（设人体重按70 kg计算）。

10-17 一个病人服用30 μCi的放射性碘^{123}I后24 h，测得其甲状腺部位的活度为4 μCi。已知^{123}I的半衰期为13.1 h。求在这24 h内多大比例的被服用的^{123}I集聚在甲状腺部位了（一般正常人15%～40%）。

10-18 一年龄待测的古木片在纯氧氛围中燃烧后收集了0.3 mol的CO_2。此样品由于^{14}C衰变而产生的总活度测得为每分钟9次计数。^{14}C的自然丰度约为1.3×10^{-10}%，^{14}C半衰期为(5 730±30)年。试由此确定古木片的年龄。

10-19 目前太阳内含有约1.5×10^{30} kg的氢，而其辐射总功率为3.9×10^{26} W。按此功率辐射下去，经多长时间太阳内的氢就烧光了？设太阳内氢燃烧的反应是：

$$4\,^1H \longrightarrow \,^4He + 2e^+ + 2\nu_e + 24.67\ \text{MeV}$$

附 录
Appendix

附录 A　国际单位制(SI)的基本单位

量的名称	单位名称	中文符号	单位符号	定　　义
长度	米 (meter)	米	m	米是光在真空中(1/299 792 458)s 的时间间隔内所经路径的长度
质量	千克 (kilogram)	千克	kg	千克为质量单位,它等于国际千克原器的质量
时间	秒 (second)	秒	s	秒是铯－133 原子基态的两个超精细能级之间跃迁对应的辐射周期的 9 192 631 770 倍的持续时间
电流	安培 (Ampere)	安	A	在真空中,截面积可忽略的两根相距 1 m 的无限长平行圆直导线内通以等量恒定电流时,若导线间相互作用力在每米长度上为 2×10^{-7}N,则每根导线中的电流为 1 A
热力学温度	开尔文 (Kelvin)	开	K	开尔文是水三相点热力学温度的 1/273.16
物质的量	摩尔 (mole)	摩	mol	摩尔是一系统的物质的量,该系统中所包含的基本单元数与 0.012 kg 碳-12 的原子数相等,在使用摩尔时,基本单元应予指明,可以是原子、分子、离子、电子及其他粒子,或是这些粒子的特定组合
发光强度	坎德拉 (candle)	坎	cd	坎德拉是一光源在给定方向上的发光强度,该光源发出频率为 540×1 012 Hz 的单色辐射,且在此方向上的辐射强度为(1/683)W/sr

附录 B　常用物理常数

物理量	符号	量值	单位
真空中光速	c	3.00×10^{8}	$m\cdot s^{-1}$
引力常数	G	6.67×10^{-11}	$N\cdot m^{2}\cdot kg^{-2}$
阿伏伽德罗常数	N_A	6.02×10^{23}	mol^{-1}
摩尔气体常数	R	8.31	$J\cdot mol^{-1}\cdot K^{-1}$
玻耳兹曼常数	k	1.38×10^{-23}	$J\cdot K^{-1}$
电子电荷	e	1.60×10^{-19}	C
电子静质量	m_e	9.11×10^{-31}	kg
质子静质量	m_p	1.67×10^{-27}	kg
中子静质量	m_n	1.67×10^{-27}	kg
原子质量单位	u	1.66×10^{-27}	kg
真空电容率	ε_0	8.85×10^{-12}	$F\cdot m^{-1}$
真空磁导率	μ_0	1.26×10^{-6}	$H\cdot m^{-1}$
玻耳半径	α_B	5.29×10^{-11}	M
玻耳磁子	μ_B	9.27×10^{-24}	$J\cdot T^{-1}$
普朗克常数	h	6.63×10^{-34}	$J\cdot s$
里博得常数	R_∞	1.10×10^{7}	m^{-1}
斯特藩-玻耳兹曼常量	σ	5.67×10^{-8}	$W\cdot m^{-2}\cdot K^{-4}$
重力加速度(海平面处)	g	9.81	$m\cdot s^{-2}$

附录C 矢 量

C.1 矢量概念

1. 定义

矢量(又称向量)是既有大小又有方向,并且按平行四边形法则相加的量。

2. 表示

印刷品中矢量常用黑斜体字母(例如 $\boldsymbol{A}$)表示。手写时用带箭头的字母(例如$\vec{A}$)表示。即

$$\boldsymbol{A} = |\boldsymbol{A}|\boldsymbol{e}_A = A\boldsymbol{e}_A$$

式中$|\boldsymbol{A}| = A$ 表示矢量的大小,称为矢量的模。$\boldsymbol{e}_A$ 是矢量 $\boldsymbol{A}$ 方向的单位矢量,$|\boldsymbol{e}_A|=1$。

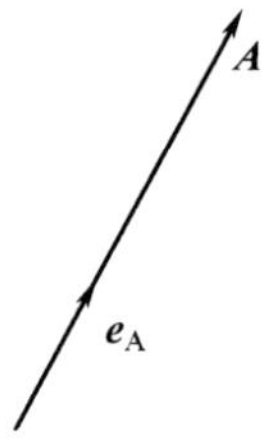

图 C1

在直角坐标系下,矢量 $\boldsymbol{A}$ 可用 3 个坐标轴上的分矢量表示,即 $\boldsymbol{A}=Ax\boldsymbol{i}+Ay\boldsymbol{j}+Az\boldsymbol{k}$。其中 $\boldsymbol{i},\boldsymbol{j},\boldsymbol{k}$ 分别为 x,y,z 3 个坐标轴的单位矢量,Ax,Ay,Az 为 $\boldsymbol{A}$ 在 3 个坐标轴上的投影。

矢量也可用一条有方向的线段表示,如图 C1 所示,线段的长度表示矢量的大小。运算时可以将有向线段平移。

C.2 矢量运算

1. 矢量加法(合成)

如图 C2 所示,矢量 $\boldsymbol{A}$ 与 $\boldsymbol{B}$ 合成矢量 $\boldsymbol{C}$,满足平行四边形法则(图 C2(a))或三角形法则(图 C2(b)),即 $\boldsymbol{C}=\boldsymbol{A}+\boldsymbol{B}$ 或 $\boldsymbol{C}=\boldsymbol{B}+\boldsymbol{A}$。

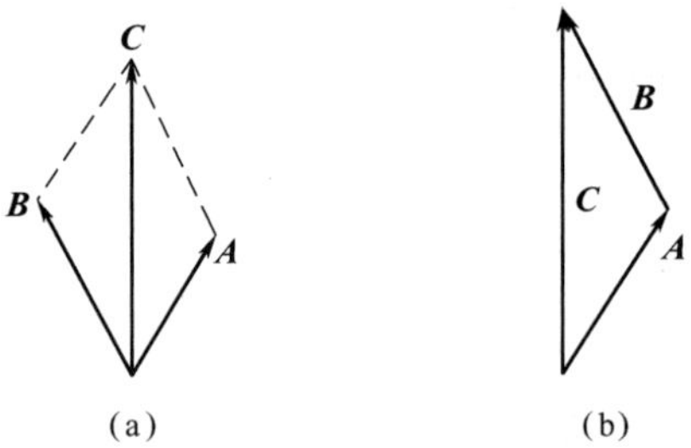

图 C2

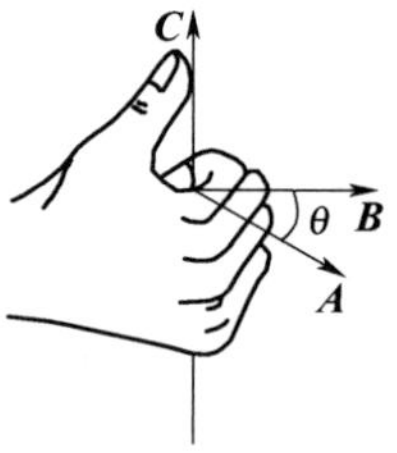

图 C3

2. 矢量乘法(合成)

(1)矢量数乘

若 $\boldsymbol{C}=k\boldsymbol{A}$,则 $C=kA$;$k>0$ 时 $\boldsymbol{C}$ 与 $\boldsymbol{A}$ 同方向,$k<0$ 时 $\boldsymbol{C}$ 与 $\boldsymbol{A}$ 反方向。

(2)矢量的标量积

定义 $\boldsymbol{A}\cdot\boldsymbol{B}=AB\cos\theta$,其中 θ 为 $\boldsymbol{A}$ 与 $\boldsymbol{B}$ 两矢量之间的夹角。

(3)矢量的矢量积

若 $\boldsymbol{C}=\boldsymbol{A}\times\boldsymbol{B}$，则 $C=|\boldsymbol{C}|=AB\sin\theta$，$\boldsymbol{C}$ 的方向由右手螺旋法则确定，如图 C3 所示。

3．矢量函数的求导

设有矢量函数 $\boldsymbol{A}(t)=x(t)\boldsymbol{i}+y(t)\boldsymbol{j}+z(t)\boldsymbol{k}$，且 $x(t)$，$y(t)$，$z(t)$ 可导，则 $\dfrac{\mathrm{d}\boldsymbol{A}}{\mathrm{d}t}=\dfrac{\mathrm{d}x}{\mathrm{d}t}\boldsymbol{i}+\dfrac{\mathrm{d}y}{\mathrm{d}t}\boldsymbol{j}+\dfrac{\mathrm{d}z}{\mathrm{d}t}\boldsymbol{k}$。显然 $\dfrac{\mathrm{d}\boldsymbol{A}}{\mathrm{d}t}$ 是矢量，大小为 $\left|\dfrac{\mathrm{d}\boldsymbol{A}}{\mathrm{d}t}\right|=\sqrt{\left(\dfrac{\mathrm{d}x}{\mathrm{d}t}\right)^2+\left(\dfrac{\mathrm{d}y}{\mathrm{d}t}\right)^2+\left(\dfrac{\mathrm{d}z}{\mathrm{d}t}\right)^2}$。注意 $\left|\dfrac{\mathrm{d}\boldsymbol{A}}{\mathrm{d}t}\right|\neq\dfrac{\mathrm{d}A}{\mathrm{d}t}$。

4．矢量函数的积分

若 $\dfrac{\mathrm{d}\boldsymbol{A}(t)}{\mathrm{d}t}=\boldsymbol{B}(t)$，则 $\boldsymbol{A}=\int_a^b\boldsymbol{B}(t)\mathrm{d}t$。通常先将 3 个分量分别积分，然后再合成，即

$$\boldsymbol{A}=\left(\int_a^b B_x(t)\mathrm{d}t\right)\boldsymbol{i}+\left(\int_a^b B_y(t)\mathrm{d}t\right)\boldsymbol{j}+\left(\int_a^b B_z(t)\mathrm{d}t\right)\boldsymbol{k}。$$

附录 D 希腊字母

小写	大写	英文名称	小写	大写	英文名称
α	A	alpha	ν	N	nu
β	B	beta	ξ	Ξ	xi
γ	Γ	gamma	ο	O	omicron
δ	Δ	delta	π	Π	pi
ε	E	epsilon	ρ	P	rho
ζ	Z	zeta	σ	Σ	sigma
η	H	eta	τ	T	tau
θ	Θ	theta	υ	Υ	upsilon
ι	I	iota	ϕ	Φ	phi
κ	K	kappa	χ	X	chi
λ	Λ	lambda	ψ	Ψ	psi
μ	M	mu	ω	Ω	omega

参考文献
References

[1] 张三慧. 大学物理学. 2 版. 北京:清华大学出版社,1999.
[2] 马文蔚. 物理学教程. 2 版. 北京:高等教育出版社,2002.
[3] 陈秉乾,王稼军. 电磁学. 北京:清华大学出版社,2003.
[4] 向义和. 大学物理导论. 北京:清华大学出版社,1999.
[5] 李元杰,陆果. 大学物理学. 北京:高等教育出版社,2003.
[6] 王建邦. 大学物理学. 北京:机械工业出版社,2004.
[7] 陆果. 基础物理学. 上卷. 北京:高等教育出版社,1997.
[8] 陈信义. 大学物理教程. 北京:清华大学出版社,2005.
[9] 王海婴. 大学基础物理学. 北京:高等教育出版社,2000.
[10] 金仲辉. 大学基础物理习题精解. 北京:科学出版社,2002.
[11] B·格林. 宇宙的琴弦. 李泳,译. 长沙:湖南科学技术出版社,2002.
[12] 赵凯华,罗蔚茵. 量子物理. 北京:高等教育出版社,2001.
[13] 陈宏芳. 原子物理学. 合肥:中国科学技术大学出版社,1997.
[14] 张三慧. 大学物理学(第五册)量子物理. 2 版. 北京:清华大学出版社,2000.
[15] 伍长征,王兆永,陈凌冰,等. 激光物理学. 上海:复旦大学出版社,1989.
[16] 郭奕陵,沈慧君. 物理学史. 2 版. 北京:清华大学出版社,2005.
[17] 于祖荣. 原子核. 北京:科学出版社,1986.
[18] 张春梅. 激光在农业中的应用. 现代物理知识,2008,20(4):34-35.
[19] 唐玄之,封国林,邵耀椿. 激光及激光生物学发展概况. 激光生物学报,1999,8(2):157-160.
[20] 金仲辉,毛炎麒,严衍绿,等. 物理学在促进农业发展中的作用. 物理,2002,31(6):392-399.
[21] 刘军,许甫荣,郑春开. 核科学百年讲座第八讲核科学技术在农业领域的应用. 物理,2003,32(8):553-557.
[22] 章树森. 核辐射和同位素在工农业中的应用. 物理教学,1999,7(2):42-43.
[23] Hugh D Young, Rouger A Freedman. University Physics with Modern Physics. 12th Edition. Addison Wesley,2007.